U0734889

大学物理信息化教学丛书

大学物理学（上册）

（第三版）

殷　勇　吴　涛　主编

科学出版社

北　京

内 容 简 介

本书是在总结了第一、二版的编写经验，听取了使用过本教材师生的意见和建议，并考虑当前工科学校的教学实际的基础上修订而成。全书简明扼要，注重加强基础理论的同时，突出训练和培养学生科学思维创新能力，拓展学生的学术襟怀和眼光。

全书分上、下两册，内容分五篇。第一篇力学；第二篇电磁学；第三篇波动光学；第四篇热学；第五篇相对论与量子力学基础。

本书可作为高等学校工科、理科、师范等院校各非物理学专业，以及成人教育相关专业的大学物理课程的教材，也可供自学者学习使用。

图书在版编目(CIP)数据

大学物理学. 上册/殷勇，吴涛主编. —3版. —北京：科学出版社，2017.11

(大学物理信息化教学丛书)

ISBN 978-7-03-055278-5

Ⅰ.①大… Ⅱ.①殷… ②吴… Ⅲ.①物理学-高等学校-教材 Ⅳ.①O4

中国版本图书馆CIP数据核字(2017)第274183号

责任编辑：谭耀文 / 责任校对：董艳辉

责任印制：彭 超 / 封面设计：莫彦峰

科学出版社 出版

北京东黄城根北街16号

邮政编码：100717

http://www.sciencep.com

武汉市首壹印务有限公司印刷

科学出版社发行 各地新华书店经销

*

2010年8月第 一 版 开本：787×1092 1/16

2015年8月第 二 版 印张：21 1/2

2017年11月第 三 版 字数：500 000

2017年11月第一次印刷

定价：55.00元

(如有印装质量问题，我社负责调换)

第三版前言

由于时代的发展以及教育革新的大环境，大学物理教学正面临着一场深刻的变革。高等学校即将迎来第一批在高中没有选修物理的学生。如何改变教学模式与教学方法，适应新形式下的教育教学要求，成为必须面对的问题。

自本书第一版出版以来，已经使用多年，得到了广大读者与同仁的好评。同时，也收到了许多教师与读者在使用过程中提出的宝贵产意见与建议，在此向他们表示诚挚的敬意与真心的感谢。

本书上册由殷勇、吴涛主编，下册由熊伦、俎凤霞主编，熊伦、殷勇统稿、定稿。全书各章的具体执笔人如下：胡亚联、刘阳（第 1 章），刘阳、刘培姣（第 2 章），岑敏锐（第 3 章），李端勇（第 4 章、第 5 章），殷勇（第 6 章），黄河、吴涛（第 7 章），俎凤霞（第 8 章），熊伦（第 9 章），汤朝红（第 10 章），谭荣（第 11 章），吴锋、张昱（第 12 章），黄淑芳（第 13 章），余仕成（第 14 章），何菊明（第 15 章）。

在本书的编写过程中，参考和借鉴了许多国内外出版的优秀的物理教材。本书作者对这些教材的作者表示诚挚的谢意。本书的出版过程，得到了各教学单位和教学管理部门的支持和关心，在此一并表示衷心的感谢。

尽管本书的作者尽力想将书本内容以最简单、最符合教学规律的方式编撰完善，但由于各方面的原因，疏漏、不足与不当之处仍然难免，希望同仁及本书的读者们能继续提出宝贵的修改意见，以使本书进一步完善。

编　者

2017 年 5 月

第二版前言

本书第二版与教育部高等学校非物理类专业物理基础课程教学指导分委员会最新《非物理类理工学科大学物理课程教学基本要求》相适应，是在第一版基础上，结合五年教材使用细节和情况，总结多年教学、教材改革和实践，吸取当前国内外优秀教材的思想和精华，精心修编而成。

同第一版相比，第二版的框架和结构发生了较大的变化，包括篇、章、节等均作了优化，更加符合教学基本要求和课程的教学规律，体系更加逻辑、自然、完整；对部分内容作了增删；对疏漏和不足进行了订正。

本书上册由殷勇、余仕成主编，下册由熊伦、何菊明主编，熊伦、殷勇统稿、定稿。全书各章的具体执笔人如下：胡亚联（第 1 章、第 14 章），刘培姣、胡亚联（第 2 章），岑敏锐、胡亚联（第 3 章），李端勇（第 4 章、第 5 章），余仕成、殷勇（第 6 章），黄河、吴涛（第 7 章），组凤霞、徐志立（第 8 章），熊伦（第 9 章），汤朝红（第 10 章），谭荣（第 11 章），吴锋、张昱（第 12 章），吴锋、黄淑芳（第 13 章），何菊明（第 15 章）。

在本书编写过程中，参考和借鉴了近年来国内外出版的物理教材，对于这些教材的作者，特别致以诚挚的谢意。

本书的出版过程，得到了教学单位和教学管理部门的关心和支持，在此表示衷心感谢。

由于编写时间较紧，编者水平所限，书中疏漏和不足之处在所难免，敬请同仁和师生继续提出宝贵的意见，以便进一步完善。

编　者

2015 年 5 月

第一版前言

物理学以研究物质世界的基本规律和本质属性为己任。物理学鞭辟入里的分析方法、高屋建瓴的思维模式、辩证唯物的认识论和世界观以及所展现出来的和谐、对称、统一的科学美，使得它自面世以来，就一直是自然科学的带头学科、技术科学的理论基础，是一切工程技术的坚实支柱，是创新思想的源泉。物理学曾经是，现在是，将来也是全球技术和经济发展的主要驱动力。它代表着一整套获得知识、组织知识和运用知识的有效方法和步骤。由于物理学的普遍性、基本性以及与其他学科的相关性，在培养学生科学素质、科学思维方法及科学研究能力，尤其是在培养具有综合能力的创新人才方面起着其他学科不可替代的作用，这也就决定了大学物理学这一课程在高等教育中的地位。

本教材力求与教育部高等学校非物理类专业物理基础课程教学指导分委会关于《非物理类理工学科大学物理课程教学基本要求》相适应。它是编者在总结多年教材改革和教学实践的基础上，吸取当前国内出版的面向21世纪物理教材的先进思想和优秀教学改革成果，充分考虑一般本科院校理工科学生的起点和基础，集多年教学经验编写的。本书以相对稳定的传统教学内容为主，在保持大学物理课程持续发展的同时，紧紧追踪物理科学技术的发展；以现代的视野重新演绎和审视传统物理学的内容，力图在基础的层次上寻找一些前沿内容的根，逻辑地、紧凑地把一些相关的科学发现或科学理论的建立集成到一起，使课程现代化更突出，让学生感受到科学的不断发展和进步，应该如何批判继承；内容由浅入深、广泛严谨，概念清晰准确，使科学思维与创新能力的培养更明显，让学生感受到融会贯通的乐趣；教学内容和体系富有弹性，体系结构科学，选择灵活多样，使分层次组织教学更方便，在深度和广度上更好地适应新一代的大学生起点和基础。本书也力求体现当代杰出物理学家和教育家、诺贝尔物理奖得主理查得·费曼所说的，“科学是一种方法，它教导人们：一些事物是怎样被了解的，什么事情是已知的，现在了解到什么程度(因为没有事情是绝对已知的)，如何对待疑问和不确定性，证据服从什么法则，如何去思考事物，做出判断，如何区别真伪和表面现象”，使学生对物理学的内容和方法、工作语言、概念和物理图像、其历史现状和前沿等方面，从整体上有一个全面的了解，使大学物理学成为培养学生科学素质的最有效的基础课。

全书上册由胡亚联、吴锋主编，下册由李端勇、余仕成主编，并负责制定本教材的编写提纲，提出要求。其中第一篇力学，第四篇中的第14章、第15章、第16章和第五篇中的第17章由胡亚联进行修改和统稿；第二篇热学、第四篇中的第12章、第13章和第五篇中的第18章由李端勇进行修改和统稿；第三篇电磁学，由余仕成进行修改和统稿。全书各篇章的具体执笔人员如下：胡亚联(第1章，第17章)；刘培姣(第2章)；岑敏锐、黄祝明(第3章)；吴锋、张昱(第4章)；吴锋、黄淑芳(第5章)；余仕成(第6章)；殷勇(第7章)；黄河(第8章)；吴涛(第9章)；徐志立(第10章)；俎凤霞(第11章)；李端勇(第12章，第

13 章);熊伦(第 14 章);汤朝红(第 15 章);谭荣(第 16 章);何菊明(第 18 章)。

本书在编写过程中,参考和借鉴了近年来国内外出版的物理教材,对于这些教材的作者,本书作者特别致以诚挚的谢意。

本书在出版过程中,得到了教学部门和教学管理部门的关心和支持,我们在此表示衷心的感谢。

由于编写时间较紧,编者水平所限,书中疏漏和不足之处难免,敬请读者提出宝贵的意见。

编　者

2010 年 5 月

目　录

第一篇　力　学

第二篇 电 磁 学

第一篇

力　学

在我们周围的世界里，万物皆动，永无静止。流星划过茫茫夜空，小溪汇成滔滔江水，大陆在漂移，地壳在振动，大气流动，汽车奔驰，苹果从树上掉下来……即使我们坐在家里的椅子上静静地看电视，也随着地球一起“日行八万里”。这些运动的共同特点是物体之间或物体内各部分之间的相对位置随时间发生变化，称之为**机械运动**(mechanical motion)。

力学(mechanics)是研究物体机械运动规律的一门学科，通常在力学中也将机械运动简称为运动。机械运动是自然界中最普遍，物质运动中最简单、最基本的运动形式。从微观上看，每个物体又是一群处在永不停息地运动中的原子和分子，每个原子中还有运动中的电子、质子和中子……几乎在物质的一切运动形式中都包含有这种最基本的运动形式，宇宙中的一切无不处在机械运动之中，在人类的实践活动中无处不在，并且深刻地影响着人类的实践活动。

力学既是古老的，又是现代的，它历经无数人的工作，特别是伽利略、牛顿、拉普拉斯等人的工作，最早成为最完善的学科。以牛顿运动定律为基础的力学理论称为牛顿力学或经典力学，它研究弱引力场中宏观物体的低速(远小于光速)运动。力学是物理学和整个自然科学的基础，力学中提出的许多重要的物理量、物理概念和物理原理(如质量、能量、动量和角动量以及重要的与之对应的守恒律)，完备的研究方法(观察现象，分析和综合实验结果，建立理想方法，应用数学表述，做出推论预言，以实践来检验和校正结果等)适应于整个物理学。力学也是机械、土木、道路桥梁、航空航天、材料等近代工程技术的理论基础。经典力学至今仍保持着充沛的活力，在一些新兴的例如材料力学、生物力学、环境力学等交叉学科中起着重要的基础理论作用。此外，在力学理论中普遍广泛地采用了矢量和微积分等高等数学方法，因而学好大学物理中力学部分对同学们以后的学习大有裨益。

本篇主要讲述经典力学的基础，包括质点力学和刚体力学。着重阐述质量、动量、能量、角动量等概念及相应的守恒定律。力学范畴中非常重要的“机械振动与机械波”的相关内容我们放在了第四章中，在那里得出关于振动和波的运动规律和性质可更好地推广到波动光学和量子力学中去。

第 1 章 质点运动学

力学是研究物体机械运动规律的一门学科，按其内容可以分为**运动学**(kinematics)和**动力学**(dynamics)。运动学单纯地描述物体在空间的运动情况，即说明它的运动特征以及运动学量(如位置、速度、加速度、轨道)之间的关系，不涉及运动的原因；动力学则讨论物体运动产生的原因和控制运动的方法、物体间相互作用的内在联系，即说明运动的因果规律(如牛顿运动定律、动量定理、动能定理以及守恒定律等)。

本章介绍质点运动学，我们着重阐明三个问题：第一，阐明在运动学中，质点的运动状态用位置矢量和速度矢量共同描述，速度的改变由加速度矢量描述；第二，阐明在运动学中，核心方程是运动方程；第三，阐明在运动学中，运动的定量研究离不开时间和空间。经典力学的时空观是和牛顿运动定律、伽利略坐标变换交织在一起的。通过介绍同一质点的运动描述在不同参考系中的变换 —— 伽利略变换，使读者了解经典力学时空观。

1.1 参考系 质点

研究物体的机械运动规律，首先要确定如何描述物体的运动。物体运动的描述，起源于人们对运动物体的观察、归纳、综合，从而抽象出必要的概念，建立对应的理想模型和物理量来定量描述。

1.1.1 运动的绝对性和描述的相对性

在自然界中大到地球、太阳和星系，小到分子、原子和各种微观粒子无一不在运动，一切物质均处在永恒不息的运动之中，运动是物质的存在形式，是物质的固有属性，运动和物质是不可分割的。运动的这种普遍性和永恒性又称为**运动的绝对性**。

然而，对物体运动的描述却是相对的。看似地面上的空间是静止的，静止在地面上的物体似乎是不动的。实际上这是以地面、建筑物等为参考物来观察的，由于地球有公转和自转，静止在地面上的物体是跟着地球一起运动的。从今日人们的认识来说，空间和物质是不可分的，不能想象离开了物质是否还有空间以及时间的存在。因此要观察一个物体的运动只能选定另一物体为参考，而能选用的参考的物体很多，彼此的运动又各不相同，于是参考不同的物体来观测同一物体的运动，所获得的图像和结果就会不同，这个事实称为**运动描述的相对性**。

宇宙中没有不运动的物体，所以没有绝对静止的物体可以作为观察其他物体运动的参考。一切运动物体都有被选作参考物的同等地位，可见，正是运动的绝对性才导致了描述运动的相对性。

1.1.2 参考系和坐标系

为了观测一个物体的运动,而选作参考的另一物体(或另一组相对静止的物体)称为**参考系**(frame of reference)。

参考系选定后,为了能定量地描述物体的位置和它的运动,还必须在参考系上建立一个适当的**坐标系**(coordinates),把坐标系的原点和轴线固定在参考系中。坐标系实质上是由实物构成的参考系的数学抽象。

原则上选择什么物体作参考系,以及选择哪一种坐标系(直角坐标系、极坐标系、自然坐标系、球坐标系等)是任意的,但是不论从描述运动(运动学)还是从说明运动规律(动力学)来看,应以方便和简洁为目的。一般来说,研究运动学问题时,只要描述方便,参考系可以任意选择。但在考虑动力学问题时,选择参考系就要慎重了,因为一些重要的动力学规律(如牛顿第一、第二定律)只对某类特定的参考系(惯性系)成立。

选择不同的参考系,同一物体的运动情况就不同,对它的描述也就不同。因此,在说明物体的运动时,必须指明所选取的参考系。研究地面上物体的运动,通常都选地面或在地面上静止的物体作参考系。值得注意的是,在选定的参考系上建立不同的坐标系,对同一物体的运动描述是相同的,只是数学表达式有差异。如在匀速直线前进中的火车车厢中做竖直下落运动的小球,从火车这个参考系上看,小球做竖直下落的加速直线运动,从地面上看则是做抛物线运动,这条抛物线可以在直角坐标系中描述,也可在极坐标系中描述。

1.1.3 质点和质点系

任何物体都有大小和形状。物体运动时,一般地讲其内部各点位置的变化是不一样的,物体的形状和大小也可能发生变化。因此,物体做一般的机械运动时,物体各部分的运动规律将十分复杂。

物体的运动有两种基本类型:平动和转动。物体平动时,其上各个点的运动情况完全相同,可用任意一个点的运动来代表,物体的大小和形状对于所研究的问题不起作用。因此,如果在研究某一物体运动时,可以忽略其大小和形状,或者可以只考虑其平动,则物体可视为一个只具有质量而没有大小和形状的几何点。这样,一个形状和大小可以不计,但具有一定质量的物体就称为**质点**(mass point)。物体在做转动时,不能把物体视为质点,但其形状没有明显变化,所以在忽略不计物体的形变,或者可以只考虑其转动时,可将物体视为**刚体**(rigid body)。当研究物体的运动既不能忽略物体的大小和形状,又必须考虑形变时,质点、刚体的模型不适用了,这时,可以把物体看成是由若干个有相互作用的质点组成的质点系统,简称**质点系**(system of particles)。

注意:能否将一个物体视为质点由研究问题的性质决定,并不是根据它的绝对大小。只考虑物体的平动时,再大的物体都可视为质点。例如,在研究地球公转时,因日地距离远大于地球的直径,地球上各点间的距离与日地距离相比是微不足道的。所以,在公转中仍能将地球视为质点。反之,即使很小的物体,像分子、原子等,当我们考察它们的转动、振动等问题时,就必须考虑其内部结构,而不能把它们看成质点。

质点、刚体、质点系是从客观实际中经过科学抽象出来的理想模型。以后还要学习线性谐振子、理想气体、点电荷、电流元等理想模型。在科学研究中，常根据所研究问题的性质，突出主要因素，忽略次要因素，建立理想模型，这是经常采用的一种科学思维方法。可以说，没有合理的模型，理论就寸步难行。

1.2　质点运动的描述

1.2.1　位置矢量　运动方程

1. 质点的位置矢量

在运动学中，常用一个几何点代表质点，在选定的参考系上建立合适的坐标系后，质点在任一时刻的位置常用**位置矢量**(position vector)，简称**位矢**(也叫矢径)来描述。位矢是从坐标原点 O 指向质点所在处点 P 的有向线段(即图 1.2.1 中的 $\overrightarrow{OP}$)，用矢量 $\boldsymbol{r}$ 来表示。显然，质点的位矢其大小和方向不仅与参考系有关，而且与坐标原点 O 的选择有关。但当参考系与坐标原点选定后，位矢 $\boldsymbol{r}$ 就能指明质点相对坐标原点的距离和方位，亦即确定了质点的空间位置。

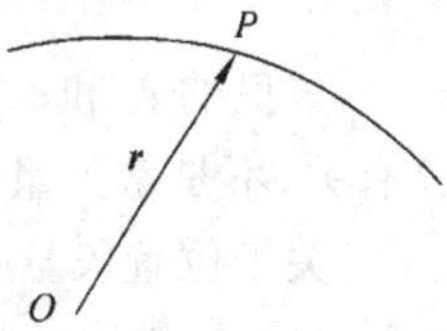

图 1.2.1　位置矢量

质点位矢 $\boldsymbol{r}$ 在具体坐标系中可用分量表示出来，从图 1.2.2(a) 中可以看出，质点 P 的直角坐标 x,y,z 就是位矢 $\boldsymbol{r}$ 在直角坐标系 $Oxyz$ 中的三个分量(即投影)，引入沿着 x,y,z 三个坐标轴正方向的单位矢量 $\boldsymbol{i},\boldsymbol{j},\boldsymbol{k}$(它们都是不随时间变化的大小等于1的常矢量)后，质点的位矢 $\boldsymbol{r}$ 在直角坐标系 $Oxyz$ 中可以表示为

$$\boldsymbol{r} = x\boldsymbol{i} + y\boldsymbol{j} + z\boldsymbol{k} \tag{1.2.1}$$

质点 P 距原点 O 的距离，即位矢的大小为

$$r = |\,\boldsymbol{r}\,| = \sqrt{x^2 + y^2 + z^2} \tag{1.2.2}$$

在 SI 单位制中，长度和距离的单位是米 (m)。

质点 P 相对原点 O 的方位，即位矢的方向可由三个方向余弦

$$\cos\alpha = \frac{x}{r},\quad \cos\beta = \frac{y}{r},\quad \cos\gamma = \frac{z}{r} \tag{1.2.3}$$

确定。其中的 α,β,γ 分别是 $\boldsymbol{r}$ 与 Ox，Oy，Oz 轴间的夹角，如图 1.2.2(b) 所示。

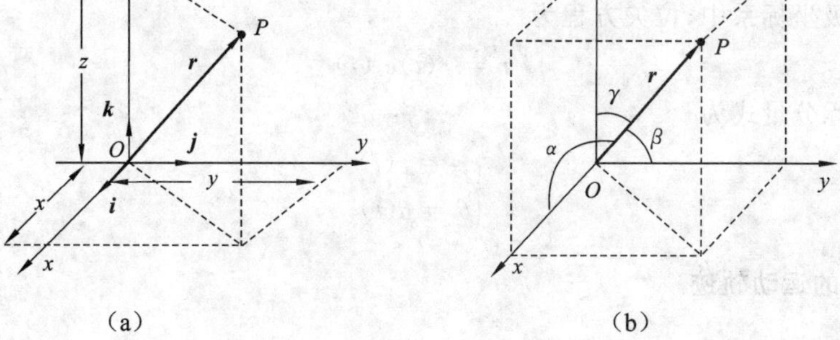

图 1.2.2　直角坐标系下的位置矢量

对于质点仅在 Oxy 平面上运动的二维情况,位矢 $\boldsymbol{r}$ 可以表示为

$$\boldsymbol{r} = x\boldsymbol{i} + y\boldsymbol{j} \tag{1.2.4}$$

与 Ox 轴的夹角为

$$\varphi = \arctan \frac{y}{x}$$

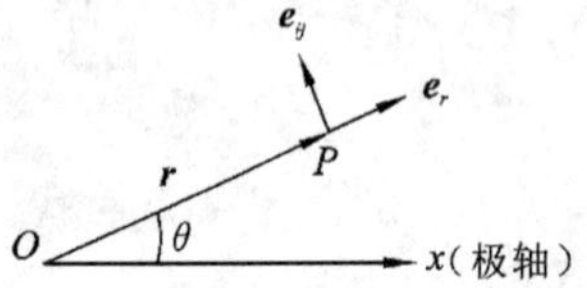

图 1.2.3　平面极坐标系下位置矢量

也可采用平面极坐标系,这时质点的坐标为 r 和 θ,设以 $\boldsymbol{e}_r$ 和 $\boldsymbol{e}_\theta$ 代表沿径向(指向 r 增大的方向)和横向(同径向垂直指向 θ 角增大的方向)的单位矢量,如图 1.2.3 所示,则质点的位矢可表示为

$$\boldsymbol{r} = r\boldsymbol{e}_r \tag{1.2.5}$$

这里的 $\boldsymbol{e}_r$ 和 $\boldsymbol{e}_\theta$ 数值虽不变(等于 1),但它们的方向均随质点所在位置而异,即与坐标 θ 有关,不是常矢量。

关于位置矢量 $\boldsymbol{r}$,应当明确它有以下三个特点:

(1) 矢量性。$\boldsymbol{r}$ 是矢量,不仅有大小,而且有方向。

(2) 瞬时性。质点在运动过程中,不同时刻 $\boldsymbol{r}$ 不同,也就是说,位置矢量 $\boldsymbol{r}$ 是描写质点在某时刻的位置。

(3) 相对性。空间某一点的位置矢量,用不同的坐标系来描写,结果是不同的(详见1.4 节)。

2. 质点的运动方程

在质点运动时,它相对坐标原点 O 的位矢 $\boldsymbol{r}$ 是随时间变化的(图 1.2.4),所以 $\boldsymbol{r}$ 是时间的矢量函数,有

$$\boldsymbol{r} = \boldsymbol{r}(t) = x(t)\boldsymbol{i} + y(t)\boldsymbol{j} + z(t)\boldsymbol{k} \tag{1.2.6}$$

分量式为

$$\begin{cases} x = x(t) \\ y = y(t) \\ z = z(t) \end{cases} \tag{1.2.7}$$

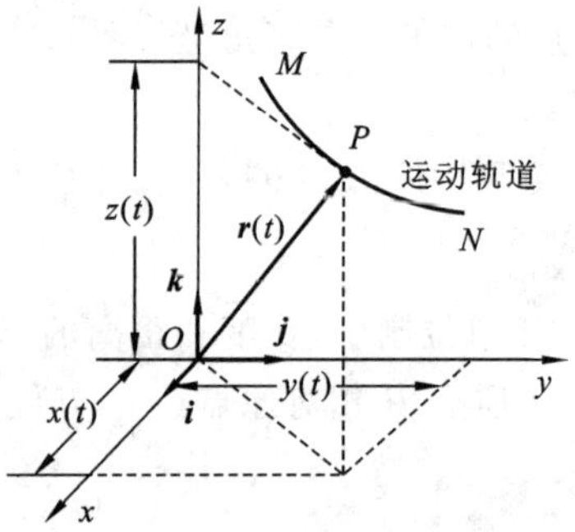

图 1.2.4　运动方程　运动轨道

式(1.2.6)是**质点的运动方程**(equation of motion)的矢量表示式(也称为质点运动的位矢方程),式(1.2.7)是运动方程的分量式(也称参数方程)。

在平面极坐标系中,位矢方程为

$$\boldsymbol{r} = r(t)\boldsymbol{e}_r(t) \tag{1.2.8}$$

位矢的极坐标分量式为

$$\begin{cases} r = r(t) \\ \theta = \theta(t) \end{cases} \tag{1.2.9}$$

3. 质点的运动轨迹

运动质点所经空间各点连成的曲线称为运动轨迹(图 1.2.4 中的 MN 曲线)。从

式(1.2.7)运动方程中消去参变量 t,便可得到质点在直角坐标系 $Oxyz$ 中的**轨迹方程**

$$z=f(x,y)\quad 或\quad f(x,y,z)=0 \tag{1.2.10}$$

如果轨迹是直线,就叫直线运动,如果轨迹是曲线,就叫曲线运动。

关于运动方程要着重指出两点:

(1) 运动方程的分量式实际上反映了运动的叠加性,例如,斜抛运动可分解为水平方向的匀速直线运动和竖直方向的匀加速直线运动,匀速圆周运动可以分解为相互垂直方向上两个同频率的谐振动等。总之运动既可以叠加,又可以分解,位矢的矢量叠加性正好反映了运动的叠加性。

(2) 运动方程描述了质点在任一时刻 t 相对于坐标原点的距离和方位,并包含有质点如何运动的全部信息和全部过程。

1.2.2　位移　路程

1. 位移

设质点沿轨迹 MN 做曲线运动,如图1.2.5所示,在时刻 t_1,质点在 P_1 处,其位矢为 $\boldsymbol{r}_1$;在时刻 t_2,质点运动到 P_2 处,位矢为 $\boldsymbol{r}_2$。我们把由起始位置 P_1 点指向终止位置 P_2 点的有向线段 $\overrightarrow{P_1P_2}$ 称为质点在时间间隔 $\Delta t(\Delta t=t_2-t_1)$ 内的**位移矢量**,简称**位移**(displacement),用 $\Delta\boldsymbol{r}$ 来表示。位移代表质点在两个时刻位置之间的距离和相对方位,即反映了质点在 Δt 时间内位置变动的大小和方向。显然,位移 $\Delta\boldsymbol{r}$ 等于 Δt 时间内的质点位矢 $\boldsymbol{r}$ 的增量,此矢量的长度等于从起点到终点的直线长度,其方向由起点指向终点。按矢量加法,如图1.2.5所示,有

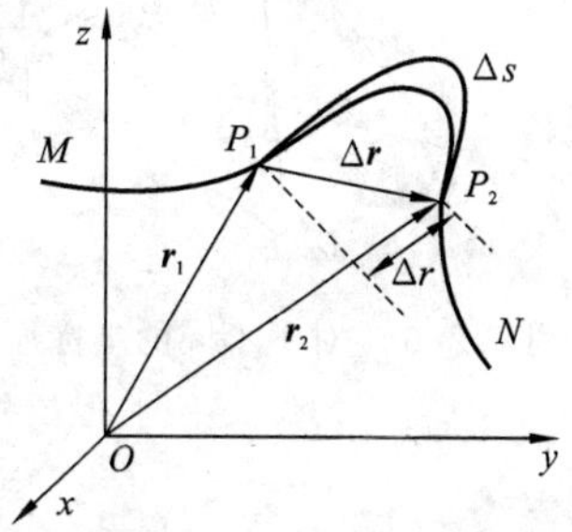

图1.2.5　位移、路程、位矢大小的增量

$$\overrightarrow{P_1P_2}=\boldsymbol{r}_2-\boldsymbol{r}_1=\Delta\boldsymbol{r} \tag{1.2.11}$$

因为,在直角坐标系中

$$\boldsymbol{r}_2=x_2\boldsymbol{i}+y_2\boldsymbol{j}+z_2\boldsymbol{k}$$
$$\boldsymbol{r}_1=x_1\boldsymbol{i}+y_1\boldsymbol{j}+z_1\boldsymbol{k}$$

所以

$$\begin{aligned}\Delta\boldsymbol{r}&=(x_2-x_1)\boldsymbol{i}+(y_2-y_1)\boldsymbol{j}+(z_2-z_1)\boldsymbol{k}\\&=\Delta x\boldsymbol{i}+\Delta y\boldsymbol{j}+\Delta z\boldsymbol{k}\end{aligned} \tag{1.2.12}$$

其大小,即位移 $\Delta\boldsymbol{r}$ 的模 $|\Delta\boldsymbol{r}|$ 为

$$|\Delta\boldsymbol{r}|=\sqrt{\Delta x^2+\Delta y^2+\Delta z^2} \tag{1.2.13}$$

其方向由 P_1 指向 P_2,在SI中,位移的单位为米(m)。

2. 路程

路程(distance)是质点从 P_1 到 P_2 沿曲线所走过的实际轨迹的长度。如图1.2.5所示,有

$$\Delta s = \overset{\frown}{P_1 P_2}$$

在这里应指出以下要注意的三点：

(1) 位移 $\Delta \boldsymbol{r}$ 和路程 Δs 不同，位移 $\Delta \boldsymbol{r}$ 是矢量，它只反映某段时间内始末质点位置的变化，不涉及质点位置变化过程的细节，其大小虽然等于由 P_1 到 P_2 的直线距离，但并不意味着质点是从 P_1 沿直线移动到 P_2。路程 Δs 是标量，涉及质点位置变化过程的细节，而且总有 $\Delta s \geqslant |\Delta \boldsymbol{r}|$，只是在质点做单向直线运动时才有 $\Delta s = |\Delta \boldsymbol{r}|$。但是在 $\Delta t \to 0$ 的极限情况下，有 $\mathrm{d}s = |\mathrm{d}\boldsymbol{r}|$。另外，当始末位置 P_1、P_2 一定时，位移是唯一确定的，但从 P_1 到 P_2 可有许许多多不同的路程(图 1.2.5)。

(2) 位移 $\Delta \boldsymbol{r}$ 的大小和位矢大小的增量 Δr 一般是不相等的。即

$$|\Delta \boldsymbol{r}| = |\boldsymbol{r}_2 - \boldsymbol{r}_1| \geqslant \Delta r = |\boldsymbol{r}_2| - |\boldsymbol{r}_1|$$

只有在 $\boldsymbol{r}_1$ 和 $\boldsymbol{r}_2$ 方向相同的情况下 $\Delta \boldsymbol{r}$ 的大小 $|\Delta \boldsymbol{r}|$ 与 Δr 才相等。这与一个矢量的大小就等于它的模的表示 $A = |\boldsymbol{A}|$ 是不同的。

(3) 位移 $\Delta \boldsymbol{r}$ 和位矢 $\boldsymbol{r}$ 不同，位矢确定某一时刻质点的位置，位移则描述某段时间内始末质点位置的变化。对于相对静止的不同坐标系来说，位矢依赖于坐标系的选择，而位移则与所选取的坐标系无关(图 1.2.6)。

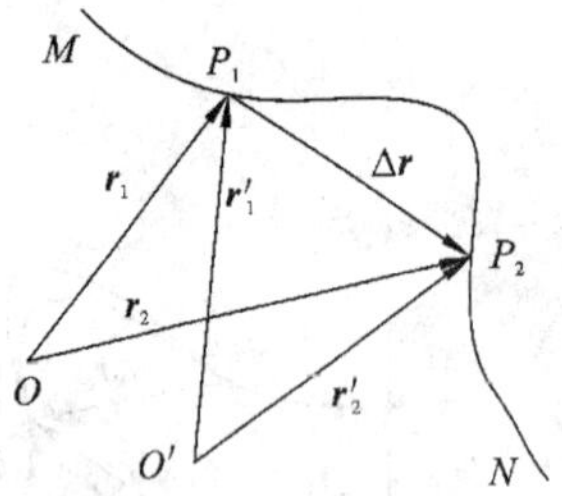

图 1.2.6　对于不同的坐标原点，质点的位矢不同，但位移相同

1.2.3　速度　速率

1. 速度

为了说明质点运动的方向和快慢，可以粗略地计算质点在 Δt 时间内的平均速度，它等于质点在 Δt 时间内位置矢量的平均变化率，亦即等于 $\Delta \boldsymbol{r}$ 与 Δt 的比值. 用 $\overline{\boldsymbol{v}}$ 表示

$$\overline{\boldsymbol{v}} = \frac{\boldsymbol{r}_2 - \boldsymbol{r}_1}{\Delta t} = \frac{\Delta \boldsymbol{r}}{\Delta t} \tag{1.2.14}$$

平均速度是矢量，其方向与位移 $\Delta \boldsymbol{r}$ 的方向相同，大小为

$$|\overline{\boldsymbol{v}}| = \left|\frac{\Delta \boldsymbol{r}}{\Delta t}\right| = \frac{|\Delta \boldsymbol{r}|}{\Delta t} \tag{1.2.15}$$

因为质点运动的方向和快慢可能时刻在改变着，Δt 取得越短，近似的程度就越好。为了精确真实地反映出质点在各个瞬时的运动状态，可将时间 Δt 无限减小，并使之趋近于零，即取式(1.2.14) 在 $\Delta t \to 0$ 时的极限值，有

$$\boldsymbol{v} = \lim_{\Delta t \to 0} \frac{\Delta \boldsymbol{r}}{\Delta t} = \frac{\mathrm{d}\boldsymbol{r}}{\mathrm{d}t} \tag{1.2.16}$$

这样，质点的平均速度就会趋向一个确定的极限矢量，如图 1.2.7 所示。这个极限矢量称为 t 时刻质点的瞬时速度，简称**速度**(velocity)。速度 $\boldsymbol{v}$ 是矢量，大小描述质点在 t 时刻运动的快慢，方向就是 t 时刻质点运动的方向，即点 P 所在处的轨道切线方向，并指向质点的运动方向。

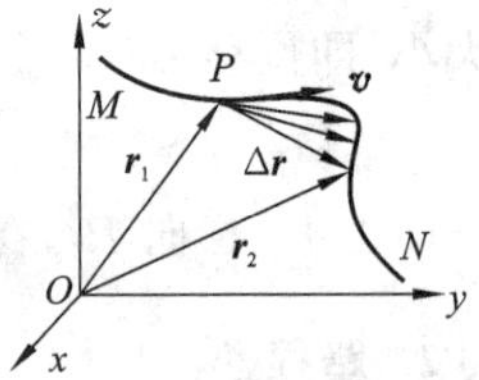

图 1.2.7　质点的平均速度和速度

显然，质点在某一时刻的瞬时速度等于该时刻的位置矢量对时间的一阶导数，或位置矢量随时间的变化率。

关于速度 $\boldsymbol{v}$，应当明确它有以下三个特点：

(1) 矢量性。$\boldsymbol{v}$ 是矢量，既有大小，又有方向。速度的合成与分解，应遵循平行四边形法则。

(2) 瞬时性。速度描写的是某时刻的速度，所谓匀速直线运动，实际上是各个时刻速度都相同。

(3) 相对性。对于不同的参考系来，速度的大小和方向是不相同的。

2. 速率

平均速率的定义为

$$\bar{v} = \frac{\Delta s}{\Delta t} \tag{1.2.17}$$

即质点在 Δt 时间内的平均速率等于路程 Δs 与时间 Δt 的比值。由于 $\Delta s \geqslant |\Delta \boldsymbol{r}|$，所以平均速率一般不等于平均速度的大小。

$$v = \lim_{\Delta t \to 0} \frac{\Delta s}{\Delta t} = \frac{\mathrm{d}s}{\mathrm{d}t}$$

由于在 $\Delta t \to 0$ 时，$\mathrm{d}s = |\mathrm{d}\boldsymbol{r}|$，则 $\frac{\mathrm{d}s}{\mathrm{d}t} = \left|\frac{\mathrm{d}\boldsymbol{r}}{\mathrm{d}t}\right|$，可见瞬时速率就是瞬时速度的大小，即

$$|\boldsymbol{v}| = v = \lim_{\Delta t \to 0} \frac{\Delta s}{\Delta t} = \frac{\mathrm{d}s}{\mathrm{d}t} = \frac{|\mathrm{d}\boldsymbol{r}|}{\mathrm{d}t} = \left|\frac{\mathrm{d}\boldsymbol{r}}{\mathrm{d}t}\right| \tag{1.2.18}$$

速度和速率在量值上都是长度与时间之比，其 SI 单位是 $\mathrm{m \cdot s^{-1}}$。

3. 速度 $\boldsymbol{v}$ 的直角坐标分量

因
$$\boldsymbol{r} = \boldsymbol{r}(t) = x(t)\boldsymbol{i} + y(t)\boldsymbol{j} + z(t)\boldsymbol{k}$$
故
$$\boldsymbol{v} = \frac{\mathrm{d}\boldsymbol{r}}{\mathrm{d}t} = \frac{\mathrm{d}x}{\mathrm{d}t}\boldsymbol{i} + \frac{\mathrm{d}y}{\mathrm{d}t}\boldsymbol{j} + \frac{\mathrm{d}z}{\mathrm{d}t}\boldsymbol{k} = v_x\boldsymbol{i} + v_y\boldsymbol{j} + v_z\boldsymbol{k} \tag{1.2.19}$$

式中 v_x, v_y, v_z 分别是 $\boldsymbol{v}$ 在 x, y, z 方向上投影的大小，即速度 $\boldsymbol{v}$ 的直角坐标分量为

$$v_x = \frac{\mathrm{d}x}{\mathrm{d}t}, \quad v_y = \frac{\mathrm{d}y}{\mathrm{d}t}, \quad v_z = \frac{\mathrm{d}z}{\mathrm{d}t} \tag{1.2.20}$$

速度的大小（速率）为

$$v = \sqrt{v_x^2 + v_y^2 + v_z^2} = \sqrt{\left(\frac{\mathrm{d}x}{\mathrm{d}t}\right)^2 + \left(\frac{\mathrm{d}y}{\mathrm{d}t}\right)^2 + \left(\frac{\mathrm{d}z}{\mathrm{d}t}\right)^2}$$

其方向可由三个方向余弦

$$\cos\alpha = \frac{v_x}{v}, \quad \cos\beta = \frac{v_y}{v}, \quad \cos\gamma = \frac{v_z}{v}$$

来确定（图 1.2.8），其中的 α, β, γ 分别是 $\boldsymbol{v}$ 与 Ox, Oy, Oz 轴的夹角。

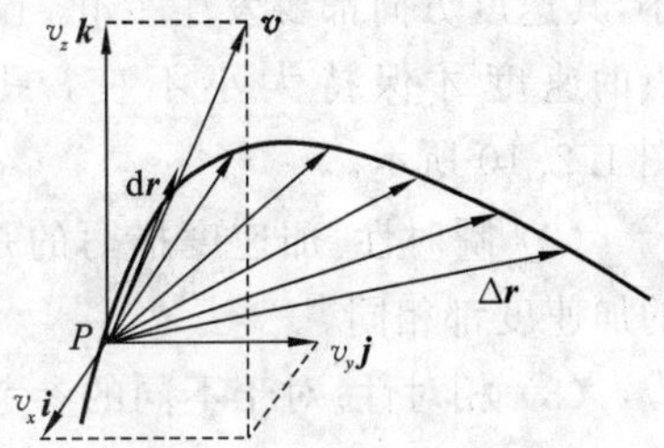

图 1.2.8　速度的直角坐标分量

对于质点仅在 Oxy 平面上运动的二维情况,质点的速度$\boldsymbol{v}$仅有 v_x 和 v_y 两分量,方向可由与 Ox 轴的夹角 $\varphi = \arctan \frac{v_y}{v_x}$ 表示。

1.2.4　加速度　切向加速度和法向加速度

1. 加速度

质点运动时,它的速度大小和方向都可能随时间而变化,为了描述质点的速度变化的快慢和方向,我们引入加速度的概念。

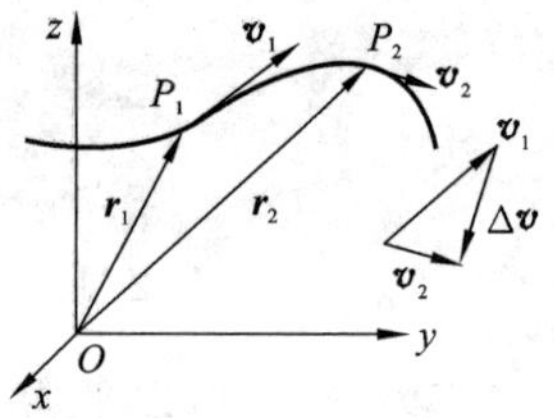

图 1.2.9　速度增量

如图 1.2.9 所示,设质点在时刻 t 的速度为$\boldsymbol{v}_1$,到时刻 $t+\Delta t$ 的速度为$\boldsymbol{v}_2$,则定义质点在 Δt 时间内的平均加速度为

$$\bar{\boldsymbol{a}} = \frac{\boldsymbol{v}_2 - \boldsymbol{v}_1}{\Delta t} = \frac{\Delta \boldsymbol{v}}{\Delta t} \tag{1.2.21}$$

平均加速度是矢量,其方向与速度增量 $\Delta\boldsymbol{v}$ 的方向相同,大小为 $\left|\frac{\Delta \boldsymbol{v}}{\Delta t}\right|$。显然,$\Delta t$ 取得越短,近似程度越好。

在 $\Delta t \to 0$ 时,取式(1.2.21)的极限,就得到在时刻 t 的瞬时加速度,简称**加速度**(acceleration),即

$$\boldsymbol{a} = \lim_{\Delta t \to 0} \frac{\Delta \boldsymbol{v}}{\Delta t} = \frac{\mathrm{d}\boldsymbol{v}}{\mathrm{d}t} \tag{1.2.22}$$

若以$\boldsymbol{v} = \frac{\mathrm{d}\boldsymbol{r}}{\mathrm{d}t}$ 代入上式,加速度 $\boldsymbol{a}$ 也可表示为

$$\boldsymbol{a} = \frac{\mathrm{d}^2 \boldsymbol{r}}{\mathrm{d}t^2} \tag{1.2.23}$$

可见质点在某时刻的瞬时加速度等于该时刻速度矢量对时间的一阶导数,或位置矢量对时间的二阶导数。在 SI 中,加速度的单位是米 / 秒^2($\mathrm{m \cdot s^{-2}}$)。

关于加速度 $\boldsymbol{a}$,应当明确它有以下三个特点:

(1) 矢量性。加速度是矢量,其方向就是 $\Delta t \to 0$ 时速度增量 $\Delta\boldsymbol{v}$的极限方向。要注意加速度 $\boldsymbol{a}$ 的方向一般与同一时刻的速度$\boldsymbol{v}$ 的方向不同,在质点做曲线运动时,加速度的方向总是指向轨迹曲线凹的一侧。若 $\boldsymbol{a}$ 与 $\boldsymbol{v}$ 成锐角,质点的速率增加;成钝角则质点的速率减小,其速度方向都要发生变化。仅当 $\boldsymbol{a}$ 垂直于$\boldsymbol{v}$ 时,质点的速度才保持大小不变,只改变运动方向,如图 1.2.10 所示。

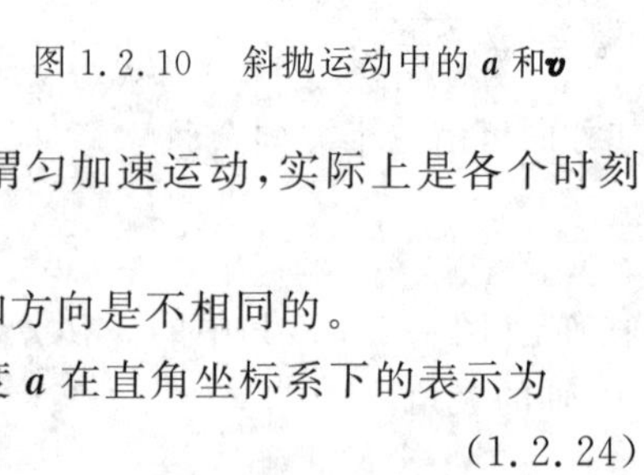

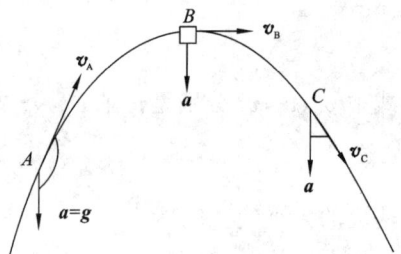

图 1.2.10　斜抛运动中的 $\boldsymbol{a}$ 和$\boldsymbol{v}$

(2) 瞬时性。加速度描写的是某时刻的加速度。所谓匀加速运动,实际上是各个时刻的加速度都相同。

(3) 相对性。对于不同的参考系来,加速度的大小和方向是不相同的。

以 a_x, a_y, a_z 代表$\boldsymbol{a}$ 在 x, y, z 方向上投影,则加速度 $\boldsymbol{a}$ 在直角坐标系下的表示为

$$\boldsymbol{a} = a_x \boldsymbol{i} + a_y \boldsymbol{j} + a_z \boldsymbol{k} \tag{1.2.24}$$

所以加速度 $\boldsymbol{a}$ 的直角坐标分量式为

$$a_x=\frac{\mathrm{d}v_x}{\mathrm{d}t}=\frac{\mathrm{d}^2x}{\mathrm{d}t^2},\quad a_y=\frac{\mathrm{d}v_y}{\mathrm{d}t}=\frac{\mathrm{d}^2y}{\mathrm{d}t^2},\quad a_z=\frac{\mathrm{d}v_z}{\mathrm{d}t}=\frac{\mathrm{d}^2z}{\mathrm{d}t^2} \tag{1.2.25}$$

加速度的大小为

$$a=\sqrt{a_x^2+a_y^2+a_z^2}$$

其方向可由三个方向余弦

$$\cos\alpha=\frac{a_x}{a},\quad \cos\beta=\frac{a_y}{a},\quad \cos\gamma=\frac{a_z}{a}$$

来确定，其中的 α,β,γ 分别是 $\boldsymbol{a}$ 与 Ox,Oy,Oz 轴的夹角。

这时要指出：v_x,v_y,v_z,a_x,a_y,a_z 都是可正可负的量。两者之间的关系要由具体运动情况决定。如图 1.2.11 所示的质点在 xy 平面沿曲线运动的情况。当质点在点 P 处时，其 a_x 与 v_x 符号相同，这说明质点运动在 x 轴的投影是做加速运动；而其 a_y 和 v_y 的符号相反，这说明质点运动在 y 轴上的投影是做减速运动。由此可见，仅由 a_x,a_y 和 a_z 本身的正负并不能断定质点是在做加速运动，还是在做减速运动。

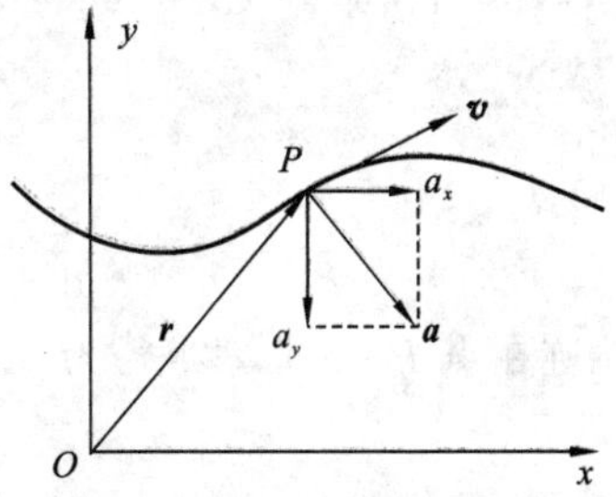

图 1.2.11　直角坐标系中的加速度

2. 切向加速度和法向加速度

在质点做平面曲线运动，且已知运动轨迹的情况下，可采用一种“自然坐标系”，在自然坐标系中表述质点运动的速度和加速度特别方便和直观。

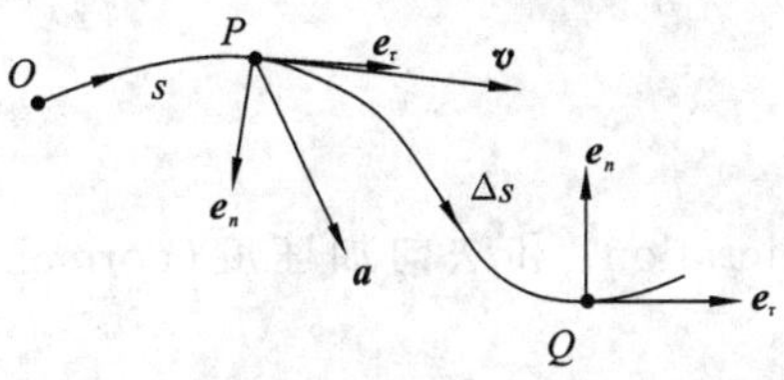

图 1.2.12　自然坐标系

如图 1.2.12 所示，所谓**自然坐标系**（natural coordinates），就是在质点的轨迹曲线上选定任意一点 O 为坐标原点，以质点与原点间的轨迹长度 s 来确定质点的位置，s 为自然坐标，当质点运动时，就有

$$s=s(t)$$

这就是自然坐标系下质点的运动方程。在 t 到 $t+\Delta t$ 时间内，自然坐标之差为

$$\Delta s=s(t+\Delta t)-s(t)$$

就是质点运动的路程。

为了描述质点的运动，可在任一时刻，于质点所在处，取两个相互垂直的单位矢量 $\boldsymbol{e}_\tau$ 和 $\boldsymbol{e}_n$：$\boldsymbol{e}_\tau$ 是该点沿轨迹切线方向且指向质点运动方向的切向单位矢量；$\boldsymbol{e}_n$ 是在该点与切向正交，并指向轨迹曲线凹侧的法向单位矢量。虽然 $\boldsymbol{e}_\tau$ 和 $\boldsymbol{e}_n$ 的大小恒等于 1，但一般情况下，它们的方向都是随质点在轨迹上的运动（亦随时间）而变化的，因此都不是常矢量。

在自然坐标系中，速度的方向由质点所在处轨迹的切线方向所决定，因此速度可表示为

$$\boldsymbol{v}=v\boldsymbol{e}_\tau=\frac{\mathrm{d}s}{\mathrm{d}t}\boldsymbol{e}_\tau \tag{1.2.26}$$

可见在自然坐标系中,质点运动的速度只有切向分量,没有法向分量。

根据加速度的定义,$\boldsymbol{a}=\frac{\mathrm{d}\boldsymbol{v}}{\mathrm{d}t}$,则

$$\boldsymbol{a}=\frac{\mathrm{d}}{\mathrm{d}t}\left(\frac{\mathrm{d}s}{\mathrm{d}t}\boldsymbol{e}_\tau\right)=\frac{\mathrm{d}^2s}{\mathrm{d}t^2}\boldsymbol{e}_\tau+\frac{\mathrm{d}s}{\mathrm{d}t}\frac{\mathrm{d}\boldsymbol{e}_\tau}{\mathrm{d}t} \tag{1.2.27}$$

因为在自然坐标系中切向单位矢量 $\boldsymbol{e}_\tau$ 的方向是随质点位置变化的(见图 1.2.13),当质点在 t 到 $t+\Delta t$ 时间内,由 P_1 处运动到 P_2 处,$\boldsymbol{e}_\tau$ 大小虽未变化,但方向已有了改变。$\boldsymbol{e}_\tau$ 的增量为

$$\Delta\boldsymbol{e}_\tau=\boldsymbol{e}_\tau(t+\Delta t)-\boldsymbol{e}_\tau(t)$$

图 1.2.13 中,$\Delta\theta$ 为 P_1 和 P_2 两点切线间的夹角,在当 $\Delta t\to 0$ 时,$\Delta\theta$ 很小并趋于零,应有

$$\Delta\boldsymbol{e}_\tau=(1\times\Delta\theta)\boldsymbol{e}_n=\Delta\theta\boldsymbol{e}_n$$

因此

$$\frac{\mathrm{d}\boldsymbol{e}_\tau}{\mathrm{d}t}=\lim_{\Delta t\to 0}\frac{\Delta\boldsymbol{e}_\tau}{\Delta t}=\lim_{\Delta t\to 0}\frac{\Delta\theta}{\Delta t}\boldsymbol{e}_n=\frac{\mathrm{d}\theta}{\mathrm{d}t}\boldsymbol{e}_n$$

设轨迹在点 P_1 的曲率半径为 ρ(曲线上不同点处,曲率半径 ρ 一般不同),则因

$$\rho=\frac{\mathrm{d}s}{\mathrm{d}\theta},\quad v=\frac{\mathrm{d}s}{\mathrm{d}t}$$

故有

$$\frac{\mathrm{d}\boldsymbol{e}_\tau}{\mathrm{d}t}=\frac{\mathrm{d}\theta}{\mathrm{d}t}\boldsymbol{e}_n=\frac{\mathrm{d}\theta}{\mathrm{d}s}\frac{\mathrm{d}s}{\mathrm{d}t}\boldsymbol{e}_n=\frac{v}{\rho}\boldsymbol{e}_n$$

再将此结果代入式(1.2.27),即得

$$\boldsymbol{a}=\frac{\mathrm{d}^2s}{\mathrm{d}t^2}\boldsymbol{e}_\tau+\frac{1}{\rho}\left(\frac{\mathrm{d}s}{\mathrm{d}l}\right)^2\boldsymbol{e}_n=\frac{\mathrm{d}v}{\mathrm{d}t}\boldsymbol{e}_\tau+\frac{v^2}{\rho}\boldsymbol{e}_n \tag{1.2.28}$$

若用 a_τ 和 a_n 代表 $\boldsymbol{a}$ 切向和法向分量(图 1.2.14),则

$$\boldsymbol{a}=a_\tau\boldsymbol{e}_\tau+a_n\boldsymbol{e}_n$$

做平面曲线运动的质点的**切向加速度**(tangential acceleration)和**法向加速度**(normal acceleration)分别为

$$\begin{cases}a_\tau=\dfrac{\mathrm{d}^2s}{\mathrm{d}t^2}=\dfrac{\mathrm{d}v}{\mathrm{d}t}\\[2ex] a_n=\dfrac{1}{\rho}\left(\dfrac{\mathrm{d}s}{\mathrm{d}t}\right)^2=\dfrac{v^2}{\rho}\end{cases} \tag{1.2.29}$$

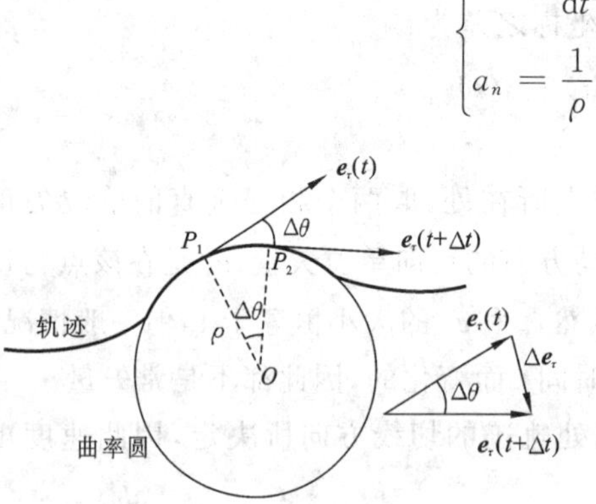

图 1.2.13　$\boldsymbol{e}_\tau$ 的增量

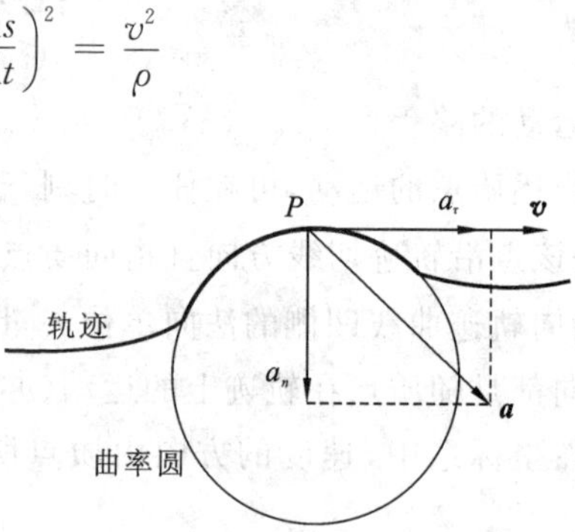

图 1.2.14　切向加速度和法向加速度

加速度的大小为

$$a = |\boldsymbol{a}| = \sqrt{a_\tau^2 + a_n^2} = \sqrt{\left(\frac{\mathrm{d}v}{\mathrm{d}t}\right)^2 + \left(\frac{v^2}{\rho}\right)^2} \tag{1.2.30}$$

可见,由于做曲线运动的质点运动的加速度方向一般与速度方向不同,我们可将加速度按平行于速度和垂直于速度两个方向分解为自然坐标系的切向和法向分量。这样,切向加速度描述速度大小的改变,法向加速度不仅反映速度方向的改变,还反映了轨道的弯曲程度,因它与运动轨迹的曲率有关。质点在运动时,如果同时具有法向加速度和切向加速度,那么速度的方向和大小都将同时改变,这时质点将做一般曲线运动;如果法向加速度恒为零,切向加速度不为零,此时质点将做变速直线运动;如果切向加速度恒为零,法向加速度不为零,这时速度只有方向的变化,而没有大小的变化,此时质点将做匀速率曲线运动,所以直线运动和匀速率曲线运动都可视为一般曲线运动的特殊情况。

1.3　几种典型的质点运动

在前面的讨论中,我们注意到用矢量来描述质点运动时,可以非常简洁地说明质点的位矢、位移、速度和加速度等之间的相互关系。对于给定的参考系,矢量描述与具体坐标系的选择无关,因此便于作一般性的定义陈述和公式推导。但是在进行具体问题计算时,我们还需根据具体问题的特点,选择适当的坐标系。下面我们将根据具体问题的特点,选择适当的坐标系,讨论几种典型的质点运动。

1.3.1　直线运动

物体(质点)的轨迹是直线的运动叫**直线运动**(linear motion)。由于在直线运动中,位移、速度、加速度各矢量都在一条直线上,所以,可以把有关各量作为标量处理,用"+"、"−"号表示方向。为此建立一个与轨迹相重合的一维坐标系,如图 1.3.1 所示,用坐标 x 来描写质点在任一时刻的位置,即

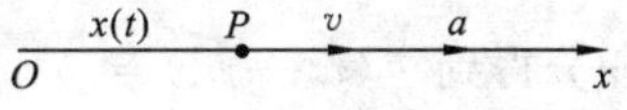

图 1.3.1　直线运动

质点的运动方程为

$$x = x(t)$$

速度表达式为

$$v = \frac{\mathrm{d}x}{\mathrm{d}t}$$

加速度的表达式为

$$a = \frac{\mathrm{d}v}{\mathrm{d}t} = \frac{\mathrm{d}^2 x}{\mathrm{d}t^2}$$

一般的直线运动,加速度是 t 函数,或是位置 x 的函数,如果加速度 a 是常量,用积分法推导可得出中学熟知的匀变速直线运动的一些基本公式。

设质点沿 x 轴做匀加速直线运动时,加速度 a 为某一恒量,初始状态 $t = 0$ 时,初坐标 $x = x_0$,初速度 $v = v_0$。因为

$$\frac{\mathrm{d}v}{\mathrm{d}t} = a, \quad \mathrm{d}v = a\mathrm{d}t$$

应用初始条件 $t=0$ 时，$v=v_0$，对上式两边取积分，有

$$\int_{v_0}^{v} \mathrm{d}v = \int_0^t a\,\mathrm{d}t$$

积分得 $v-v_0=at$，即

$$v = v_0 + at \tag{1.3.1}$$

这就是质点做匀加速直线运动中速度的时间函数式。

再依 $v=\frac{\mathrm{d}x}{\mathrm{d}t}$，将式(1.3.1)写为$\frac{\mathrm{d}x}{\mathrm{d}t}=v_0+at$，分离变量，有

$$\mathrm{d}x = (v_0 + at)\mathrm{d}t$$

应用初始条件 $t=0$ 时，$x=x_0$，对上式两边取积分，有

$$\int_{x_0}^{x} \mathrm{d}x = \int_0^t (v_0 + at)\mathrm{d}t$$

积分，得

$$x - x_0 = v_0 t + \frac{1}{2}at^2 \tag{1.3.2}$$

这就是质点做匀加速直线运动的位移公式。

根据式(1.3.1)得到质点的运动方程

$$x = x_0 + v_0 t + \frac{1}{2}at^2 \tag{1.3.3}$$

利用变量变换，加速度的数学表达式可改写为

$$a = \frac{\mathrm{d}v}{\mathrm{d}t} = \frac{\mathrm{d}v}{\mathrm{d}x}\cdot\frac{\mathrm{d}x}{\mathrm{d}t} = v\frac{\mathrm{d}v}{\mathrm{d}x}$$

分离变量，则有 $v\mathrm{d}v = a\mathrm{d}x$，两边取积分，有

$$\int_{v_0}^{v} v\,\mathrm{d}v = \int_{x_0}^{x} a\,\mathrm{d}x$$

积分得到$\frac{1}{2}(v^2 - v_0^2) = a(x - x_0)$，整理后，有

$$v^2 = v_0^2 + 2a(x - x_0) \tag{1.3.4}$$

这就是质点做匀加速直线运动时，质点的位移$(x-x_0)$(中学也用符号 s 表示)和初速度 v_0、末速度 v 之间的关系式。式(1.3.1)、式(1.3.3)、式(1.3.4)就是大家在中学物理课程中最熟知的公式。

最常见的匀加速直线运动是自由落体运动，它是在空气阻力可以忽略的条件下，一个物体由于重力的作用从静止开始下落的运动，其轨迹就是一条竖直线。正如大家所知道的，在地球上同一地点的所有物体，不管它们的形状、大小、化学成分等如何，自由下落的加速度都一样，这一加速度就叫**重力加速度**，用 $\boldsymbol{g}$ 表示。在不同地点，重力加速度略有不同，地面附近的 $\boldsymbol{g}$ 值大小大约为

$$g = 9.81\ \mathrm{m\cdot s^{-2}}$$

将式(1.3.1)、式(1.3.3)、式(1.3.4)用于自由落体运动可以方便地得到其对应的公式。

1.3.2 平面曲线运动

物体(质点)的轨迹是在一个平面内的曲线运动叫**曲线运动**(curvilinear motion)，分

析曲线运动可以用直角坐标系，也可用自然坐标系，视问题的方便来选取。

1. 抛体运动

在地球表面附近不太大的范围内，重力加速度 $\boldsymbol{g}$ 可看成是常矢量。在忽略空气阻力的情况下，向空中任意方向以一定的初速度抛出一物体，物体将在重力作用下，沿一抛物线运动而落向地面。这种在竖直平面内因抛射而引起的运动称为**抛体运动**(projectile motion)。

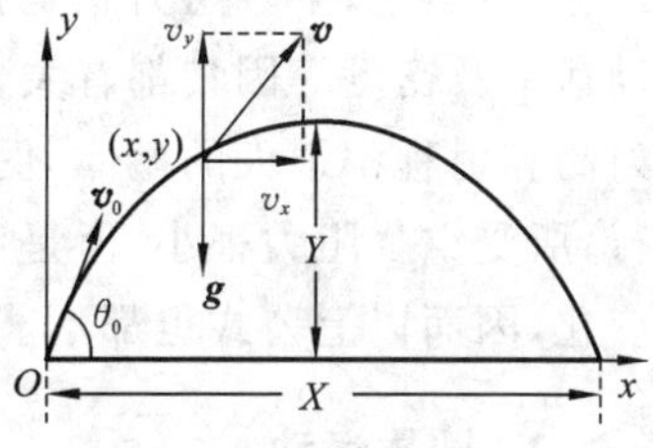

图 1.3.2　抛体运动

设一物体以初速度 $\boldsymbol{v}_0$ 在竖直平面内从地面斜向上抛出，选取平面直角坐标系，如图 1.3.2 所示。$\boldsymbol{v}_0$ 与 x 轴成 θ_0 角，坐标原点 O 为起抛点，x 轴和 y 轴分别沿水平和竖直方向，抛体沿 x 轴方向做匀速运动，沿 y 轴方向做以 $a=-g$ 的匀加速运动，据上述条件可列出

$$a_x=\frac{\mathrm{d}v_x}{\mathrm{d}t}=0,\quad a_y=\frac{\mathrm{d}v_y}{\mathrm{d}t}=-g$$

对上面两式分离变量后，两边取积分，有

$$\int_{v_{Ox}}^{v_x}\mathrm{d}v_x=0,\quad \int_{v_{Oy}}^{v_y}\mathrm{d}v_y=-\int_0^t g\,\mathrm{d}t$$

代初始条件 $t=0$ 时，$v_{Ox}=v_0\cos\theta_0$，$v_{Oy}=v_0\sin\theta_0$，积分得速度的两个分量与时间的函数式

$$v_x=v_{Ox}=v_0\cos\theta_0 \tag{1.3.5}$$

$$v_y=v_{Oy}=v_0\sin\theta_0-gt \tag{1.3.6}$$

又因为 $v_x=\dfrac{\mathrm{d}x}{\mathrm{d}t}=v_0\cos\theta_0$，$v_y=\dfrac{\mathrm{d}y}{\mathrm{d}t}=v_0\sin\theta_0-gt$，和初始条件 $t=0$ 时，$x_0=0$，$y_0=0$，则有

$$\int_0^x\mathrm{d}x=\int_0^t v_0\cos\theta_0\,\mathrm{d}t$$

$$\int_0^y\mathrm{d}y=\int_0^t(v_0\sin\theta_0-gt)\,\mathrm{d}t$$

积分得位矢的两个分量与时间的函数式，即运动方程为

$$x=v_0\cos\theta_0 t \tag{1.3.7}$$

$$y=v_0\sin\theta_0 t-\frac{1}{2}gt^2 \tag{1.3.8}$$

在直角坐标系中，抛体运动的位矢方程可表示为

$$\boldsymbol{r}=v_0\cos\theta_0 t\boldsymbol{i}+\left(v_0\sin\theta_0 t-\frac{1}{2}gt^2\right)\boldsymbol{j}$$

从中可看出，位矢方程在坐标系中分解为分量式，实际上反映了运动的叠加性，表明了质点的运动是各分运动的矢量合成。从上式中消去 t，得到抛体的轨迹方程为

$$y=x\tan\theta_0-\frac{g}{2v_0^2\cos^2\theta_0}x^2 \tag{1.3.9}$$

该式描述其运动轨迹是一条通过原点的抛物线。从以上几式可求出(由读者自证)物体在

运动中的射高 Y(即高出抛出点的最大距离) 和射程 X(即回落到与抛出点的高度相同时所经过的水平距离) 为

$$Y = \frac{v_0^2 \sin\theta_0^2}{2g}, \quad X = \frac{v_0^2 \sin 2\theta_0}{g}$$

以上关于抛体运动的公式只有在空气阻力极小,重力加速度 g 看成常量的情况下才成立。事实上,空气阻力总是存在的,运动物体受到的空气阻力和它本身的形状、大小、运动速率及密度等因素都有关,其中运动速率的影响更为显著,射程会大大降低。再者,对于射高和射程都很大的抛体,例如洲际弹道导弹,虽然弹头大部分时间内都在大气层以外飞行,所受空气阻力很小,但是由于在这样大的范围内,重力加速度的大小和方向都有明显变化,因而以上公式也都不能应用。

2. 圆周运动

圆周运动是一种常见的比较简单而基本的曲线运动(曲率半径 $\rho = R$,R 为常数)。例如,各种机器上转动的轮子,除轮轴中心以外,物体中每一个质点做的都是圆周运动,只是半径不同。所以圆周运动又是研究物体绕轴转动时的基础。根据圆周运动的特点,质点的位置、速度、加速度既可用线量表示,也可用角量表示,并且在自然坐标系中描述圆周运动物理意义更清晰。

当质点在半径为 R 的圆周上运动时[图 1.3.3(a)],质点的运动方程,即弧长与时间的函数关系为

$$s = s(t)$$

又由于弧长与所对应的圆心角 θ 有关系 $s = R\theta$(θ 称为**角坐标**),在 t 到 $t+\Delta t$ 的 Δt 时间内,质点对 O' 的**角位移**就是 $\Delta\theta$,弧位移 $\Delta s = R\Delta\theta$。

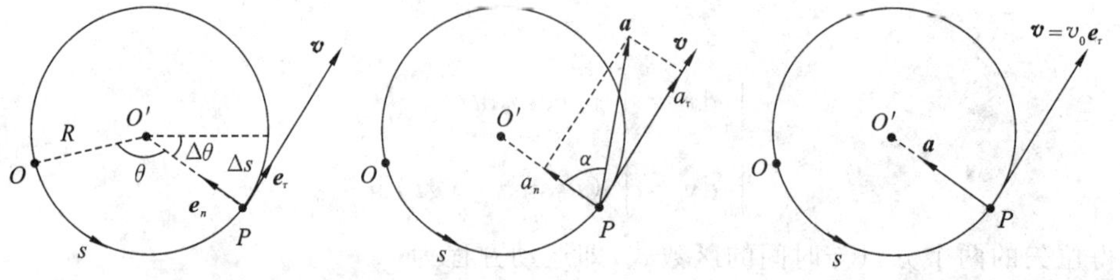

(a)　　(b)　　(c)

图 1.3.3　圆周运动

与速度和加速度的定义类似,可定义 t 时刻质点对 O' 的**瞬时角速度**(简称**角速度**) 为

$$\omega = \lim_{\Delta t \to 0} \frac{\Delta\theta}{\Delta t} = \frac{d\theta}{dt} \tag{1.3.10}$$

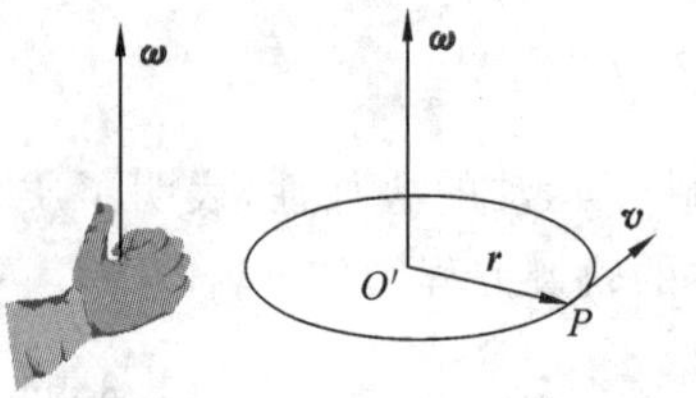

图 1.3.4　角速度

角速度 $\boldsymbol{\omega}$ 是矢量,其方向垂直于质点的运动平面,其指向由右手螺旋定则确定,即右手四指顺质点的运动方向,大拇指所指的方向就是 $\boldsymbol{\omega}$ 的正方向,如图1.3.4 所示。

t 时刻质点对 O' 的**瞬时角加速度**(简称**角加速度**) 为

$$\beta=\lim_{\Delta t\to 0}\frac{\Delta\omega}{\Delta t}=\frac{\mathrm{d}\omega}{\mathrm{d}t}=\frac{\mathrm{d}^2\theta}{\mathrm{d}t^2} \tag{1.3.11}$$

角加速度 $\boldsymbol{\beta}$ 也是矢量，方向是 $\mathrm{d}\boldsymbol{\omega}$ 的方向，在圆周运动中，与角速度 $\boldsymbol{\omega}$ 的方向可以相同(加速运动)，也可以相反(减速运动)。

角坐标和角位移的单位是弧度(rad)，角速度和角加速度的单位分别是弧度 / 秒($\mathrm{rad\cdot s^{-1}}$)、弧度 / 秒^2($\mathrm{rad\cdot s^{-2}}$)。关于角速度、角加速度更多的讨论见 3.1 节。

因此，做圆周运动质点的速率、切向和法向加速度分别为

$$v=\frac{\mathrm{d}s}{\mathrm{d}t}=\frac{\mathrm{d}}{\mathrm{d}t}(R\theta)=R\frac{\mathrm{d}\theta}{\mathrm{d}t}=R\omega \tag{1.3.12}$$

$$a_\tau=\frac{\mathrm{d}v}{\mathrm{d}t}=R\frac{\mathrm{d}\omega}{\mathrm{d}t}=R\beta \tag{1.3.13}$$

$$a_n=\frac{v^2}{\rho}=\frac{(R\omega)^2}{R}=R\omega^2 \tag{1.3.14}$$

以上三式给出了质点做圆周运动时，线量和角量的关系。

总加速度为

$$\boldsymbol{a}=a_\tau\boldsymbol{e}_\tau+a_n\boldsymbol{e}_n$$

其大小为

$$a=|\boldsymbol{a}|=\sqrt{a_\tau^2+a_n^2}=\sqrt{(R\beta)^2+\left(\frac{v^2}{R}\right)^2}=\sqrt{(R\beta)^2+(R\omega^2)^2} \tag{1.3.15}$$

其方向可用 $\boldsymbol{a}$ 与法向的夹角 α[图 1.3.3(b)] 来表示

$$\alpha=\arctan\frac{a_\tau}{a_n} \tag{1.3.16}$$

在匀速率圆周运动中，它的速度的大小即速率保持不变，但速度的方向在不断变化，所以加速度只有法向分量，且始终指向圆心[图 1.3.3(c)]，故称为**向心加速度**(centripetal acceleration)，因此对匀速率圆周运动，有

$$v=v_0=R\omega=\text{常数}$$

$$a_\tau=0$$

$$\boldsymbol{a}=a_n\boldsymbol{e}_n=\frac{v^2}{R}\boldsymbol{e}_n=R\omega^2\boldsymbol{e}_n$$

在一般圆周运动中，质点速度的大小和方向都在改变，加速度的方向不指向圆心，在切向和法向上都有投影。如果切向加速度与速度方向相同，质点做加速圆周运动；如果切向加速度与速度方向相反，质点做减速圆周运动。

如果角加速度 β 为常数，则质点做匀变速圆周运动，如 $t=0$ 时，$\theta=\theta_0$，$\omega=\omega_0$，那么由式(1.3.10)、式(1.3.11)，采用推导式(1.3.1)、式(1.3.3)、式(1.3.4) 类似的方法可得

$$\omega=\omega_0+\beta t$$

$$\theta=\theta_0+\omega t+\frac{1}{2}\beta t^2$$

$$\omega^2=\omega_0^2+2\beta(\theta-\theta_0)$$

可见，匀变速圆周运动的角量关系与匀变速直线运动的线量关系相似。

在一般平面曲线运动中,其法向加速度和匀速率圆周运动的法向加速度相似,它只能改变速度方向而不改变速度的大小;而其切向加速度则和直线运动中的加速度相似,它只改变质点速度的大小。

1.3.3 运动学的两类基本问题

在运动学中,通常所说"质点的运动状态"是指由它的位矢和速度共同确定的状态,由前面的讨论可知,运动方程是运动学的核心,有了运动方程,即可求出质点任一时刻的位置、速度和加速度,了解质点运动的全部过程。实际遇到的运动学问题中有两类基本问题,即求导类型和积分类型。

1. 求导类型

若已知质点的运动方程(常可以用由已知条件及几何关系得到),求任意时刻的速度和加速度,这类问题原则上可以应用速度和加速度的定义

$$\boldsymbol{v}=\frac{\mathrm{d}\boldsymbol{r}}{\mathrm{d}t},\quad \boldsymbol{a}=\frac{\mathrm{d}\boldsymbol{v}}{\mathrm{d}t}=\frac{\mathrm{d}^2\boldsymbol{r}}{\mathrm{d}t^2}$$

将已知的 $\boldsymbol{r}(t)$ 函数对时间求导的方法求解。

例 1.3.1 质点在 Oxy 平面上运动,其运动方程为

$$x(t)=R\cos\omega t \quad 和 \quad y(t)=R\sin\omega t$$

其中 R 和 ω 为正值常量,求:

(1) 质点的轨迹方程;

(2) 质点任意时刻的位矢、速度和加速度。

解 (1) 依所给运动方程,得到其在 Oxy 直角坐标系中的分量式为

$$x(t)=R\cos\omega t$$
$$y(t)=R\sin\omega t$$

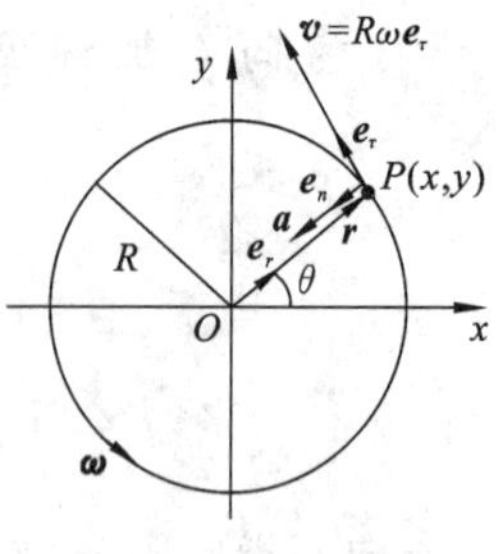

图 1.3.5 例 1.3.1 图

对以上两式分别取平方,然后相加就可消除 t 而得到轨迹方程

$$x^2+y^2=R^2$$

这是一个圆心在原点、半径为 R 的圆(圆面在 Oxy 平面内),表明质点沿此圆周运动(图 1.3.5)。

(2) 对在 Oxy 平面上运动的质点,其任意时刻的位矢可表示为

$$\boldsymbol{r}=\boldsymbol{r}(t)=R\cos\omega t\,\boldsymbol{i}+R\sin\omega t\,\boldsymbol{j}$$

此位矢的大小为

$$r=\sqrt{x^2+y^2}=\sqrt{(R\cos\omega t)^2+(R\sin\omega t)^2}=R$$

与 x 轴之间的夹角为

$$\theta=\arctan\frac{y}{x}=\arctan\frac{\sin\omega t}{\cos\omega t}=\omega t$$

质点任意时刻的速度可由位矢对时间求导得出,有

$$\boldsymbol{v}=\frac{\mathrm{d}\boldsymbol{r}}{\mathrm{d}t}=\frac{\mathrm{d}}{\mathrm{d}t}(R\cos\omega t)\boldsymbol{i}+\frac{\mathrm{d}}{\mathrm{d}t}(R\sin\omega t)\boldsymbol{j}=-R\omega\sin\omega t\boldsymbol{i}+R\omega\cos\omega t\boldsymbol{j}$$

它沿两个坐标轴的分量分别为

$$v_x=\frac{\mathrm{d}x}{\mathrm{d}t}=\frac{\mathrm{d}}{\mathrm{d}t}(R\cos\omega t)=-R\omega\sin\omega t$$

$$v_y=\frac{\mathrm{d}y}{\mathrm{d}t}=\frac{\mathrm{d}}{\mathrm{d}t}(R\sin\omega t)=R\omega\cos\omega t$$

其速率

$$v=\sqrt{v_x^2+v_y^2}=\sqrt{(-R\omega\sin\omega t)^2+(R\omega\cos\omega t)^2}=R\omega$$

为常数，表明质点是做匀速率圆周运动，ω 正是其角速度，所以可求得做匀速率圆周运动质点的周期

$$T=\frac{2\pi R}{v}=\frac{2\pi}{\omega}$$

以 φ 表示速度方向与 x 轴之间的夹角，则

$$\tan\varphi=\frac{v_y}{v_x}=-\frac{\cos\omega t}{\sin\omega t}=-\cot\omega t$$

从而有

$$\varphi=\omega t+\frac{\pi}{2}=\theta+\frac{\pi}{2}$$

这也说明，速度在任何时刻总与位矢垂直，即沿着圆的切线方向，所以其速度也可表示为

$$\boldsymbol{v}=v\boldsymbol{e}_\tau=R\omega\boldsymbol{e}_\tau$$

质点任意时刻的加速度为

$$\boldsymbol{a}=\frac{\mathrm{d}\boldsymbol{v}}{\mathrm{d}t}=\frac{\mathrm{d}}{\mathrm{d}t}(-R\omega\sin\omega t)\boldsymbol{i}+\frac{\mathrm{d}}{\mathrm{d}t}(R\omega\cos\omega t)\boldsymbol{j}=-R\omega^2\cos\omega t\boldsymbol{i}-R\omega^2\sin\omega t\boldsymbol{j}$$

此加速度的大小为

$$a=\sqrt{a_x^2+a_y^2}=\sqrt{(-R\omega^2\cos\omega t)^2+(-R\omega^2\sin\omega t)^2}=R\omega^2=\frac{v^2}{R}$$

又由上面位矢以及速率的表示式，还可得

$$\boldsymbol{a}=-\omega^2\boldsymbol{r}=-\frac{v^2}{R}\boldsymbol{e}_r=\frac{v^2}{R}\boldsymbol{e}_n$$

式中，$\boldsymbol{e}_r$ 是位矢的径向单位矢量(见图 1.3.5)，与该点的法向单位矢量 $\boldsymbol{e}_n$ 方向相反。这说明在任意时刻，质点加速度的方向和位矢的方向永远相反，也就是说，匀速率圆周运动的加速度始终指向圆心，即是向心加速度。

需要指出的是，本题给出的 x、y 两个函数式实际上表示的是沿 x 和 y 两个垂直方向的简谐振动(参见本书 4.6 节的相关内容)，说明了运动的独立性和叠加性，这两个振动的合成是一个匀速圆周运动。

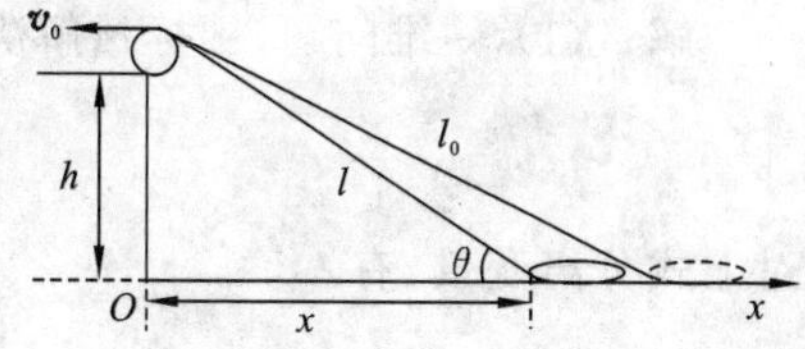

图 1.3.6　例 1.3.2 图

例 1.3.2　如图 1.3.6 所示，湖中有一小船，有人用绳绕过岸上一定高度 h 处的定滑轮拉湖中的船向岸边运动。设该人以匀速率 v_0 收绳，绳不伸长、湖水静

止。试求:当船距岸边为 x 时,船的速度和加速度。

解 建立坐标系如图 1.3.6 所示,设 $t=0$ 起始时的绳长为 l_0,任意 t 时刻,绳长为 l,船的位置为 x。显然,船在运动,l、x 都是 t 的函数。依题意,有

$$l=l_0-v_0t,\quad \frac{\mathrm{d}l}{\mathrm{d}t}=-v_0,\quad \frac{\mathrm{d}^2l}{\mathrm{d}t^2}=0$$

由几何关系,有

$$x^2=l^2-h^2$$

将上式两边对时间 t 求导,得

$$2x\frac{\mathrm{d}x}{\mathrm{d}t}=2l\frac{\mathrm{d}l}{\mathrm{d}t}$$

则小船在任意位置 x 的速度为

$$v=\frac{\mathrm{d}x}{\mathrm{d}t}=\frac{l}{x}\frac{\mathrm{d}l}{\mathrm{d}t}=\frac{l}{x}(-v_0)=-v_0\frac{\sqrt{x^2+h^2}}{x}$$

式中,"—"表示小船的运动方向与 x 轴正向相反,即船向左运动。

对速度求导,可得到船在任意位置 x 的加速度为

$$a=\frac{\mathrm{d}v}{\mathrm{d}t}=-\frac{v_0}{x^2}\left(x\frac{\mathrm{d}l}{\mathrm{d}t}-l\frac{\mathrm{d}x}{\mathrm{d}t}\right)=-\frac{v_0}{x^2}(-xv_0-lv)=-\frac{v_0^2h^2}{x^3}$$

注意:小船在任意时刻 t 的位置,即运动方程为

$$x=\sqrt{l^2-h^2}=\sqrt{(l_0-v_0t)^2-h^2}$$

所以小船做变加速直线运动,v 与 a 都是位置的函数,也是时间的函数。

2. 积分类型

若已知质点的加速度(或速度)和初始条件,求速度和运动方程,这类问题原则上可以应用积分的方法求解,即

$$\int_{\boldsymbol{v}_0}^{\boldsymbol{v}}\mathrm{d}\,\boldsymbol{v}=\int_{t_0}^{t}\boldsymbol{a}\mathrm{d}t\quad 和\quad \int_{\boldsymbol{r}_0}^{\boldsymbol{r}}\mathrm{d}\boldsymbol{r}=\int_{t_0}^{t}\boldsymbol{v}\,\mathrm{d}t$$

当然并非所有的问题都能积出来,而且矢量积分比较麻烦,一般要采用坐标分量的形式具体计算。

例 1.3.3 已知质点的加速度 $a=(9-12t)$(SI),沿 x 轴运动,$t=0$ 时,$x_0=0$,$v_0=0$。求:

(1) 任意 t 时刻质点的速度函数;

(2) 第 2 s 内质点的位移;

(3) 第 2 s 内质点走过的路程。

解 (1) 一维问题,用标量解决即可。依题给条件,有

$$a=\frac{\mathrm{d}v}{\mathrm{d}t}=9-12t$$

对上式分离变量,有

$$\mathrm{d}v=(9-12t)\mathrm{d}t$$

应用初始条件,对上式两边取定积分,有

$$\int_0^{v(t)} \mathrm{d}v = \int_0^t a\,\mathrm{d}t = \int_0^t (9-12t)\,\mathrm{d}t$$

作定积分，得任意 t 时刻质点的速度函数

$$v(t) = 9t - 6t^2$$

方向：若 $v(t) > 0$，沿 x 轴正向；若 $v(t) < 0$，沿 x 轴负向。

(2) 根据速度的定义和上面的计算，有

$$v(t) = \frac{\mathrm{d}x}{\mathrm{d}t} = 9t - 6t^2$$

对上式分离变量，有

$$\mathrm{d}x = (9t - 6t^2)\,\mathrm{d}t$$

依题意求第 2 s 内质点的位移，即从 $t_1 = 1$ s 到 $t_2 = 2$ s 积分，有

$$x_2 - x_1 = \int_{x_1}^{x_2} \mathrm{d}x = \int_1^2 (9t - 6t^2)\,\mathrm{d}t = \left(\frac{9}{2}t^2 - 2t^3\right)\Bigg|_1^2$$

解得第 2 s 内质点的位移为

$$\Delta x = x_2 - x_1 = -0.5(\mathrm{m})$$

式中，"—" 表示位移的方向沿 x 轴负向(图 1.3.7)。

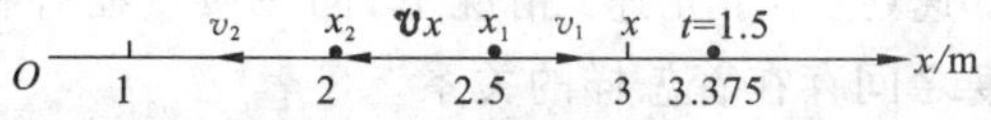

图 1.3.7　例 1.3.3 图

(3) 为了求第 2 s 内质点走过的路程，要先找出 $v(t)$ 反向(反符号) 的时刻，即 $v(t) = 0$ 的时刻，由 $v(t) = 9t - 6t^2 = 0$，解得 $t = 1.5$ s。

$$\Delta s = \int_1^2 |v(t)|\,\mathrm{d}t = \int_1^{1.5} (9t - 6t^2)\,\mathrm{d}t + \int_{1.5}^2 (6t^2 - 9t)\,\mathrm{d}t = 2.25(\mathrm{m})$$

可见，位移与路程是不同的。

例 1.3.4　一气球以速率 v_0 从地面上升，由于风的影响，随着高度的上升，气球的水平速度按 $v_x = by$(b 是大于零的常数) 增大，y 是从地面算起的高度，取 x 轴水平向右为正方向。

(1) 计算气球的运动方程；

(2) 求气球的轨迹方程；

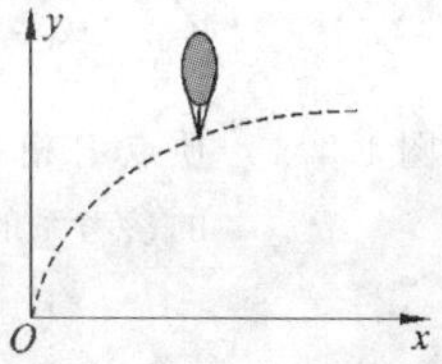

图 1.3.8　例 1.3.4 图

解　(1) 取平面直角坐标系 Oxy(图 1.3.8)，令 $t = 0$ 时气球位于坐标原点(地面处点 O)，依题意已知

$$v_x = by,\quad v_y = v_0$$

因气球沿 y 方向是匀速上升，所以有

$$y = v_0 t \qquad ①$$

而

$$v_x = \frac{\mathrm{d}x}{\mathrm{d}t} = by = bv_0 t$$

或

$$\mathrm{d}x = bv_0 t\,\mathrm{d}t$$

对上式两边取定积分

$$\int_0^x \mathrm{d}x = \int_0^t bv_0 t\,\mathrm{d}t$$

解得

$$x = \frac{bv_0}{2}t^2 \qquad ②$$

气球的运动方程为

$$\boldsymbol{r} = \frac{bv_0}{2}t^2\boldsymbol{i} + v_0 t\boldsymbol{j}$$

(2) 从式 ① 和式 ② 中消除 t 得轨迹方程,有

$$y^2 = \frac{2v_0}{b}x$$

1.4 相对运动

前面曾指出,由于描述运动的相对性,选取不同的参考系,对同一物体运动的描述就会不同,现在要研究在低速(远小于光速)情况下,同一质点在有相对运动的两个参考系中的位移、速度和加速度之间存在着怎样的关系。

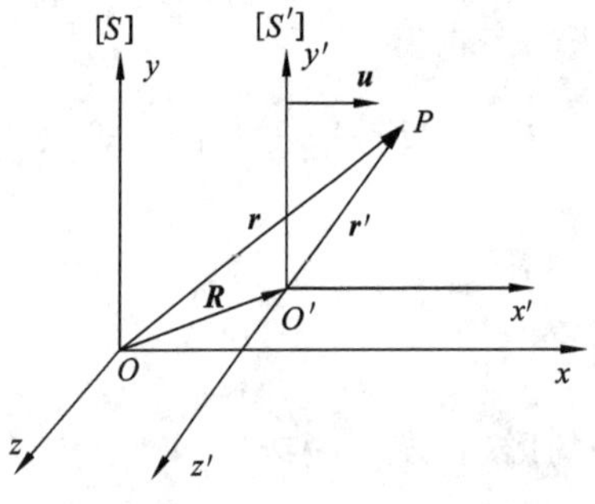

图 1.4.1 质点 P 相对两个有相对运动的参考系的位置矢量的关系

本节只考虑参考系 S' 相对于参考系 S 做平移运动的情况,即参考系 S' 的原点 O' 相对于参考系 S 做任意的直线或曲线运动,但它们的坐标轴的方向保持平行,S' 系对 S 系的速度 $\boldsymbol{u}$ 为常矢量且沿着 x 轴正方向,如图 1.4.1 所示。

设质点 P 在参考系 S 和参考系 S' 中的位矢、速度和加速度分别为 $\boldsymbol{r},\boldsymbol{v},\boldsymbol{a}$ 与 $\boldsymbol{r}',\boldsymbol{v}',\boldsymbol{a}'$,并以 $\boldsymbol{R}$ 代表 S' 系原点 O' 相对于 S 系原点 O 的位矢。从图 1.4.1 中可看出

$$\begin{cases} \boldsymbol{r} = \boldsymbol{r}' + \boldsymbol{R} \\ \boldsymbol{r}' = \boldsymbol{r} - \boldsymbol{R} \end{cases} \qquad (1.4.1)$$

式(1.4.1) 似乎一看就明白,非常简单,其实式子的成立是包含一定条件的。

先从 S 系讨论,它认为 $\boldsymbol{r}$ 和 $\boldsymbol{R}$ 是自己的观测值,而 $\boldsymbol{r}'$ 是 S' 系的观测值。只有 S 系测得 $\overrightarrow{O'P}$ 的量值确实与 $\boldsymbol{r}'$ 相同,对 S 系才有 $\boldsymbol{r} = \boldsymbol{r}' + \boldsymbol{R}$,这是因为矢量相加时,其各矢量必须是在同一参考系来测定的。

对 S' 系也是如此,只有 S' 系测得 $\overrightarrow{OP}$ 的量值确实等于 $\boldsymbol{r}$,对 S' 系才有 $\boldsymbol{r}' = \boldsymbol{r} - \boldsymbol{R}$,这是因为矢量相加时,其各矢量必须是由同一参考系来测定的。

可见式(1.4.1) 成立的条件是:空间两点的距离不管从哪个坐标系测量,结果都应相同,或者说同一段长度的测量结果与参考系的相对运动无关,这一结论称为**空间的绝对性或长度测量的绝对性**。

其次，运动的研究还离不开时间的测量。同一运动所经历的时间，由参考系 S 观测为 $\Delta t = t_2 - t_1$，由 S' 系观测为 $\Delta t' = t'_2 - t'_1$，日常经验告诉我们两者是相同的，有

$$\Delta t = \Delta t', \quad t = t'$$

这说明时间与参考系无关，同一段时间的测量结果与参考系的相对运动无关，这一结论称为**时间的绝对性**或**时间测量的绝对性**。因此 $\boldsymbol{R} = \boldsymbol{u}t = \boldsymbol{u}t'$。

为简单起见，如果 S' 和 S 两参考系的 x' 轴和 x 轴方向相同且重合，参考系 S' 对 S 系的速度 $\boldsymbol{u}$ 为常矢，且沿着 x 轴正方向，并约定在 O' 同 O 相重合的时刻为 $t = t' = 0$，则在上面两个结论的保证下，式(1.4.1)的分量表示为(图 1.4.2)

$$\begin{cases} x' = x - ut \\ y' = y \\ z' = z \\ t' = t \end{cases} \tag{1.4.2}$$

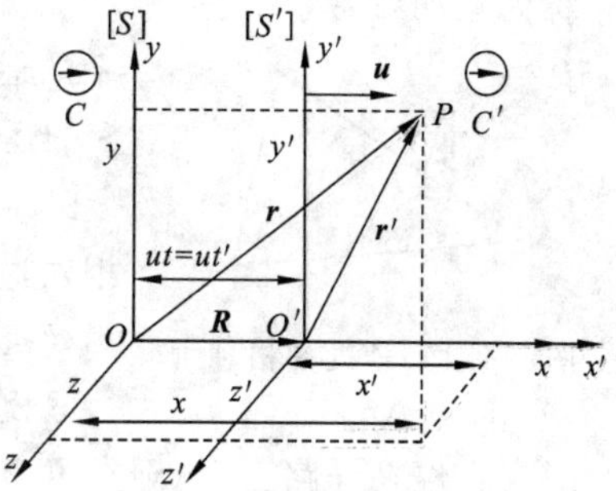

图 1.4.2　伽利略坐标变换

这个关系式称为**伽利略坐标变换式**。

要得到质点在 S' 和 S 两参考系中速度间的关系，只需将式(1.4.1)对时间 t 求导数

$$\frac{\mathrm{d}\boldsymbol{r}}{\mathrm{d}t} = \frac{\mathrm{d}\boldsymbol{r}'}{\mathrm{d}t} + \frac{\mathrm{d}\boldsymbol{R}}{\mathrm{d}t}$$

式中，t 是参考系 S 所计时间；$\frac{\mathrm{d}\boldsymbol{r}}{\mathrm{d}t}$ 是参考系 S 测出的质点的速度 $\boldsymbol{v}$。由时间绝对性 $t = t'$ 的条件，有 $\frac{\mathrm{d}\boldsymbol{r}'}{\mathrm{d}t} = \frac{\mathrm{d}\boldsymbol{r}'}{\mathrm{d}t'}$，从而这一项才能代表参考系 S' 测出的质点的速度 $\boldsymbol{v}'$，从而得到

$$\boldsymbol{v} = \frac{\mathrm{d}\boldsymbol{r}'}{\mathrm{d}t} + \frac{\mathrm{d}\boldsymbol{R}}{\mathrm{d}t} = \boldsymbol{v}' + \boldsymbol{u} \tag{1.4.3}$$

这就是经典力学的速度变换式，也称为**伽利略速度变换式**。

再由时间的绝对性 $t = t'$ 的条件，对式(1.4.3)应用微分法，得到质点在两参考系中的加速度的关系式

$$\frac{\mathrm{d}\boldsymbol{v}}{\mathrm{d}t} = \frac{\mathrm{d}\boldsymbol{v}'}{\mathrm{d}t} + \frac{\mathrm{d}\boldsymbol{u}}{\mathrm{d}t}$$

即

$$\boldsymbol{a} = \boldsymbol{a}' + \frac{\mathrm{d}\boldsymbol{u}}{\mathrm{d}t} \tag{1.4.4}$$

式中，$\frac{\mathrm{d}\boldsymbol{u}}{\mathrm{d}t}$ 为参考系 S' 和参考系 S 之间的相对运动的加速度，称为牵连加速度。如果两个参考系之间是匀速直线运动，则 $\frac{\mathrm{d}\boldsymbol{u}}{\mathrm{d}t} = 0$，有

$$\boldsymbol{a}' = \boldsymbol{a} \tag{1.4.5}$$

它表明质点的加速度对于相对做匀速直线运动的各个参考系是一个绝对量。

应当指出，长度测量和时间测量的绝对性形成了绝对空间和绝对时间，构成了经典力学的**绝对时空观**。式(1.4.1)～式(1.4.5)总称为**伽利略变换式**(Galileo transformation formula)，它们是从绝对时空观出发导出的结论。经典力学正是建立在这样一种绝对时空

观的基础之上的，而伽利略变换就是它的具体体现，但伽利略变换只对相对速度远小于光速的参考系中才成立，关于长度和时间的概念以及更为普遍的变换关系式(洛伦兹变换)将在第 8 章中详细讲述。

在经典力学中，伽利略速度变换式(1.4.3)是常用的计算相对速度的公式。习惯上，常把视为“静止”的参考系 S(如地面参考系)作为基本参考系，把相对 S 系运动的参考系 S' 称为运动参考系。质点相对于基本参考系 S 的运动称为绝对运动，质点相对于运动参考系的运动称为相对运动，而将运动参考系 S' 相对基本参考系 S 的运动称为牵连运动。这样，质点相对于基本参考系 S 的速度 $\boldsymbol{v}$ 称为**绝对速度**，质点相对于运动参考系 S' 的速度 $\boldsymbol{v}'$ 称为**相对速度**，而将运动参考系 S' 相对基本参考系 S 的速度 $\boldsymbol{u}$ 称为**牵连速度**。三者满足矢量三角形关系，如图 1.4.3 所示。

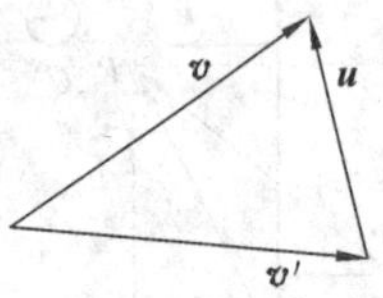

图 1.4.3　速度的相对性

例 1.4.1　如图 1.4.4(a)所示，一带篷的卡车，蓬高 $h=2\ \mathrm{m}$。当它停在马路上时，雨点可落入车内达到蓬后沿前方 $d=1\ \mathrm{m}$ 处，当它以 $15\ \mathrm{km\cdot h^{-1}}$ 的速率沿平直马路行驶时，雨滴恰好不能落入车内，求雨滴的速度。

解　此题涉及的有雨滴、地面、卡车三个对象，速度之间的关系要由伽利略速度变换来解决。设地面为 S 系(静系)，卡车为 S' 系(动系)，研究对象为雨滴。已知雨滴对地面的速度 $\boldsymbol{v}$ 的方向与地面夹角 $\alpha=\arctan\dfrac{h}{d}=63.4°$，卡车对地面的速度即牵连速度 $\boldsymbol{u}$ 的大小为 $15\ \mathrm{km\cdot h^{-1}}$，方向向左；雨滴对卡车的速度即相对速度 $\boldsymbol{v}'$ 的方向竖直向下，依

$$\boldsymbol{v}=\boldsymbol{v}'+\boldsymbol{u}$$

作三个速度的矢量关系，如图 1.4.4(b)所示，故要求的雨滴速度大小，即 $\boldsymbol{v}$ 的大小为

$$v=\frac{u}{\cos\alpha}=33.5\ \mathrm{km\cdot h^{-1}}$$

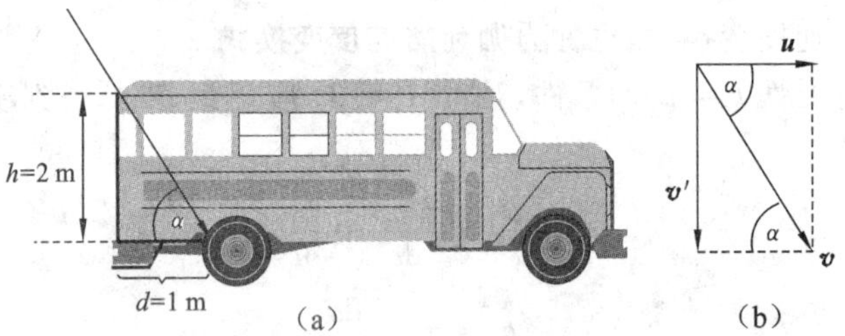

(a)　　　　(b)

图 1.4.4　例 1.4.5 图

思　考　题

1. 回答下列问题：

(1) 位矢、位移、路程有何区别？

(2) 瞬时速度和瞬时速率有何区别？

(3) 瞬时速度和平均速度的区别和联系是什么？

(4) 有人说,“平均速率等于平均速度的模”,又有人说,“$\left|\frac{\mathrm{d}\boldsymbol{r}}{\mathrm{d}t}\right| = \frac{\mathrm{d}r}{\mathrm{d}t}$”,试论述两种说法是否正确?

2. 描述质点加速度的物理量:$\frac{\mathrm{d}\boldsymbol{v}}{\mathrm{d}t}$, $\frac{\mathrm{d}v}{\mathrm{d}t}$, $\frac{\mathrm{d}v_x}{\mathrm{d}t}$ 有何不同?

3. 设质点的运动方程为 $x = x(t)$, $y = y(t)$,在计算质点的速度与加速度的数值时,有人先求出 $r = \sqrt{x^2 + y^2}$,然后按 $v = \frac{\mathrm{d}r}{\mathrm{d}t}$ 和 $a = \frac{\mathrm{d}^2 r}{\mathrm{d}t^2}$ 求出结果;又有人先计算出速度和加速度分量,再由公式 $v = \sqrt{v_x^2 + v_y^2}$ 及 $a = \sqrt{a_x^2 + a_y^2}$ 求出结果,你认为哪一种方法正确?为什么?

4. 如图1所示,质点做曲线运动,质点的加速度 $\boldsymbol{a}$ 是恒矢量($\boldsymbol{a}_1 = \boldsymbol{a}_2 = \boldsymbol{a}_3 = \boldsymbol{a}$)。试问质点是否能做匀变速率运动?

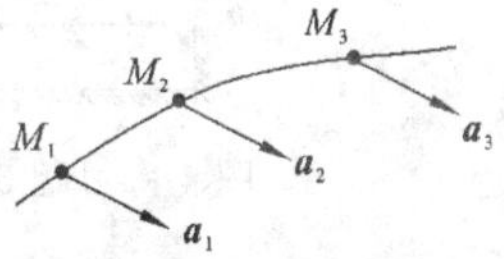

图1　思考题4图

5. 在图2所示的各图中质点 M 做曲线运动,指出哪些运动是不可能的?

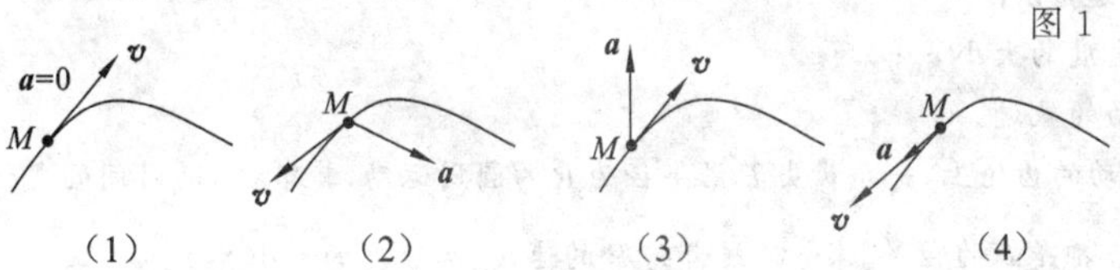

图2　思考题5图

6. 在单摆的运动、匀速率圆周运动、行星的椭圆轨道运动、抛体运动和圆锥摆运动这5种运动形式中,加速度 $\boldsymbol{a}$ 保持不变的运动是哪一种或哪几种?

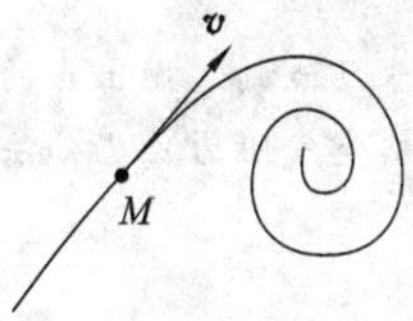

图3　思考题7图

7. 一质点沿螺旋线状的曲线自外向内运动,如图3所示。已知其走过的弧长与时间的一次方成正比。试问该质点加速度的大小是越来越大,还是越来越小?(已知法向加速度 $a_n = \frac{v^2}{\rho}$,其中 ρ 为曲线的曲率半径)

8. 匀加速运动是否一定是直线运动?匀速圆周运动是不是匀加速运动?

9. 在平稳的、做匀速直线运动的火车车厢中,有人铅直地向上抛出一石块,试分析下面现象:

(1) 石块能否仍然落到出发点?

(2) 在火车上静止的观察者看到石块运动的轨迹是怎样的?

(3) 在路基上的观察者看到石块运动的轨迹是怎样的?

10. 用桶装雨,假定雨相对地面的速率为 v,垂直落下,试问刮风和不刮风时哪一种情形能较快些盛满雨水?(设风的方向与地面平行)

习　题　1

1. 一质点沿直线运动,其运动学方程为 $x = 6t - t^2$(SI)。求:

(1) 在 t 由 0 ~ 4 s 的时间间隔内,质点的位移大小;

(2) 在 t 由 0 ~ 4 s 的时间间隔内质点走过的路程。

2. 质点运动学方程为 $\boldsymbol{r} = 2t\boldsymbol{i} + (4t^2 - 8)\boldsymbol{j}$(SI),试求:

(1) 质点的轨迹方程并画出轨迹曲线;

(2) 质点在 $t = 1$ s 和 $t = 2$ s 内的位移;

(3) 质点的速度以及在 $t = 1$ s 时速度的大小和方向?

(4) 质点的加速度以及在 $t = 1$ s 时加速度的大小和方向?

3. 一质点沿 x 轴做直线运动,其瞬时加速度已知为

$$a = -A\omega^2 \cos\omega t$$

在 $t=0$ 时，$v=0$，$x=A$，其中 A，ω 均为正的常量，求质点的运动学方程。

4. 一艘正在沿直线行驶的电艇，在发动机关闭后，其加速度方向与速度方向相反，大小与速度平方成正比，即 $\frac{dv}{dt}=-kv^2$，式中 k 为常量，发动机关闭时的速度是 v_0。如果电艇在关闭发动机后又行驶 x 距离，求此时的速度。

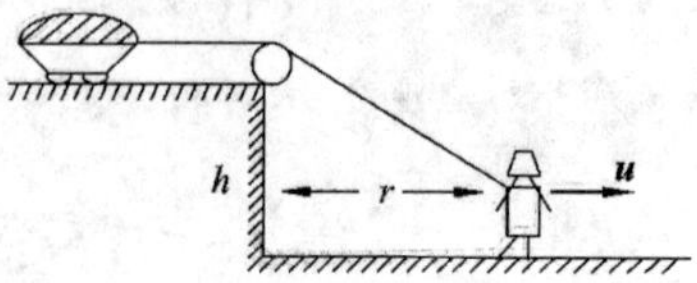

图 4 习题 5 图

5. 如图 4 所示，一人在水平地面上用绳拉小车前进，小车位于高 h 的水平平台上，人的速度 u 保持不变。试求当人距平台的水平距离为 r 时，小车的速度和加速度的大小。

6. 在 x-y 平面内有一运动质点，其运动学方程为 $\boldsymbol{r}=10\cos5t\boldsymbol{i}+10\sin5t\boldsymbol{j}$ (SI)。求：

(1) t 时刻的速度 $\boldsymbol{v}$；

(2) 切向加速度的大小 a_τ；

(3) 质点运动的轨迹。

7. 在一个转动的齿轮上，一个齿尖 P 沿半径为 R 的圆周运动，其路程 s 随时间的变化规律为 $s=v_0t+\frac{1}{2}bt^2$，其中 v_0 和 b 都是正的常量。求 t 时刻齿尖 P 的速度、加速度的大小。

8. 一质点从静止出发沿半径 $R=1\text{ m}$ 的圆周运动，其角加速度随时间 t 的变化规律是 $\beta=12t^2-6t$ (SI)，求：

(1) 质点的角速度 ω；

(2) 切向加速度 a_τ。

9. 质点在重力场中做斜上抛运动，初速度的大小为 v_0，与水平方向成 α 角。求质点到达抛出点的同一高度时的切向加速度、法向加速度以及该时刻质点所在处轨迹的曲率半径(忽略空气阻力)。已知法向加速度与轨迹曲率半径之间的关系为 $a_n=\frac{v^2}{\rho}$。

10. 一质点沿各坐标轴的运动学方程分别为

$$x=A\cos\omega t,\quad y=A\sin\omega t,\quad z=\frac{h}{2\pi}\omega t$$

式中 A、h、ω 都是大于零的常量。试求：

(1) 质点在 xyz 空间内运动的轨迹，质点在 xy 平面上分运动的轨迹方程；

(2) 质点在 z 方向上分运动的类型；

(3) 质点的速度大小和加速度的大小。

11. 当火车静止时，乘客发现雨滴下落方向偏向车头，偏角为 30°；当火车以 $35\text{ m}\cdot\text{s}^{-1}$ 的速率沿水平直路行驶时，发现雨滴下落方向偏向车尾，偏角为 45°。假设雨滴相对于地的速度保持不变，试计算雨滴相对地的速度大小。

12. 一飞机驾驶员想往正北方向航行，而风以 $60\text{ km}\cdot\text{h}^{-1}$ 的速度由东向西刮来，如果飞机的航速(在静止空气中的速率)为 $180\text{ km}\cdot\text{s}^{-1}$，试问驾驶员应取什么航向？飞机相对于地面的速率为多少？试用矢量图说明。

阅读材料

伽利略(G. Galileo，1564—1642)

伽利略(图 5)1564 年出生于意大利比萨城的一个没落贵族家庭。从小受到了良好的家庭教育。他从小表现聪颖，17 岁时被父亲送入比萨大学学医，但他对医学不感兴趣。由于受到一次数学演讲的启发，开始热衷于数学和物理学的研究，被数学和物理学所强烈吸引，并表现出他在实验和测量方面的非凡才能。

图5　伽利略

伽利略在25岁时被聘为比萨大学的数学教授。两年后，他离开比萨大学，去威尼斯的帕多瓦大学任教，一直到1610年，这一段时期是伽利略从事科学研究的黄金时期。在这里，他在力学、天文学等各方面都取得了累累硕果。由于他反对当时统治知识界的亚里士多德世界观和物理学，同时又由于他积极宣扬违背天主教教义的哥白尼太阳中心说，所以不断受到教授们的排挤以及教士们和罗马教皇的激烈反对，最后终于在1633年被罗马宗教裁判所强迫在写有“我悔恨我的过失，宣传了地球运动的邪说”的“悔罪书”上签字，并被判刑入狱（后不久改为在家监禁）。这使他的身体和精神都受到很大的摧残。但他仍致力于力学的研究工作。1637年双目失明。1642年他由于寒热病在孤寂中离开了人世，时年78岁。

伽利略的主要传世之作是两本书：一本是1632年出版的《关于两个世界体系的对话》，简称《对话》，主旨是宣扬哥白尼的太阳中心说；另一本是1638年出版的《关于力学和局部运动两门新科学的谈话和数学证明》，简称《两门新科学》。书中主要陈述了他在力学方面研究的成果。伽利略在科学上的贡献主要有以下几方面：

(1) 论证和宣扬了哥白尼学说，令人信服地说明了地球的公转、自转以及行星的绕日运动。他还用自制的望远镜仔细地观测了木星的4个卫星的运动，在人们面前展示了一个太阳系的模型，有力地支持了哥白尼学说。

(2) 论证了惯性运动，指出维持运动并不需要外力。这就否定了亚里士多德的“运动必须推动”的教条。不过伽利略对惯性运动理解还没有完全摆脱亚里士多德的影响，他也认为“维持宇宙完善秩序”的惯性运动“不可能是直线运动，而只能是圆周运动”。这个错误理解被他的同代人笛卡儿和后人牛顿纠正了。

(3) 论证了所有物体都以同一加速度下落。这个结论直接否定了亚里士多德的重物比轻物下落得快的说法。200多年后，从这个结论萌发了爱因斯坦的广义相对论。

(4) 用实验研究了匀加速运动。他通过使小球沿斜面滚下的实验测量验证了他推出的公式：从静止开始的匀加速运动的路程和时间的平方成正比。他还把这一结果推广到自由落体运动，即倾角为90°的斜面上的运动。

(5) 提出运动合成的概念，明确指出平抛运动是相互独立的水平方向的匀速运动和竖直方向的匀加速运动的合成，并用数学证明合成运动的轨迹是抛物线。他还根据这个概念计算出了斜抛运动在仰角45°时射程最大，而且比45°大或小同样角度时射程相等。

(6) 提出了相对性原理的思想。他生动地叙述了大船内的一些力学现象，并且指出船以任何速度匀速前进时这些现象都一样地进行，从而无法根据它们来判断船是否在动。这个思想后来被爱因斯坦发展为相对性原理而成了狭义相对论的基本假设之一。

(7) 发现了单摆的等时性，并证明了单摆振动的周期和摆长的平方根成正比。他还解释了共振和共鸣现象。

此外，伽利略还研究过固体材料的强度、空气的重量、潮汐现象、太阳黑子、月亮表面的隆起与凹陷等问题。

除了具体的研究成果外，伽利略还在研究方法上为近代物理学的发展开辟了道路，是他首先把实验引进物理学并赋予重要的地位，革除了以往只靠思辨下结论的恶习。他同时也很注意严格的推理和数学的运用，例如，他用消除摩擦的极限情况来说明惯性运动，推论大石头和小石头绑在一起下落应具有的速度来使亚里士多德陷于自相矛盾的困境，从而否定重物比轻物下落快的结论。这样的推理就能消除直觉的错误，从而更深入地理解现象的本质。爱因斯坦和英费尔德在《物理学的进化》一书中曾评论说：“伽利略的发现以及他所应用的科学的推理方法，是人类思想史上最伟大的成就之一，而且标志着物理学的真正开端。”

第2章 质点动力学与守恒定律

第1章讨论了质点运动学，即如何描述物体的运动，并不分析存在于运动之中的因果规律。本章将要讨论物体产生运动的原因和控制运动的方法，研究物体间相互作用的内在联系，说明运动的因果规律。在这一章中我们将从四个方面来阐明这些问题。第一，研究力的瞬时作用规律 —— 牛顿三大运动定律；第二，研究力的时间累积 —— 动量定理与动量守恒律；第三，研究力的空间累积 —— 动能定理与机械能守恒律；第四，研究力的转动效果 —— 角动量定理与角动量守恒律。

2.1 牛顿运动定律和惯性系

牛顿在他1687年出版的划时代名著《自然哲学的数学原理》一书中，提出了关于质点运动的三条基本规律，这三条定律统称为牛顿运动定律。以这三条定律为基础的力学体系叫牛顿力学或经典力学。它们是从大量实验事实中总结出来的，看来简单明确，却包含了丰富的物理概念、确切的数学表述、科学的研究方法和一些根本性的哲学问题，成为自然科学史上的第一次伟大结合。本节主要讨论牛顿运动定律的内容和有关基本概念。

2.1.1 牛顿运动定律

1. 牛顿运动定律的表述

牛顿第一定律(Newton first law)：任何物体都保持静止或匀速直线运动状态，直到其他物体对它的作用力迫使它改变这种状态为止。

牛顿第二定律(Newton second law)：物体的动量对时间的变化率与所加的外力成正比，并且发生在外力的方向上。

牛顿第三定律(Newton third law)：对于每一个作用，总有一个相等的反作用与之相反；或者说，两个物体对各自对方的相互作用总是相等的，而且指向相反的方向。

牛顿第一定律和两个力学的基本概念相联系，一个是物体的**惯性**(inertia)，它指物体本身要保持运动状态不变的性质和物体抵抗运动变化的性质；另一个是**力**(force)，它指迫使一个物体运动状态改变，即使它产生加速度的别的物体对它的作用。

此外，由于运动只有相对某一参考系来说明才有意义，所以牛顿第一定律也定义了一种参考系，即**惯性参考系**，简称**惯性系**(inertial system)。在惯性系中观察，一个不受力作用的物体将保持静止或匀速直线运动状态不变。因此牛顿第一定律也称为惯性定律。

牛顿第一定律只定性地指出了力和运动的关系。牛顿第二定律进一步给出了力和运动的定量关系。

以 $\boldsymbol{F}$ 表示作用在质点上的外力，以 $\boldsymbol{p}=m\boldsymbol{v}$ 表示质量为 m 的物体(理解为质点) 以速度 $\boldsymbol{v}$ 运动的动量，则其数学表达式(各量采用 SI 中的相应量纲) 为

$$\boldsymbol{F}=\frac{\mathrm{d}\boldsymbol{p}}{\mathrm{d}t}=\frac{\mathrm{d}(m\boldsymbol{v})}{\mathrm{d}t} \tag{2.1.1}$$

由于经典力学认为，物体的质量 m 与物体是否受力、是否运动无关，即与物体运动的速度无关。因此 m 被视为常量，所以上式可改写为

$$\boldsymbol{F}=m\frac{\mathrm{d}\boldsymbol{v}}{\mathrm{d}t}=m\frac{\mathrm{d}^2\boldsymbol{r}}{\mathrm{d}t^2}=m\boldsymbol{a} \tag{2.1.2}$$

在 SI 中，质量的单位是千克(kg)，加速度的单位是米 / 秒^2($\mathrm{m}\cdot\mathrm{s}^{-2}$)，力的单位是牛顿(N)，$1\ \mathrm{N}=1\ \mathrm{kg}\cdot\mathrm{m}\cdot\mathrm{s}^{-2}$。

在牛顿力学中，式(2.1.1) 与式(2.1.2) 完全等效，但需指出，式(2.1.1) 应该视为牛顿第二定律的基本的普遍形式。这一方面是因为物理学中动量这个概念比速度和加速度等更为普遍和重要；另一方面还因为现代实验已证明，当物体速度接近光速时，其质量已经明显和速度有关(见第 14 章)，因而式(2.1.2) 不再适用，但式(2.1.1) 却被实验证明仍然成立。

式(2.1.1) 和式(2.1.2) 原是对物体只受一个力的情况而言的，但实验证明：在一个物体同时受到几个力的作用时，这几个力的作用效果跟它们的合力的作用效果一样。换句话说，几个力同时作用在一个物体上所产生的加速度等于每个力单独作用于同一物体时所产生的加速度的矢量叠加。这一结论称为**力的叠加原理**或**力的独立性原理**。

如图 2.1.1 中，以 $\boldsymbol{F}_1$，$\boldsymbol{F}_2$ 表示同时作用在某个物体上的两个力，以 $\boldsymbol{F}$ 表示它们的矢量和，则力的叠加原理可表示为

$$\boldsymbol{F}=\boldsymbol{F}_1+\boldsymbol{F}_2$$

显然，如果同时作用在某个物体上有 n 个力，则

$$\boldsymbol{F}=\boldsymbol{F}_1+\boldsymbol{F}_2+\cdots+\boldsymbol{F}_n=\sum_{i=1}^{n}\boldsymbol{F}_i \tag{2.1.3}$$

这样，在实际问题中常用的牛顿第二定律的数学表达式(2.1.1) 和式(2.1.2) 中的 $\boldsymbol{F}$ 是由式(2.1.3) 所表示的物体所受的合外力。

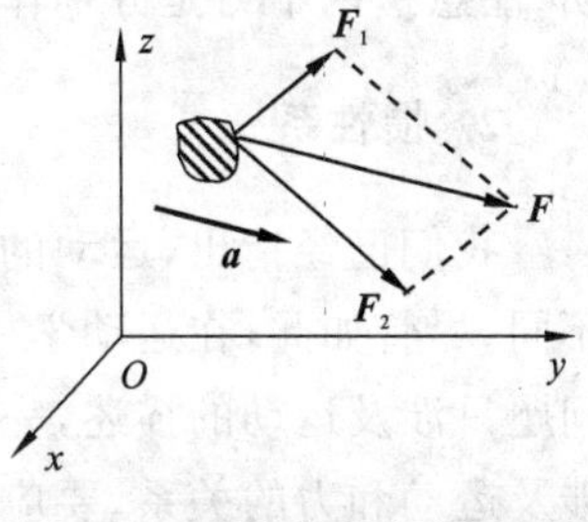

图 2.1.1　力的叠加原理

根据式(2.1.2) 可以比较物体的质量。用同样大小的力作用在两个质量分别为 m_{A} 和 m_{B} 的物体上，以 a_{A} 和 a_{B} 分别表示它们由此产生的加速度的数值，由式(2.1.2)，得

$$\frac{m_{\mathrm{A}}}{m_{\mathrm{B}}}=\frac{a_{\mathrm{B}}}{a_{\mathrm{A}}}$$

可见，在相同外力作用下，物体的加速度和质量成反比，质量大的物体获得的加速度小。这意味着质量大的物体抵抗运动变化的性质强，状态难以改变，也就是它的惯性大。因此可以说，质量是物体平动惯性大小的定量量度，正因为这样，由式(2.1.1) 和式(2.1.2) 所确定的质量称为物体的**惯性质量**(inertial mass)。

式(2.1.1) 和式(2.1.2) 是一个矢量式，在实际应用时，要用它在选定坐标系下的分量式，也是运动的分解问题。在直角坐标系中

$$
\begin{cases}
\sum_i F_{ix} = ma_x = m\dfrac{\mathrm{d}^2 x}{\mathrm{d}t^2} \\
\sum_i F_{iy} = ma_y = m\dfrac{\mathrm{d}^2 y}{\mathrm{d}t^2} \\
\sum_i F_{iz} = ma_z = m\dfrac{\mathrm{d}^2 z}{\mathrm{d}t^2}
\end{cases}
\tag{2.1.4}
$$

在自然坐标系中

$$
\begin{cases}
F_\tau = ma_\tau = m\dfrac{\mathrm{d}v}{\mathrm{d}t} \\
F_n = ma_n = m\dfrac{v^2}{\rho}
\end{cases}
\tag{2.1.5}
$$

牛顿第二定律定量表述了物体的加速度与所受外力之间的瞬时关系，指出了力是产生加速度的原因，而不是维持物体运动的原因。

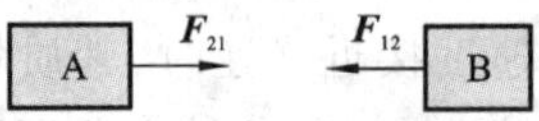

图 2.1.2　作用力与反作用力

关于牛顿第三定律，若当物体 A 以力 $\boldsymbol{F}_{21}$ 作用于物体 B 时，物体 B 同时也以力 $\boldsymbol{F}_{12}$ 作用在物体 A 上，力 $\boldsymbol{F}_{21}$ 和 $\boldsymbol{F}_{12}$ 总是大小相等，方向相反，同时作用而且在同一直线上。如图 2.1.2 所示，则这一定律的数学表达式可写为

$$
\boldsymbol{F}_{21} = -\boldsymbol{F}_{12} \tag{2.1.6}
$$

在式(2.1.6)中，如果 $\boldsymbol{F}_{21}$ 和 $\boldsymbol{F}_{12}$ 中的一个力称为作用力，另一个力就称为反作用力，因而牛顿第三定律又称为作用力和反作用力定律。指出力的物质性，是对作用力相互性的说明。注意这两个力是分别作用在两个物体上的，不可抵消。

2. 惯性系

我们已经指出，运动的描述是相对的。对于不同的参考系，同一物体的运动形式可以不同。尽管如此，在运动学中，相对于任意的参考系，运动的描述都是有意义的。因而如果问题只涉及运动的描述，完全以研究问题方便来任意选取参考系。但是，在动力学中，问题涉及运动和力的关系，要应用牛顿运动定律时，参考系就不能任意选取。

先看两个例子。站台上停着一辆小车 A，受力分析如图 2.1.3 所示。相对于地面参考系 S_1 进行分析，小车 A 停着，加速度为零。这是因为小车所受合外力 $\sum_i \boldsymbol{F}_i = 0$ 的缘故，这符合牛顿运动定律[图 2.1.3(a)]。如果从相对地面参考系以 $\boldsymbol{v}_0$ 做匀速直线运动的小车 S_2 中观察，虽然它认为站台上停着的那辆小车 A 不再静止，以 $-\boldsymbol{v}_0$ 做向左的匀速直线运动，但加速度仍为零，这也因为小车 A 所受合外力 $\sum_i \boldsymbol{F}_i = 0$ 的缘故，还是符合牛顿运动定律[图 2.1.3(b)]。如果以相对地面参考系以加速度 $\boldsymbol{a}_0$ 运动的小车 S_3 中观察，将发现小车 A 向车尾方向做 $-\boldsymbol{a}_0$ 的加速运动，此情况下小车受力情况并无变化，合外力 $\sum_i \boldsymbol{F}_i = 0$，但对应的加速度 $\boldsymbol{a} = -\boldsymbol{a}_0$ 却不为零，这是违背牛顿运动定律的[图 2.1.3(c)]。再看图 2.1.4 所示的绕垂直轴以 ω 匀速转动的水平转盘，当将小球放在转台上的径向滑槽中时，小球会沿滑槽离开中心向外滑去[图 2.1.4(a)]。如果将滑槽中的小球用弹簧连到转台中心轴上，

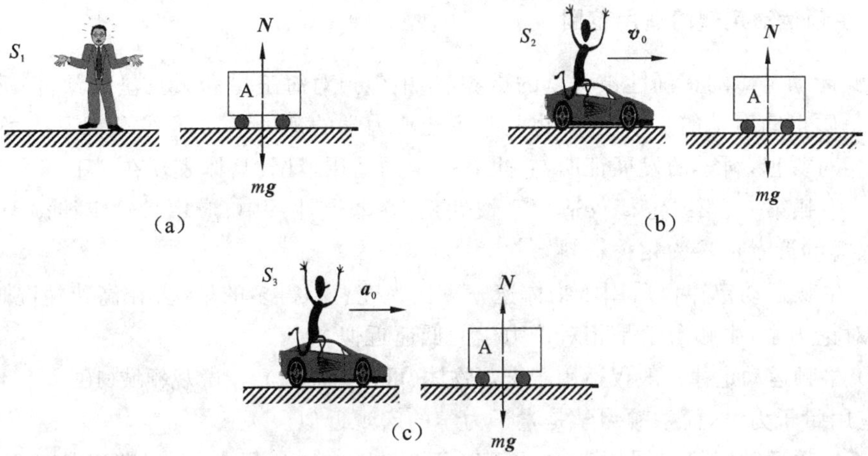

图 2.1.3　在不同参考系中观察小车 A 的运动

则会发现小球相对于转台静止时弹簧被拉长了。在地面参考系中观察，小球受到指向圆心的弹性力提供法向力 $F_n=-kx$，使小球具有法向加速度 $a_n=mr\omega^2$，这符合牛顿运动定律；但在转盘参考系中观察，小球受到指向圆心的弹性力 $F_n=-kx$ 作用，法向加速度 $a'_n=0$，合外力不为零，可是没有加速度，这是违背牛顿运动定律的[图2.1.4(b)]。

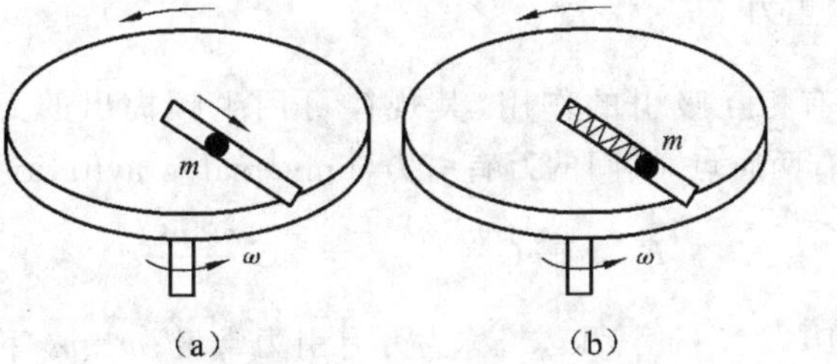

图 2.1.4　转动参考系

这样我们就知道，对有些参考系牛顿定律成立，对另一些参考系牛顿定律不成立。实际上，牛顿定律只在惯性系中才成立。惯性系就是牛顿第一定律定义的参考系，在此参考系中观察，一个不受力作用的物体将保持其静止或匀速直线运动状态不变。反之，牛顿定律不成立的参考系就叫作**非惯性系**(non-inertial system)。并非任何参考系都是惯性系，一个参考系是不是惯性系，要靠实验来判定。实验指出，对一般的力学现象来说，地面参考系是一个足够精确的惯性系，太阳系也是个很好的惯性系。惯性系有一个重要的性质，即如果我们确认了某一参考系为惯性系，则凡是相对一个惯性系做匀速直线运动的一切参考系都是惯性系；相对于一个已知惯性系做加速运动的参考系是非惯性系。如上面提到的加速运动的小车和旋转的圆盘，由于它们相对地面参考系有明显的加速度，所以不能再作为惯性系看待，相对于它们，也就不能直接运用牛顿定律。

3. 牛顿运动定律的适用范围

牛顿运动定律的正确性被大量的事实(其中包括对海王星和冥王星的预言)所证明,因此它是质点动力学的基本定律,也是整个经典力学的理论基础。但它仍然是人类知识长河中的相对真理,科学的发展证明,它也有一定的适用范围。具体表现在以下四个方面:

(1) 牛顿第一、第二定律仅适用于惯性系。在非惯性系中,应用牛顿定律须考虑惯性力(有兴趣的读者可参阅相关资料)。

(2) 牛顿运动定律仅适用于物体速率 v 比光速 c 小得多的情况。在高速情况下,必须应用相对论力学,牛顿力学是相对论力学的低速近似。

(3) 牛顿运动定律一般仅适用于宏观物体(可视为质点)。在微观领域($10^{-15} \sim 10^{-10}$ m)中,要应用量子力学,而牛顿力学是量子力学的宏观近似。

(4) 牛顿运动定律仅适用实物,不完全适用场。在电磁场中,要以普遍的动量守恒定律来代替牛顿第三定律。

2.1.2 力学中常见的几种力

牛顿第二定律反映了力和加速度之间的瞬时对应关系。在解决实际问题时,就要分析物体的受力情况。在力学中我们经常碰到以下几种力。

1. 万有引力和重力

一切物体均具有相互吸引的作用,其规律可用牛顿提出的万有引力定律描述。如图 2.1.5 所示,设有两质点,其间的**万有引力**(universal gravitation)用矢量形式表示为

$$\boldsymbol{F}_{21} = -G\frac{m_1 m_2}{r^3}\boldsymbol{r} = -G\frac{m_1 m_2}{r^2}\boldsymbol{e}_r \tag{2.1.7}$$

式中,$G = 6.67 \times 10^{-11}\ \mathrm{N \cdot m^2 \cdot kg^{-2}}$,称为万有引力常量;$m_1$、$m_2$ 称为两个质点的**引力质量**;$\boldsymbol{F}_{21}$ 表示 m_1 对 m_2 的作用力;$\boldsymbol{r}$ 是 m_2 相对于 m_1 的位矢;$\boldsymbol{e}_r$ 表示以 m_1 为原点指向 m_2 的单位矢量;负号表示 $\boldsymbol{F}_{21}$ 的方向与 $\boldsymbol{e}_r$ 的方向相反。

引力质量是物体产生引力和感受引力这一属性的定量量度,通常用天平来称量。引力质量在意义上显然与惯性质量不同。但实验证明,两者大小相等。

处于地球表面附近的物体,不仅受到地球的引力,还将受地球自转的影响。由于地球的自转,地面附近物体将绕地轴做圆周运动。物体所受地球的引力 $\boldsymbol{F}_e$(指向地心)有一部分提供向心力,只有余下的分力 $\boldsymbol{W}$ 才是引起物体向地面降落的力。这个力 $\boldsymbol{W}$ 称为重力(图 2.1.6)。

因为

$$\boldsymbol{F}_e = -G\frac{mM}{R^3}\boldsymbol{R}$$

式中,m、M 分别为物体和地球的质量;R 为地球半径。计算证明 $\boldsymbol{W}$ 和 $\boldsymbol{F}_e$ 有下列数值关系:

$$W = F_e(1 - 0.0035\cos^2\varphi)$$

式中,φ 为物体所处的地理纬度(上面的公式请读者查阅相关书籍)。通常将重力表示为

$$W = mg \tag{2.1.8}$$

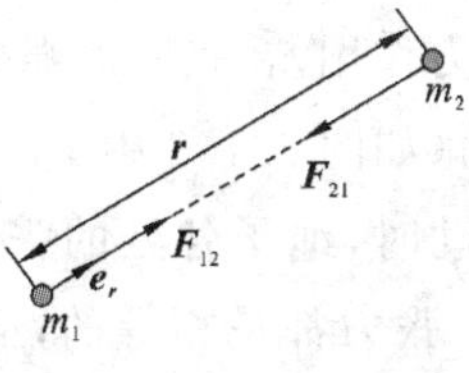

图 2.1.5　万有引力

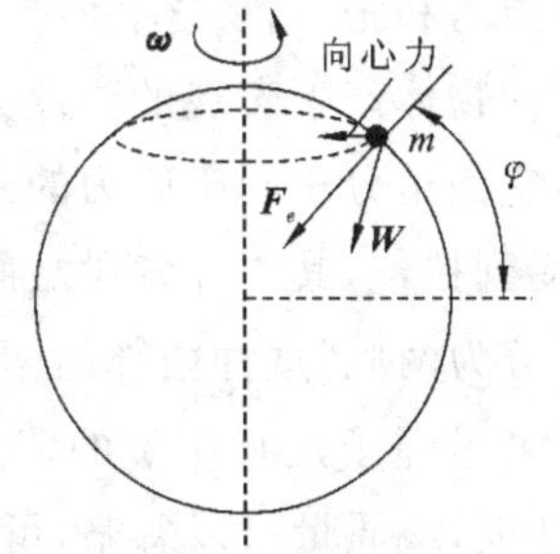

图 2.1.6　重力

或

$$\boldsymbol{W} = m\boldsymbol{g}$$

g 即为重力加速度，考虑到

$$F_e = m\frac{GM}{R^2} = mg_0$$

其中

$$g_0 = \frac{GM}{R^2} \tag{2.1.9}$$

为地球两极$\left(\varphi = \frac{\pi}{2}\right)$处的重力加速度，所以有

$$g = g_0(1 - 0.0035\cos^2\varphi)$$

忽略地球自转的影响(这一忽略引起的误差不超过 0.4%)，物体所受的重力就等于它所受的引力，有

$$g \approx g_0 = \frac{GM}{R^2} \tag{2.1.10}$$

$$W = mg \approx mg_0 \tag{2.1.11}$$

2. 弹性力

发生形变的物体，由于要恢复原状，对与它接触的物体会产生力的作用，这种力称为**弹性力**(elastic force)。作为弹性体代表的弹簧，其形变时产生的弹性力，在弹性限度内遵从胡克定律：

$$\boldsymbol{F} = -kx\boldsymbol{i} \tag{2.1.12}$$

式中，k 称为弹簧的劲度系数；x 表示弹簧的右端对其平衡位置(弹簧原长时该端点的位置)的坐标，其大小即为弹簧的伸长(或压缩)量；负号表示弹性力的方向总与位移 $x\boldsymbol{i}$ 的方向相反(图 2.1.7)。

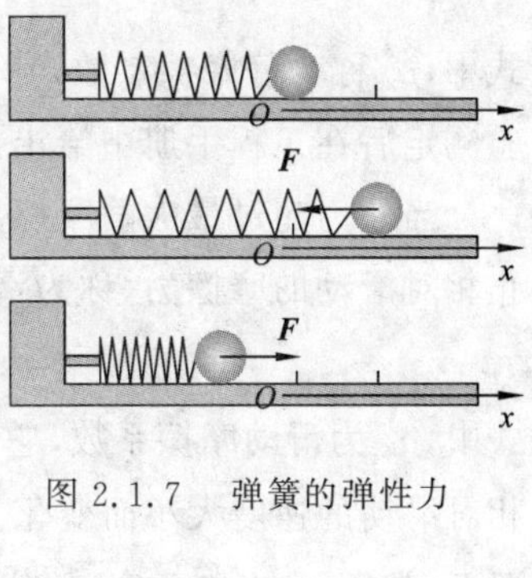

图 2.1.7　弹簧的弹性力

宏观物体间接触力的发生都来自两物体在接触时的微小形变。每个物体内部分子之间一般都存在有一个平衡距

离,当物体受到拉伸,使分子间距增大时,分子间就出现电磁引力,使物体产生宏观的弹性力,这就形成拉力和张力;反之,当物体被其他物体压缩,使分子间距减小时,分子间就出现电磁斥力,使物体产生宏观的弹性力,这就形成压力和支持力。拉力、张力、压力、支持力都是弹性力,它们是**分子间电磁力的宏观表现**。

当绳子受到拉伸,其内部各段之间也有相互的弹力作用。在张紧的绳上某处作一假想截面,把绳子分为两侧,这种内部的两侧绳子相互拉力(如图 2.1.8 中 $\boldsymbol{F}_{T1}$ 和 $\boldsymbol{F}'_{T1}$)称为**张力**(tension)。通常绳子是有质量的,当绳子做加速运动时,绳子各处的张力各不相同。若绳子没有加速度,或质量可以忽略,可认为绳上各点的张力都是相等的,而且就等于绳子两端所受到的拉力。

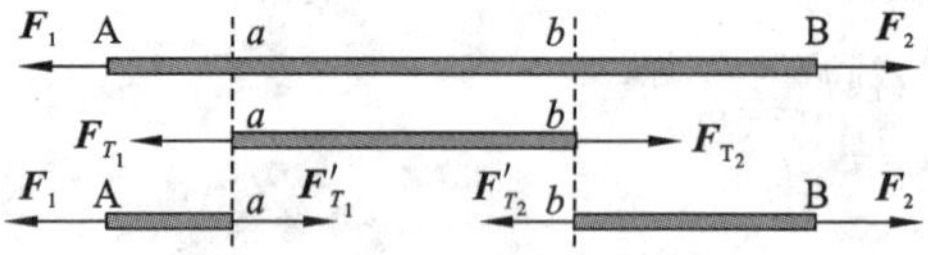

图 2.1.8　绳线中的张力

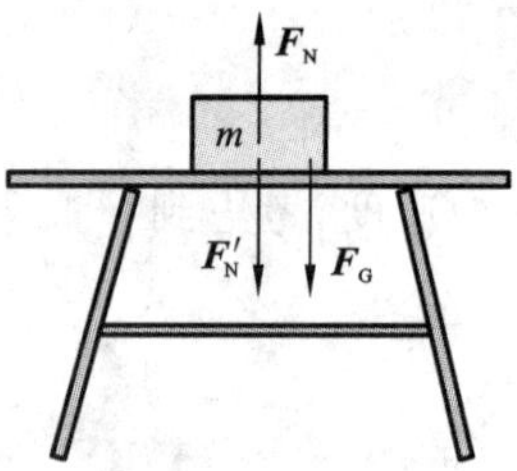

图 2.1.9　压力和支持力

当物体放在一支持面上时,这时两个物体因相互挤压而发生形变,因而产生对对方的弹力作用(如图 2.1.9 中支持力 $\boldsymbol{F}_N$ 和压力 $\boldsymbol{F}'_N$)。对于光滑的接触面,它们的方向垂直于接触面而指向对方,这种弹力通常称为**正压力**(normal force)或**支持力**(support force)。它们的大小取决于挤压的程度。

3. 摩擦力

当两个相互接触而相互挤压的物体在沿接触面有相对运动的趋势时,在沿接触面产生一对阻碍相对运动的作用力和反作用力,这一对力称为**静摩擦力**(static friction force)。测量证明,静摩擦力的大小随引起相对运动的趋势的外力而变化。但最大值 f_{max} 与接触面的正压力 N 成正比,即

$$f_{max} = \mu_s N \tag{2.1.13}$$

式中,μ_s 称为静摩擦系数,它与接触面的材料、粗糙程度、干湿情况等因素有关,通常由实验测定后在工程手册中给出。

当外力超过最大静摩擦力时,物体间产生相对滑动,这时就在接触面之间产生一对阻止相对滑动的摩擦力,称为**滑动摩擦力**(sliding friction force),用符号 f_k 表示。其大小为

$$f_k = \mu_k N \tag{2.1.14}$$

式中,μ_k 为滑动摩擦系数,它除了与接触面的材料、表面粗糙程度、干湿情况有关外,还随相对滑动的速度大小而变化。通常它比静摩擦系数 μ_s 要小一些,在精确度要求不高的情况下,常用 μ_s 来表示 μ_k 的值。

2.1.3　牛顿运动定律的应用

通常将质点动力学问题分为两类：一类是已知力求运动；另一类是已知运动求力。当然在实际问题中常常是两者兼有。应用牛顿定律求解动力学问题，可按下述思路分析进行。

(1) 选对象。如果问题涉及几个物体，那就选定一个或几个物体作为对象进行分析，主要是根据问题的要求和计算方便来确定。

(2) 查受力。找出研究对象所受的一切外力，并画出力的示意图。

(3) 看运动。分析研究对象的运动状态，包括它的轨迹、速度、加速度。当研究对象涉及几个物体时，还要找出各物体速度、加速度之间的关系。

(4) 列方程。选取适当的坐标系或规定正方向，根据牛顿第二定律，列出所选对象的运动方程，通常是分量方程。

例 2.1.1　一个质量为 m 的小球系在线的一端，线的另一端绑在墙上的钉子上，线长为 l。先拉动小球使线保持水平静止，然后松手使小球下落。求线摆下 θ 角时这个小球的速率和线的张力。

解　这是一个变加速问题，线中的张力是 θ 的函数，求解要用到微积分。如图 2.1.10 所示，小球受的力有线对它的拉力 $\boldsymbol{T}$ 和重力 $m\boldsymbol{g}$。由于小球沿圆周运动，所以我们在自然坐标系下用牛顿第二定律求解。

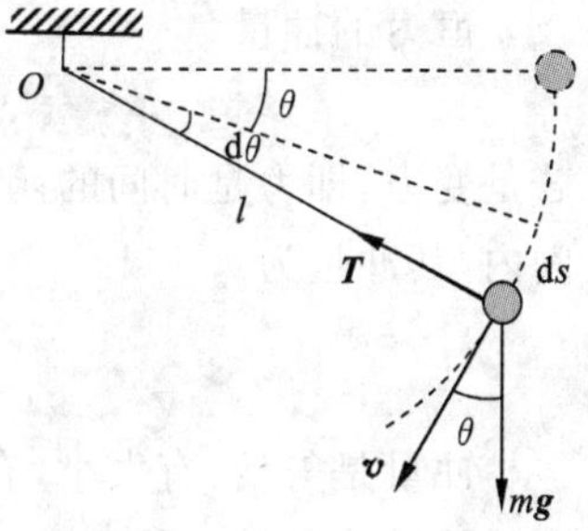

图 2.1.10　例 2.1.1 图

对小球，在任意时刻，牛顿第二定律的切向分量式为

$$mg\cos\theta = ma_\tau = m\frac{\mathrm{d}v}{\mathrm{d}t}$$

以 $\mathrm{d}s$ 乘以此式两侧，可得

$$mg\cos\theta \cdot \mathrm{d}s = m\frac{\mathrm{d}v}{\mathrm{d}t}\cdot \mathrm{d}s = m\frac{\mathrm{d}s}{\mathrm{d}t}\cdot \mathrm{d}v$$

由于 $\mathrm{d}s = l\mathrm{d}\theta$，$\frac{\mathrm{d}s}{\mathrm{d}t} = v$，所以上式可写成

$$gl\cos\theta \cdot \mathrm{d}\theta = v\,\mathrm{d}v$$

两侧同时积分，由于摆角从 0 增大到 θ 时，速率从 0 增大到 v，所以有

$$\int_0^\theta gl\cos\theta \cdot \mathrm{d}\theta = \int_0^v v\,\mathrm{d}v$$

由此，得

$$gl\sin\theta = \frac{1}{2}v^2$$

从而小球在任意位置 θ 时的速率为

$$v = \sqrt{2gl\sin\theta}$$

对小球，在任意时刻，牛顿第二定律的法向分量式为

$$T - mg\sin\theta = ma_n = m\frac{v^2}{l}$$

将上面的 v 值代入,可得线对小球的拉力为

$$T = 3mg\sin\theta$$

这也就等于线中的张力。

2.2 动量定理和动量守恒定律

牛顿运动定律反映了力的瞬时作用效果,它们表示了力和受力物体的加速度的关系。实际上,力对物体的作用总是要延续一段时间,在这段时间内,力的作用将累积起来产生一个总效果。本节首先介绍力的时间累积效应规律 —— 动量定理,接着把这一定理用于质点系,导出一条重要的守恒律 —— 动量守恒定律。然后对于质点系,引入质心的概念,并说明外力和质心运动的关系。

2.2.1 冲量和质点的动量定理

1. 力的冲量

任意一个力 $\boldsymbol{F}$(不需要是合外力)的时间累积称为该力的**冲量**,用 $\boldsymbol{I}$ 表示。

恒力的冲量

$$\boldsymbol{I} = \boldsymbol{F} \cdot \Delta t \tag{2.2.1}$$

若是变力,即力是时间的函数 $\boldsymbol{F} = \boldsymbol{F}(t)$,$\mathrm{d}t$ 时间内的元冲量 $\mathrm{d}\boldsymbol{I} = \boldsymbol{F}(t)\mathrm{d}t$,$t_0 \sim t$ 的有限时间内,其冲量为

$$\boldsymbol{I} = \int_{t_0}^{t} \boldsymbol{F}(t)\mathrm{d}t \tag{2.2.2}$$

冲量是矢量,有大小,有方向,当力是变力时,冲量的方向与力的方向并不一定相同。冲量的单位是牛 · 秒(N · s)。

2. 质点的动量

在物理学中描述一个质点的机械运动,既要考虑它的质量,又要考虑它的速度。我们定义物体的质量与速度的乘积为**动量**,用 $\boldsymbol{p}$ 表示。即

$$\boldsymbol{p} = m\boldsymbol{v} \tag{2.2.3}$$

从动力学角度分析,要使物体获得较大的动量,在相同的时间内就需施加较大的力,或者在相同的力的作用下,作用较长的时间。动量是描述质点机械运动状态的物理量,反映了运动的强度。动量的单位是千克 · 米 / 秒($\mathrm{kg \cdot m \cdot s^{-1}}$)。

3. 质点的动量定理

由牛顿第二定律,式(2.1.1)可得

$$\boldsymbol{F}(t)\mathrm{d}t = \mathrm{d}\boldsymbol{p} \tag{2.2.4}$$

式中,$\boldsymbol{F}(t)\mathrm{d}t$ 即为合外力 $\boldsymbol{F}(t)$ 的元冲量;$\mathrm{d}\boldsymbol{p}$ 为质点在 $\mathrm{d}t$ 时间内动量的变化量。式(2.2.4)是牛顿第二定律的简单变形,称为**质点动量定理的微分形式**。

若合外力持续作用一段时间,可将式(2.2.4)在 $t_0 \sim t$ 有限时间内进行积分,即得

$$\int_{t_0}^{t} \boldsymbol{F}(t)\mathrm{d}t = \int_{\boldsymbol{p}_0}^{\boldsymbol{p}} \mathrm{d}\boldsymbol{p} = \boldsymbol{p} - \boldsymbol{p}_0 \tag{2.2.5}$$

用 $I = \int_{t_0}^{t} \boldsymbol{F}(t)\mathrm{d}t$ 表示合外力的冲量，式(2.2.5)也可改写为

$$\boldsymbol{I} = \boldsymbol{p} - \boldsymbol{p}_0 = m\boldsymbol{v} - m\boldsymbol{v}_0 \tag{2.2.6}$$

式(2.2.5)和式(2.2.6)表明，质点动量的增量等于合力对质点作用的冲量，这一结论称为**质点的动量定理**(theorem of momentum of particle)。

在实际应用中，式(2.2.5)常表示为分量形式，在直角坐标系中

$$\begin{cases} I_x = \int_{t_0}^{t} F_x(t)\mathrm{d}t = p_x - p_{x0} \\ I_y = \int_{t_0}^{t} F_y(t)\mathrm{d}t = p_y - p_{y0} \\ I_z = \int_{t_0}^{t} F_z(t)\mathrm{d}t = p_z - p_{z0} \end{cases} \tag{2.2.7}$$

在打击、碰撞等实际问题中，物体相互作用的时间很短促，作用力变化很快(图 2.2.1)，而且往往很大，这种力称为**冲力**(impulsive force)。为了对冲力的大小有个估计，我们将冲量对碰撞作用时间取平均，有

$$\overline{\boldsymbol{F}} = \frac{m\boldsymbol{v}_2 - m\boldsymbol{v}_1}{t_2 - t_1} \tag{2.2.8}$$

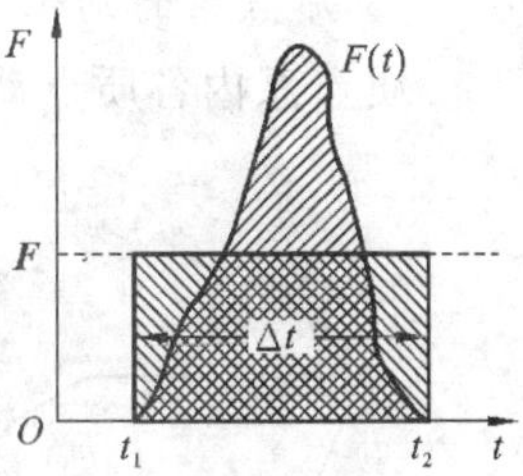

图 2.2.1　冲力

式(2.2.8)表示的这种平均作用力称为**平均冲力**。

质点的动量定理是在牛顿运动定律的基础上导出的，所以它也只适用于惯性系。在不同的惯性系中，虽然质点的动量不同，但动量的增量却相同，因此质点的动量定理在所有惯性系中，具有相同的形式。

注意牛顿第二定律反映了质点受到的合力与它获得的加速度之间的瞬时关系，说明力是产生加速度的原因；而动量定理则揭示力的持续作用才是机械运动量改变的原因。

例 2.2.1　一个力作用在质量为 1.0 kg 的质点上，使之沿 x 轴运动。已知在此力作用下质点的运动方程为 $x = 3t - 4t^2 + t^3$(SI)。求 0 ～ 4 s 的时间间隔内，力 $\boldsymbol{F}$ 的冲量。

解　依题意，由于是一维问题，用标量解决即可。

由运动方程可求出质点运动的速度和加速度分别为

$$v = \frac{\mathrm{d}x}{\mathrm{d}t} = 3 - 8t + 3t^2,\quad a = \frac{\mathrm{d}v}{\mathrm{d}t} = 6t - 8$$

可见，加速度是时间的函数，质点做变加速运动，即力 $F = ma = 6t - 8$ 为变力。

注意求合外力的冲量有两种方法：

(1) 根据冲量的定义式 $\boldsymbol{I} = \int_{t_0}^{t} \boldsymbol{F}(t)\mathrm{d}t$ 求，有

$$I = \int_0^4 F\mathrm{d}t = \int_0^4 (6t - 8)\mathrm{d}t = (3t^2 - 8t)\Big|_0^4 = 16\ (\mathrm{N \cdot s})$$

(2) 由质点的动量定理 $\boldsymbol{I} = \boldsymbol{p} - \boldsymbol{p}_0 = m\boldsymbol{v} - m\boldsymbol{v}_0$ 求解。

依题意，$t = 0$ 时，速度 $v_0 = 3\ \mathrm{m \cdot s^{-1}}$；$t = 4$ s 时，速度 $v = 19\ \mathrm{m \cdot s^{-1}}$，根据质点动量

定理有

$$I = mv - mv_0 = 19 - 3 = 16\ (\mathrm{N \cdot s})$$

因为 $I > 0$,所以 $\boldsymbol{F}$ 的冲量的方向为 x 正向。

2.2.2 质点系的动量定理

1. 质点系

由两个或两个以上有相互作用的质点组成的系统称为**质点系**。

同一质点系内各质点间的相互作用力称为**内力**(internal force),质点系以外的物体对质点系中任一质点的作用力统称为**外力**(external force)。内力和外力是相对于质点系的组成而言的。

2. 质点系的动量与动量定理

1) 质点系的动量

质点系内各质点动量的矢量和称为该质点系的总动量,即

$$\boldsymbol{p} = \sum_i \boldsymbol{p}_i = \sum_i m_i \boldsymbol{v}_i \tag{2.2.9}$$

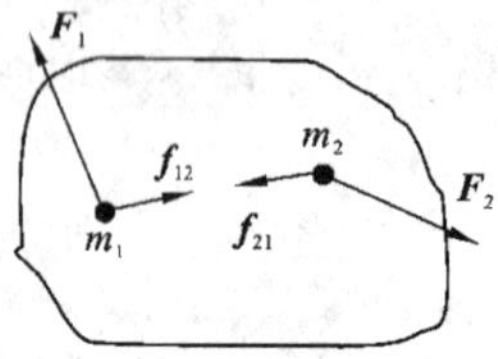

图 2.2.2 质点系的内力和外力

2) 质点系的动量定理

首先讨论由两个质点组成的质点系,质量分别为 m_1 和 m_2 的质点,它们各自所受合外力分别为 $\boldsymbol{F}_1$ 和 $\boldsymbol{F}_2$,而两质点间相互作用的内力分别为 $\boldsymbol{f}_{12}$ 和 $\boldsymbol{f}_{21}$,如图 2.2.2 所示。在 t_0 时刻两质点的速度分别为$\boldsymbol{v}_{10}$,$\boldsymbol{v}_{20}$,在 t 时刻两质点的速度分别为$\boldsymbol{v}_1$,$\boldsymbol{v}_2$,分别对两质点应用动量定理,可得

$$\int_{t_0}^{t} (\boldsymbol{F}_1 + \boldsymbol{f}_{12})\mathrm{d}t = m_1\boldsymbol{v}_1 - m_1\boldsymbol{v}_{10}$$

$$\int_{t_0}^{t} (\boldsymbol{F}_2 + \boldsymbol{f}_{21})\mathrm{d}t = m_2\boldsymbol{v}_2 - m_2\boldsymbol{v}_{20}$$

上面两式相加,有

$$\int_{t_0}^{t} (\boldsymbol{F}_1 + \boldsymbol{f}_{12})\mathrm{d}t + \int_{t_0}^{t} (\boldsymbol{F}_2 + \boldsymbol{f}_{21})\mathrm{d}t = (m_1\boldsymbol{v}_1 + m_2\boldsymbol{v}_2) - (m_1\boldsymbol{v}_{10} + m_2\boldsymbol{v}_{20})$$

由牛顿第三定律可知 $\boldsymbol{f}_{12} = -\boldsymbol{f}_{21}$,所以 $\boldsymbol{f}_{12} + \boldsymbol{f}_{21} = 0$,故上式为

$$\int_{t_0}^{t} (\boldsymbol{F}_1 + \boldsymbol{F}_2) \cdot \mathrm{d}t = (m_1\boldsymbol{v}_1 + m_2\boldsymbol{v}_2) - (m_1\boldsymbol{v}_{10} + m_2\boldsymbol{v}_{20})$$

将这一结果推广到多质点系统,则有

$$\int_{t_0}^{t} \sum_i \boldsymbol{F}_i \mathrm{d}t = \sum_{i=1}^{n} m_i \boldsymbol{v}_i - \sum_{i=1}^{n} m_i \boldsymbol{v}_{i0} \tag{2.2.10}$$

或

$$\int_{t_0}^{t} \sum_i \boldsymbol{F}_i \mathrm{d}t = \boldsymbol{p} - \boldsymbol{p}_0 \tag{2.2.11}$$

式(2.2.10)或式(2.2.11)表明,质点系的总动量的变化等于它所受合外力的冲量。这就是**质点系的动量定理**(theorem of momentum of particle system)。

由式(2.2.11)很容易写出质点系动量定理的微分形式为

$$\boldsymbol{F}\mathrm{d}t = \left(\sum_i \boldsymbol{F}_i\right)\mathrm{d}t = \mathrm{d}\sum_i \boldsymbol{p}_i = \mathrm{d}\boldsymbol{p} \tag{2.2.12}$$

由上可见,质点系的内力可以改变系统内单个质点的动量,但不能改变整个系统的总动量(因为成对出现的内力其冲量可相互抵消)。尽管外力可能作用在不同的质点上,但就计算质点系的动量变化而言,各外力可先用矢量求和,然后再计算冲量。

2.2.3　动量守恒定律

对于单个质点,若所受合外力 $\sum_i \boldsymbol{F}_i = 0$ 为零,则 $\frac{\mathrm{d}(m\boldsymbol{v})}{\mathrm{d}t} = 0$ 或 $m\boldsymbol{v} = m\boldsymbol{v}_0$,质点的动量守恒,这就是惯性定律。

对于质点系来说,如果所受的外力的矢量和为零,即

$$\sum_i \boldsymbol{F}_i = 0$$

则得到

$$\sum_i m_i \boldsymbol{v}_i = \sum_i m_i \boldsymbol{v}_{i0} = \text{常矢量} \tag{2.2.13}$$

式(2.2.13)表明,对质点系来说,如果作用在质点系上所有外力的矢量和为零,则该质点系动量保持不变。这就是**动量守恒定律**(law of conservation of momentum)。

动量守恒定律在直角坐标系中的分量式为

$$\begin{cases} \text{当}\sum_i F_{ix} = 0\text{ 时,} & \sum_i m_i v_{ix} = \text{常量} \\ \text{当}\sum_i F_{iy} = 0\text{ 时,} & \sum_i m_i v_{iy} = \text{常量} \\ \text{当}\sum_i F_{iz} = 0\text{ 时,} & \sum_i m_i v_{iz} = \text{常量} \end{cases} \tag{2.2.14}$$

应用动量守恒定律时必须充分注意守恒条件。动量守恒的条件是系统在 Δt 时间内的运动全过程中,$\sum_i \boldsymbol{F}_i = 0$ 而不是$\int_{t_0}^{t} \sum_i \boldsymbol{F}_i \mathrm{d}t = 0$。例如,做匀速圆周运动的质点,受到的合外力为向心力,向心力在质点运动一周的过程中,其冲量为零,但质点的动量并不守恒(虽然大小不变,但方向在不断变化)。

下面两种情况,虽然合外力 $\sum_i \boldsymbol{F}_i \neq 0$,但是常应用动量守恒定律解决此类实际问题:

(1) 合外力 $\sum_i \boldsymbol{F}_i \neq 0$,但系统的内力远大于外力,外力对系统总动量的变化影响很小,可认为系统动量守恒。如碰撞、爆炸、打击等过程。

(2) 合外力 $\sum_i \boldsymbol{F}_i \neq 0$,但因为动量守恒定律是矢量规律,只要合外力在某方向的分力矢量和为零,动量在此方向上的分量就守恒。如 $\sum_i F_{ix} = 0$,则

$$P_x = \sum_i p_{ix} = \sum_i m_i v_{ix} = \text{常量}$$

动量守恒定律虽然可由牛顿运动定律导出,但是比牛顿运动定律具有更大的普遍性,

对宏观物体和微观粒子均能适用。

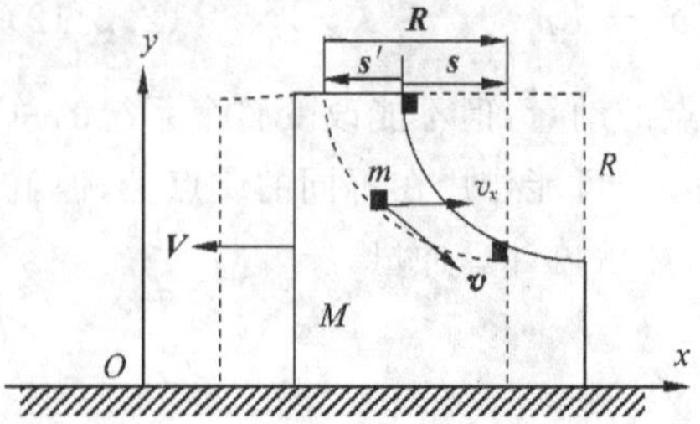

图 2.2.3　例 2.2.2 图

例 2.2.2　一个$\frac{1}{4}$圆弧滑槽的大物体其质量为 M,停在光滑的水平面上,另一质量为 m 的小物体自圆弧的顶点由静止下滑。求当小物体 m 滑到底时,大物体 M 在水平面上移动的距离。

解　依题意作图,在地面上建立如图 2.2.3 所示的直角坐标系。

取 m 和 M 组成系统作为研究对象,系统所受外力为 m 和 M 所受重力及地面对 M 的支持力,都沿 y 方向。则在 m 下滑的过程中,在水平方向上,系统所受的合外力为零,因此,水平方向上的总动量的分量守恒。如果以 $\boldsymbol{v}$ 和 $\boldsymbol{V}$ 分别表示下滑过程中任一 t 时刻 m 和 M 相对地的速度,则有

$$0 = mv_x + M(-V)$$

因此对任一 t 时刻,都有

$$mv_x = MV$$

就整个下落的时间 t,对上式两边积分,有

$$m\int_0^t v_x \mathrm{d}t = M\int_0^t V \mathrm{d}t$$

以 s 和 s' 分别表示 m 和 M 在水平方向上相对地移动的距离,则有

$$s = \int_0^t v_x \mathrm{d}t, \quad s' = \int_0^t V \mathrm{d}t$$

因而有 $ms = Ms'$,又因为位移的相对性,有 $\boldsymbol{s} = \boldsymbol{s}' + \boldsymbol{R}$,即 $s = R - s'$,将此关系代入上式,即可得 M 在水平方向上相对地移动的距离为

$$s' = \frac{m}{m+M}R$$

值得注意的是,此距离值与弧形槽面是否光滑无关(弧形槽面不光滑时,有一对摩擦内力,但它们不是外力,不影响水平方向动量守恒),只要 M 下面的水平面光滑就行了。

2.2.4　火箭飞行

火箭是靠发动机喷射工质(工作介质)产生的反作用力向前推进的飞行器。它自身携带全部推进剂,不依赖外界工质产生推力,可以在没有空气的太空中飞行。火箭是实现航天飞行的运载工具。

火箭是动量守恒定律最重要的应用之一。一枚火箭在外层高空飞行,那里空气阻力和重力的影响都可以忽略不计。设在某一瞬时 t,火箭的质量为 m,相对地的速度为 $\boldsymbol{v}$(图 2.2.4),在其后 $t \sim t+\mathrm{d}t$ 时间内,火箭喷出了质量为 $|\mathrm{d}m|$ 的气体(这里,$\mathrm{d}m$ 是 m 在 $\mathrm{d}t$ 时间内的增量,由于质量 m 随时间增加而减小,所以 $\mathrm{d}m$ 本身具有负值),喷出的气体相对于火箭的速度为 $\boldsymbol{u}$,使火箭的速度增加了 $\mathrm{d}\boldsymbol{v}$。对于火箭和燃气所组成的系统来说,在喷气前,它们的总动量为 $m\boldsymbol{v}$;喷气后,火箭的总动量为 $(m+\mathrm{d}m)(\boldsymbol{v}+\mathrm{d}\boldsymbol{v})$,所喷出燃气的动量为

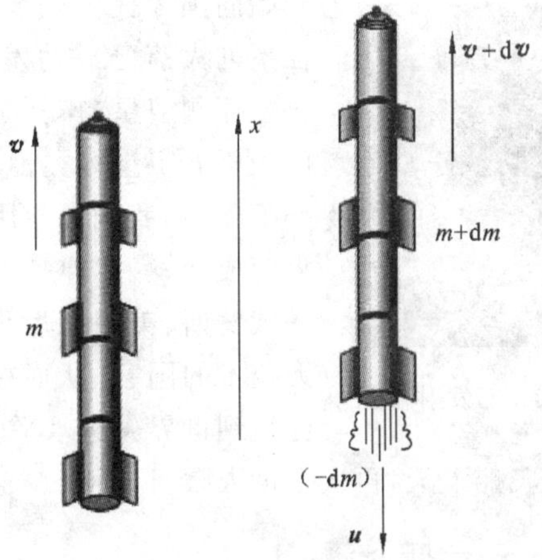

图 2.2.4　火箭飞行原理

$(-\mathrm{d}m)(\boldsymbol{v}+\mathrm{d}\boldsymbol{v}-\boldsymbol{u})$（这里，$\boldsymbol{v}+\mathrm{d}\boldsymbol{v}-\boldsymbol{u}$ 是燃气相对于描述火箭运动的惯性系的速度）。由于火箭不受外力的作用，系统的总动量保持不变。因此，根据动量守恒定律得到

$$mv=(m+\mathrm{d}m)(v+\mathrm{d}v)+(-\mathrm{d}m)(v+\mathrm{d}v-u)$$

将上式化简，略去二阶无穷小项 $\mathrm{d}m\mathrm{d}v$，可得

$$v\mathrm{d}m+m\mathrm{d}v-(-u+v)\mathrm{d}m=0$$

化简后得

$$\mathrm{d}v=-u\frac{\mathrm{d}m}{m}$$

它表示火箭每喷出质量为 $-\mathrm{d}m$ 的气体时，它的速度就增加 $\mathrm{d}v$。设燃气相对于火箭的喷气速度 u 是一常量，将上式积分得

$$\int_{v_1}^{v_2}\mathrm{d}v=\int_{m_1}^{m_2}-u\frac{\mathrm{d}m}{m}$$

则有

$$v_2-v_1=u\ln\frac{m_1}{m_2} \tag{2.2.15}$$

式(2.2.15)表示火箭质量从 m_1 减至 m_2 时，火箭速度相应地从 v_1 增加到 v_2。设火箭开始飞行时的速度为零，质量为 m_0，此时火箭能达到的速度为

$$v=\int_{m_0}^{m}-u\frac{\mathrm{d}m}{m}=u\ln\frac{m_0}{m} \tag{2.2.16}$$

式中，$\frac{m_0}{m}$ 为火箭的质量比。

由式(2.2.16)可以看出，要提高火箭的速度，可采用提高喷气速度和质量比的办法，但这两种办法目前在技术上都有困难。用单级火箭通常难以达到第一宇宙速度，因此远程火箭和运载火箭往往使用多级火箭。最经济的级数是 2 ～ 4 级。多级火箭有三种连接方式：串联、并联和混联。

我国的火箭技术和航空航天事业虽起步较晚，但目前已居世界前列。1986 年我国已

图 2.2.5 “神舟七号”载人飞船发射盛况

开始向国际提供航天发射服务。迄今我国用长征系列火箭已成功发射了包括地球同步卫星、科学探测卫星、广播通信卫星、风云气象卫星、国土资源卫星等类100多颗卫星。2003年10月15日6时,我国又使用长征二号“CZ－2F”运载火箭成功发射“神舟五号”载人飞船,中国成为继俄罗斯、美国之后世界上第三个掌握载人航天技术的国家,从而标志着我国载人航天技术已达到世界先进水平。2008年9月25日21时10分04秒,“神舟七号”载人飞船上天,再次令世人瞩目(图 2.2.5)。

*2.2.5 质心与质心运动定理

为了深入理解质点系和实际物体的运动,通常引入质心的概念。

1. 质心

在讨论一个质点系的运动时,我们常常引入**质量中心**,简称**质心**(center of mass)的概念。所谓质心就是物体质量分布的中心。如图 2.2.6 所示,设一个质点系由 N 个质点组成,以 $m_1, m_2, \cdots, m_i, \cdots, m_N$ 分别表示各质点的质量。以 $\boldsymbol{r}_1, \boldsymbol{r}_2, \cdots, \boldsymbol{r}_i, \cdots, \boldsymbol{r}_N$ 分别表示各质点对某一坐标原点的位矢,则我们定义这一质点系的质心位矢为

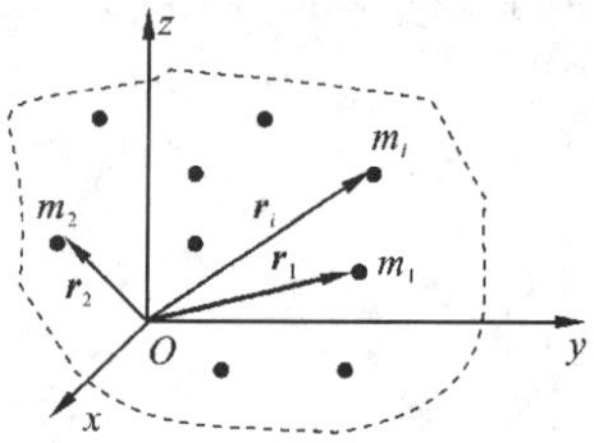

图 2.2.6 质心位置矢量

$$\boldsymbol{r}_C = \frac{\sum_i m_i \boldsymbol{r}_i}{\sum_i m_i} = \frac{\sum_i m_i \boldsymbol{r}_i}{m} \qquad (2.2.17)$$

式中,$m = \sum_i m_i$ 是质点系的总质量。作为位置矢量,质心位矢与坐标系的选取有关。但可以证明质心相对于质点系内各质点的相对位置是不会随坐标系的选择而变化的,即质心是相对于质点系本身的一个特定位置。

利用位矢沿直角坐标系各坐标轴的分量,由式(2.2.17)可以得到下面的质心坐标表达式

$$x_C = \frac{\sum_{i=1}^{N} m_i x_i}{\sum_{i=1}^{N} m_i}, \quad y_C = \frac{\sum_{i=1}^{N} m_i y_i}{\sum_{i=1}^{N} m_i}, \quad z_C = \frac{\sum_{i=1}^{N} m_i z_i}{\sum_{i=1}^{N} m_i} \qquad (2.2.18)$$

如果质点系的质量是连续分布的,可以认为是由许多质元组成的,以 $\mathrm{d}m$ 表示其中任一质元的质量,以 $\boldsymbol{r}$ 表示其位矢,则物体的质心位置可用积分法求得为

$$\boldsymbol{r}_C = \frac{\int_{\text{质量分布}} \boldsymbol{r}\,\mathrm{d}m}{m} \qquad (2.2.19)$$

故它的三个直角坐标分量式分别为

$$x_C = \frac{\int x\mathrm{d}m}{m},\quad y_C = \frac{\int y\mathrm{d}m}{m},\quad z_C = \frac{\int z\mathrm{d}m}{m} \tag{2.2.20}$$

利用上述公式,可得均匀直棒、均匀圆环、均匀圆盘、均匀球体等形体的质心就在它们的几何对称中心上。

力学上还常用重心的概念。重心是一个物体各部分所受重力的合力的作用点。可以证明尺寸不十分大的物体,它的质心的位置和它的重心的位置重合。

2. 质心运动定理

将式(2.2.17)中的 $\boldsymbol{r}_C$ 对时间 t 求导,可以得出质心运动的速度为

$$\boldsymbol{v}_C = \frac{\mathrm{d}\boldsymbol{r}_C}{\mathrm{d}t} = \sum_i m_i \frac{\frac{\mathrm{d}\boldsymbol{r}_i}{\mathrm{d}t}}{m} = \sum_i \frac{m_i v_i}{m} \tag{2.2.21}$$

由此可得

$$m\boldsymbol{v}_C = \sum_i m_i \boldsymbol{v}_i$$

由于质点系的总动量 $\boldsymbol{p} = \sum_i m_i \boldsymbol{v}_i$,所以有

$$\boldsymbol{p} = m\boldsymbol{v}_C \tag{2.2.22}$$

可见质点系的总动量等于它的总质量与它质心运动速度的乘积。这一总动量的变化率为

$$\frac{\mathrm{d}\boldsymbol{p}}{\mathrm{d}t} = m\frac{\mathrm{d}\boldsymbol{v}_C}{\mathrm{d}t} = m\boldsymbol{a}_C \tag{2.2.23}$$

式中,$\boldsymbol{a}_C$ 是质心运动的加速度。由式(2.2.12),可得

$$\boldsymbol{F} = \frac{\mathrm{d}\boldsymbol{p}}{\mathrm{d}t} = m\boldsymbol{a}_C \tag{2.2.24}$$

此结果表明,质心的运动等同于一个质点的运动,这个质点具有质点系总质量 m,它受到的外力为质点系所受的所有外力的矢量和(实际上可能在质心位置处既无质量,又未受力)。这个结论称为**质心运动定理**(theorem of kinematic of centre-mass)。

需注意的是,合外力决定质点系的总动量的变化率和质心的加速度,但不能决定质点系中任一质元的加速度,因为质点系中每一质点的运动是不同的,质元 m_i 的加速度 $\boldsymbol{a}_i$ 和质元 m_j 的加速度 $\boldsymbol{a}_j$ 并不一定相等。

质心运动定理表明了“质心”这一概念的重要性。这一定理告诉我们,一个质点系内各个质点由于内力和外力的作用,它们的运动情况可能很复杂。但相对于此质点系的一个特殊的点——质心,它的运动却相当简单,只由质点系所受的合外力决定。例如,高台跳水运动员离开跳台后,其身体可以做各种优美的翻滚伸缩动作,但是质心却只能沿着一条抛物线运动,如图2.2.7 所示。

此外我们知道,当质点系所受的合外力为零时,该质点系的总动量保持不变。由式(2.2.24)可知,该质点系的质心的速度也将保持不变。因此系统的动量守恒定律也可以说成是:当一个质点系所受的合外力等于零时,其质心速度不变。

图 2.2.7 跳水运动员

可以指出的是,在这以前我们常常用“物体”一词来代替“质点”。在有的问题中,物体并不太小,因而并不能当成质点看待。但是我们还是用了牛顿定律来分析研究它们的运动。现在可以明白,严格地说,我们对物体用了式(2.2.23)那样的质心运动定理,而所分析的运动实际上是物体的质心的运动。在物体做平动的条件下,是可以用质心的运动来代替整个物体的运动的。

2.3 动能定理和机械能守恒定律

力对质点在一段时间内的持续作用,也一定伴随着力在一定空间距离上的连续存在,所以力在时空上的累积作用是一起发生的。本节首先介绍力的空间累积用力做的功来表示,给出功的普适定义和功的计算方法;接着说明力对物体做功的效果表现为物体动能的变化,给出与此相关的动能定理;再介绍保守力做功的特点,引入势能的概念,给出机械能守恒定律,由此进一步揭示运动形态之间的相互转换规律。

2.3.1 功和动能

1. 功

一质点在力 $\boldsymbol{F}$ 的作用下,发生一无限小的位移 $\mathrm{d}\boldsymbol{r}$ 时,力 $\boldsymbol{F}$ 对它做的元功定义为质点受的力和它位移的标积,或力在位移方向上的分量与该位移大小的乘积。以 $\mathrm{d}A$ 表示功,则

$$\mathrm{d}A=\boldsymbol{F}\cdot\mathrm{d}\boldsymbol{r}=F_\tau|\mathrm{d}\boldsymbol{r}|=|\boldsymbol{F}|\cdot|\mathrm{d}\boldsymbol{r}|\cdot\cos\theta=F\mathrm{d}s\cos\theta \tag{2.3.1}$$

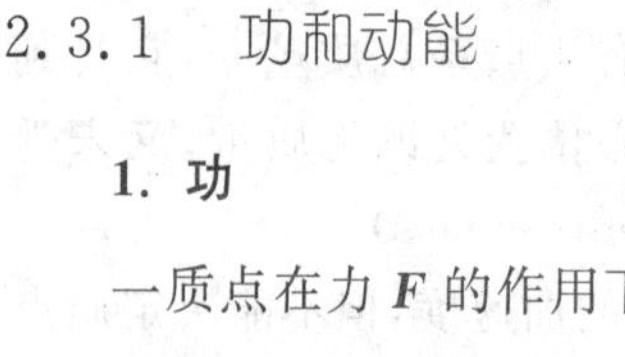

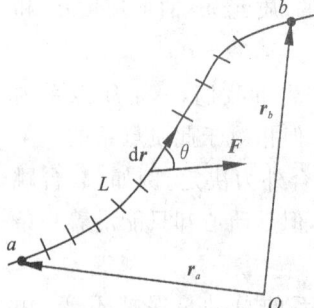

图 2.3.1 变力的功

式中,F_τ 为力 $\boldsymbol{F}$ 沿 $\mathrm{d}\boldsymbol{r}$ 方向即轨道切向方向的分量;θ 是力 $\boldsymbol{F}$ 与元位移 $\mathrm{d}\boldsymbol{r}$ 之间的夹角;$\mathrm{d}s$ 为元位移 $\mathrm{d}\boldsymbol{r}$ 上的元路程,即

$$|\mathrm{d}\boldsymbol{r}|=\mathrm{d}s$$

如果质点在变力 $\boldsymbol{F}$ 作用下沿一曲线路径 L 从点 a 到点 b,如图 2.3.1 所示。我们把曲线划分成许多段元位移,在各段元位移上力对质点所做元功的代数和就是力在整个路径

上对质点所做的功，即

$$A_{ab}=\int_{L(a)}^{(b)}\mathrm{d}A=\int_{L(a)}^{(b)}\boldsymbol{F}\cdot\mathrm{d}\boldsymbol{r}=\int_{L(a)}^{(b)}F\mathrm{d}s\cos\theta \tag{2.3.2}$$

式(2.3.2) 中积分称为力 $\boldsymbol{F}$ 沿路径 L 从 a 到 b 的线积分。在直角坐标系中

$$\boldsymbol{F}=F_x\boldsymbol{i}+F_y\boldsymbol{j}+F_z\boldsymbol{k}$$

$$\mathrm{d}\boldsymbol{r}=\mathrm{d}x\boldsymbol{i}+\mathrm{d}y\boldsymbol{j}+\mathrm{d}z\boldsymbol{k}$$

由式(2.3.1) 有

$$\mathrm{d}A=F_x\mathrm{d}x+F_y\mathrm{d}y+F_z\mathrm{d}z$$

故

$$A_{ab}=\int_a^b(F_x\mathrm{d}x+F_y\mathrm{d}y+F_z\mathrm{d}z) \tag{2.3.3}$$

如果质点在恒力 $\boldsymbol{F}$ 作用下沿曲线(或者直线)L 从点 a 到点 b，如图 2.3.2 所示，则恒力 $\boldsymbol{F}$ 对质点做的功为

$$A_{ab}=\int_{L(a)}^{(b)}\boldsymbol{F}\cdot\mathrm{d}\boldsymbol{r}=\boldsymbol{F}\cdot\int_{(a)}^{(b)}\mathrm{d}\boldsymbol{r}=\boldsymbol{F}\cdot\Delta\boldsymbol{r}$$

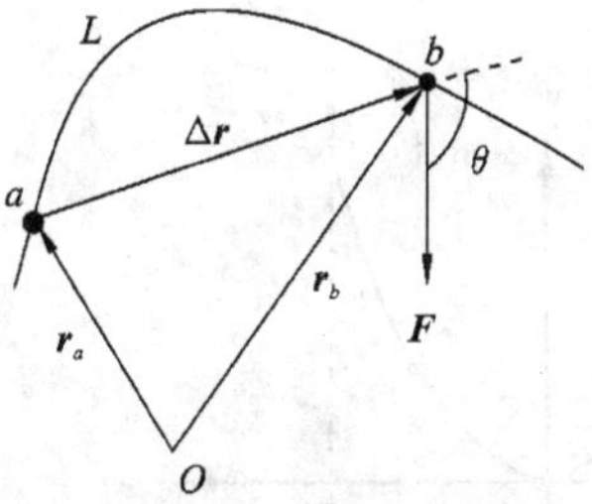

图 2.3.2　恒力的功

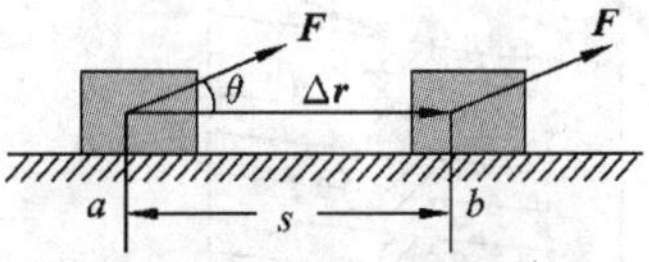

图 2.3.3　质点做直线直进运动时恒力的功

如果质点在恒力 $\boldsymbol{F}$ 作用下做直线直进运动，则位移的大小 $|\Delta\boldsymbol{r}|=s$(图 2.3.3)，$\boldsymbol{F}$ 对质点做的功为

$$A_{ab}=\int_{r_1}^{r_2}\boldsymbol{F}\cdot\mathrm{d}\boldsymbol{r}=\boldsymbol{F}\cdot\Delta\boldsymbol{r}=F\cdot|\Delta\boldsymbol{r}|\cdot\cos\theta=Fs\cos\theta$$

从功的计算可以得到关于功的以下几个性质：

(1) 功是标量。没有方向，但有正负，其正负决定于力和位移的夹角，当力与位移的夹角 $\theta<\frac{\pi}{2}$ 时，力对质点做正功；当力与位移的夹角 $\frac{\pi}{2}<\theta\leqslant\pi$ 时，力对质点做负功，或称质点克服阻力做功；当力与位移的夹角 $\theta=\frac{\pi}{2}$ 时，力不对质点做功。

(2) 功是过程量。一般来说，功的数值与质点运动的初末位置有关，也与运动的路径有关。

(3) 功有相加性。当质点同时受几个力作用而沿路径 L 从点 a 运动到点 b 时，合外力所做的功应为

$$\begin{aligned}A_{ab}&=\int_{L(a)}^{(b)}\boldsymbol{F}\cdot\mathrm{d}\boldsymbol{r}=\int_{L(a)}^{(b)}(\boldsymbol{F}_1+\boldsymbol{F}_2+\cdots+\boldsymbol{F}_N)\cdot\mathrm{d}\boldsymbol{r}\\&=\int_{L(a)}^{(b)}\boldsymbol{F}_1\cdot\mathrm{d}\boldsymbol{r}+\int_{L(a)}^{(b)}\boldsymbol{F}_2\cdot\mathrm{d}\boldsymbol{r}+\cdots+\int_{L(a)}^{(b)}\boldsymbol{F}_N\cdot\mathrm{d}\boldsymbol{r}\\&=A_{1ab}+A_{2ab}+\cdots+A_{Nab}\end{aligned} \tag{2.3.4}$$

这一结果表明,合力的功等于各分力沿同一路径所做功的代数和。

(4) 功有相对性。因为质点的位移是与参考系有关的相对量,因此力做的功也随所选参考系的不同而不同。

(5) 功的快慢。用力在单位时间里所做的功即**功率** p(power) 来表征,有

$$p=\frac{\mathrm{d}A}{\mathrm{d}t}=\frac{\boldsymbol{F}\cdot\mathrm{d}\boldsymbol{r}}{\mathrm{d}t}=\boldsymbol{F}\cdot\boldsymbol{v} \tag{2.3.5}$$

可见,力对质点做功的瞬时功率等于力与质点该时刻速度的标积。

通常,动力机械的输出功率是有一定限度的。当功率一定时,负荷力越大,运行速度就越小;负荷力越小,运行速度就越大。例如,汽车上坡需加大牵引力,就得降低速度行驶。

在 SI 制中,功率的单位为瓦特(W)。$1\ \mathrm{W}=1\ \mathrm{J}\cdot\mathrm{s}^{-1}$。

(6) 功的图解法。以路程 s 为横坐标,$F\cos\theta$ 为纵坐标,根据 $F\cos\theta$ 随路程的变化关系描绘的曲线称为示功图。在图 2.3.4 中画有斜线的狭长矩形面积等于力 $\boldsymbol{F}$ 在 $\mathrm{d}s_i$ 上所做的元功,曲线与边界线所围的面积就是变力 $\boldsymbol{F}$ 在由 a 到 b 的整个路程上所做的总功。示功图求功直观方便,所以工程上常用此方法。

在 SI 制中,功的单位是焦耳(J)。$1\ \mathrm{J}=1\ \mathrm{N}\cdot\mathrm{m}$。

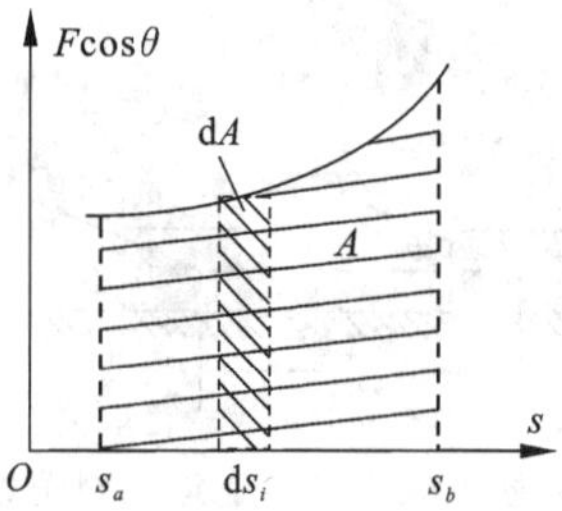

图 2.3.4　示功图

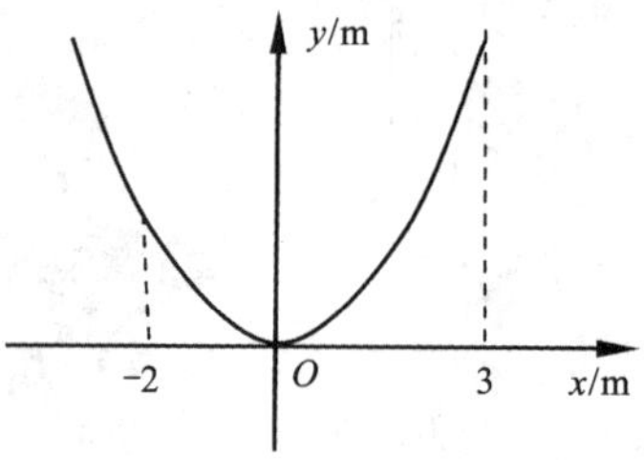

图 2.3.5　例 2.3.1 图

例 2.3.1　如图 2.3.5 所示,一个质点的运动轨迹为一抛物线 $x^2=4y$,作用在质点上的力 $\boldsymbol{F}=2y\boldsymbol{i}+4\boldsymbol{j}$ (SI),试求质点从 $x_1=-2$ m 处运动到 $x_2=3$ m 处,力 $\boldsymbol{F}$ 所做的功。

解　由质点的运动轨迹方程知,对应 x_1 和 x_2 的 y 坐标为

$$y_1=\frac{x_1^2}{4}=1\ (\mathrm{m}),\quad y_2=\frac{x_2^2}{4}=\frac{9}{4}\ (\mathrm{m})$$

利用做功在直角坐标系中的表达式,可得力 $\boldsymbol{F}$ 所做的功为

$$A_{ab}=\int_{x_1,y_1}^{x_2,y_2}(F_x\mathrm{d}x+F_y\mathrm{d}y)=\int_{x_1}^{x_2}2y\mathrm{d}x+\int_{y_1}^{y_2}4\mathrm{d}y$$

$$=\int_{-2}^{3}\frac{x^2}{2}\mathrm{d}x+\int_{1}^{\frac{9}{4}}4\mathrm{d}y=10.8\ (\mathrm{J})$$

2. 动能

质量为 m 的质点以速度$\boldsymbol{v}$ 、动量为 $\boldsymbol{p}=m\boldsymbol{v}$ 运动时,它的动能(平动动能)

$$E_{\mathrm{k}}=\frac{1}{2}mv^2=\frac{p^2}{2m} \tag{2.3.6}$$

质点的动能是该质点做机械运动时所具有的能量,反映运动物体因具有速度而具有

的做功本领，是描述这个质点的机械运动与其他运动形式发生转化时，机械运动改变的量（如因摩擦而使温度升高，就有物体的动能转化为热能）。

质点系的动能等于质点系内所有质点动能的和，即

$$E_k = \sum_i \frac{1}{2}m_i v_i^2 \tag{2.3.7}$$

2.3.2　动能定理

1. 质点的动能定理

当质点受到合外力 $\boldsymbol{F}$ 作用时，质点的速率发生变化，其动能也随之发生变化。力的空间累积，即力对物体做功，使物体的动能发生改变。

如图 2.3.6 所示，质点 m 在合外力 $\boldsymbol{F}$ 的作用下，沿曲线 L 从点 a 运动到点 b，它在点 a 和点 b 的速率分别为 v_a 和 v_b。合外力 $\boldsymbol{F}$ 对质点所做的元功为

$$\mathrm{d}A = \boldsymbol{F}\cdot \mathrm{d}\boldsymbol{r} = F_\tau \cdot |\mathrm{d}\boldsymbol{r}|$$

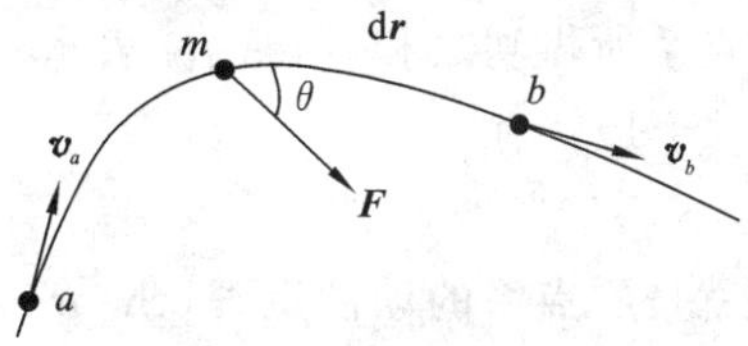

图 2.3.6　动能定理

由于 $F_\tau = ma_\tau$，$a_\tau = \dfrac{\mathrm{d}v}{\mathrm{d}t}$，$|\mathrm{d}\boldsymbol{r}| = v\,\mathrm{d}t$，代入上式，有

$$\mathrm{d}A = m\frac{\mathrm{d}v}{\mathrm{d}t}v\,\mathrm{d}t = mv\,\mathrm{d}v$$

即得

$$\mathrm{d}A = \mathrm{d}\left(\frac{1}{2}mv^2\right) \tag{2.3.8}$$

将式(2.3.8) 在质点经过的路径 L 上从 a 到 b 进行积分，有

$$A_{ab} = \int_a^b \mathrm{d}\left(\frac{1}{2}mv^2\right)$$

即

$$A_{ab} = \frac{1}{2}mv_b^2 - \frac{1}{2}mv_a^2 = E_{kb} - E_{ka} \tag{2.3.9}$$

式(2.3.8) 和式(2.3.9) 分别称为**质点动能定理**(theorem of kinetic energy) 的微分形式和积分形式。它说明合外力对质点所做的功等于质点动能的增量。

动能定理是在牛顿运动定律的基础上导出的，也只适用于惯性系。在不同的惯性系中，功和动能都具有相对性，它们的值随参考系的选取不同而不同。但在所有的惯性系中，动能定理具有相同的数学表达形式。

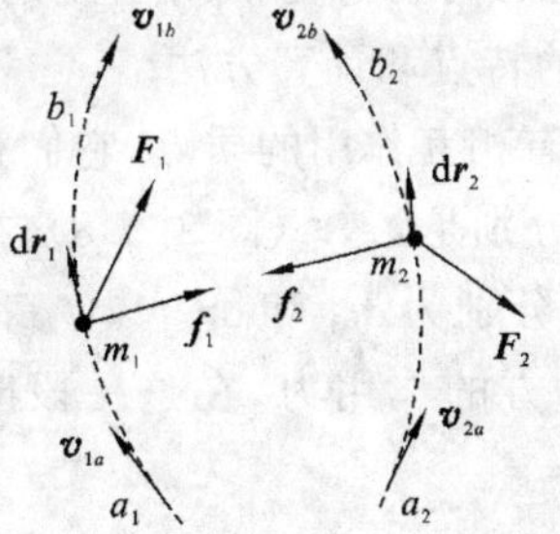

图 2.3.7　质点系的动能定理

2. 质点系的动能定理

现在考虑由两个有相互作用的质点组成的质点系的动能变化和它们受的力所做的功的关系。

如图 2.3.7 所示，以 m_1，m_2 分别表示两质点的质量，以 $\boldsymbol{f}_1$，$\boldsymbol{f}_2$ 和 $\boldsymbol{F}_1$，$\boldsymbol{F}_2$ 分别表示它们所受的内力和外力，以

$\boldsymbol{v}_{1a},\boldsymbol{v}_{2a}$ 和$\boldsymbol{v}_{1b},\boldsymbol{v}_{2b}$ 分别表示它们在起始状态和终了状态的速度。由动能定理,有

$$\text{对 } m_1: \quad \int_{a_1}^{b_1}\boldsymbol{F}_1\cdot \mathrm{d}\boldsymbol{r}_1+\int_{a_1}^{b_1}\boldsymbol{f}_1\cdot \mathrm{d}\boldsymbol{r}_1=\frac{1}{2}m_1 v_{1b}^2-\frac{1}{2}m_1 v_{1a}^2$$

$$\text{对 } m_2: \quad \int_{a_2}^{b_2}\boldsymbol{F}_2\cdot \mathrm{d}\boldsymbol{r}_2+\int_{a_2}^{b_2}\boldsymbol{f}_2\cdot \mathrm{d}\boldsymbol{r}_2=\frac{1}{2}m_2 v_{2b}^2-\frac{1}{2}m_2 v_{2a}^2$$

两式相加,可得

$$\int_{a_2}^{b_2}\boldsymbol{F}_2\cdot \mathrm{d}\boldsymbol{r}+\int_{a_1}^{b_1}\boldsymbol{F}_1\cdot \mathrm{d}\boldsymbol{r}_1+\int_{a_2}^{b_2}\boldsymbol{f}_2\cdot \mathrm{d}\boldsymbol{r}_2+\int_{a_1}^{b_1}\boldsymbol{f}_1\cdot \mathrm{d}\boldsymbol{r}$$
$$=\left(\frac{1}{2}m_2 v_{2b}^2+\frac{1}{2}m_1 v_{1b}^2\right)-\left(\frac{1}{2}m_2 v_{2a}^2+\frac{1}{2}m_1 v_{1a}^2\right)$$

此式中等号左侧前两项是外力对质点系所做功之和,用 $A_{外ab}$ 表示,左侧后两项是内力对质点系所做功之和,用 $A_{内ab}$ 表示;等号右侧是质点系总动能的增量,可写成 $\Delta E_{\mathrm{k}}=E_{\mathrm{k}b}-E_{\mathrm{k}a}$。于是就有

$$A_{外ab}+A_{内ab}=E_{\mathrm{k}b}-E_{\mathrm{k}a}=\Delta E_{\mathrm{k}} \tag{2.3.10}$$

这就是**质点系的动能定理**(theorem of kinetic energy of particle system),它说明所有外力和内力对质点系做的功之和等于质点系总动能的增量。这一结论很明显地可以推广到任意多个质点组成的质点系。与质点动能定理一样,质点系动能定理也只在惯性系中成立。

这里应该强调两点:一是质点系内力做功之和一般不为零。如爆炸过程,弹片四向飞散,系统的总动能增加,这是内力(火药的爆炸力)对各弹片做正功,把化学能转变化为动能的结果。因而内力的作用能改变系统的总动能,只是不改变系统的总动量。二是作用在质点系上合外力的功一般不等于每个外力做功之和,合内力的功(为零)不等于每个内力做功之和。关键是对质点系而言,不同的力可能作用在不同的质元上,而不同的质元其位移和运动的路径不同。

2.3.3　保守力和势能

1. 几种力的功

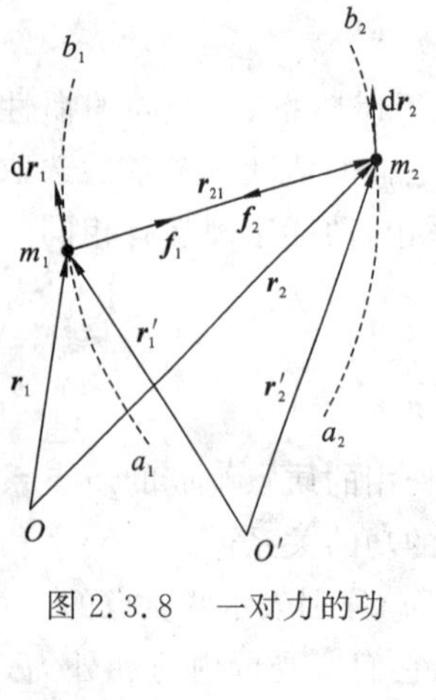

图 2.3.8　一对力的功

1) 一对力的功

在质点系的动能定理中,我们指出了质点系的动能变化与内力的功有关。由于系统的内力总是成对出现的,因此我们需要研究一对力做功的特点和计算方法。

令 m_1,m_2 分别代表两个有相互作用的质点,它们相对于某一坐标系原点 O 的位矢分别是 $\boldsymbol{r}_1,\boldsymbol{r}_2$(图 2.3.8)。在某一段时间内,两者发生的位移分别为 $\mathrm{d}\boldsymbol{r}_1$ 和 $\mathrm{d}\boldsymbol{r}_2$。以 $\boldsymbol{f}_1$ 和 $\boldsymbol{f}_2$ 分别表示 m_1 和 m_2 相互受对方的作用力。在这一段时间内,这一对力所做的功之和为

$$\mathrm{d}A=\boldsymbol{f}_1\cdot \mathrm{d}\boldsymbol{r}_1+\boldsymbol{f}_2\cdot \mathrm{d}\boldsymbol{r}_2$$

由于 $\boldsymbol{f}_1=-\boldsymbol{f}_2$,有

$$dA = \boldsymbol{f}_2 \cdot (d\boldsymbol{r}_2 - d\boldsymbol{r}_1) = \boldsymbol{f}_2 \cdot d(\boldsymbol{r}_2 - \boldsymbol{r}_1)$$

又因为 $\boldsymbol{r}_2 - \boldsymbol{r}_1 = \boldsymbol{r}_{21}$ 是 m_2 相对于 m_1 的位矢，所以

$$dA = \boldsymbol{f}_2 \cdot d\boldsymbol{r}_{21}$$

其中 $d\boldsymbol{r}_{21}$ 为 m_2 相对于 m_1 的元位移。这一结果说明，两质点间的相互作用力所做的元功之和等于其中一个质点所受的力与此质点相对于另一质点的元位移的标积。

如果我们把上述两个质点的初始位置状态（m_1 在 a_1，m_2 在 a_2）记为初位形 a，经过一段时间以后两者的位置状态（m_1 在 b_1，m_2 在 b_2）记为末位形 b，则它们从初位形 a 运动到末位形 b 时，它们之间的相互作用力做的总功

$$A_{ab} = \int_a^b dA = \int_a^b \boldsymbol{f}_2 \cdot d\boldsymbol{r}_{21} \tag{2.3.11}$$

这一结果说明，两质点间的“一对力”所做的功之和等于其中一个质点受的力沿着该质点相对于另一质点所移动的路径所做的功。这就是说，一对力所做的功只取决于两质点间的相对路径，因而也就与确定两质点的位置时所选的参考系无关（如图 2.3.8 中对以 O 和 O' 为原点的两个参考系的相对路径是一样的）。这是任何一对作用力和反作用力所做的功之和的重要特点。例如，摩擦生热就属于物体系问题，是一对滑动摩擦力做功的效果，把物体的机械能转变为物体的热能。动能减少，热能增加，温度升高，这是一个绝对事实，确实与参照系的选择无关。

2）万有引力的功

两个质点的质量分别为 m_1 和 m_2，它们之间有万有引力，m_2 受 m_1 的作用力为

$$\boldsymbol{F} = -G\frac{m_1 m_2}{r^3}\boldsymbol{r}$$

式中，r 为两质点间的距离；$\boldsymbol{r}$ 为由 m_1 指向 m_2 的位矢（图 2.3.9）。这两个质点相对于某一参考系可能都在运动，但是，如上面所述，运动过程中它们之间一对万有引力所做的功之和只取决于它们间的相对运动。为了计算这一对力的功，我们取 m_1 的位置为原点，而计算 m_2 受的万有引力所做的功就可以了。以 $\boldsymbol{r}_a$ 和 $\boldsymbol{r}_b$ 分别表示 m_2 相对于 m_1 的始末位矢。当 m_2 沿任意路径 L 由 a 处移动到 b 处的过程中，万有引力对 m_2 所做的功为

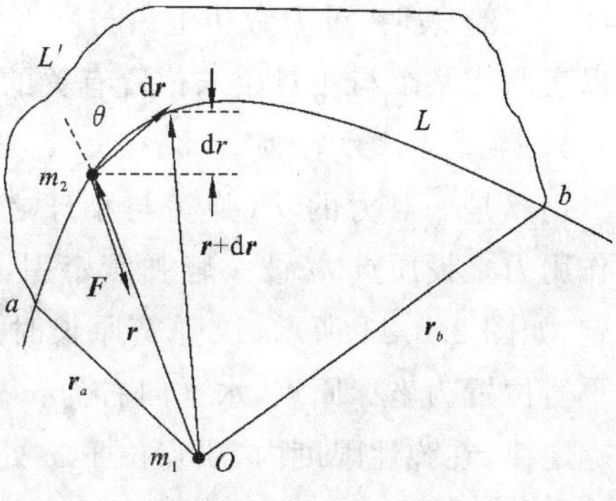

图 2.3.9　万有引力的功

$$A_{ab} = \int_{(L)a}^{b} dA = \int_{(L)a}^{b} -G\frac{m_1 m_2}{r^3}\boldsymbol{r} \cdot d\boldsymbol{r}$$

由于 $\boldsymbol{r} \cdot d\boldsymbol{r} = r|d\boldsymbol{r}|\cos\theta = r dr$，其中 dr 为发生位移 $d\boldsymbol{r}$ 时 m_2 的位矢的大小的增量，所以上式又可写成

$$A_{ab} = \int_{r_a}^{r_b} -\frac{Gm_1 m_2}{r^2} dr$$

演算上面的积分，可得

$$A_{ab}=\int_{r_a}^{r_b}-G\frac{m_1m_2}{r^2}\mathrm{d}r=Gm_1m_2\left(\frac{1}{r_b}-\frac{1}{r_a}\right)$$
$$=-\left[\left(-G\frac{m_1m_2}{r_b}\right)-\left(-G\frac{m_1m_2}{r_a}\right)\right] \tag{2.3.12}$$

式(2.3.12)表明,一对万有引力所做的功只与 m_2 相对 m_1 的始末位置有关,与质点 m_2 相对于 m_1 移动的具体路径无关(沿图 2.3.9 中路径 L 和 L',A_{ab} 相等),且可以表示成某个与相对始末位置有关的标量函数$\left(E_{\mathrm{p}}=-G\dfrac{m_1m_2}{r}\right)$增量的负值。

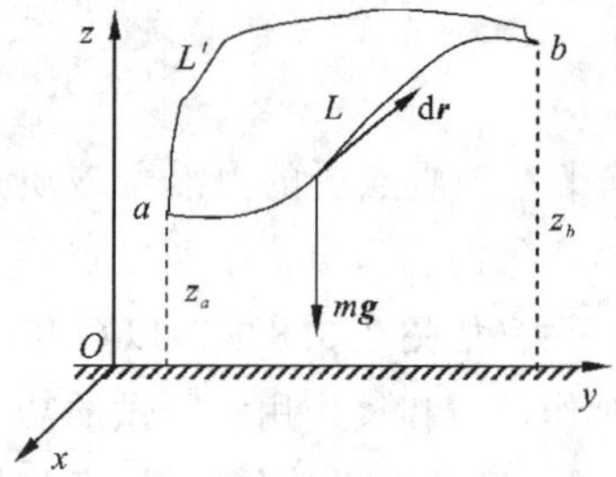

图 2.3.10 重力的功

3) 重力的功

重力的功也是一对力的功(地球与地面附近物体之间的引力的功),与参考系无关。所以选地面为参考系,并取地面为 Oxy 平面,竖直轴为 z 轴的直角坐标系,如图 2.3.10 所示。设在地面附近的质量为 m 的质点处在重力

$$\boldsymbol{F}=m\boldsymbol{g}=-mg\boldsymbol{k}$$

作用下,当质点沿任意路径 L 由 a 处移动到 b 处的过程中,重力对质点做的功为

$$A_{ab}=\int_{(L)a}^{b}\boldsymbol{F}\cdot\mathrm{d}\boldsymbol{r}=\int_{(L)a}^{b}-mg\boldsymbol{k}\cdot(\mathrm{d}x\boldsymbol{i}+\mathrm{d}y\boldsymbol{j}+\mathrm{d}z\boldsymbol{k})$$

演算上面的积分,可得

$$A_{ab}=\int_{z_a}^{z_b}-mg\,\mathrm{d}z=-mgz\Big|_{z_a}^{z_b}=-(mgz_b-mgz_a) \tag{2.3.13}$$

式(2.3.13)表明,重力做功也只与质点相对地面的始末位置有关,而与具体路径无关,也可以表示成某个与相对始末位置有关的标量函数($E_{\mathrm{p}}=mgz$)增量的负值。

4) 弹簧弹性力的功

仍然是一对力的功(弹簧与小球之间的一对相互作用力)。设质点 m 被一轻弹簧牵引,弹簧另一端固定。如图 2.3.11 所示,以弹簧原长时质点 m 所在的平衡位置为坐标原点,水平向右为 x 轴正方向,依胡克定律,在弹性限度内,质点位于 x 处时受到弹簧的作用的弹性力为

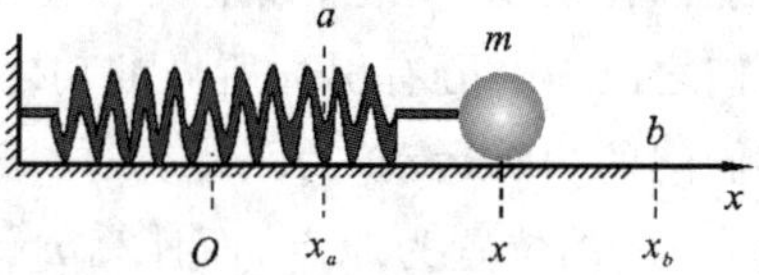

图 2.3.11 弹性力的功

$$\boldsymbol{F}=-kx\boldsymbol{i}$$

式中,k 为弹簧的劲度系数。当质点从 a 处运动到 b 处的过程中,弹性力做的功为

$$A_{ab}=\int_a^b-kx\boldsymbol{i}\cdot\mathrm{d}x\boldsymbol{i}=\int_{x_a}^{x_b}-kx\cdot\mathrm{d}x=-\left(\frac{1}{2}kx_b^2-\frac{1}{2}kx_a^2\right) \tag{2.3.14}$$

可见弹性力做的功只与质点相对于弹簧原长的相对始末位置有关,与质点运动的具体路径(来回几趟)无关,也就是说弹性力的功只取决于弹簧的始末伸长量而与伸长的具体过

程无关。也可以表示成某个与相对始末位置有关的标量函数$\left(E_p=\frac{1}{2}kx^2\right)$增量的负值。

5）摩擦力的功

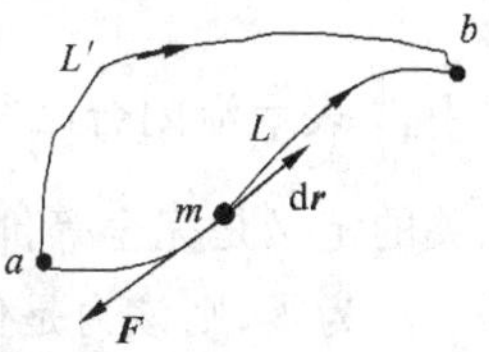

图 2.3.12　摩擦力做功

设一质量为 m 的质点在粗糙的水平面上运动，如图 2.3.12 所示，其滑动摩擦力 $\boldsymbol{f}_k$（设其大小 f_k 为常数）与质点的相对运动方向相反，可表示为

$$\boldsymbol{f}_k=-f_k\boldsymbol{e}_\tau$$

式中，$\boldsymbol{e}_\tau$ 为质点运动方向的切向单位矢量。沿任意路径 L 由 a 处移动到 b 处的过程中，摩擦力做的功为

$$A_{ab}=\int_{(L)a}^{b}-\boldsymbol{f}_k\cdot d\boldsymbol{r}=\int_{(L)a}^{b}-f_k\boldsymbol{e}_\tau\cdot d\boldsymbol{r}$$

由于 $\boldsymbol{e}_\tau\cdot d\boldsymbol{r}=ds$ 为质点在无限小时间 dt 内所走的路程，所以上式转化为对路程的积分，有

$$A_{ab}=\int_{(L)a}^{b}-f_k ds=-f_k s_{ab}$$

式中，s_{ab} 是质点沿路径 L 由 a 处移动到 b 处其曲线路径的长。显然，从点 a 到点 b 沿不同的路径（如图 2.3.12 所示的路径 L'）摩擦力做功就不同，所以摩擦力做的功不但与始末位置有关，而且与质点所经历的具体路径有关。

2. 保守力与非保守力

从上述有关一对力做功的计算结果表明，有一类力做的功只与始末相对位置有关，而与所经过的具体路径无关（如万有引力、重力、弹性力）；另一类力做的功除了与始末相对位置有关外，还与质点所经历的具体路径有关（如摩擦力）。于是我们就定义：如果一对力做的功仅由相互作用的质点的始末相对位置决定，而与具体路径无关，则这样的一对力就叫**保守力**（conservative force）。由于在计算一对力的功时，如上所述，常常选一个质点所在的位置为原点，这时一对力的功就可表示为一个力的功。因此在上述保守力定义中的一对力也常常说成是“一个力”。反之，如果一对力做功不仅与相互作用的质点的始末相对位置有关，还与具体路径有关，则这样的一对力就叫**非保守力**（non-conservative force）。

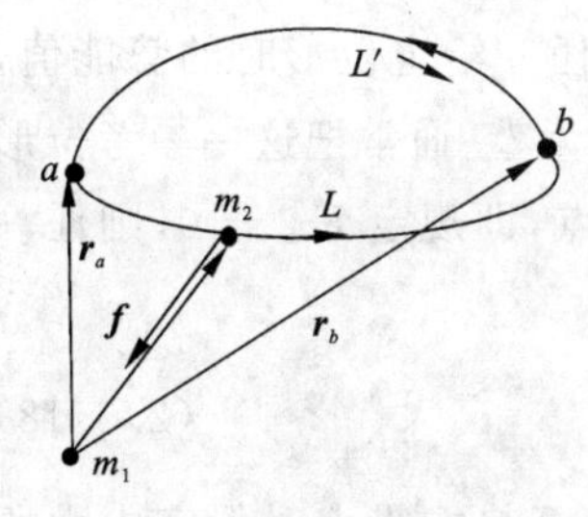

图 2.3.13　保守力的定义

保守力也可以用另一种方式来定义：一质点相对于另一质点沿闭合路径移动一周时，它们之间的保守力做的功必然是零。这可以用图 2.3.13 来说明。图中以 m_1 所在位置为原点，m_2 从点 a 沿任一路径 L 到点 b，然后再沿另一路径 L' 回到点 a 时，力 $\boldsymbol{f}$ 所做的功为

$$\oint\boldsymbol{f}\cdot d\boldsymbol{r}=\int_{a(L)}^{b}\boldsymbol{f}\cdot d\boldsymbol{r}+\int_{b(L')}^{a}\boldsymbol{f}\cdot d\boldsymbol{r}$$

$$=\int_{a(L)}^{b}\boldsymbol{f}\cdot d\boldsymbol{r}-\int_{a(L')}^{b}\boldsymbol{f}\cdot d\boldsymbol{r}$$

其中最后一项积分为 m_2 由 a 沿路径 L' 到点 b 时 $\boldsymbol{f}$ 所做的功。由于 $\boldsymbol{f}$ 所做的功与路径无关，

所以上式中最后两个积分大小相等,而其差应为零。因此对保守力就一定有

$$\oint \boldsymbol{f} \cdot \mathrm{d}\boldsymbol{r} = 0 \tag{2.3.15}$$

式中,$\oint$ 表示沿闭合路径一周进行的线积分,称为**力的环流**。保守力的这一定义和与路径无关的定义是完全等价的。这样式(2.3.15)就成为力是否是保守力的判别式,即如果力的环流为零,则该力是保守力,否则是非保守力。

3. 势能

由于两个质点间的保守力做的功与路径无关,而只取决于两质点的始末相对位置,或者一般地说决定于系统的始末位形,这说明两质点在相互作用的一对保守内力作用下,处在一定相对位形时就具有一定的能量——势能,在相对位形改变时,势能的减少就定义为这一对保守力做的功,这势能称为两质点的**相互作用势能**(potential energy)(也叫**位能**)。它描述在保守内力作用下,系统由于相对位形变化而具有的对外做功的本领。

如果以 E_p 表示势能,并以 $E_{\mathrm{p}a}$ 和 $E_{\mathrm{p}b}$ 分别表示相应于相对位形 a 和相对位形 b 的系统的势能,则它们和保守力做功的关系可表示为

$$A_{\text{保}\,ab} = \int_a^b \boldsymbol{F}_{\text{保守内力}} \cdot \mathrm{d}\boldsymbol{r} = -(E_{\mathrm{p}b} - E_{\mathrm{p}a}) = -\Delta E_\mathrm{p} \tag{2.3.16}$$

式(2.3.16)也可改写为

$$\Delta E_\mathrm{p} = (E_{\mathrm{p}b} - E_{\mathrm{p}a}) = -\int_a^b \boldsymbol{F}_{\text{保守内力}} \cdot \mathrm{d}\boldsymbol{r} \tag{2.3.17}$$

式(2.3.17)说明,系统势能的增量等于相应的保守内力做功的负值。这个关于势能的定义虽然是从两质点系统说起的,它显然也适用于任意的多质点系统,只要这些质点间的内力是保守力。

应该指出,式(2.3.17)只给出了势能差。要确定质点系在任一给定位形时的势能值,就必须选定某一位形作为参考位形,而规定此参考位形的势能为零。通常把这一参考位形就叫**势能零点**。在式(2.3.17)中,如果我们取位形 b 为势能零点,即规定 $E_{\mathrm{p}b} = 0$,则任一其他位形的势能就为

$$E_{\mathrm{p}a} = A_{ab} = \int_{a(\text{路径任意})}^{\text{零势}b} \boldsymbol{F}_{\text{保守力}} \cdot \mathrm{d}\boldsymbol{r} \tag{2.3.18}$$

这一公式说明,系统在任一位形时的势能等于它从此位形改变至势能零点时保守内力所做的功。根据前面所述的一对力做功的特点可知,一对力所做的总功与参考系的选择无关,故一个系统的势能和描述这一系统运动所用的参考系是无关的。

势能零点可以根据问题的需要任意选择,以方便计算和比较为原则。很明显,对于不同的势能零点,系统在某一位形时的势能值是不同的。这就是说,某一位形时的势能值总是相对于选定的势能零点来说的。

从式(2.3.12)可知,两质点 m_2 和 m_1 之间的一对万有引力的功可表示为

$$A_{ab} = \left(-G\frac{m_1 m_2}{r_b}\right) - \left(-G\frac{m_1 m_2}{r_a}\right) = -(E_{\mathrm{p}b} - E_{\mathrm{p}a})$$

于是可以引进引力势能，通常选两质点 m_2 和 m_1 相距无穷远处时为引力势能零点，即 $r_a \to \infty$，$E_{p\infty}=0$，去掉另一项的下标 b，就得到两质点在任一相对位置为 r 处的万有引力势能（m_2 和 m_1 组成的系统共有的）为

$$E_p = -G\frac{m_1 m_2}{r} \tag{2.3.19}$$

从式(2.3.13)可知，地球和 m 之间的一对重力的功可表示为

$$A_{ab} = -(mgz_b - mgz_a) = -(E_{pb} - E_{pa})$$

于是可以引进重力势能，通常选地面为重力势能零点，即 $z_a = 0$ 处的 $E_{pa} = 0$，去掉另一项的下标 b，可得质点 m 在相对地面为 z 处的重力势能（地球和 m 组成的系统共有的）为

$$E_p = mgz \tag{2.3.20}$$

从式(2.3.14)可知，弹簧和物体 m 之间的一对弹性力的功可表示为

$$A_{ab} = -\left(\frac{1}{2}kx_b^2 - \frac{1}{2}kx_a^2\right) = -(E_{pb} - E_{pa})$$

于是可以引进弹性势能，通常选弹簧原长处即 $x_a = 0$ 处的 $E_{pa} = 0$ 为势能零点，去掉另一项的下标 b，可得质点 m 相对弹簧原长为 x 处的弹性势能（弹簧和物体 m 组成的系统共有的）为

$$E_p = \frac{1}{2}kx^2 \tag{2.3.21}$$

必须注意的是：式(2.3.19)～式(2.3.21)只是按上述规定了势能零点位置后才是正确的，但根据式(2.3.17)，系统处在某两个相对位形的势能差却是一定的，与势能零点的选择无关。

此外，式(2.3.19)～式(2.3.21)也可依式(2.3.18)求得。例如，对万有引力势能，选 $r_a \to \infty$，$E_{p\infty} = 0$ 时，质点 m_2 相对 m_1 在任一位置 r 处的万有引力势能为

$$\begin{aligned} E_p(r) &= \int_{r(\text{路径任意})}^{\infty} \boldsymbol{F}_{\text{保守力}} \cdot \mathrm{d}\boldsymbol{r} = \int_r^{\infty} -G\frac{m_1 m_2}{r^2} \cdot \mathrm{d}r \\ &= G\frac{m_1 m_2}{r}\bigg|_r^{\infty} = -G\frac{m_1 m_2}{r} \end{aligned}$$

如果 $m_1 = M$ 为地球，$m_2 = m$ 是离地心为 r 处的物体，在选 $r_a \to \infty$，$E_{p\infty} = 0$ 时，地球与物体这一系统的万有引力势能为（可证：这种情况下可将地球看成集中在地心的一个质量为 M 的质点，请读者参见相关书籍）

$$\begin{aligned} E_p(r) &= \int_{r(\text{路径任意})}^{\infty} \boldsymbol{F}_{\text{保守力}} \cdot \mathrm{d}\boldsymbol{r} = \int_r^{\infty} -G\frac{Mm}{r^2} \cdot \mathrm{d}r \\ &= G\frac{Mm}{r}\bigg|_r^{\infty} = -G\frac{Mm}{r} \end{aligned} \tag{2.3.22}$$

如果选 $r_a = R$ 地面处，$E_{pR} = 0$ 为势能零点，则地球与离地心为 r 处的物体这一系统的万有引力势能为

$$E_p(r) = \int_{r(\text{路径任意})}^{\infty} \boldsymbol{F}_{\text{保守力}} \cdot \mathrm{d}\boldsymbol{r} = \int_r^{R} -G\frac{Mm}{r^2} \cdot \mathrm{d}r$$

$$= G\frac{Mm}{r}\bigg|_r^R = G\frac{Mm}{R} - G\frac{Mm}{r}$$

可见,在两种不同势能零点选择下,势能是相对的,但可证势能差是绝对的。

物体在地面以上的高度为 h 时,$r = R + h$,这时

$$E_p(h) = G\frac{Mm}{R} - G\frac{Mm}{r+h} = GMm\left(\frac{1}{R} - \frac{1}{R+h}\right) = GMm\frac{h}{R(R+h)}$$

如果 $h \ll R$,则 $R(R+h) \approx R^2$,因而有

$$E_p(h) = m\frac{GM}{R^2}h = mgh$$

由于在地面附近,重力加速度 $g = \dfrac{GM}{R^2}$(见式(2.1.10)),最后得到

$$E_p(h) = mgh \tag{2.3.23}$$

这正是大家熟知的中学重力势能的公式。请特别注意它和引力势能式(2.3.22)在势能零点选择上的不同。

4. 保守力与势能的关系

式(2.3.18)给出了势能和保守力的积分关系,使我们能从保守内力求出对应的系统的势能;反过来我们从势能函数也能求出相应的保守力,得到势能和保守力的微分关系。

利用式(2.3.17)我们知道,保守力做功等于势能增量的负值,在直角坐标系中,考虑一个无限小的过程,有

$$\mathrm{d}E_p = -\boldsymbol{f}\cdot\mathrm{d}\boldsymbol{r} = -(f_x\mathrm{d}x + f_y\mathrm{d}y + f_z\mathrm{d}z)$$

一般来讲,势能函数 E_p 可以是位置坐标(x,y,z)的多元函数,其全微分为

$$\mathrm{d}E_p = \frac{\partial E_p}{\partial x}\mathrm{d}x + \frac{\partial E_p}{\partial y}\mathrm{d}y + \frac{\partial E_p}{\partial z}\mathrm{d}z$$

上下两式相比较,得

$$f_x = -\frac{\partial E_p}{\partial x},\quad f_y = -\frac{\partial E_p}{\partial y},\quad f_z = -\frac{\partial E_p}{\partial z}$$

式中的导数分别是 E_p 对 x、y 和 z 的偏导数。这样保守力与其相关势能的一般关系在直角坐标系下可以写成

$$\boldsymbol{f} = -\left(\frac{\partial E_p}{\partial x}\boldsymbol{i} + \frac{\partial E_p}{\partial y}\boldsymbol{j} + \frac{\partial E_p}{\partial z}\boldsymbol{k}\right) = -\left(\frac{\partial}{\partial x}\boldsymbol{i} + \frac{\partial}{\partial y}\boldsymbol{j} + \frac{\partial}{\partial z}\boldsymbol{k}\right)E_p \tag{2.3.24}$$

式(2.3.24)表明,保守力沿某一给定方向的分量等于与此保守力相应的势能函数沿该方向的空间变化率(即经过单位距离的变化)的负值。在场论中,一个标量函数的空间变化率称为该函数的梯度矢量,所以势能函数的梯度记为 $\mathrm{grad}E_p = \nabla E_p$,在直角坐标系中

$$\mathrm{grad}E_p = \nabla E_p = \left(\frac{\partial E_p}{\partial x}\boldsymbol{i} + \frac{\partial E_p}{\partial y}\boldsymbol{j} + \frac{\partial E_p}{\partial z}\boldsymbol{k}\right)$$

式(2.3.24)可以写成

$$\boldsymbol{f} = -\,\mathrm{grad}E_p = -\nabla E_p \tag{2.3.25}$$

这就是保守力与对应势能的最一般的关系。

最简单的情况,对于一维势能,则有

$$F=-\frac{\mathrm{d}E_{\mathrm{p}}}{\mathrm{d}x} \tag{2.3.26}$$

即保守力等于势能的一次微商的负值。可以用弹性势能公式验证式(2.3.26)，有

$$F=-\frac{\mathrm{d}}{\mathrm{d}x}\left(\frac{1}{2}kx^{2}\right)=-kx$$

这正是关于弹簧弹力的胡克定律公式。

5. 势能曲线

势能随物体间相对位置变化的曲线，称为**势能曲线**。式(2.3.19) ~ 式(2.3.21) 表示的万有引力势能、重力势能、弹性势能曲线分别如图 2.3.14(a)、(b)、(c) 所示。

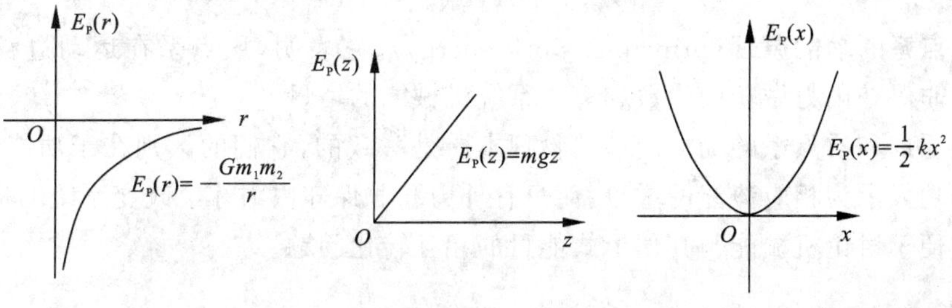

图 2.3.14　势能曲线

(1) 由势能曲线可以求出物体系的保守内力。由式(2.3.26) 可知，势能曲线在某点处斜率的负值即为物体系在相应相对位置的保守力。

(2) 由势能曲线可以求出物体平衡位置及判断平衡的稳定性。所谓平衡位置，就是两质点间相互作用力为零的相对位置。当两质点相对静止在这些位置上时，它们可继续保持相对静止状态。

在一维情况下，平衡位置可由$\frac{\partial E_{\mathrm{p}}}{\partial x}=0$求得。在势能曲线图上，就是切线斜率为零的点。势能曲线上每一个局部的最低点（即势“谷”或势阱的底部，如图 2.3.15 中 x_2 和 x_4 处），都是稳定的平衡点。每当质点偏离了稳定的平衡点时，都会受到指向平衡点的力，即质点可以围绕这些平衡点做小的振动；反之，势能曲线上每个局部的最高点（即势能“峰”的顶部，如图 2.3.15 中 x_3 处）都是不稳定的平衡点，一旦质点偏离了不稳定的平衡点，质点就会远离而去，因而，势能曲线还形象地表示出了系统的稳定性。

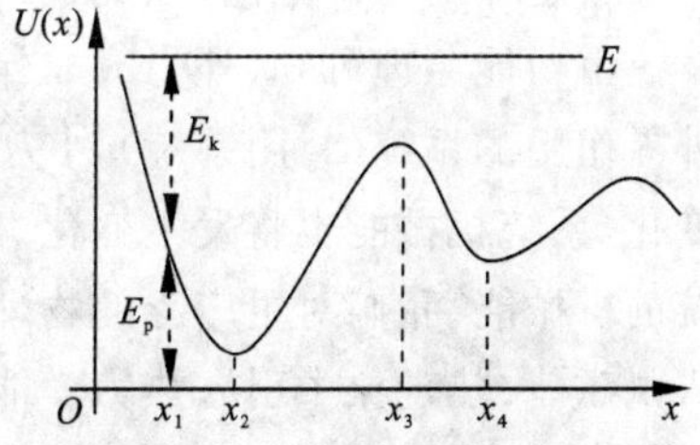

图 2.3.15　一维势能曲线

2.3.4　功能原理

引入保守力的概念以后，质点系内的内力可以划分为保守内力和非保守内力两类。于是质点系的动能定理式(2.3.10) 可写成

$$A_{外\,ab} + A_{非保内ab} + A_{保内ab} = E_{kb} - E_{ka} = \Delta E_{k}$$

又由于保守内力的功与系统势能相关，即

$$A_{保内\,ab} = -\Delta E_{p}$$

所以

$$\begin{aligned} A_{外\,ab} + A_{非保内ab} &= (E_{kb} + E_{pb}) - (E_{ka} + E_{pa}) \\ &= \Delta(E_{k} + E_{p}) \end{aligned} \tag{2.3.27}$$

我们把质点系的总动能和势能之和统称为质点系的**机械能**(mechanical energy)，即

$$E = E_{p} + E_{k} \tag{2.3.28}$$

若以 E_a 和 E_b 分别表示质点系的初机械能和末机械能，那么，式(2.3.27) 可写成

$$A_{外\,ab} + A_{非保内ab} = \Delta E \tag{2.3.29}$$

这就是**质点系的功能原理**(principle work-energy)。它表明，质点系在运动过程中，它所受外力与非保守内力做功的代数和等于系统机械能的增量。

功能原理和质点系的动能定理的物理本质是一致的，它们的区别在于功能原理将保守内力的功表示为相应势能的增量，而只有外力和非保守内力才会改变系统的机械能。这样的形式便于讨论机械能与其他形式能量的相互转化问题。

2.3.5　机械能守恒定律与能量守恒定律

由功能原理的关系式(2.3.29) 知，当 $A_{外\,ab} = 0, A_{非保内ab} = 0$，即只有保守内力做功时，式(2.3.29) 给出

$$E_{b} = E_{a} = 常量 \tag{2.3.30}$$

这就是说，如果一个系统内只有保守内力做功的情况下，质点系的机械能保持不变。这一结论叫**机械能守恒定律**(law of conservation of mechanical energy)。它告诉我们，质点系内的动能和势能之间的转换是通过质点系内的保守力做功来实现的。在经典力学中，它是牛顿定律的一个推论，因此也只适用于惯性系。

由功能原理可知，外力或非保守内力做功时，系统的机械能将发生变化；而一个不受外界作用的系统(封闭系统) 外力做功为零，但非保守内力做功也可以使系统的状态发生变化，系统机械能也将发生变化。例如，地雷爆炸增加了系统的机械能，汽车制动减少了系统的机械能。我们对更广泛的物理现象可以引入更广泛的能量概念，例如，电磁现象中引入电磁能、热现象中引入热力学能、化学反应中引入对应的化学能以及原子内部的变化引入对应的原子核能等，从而就可知外力或非保守内力做功使系统的机械能发生变化实际上是其他运动形式的能量与机械能之间发生了转化。大量实验表明，能量既不能被消灭，也不能被创生，它只能从一种形式转化为另一种形式或从一个物体传递给其他物体。这就是普遍的**能量转化和守恒定律**。它是自然界的一条普遍的最基本的定律，其意义远远超出了机械能守恒定律的范围。机械能守恒定律只是这条定律在力学领域中的一个特例。

例 2.3.2　请分别利用动能定理和机械能守恒定律重新求解例 2.1.1。

解　(1) 利用动能定理求解。如图 2.3.16(a) 所示，小球从 a 落到 b 的过程中，合外力 $\boldsymbol{T} + m\boldsymbol{g}$ 对它做的功为

$$A_{ab} = \int_a^b (\boldsymbol{T} + m\boldsymbol{g}) \cdot \mathrm{d}\boldsymbol{r} = \int_a^b m\boldsymbol{g} \cdot \mathrm{d}\boldsymbol{r} = \int_a^b mg\,|\mathrm{d}\boldsymbol{r}|\cos\theta$$

由于$|\mathrm{d}\boldsymbol{r}| = l\mathrm{d}\theta$,所以

$$A_{ab} = \int_0^\theta mg\cos\theta l\,\mathrm{d}\theta = mgl\sin\theta$$

对小球,用动能定理,由于 $v_a = 0, v_b = v$,故有

$$mgl\sin\theta = \frac{1}{2}mv^2 - 0$$

由此得

$$v = \sqrt{2gl\sin\theta}$$

与例 2.2.1 得出的结果相同。

(2) 利用机械能守恒定律重新求解。如图 2.3.16(b) 所示,取小球和地球作为被研究的系统。以线的悬点 O 所在的高度为重力势能的零点并相对于地面参考系来描述小球的运动。在小球下落过程中,绳拉小球的外力 $\boldsymbol{T}$ 总垂直于小球的速度$\boldsymbol{v}$,所以此外力不做功。因此,对所讨论的系统来说,只有保守力 —— 重力做功。所以系统的机械能守恒。

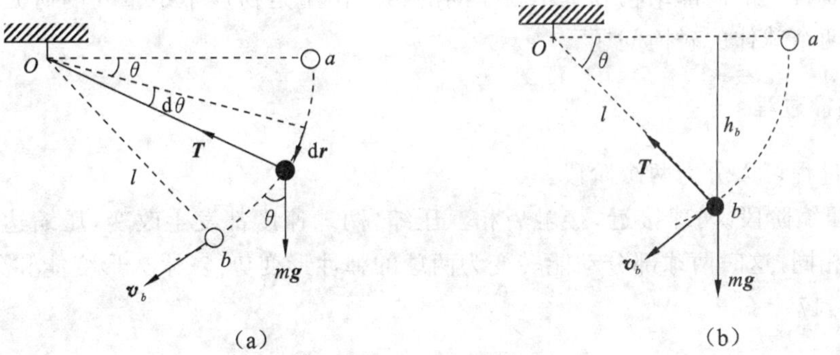

图 2.3.16　例 2.3.2 图

此系统的初态的机械能为

$$E_a = mgh_a + \frac{1}{2}mv_a^2 = 0$$

线摆下 θ 角时系统的机械能为

$$E_b = -mgh_b + \frac{1}{2}mv_b^2$$

由于 $h_b = -l\sin\theta, v_b = v$,所以

$$E_b = -mgl\sin\theta + \frac{1}{2}mv^2$$

由此得

$$v = \sqrt{2gl\sin\theta}$$

与前面得出的结果相同。

我们用三种不同的方法(参见例 2.1.1) 求解了此题,现在可以清楚地比较三种解法的不同:第一种解法是直接应用牛顿第二定律,在公式的两侧都用纯数学方法进行了积分运算;第二种解法我们应用了功和动能的概念,这时还需要对力进行积分来求功,另一侧

直接写动能之差无须进行积分;第三种解法是引入了势能的概念,并用计算势能差来代替用线积分去计算功的结果,没有用任何积分,只是进行代数的运算,因而简化了计算解题过程。同时大家可以看到,即使基本定律还是一个,但是引入新概念和建立新的定律形式也能使我们在解决实际问题时获得很大的益处。以牛顿定律为基础的牛顿力学体系的大厦可以说都是在这种思想的指导下建立的。

2.3.6　两体碰撞

当两个质点或两个物体相互接近时,在较短的时间内通过相互作用,它们的运动状态发生了显著的变化,这一现象被称为**碰撞**(collision)。在宏观领域内,碰撞意味着两个物体的直接接触。这种碰撞的特点是,相碰的物体在接触前和分离后没有相互作用,接触的时间很短,接触时的相互作用非常强烈。因此,在接触的过程中可以忽略外力的作用,可认为两物体系统的总动量是守恒的。对于微观粒子,如电子、质子对原子的碰撞,这种碰撞并不是真正粒子间的“接触”,而是两粒子接近发生短暂的电磁或核力的相互作用,然后偏离原来的运动方向而远去的运动过程,这常称之为**散射**(scattering)。人们利用粒子的碰撞来研究微观粒子的内部结构和基本粒子间的相互作用是物理学中重要的研究方法。本节主要讨论两个球体的碰撞问题。

1. 碰撞过程

碰撞过程可以分为两个阶段:

(1) 压缩阶段。两球接近,接触后相互压缩,两球速度都发生改变,压缩达到最大时,两球速度相同。这时两球部分动能转变为两球的弹性形变势能、永久形变能和分子热运动能(图 2.3.17)。

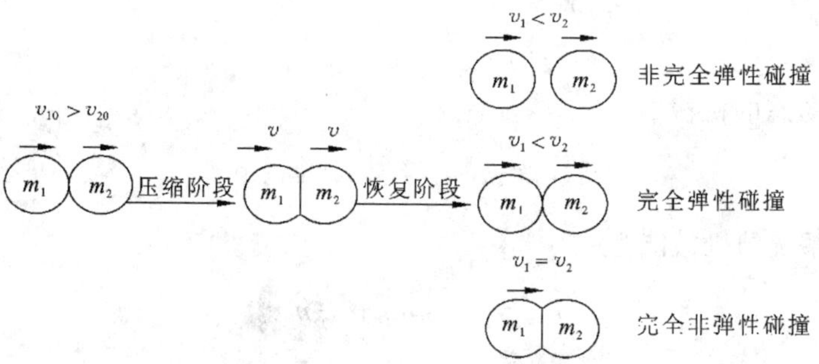

图 2.3.17　两球的碰撞过程

(2) 恢复阶段。在弹性力作用下两球速度不同而分开。在这过程中两球的弹性势能又转变为小球的动能,但永久形变能和分子热运动能则不能再转变为动能。这样就使机械能的一部分转变为非机械能。

2. 恢复系数

研究碰撞的理想模型是两个匀质小球的**对心碰撞**(direct impact)或**正碰**,即碰撞前后两球的速度矢量都沿着两匀质球质心的连线。下面具体讨论两小球沿水平方向运动而发生正碰的情况。设两球的质量为 m_1、m_2，$\boldsymbol{v}_{10}$ 和 $\boldsymbol{v}_{20}$ 分别表示两球在碰撞前的速度，$\boldsymbol{v}_1$ 和 $\boldsymbol{v}_2$ 分别表示在碰撞后的速度(图 2.3.18)。应用动量守恒定律，得

$$m_1\boldsymbol{v}_{10}+m_2\boldsymbol{v}_{20}=m_1\boldsymbol{v}_1+m_2\boldsymbol{v}_2$$

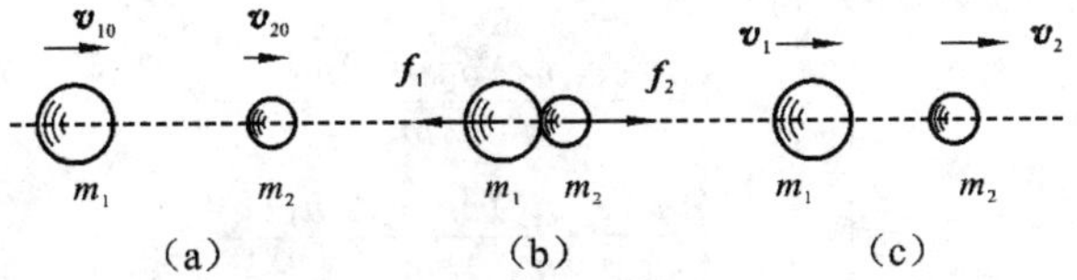

图 2.3.18　两球的对心碰撞

由于碰撞前后各个速度都在同一直线上，则有

$$m_1v_{10}+m_2v_{20}=m_1v_1+m_2v_2 \tag{2.3.31}$$

牛顿从实验中总结出：碰撞后两球的分离速度 v_2-v_1，与碰撞前两球的接近速度 $v_{10}-v_{20}$ 成正比，比值由两球的材料性质决定，即

$$e=\frac{v_2-v_1}{v_{10}-v_{20}} \tag{2.3.32}$$

式(2.3.32)称为牛顿规则，e 称为**恢复系数**(coefficient of restitution)。e 的大小一般由球体的材料决定，其值可用实验方法测定。

若恢复阶段结束时，有热损失，或保留了部分形变，使总动能减少，即 $0<e<1$，称为**非完全弹性碰撞**(imperfect elastic collision)；如果两球形变完全消失而分开，热损失也可不计，则两球的总动能保持不变，这时分离速度等于接近速度，即 $e=1$，称为**完全弹性碰撞**(perfect elastic collision)，简称**弹性碰撞**，这是一种理想的情形；如果全部形变都成为永久形变，两球碰撞后以同一速度 $v_2=v_1$ 运动，不再分离，即 $e=0$，则称为**完全非弹性碰撞**(perfect inelastic collision)。

3. 非完全弹性碰撞

这种情况下 $0<e<1$，由式(2.3.31)和式(2.3.32)联立求解，可得两小球碰后的速度分别为

$$\begin{cases} v_1=v_{10}-m_2\dfrac{(1+e)(v_{10}-v_{20})}{m_1+m_2} \\ v_2=v_{20}+m_1\dfrac{(1+e)(v_{10}-v_{20})}{m_1+m_2} \end{cases} \tag{2.3.33}$$

由于碰撞过程中产生的形变不能完全消失，碰撞系统的动能会损失一部分，转化为碰撞体中对应于永久形变的能量和热运动能量等。在一个具体碰撞问题中究竟有多少动能损失是与碰撞体的质量、碰撞前相互趋近的接近速度以及碰撞体的材料(恢复系数)等因素有关的。在一般情况下，由式(2.3.33)不难算得经非完全弹性碰撞后总动能的损失为

$$\begin{aligned}\Delta E_{\mathrm{k}}&=\left(\frac{1}{2}m_1v_{10}^2+\frac{1}{2}m_2v_{20}^2\right)-\left(\frac{1}{2}m_1v_1^2+\frac{1}{2}m_2v_2^2\right)\\&=\frac{1}{2}(1-e^2)\frac{m_1m_2}{m_1+m_2}(v_{10}-v_{20})^2\end{aligned} \tag{2.3.34}$$

此式给出了球体正碰过程中的动能损失的一般结果。

4. 完全弹性碰撞

令 $e=1$,代入式(2.3.33),得

$$\begin{cases} v_1 = \dfrac{(m_1-m_2)v_{10}+2m_2v_{20}}{m_1+m_2} \\ v_2 = \dfrac{(m_2-m_1)v_{20}+2m_1v_{10}}{m_1+m_2} \end{cases} \tag{2.3.35}$$

显然有

$$\Delta E_k = \left(\frac{1}{2}m_1v_1^2+\frac{1}{2}m_2v_2^2\right)-\left(\frac{1}{2}m_1v_{10}^2+\frac{1}{2}m_2v_{20}^2\right)=0$$

即在弹性碰撞时,两球系统的总动量和总动能都守恒,且

$$v_2-v_1=v_{10}-v_{20}$$

此外,我们还关心两种特殊情况:

(1) 当两球质量相等,即 $m_1=m_2$,代入上式,得 $v_1=v_{20}$,$v_2=v_{10}$。这时,两球经过碰撞将交换彼此的速度。例如,如果第二小球原为静止,则当第一小球与它相撞时,第一小球就停下来静止,并把速度传递给第二小球。

在原子核反应堆中,为使快中子变为慢中子,常使用质量尽量与中子相近的氘或石墨作减速剂,就是考虑到中子和这些轻原子核碰撞时彼此交换速度易于减速的缘故。

(2) 设 $m_1\neq m_2$,质量为 m_2 的物体碰撞前静止不动,即 $v_{20}=0$,由式(2.3.35)可得

$$\begin{cases} v_1 = \dfrac{(m_1-m_2)v_{10}}{m_1+m_2} \\ v_2 = \dfrac{2m_1v_{10}}{m_1+m_2} \end{cases}$$

如果 $m_2\gg m_1$,那么

$$\frac{m_1-m_2}{m_1+m_2}\approx -1,\quad \frac{2m_1}{m_1+m_2}\approx 0$$

则可得

$$v_1\approx -v_{10},\quad v_2\approx 0$$

即质量极大并且静止的物体,经碰撞后,几乎仍静止不动,而质量极小的物体,在碰撞前后的速度方向相反,大小几乎不变。皮球与地面的碰撞可近似为这种情形,气体分子与器壁垂直相碰撞时也是这种情形。

5. 完全非弹性碰撞

这时 $e=0$,由式(2.3.33),得

$$v_1=v_2=\frac{m_1v_{10}+m_2v_{20}}{m_1+m_2} \tag{2.3.36}$$

利用式(2.3.34)或式(2.3.33)可求出动能损失为

$$\begin{aligned}\Delta E_k &= \left(\frac{1}{2}m_1v_{10}^2+\frac{1}{2}m_2v_{20}^2\right)-\left(\frac{1}{2}m_1v_1^2+\frac{1}{2}m_2v_2^2\right) \\ &= \frac{1}{2}\frac{m_1m_2}{m_1+m_2}(v_{10}-v_{20})^2\end{aligned} \tag{2.3.37}$$

2.4 角动量和角动量守恒定律

转动是物体机械运动的一种基本的普遍的形式。自然界经常会遇到质点围绕着一个中心而运动的情况，如地球绕太阳的公转，人造卫星绕地球的运动，原子中电子围绕原子核的运动等。对于这种质点绕某一中心的运动，用**角动量**(angular momentum)(也称**动量矩**)来描述质点的这种运动状态，物理意义更明确简洁，更有利于揭示这类运动的本质规律，在近代物理中其运用是极为广泛的。

2.4.1 角动量和力矩

1. 质点的角动量

一个动量为 $\boldsymbol{p}=m\boldsymbol{v}$ 的质点，某时刻相对于参考系中某一固定点 O 的角动量 $\boldsymbol{L}$ 用下述矢积定义

$$\boldsymbol{L}=\boldsymbol{r}\times\boldsymbol{p}=\boldsymbol{r}\times m\boldsymbol{v} \tag{2.4.1}$$

式中，$\boldsymbol{r}$ 为质点相对于固定点 O 的位矢(图 2.4.1)，根据矢积的定义，可知角动量 $\boldsymbol{L}$ 的大小为

$$L=rp\sin\varphi=rmv\sin\varphi=rp_{\perp}=r_{\perp}p \tag{2.4.2}$$

式中，$p_{\perp}=p\sin\varphi$ 是 $\boldsymbol{p}$ 在垂直于 $\boldsymbol{r}$ 方向分量的大小；$r_{\perp}=r\sin\varphi$ 是 $\boldsymbol{r}$ 在垂直于 $\boldsymbol{p}$ 方向分量的大小。

$\boldsymbol{L}$ 的方向垂直于 $\boldsymbol{r}$ 和 $\boldsymbol{p}$ 组成的平面，其指向由右手螺旋定则确定：当右手四指由 $\boldsymbol{r}$ 的正向经小于 180° 的角转向 $\boldsymbol{p}$ 的正向时，则大拇指的指向为 $\boldsymbol{L}$ 的方向。

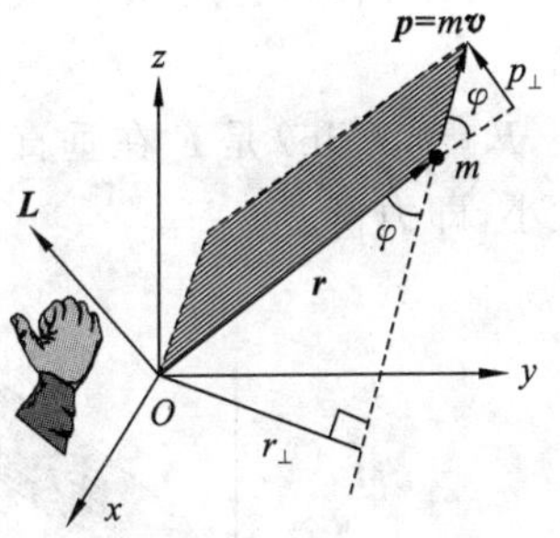

图 2.4.1　质点 m 对点 O 的角动量

在 SI 中，角动量的单位是千克·米²/秒($\mathrm{kg\cdot m^2\cdot s^{-1}}$)。

如果质点在确定的 xOy 平面内运动，则对点 O 的角动量就简化为对轴 Oz 的角动量(图 2.4.2)。例如，质点 m 在 xOy 平面内，绕点 O 做半径为 r、角速度为 ω 的圆周运动(图 2.4.3)，其动量 $\boldsymbol{p}=m\boldsymbol{v}$，它对于圆心 O 的角动量大小为

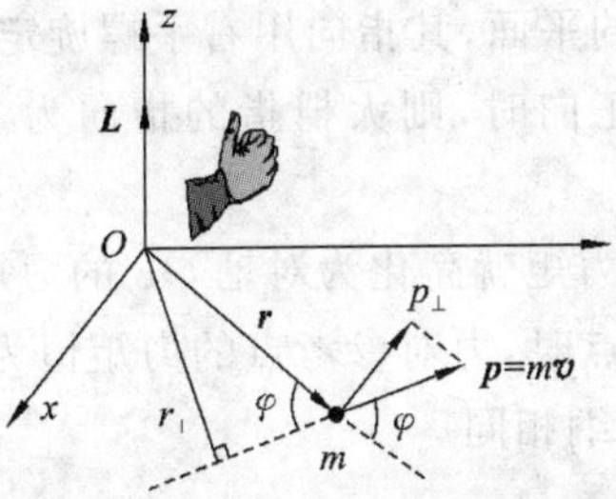

图 2.4.2　质点对轴的角动量

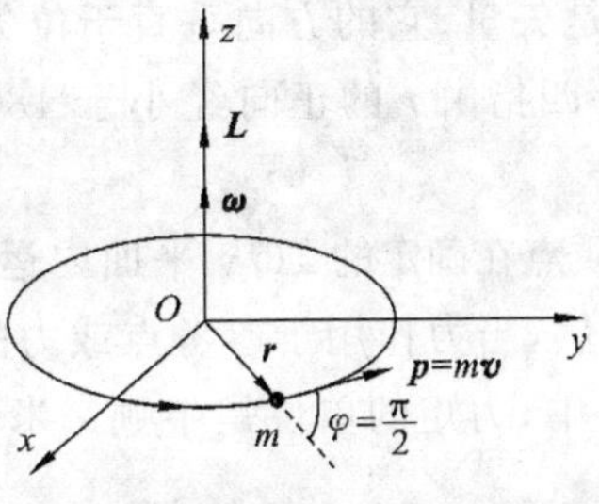

图 2.4.3　质点做圆周运动的角动量

$$L=rmv\sin\frac{\pi}{2}=rmv=mr^2\omega$$

其方向始终垂直于 xOy 平面，沿 z 轴正向。矢量形式可表示为

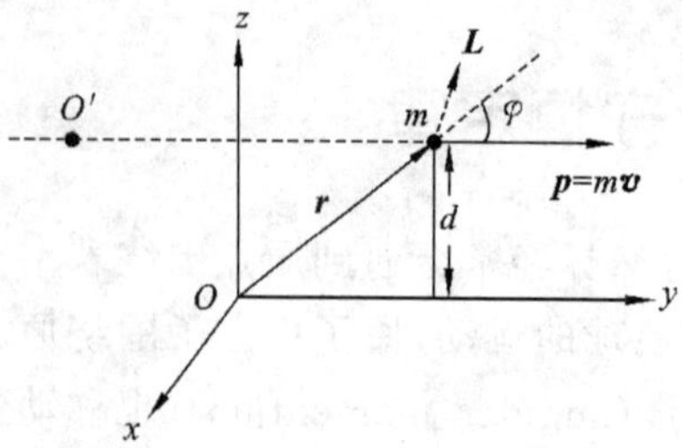

图 2.4.4 质点做直线运动的角动量

$$\boldsymbol{L} = rmv\boldsymbol{k} = mr^2\boldsymbol{\omega}$$

又如果质点 m 在平面 yOz 内平行 y 轴做直线运动(图 2.4.4),质点相对于原点 O 的角动量为

$$\boldsymbol{L} = \boldsymbol{r} \times m\boldsymbol{v} = -rmv\sin\varphi\boldsymbol{i} = -mvd\boldsymbol{i}$$

由此可看出,质点并非仅在做圆周运动时才具有角动量,质点做直线运动时,对于不在此直线上的参考点也具有角动量。如果把参考点选在该直线上(如点 O'),则 $\sin\varphi = \sin 0° = 0$,质点对该点的角动量永远等于零。

2. 力矩

力的作用点对某参考点 O 的位矢 $\boldsymbol{r}$ 与力 $\boldsymbol{F}$ 的矢积定义为力对参考点的**力矩**(moment of force)。用 $\boldsymbol{M}$ 表示,即

$$\boldsymbol{M} = \boldsymbol{r} \times \boldsymbol{F} \tag{2.4.3}$$

如图 2.4.5 所示。力矩 $\boldsymbol{M}$ 的大小为

$$M = rF\sin\theta = r_{\perp}F = rF_{\perp} \tag{2.4.4}$$

式中,$F_{\perp} = F\sin\theta$ 是 $\boldsymbol{F}$ 在垂直于 $\boldsymbol{r}$ 方向分量的大小;$r_{\perp} = r\sin\theta$ 是 $\boldsymbol{r}$ 在垂直于 $\boldsymbol{F}$ 方向分量的大小,即**力臂**。

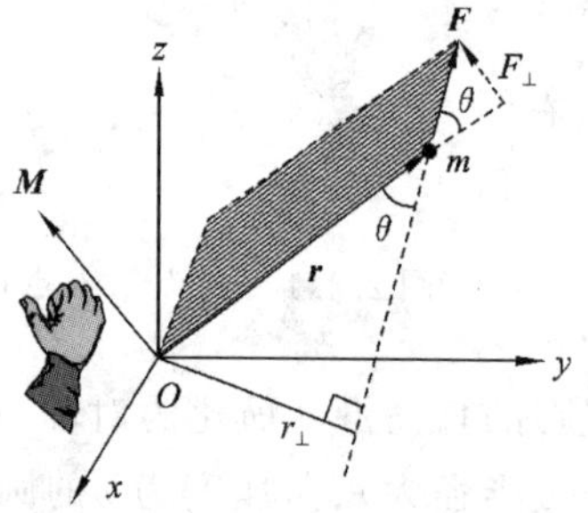

图 2.4.5 力对参考点 O 的力矩

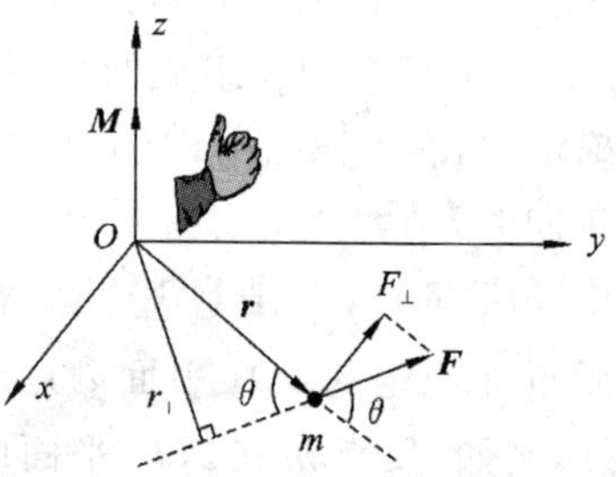

图 2.4.6 力对轴的力矩

力矩是矢量。它的方向垂直于位矢 $\boldsymbol{r}$ 和 $\boldsymbol{F}$ 力所决定的平面,其指向用右手螺旋定则确定:当右手四指由 $\boldsymbol{r}$ 的正向经小于 180° 的角转向 $\boldsymbol{F}$ 的正向时,则大拇指的指向为 $\boldsymbol{M}$ 的方向。

如果质点在确定的 xOy 平面内运动,则力对点 O 的力矩就简化为对轴 Oz 的力矩(图 2.4.6). 显然,当力作用于参考点或力的作用线通过参考点时,力对参考点的力矩恒为零。

在 SI 中,力矩的单位是牛顿 · 米(N · m),与功的量纲相同。

2.4.2 角动量定理与角动量守恒定律

1. 质点的角动量定理与角动量守恒律

根据牛顿第二定律,一个质点相对某惯性系的线动量($\boldsymbol{p} = m\boldsymbol{v}$)对时间的变化率是

由质点受的合外力等决定的，那么质点的角动量的变化率又有什么关系呢？

先求质点相对某惯性系的某固定点 O 的角动量 $\boldsymbol{L}=\boldsymbol{r}\times m\boldsymbol{v}$ 对时间的变化率，有

$$\frac{\mathrm{d}\boldsymbol{L}}{\mathrm{d}t}=\frac{\mathrm{d}}{\mathrm{d}t}(\boldsymbol{r}\times\boldsymbol{p})=\frac{\mathrm{d}\boldsymbol{r}}{\mathrm{d}t}\times\boldsymbol{p}+\boldsymbol{r}\times\frac{\mathrm{d}\boldsymbol{p}}{\mathrm{d}t}$$

由于 $\frac{\mathrm{d}\boldsymbol{r}}{\mathrm{d}t}=\boldsymbol{v}$，而 $\boldsymbol{p}=m\boldsymbol{v}$，所以 $\frac{\mathrm{d}\boldsymbol{r}}{\mathrm{d}t}\times\boldsymbol{p}=\boldsymbol{v}\times m\boldsymbol{v}$ 为零。又由牛顿第二定律 $\frac{\mathrm{d}\boldsymbol{p}}{\mathrm{d}t}=\boldsymbol{F}$，所以有

$$\frac{\mathrm{d}\boldsymbol{L}}{\mathrm{d}t}=\boldsymbol{r}\times\boldsymbol{F} \tag{2.4.5}$$

式中的矢积正是合外力对某惯性系的某固定点 O 的合外力矩 $\boldsymbol{M}=\boldsymbol{r}\times\boldsymbol{F}$，即有

$$\boldsymbol{M}=\frac{\mathrm{d}\boldsymbol{L}}{\mathrm{d}t} \tag{2.4.6}$$

即质点所受的合外力矩等于它的角动量对时间变化率（力矩和角动量都是对于某惯性系中同一固定点 O 说的）。这一结论叫**质点的角动量定理**（theorem of angular momentum）。它告诉我们，力矩是使角动量发生变化的原因。

将式(2.4.6)两边同乘以 $\mathrm{d}t$，得

$$\boldsymbol{M}\mathrm{d}t=\mathrm{d}\boldsymbol{L} \tag{2.4.7}$$

上式称为质点角动量定理的微分形式。

如果在 t_0 到 t 的有限时间内对上式再求积分，就有

$$\int_{t_0}^{t}\boldsymbol{M}\mathrm{d}t=\int_{L_0}^{L}\mathrm{d}\boldsymbol{L}=\boldsymbol{L}-\boldsymbol{L}_0 \tag{2.4.8}$$

式中力矩对时间的积分 $\int_{t_0}^{t}\boldsymbol{M}\mathrm{d}t$ 称为**冲量矩**。故上式表明，质点所受的合外力矩在某段时间内的冲量矩等于质点在同一时间内角动量的增量。这就是质点角动量定理的积分形式，称为**角动量定理**，与质点的动量定理相当。

由于质点的角动量定理是在牛顿运动定律的基础上导出的，故它仅适用于惯性系。描述质点角动量的参考点必须固定在惯性系中。

由式(2.4.6)可知，当作用在质点上的合外力对某一惯性系的某固定点 O 的合外力矩 $\boldsymbol{M}=0$ 时，有 $\frac{\mathrm{d}\boldsymbol{L}}{\mathrm{d}t}=0$，则

$$\boldsymbol{L}=\boldsymbol{L}_0=\text{常矢量} \tag{2.4.9}$$

这说明，当合外力相对某一惯性系的固定参考点的合力矩为零时，质点对该点的角动量守恒。这就是**质点的角动量守恒定律**（law of conservation of angular momentum）。无数实验事实已证明，角动量守恒定律和动量守恒定律以及能量守恒定律一样，也是自然界的一条普遍规律。

对质点，关于合外力矩为零这一条件，有以下两种情况：

(1) 不受外力作用，即 $\boldsymbol{F}=0$，质点做匀速直线运动，它对定点的角动量显然为常矢量。

如图 2.4.7 所示，质点 m 沿 SS' 做匀速直线运动，线动量 $m\boldsymbol{v}$ 为常矢，它经过 SS' 任一点 C 时，对任一固定点 O 的角动量为

$$\boldsymbol{L}=\boldsymbol{r}_C\times m\boldsymbol{v}$$

这一角动量的大小为

$$L = r_C \times mv\sin\theta = r_{\perp}\, mv$$

式中,$r_{\perp}$ 是从固定点到轨迹直线 SS' 的垂直距离,它只有一个唯一值,与质点在运动中的具体位置无关。因此,不管质点运动到何处,角动量的大小不变。

这一角动量的方向垂直于 $\boldsymbol{r}_C$ 和 $\boldsymbol{v}$ 所决定的平面,也就是固定点 O 与轨迹直线 SS' 所决定的平面。质点沿 SS' 直线运动时,它对于点 O 的角动量在任一时刻总垂直这同一平面,所以它的角动量的方向也不变。

可见这一角动量的方向和大小都保持不变,也就是角动量矢量保持不变,即角动量守恒。

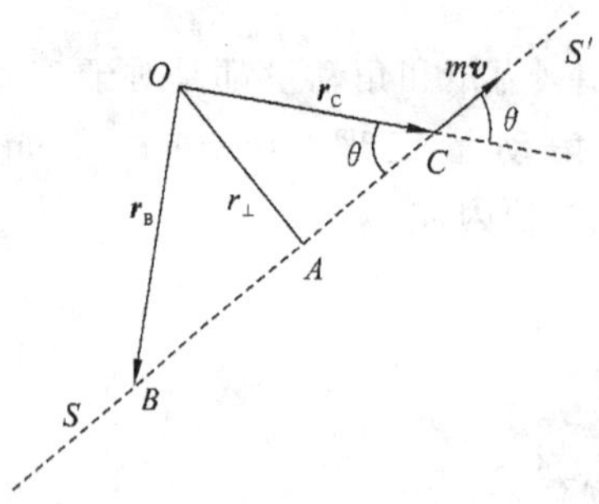

图 2.4.7　质点做匀速直线运动对固定点的角动量守恒

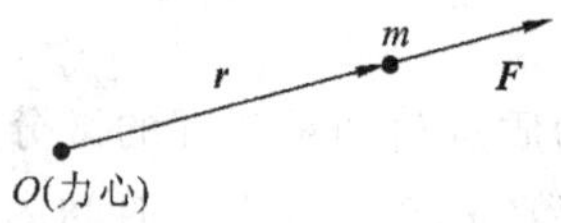

图 2.4.8　有心力对力心的力矩恒为零

(2) 外力 $\boldsymbol{F}$ 并不为零,但在任意时刻外力始终指向或背向固定点即受到**有心力**(central force)的作用(我们把力的作用线始终通过某定点的力称为有心力,该定点称为力心)。由于有心力对力心的力矩恒为零(图 2.4.8),质点对该力心的角动量就一定守恒(在这种情况下,由于质点受力不为零,它的动量并不守恒)。

例如,行星在太阳引力下绕太阳的运动就是在有心力作用下的运动,日心即力心;地球卫星在地球引力作用下运动,地心即力心;电子在原子核静电力作用下运动,力心即原子核。在这些情况下,我们可得出结论:行星在绕太阳的运动中,对太阳的角动量守恒;人造地球卫星绕地球运行时,对地心的角动量守恒;电子绕原子核运动时,电子对原子核的角动量守恒。此外在有心力作用下的物体由于对力心的角动量守恒是矢量守恒,不仅 $\boldsymbol{L}$ 的大小不变,而且 $\boldsymbol{L}$ 的方向也应保持一定,所以在有心力作用下的物体在运动的整个过程中,$\boldsymbol{r}$ 和 $m\boldsymbol{v}$ 始终在同一平面内,因此物体绕力心的运动必然是平面运动(行星绕太阳的运动就是如此)。

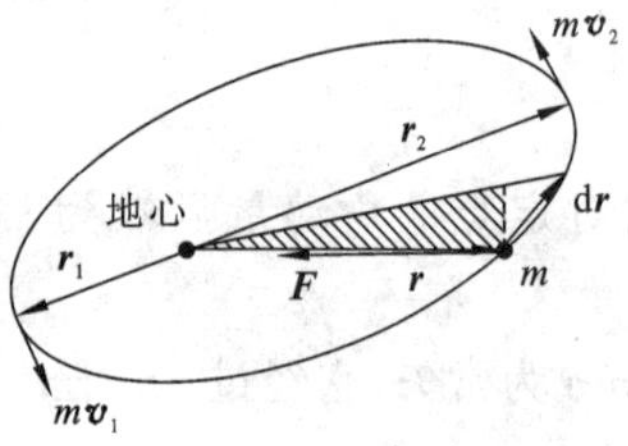

图 2.4.9　例 2.4.1 图

例 2.4.1　1970 年我国发射的第一颗人造地球卫星的相关数据:卫星质量$m = 175$ kg,周期 $T = 114$ min,近地点距地心的距离 $r_1 = 6817$ km,远地点距地心的距离 $r_2 = 8762$ km,椭圆轨道的长半轴为 $a = 7790$ km,短半轴 $b = 7720$ km。试计算卫星的近地速度和远地速度。

解　如图 2.4.9 所示,卫星绕地球做椭圆轨道运动的过程中,所受之力主要是地球引力,地心为力心,而地球引

力对地心的力矩 $\boldsymbol{M}=0$,则卫星 m 对地心 O 的角动量守恒(不计日、月的引力),即有

$$\boldsymbol{L}=\boldsymbol{r}\times m\boldsymbol{v}=\boldsymbol{L}_0$$

又卫星对地心的矢径 $\mathrm{d}t$ 时间在椭圆轨道扫过的面积(即图 2.4.9 中有斜线的三角形面积)为

$$\mathrm{d}A=\frac{1}{2}|\boldsymbol{r}|\,|\mathrm{d}\boldsymbol{r}|\sin\theta=\frac{1}{2}|\boldsymbol{r}\times\mathrm{d}\boldsymbol{r}|$$

其面积速度为

$$\frac{\mathrm{d}A}{\mathrm{d}t}=\frac{1}{2}\frac{|\boldsymbol{r}\times\mathrm{d}\boldsymbol{r}|}{\mathrm{d}t}=\frac{1}{2}|\boldsymbol{r}\times\boldsymbol{v}|=\left|\frac{\boldsymbol{L}}{2m}\right|=\left|\frac{\boldsymbol{L}_0}{2m}\right|=\text{常量}$$

这就是开普勒第二定律的数学表达式(行星对太阳的位置矢量在相等的时间内扫过相等的面积,或者说行星的面积速度是常量)。

设卫星近地速度为$\boldsymbol{v}_1$(方向垂直于 $\boldsymbol{r}_1$),远地速度为$\boldsymbol{v}_2$(方向垂直于 $\boldsymbol{r}_2$),依卫星 m 对地心 O 的角动量守恒,其中卫星的质量 m 又是常量,则有

$$\frac{\mathrm{d}A}{\mathrm{d}t}=\frac{1}{2}r_1v_1=\frac{1}{2}r_2v_2$$

椭圆的面积 $A=\pi ab$,由 $T\dfrac{\mathrm{d}A}{\mathrm{d}t}=A=\pi ab$,解得

$$v_1=\frac{2\pi ab}{Tr_1}=8.1\ \mathrm{km\cdot s^{-1}}$$

$$v_2=\frac{2\pi ab}{Tr_2}=6.3\ \mathrm{km\cdot s^{-1}}$$

由于万有引力还是保守力,卫星与地球作为系统,机械能也守恒,因此本题还可由角动量守恒和机械能守恒定律

$$\begin{cases}r_1mv_1=r_2mv_2\\ \dfrac{1}{2}mv_1^2-\dfrac{GMm}{r_1}=\dfrac{1}{2}mv_2^2-\dfrac{GMm}{r_2}\end{cases}$$

联立求解出相同的结果(式中 M 为地球质量)。

例 2.4.2　如图 2.4.10 所示,质量为 m 的小球系在绳子的一端,绳穿过一铅直套管,使小球限制在一光滑水平面上运动。先使小球以角速度 ω_0 绕管心做半径为 r_0 的圆周运动,然后非常缓慢地向下拉绳子,使小球运动半径逐渐减小,最后小球运动轨迹成为半径为 r 的圆。试求将小球拉至离中心$\dfrac{r_0}{2}$处时拉力 $\boldsymbol{F}$ 所做的功。

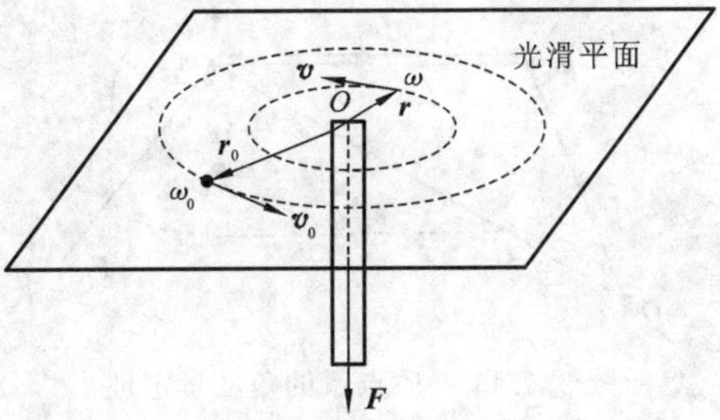

图 2.4.10　例 2.4.2 图

解 小球 m 在水平方向仅受通过中心的绳子的拉力的作用,由于拉力作用线过中心点 O,为有心力,则拉力对中心点 O 的力矩始终为零。因此,在绳子缩短的整个过程中,小球 m 对过中心点 O 的角动量守恒。

设当小球离中心的距离为 r 时,其角速度为 ω,线速度为$\boldsymbol{v}$,则有

$$\boldsymbol{r}\times m\boldsymbol{v}=\boldsymbol{r}_0\times m\boldsymbol{v}_0$$

注意到$\boldsymbol{v}\perp\boldsymbol{r}$,$\boldsymbol{v}_0\perp\boldsymbol{r}_0$,$v=r\omega$,$v_0=r_0\omega_0$,所以有

$$mr^2\omega=mr_0^2\omega_0$$

解得

$$v=\frac{\omega_0 r_0^2}{r}$$

可见小球运动半径逐渐减小,其速度和动能逐渐增大(动能不守恒)。动能的增加显然是由于拉力 $\boldsymbol{F}$ 做了功,由动能定理可得小球运动半径从 r_0 到 $r=\frac{r_0}{2}$ 过程中,拉力 $\boldsymbol{F}$ 做的总功为

$$A=\frac{1}{2}mv^2-\frac{1}{2}m_0v_0^2=\frac{1}{2}m\omega_0^2r_0^2\left(\frac{r_0^2}{r^2}-1\right)=\frac{3}{2}m\omega_0^2r_0^2$$

2. 质点系的角动量定理与角动量守恒律

质点的角动量定理可以推广到质点系的情况。一个质点系对某惯性系中某一固定点 O 的角动量定义为其中各质点对该给定点的角动量的矢量和,即

$$\boldsymbol{L}=\sum_i\boldsymbol{L}_i=\sum_i\boldsymbol{r}_i\times\boldsymbol{p}_i \tag{2.4.10}$$

对于系内任意第 i 个质点,角动量定理式(2.4.6) 给出

$$\frac{\mathrm{d}\boldsymbol{L}_i}{\mathrm{d}t}=\boldsymbol{r}_i\times(\boldsymbol{F}_i+\sum_{j\neq i}\boldsymbol{f}_{ij})$$

式中,$\boldsymbol{F}_i$ 为第 i 个质点受到的系统外的物体的外力;$\boldsymbol{f}_{ij}$ 为它受质点系内第 j 个质点的内力(图 2.4.11);两者之和与位矢 $\boldsymbol{r}_i$ 的叉积表示第 i 个质点所受的对固定点 O 的力矩。将上式对质点系内所有质点求和,可得

$$\frac{\mathrm{d}\boldsymbol{L}}{\mathrm{d}t}=\sum_i\frac{\mathrm{d}\boldsymbol{L}_i}{\mathrm{d}t}=\sum_i(\boldsymbol{r}_i\times\boldsymbol{F}_i)+\sum_i\left(\boldsymbol{r}_i\times\sum_{j\neq i}\boldsymbol{f}_{ij}\right)=\boldsymbol{M}+\boldsymbol{M}_{in} \tag{2.4.11}$$

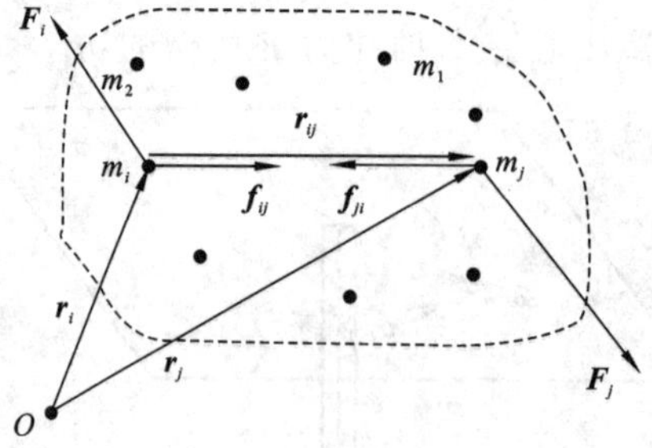

图 2.4.11 质点系的角动量定理

其中

$$\boldsymbol{M}=\sum_i \boldsymbol{M}_i=\sum_i(\boldsymbol{r}_i\times\boldsymbol{F}_i) \tag{2.4.12}$$

表示质点系所受的合外力矩，而

$$\boldsymbol{M}_{in}=\sum_i\left(\boldsymbol{r}_i\times\sum_{j\neq i}\boldsymbol{f}_{ij}\right) \tag{2.4.13}$$

表示各质点所受的各内力矩的矢量和，在式(2.4.13)中，由于内力 $\boldsymbol{f}_{ij}$ 和 $\boldsymbol{f}_{ji}$ 是成对出现的，所以与之相应的内力矩也就成对出现，如图 2.4.11 所示，对 i 和 j 两个质点来说，利用牛顿第三定律 $\boldsymbol{f}_{ij}=-\boldsymbol{f}_{ji}$，它们相互作用的力矩之和为

$$\boldsymbol{r}_i\times\boldsymbol{f}_{ij}+\boldsymbol{r}_j\times\boldsymbol{f}_{ji}=(\boldsymbol{r}_i-\boldsymbol{r}_j)\times\boldsymbol{f}_{ij}$$

又因为满足牛顿第三定律的两个力总是沿着两质点的连线作用，即和 $\boldsymbol{r}_{ij}=(\boldsymbol{r}_i-\boldsymbol{r}_j)$ 共线，所以上式右侧矢积等于零，即一对内力矩之和为零，因此就证明了由式(2.4.13)表示的所有内力矩之和为零，即有

$$\boldsymbol{M}_{in}=\sum_i\left(\boldsymbol{r}_i\times\sum_{j\neq i}\boldsymbol{f}_{ij}\right)=0 \tag{2.4.14}$$

于是由式(2.4.9)得出

$$\boldsymbol{M}=\frac{\mathrm{d}\boldsymbol{L}}{\mathrm{d}t} \tag{2.4.15}$$

即一个质点系所受的合外力矩等于该对质点系的角动量对时间变化率(力矩和角动量都相对于某惯性系中的同一固定点)，这就是**质点系的角动量定理**(theorem of angular momentum of particle system)。它和质点的角动量定理式(2.4.6)具有相同的形式。不过要注意的是，式(2.4.15)中的 $\boldsymbol{M}$ 只包括对质点系而言的合外力矩(是指作用于质点系的各个外力对固定点 O 的力矩的矢量和，不是合外力对固定点 O 的力矩)。

应用式(2.4.6)和式(2.4.15)时要注意，它们是矢量方程。在直角坐标系中，可写成三个分量式

$$\begin{cases}\sum_i M_{ix}=\dfrac{\mathrm{d}L_x}{\mathrm{d}t}\\ \sum_i M_{iy}=\dfrac{\mathrm{d}L_y}{\mathrm{d}t}\\ \sum_i M_{iz}=\dfrac{\mathrm{d}L_z}{\mathrm{d}t}\end{cases} \tag{2.4.16}$$

式(2.4.15)是质点系的角动量定理的微分形式，对其两边同乘以 $\mathrm{d}t$，然后积分，可得质点系的角动量定理的积分形式

$$\int_{t_0}^{t}\sum_i\boldsymbol{M}_i\mathrm{d}t=\boldsymbol{L}-\boldsymbol{L}_0 \tag{2.4.17}$$

式中，$\int_{t_0}^{t}\sum_i\boldsymbol{M}_i\mathrm{d}t$ 为合外力矩在 t_0 到 t 时间内的总冲量矩。它说明质点系对某固定点的总角动量的增量等于对该点的总冲量矩。

在式(2.4.15)中，如果 $\boldsymbol{M}=0$，有 $\dfrac{\mathrm{d}\boldsymbol{L}}{\mathrm{d}t}=0$，立即得到

$$\boldsymbol{L}=\sum_i\boldsymbol{L}_i=\text{常量} \tag{2.4.18}$$

这表明当质点系所受外力相对于某一惯性系的某固定点 O 的合外力矩为零时，该质点系相对于该固定点的总角动量保持为常矢量。这就是**质点系的角动量守恒定律**。

对质点系，关于 $\boldsymbol{M}=\sum_i \boldsymbol{M}_i=0$ 这一条件，一般有三种情况：

(1) 质点系不受外力，即 $\boldsymbol{F}_i=0$(孤立系统)，显然质点系对某固定参考点的外力矩为零，质点系对该点的角动量守恒。

(2) 所有的外力都通过某固定参考点，但质点系所受的外力的矢量和未必为零，于是每个外力对该点的力矩皆为零，同样质点系对该点的角动量守恒。

(3) 每个外力的力矩不为零，但外力矩的矢量和为零。例如，对重力场中的质点系，作用于各质点的重力对质心的力矩不为零，但所有重力对质心的力矩的矢量和却为零，那么质点系对质心的角动量守恒。

注意由于内力矩之和为零，它就不能改变质点系的总的角动量，但内力矩会改变质点系内某质点的角动量，因为 $\boldsymbol{r}_i\times\sum_{j\neq i}\boldsymbol{f}_{ij}$ 不一定为零。

思 考 题

1. 回答下列问题：

(1) 物体同时受到几个力的作用，是否一定产生加速度？

(2) 物体的速度很大，是否意味着物体所受的合外力也一定很大？

(3) 物体运动的方向一定和合外力的方向相同，对吗？

(4) 物体运动时，如果它的速率不变，它所受的合外力是否一定为零？

2. 有人说："既然马拉车的力与车拉马的力大小相等，方向相反，那么力之和为零，马和车怎么会前进呢？"你怎样向他们做出正确的解释？

3. 汽车发动机内气体对活塞的推力以及各种传动部件的作用力能使汽车前进吗？使汽车前进的力是什么力？

4. 有经验的球员，打球时为了减弱球对手的打击，接球时稍微向下并且后退一些。为什么？

5. 一人用恒力 $\boldsymbol{F}$ 推地上的木箱，经历时间 Δt 未能推动木箱，此推力的冲量等于多少？木箱既然受了力 $\boldsymbol{F}$ 的冲量，为什么它的动量没有改变？

6. 一个人的质量为 M，手中拿着质量为 m 的物体自地面以倾角为 θ、初速 $\boldsymbol{v}_0$ 斜向前跳起，跳至最高时以相对于人的速率 u 将物水平向后抛出，这样人向前距离比原来增加，有人算得增加的距离为 $\Delta x=\dfrac{m}{m+M}\dfrac{v_0u\sin\theta}{g}$，有人算得 $\Delta x=\dfrac{m}{M}\dfrac{v_0u\sin\theta}{g}$，究竟哪个正确呢？

7. 两个物体组成的一个系统，在相同时间内。

(1) 作用力的冲量和反作用力的冲量大小是否一定相等，二者的代数和等于多少？

(2) 作用力所做的功与反作用力所做的功是否一定相等，二者的代数和是否一定等于零？

8. 为什么重力势能有正负，弹性势能只有正值，而引力势能只有负值？势能与参考系的选取有关吗？动量及动量定理、动能及动能定理、角动量及角动量定理是否与所选的参考系有关？

9. 一个物体可否具有机械能而无动量？可否只有动量而无能量？

10. 在劲度系数为 k 的轻质弹簧下，如将质量为 m 的物体挂上慢慢放下，弹簧的伸长是多少？如瞬间挂上让其自由下落弹簧又伸长多少？

11. 在核反应堆中利用中子和“减速剂”的原子核发生完全弹性碰撞而使中子减速。减速剂总使用原子质量比较小的元素(如石墨中的碳原子和重水中的氘原子)。试说明其中的道理。

12. 做匀速圆周运动的质点,它的动量是否守恒?对于圆周上某一定点,它的角动量是否守恒?对于通过圆心而与圆面垂直的轴上的任一点,它的角动量是否守恒?对于哪一个定点,它的角动量守恒?

13. 人造地球卫星绕地球中心做椭圆轨道运动,若不计空气阻力和其他星球的作用,在卫星运行过程中,卫星的动量和它对地心的角动量都守恒吗?为什么?

14. 一单摆,在摆动过程中,若不计空气阻力,摆球的动能、动量、机械能以及对悬点的角动量是否守恒?为什么?

习题 2

1. 质量为 m 的子弹以速度$\boldsymbol{v}_0$ 沿铅直方向射入沙土中,设子弹所受阻力与速度反向,大小与速度成正比,比例系数为 K,忽略小球的重力,求:

(1) 任意时刻子弹的速度表达式;

(2) 子弹进入沙土的最大深度。

2. 一质量为 1 kg 的物体,置于水平地面上,物体与地面之间的静摩擦因数为 0.20,动摩擦因数为 0.16,现对物体施一水平拉力 $F = t + 0.96$ (SI),则 2 s 末物体的速度大小是多大?

3. 光滑的水平桌面上放置一固定的圆环带,半径为 R。一物体贴着环带内侧运动,如图 1 所示,物体与环带间的动摩擦因数为 μ_k。设物体在某一时刻经点 A 时速率为 v_0,求此后 t 时刻物体的速率以及从 A 开始所经历的路程。

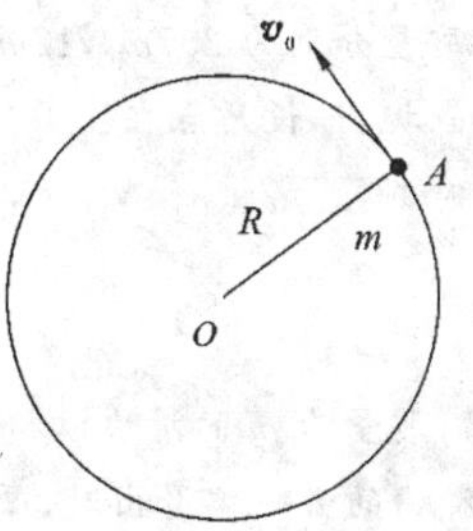

图 1　习题 3 图

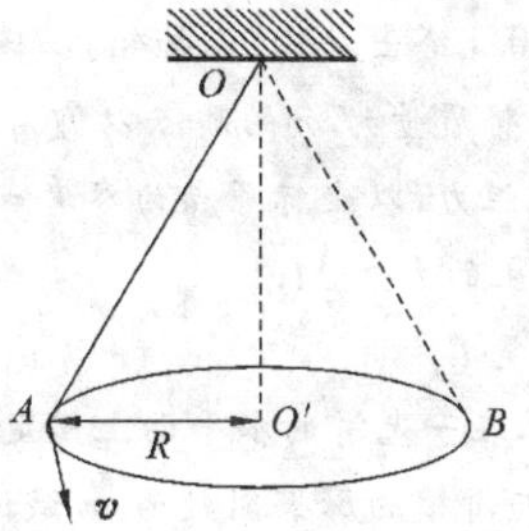

图 2　习题 4 图

4. 如图 2 所示,圆锥摆的摆球质量为 m,速率为 v,圆半径为 R,已知 A,B 为圆周直径上的两端点,求摆球由点 A 运动到点 B:(1) 动量的变化;(2) 重力的冲量;(3) 绳子的拉力的冲量。

5. 一辆停在直线轨道上、质量为 M 的平板车上站着两个人,当他们从车上沿同方向跳下后,车获得一定的速度。设两个人的质量均为 m,跳下时相对于车的速度均为 $\boldsymbol{u}$。试比较两人同时跳下和两人依次跳下两种情况下,车获得的速度的大小。

6. 水面上有一质量为 M 的木船,开始时静止不动,从岸上以水平速度$\boldsymbol{v}_0$ 将一质量为 m 的沙袋抛到船上,然后二者一起运动。设运动过程中船受到的阻力与速率成正比,比例系数为 k,沙袋与船的作用时间极短,试求:

(1) 沙袋抛到船上后,船和沙袋一起开始运动的速率;

(2) 沙袋与木船从开始一起运动直到静止时所走过的距离。

7. 沿 x 正方向的力作用在一质量为 3.0 kg 的质点上。已知质点的运动学方程为 $x = 3t - 4t^2 + t^3$ (SI)。试求:

(1) 力在最初 4 s 内对质点做的功和施于质点的冲量;

(2) 在 $t=1\,\mathrm{s}$ 时,力的瞬时功率。

8. 质量 $m=10\,\mathrm{kg}$ 的物体沿 x 轴无摩擦地运动,设 $t=0$ 时,物体位于原点,速度为零。题中所涉及的各量均采用 SI 单位。试求:

(1) 物体在 $F=3+4x$ 作用下运动 3 m 远时的速度是多少?该力做了多少功?

(2) 物体在力 $F=3+4t$ 作用下运行了 3 s 时间后的速度是多少?该力做了多少功?

9. 质量为 m 的质点在 xOy 平面上运动,其位置矢量 $\boldsymbol{r}=a\cos\omega t\boldsymbol{i}+b\sin\omega t\boldsymbol{j}$(SI),式中 a,b,ω 均为正常量,且 $a>b$。求:

(1) 质点所受到的作用力 $\boldsymbol{F}$;

(2) 质点在点 $A(a,0)$ 和点 $B(0,b)$ 的动能;

(3) 当质点从点 A 运动到点 B 的过程中作用力 $\boldsymbol{F}$ 做的功。

(4) 此力是保守力吗?

10. 一质量为 m 的质点在指向圆心的平方反比力 $f=-k/r^2$ 的作用下,做半径为 r 的圆周运动。求:(1) 质点的速率;(2) 质点的机械能(选距力心为无穷远处为势能零点)。

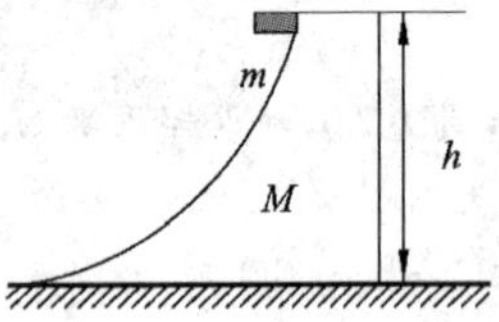

图 3　习题 11 图

11. 如图 3 所示,一光滑的滑道,质量为 M,高度为 h,放在一光滑水平面上,滑道底部与水平面相切。质量为 m 的小物块自滑道顶部由静止下滑,求:

(1) 物块滑到地面时,滑道的速度大小;

(2) 物块下滑的整个过程中,滑道对物块所做的功。

12. 一质量为 m_1 的中子和一个质量为 m_2 的静止的原子核做对心完全弹性碰撞,求中子碰撞后损失的动能占入射动能的百分数的表达式(不计相对论效应)。设静止的原子核分别为 (1) 铅核;(2) 碳核;(3) 氢核。分别计算动能损失的百分数,并由此给出结论(已知铅核、碳核、氢核的质量分别为 $207m_1$,$12m_1$,m_1)。

13. 以初速度 $\boldsymbol{v}_0$ 将质量为 m 的质点以仰角 θ 从坐标原点抛出,设质点在 xOy 平面内运动(z 轴垂直纸面向外),不计空气阻力,以坐标原点为参考点,计算任一时刻:

(1) 作用在质点上的力矩 $\boldsymbol{M}$;

(2) 质点的角动量 $\boldsymbol{L}$。

14. 如图 4 所示,在一光滑的水平面上固定半圆形滑槽,质量为 m 的滑块以初速度 $\boldsymbol{v}_0$ 沿切线方向进入滑槽的一端,滑块与滑槽的摩擦因数为 μ。试证当滑块从滑槽的另一端滑出时,摩擦力所做的功为

$$A=\frac{1}{2}mv_0^2(\mathrm{e}^{-2\pi\mu}-1)$$

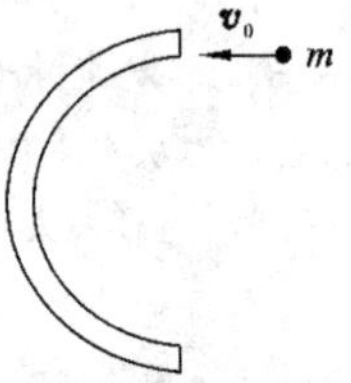

图 4　习题 14 图

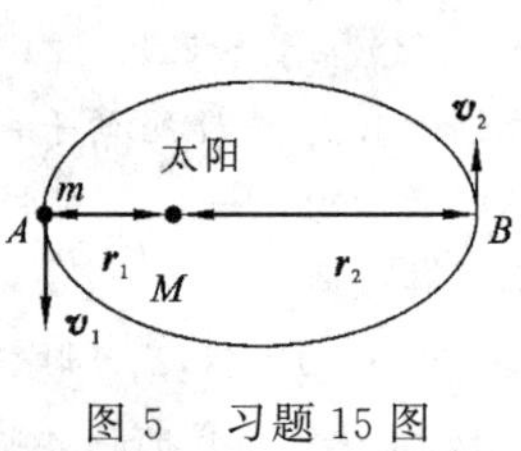

图 5　习题 15 图

15. 如图 5 所示,一行星绕太阳做椭圆运动,M,m 分别为太阳和行星的质量,r_1,r_2 分别为太阳到行星轨道的近日点 A 和远日点 B 的距离,万有引力常量为 G,求:

(1) 行星在 A,B 两点处的万有引力势能之差;

(2) 行星在 A,B 两点处的动能之差;

(3) 行星在轨道上运动的总能量。

阅读材料

牛顿(I. Newton,1642—1727)

牛顿(图 6)是英国伟大的数学家、物理学家和天文学家,经典物理的创始人,17 世纪最伟大的科学巨匠。

图 6　牛顿

1642 年 12 月 25 日,牛顿生于英格兰林肯郡格兰瑟姆附近的沃尔索普村,他自幼爱好读书,喜欢实验和制作模型,喜欢沉思。12 岁进入离家不远的格兰瑟姆中学。牛顿 1661 年进入英国剑桥大学三一学院,1665 年获学士学位。随后两年在家乡躲避瘟疫。这两年里,他制订了一生大多数重要科学创造的蓝图。1667 年回到剑桥后当选为三一学院院委,次年获硕士学位。1669 年任卢卡斯教授直到 1701 年。1696 年任皇家造币厂监督,并移居伦敦。1703 年任英国皇家学会会长。1706 年受女王安娜封爵,1727 年 3 月 20 日在伦敦病逝。

在牛顿的全部科学贡献中,数学成就占有突出地位。他数学生涯中的第一项创造性成果就是发现了二项式定理。笛卡儿的解析几何把描述运动的函数关系和几何曲线相对应。牛顿在老师巴罗的指导下,在钻研笛卡儿的解析几何的基础上,找到了新的出路。微积分的创立是牛顿最卓越的数学成就。牛顿为解决运动问题,才创立这种和物理概念直接联系的数学理论的,牛顿称之为"流数术"。他的数学工作还涉及数值分析、概率论和初等数论等众多领域。

牛顿不但擅长数学计算,而且能够自己动手制造各种实验设备并做精细实验。为了制造望远镜,他自己设计了研磨抛光机,实验各种研磨材料。公元 1668 年,他制成了第一架反射望远镜样机,这是第二大贡献。公元 1671 年,牛顿将经过改进的反射望远镜献给了皇家学会,因此声名大振,并被选为皇家学会会员。反射望远镜的发明奠定了现代大型光学天文望远镜的基础。

同时,牛顿还进行了大量的观察实验和数学计算,例如研究惠更斯发现的冰川石的异常折射现象,胡克发现的肥皂泡的色彩现象,"牛顿环"的光学现象等。

牛顿还提出了光的微粒说,认为光是由微粒组成的,并且走的是最快速的直线运动路径。他的微粒说与后来惠更斯的波动说构成了关于光的两大基本理论。此外,他还制作了牛顿色盘等多种光学仪器。

牛顿是经典力学理论的集大成者。他系统地总结了伽利略、开普勒和惠更斯等人的工作,发现了著名的万有引力定律和牛顿运动三定律。1686 年底,牛顿写成划时代的伟大著作《自然哲学的数学原理》一书。牛顿在这部书中,从力学的基本概念和基本定律出发,运用他所发明的微积分这一锐利的数学工具,不但从数学上论证了万有引力定律,而且还将经典力学确立为完整而严密的体系,将天体力学和地面上的物理力学统一起来,实现了物理学史上第一次大的综合。

牛顿在临终前对自己的生活道路是这样总结的:"我不知道在别人看来,我是什么样的人;但在我自己看来,我不过就像是一个在海滨玩耍的小孩,为不时发现比寻常更为光滑的一块卵石或比寻常更为美丽的一片贝壳而沾沾自喜,而对于展现在我面前的浩瀚的真理的海洋,却全然没有发现。"

第3章 刚体力学基础

前面两章讨论的是质点和质点系的力学规律。在许多实际问题中，如研究车轮的滚动、电机转子的转动、炮弹的自旋等问题时，往往都需要考虑物体的形状、大小以及它们的变化，问题就变得相当复杂。为了抓住问题的主要特点，于是提出了种种模型来处理各类具体问题。

在很多情况下，物体在受力和运动过程中变形很小，于是提出刚体的理想模型。本章将从质点力学的知识出发，分析和介绍刚体转动的规律，包括刚体的运动描述、刚体的定轴转动定理、角动量守恒定律、动能定理等，为进一步研究工程实际问题中更复杂的机械运动奠定基础。

3.1 刚体与刚体运动的描述

3.1.1 刚体

实验表明，任何物体在受到外力作用时都会在不同程度上发生大小和形状的变化。如果在讨论一个物体的运动时，必须考虑它的大小和形状，但可以不考虑它的形变时，就可以引入一个新的理想模型 —— **刚体**(rigid body)。所谓刚体，就是在任何情况下，其形状和大小都不发生任何变化的物体。刚体是固体物件的理想化模型。从微观上看，组成物体的质点当然是原子和分子。因此物体的结构是不连续的，但在宏观上仍可将物体看成连续体，然后再设想将它分割成许多质元(看成一个质点)。对于刚体，由于它不发生形变，因此刚体可以看成是由无数多个质元组成的，且任意两个质元间的距离皆保持不变的质点系。

3.1.2 刚体运动的基本形式

刚体可以有多种多样的运动，但最简单而又最基本的运动是平动和转动。

如果刚体在运动中，任意两质元连线的空间方向始终不变，这种运动称为刚体的**平动**，如图 3.1.1 所示。例如，车床上的刀架、汽缸中的活塞、平直轨道上的车厢等物体的运动都是平动。显然刚体在平动时，刚体内各质元的运动轨迹都一样，而且在同一时刻的速度和加速度都相等。因此在描述刚体的平动时，就可以用刚体中任意一点的运动来代表。通常用刚体的质心的运动来代表整个刚体的平动。

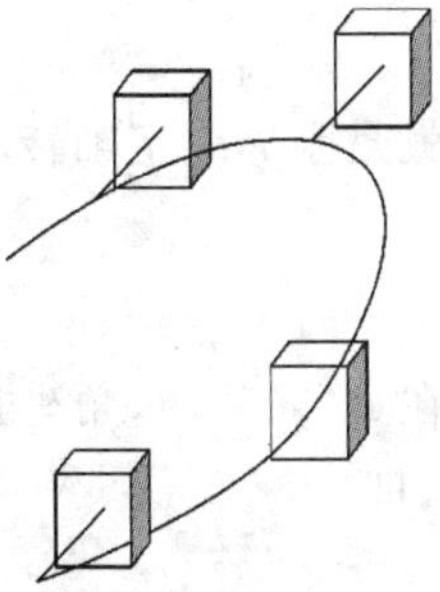

图 3.1.1　刚体的平动

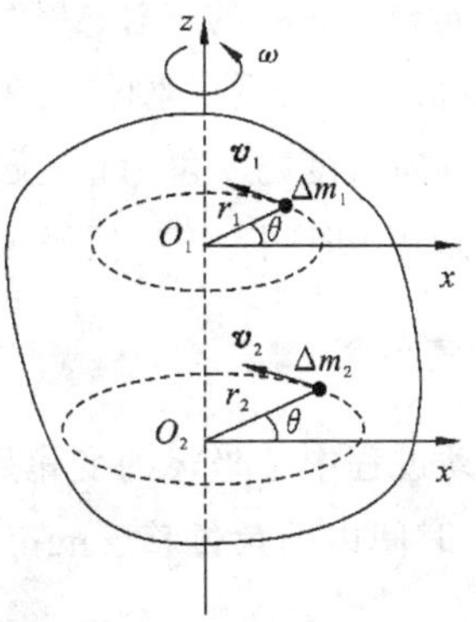

图 3.1.2　刚体的定轴转动

如果刚体上各质元都绕同一直线做圆周运动就称为刚体的**转动**，这直线称为刚体的转轴，转轴相对所选参考系固定不动的情况称为**定轴转动**(fixed-axis rotation)，如图 3.1.2 所示。例如，电机的转子、钟表指针、门窗等的转动都是定轴转动。若转轴上有一点静止于参考系，而转轴的方向在变动，这种转动称为**定点转动**，例如，玩具陀螺的转动、雷达天线的转动。刚体的一般运动都可以认为是平动和转动的叠加。

刚体的定轴转动是转动中最简单和最普遍的情况，也是本章讨论的重点。

刚体做定轴转动时，具有下列特征：

(1) 在这种运动中各质元均做圆周运动，而且各圆的圆心都在一条固定不动的直线 —— 转轴上，半径就是各点与轴的垂直距离(图 3.1.2 中的 r_1，r_2 等)。

(2) 由于刚体内各质元所在位置不同，其轨迹半径一般不同，因此在同一时间内，各质元转过的弧长和位移一般各不相同，在任意时刻各质元的线速度和加速度一般也各不相同(图 3.1.2)。

(3) 由于刚体内各质元的相对位置保持不变，所以描述各质元运动的角量，如角位移、角速度、角加速度都是一样的，因此角量就可作为描述刚体整体运动状态和状态改变的物理量。

3.1.3　刚体定轴转动的描述

描述刚体的运动，首先要确定刚体的位置。在定轴转动的情况下，转轴已固定，可在刚体上任取一质元作为代表点 P，取 P 对轴的垂线，垂足 O 称为 P 的**转心**，过 OP 垂直于转轴的平面称为**转动平面**(图 3.1.3)，然后在此平面上取定对参考系静止的坐标轴 Ox(点 P 是任选的，转心和 Ox 轴也因为点 P 不同而不同)。这样就可以对刚体的定轴转动作定量描述了。

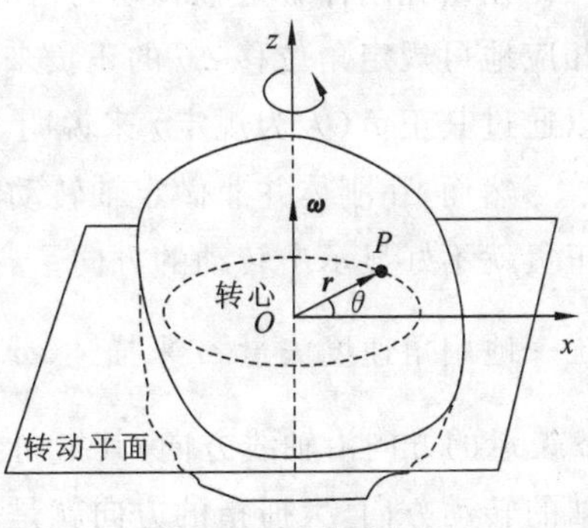

图 3.1.3　角坐标

1. 刚体的角坐标

刚体在定轴转动的情况下，可用单一坐标来确定它的位置。最简便的办法就是取转动

平面内任意质元 P 对转心的矢径 $\boldsymbol{r}$ 相对于选定的 Ox 轴转过的角度 θ 来确定定轴转动刚体的空间位置(图 3.1.3)。θ 称为刚体的**角坐标**或**角位置**(angular position)。并规定从 Ox 轴开始沿转动正方向量度的 θ 角为正,反之为负。

显然角坐标 θ 是时间 t 的单值函数,即 $\theta=\theta(t)$,这就是刚体绕定轴转动的运动方程。

2. 刚体的角位移

刚体在转动过程中角坐标的变化用角位移来描述。在 Δt 时间内,角坐标的变化量 $\Delta\theta$ 称为刚体在 Δt 时间内的**角位移**(angular displacement),即

$$\Delta\theta=\theta_2-\theta_1$$

式中,θ_1 和 θ_2 分别为刚体在 t 时刻和 $t+\Delta t$ 时刻的角坐标。

角位移和角坐标的大小都以弧度(rad) 来度量。

3. 刚体的角速度

为了描述刚体转动的快慢和转动方向,引入角速度这一物理量。若 $t\sim t+\Delta t$ 时间内刚体的角位移为 $\Delta\theta$,则 $t\sim t+\Delta t$ 时间内的刚体转动的平均角速度为

$$\bar{\omega}=\frac{\Delta\theta}{\Delta t}$$

当 Δt 趋近于零时,平均角速度的极限称为瞬时角速度,简称**角速度**(angular velocity),以 ω 表示,即

$$\omega=\lim_{\Delta t\to 0}\frac{\Delta\theta}{\Delta t}=\frac{\mathrm{d}\theta}{\mathrm{d}t} \tag{3.1.1}$$

在第 1 章中曾提到过的角速度的概念是对运动的质点而言的,描述的是质点的位矢转动的快慢。式(3.1.1) 定义的 ω 实际上描述了点 P 的位矢 $\boldsymbol{r}$ 对转心 O 转动的快慢,但它也统一描述了刚体转动的快慢。

在研究刚体绕定轴转动的情况下,转轴方位已固定。刚体转动的方向只有正反两种,相应地可规定角位移 $\Delta\theta$ 的正负来确定 ω 的正负,因此 ω 是具有正负的代数量,其方向可以通过其正负(人为规定) 来说明。

然而,在刚体并非做定轴转动时,其转轴在空间的方位是随时间变化的,则仅仅通过正负就不好显示出转动的方向了,这时为了既描述转动的快慢又能说明转轴的方位,可以统一地用角速度矢量 $\boldsymbol{\omega}$ 来描述。$\boldsymbol{\omega}$ 的大小是 $\omega=\dfrac{\mathrm{d}\theta}{\mathrm{d}t}$,方向则由右手螺旋定则确定,即规定 $\boldsymbol{\omega}$ 矢量的方向沿轴线方向,其指向与刚体绕轴线的转动方向组成右手螺旋(四指沿刚体绕轴的转动方向,大拇指的方向就是 $\boldsymbol{\omega}$ 的方向),如图 3.1.4 所示。设转轴为 z 轴,以 $\boldsymbol{k}$ 表示 z 轴的单位矢量,则角速度矢量可定义为

$$\boldsymbol{\omega}=\frac{\mathrm{d}\theta}{\mathrm{d}t}\boldsymbol{k} \tag{3.1.2}$$

角速度的单位为弧度 / 秒($\mathrm{rad\cdot s^{-1}}$)。

图 3.1.4　角速度 $\boldsymbol{\omega}$ 方向的确定

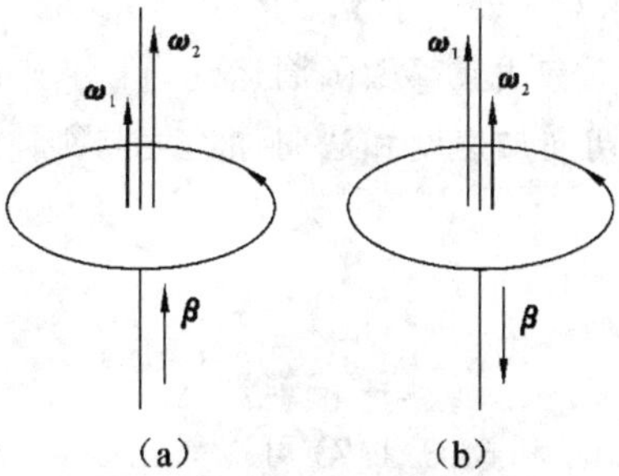

图 3.1.5　定轴转动的 β 与 ω

4. 刚体的角加速度

为了进一步描述刚体角速度变化的快慢，还需要引入**角加速度**(angular acceleration)的概念。以 β 表示，定义为

$$\beta = \lim_{\Delta t \to 0} \frac{\Delta \omega}{\Delta t} = \frac{\mathrm{d}\omega}{\mathrm{d}t} = \frac{\mathrm{d}^2\theta}{\mathrm{d}t^2} \tag{3.1.3}$$

由于刚体绕定轴转动，角加速度 β 与 ω 的方向都沿轴向，也是只有正、负的代数量。以 ω 的方向为参考方向，β 的符号与 ω 相同时，$\beta > 0$ 表示 β 与 ω 的方向相同，刚体做加速转动，如图 3.1.5(a) 所示；反之，$\beta < 0$ 表示 β 与 ω 的方向相反，刚体做减速转动，如图 3.1.5(b) 所示。

如果转轴在空间的方位是随时间变化的，角加速度用矢量表示。将角速度矢量对时间求一阶导数，即可得到角加速度矢量 $\boldsymbol{\beta}$，有

$$\boldsymbol{\beta} = \frac{\mathrm{d}\boldsymbol{\omega}}{\mathrm{d}t} \tag{3.1.4}$$

角加速度的单位为弧度 / 秒^2($\mathrm{rad} \cdot \mathrm{s}^{-2}$)。

角加速度矢量和角速度矢量服从矢量运算法则，在一般的刚体运动中，角加速度矢量和角速度矢量方向是不同的。

3.1.4　角量和线量的关系

同一质点的角量与线量之间具有确定的对应关系。如图 3.1.6 所示，设刚体绕 z 轴转动，刚体上任一质元 P，对位于转轴上的坐标原点 O 的位矢为 $\boldsymbol{R}$，对它的转心 O' 的位矢为 $\boldsymbol{r}$。在 $t \sim t + \mathrm{d}t$ 时间内，刚体转过的角位移为 $\mathrm{d}\theta$，质元 P 所经过的路程为圆弧长 $\mathrm{d}s$，速率为

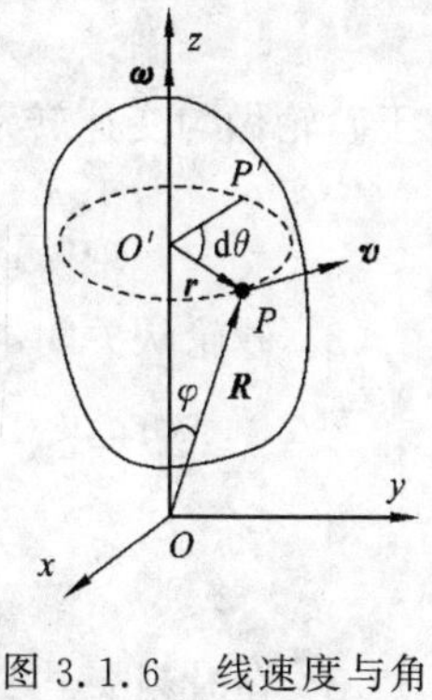

图 3.1.6　线速度与角速度的关系

$$v = \frac{\mathrm{d}s}{\mathrm{d}t} = \frac{r\mathrm{d}\theta}{\mathrm{d}t} = r\omega = \omega R \sin\varphi$$

考虑到 $\boldsymbol{v}$，$\boldsymbol{\omega}$，$\boldsymbol{R}$，$\boldsymbol{r}$ 的方向，由图 3.1.6 中也可看出，可以将质元 P 的速度用矢量积的形式表示为

$$\boldsymbol{v} = \boldsymbol{\omega} \times \boldsymbol{r} = \boldsymbol{\omega} \times \boldsymbol{R} \tag{3.1.5}$$

即，刚体上任一点的瞬时速度等于刚体这时的角速度与这一点相对于它的转动中心的位

矢 $\boldsymbol{r}$（或相对于转轴上原点的位矢 $\boldsymbol{R}$）的矢量积。

由于所有质元都做圆周运动,可由圆周运动中角量与线量关系得离轴垂直距离为 r 的质元的切向加速度和法向加速度与刚体定轴转动相应的角速度、角加速度的关系为

$$a_n = \frac{v^2}{r} = \omega^2 r = \omega v \tag{3.1.6}$$

$$a_\tau = \frac{\mathrm{d}v}{\mathrm{d}t} = r\frac{\mathrm{d}\omega}{\mathrm{d}t} = r\beta \tag{3.1.7}$$

由式(3.1.6)和式(3.1.7)可以看出,对一绕定轴转动的刚体,离轴越远(r 越大)的各质元的切向加速度和法向加速度越大。

定轴转动的一种简单情况是匀加(减)速转动。在这一转动过程中,刚体的角加速度 β 保持不变,以 ω_0 表示刚体在 $t=0$ 时刻的角速度,以 ω 表示它在 t 时刻的角速度,以 θ_0, θ 分别表示它在 $t=0$ 和 t 时刻的角位置,则从 $0\sim t$ 时刻这一段时间内的角位移为 $\Delta\theta=\theta-\theta_0$,仿照匀变速直线运动公式的推导可得匀加速转动的相应公式有

$$\omega = \omega_0 + \beta t \tag{3.1.8}$$

$$\Delta\theta = \omega_0 t + \frac{1}{2}\beta t^2 \tag{3.1.9}$$

$$\omega^2 - \omega_0^2 = 2\beta\Delta\theta \tag{3.1.10}$$

上面三式中,如果 $\beta>0$,对应于匀加速转动;$\beta<0$,对应于匀减速转动。

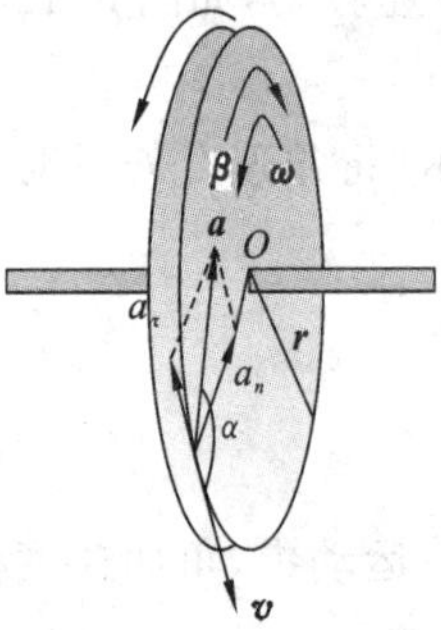

图 3.1.7 例 3.1.1 图

例 3.1.1 一砂轮在电动机驱动下,以每分钟 1800 转的转速绕定轴转动,如图 3.1.7 所示。关闭电源后,砂轮均匀地减速,经时间 $t=15\ \mathrm{s}$ 停止转动。求:

(1) 角加速度 β;

(2) 到停止转动时,砂轮转过的转数;

(3) 关闭电源后 $t=10\ \mathrm{s}$ 时砂轮的角速度 ω,以及此时砂轮边缘上一点的速度和加速度。设砂轮的半径为 $r=25\ \mathrm{cm}$。

解 (1) 由题设,砂轮的初角速度

$$\omega_0 = 2\pi \times \frac{1800}{60} = 60\pi\ (\mathrm{rad\cdot s^{-1}})$$

由于砂轮做匀变速转动,所以其角加速度为

$$\beta = \frac{\omega-\omega_0}{t} = \frac{0-60\pi}{15} = -4\pi = -12.56\ (\mathrm{rad\cdot s^{-2}})$$

(2) 砂轮从关闭电源到停止转动,其角位移 $\Delta\theta$ 及转数 N 分别为

$$\Delta\theta = \omega_0 t + \frac{1}{2}\beta t^2 = 60\pi\times 15 + \frac{1}{2}(-4\pi)\times 15^2 = 450\pi\ (\mathrm{rad})$$

$$N = \frac{\Delta\theta}{2\pi} = \frac{450\pi}{2\pi} = 225\ (\text{转})$$

(3) 在时刻 $t=10\ \mathrm{s}$ 时砂轮的角速度为

$$\omega = \omega_0 + \beta t = 60\pi - 40\pi = 62.8\ (\mathrm{rad\cdot s^{-1}})$$

砂轮边缘上一点的速度的大小为

$$v = r\omega = 0.25\times 20\pi = 15.7\ (\mathrm{m\cdot s^{-1}})$$

其方向如图 3.1.7 所示，相应的切向加速度和法向加速度分别为

$$a_t = r\beta = 0.25 \times (-4\pi) = -3.14\ (\mathrm{m \cdot s^{-2}})$$

$$a_n = r\omega^2 = 0.25 \times (20\pi)^2 = 9.87 \times 10^2 (\mathrm{m \cdot s^{-2}})$$

砂轮边缘上一点的加速度为

$$a = \sqrt{a_t^2 + a_n^2} = 9.88 \times 10^2 (\mathrm{m \cdot s^{-2}})$$

$\boldsymbol{a}$ 的方向由 $\boldsymbol{a}$ 与 $\boldsymbol{v}$ 的夹角 α 表示（图 3.1.7）

$$\alpha = \arctan \frac{9.87 \times 10^2}{-3.14} = 90.18°$$

3.2　刚体的定轴转动定理与转动惯量

上一节讨论了刚体定轴转动运动学的规律，不涉及引起转动的原因，本节研究刚体绕定轴转动的动力学规律，确定刚体绕定轴转动时的力矩与角加速度的关系，讨论转动惯量的概念。

3.2.1　力矩

我们知道，物体平动状态的改变是受力作用的结果，但若将力作用在门、窗等做定轴转动的物体运动的转轴上，则无论施加多大的力都不会改变其运动状态。因此转动物体的运动状态的变化不仅与力的大小和方向有关，而且还与力的作用点和作用线有关。即定轴转动刚体运动状态要发生变化，必须施以力矩。

如图 3.2.1 所示，对于定轴转动的刚体，它的轴固定在惯性系中，我们取这转轴为 z 轴。刚体上每个质元不一定都受外力作用，但可设第 i 个质元 Δm_i 受外力 $\boldsymbol{F}_i$（不受力时为零）作用。Δm_i 的转心为 O_i，对 O_i 的位矢为 $\boldsymbol{r}_i$，对轴上点 O（参考点）的位矢为 $\boldsymbol{r}_{Oi}$，$\boldsymbol{F}_i$ 对于点 O 的力矩为

$$\boldsymbol{M}_i = \boldsymbol{r}_{Oi} \times \boldsymbol{F}_i$$

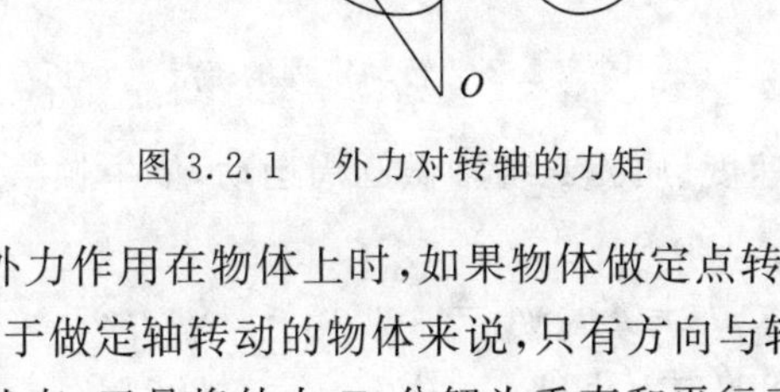

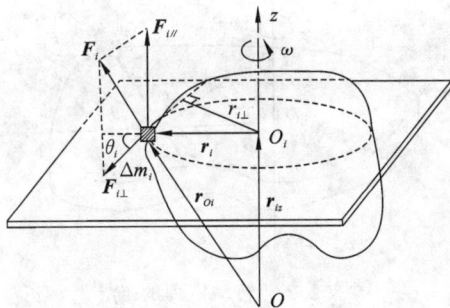

图 3.2.1　外力对转轴的力矩

当一个任意方向的外力作用在物体上时，如果物体做定点转动，则其运动状态的变化由该力矩来决定。但是对于做定轴转动的物体来说，只有方向与转轴平行的力矩才能改变对刚体绕这个轴的转动状态，于是将外力 $\boldsymbol{F}_i$ 分解为垂直和平行于转轴的两个分力 $\boldsymbol{F}_{i\perp}$ 和

$\boldsymbol{F}_{i//}$,$\boldsymbol{r}_{Oi}$ 也分解为垂直和平行于转轴的两个分量 $\boldsymbol{r}_i$ 和 $\boldsymbol{r}_{iz}$,上式可改写为

$$\boldsymbol{M}_i = \boldsymbol{r}_{Oi} \times \boldsymbol{F}_i = \boldsymbol{r}_{Oi} \times \boldsymbol{F}_{i\perp} + \boldsymbol{r}_{Oi} \times \boldsymbol{F}_{i//} = \boldsymbol{r}_i \times \boldsymbol{F}_{i\perp} + \boldsymbol{r}_{iz} \times \boldsymbol{F}_{i\perp} + \boldsymbol{r}_{Oi} \times \boldsymbol{F}_{i//}$$

式中的外力矩 $\boldsymbol{M}_i$ 可以看成三个分量的矢量和,由矢积定义可知,此式的最后两项的方向都和 z 轴垂直(虽然这两项的方向并不一样),它们沿 z 轴方向的分量自然为零。由于第一项 $\boldsymbol{r}_i \times \boldsymbol{F}_{i\perp}$ 中的两个因子都垂直于 z 轴,所以这一矢积本身就沿 z 轴,这样 $\boldsymbol{M}_i$ 的 z 轴分量就是 $\boldsymbol{r}_i \times \boldsymbol{F}_{i\perp}$(与转轴平行),其数值为

$$M_{iz} = r_i F_{i\perp} \sin\theta_i = r_{i\perp} F_{i\perp} \tag{3.2.1}$$

它是使刚体绕 z 轴转动状态发生改变的力矩。式中,θ_i 为 $\boldsymbol{F}_{i\perp}$ 和 $\boldsymbol{r}_i$ 之间的夹角;$r_{i\perp} = r_i \sin\theta_i$ 是转轴到 $\boldsymbol{F}_{i\perp}$ 作用线的垂直距离,通常称为力臂。可见 $\boldsymbol{F}_i$ 对参考点 O 的力矩在 z 轴方向的分量就等于力 $\boldsymbol{F}_i$ 对 z 轴的垂足 O_i(转心)的力矩(简称为**外力 $\boldsymbol{F}_i$ 对定轴的力矩**)。这是力对参考点的力矩与对通过参考点的转轴的力矩之间的关系。

考虑到所有外力,可得作用在定轴转动的刚体上的合外力矩的 z 向分量,即对于转轴的合外力矩为

$$M_z = \sum M_{iz} = \sum r_i F_{i\perp} \sin\theta_i \tag{3.2.2}$$

它是作用在各质元上的力矩的 z 分量之和。

3.2.2 刚体定轴转动定理

如图 3.2.2 表示一个绕固定轴 z 转动的刚体,图中质元 P 是刚体中的任一个质元,其质量为 Δm_i,转心为 O_i,到轴的距离为 r_i(相应的位矢为 $\boldsymbol{r}_i$),受到的外力和内力分别为 $\boldsymbol{F}_i$ 和 $\boldsymbol{f}_i$(这里的 $\boldsymbol{f}_i$ 表示刚体中的其他所有质元对质元 P 所作用的合力)。由于垂直于转动平面的力不可能产生平行于轴的力矩,对刚体绕此轴的转动状态没有影响,为了简单起见,可假设 $\boldsymbol{F}_i$ 和 $\boldsymbol{f}_i$ 都位于通过点 P 且与转轴垂直的平面之内(它们与位矢 $\boldsymbol{r}_i$ 的夹角分别为 θ_i 和 φ_i)。根据牛顿第二定律,质元 P 的运动方程为

$$\boldsymbol{F}_i + \boldsymbol{f}_i = \Delta m_i \boldsymbol{a}_i \tag{3.2.3}$$

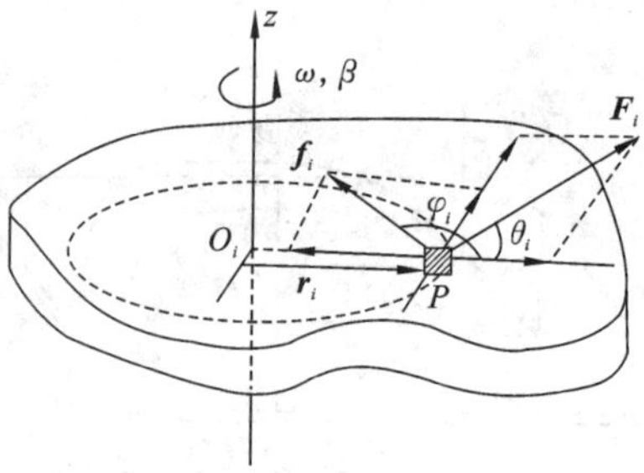

图 3.2.2 转动定理的推导

式中,$\boldsymbol{a}_i$ 是质元 P 的线加速度。质元 P 绕轴做圆周运动,依牛顿第二定律,它的法向和切向的运动方程分别为

$$F_i \cos\theta_i + f_i \cos\varphi_i = \Delta m_i a_{in} = \Delta m_i r_i \omega^2 \tag{3.2.4}$$

$$F_i \sin\theta_i + f_i \sin\varphi_i = \Delta m_i a_{i\tau} = \Delta m_i r_i \beta \tag{3.2.5}$$

式中,$a_{in} = r_i\omega^2$ 和 $a_{i\tau} = r_i\beta$ 分别是质元 P 的法向和切向加速度。式(3.2.4)的左边表示质

元 P 所受的法向力，式(3.2.5)的左边表示质元 P 所受的切向力，而法向力的作用线是通过转轴的，对轴的力矩为零，对刚体的定轴转动不起作用。在式(3.2.5)的两边同时乘以 r_i，得

$$F_i r_i \sin\theta_i + f_i r_i \sin\varphi_i = \Delta m_i r_i^2 \beta \tag{3.2.6}$$

式中，左边的第一项是外力 $\boldsymbol{F}_i$ 对转轴的力矩；第二项是内力 $\boldsymbol{f}_i$ 对转轴的力矩。对组成刚体的每一个质元都可写出与式(3.2.6)相应的方程，对所有质元对应的这些方程求和之后，有

$$\sum_i F_i r_i \sin\theta_i + \sum_i f_i r_i \sin\varphi_i = \left(\sum_i \Delta m_i r_i^2\right)\beta \tag{3.2.7}$$

式中，左边第二项表示刚体上所有质点所受到的内力矩之和，由于内力中的每一对作用力与反作用力的力矩相加为零，所以内力矩之和 $\sum_i f_i r_i \sin\varphi_i$ 为零。式(3.2.7)中左边第一项就是刚体所受各外力对转轴 z 的力矩的代数和，即对于转轴的合外力矩，用 M_z 表示，式(3.2.7)就可表示为

$$M_z = \left(\sum_i \Delta m_i r_i^2\right)\beta \tag{3.2.8}$$

令

$$J_z = \sum_i \Delta m_i r_i^2 \tag{3.2.9}$$

称为刚体绕转轴 z 的**转动惯量**(moment of inertia)。式(3.2.8)可改写为

$$M_z = J_z \beta \tag{3.2.10}$$

为了简化公式中的表述，可省略式(3.2.10)的脚码 z，则式(3.2.10)可表示为

$$M = J\beta = J\frac{\mathrm{d}\omega}{\mathrm{d}t} \tag{3.2.11}$$

式(3.2.11)称为**刚体定轴转动定理**。它表明，刚体在合外力矩的作用下，所获得的角加速度与对转轴的合外力矩成正比，与刚体对此转轴的转动惯量成反比。

3.2.3　刚体的转动惯量

1. 刚体的转动惯量及其计算

若将刚体的定轴转动和质点的直线运动作类比，转动定理 $M = J\beta$ 与牛顿第二定律 $F = ma$ 地位相当。合外力矩与合外力相当，角加速度和加速度相当，转动惯量 J 就与质量 m 对应，m 描述物体的平动惯性，J 则描述物体的转动惯性，在同样的合外力矩作用下，J 大则刚体获得的角加速度小，刚体的转动状态不易改变，J 小则刚体获得的角加速度大，刚体的定轴转动的状态容易改变。

转动惯量的定义式(3.2.9)可改写为

$$J = \sum_i r_i^2 \Delta m_i \tag{3.2.12}$$

在实际计算时可分两种情况：

(1) 若刚体为分立质点的不连续结构，可用 m_i 取代 Δm_i，则刚体绕转轴的转动惯量为

$$J = \sum_i r_i^2 m_i \tag{3.2.13}$$

(2) 若刚体为连续体,需用积分代替求和,则刚体绕转轴的转动惯量为

$$J = \int_m r^2 \mathrm{d}m \tag{3.2.14}$$

式中,r 为刚体中质元 $\mathrm{d}m$ 到转轴的垂直距离,积分遍及整个刚体的质量分布。

在 SI 中,转动惯量的单位是千克·米^2($\mathrm{kg \cdot m^2}$)。

由上面两公式可知,刚体对某转轴的转动惯量等于组成刚体各质元的质量和它们各自离该转轴的垂直距离的平方的乘积的总和。它的大小不仅与刚体总质量有关,而且与其质量相对轴的分布有关。其关系可以概括为以下三点:

(1) 形状、大小相同的均匀刚体总质量越大,转动惯量越大。

(2) 总质量相同的刚体,质量分布离转轴越远,转动惯量越大。

(3) 同一刚体,转轴不同(说到刚体的转动惯量必须指明是对哪个轴而言),质量对轴的分布不同,因而转动惯量不同。

在实际中,常常根据这些关系来改变转动惯量以适应需要。

对于形状复杂的物体,一般采用实验方法测定。对形状规则且密度均匀刚体的转动惯量可根据式(3.2.13)和式(3.2.14)计算得出。

例 3.2.1　计算一匀质薄圆环对通过圆环中心 O 并与圆环平面垂直的轴的转动惯量,已知圆环质量为 m,半径为 R。

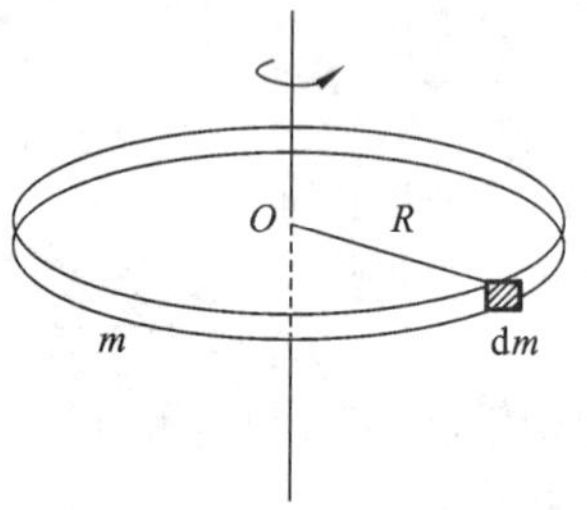

图 3.2.3　例 3.2.1 图

解　如图 3.2.3 所示,环上各质元 $\mathrm{d}m$ 到转轴的垂直距离都相等,而且都等于 R,所以由式(3.2.14),得

$$J = \int_m r^2 \mathrm{d}m = \int_m R^2 \mathrm{d}m = R^2 \int_m \mathrm{d}m$$

后一积分的意义是环的总质量 m(圆环质量分布均匀与否,$m = \int_m \mathrm{d}m$ 都成立),所以薄圆环对通过圆环中心 O 并与圆环平面垂直的轴的转动惯量为

$$J = mR^2$$

这个结果与质量分布是否均匀无关(这是一个特例)。此外由于转动惯量是可加的,所以一个质量为 m,半径为 R 的薄圆筒对其对称轴的转动惯量也是 $J = mR^2$。

例 3.2.2　计算一匀质圆盘对通过盘中心 O 并与盘面垂直的轴的转动惯量,已知圆盘质量为 m,半径为 R,厚为 l。

解　如图 3.2.4 所示,由于是匀质圆盘,可设圆盘的质量密度为 $\rho = \dfrac{m}{\pi R^2 l}$。

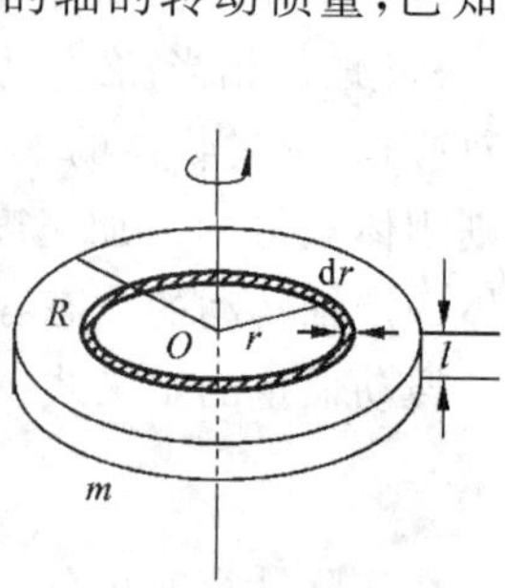

图 3.2.4　例 3.2.2 图

圆盘可以认为是由许多薄圆环组成,取任一半径为 r、宽度为 $\mathrm{d}r$ 的薄圆环,它的转动惯量按例 3.2.1 计算出的结果为

$$\mathrm{d}J = r^2 \mathrm{d}m$$

式中,$\mathrm{d}m = \rho 2\pi r l \, \mathrm{d}r$ 为对应的薄圆环的质量,代入上式可得

$$\mathrm{d}J = \rho 2\pi r^3 l \mathrm{d}r$$

计算出对通过盘面中心 O,且垂直盘面的轴的转动惯量为

$$J=\int_m r^2\mathrm{d}m=\int\mathrm{d}J=\int_0^R\rho 2\pi r^3\mathrm{d}r=\frac{1}{2}\rho\pi R^4 l=\frac{1}{2}mR^2$$

此例中对圆盘厚度 l 并不限制，所以一个质量为 m，半径为 R 的均匀实心圆柱体对其对称轴的转动惯量也是 $J=\frac{1}{2}mR^2$。

例 3.2.3　计算一匀质细杆绕过其中点的垂直固定轴的转动惯量，若将轴的位置平移到杆的一端，其转动惯量又为多少？已知杆的质量为 m，长为 L。

解　如图 3.2.5 所示，设杆的线密度为 $\lambda=\frac{m}{L}$，沿杆长方向建立 x 坐标轴。

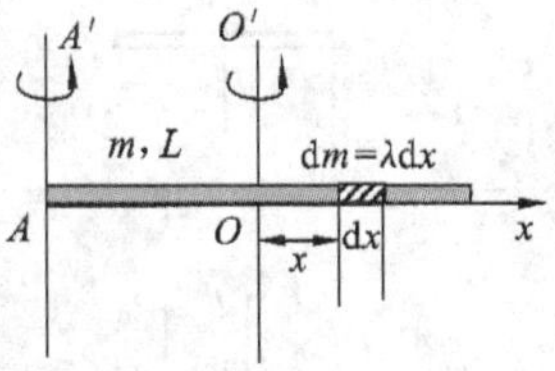

图 3.2.5　例 3.2.3 图

(1) 取杆的中点 O 为坐标原点。在杆上任取一长度元 $\mathrm{d}x$，长度元 $\mathrm{d}x$ 对应的质量为 $\mathrm{d}m=\lambda\mathrm{d}x$，到转轴垂直距离为 x，根据式(3.2.14)，则得匀质细杆绕过其中点的垂直固定轴 OO' 的转动惯量为

$$J_{OO'}=\int_m r^2\mathrm{d}m=\int_{-L/2}^{L/2}x^2\lambda\mathrm{d}x=\frac{1}{12}\lambda L^3=\frac{1}{12}mL^2$$

(2) 若将轴的位置平移到杆的一端，即以 AA' 轴为转轴，这时将坐标原点也移到这一端 A 处，用同样的方法，可计算出杆对 AA' 为转轴的转动惯量为

$$J_{AA'}=\int_m r^2\mathrm{d}m=\int_0^L x^2\lambda\mathrm{d}x=\frac{1}{3}\lambda L^3=\frac{1}{3}mL^2$$

它比对转轴为 OO' 时的转动惯量要大，为什么？请读者说明原因。

2. 平行轴定理与正交轴定理

例 3.2.3 的结果明显地表示，对于不同的转轴，同一刚体的转动惯量不同。可以证明，刚体对任一转轴的转动惯量 J 等于刚体对通过质心的平行转轴的转动惯量 J_C 加上刚体质量 m 与两轴间距离 d 的平方的乘积，即

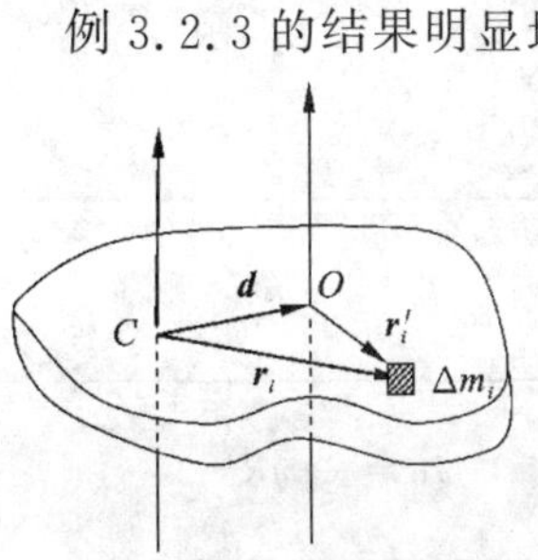

图 3.2.6　平行轴定理

$$J=J_C+md^2 \tag{3.2.15}$$

这一关系称为**平行轴定理**。读者可根据图 3.2.6 和对某轴的转动惯量的定义证明式(3.2.15)。

这样例 3.2.3 中已计算出通过杆的质心（杆的中心）与杆垂直的转轴的转动惯量为 $J_C=\frac{1}{12}mL^2$，则对通过杆的一端的平行转轴的转动惯量就为

$$J=\frac{1}{12}mL^2+m\left(\frac{L}{2}\right)^2=\frac{1}{3}mL^2$$

此外，对于薄板状刚体，如图 3.2.7 所示，可以证明：对板面内相互垂直的两个轴的转动惯量 J_x 和 J_y 之和等于该刚体对通过两轴交点且垂直于板面的轴的转动惯量 J_z，即

$$J_z=J_x+J_y \tag{3.2.16}$$

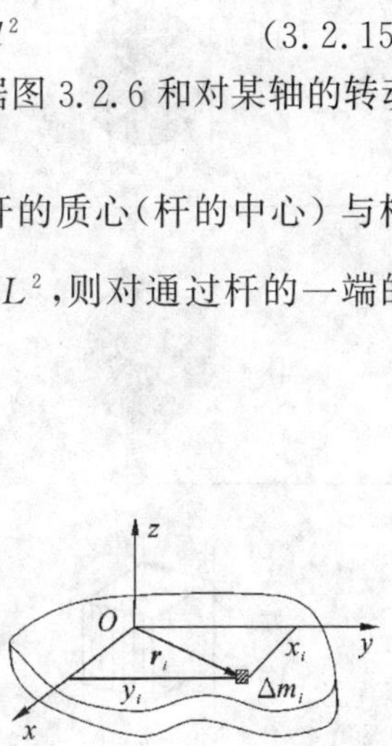

图 3.2.7　正交轴定理

这一关系称为薄板的**正交轴定理**。应用这个定理可以很容易地

求出一个细圆环绕直径的转动惯量为$\frac{1}{2}mR^2$,薄圆盘绕直径的转动惯量为$\frac{1}{4}mR^2$等。

一些常见的密度均匀、形状规则的刚体对某些转轴的转动惯量在表3.2.1中给出。

表3.2.1　常见刚体的转动惯量

刚体	转轴	转动惯量
细棒 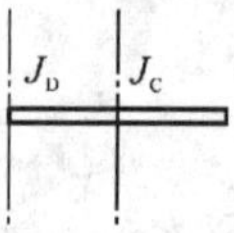	通过中心与棒垂直	$J_C=\frac{1}{12}ml^2$
	通过端点与棒垂直	$J_D=\frac{1}{3}ml^2$
细圆环 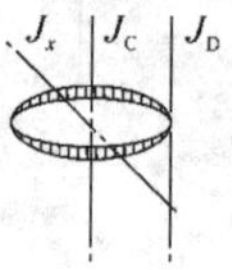	通过中心与环面垂直	$J_C=mR^2$
	通过边缘与环面垂直	$J_D=2mR^2$
	直径	$J_x=J_y=\frac{1}{2}mR^2$
薄圆盘 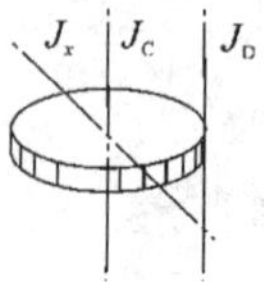	通过中心与盘面垂直	$J_C=\frac{1}{2}mR^2$
	通过边缘与盘面垂直	$J_D=\frac{3}{2}mR^2$
	直径	$J_x=J_y=\frac{1}{4}mR^2$
空心圆柱 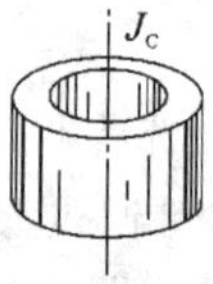	对称轴	$J_C=\frac{1}{2}m(R_2^2+R_1^2)$
球壳 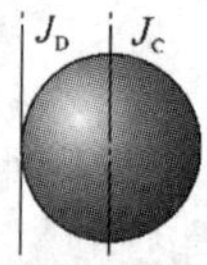	中心轴	$J_C=\frac{2}{3}mr^2$
	切线	$J_D=\frac{5}{3}mR^2$
球体 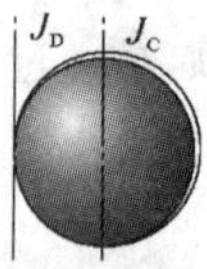	中心轴	$J_C=\frac{2}{5}mR^2$
	切线	$J_D=\frac{7}{5}mR^2$
立方体 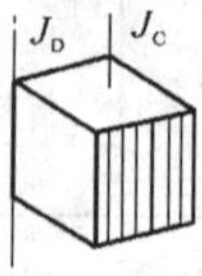	中心轴	$J_C=\frac{1}{6}ml^2$
	棱边	$J_D=\frac{2}{3}ml^2$

3.2.4　刚体定轴转动定理的应用

定轴转动定理与牛顿第二定律都说明运动状态的变化和外界作用的瞬时关系，即某时刻作用在刚体上的各个外力对轴的合外力矩将引起该时刻的刚体转动状态的改变，使刚体获得角加速度。若合外力矩为一恒量，则刚体做匀加速转动；若合外力矩是变化的，则刚体将做变加速转动；若合外力矩为零，则角加速度也为零，刚体处于静止或匀速转动状态。

应用刚体转动定理解题的思路类似质点力学解题的 4 步法：

(1) 选取研究对象。

(2) 分析隔离体的受力或力矩。

(3) 建立坐标，列方程。

(4) 根据题目条件和各隔离体之间的联系，角量和线量的关系等求解。

例 3.2.4　如图 3.2.8(a) 所示，轻绳绕过水平光滑桌面上的定滑轮 C 连接两物体 A 和 B，A，B 质量分别为 m_A，m_B，滑轮视为匀质圆盘，其质量为 m_C，半径为 R，AC 水平并与轴垂直，绳与滑轮无相对滑动，不计轴处摩擦，求 B 的加速度，AC，BC 间绳的张力大小。

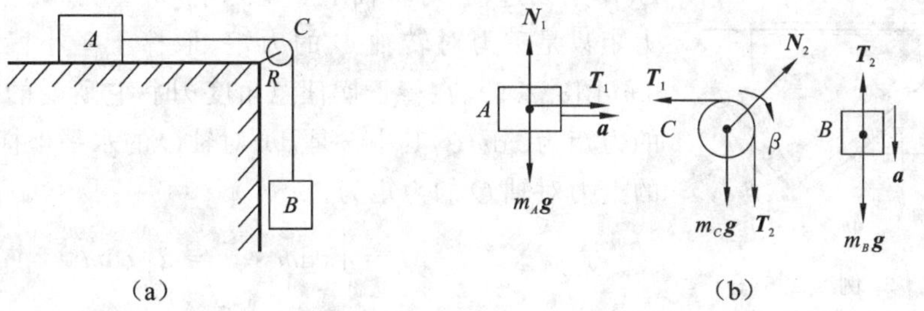

图 3.2.8　例 3.2.4 图

解　依题意，由于是轻绳，AC 之间绳的张力大小相等，BC 之间绳的张力大小相等。但滑轮质量 $m_C \neq 0$，从而滑轮两边绳的张力，即 AC，BC 间绳的张力大小并不相等。绳与滑轮无相对滑动，说明滑轮依靠绳的张力产生转动。

将物体 A、B 和滑轮 C 隔离，并进行受力分析，如图 3.2.8(b) 所示。取各物体运动方向为正。

对物体 A 和 B，由牛顿第二定律，得

$$T_1 = m_A a$$

$$m_B g - T_2 = m_B a$$

对定滑轮 C，由转动定理，得

$$T_2 R - T_1 R = J_C \beta = \frac{1}{2} m_C R^2 \beta$$

由于绳与滑轮无相对滑动，物体 A 和 B 的加速度与定滑轮 C 边缘接触点的切向加速度相等，依切向加速度和角加速度的关系，有

$$a = R\beta$$

联立上面 4 式,可以解得

$$a=\frac{m_B g}{m_A+m_B+\frac{1}{2}m_C}$$

$$T_1=\frac{m_A m_B g}{m_A+m_B+\frac{1}{2}m_C}$$

$$T_2=\frac{\left(m_A+\frac{1}{2}m_C\right)m_B g}{m_A+m_B+\frac{1}{2}m_C}$$

例 3.2.5 一根长 l,质量为 m 的均匀细直棒,其一端有一固定的光滑水平轴,因而可以在竖直平面内转动。最初棒静止在水平位置。求它由此下摆 θ 角时的角加速度和角速度。

解 讨论此棒的下摆运动时,不能再把它看成质点,而应作为刚体绕定轴转动来处理。

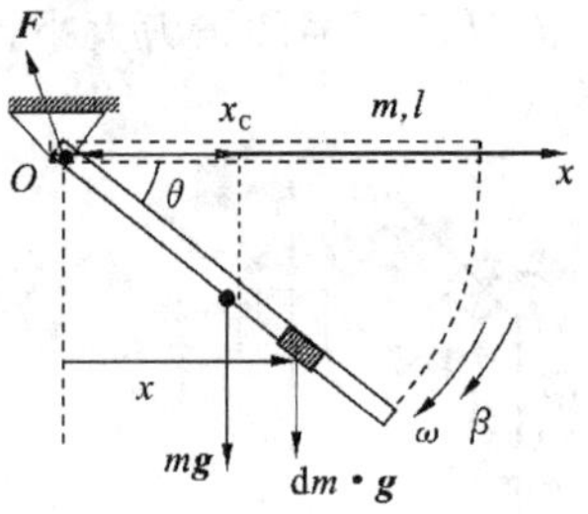

图 3.2.9 例 3.2.5 图

棒的下摆是一加速转动,所受外力为棒受轴的作用力 $\boldsymbol{F}$(作用线过轴,对转轴不产生力矩)和重力 $m\boldsymbol{g}$。所受的合外力矩只是重力对转轴 O 的力矩。取棒上一小段,其质量为 $\mathrm{d}m$(图3.2.9)。在棒下摆任意角度 θ 时,它所受的重力对轴 O 的力矩为 $x\mathrm{d}mg$,其中 x 是 $\mathrm{d}m$ 对轴 O 的水平坐标。整个棒受的重力对轴 O 的力矩为

$$M=\int x\mathrm{d}m\cdot g=g\int x\mathrm{d}m$$

由质心的定义,$\int x\mathrm{d}m=mx_C$,其中 x_C 是质心对于轴 O 的 x 坐标。因而可得

$$M=mgx_C$$

这一结果说明重力对整个棒的合力矩就和全部重力集中作用于质心所产生的力矩一样。

由于

$$x_C=\frac{1}{2}l\cos\theta$$

所以有

$$M=\frac{1}{2}mgl\cos\theta$$

代入刚体转动定理式(3.2.11),可得棒的角加速度为

$$\beta=\frac{M}{J}=\frac{\frac{1}{2}mgl\cos\theta}{\frac{1}{3}ml^2}=\frac{3g\cos\theta}{2l}$$

又因为

$$\beta = \frac{d\omega}{dt} = \frac{d\omega}{d\theta} \cdot \frac{d\theta}{dt} = \omega \frac{d\omega}{d\theta}$$

所以

$$\beta = \frac{3g\cos\theta}{2l} = \omega \frac{d\omega}{d\theta}$$

分离变量，有

$$\omega d\omega = \frac{3g\cos\theta}{2l} d\theta$$

两边积分，得

$$\int_0^{\omega} \omega d\omega = \int_0^{\theta} \frac{3g\cos\theta}{2l} d\theta$$

可得

$$\omega^2 = \frac{3g\sin\theta}{l}$$

从而解得

$$\omega = \sqrt{\frac{3g\sin\theta}{l}}$$

3.3　刚体的角动量定理与角动量守恒定律

在研究质点运动规律时，动量是一个非常重要的运动量。考虑刚体转动过程中，刚体内部各质元均做圆周运动，角量成为描述刚体整体运动的物理量，因此定义一个角量形式的运动量是非常必要的。在第 2 章中已讲过质点和质点系对定点和定轴的角动量，下面讨论刚体对转轴的角动量以及相关的角动量定理与角动量守恒定律。

3.3.1　刚体对转轴的角动量

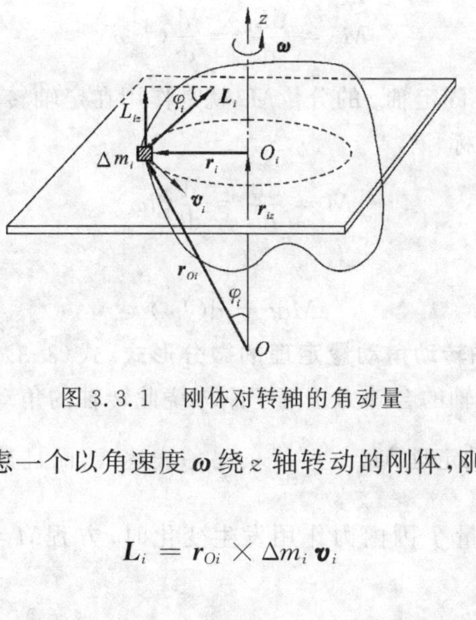

图 3.3.1　刚体对转轴的角动量

如图 3.3.1 所示，考虑一个以角速度 $\boldsymbol{\omega}$ 绕 z 轴转动的刚体，刚体中的任一质元 Δm_i 对于定点 O 的角动量为

$$\boldsymbol{L}_i = \boldsymbol{r}_{Oi} \times \Delta m_i \boldsymbol{v}_i$$

由于 $\boldsymbol{r}_{Oi}$ 垂直$\boldsymbol{v}_i$，所以大小为

$$L_i = \Delta m_i r_{Oi} v_i$$

方向如图 3.3.1 所示，此角动量沿 z 轴的分量为

$$L_{iz} = L_i \sin\varphi_i = \Delta m_i r_{Oi} v_i \sin\varphi_i$$

由于 $r_{Oi}\sin\varphi_i = r_i$ 为从 Δm_i 到转轴的垂直距离，而 $v_i = r_i\omega$，所以

$$L_{iz} = \Delta m_i r_i^2 \omega$$

定轴转动的整个刚体的总角动量 $\boldsymbol{L}$ 沿 z 轴分量，亦即刚体沿 z 轴的角动量为

$$L_z = \sum_i L_{iz} = \left(\sum_i \Delta m_i r_i^2\right)\omega = J_z\omega \tag{3.3.1}$$

式中

$$J_z = \sum_i \Delta m_i r_i^2$$

正是刚体对于转动轴 z 的转动惯量。

考虑到刚体沿 z 轴的角动量的方向与刚体绕轴的角速度 $\boldsymbol{\omega}$ 的方向一致，可省略式(3.3.1) 的脚码 z，得刚体对固定转轴的角动量为

$$\boldsymbol{L} = J\boldsymbol{\omega} \tag{3.3.2}$$

3.3.2　刚体定轴转动的角动量定理

质点系对定点的角动量定理

$$\boldsymbol{M} = \frac{\mathrm{d}\boldsymbol{L}}{\mathrm{d}t} \tag{3.3.3}$$

此式为一矢量式，它沿某一选定的 z 轴的分量式为

$$M_z = \frac{\mathrm{d}L_z}{\mathrm{d}t} \tag{3.3.4}$$

将式(3.3.4) 应用于刚体绕固定轴的转动，设转动轴为 z 轴，由式(3.3.4) 和式(3.3.1)，有

$$M_z = \frac{\mathrm{d}L_z}{\mathrm{d}t} = \frac{\mathrm{d}}{\mathrm{d}t}(J_z\omega)$$

注意，合外力矩$\boldsymbol{M}$对固定轴z 的分量M_z 就是作用在定轴转动刚体上的所有外力对于转轴的合外力矩。略去脚标，有

$$M = \frac{\mathrm{d}L}{\mathrm{d}t} = \frac{\mathrm{d}}{\mathrm{d}t}(J\omega) \tag{3.3.5a}$$

或

$$M\mathrm{d}t = \mathrm{d}(J\omega) \tag{3.3.5b}$$

式(3.3.5) 称为**刚体定轴转动角动量定理的微分形式**。式(3.3.5a) 说明刚体绕某定轴转动时，作用于刚体对该转轴的合外力矩等于刚体绕此转轴的角动量对时间的变化率，该式可以看成是刚体定轴转动定理 $M = J\dfrac{\mathrm{d}\omega}{\mathrm{d}t}$ 的另一表达式，而且其意义更加普遍。如在绕定轴转动的物体的转动惯量 J 因内力作用发生变化时，方程$M = J\dfrac{\mathrm{d}\omega}{\mathrm{d}t}$ 已不适用，而方程

$M = \frac{\mathrm{d}}{\mathrm{d}t}(J\omega)$ 对此仍然成立，这与质点动力学中，牛顿第二定律的表达式 $\boldsymbol{F} = \frac{\mathrm{d}}{\mathrm{d}t}(m\boldsymbol{v})$ 较之 $\boldsymbol{F} = m\frac{\mathrm{d}\boldsymbol{v}}{\mathrm{d}t}$ 更普遍是一样的。

对式(3.3.5b)积分后，可得

$$\int_{t_0}^{t} M\mathrm{d}t = J\omega - J_0\omega_0 \tag{3.3.6}$$

式中，J_0、ω_0 和 J、ω 分别代表 t_0 时刻和 t 时刻的转动惯量(物体在转动过程中，其内部各质元相对于转轴的位置可以改变，使 J 可变)和角速度；$\int_{t_0}^{t} M\mathrm{d}t$ 是合外力矩在 $t_0 \sim t$ 时间内作用在刚体上的对给定轴的**冲量矩**(或角冲量)。式(3.3.6)表明，当转轴给定时，作用在刚体上的冲量矩等于刚体角动量的增量。这就是**刚体定轴转动角动量定理的积分形式**。

3.3.3　刚体定轴转动的角动量守恒定律

由刚体定轴转动的角动量定理 $M_z = \frac{\mathrm{d}L_z}{\mathrm{d}t}$ 可知，当 $M_z = 0$，应有

$$L_z = 常量 \tag{3.3.7}$$

这就是说，对于质点系，如果它受的对于某一固定轴的合外力矩为零，则它对于这一固定轴的角动量保持不变。这个结论叫对定轴的角动量守恒定律。这里指的质点系可以不是刚体，其中的质点也可以组成一个或几个刚体。应该注意的是，一个系统内各个刚体或质点的角动量必须是对于同一固定轴而言。

对于一个定轴转动的刚体，式(3.3.7)可具体写为

$$L = J\omega = 常量 \tag{3.3.8}$$

这就是**刚体定轴转动的角动量守恒定律**。

可见，如果是刚体绕定轴转动时，对固定轴的转动惯量 J 保持不变，则在满足角动量守恒的条件下，这一刚体以恒定的角速度转动；如果是物体绕定轴转动时，它对轴的转动惯量是可变的，则在满足角动量守恒的条件下，物体的角速度 ω 随对固定轴的转动惯量 J 的改变而变，当 J 变大时，ω 变小，J 变小时，ω 变大，但两者的乘积 $J\omega$ 却保持不变。

对于由多个物体组成的定轴转动的系统，如果各物体对同一轴的角动量分别为 $J_1\omega_1, J_2\omega_2, \cdots$，则系统对此轴的总角动量为 $L = \sum_i J_i\omega_i$，只要整个系统受到的对于此轴的合外力矩为零(所有外力对轴的力矩矢量和为零)，系统对轴的总角动量就守恒，有

$$L = \sum_i J_i\omega_i = 常数 \tag{3.3.9}$$

这就是**定轴转动的物体系的角动量守恒定律**。它说明当系统受到的所有外力对轴的力矩矢量和为零时，不论系统内各物体在内力作用下是改变了系统的转动惯量，还是改变了系统内部分物体的角速度，都不能改变系统的总角动量。系统内一个物体的角动量发生某一改变，则在内力的作用下，系统另一物体的角动量必然有一个与之等值反号的改变量，保证总角动量不变。

定轴转动中的角动量守恒定律很容易演示。如图 3.3.2 所示，演示者坐在可绕垂直轴

无摩擦转动的凳子上，手持哑铃，两臂伸平，并以一定的角速度转动。当他把两臂收回使哑铃贴在胸前时，系统的转速就会明显增加。这个现象可以用角动量守恒定律解释：将人在两臂伸平时和收回以后都当成一个刚体，分别以 J_1 和 J_2 表示转台和人作用于系统对固定轴的转动惯量，以 ω_1 和 ω_2 表示两种状态时的角速度。由于人在收回手臂时，双臂用力是内力，并不产生对竖直轴的外力矩(略去转轴受到外界轴承的摩擦)，转台和人的角动量守恒，即 $J_1\omega_1 = J_2\omega_2$。很明显，由于 $J_1 > J_2$，因此 $\omega_1 < \omega_2$。

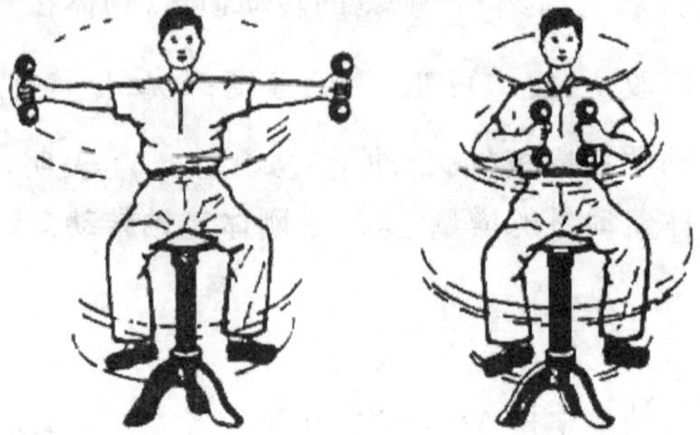

图 3.3.2 角动量守恒演示

对轴的角动量守恒定律在花样滑冰、舞蹈和跳水等旋转动作中也显示出来。如跳水运动员在起跳时，如图 3.3.3 所示，两臂伸直，角速度较小，但是转动惯量较大。当运动员起跳后，在空中将臂和腿尽量弯曲，以减小转动惯量(对通过自身质心的转轴)，就可以获得比较大的空翻角速度。完成规定动作后，在接近水面时，伸直手臂和双腿，从而增大转动惯量，减小角速度，以便使身体尽量以平动的姿态垂直入水，减小水花。

图 3.3.3 跳水运动员

对轴的角动量守恒定律也表现在宇观现象中。例如，星系可视为由大量天体组成的一个质点系，星系的演化过程遵从对轴的角动量守恒定律。就银河系来说，最初它可能是一个球形的缓慢旋转着的气体云，具有一定的初始角动量，由于自身万有引力作用向内而逐渐收缩，在垂直于转轴径向。当气体云向转动中心轴收缩时，因对轴的角动量守恒，其旋转的角速度必增大，从而使惯性离心力也增大，并抵抗住引力的收缩作用。由于在轴向上并不存在惯性离心力的抗拒，于是现在的银河系就演化成一个垂直于轴高速旋转的扁盘形结构(图 3.3.4)。这就是宇宙中许多星系为什么都呈旋转的扁盘形状的原因。恒星衰老坍塌时，外层所受的引力十分强大，垂直于轴的转动惯量缩小几个数量级，对轴的转动惯量

图 3.3.4　银河系的扁盘形结构

变小到只有原来恒星母体的亿万分之几，因而转动的角速度变得很大，自转周期变得很短。例如，蟹状星云核心的一颗中子星，它的自转周期就只有$\frac{1}{60}$ s，这是对轴的角动量守恒定律在自然界形成的奇观。

在微观领域中，当总角动量为零的正负电子对湮没而变为一对光子时，这一对光子的角动量必是数值相等，符号相反，以保持总角动量为零。观察的结果证实确实如此，表明角动量守恒定律在微观领域同样适用。

利用物体系的角动量守恒定律，可以求解由质点或刚体组成的某些系统的力学问题。

例 3.3.1　如图 3.3.5 所示，质量为 m_1、长为 l 的匀质细棒竖直地悬在水平轴 O 上，一质量为 m_2 的小球以水平速度 $\boldsymbol{v}_0$ 与静止的棒的下端相碰，碰后以速度 $\boldsymbol{v}$ 反向运动，求棒在碰撞后的角速度 ω。

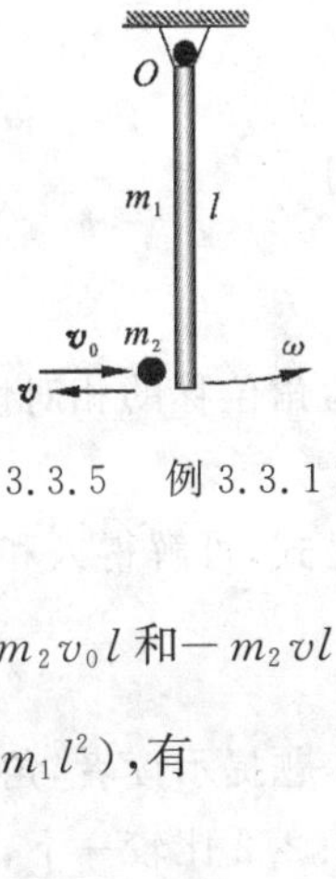

图 3.3.5　例 3.3.1 图

解　由于小球与棒的碰撞时间极短，故可认为在这一过程中，棒一直保持在竖直位置。因此小球与棒组成的系统在碰撞过程中受到的外力（两者的重力及轴 O 处的支持力）对轴 O 的力矩都为零，这样系统对轴 O 的总角动量守恒。

以垂直于纸面向外为正，碰撞前后小球对轴 O 的角动量分别为 m_2v_0l 和 $-m_2vl$，棒对轴 O 的角动量为 $\frac{1}{3}m_1l^2\omega$（这里用到了棒对轴 O 的转动惯量 $J=\frac{1}{3}m_1l^2$），有

$$m_2v_0l=-m_2vl+\frac{1}{3}m_1l^2\omega$$

解得棒在碰撞后的角速度 ω 为

$$\omega=\frac{3m_2(v_0+v)}{m_1l}$$

注意，本题不能应用小球与棒的总动量守恒来求解。因为小球碰击棒时，轴 O 对棒有反作用力，这时小球与棒组成的系统是外力，因此，系统的总动量不守恒。

例 3.3.2　一个质量为 M、半径为 R 的水平均匀圆盘可绕通过中心的光滑竖直轴 OO' 自由转动，在盘的边缘站着一个质量为 m 的人，二者开始都相对地面静止。如果人沿台的边缘走一周时，人和圆盘相对于地面各转过了多少角度？

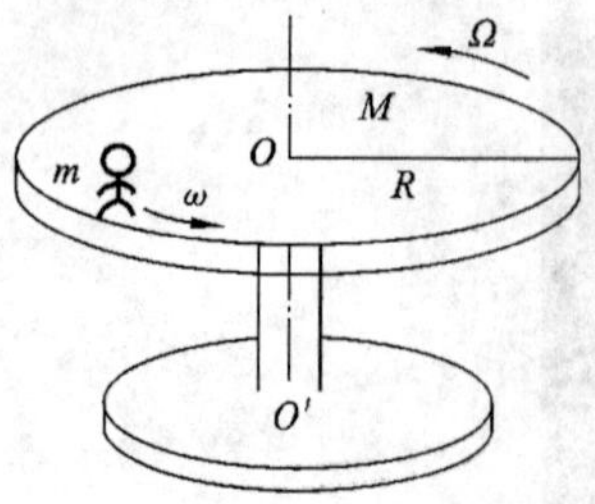

图 3.3.6 例 3.3.2 图

解 如图 3.3.6 所示,对人和圆盘组成的系统,在人走动时,因人与圆盘之间的作用力是内力,而外力(人和圆盘两者所受的重力和轴 OO' 处的支持力)又平行于转轴,所以对轴 OO',系统所受合外力矩为零,故系统对轴 OO' 的角动量守恒。

以 J_m,J_M 分别表示人和圆盘相对于轴 OO' 的转动惯量,并以 ω,Ω 分别表示人和圆盘任一时刻相对于地面(惯性系)绕轴 OO' 的角速度。如果以人走动的方向为正方向,考虑起始时系统的角动量为零,则由角动量守恒给出

$$L = J_m\omega - J_M\Omega = 0$$

式中,$J_m = mR^2$;$J_M = \frac{1}{2}MR^2$。以 θ 和 Θ 分别表示人和圆盘相对于地面发生的角位移,则

$$\omega = \frac{\mathrm{d}\theta}{\mathrm{d}t},\quad \Omega = \frac{\mathrm{d}\Theta}{\mathrm{d}t}$$

代入上式,得

$$mR^2\frac{\mathrm{d}\theta}{\mathrm{d}t} = \frac{1}{2}MR^2\frac{\mathrm{d}\Theta}{\mathrm{d}t}$$

两边都乘以 $\mathrm{d}t$,并积分,有

$$\int_0^\theta mR^2\mathrm{d}\theta = \int_0^\Theta \frac{1}{2}MR^2\mathrm{d}\Theta$$

由此得

$$m\theta = \frac{1}{2}M\Theta$$

又因为角位移的相对性,人相对圆盘走一周时,相对圆盘的角位移 $\varphi = 2\pi$,有

$$\theta = \varphi - \Theta = 2\pi - \Theta$$

代入上式,可解得人和圆盘相对于地面分别转过的角度为

$$\theta = \frac{2\pi M}{M+2m},\qquad \Theta = \frac{4\pi m}{M+2m}$$

本题提示读者,角动量定理和角动量守恒定律适用于惯性系。此外将此例和第 2 章中的例 2.2.2 比较一下,是很有启发性的。

3.4 刚体定轴转动中的功与能

本节讨论刚体在定轴转动中的功与能的关系。

3.4.1 力矩的功

当刚体转动时,作用在刚体上的某点的力做的功仍用力和受力作用的质元的位移的点积来定义,作用于刚体上的所有的力对刚体做的功应是各个力对相应质元做功之代数和。

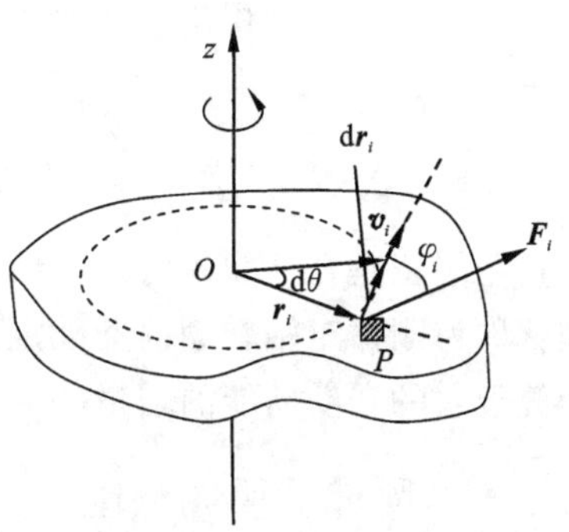

图 3.4.1　力矩的功与转动动能

对于刚体，因其质元间的相对位置不变，内力不做功，故仅需考虑外力的功。又对于定轴转动的情形，垂直于转动平面的力不做功，故假设作用于点 P 质元 Δm_i 上的外力 $\boldsymbol{F}_i$ 位于转动平面内。当刚体对定轴 z 转过角度 $\mathrm{d}\theta$ 时，质元 Δm_i 的位移为 $\mathrm{d}\boldsymbol{r}_i$（弧位移为 $\mathrm{d}s_i = r_i\mathrm{d}\theta$）（图 3.4.1），则力 $\boldsymbol{F}_i$ 在该位移中做的元功为

$$\mathrm{d}A_i = \boldsymbol{F}_i \cdot \mathrm{d}\boldsymbol{r}_i = F_i\cos\varphi_i\mathrm{d}s_i = F_i\cos\varphi_i r_i\mathrm{d}\theta$$

由于 $F_i\cos\varphi_i$ 是力 $\boldsymbol{F}_i$ 沿 $\mathrm{d}\boldsymbol{r}_i$ 方向的分量，因而垂直于 $\boldsymbol{r}_i$ 的方向，所以 $F_i r_i\cos\varphi_i$ 就是外力 $\boldsymbol{F}_i$ 对转轴的力矩 M_i，即

$$M_i = F_i r_i\cos\varphi_i$$

因此有

$$\mathrm{d}A_i = M_i\mathrm{d}\theta$$

即力对转动刚体做的元功等于相应的力矩和角位移的乘积。

设刚体从角位置 θ_0 转到 θ，则力 $\boldsymbol{F}_i$（也是对应的力矩 M_i）做的功可由积分得到

$$A_i = \int_{\theta_0}^{\theta} M_i\mathrm{d}\theta \tag{3.4.1}$$

再对各个外力的功求和，就得到所有外力做的总功为

$$A = \sum_i A_i = \sum_i\left(\int_{\theta_0}^{\theta} M_i\mathrm{d}\theta\right) = \int_{\theta_0}^{\theta}\left(\sum_i M_i\right)\mathrm{d}\theta = \int_{\theta_0}^{\theta} M\mathrm{d}\theta \tag{3.4.2}$$

式中，$M = \sum\limits_i M_i$ 为刚体受到的对某转轴的合外力矩。

由此可见，力对刚体做的功可用力矩对刚体角位移的积分来表示，也称为力矩的功。

3.4.2　刚体定轴转动的动能

刚体以角速度 ω 绕定轴 z 转动，它的转动动能 E_k 是刚体中每一质元做圆周运动的动能之和。设任意 t 时刻，刚体中的任意质元 Δm_i 的速度为 $\boldsymbol{v}_i$，离轴的垂直距离为 r_i，速率为 $v_i = r_i\omega$，则整个刚体绕定轴 z 转动的转动动能为

$$E_\mathrm{k} = \sum_i \frac{1}{2}\Delta m_i v_i^2 = \frac{1}{2}\sum_i \Delta m_i(r_i\omega)^2 = \frac{1}{2}\left(\sum_i \Delta m_i r_i^2\right)\omega^2$$

式中，$\sum\limits_i \Delta m_i r_i^2$ 就是刚体对转轴的转动惯量 J，因此刚体的转动动能可以写成

$$E_\mathrm{k} = \frac{1}{2}J\omega^2 \tag{3.4.3}$$

3.4.3　刚体定轴转动的动能定理

力矩做的功对刚体的影响可以通过刚体定轴转动定理导出。由定轴转动定理，有

$$M = J\frac{\mathrm{d}\omega}{\mathrm{d}t} = J\frac{\mathrm{d}\omega}{\mathrm{d}\theta}\cdot\frac{\mathrm{d}\theta}{\mathrm{d}t} = J\omega\frac{\mathrm{d}\omega}{\mathrm{d}\theta}$$

$$M\mathrm{d}\theta = J\omega\mathrm{d}\omega$$

若刚体在合外力矩作用下角速度由 ω_0 变为 ω,相应的角坐标由 θ_0 变为 θ,将上式两边分别作定积分,得

$$\int_{\theta_0}^{\theta} M\mathrm{d}\theta = \int_{\omega_0}^{\omega} J\omega\mathrm{d}\omega = \frac{1}{2}J\omega^2 - \frac{1}{2}J\omega_0^2 \tag{3.4.4}$$

等式左侧正是合外力矩对刚体做的功 A。式(3.4.4)与质点的动能定理类似,于是这一定理就称为**刚体定轴转动的动能定理**。它说明,合外力矩对一个绕固定轴转动的刚体所做的功等于它的转动动能的增量。

3.4.4 刚体的重力势能

如果一个刚体受到保守力的作用,也可以引入势能概念。刚体在定轴转动中涉及的势能主要是重力势能。我们把刚体和地球系统的重力势能简单称为刚体的重力势能,意即取地面参考系来计算重力势能的值。

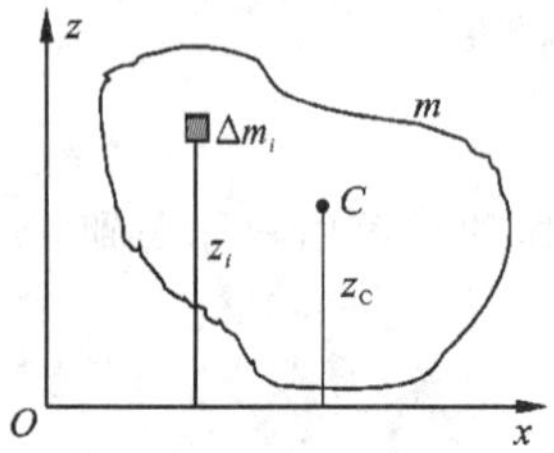

图 3.4.2 刚体的重力势能

将刚体看成是一个质点系,刚体的重力势能就是它的各个质元 Δm_i 的重力势能的总和。若以地面为重力势能零点位置,则第 i 个质元 Δm_i 的重力势能为

$$E_{\mathrm{p}i} = \Delta m_i g z_i$$

式中,z_i 为质元离地面的高度。这样对于一个不太大、质量为 m 的刚体(图 3.4.2),它的重力势能为

$$E_{\mathrm{p}} = \sum_i \Delta m_i g z_i = g\sum_i \Delta m_i z_i$$

根据质心的定义,此刚体质心离地面的高度为

$$z_{\mathrm{C}} = \frac{\sum_i \Delta m_i z_i}{m}$$

所以刚体的重力势能为

$$E_{\mathrm{p}} = mgz_{\mathrm{C}} \tag{3.4.5}$$

这一结果表明,一个不太大的刚体的重力势能与将它的全部质量全部集中在其质心上的质点所具有的重力势能一样。

3.4.5 刚体定轴转动的功能原理

若将重力矩做的功用刚体的重力势能差表示为

$$\int_{\theta_0}^{\theta} M_{\mathrm{p}}\mathrm{d}\theta = -(mgz_{\mathrm{C}} - mgz_{\mathrm{C0}})$$

就能将式(3.4.4)中重力矩做的功表示为重力势能差,可写为

$$\int_{\theta_0}^{\theta} M'\mathrm{d}\theta = \left(mgz_{\mathrm{C}} + \frac{1}{2}J\omega^2\right) - \left(mgz_{\mathrm{C0}} + \frac{1}{2}J\omega_0^2\right) \tag{3.4.6}$$

式(3.4.6)就是在重力场中刚体定轴转动的功能原理。式中,M' 为除重力以外的其他外力对转轴的合外力矩。如果 $M' = 0$(在不计地球动能相应变化的条件下),则有

$$mgz_{\mathrm{C}} + \frac{1}{2}J\omega^2 = 常数 \tag{3.4.7}$$

即刚体的机械能守恒。

由刚体和质点组成的系统，如果在运动过程中，只有保守力做功，则系统的机械能守恒。转动动能作为动能的一部分出现在机械能中，系统的动能和势能相互转化。

例 3.4.1　利用刚体定轴转动的动能定理和机械能守恒定律两种方法重解例 3.2.5 中棒下摆 θ 角时的角速度。

解　(1) 运用刚体定轴转动的动能定理求角速度。设棒由水平位置摆到 θ 角时，如图 3.4.3 所示，由于题设不计摩擦力，轴对棒的支持力 $\boldsymbol{F}$ 作用于棒与轴 O 的接触面，且通过点 O。在棒的下摆过程中，$\boldsymbol{F}$ 的大小和方向是随时改变的，但对轴 O 的力矩等于零，对棒不做功，只有重力在棒下摆的过程中做功。由于重力矩

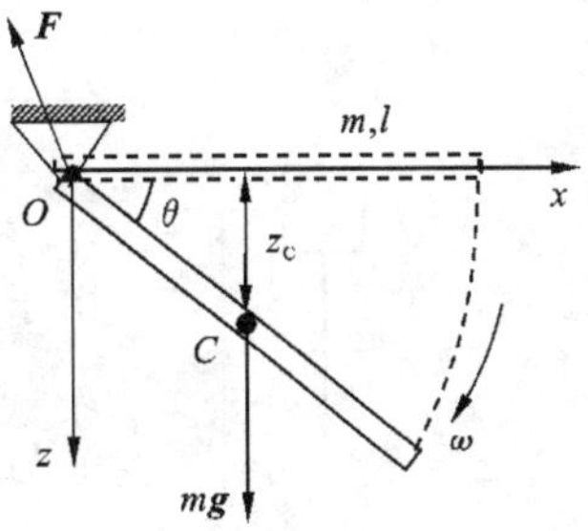

图 3.4.3　例 3.4.1 图

$$M = \frac{1}{2}mgl\cos\theta$$

是一个变力矩，所以重力矩所做的元功为

$$\mathrm{d}A = mg\frac{l}{2}\cos\theta\,\mathrm{d}\theta$$

而在棒从水平位置下摆到 θ 角时的过程中，重力矩所做的功为

$$A = \int_0^\theta mg\frac{l}{2}\cos\theta\mathrm{d}\theta = mg\frac{l}{2}\sin\theta$$

据刚体定轴转动功能定理，有

$$mg\frac{l}{2}\sin\theta = \frac{1}{2}J\omega^2 - 0$$

将棒对轴 O 的转动惯量 $J = \frac{1}{3}ml^2$ 代入上式，解得

$$\omega = \sqrt{\frac{3g\sin\theta}{l}}$$

(2) 运用机械能守恒定律求角速度。以棒与地球为研究系统，由于棒在下摆的过程中，外力（轴对棒的支持力 $\boldsymbol{F}$）不做功，只有重力做功，所以系统的机械能守恒。取棒的水平位置为势能零点，机械能守恒给出

$$\frac{1}{2}J\omega^2 + mg(-z_C) = 0$$

利用 $J = \frac{1}{3}ml^2$，$z_C = \frac{1}{2}l\sin\theta$，就可解得

$$\omega = \sqrt{\frac{3g\sin\theta}{l}}$$

结合例 3.2.5 中利用转动定理和运动学的关系求解棒下摆 θ 角时的角速度的方法，我们用三种方法求解了角速度，很明显，用机械能守恒求解是最简便的。

例 3.4.2　装置如图 3.4.4 所示，一个质量为 M、半径为 R 的定滑轮（视为匀质圆盘）上面绕有细绳（绳的质量可忽略，且不可伸长）。绳的一端固定在滑轮的边缘上，另一端悬挂质量为 m 的物体。滑轮可绕一无摩擦的水平轴 O 转动，求物体 m 由静止下落 h 高度时的

速度和此时滑轮的角速度。

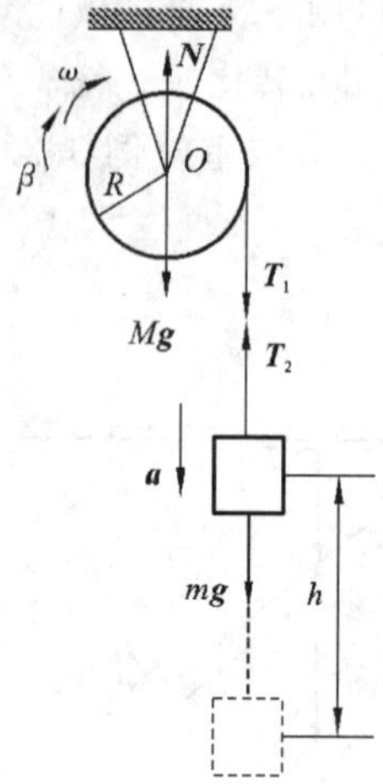

图 3.4.4　例 3.4.2 图

解　可用两种方法求解。

(1) 用牛顿第二定律和刚体定轴转动定理联立求解。

依题意,定滑轮和物体受力分析如图 3.4.4 所示。取各物体运动方向为正。对于物体 m,可视为质点,由牛顿第二定律,有

$$mg - T_2 = ma$$

对定滑轮,由转动定理,对轴 O,有

$$T_1 R = J\beta = \frac{1}{2}MR^2\beta$$

由于是轻绳,绳中张力大小相等,有

$$T_1 = T_2$$

绳与滑轮无相对滑动,由滑轮和物体的运动学关系为

$$a = R\beta$$

联立上面 4 式,可以解得物体下落的加速度为

$$a = \frac{2m}{2m+M}g$$

可见物体下落的加速度为常量,所以物体 m 由静止下落 h 高度时的速度为

$$v = \sqrt{2ah} = 2\sqrt{\frac{mgh}{2m+M}}$$

这时定滑轮转动的角速度为

$$\omega = \frac{v}{R} = \frac{2}{R}\sqrt{\frac{mgh}{2m+M}}$$

(2) 用机械能守恒定律求解。

如图 3.4.4 所示,以物体、滑轮、地球作为研究的系统。在物体 m 下落的过程中,滑轮随同转动。轴 O 对滑轮的支持力 $\boldsymbol{N}$(外力) 不做功(因为无位移),绳的拉力 T_1 拉动轮缘做正功,绳的拉力对物体 m 做负功,而物体下落的距离与轮缘转过的距离相等,所以这一对外力做功的代数和为零。又不计一切阻力,因此,对于所考虑的系统只有保守内力重力做功,所以系统的机械能守恒。

滑轮的重力势能不变,可以不考虑。若取物体 m 下落 h 后的位置为重力势能零点,由机械能守恒定律给出

$$mgh = \frac{1}{2}mv^2 + \frac{1}{2}J\omega^2$$

将 $J = \frac{1}{2}MR^2$,$\omega = \frac{v}{R}$ 代入上式,可求出

$$v = 2\sqrt{\frac{mgh}{M+2m}}$$

再由 $\omega = \frac{v}{R}$,解得物体 m 下落 h 时定滑轮转动的角速度为

$$\omega = \frac{v}{R} = \frac{2}{R}\sqrt{\frac{mgh}{2m+M}}$$

3.5　刚体的进动与回转效应

本节将对刚体的定点转动作简单讨论。我们把由一个厚而重、形状对称的刚体绕对称轴高速自转的装置称为回转仪。回转仪中的刚体就是做定点转动，由于回转仪中高速自旋的刚体有着奇特的回转现象，因而有极为广泛的应用。

3.5.1　进动现象

大家知道，玩具陀螺不转动时，由于受到重力矩的作用，便会发生倾倒，如图 3.5.1(a) 所示。但当陀螺高速旋转时，尽管同样也受到对定点 O 不为零的重力矩的作用，却不会倒下来。这时，我们看到，陀螺在绕自身的对称轴转动(这种旋转叫自旋）的同时，其对称轴还将绕竖直轴 Oz（即通过定点的竖直轴）沿着锥面回转，如图 3.5.1(b) 所示。这种高速自旋物体的自转轴在空间的附加转动现象称为进动，而陀螺在外力矩作用下发生进动的现象称为回转效应。

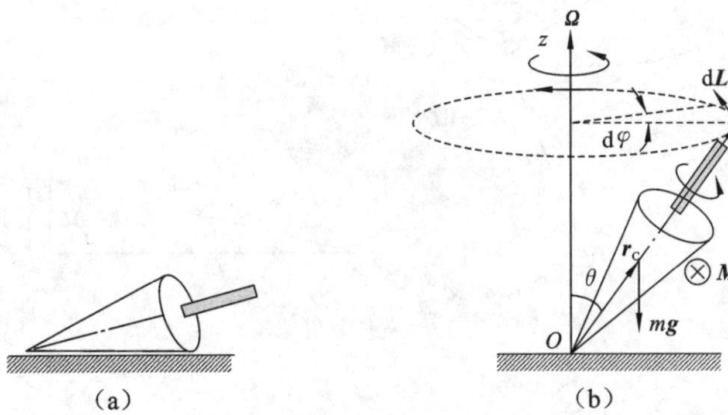

图 3.5.1　陀螺的进动

玩具陀螺是一种简单的回转仪，初看起来，回转效应有些不可思议。为什么陀螺在重力矩的作用下，高速自旋时就不会倾倒呢？这可以用角动量定理式(3.3.3) 加以解释。

当陀螺倾斜且高速自转时，自身轴就稍有倾斜，受到重力对定点 O 的角动量 $\boldsymbol{L}$ 应等于陀螺的自转角动量 $J_C\boldsymbol{\omega}$ 与进动角动量之和。但它自转的角速度远大于进动的角速度，就可不计进动角动量，而近似认为仍有

$$\boldsymbol{L} = J_C\boldsymbol{\omega}$$

陀螺受到对定点 O 的重力矩

$$\boldsymbol{M}_C = \boldsymbol{r}_C \times m\boldsymbol{g}$$

其方向垂直于转轴和重力所组成的平面[图 3.5.1(b)]。对于定点 O 应用角动量定理，应得

$$\mathrm{d}\boldsymbol{L} = \boldsymbol{M}\mathrm{d}t$$

在极短时间 $\mathrm{d}t$ 内，陀螺的角动量将增加 $\mathrm{d}\boldsymbol{L}$，其方向与外力矩的方向相同。由于 $\boldsymbol{M}$ 和 $\boldsymbol{L}$ 时刻保持垂直，就使 $\mathrm{d}\boldsymbol{L}$ 总是垂直于 $\boldsymbol{L}$，结果使 $\boldsymbol{L}$ 的大小不变而方向不断发生变化，如图 3.5.2

所示。以致迫使陀螺的自转轴将从$\boldsymbol{L}$的位置转到$\boldsymbol{L}+\mathrm{d}\boldsymbol{L}$的位置上而发生绕竖直轴$Oz$的进动,因此,从陀螺的顶部向下看,其自转轴的回转方向是逆时针的。这样,陀螺就不会倒下,而沿一锥面转动。

把进动现象与质点的平动做一个比较很有意思。如质点所受外力方向与原有的运动方向不一致时,那么,质点最后运动的方向既不是外力的方向,也不是原有的运动方向,实际的运动方向由上述两个方向共同决定。在转动中,本来高速自旋的刚体,在与它的转动方向不同的外力矩作用下,也不是沿外力矩的方向转动,而会出现进动现象。此外,在刚体做定轴转动的情况下,有效的外力矩总是沿着定轴,就只能改变刚体转动角速度的大小而不能改变角速度(和转轴)在空间的方向(类似质点的加速直线运动)。而对高速自转陀螺的情况,外力矩却只改变自转角速度的方向,不改变自转角速度的大小(类似质点的匀速圆周运动),这也是很有趣的一个差别。

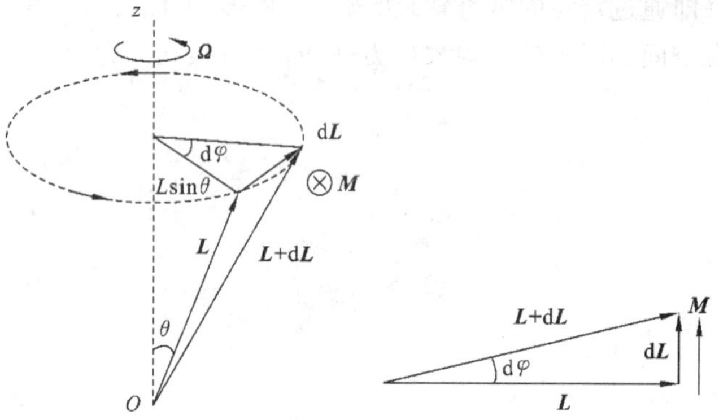

图 3.5.2　进动角速度

3.5.2　进动角速度

下面我们来计算进动的角速度,即描述陀螺自转轴绕竖直轴 Oz 转动的快慢和方向的角速度。从图 3.5.2 可知,在 $\mathrm{d}t$ 时间内,角动量 $\boldsymbol{L}$ 的增量为 $\mathrm{d}\boldsymbol{L}$,因为

$$\mathrm{d}L = L\sin\theta\mathrm{d}\varphi = J_C\omega\sin\theta\mathrm{d}\varphi$$

式中,ω 为陀螺自转的角速度;$\mathrm{d}\varphi$ 为自转轴在 $\mathrm{d}t$ 时间内绕Oz 轴转动的角度;θ 为自转轴与 Oz 轴的夹角。又由角动量定理 $\mathrm{d}L = M\mathrm{d}t$,以此代入上式,得

$$M\mathrm{d}t = J_C\omega\sin\theta\mathrm{d}\varphi$$

按定义,进动的角速度 $\Omega = \dfrac{\mathrm{d}\varphi}{\mathrm{d}t}$,所以

$$\Omega = \frac{M}{J_C\omega\sin\theta} \tag{3.5.1}$$

由此可知,进动角速度Ω与外力矩成正比,与陀螺自转的角动量成反比。因此,当陀螺自转角速度 ω 愈大,进动角速度 Ω 愈小;反之亦然,而进动方向决定于外力矩的方向和 $\boldsymbol{\omega}$ 的方向。

应当指出,当陀螺自转角速度较小时,则它的自转轴与竖直轴的夹角大小还会有周期性变化，这一现象称为章动，按上面的近似分析是无法说明这一现象的。关于陀螺运动的严密理论已超出本书范围。

3.5.3　回转效应

在力学中将绕对称轴高速旋转的刚体统称为回转仪，而把回转仪在外力矩作用下产生进动的效应称为回转效应。回转效应在实践中有广泛的应用。如图3.5.3所示，飞行中的子弹或炮弹，将受到空气阻力的作用，阻力的方向是逆着弹道的，而且一般又不作用在子弹或炮弹的质心上，这样，阻力对质心的力矩就可能使弹头翻转。为了保证弹头着地而不翻转，常利用枪膛和炮筒中来复线的作用，使子弹或炮弹绕自己的对称轴迅速旋转。由于回转效应，空气阻力的力矩使子弹或炮弹的自转轴绕弹道方向进动，这样，子弹或炮弹的自转轴就将与弹道方向始终保持不太大的偏离，再没有翻转的可能。

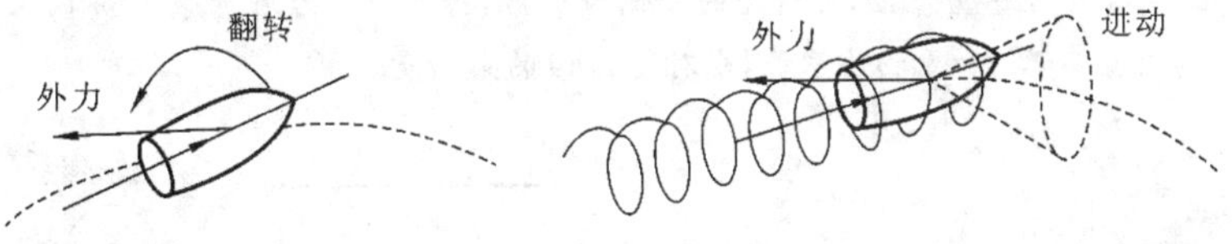

图3.5.3　炮弹和子弹的回转效应

但是，任何事物都是一分为二的，回转效应有时也引起有害的作用。例如，在轮船转弯时，由于回转效应，涡轮机的轴承将受到附加的力，这在设计和使用中是必须考虑的。

进动的概念在微观领域中也常用到。例如，原子中的电子同时参与绕核运动与电子本身的自旋，都具有角动量，在外磁场中，电子将以外磁场方向为轴线做进动。这是从物质的电结构来说明物质磁性的理论依据。

思 考 题

1. 刚体绕一定轴做匀变速转动，刚体上任一点是否有切向加速度？是否有法向加速度？切向加速度和法向加速度的大小是否随时间变化？

2. 平行于 z 轴的力对 z 轴的力矩一定为零，垂直于 z 轴的力对 z 轴的力矩一定不是零，这两种说法都对吗？

3. 对于一个静止的质点施力，如果合外力（外力的矢量和）为零，则此质点保持静止。如果是一个刚体，是否也有同样的规律？对于刚体，一个外力对它引起的影响，与质点相比有哪些不同？

4. 刚体的转动惯量与哪些因素有关？细圆环对过圆心且垂直于环面的轴的转动惯量与它的质量分布有关吗？

5. 两个总质量与厚度相同的匀质圆盘A和B，密度分别为常数 ρ_A 和 ρ_B，且 $\rho_A > \rho_B$。两圆盘对通过盘心垂直于盘面轴的转动惯量各为 J_A 和 J_B，则 J_A 和 J_B 哪一个大？

6. 如图1所示，A，B为两个完全相同的定滑轮，A的绳端悬挂质量为 m 的重物，B的绳端受到 $\boldsymbol{F}=m\boldsymbol{g}$ 的外力作用，则两个滑轮的角加速度是否相同？为什么？

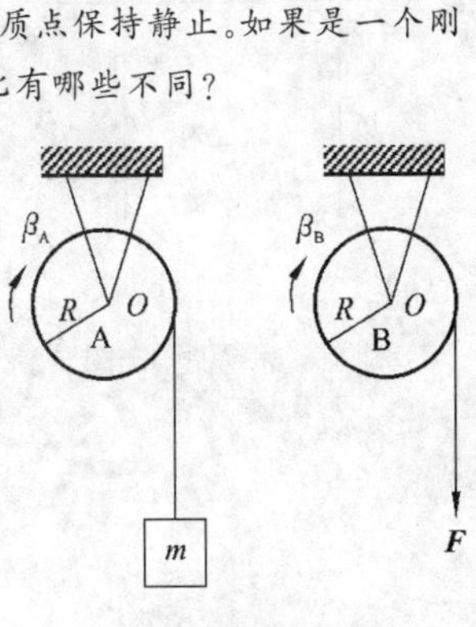

图1　思考题6图

7. 如两个质量、直径相同的飞轮，以相同的 ω 绕中心轴转动，一个是圆盘形,一个是圆环形,在相同阻力矩的作用下,谁先停下来?为什么?

8. 两个半径相同的轮子,质量相同。但一个轮子的质量聚集在边缘附近,另一个轮子的质量分布比较均匀,试问:

(1) 如果它们的角动量相同,哪个轮子转得快?

(2) 如果它们的角速度相同,哪个轮子的角动量大?

9. 试说明地球两极冰山的融化是地球自转角速度变化的原因之一。

10. 一个体系的动量守恒,它的角动量是否也守恒?反过来,体系的角动量守恒,其动量是否守恒?

11. 判断图 2 的各种情况中,哪种情况角动量是守恒的?

(1) 图 2(a) 圆锥摆运动中做水平匀速圆周运动的小球 m,对竖直轴 OO' 的角动量;

(2) 图 2(b) 绕光滑水平轴自由摆动的直杆对该定轴的角动量;

(3) 图 2(c) 在水平面上匀质直杆被运动的小球撞击其一端,以杆和小球为系统,对于某一竖直轴的角动量;

(4) 图 2(d) 定滑轮的质量为 M,定滑轮的一侧为重物 m,另一侧为质量等于 m 的人向上爬的过程中,以人、绳(绳的质量不计)和重物为系统,求对轮轴 O 的角动量。

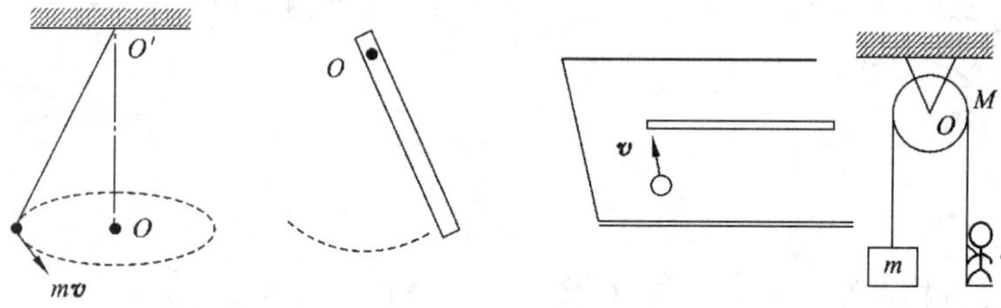

(a)　(b)　(c)　(d)

图 2　思考题 11 图

12. 一圆形台面可绕中心轴无摩擦地转动,有一玩具汽车相对台面由静止启动,绕轴做圆周运动,问台面如何运动?此过程中,圆形台面与玩具汽车组成的系统能量是否守恒?动量是否守恒?对轴的角动量是否守恒?若小汽车突然刹车则又如何?

13. 刚体定轴转动时,其动能为 E_k,重力势能为 E_p,对轴的转动惯量为 J,动量为 $\boldsymbol{p}$,绕轴转动的角动量 $\boldsymbol{L}$ 的表达式可分别写成下列形式

$$E_k = \frac{1}{2}mv_C^2, \quad E_p = mgz_C, \quad J = mr^2, \quad \boldsymbol{p} = m\boldsymbol{v}_C, \quad \boldsymbol{L} = \boldsymbol{r}_C \times m\boldsymbol{v}_C$$

式中,m 为刚体的总质量;$\boldsymbol{v}_C$ 为质心速度;$\boldsymbol{r}_C$ 为质心到转轴的距离;z_C 为质心离地面的高度。式中哪些是正确的表达式?哪些是错误的表达式?为什么?

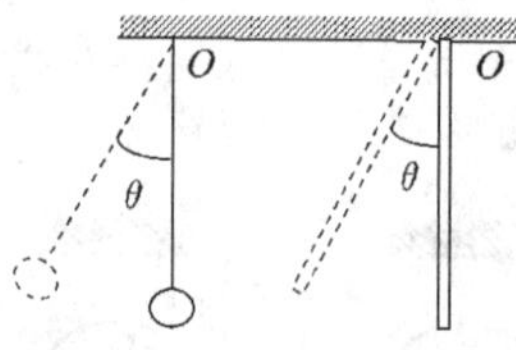

(a)　(b)

图 3　思考题 14 图

14. 图 3(a) 为一绳长为 l、质量为 m 的单摆,图 3(b) 为一长度为 l、质量为 m 能绕水平固定轴 O 自由转动的匀质细棒。现将单摆和细棒同时从与竖直线成 θ 角度的位置由静止释放,若运动到竖直位置时,单摆、细棒角速度分别以 ω_1,ω_2 表示,则 ω_1 和 ω_2 哪一个大?

15. 你骑自行车时,车轮的角动量指向什么方向?你身体向左倾斜时,对轮子加了什么方向的力矩?试根据进动的原理说明这时你的车为什么要向左转弯。

习　题　3

1. 一飞轮做匀减速转动，在5 s内角速度由$40\pi\ \mathrm{rad\cdot s^{-1}}$减到$10\pi\ \mathrm{rad\cdot s^{-1}}$，则飞轮在这5 s内总共转过了多少圈，飞轮再经过多长的时间才能停止转动？

2. 转动着的飞轮的转动惯量为J，$t=0$时角速度为ω_0，此后飞轮经历制动过程，阻力矩M的大小与角速度ω的平方成正比，比例系数为k(k为大于零的常数)，从开始制动到$\omega=\frac{1}{3}\omega_0$需要多少时间？

3. 如图4所示，一个轴承光滑的定滑轮质量为$M=2.00\ \mathrm{kg}$，半径为$R=0.100\ \mathrm{m}$，用一根不能伸长的轻绳，一端固定在定滑轮上，另一端系有一质量为$m=5.00\ \mathrm{kg}$的物体。已知定滑轮的转动惯量为$J=\frac{1}{2}MR^2$，其初角速度$\omega_0=10.0\ \mathrm{rad\cdot s^{-1}}$，方向垂直纸面向里。求：

(1) 定滑轮的角加速度的大小和方向；

(2) 定滑轮的角速度变化到等于0时，物体上升的高度。

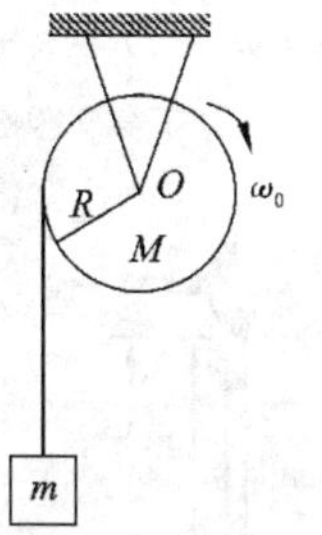

图4　习题3图

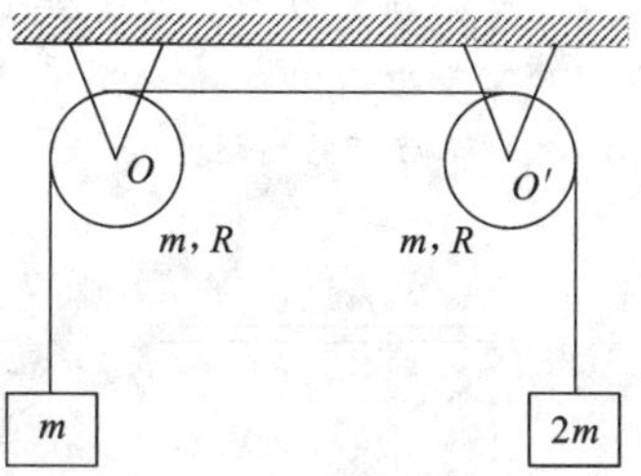

图5　习题4图

4. 一轻绳跨过两个质量均为m、半径均为R的均匀圆盘状定滑轮，绳的两端分别挂着质量为m和$2m$的重物，如图5所示。绳与滑轮间无相对滑动，滑轮轴光滑。两个定滑轮的转动惯量均为$\frac{1}{2}mR^2$。将由两个定滑轮以及质量为m和$2m$的重物组成的系统从静止释放，求两滑轮之间绳内的张力。

5. 如图6所示，一长为L的均匀直棒可绕过其一端且与棒垂直的水平光滑固定轴O转动，抬起另一端使棒向上与水平面成θ角，然后无初转速地将棒释放。已知棒对轴的转动惯量为$J=\frac{1}{3}mL^2$，其中m和L分别为棒的质量和长度。求：

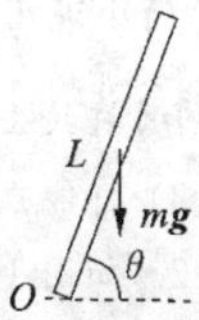

图6　习题5图

(1) 在图示位置时，重力对棒的力矩；

(2) 放手时棒的角加速度；

(3) 棒转到水平位置时的角速度。

6. 一个质量为m的小虫，在有光滑竖直固定中心轴的水平圆盘边缘上沿逆时针方向爬行，它相对于地面的速率为v，此时圆盘正沿顺时针方向转动，相对于地面的角速度为ω。设圆盘对中心轴的转动惯量为J。若小虫停止爬行，则圆盘的角速度为多大？

7. 花样滑冰运动员绕通过自身的竖直轴转动，开始时两臂伸开，转动惯量为J_0，角速度为ω_0。然后她将两臂收回，使转动惯量减少为$\frac{1}{2}J_0$。这时她转动的角速度变为多大？花样滑冰运动员在这一过程中做了多少功？

8. 有一质量为m_1、长度为L的匀质细棒，静止平放在滑动摩擦因数为μ的水平桌面上，它可绕过其一端的竖直固定轴O转动，对轴的转动惯量为$J_1=\frac{1}{3}m_1L^2$。另有一水平运动的质量为m_2的小滑块，从侧面垂直于棒与棒的另一端相碰撞，设碰撞时间极短。已知小滑块在碰撞前后的速度分别为$\boldsymbol{v}_1$和$\boldsymbol{v}_2$，如

图 7 所示,试求:

(1) 碰撞后,细棒开始转动时的角速度 ω;

(2) 碰撞后从细棒开始转动到停止转动的过程所需的时间。

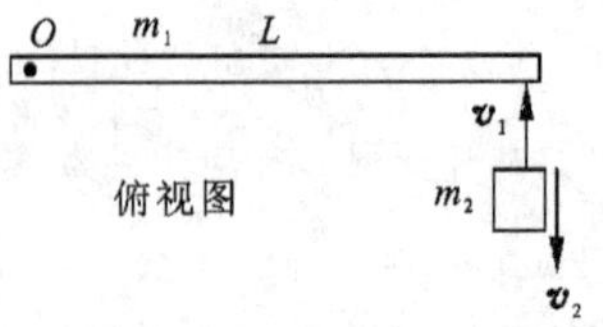

图 7　习题 8 图

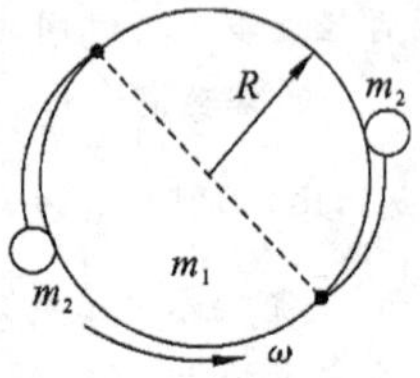

图 8　习题 9 图

9. 质量为 m_2 的两金属球用一定长度的轻金属片固定于圆柱形卫星的直径两端处,如图 8 所示,初时两球夹靠在卫星表面处,随卫星一起以 ω 转动。为使卫星停止转动,打开夹子放开两球,使金属片伸直,然后放飞两球。已知卫星质量为 m_1,半径为 R,求金属片应具有的长度 l。

10. 如图 9 所示,长为 L、质量为 m 的匀质细杆,可绕通过杆的端点 O 并与杆垂直的水平固定轴转动,杆的另一端连接一质量为 m 的小球. 杆从水平位置由静止开始自由下摆,忽略轴处的摩擦,当杆转至与竖直方向成 θ 角时,求小球与杆的角速度 ω。

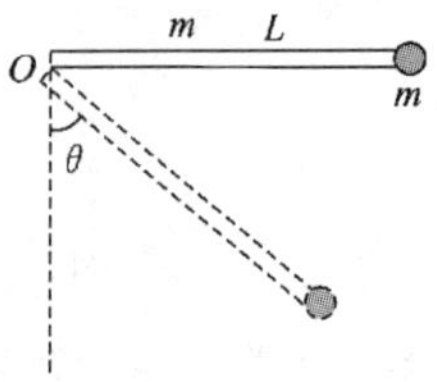

图 9　习题 10 图

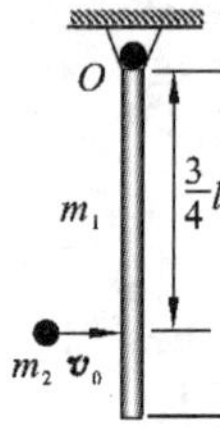

图 10　习题 11 图

11. 如图 10 所示,质量为 m_1、长为 l 的匀质细杆上端用光滑水平轴 O 吊起而静止下垂,今有一质量为 m_2 的小泥团以水平速度 $\boldsymbol{v}_0$ 击在杆长为 $d=\frac{3}{4}l$ 处,并粘在其上,求:

(1) 杆被击中后的瞬时角速度;

(2) 杆能摆起的最大角度。

12. 如图 11 所示,一轻质弹簧的劲度系数为 $k=2.0\ \mathrm{N\cdot m^{-1}}$,它的一端固定,另一端通过轻绳绕过一个定滑轮和一个质量为 $m_1=0.08\ \mathrm{kg}$ 的物体相连。定滑轮视为匀质圆盘,其质量为 $m=0.1\ \mathrm{kg}$,半径为 $R=0.05\ \mathrm{m}$。先用手托住物体,使弹簧处于自然长度,然后松手。求物体 m_1 下降 $h=0.5\ \mathrm{m}$ 时的速度。(绳与滑轮无相对滑动,且不计轴处摩擦)

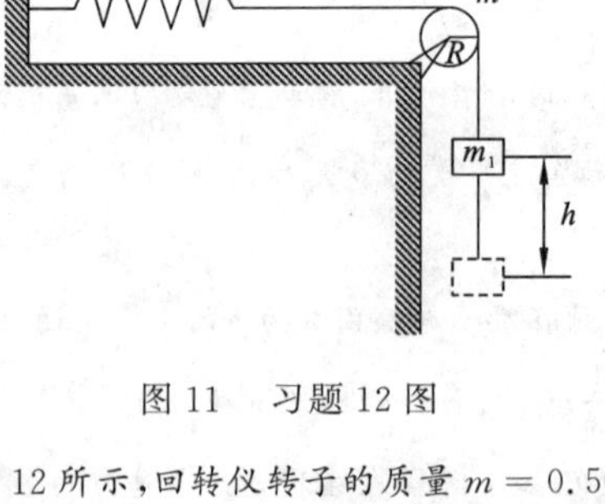

图 11　习题 12 图

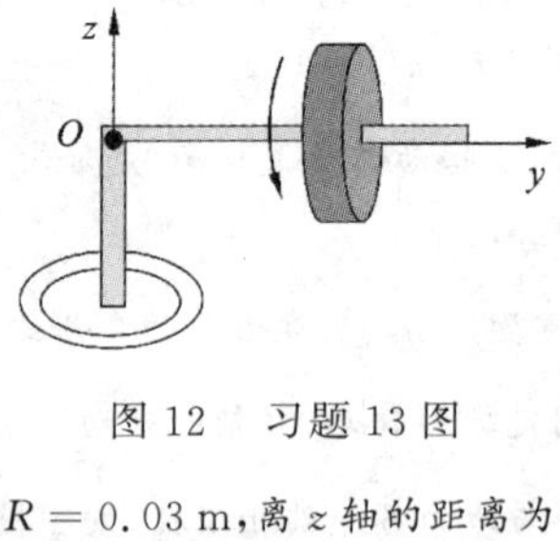

图 12　习题 13 图

13. 如图 12 所示,回转仪转子的质量 $m=0.50\ \mathrm{kg}$,半径 $R=0.03\ \mathrm{m}$,离 z 轴的距离为 $0.10\ \mathrm{m}$,转子

绕 y 轴以角速度 $\omega = 100\ \text{rad} \cdot \text{s}^{-1}$ 转动，求它对 z 轴的进动角速度。

阅读材料

对称性和守恒定律

动量、机械能和角动量守恒定律不仅适用于宏观物体，而且也适用于分子、原子、电子等微观粒子，比牛顿运动定律的适用范围更广，因而也更基本。在牛顿运动定律已不再适用的领域，这些守恒定律仍然成立。这说明守恒定律有更普遍更深刻的根基。现代物理学已确定地认识到这些守恒定律是和自然界更为普遍的属性——时空对称性相联系的。

一、对称性

对称性(symmetry)的概念最初来源于生活。在自然界中充满着对称，如球对称的天体、六角对称的雪花、对称的自然宝石和晶体，花瓣、海星、虫翅、龟背也有对称性，就连人类自身也生长得左右对称。自然界酷爱对称，人们也习惯以对称为美，学生在中学里学习各种对称的几何图形，建筑师设计各种对称形的建筑……对称在人们心目中显示出端庄、稳固和平衡。在数学和物理学中对称性的概念是逐步发展的，今天它已有十分广泛的含义。

为了介绍对称性的普遍定义，先引进一些基本概念。首先是“系统”，它是我们讨论的对象；其次是“状态”，同一系统可以处在不同的状态；不同的状态可以是“等价的”，也可以是“不等价的”。设想有一个几何中理想的圆，如图 13(a) 所示，在它的圆周上打个点作为记号，点在不同的方位代表系统处在不同的状态；如果我们所选的系统不包括这个记号，其不同的状态看上去没有区别，我们就说这些状态是等价的。如果把这个记号包括在我们所选的系统内，则不同的状态将不等价。

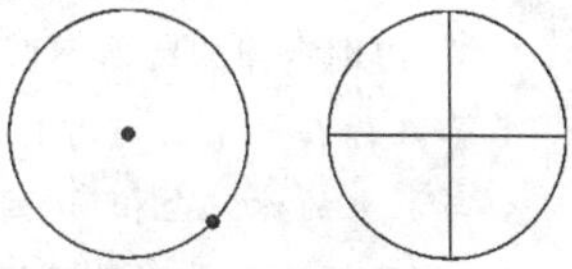

(a)　(b)

图 13　圆的对称性

我们把系统从一个状态到另一个状态的过程称为“变换”，或者说，我们给它一个“操作”。德国数学家魏尔(Weyi)在 1951 年提出了关于对称性的普遍的严格的定义：如果一个操作使系统从一个状态变到另一个与之等价的状态，或者说，状态在此操作下不变，我们就说系统对于这一操作是“对称的”，而这个操作称为这系统的一个**对称操作**(symmetry operation)。常见的对称性时空操作有空间的平移和转动以及时间的平移。

一个物体发生一平移后，若仍和原来相同，这形体就具有空间平移对称性。平移对称性有高低之分。一条无限长直线对沿自身方向任意大小的平移都是对称的。一个无限大平面对沿面内的任何方向平移也都是对称的。

如果使一物体绕某一固定轴转动一个角度，若仍和原来相同，那么这种对称称为转动对称或轴对称。轴对称也有级次之别。如图 13(b) 在圆中加一对相互垂直的直径，这个系统的对称操作就少多了。转角必须是 90° 的整数倍，操作才是对称的。由此可见，图 13(b) 中的图形要比单纯一个圆的对称性少多了。如树叶图形绕中心线 180° 后可恢复原状，而六角形的雪花绕通过中心的垂直轴转动 60° 后就可恢复原状。后者比前者的对称性级次高。

一个静止不变的系统对任何间隔 Δt 的时间平移表现出不变性，而一个周期性变化的系统(如单摆)只对周期 T 整数倍的时间平移不变。它们具有一定的时间平移对称性。

二、物理定律的对称性

前面所述的对称性都是指某个系统或具体事物的对称性，另一类对称性是物理定律的对称性，它是指经过一定的操作后，物理定律的形式保持不变。这类对称性在物理学中具有更为深刻的意义。物理学家认为，若某事物、某性质、某规律在某种变换之后仍保持不变就称为具有对称性，也称为在某种变换下的不变性。由于事物在变换后完全复原，因此变换前后是不能区分的，也无法做出辨别性的测量。故物理学中将对称性、在变换下的不变性、不可区分性和不可认测性给予相同的含义。

1. 物理定律的时间平移不变性

在同宇宙演化相比短得多的有限时间中,物理定律在任何时刻都相同,即无论将时间向后推移到过去,或向前推移到未来,物理定律都不会改变。例如,无论是300年前牛顿的时代,还是21世纪的今日,甚至是遥远的未来,牛顿定律的形式都不会改变。又如,一个实验只要不改变实验的条件和所用的仪器,不管是今天去做还是明天去做,都应得到相同的结果。这一点似乎是不言自明的事实,这事实称为物理定律的时间平移的不变性,或者说对物理定律而言,时间有均匀性。

2. 物理定律的空间平移不变性

在今日宇宙空间的有限范围中,物理定律在任何空间位置都相同。例如,一只手表不管把它放到哪里,它都按同一规律运动,只要外界的环境相同,表走动的快慢应一致。不管是在地球的何处,还是在太阳系中,甚至是遥远的星系的某处,物理定律都应相同。这一性质称为物理定律的空间平移的不变性,或者说对物理定律而言,空间具有均匀性。

3. 物理定律的空间转动不变性

物理定律在空间的所有方向都相同,不管将实验仪器在空间如何转向,只要实验条件相同,就应得到相同的实验结果,即实验过程遵循相同的物理规律。这一性质称为物理定律的空间转动不变性,或者说对物理定律而言,空间为各向同性。

4. 物理定律的镜像不变性

如果你在镜子面前看自己的像,镜子中的你与你本人实际上是不同的,即使设想将像转过180°,也不会与原来的你完全相同。因为你的像已经将你的左变为右,你的右变为左了。只有两次镜像才能将你复原。可见镜像也是一种变换,这种变换与平移、转动不同之处在于镜像变换是一种不连续变换。物理定律在镜像变换下具有的不变性实际上是对物理定律而言,空间是左右对称的。

5. 物理定律的惯性系不变性

按照相对性原理,当从一个惯性系变换到另一个惯性系中时,物理定律保持不变。这表明对物理定律来说,相互做匀速运动的惯性系是完全对称的,这种性质是对时空均匀性和空间各向同性的一个补充。

在低速的情形下,牛顿运动定律在伽利略坐标变换下保持不变,但在高速的情形下,应用洛伦兹变换时,牛顿运动定律的形式不再成立,故需改造它为相对论力学定律。

以上简述了物理定律的某些对称性,可以指出这些对称性都可用一种否定形式来表述。这就是说,我们不能通过物理实验来确定我们所处的时间绝对值、所在的空间绝对位置和空间的绝对方向,也不能确定绝对的左和绝对的右;在参考系内物理实验也不能确定参考系的绝对运动速度。物理定律的对称性归根到底反映了我们所处时空的特性。

还可以举出其他物理定律的对称性,例如,物理定律对于匀速直线运动的对称性。如果我们先在一个静止的车厢内做物理实验,然后使此车厢做匀速直线运动,这时将发现物理实验和车厢静止时完全一样地发生。这说明物理定律不受匀速直线运动的影响。

三、物理定律对称性与守恒定律

由于物理定律具有某种对称性,它就以相应的方式限制了物理定律,继而使遵循物理定律的物质体系的运动受到某种制约。这种制约就是物质体系在运动中保持某个量为恒量,于是物理定律的一种对称性就导致一种守恒定律。例如,因为时间的均匀性、空间的均匀性与各向同性,即物理定律在时间平移、空间平移和转动下的不变性要求对物质体系的运动做出限制,这些限制就是体系在运动中必须遵从的能量守恒、动量守恒和角动量守恒定律。

1. 空间均匀性与动量守恒

考虑一对粒子A和B,它们相互作用势能为E_{p0},现将A沿任意方向移动到A′(图14(a)),位移造成

势能的改变 $\Delta E_{\mathrm{p}}=-\boldsymbol{F}_{\mathrm{BA}}\cdot\Delta\boldsymbol{s}$。若 A 不动，将 B 沿反方向移动相等的距离到 B′(图 14(b))，则势能的改变量为

$$\Delta E'_{\mathrm{p}}=-\boldsymbol{F}_{\mathrm{AB}}\cdot(\Delta\boldsymbol{s}')=-\boldsymbol{F}_{\mathrm{AB}}\cdot(-\Delta\boldsymbol{s})=\boldsymbol{F}_{\mathrm{AB}}\cdot\Delta\boldsymbol{s}$$

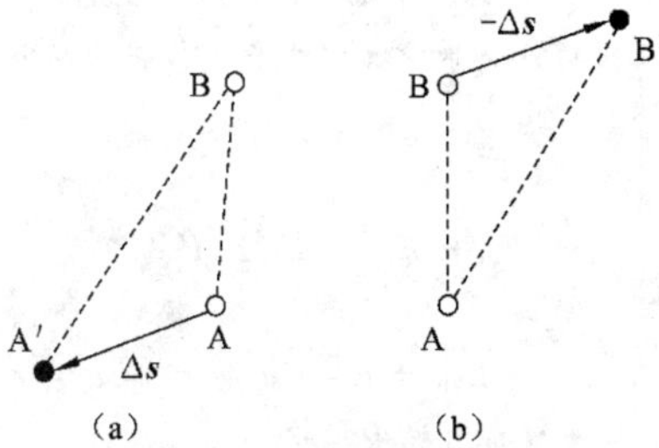

图 14　空间均匀性与动量守恒

上述两种情况终态的区别仅在于由两粒子组成的系统整体在空间有个平移，它们的相对位置是一样的，即 $\boldsymbol{A'B}=\boldsymbol{AB'}$。空间均匀性，或者说，空间平移不变性意味着，两粒子之间的相互作用势能只与它们的相对位置有关，与它们整体在空间的平移无关，从而两种情况终态的势能应相等，即

$$E_{\mathrm{p}}+\Delta E_{\mathrm{p}}=E_{\mathrm{p}}+\Delta E'_{\mathrm{p}}$$

亦即

$$\Delta E_{\mathrm{p}}=\Delta E'_{\mathrm{p}}\quad 或\quad -\boldsymbol{F}_{\mathrm{BA}}\cdot\Delta\boldsymbol{s}=\boldsymbol{F}_{\mathrm{AB}}\cdot\Delta\boldsymbol{s}$$

因为 Δs 是任意的，则有

$$\boldsymbol{F}_{\mathrm{BA}}=-\boldsymbol{F}_{\mathrm{AB}}$$

于是根据牛顿第二定律，有

$$\boldsymbol{F}_{\mathrm{BA}}=\frac{\mathrm{d}\boldsymbol{P}_{\mathrm{A}}}{\mathrm{d}t},\quad \boldsymbol{F}_{\mathrm{AB}}=\frac{\mathrm{d}\boldsymbol{P}_{\mathrm{B}}}{\mathrm{d}t}$$

由以上二式可得

$$\frac{\mathrm{d}\boldsymbol{P}_{\mathrm{A}}}{\mathrm{d}t}+\frac{\mathrm{d}\boldsymbol{P}_{\mathrm{B}}}{\mathrm{d}t}=\frac{\mathrm{d}}{\mathrm{d}t}(\boldsymbol{P}_{\mathrm{A}}+\boldsymbol{P}_{\mathrm{B}})=0$$

即两粒子体系的总动量($\boldsymbol{P}_{\mathrm{A}}+\boldsymbol{P}_{\mathrm{B}}$)不随时间改变。这就是“动量守恒”。这样，我们就从空间的平移不变性推出了动量守恒定律。

2. 空间各向同性与角动量守恒

我们仍考虑一对粒子 A 和 B，固定 B，将 A 沿以 B 为圆心的圆弧 Δs 移动到 A′(图 15)，从而相互作用势能的改变 $\Delta E_{\mathrm{p}}=-(F_{\mathrm{BA}})_{\tau}\Delta s$。空间各向同性意味着，两粒子之间的相互作用势能只与它的距离有关，与二者之间的连线在空间的取向无关。所以上述操作不应改变它们之间的势能，从而 $\Delta E_{\mathrm{p}}=0$，即相互作用力的切向分量 $(F_{\mathrm{BA}})_{\tau}=0$，或者说两粒子之间的相互作用力沿二者的连线，也就是说力的作用线通过它们的质心，对质心的力矩为零，所以相对于质心，系统的角动量守恒。这就从空间的各向同性推出了角动量守恒定律。

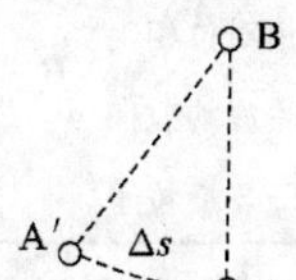

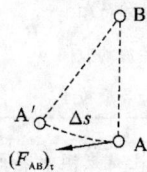

图 15　空间各向同性与角动量守恒

3. 时间均匀性与机械能守恒

在保守系统中，物体之间的相互作用可通过相互作用势来表示，在一维的情形下，物体所受的力与势函数有如下关系

$$F=-\frac{\mathrm{d}E_{\mathrm{p}}}{\mathrm{d}x}$$

时间均匀性，或者说时间平移不变性意味着，这种相互作用势只与两粒子的相对位置有关，亦即，对于同

样的相对位置，粒子间的相互作用势不应随时间而变。在一维的情况下($E_p = E_p(x)$)，保守系统中的物体在势场中从位置 x_1 移到位置 x_2 时所做的功为

$$A_{12} = \int_{x_1}^{x_2} F(x)\mathrm{d}x = \int_{x_1}^{x_2} -\frac{\mathrm{d}E_p}{\mathrm{d}x}\cdot\mathrm{d}x = -\int_{x_1}^{x_2}\mathrm{d}E_p = E_{p1} - E_{p2}$$

又根据动能定理，力 F 对物体所做的功 A_{12} 等于物体终态与初态的动能之差，即有

$$A_{12} = E_{k2} - E_{k1}$$

将以上两式联立，便得

$$E_{p1} - E_{p2} = E_{k2} - E_{k1}$$

即

$$E_{p1} + E_{k1} = E_{k2} + E_{p2} = 常量$$

即系统机械能守恒。这就从时间均匀性推导出机械能守恒。

表 1 列出了目前物理学所证明的对称性与守恒定律的对应关系。

表 1　对称性与守恒定律对应表

不可测量性	物理定律变换的不变性	守恒定律	精确程度
时间绝对性 (时间均匀性)	时间平移	能量	精确
空间绝对位置 (空间均匀性)	空间平移	动量	精确
空间绝对方向 (空间各向同性)	空间转动	角动量	精确
空间左和右 (左右对称性)	空间反演	宇称	在弱相互作用中破缺
惯性系等价	伽利略变换 洛伦兹变换	时空绝对性 时空四维间隔 四维动量	$v \ll c$ 近似成立 精确 精确
带电粒子与中性粒子的相对位相	电荷规范变换	电荷	精确
重子与其他粒子的相对位相	重子规范变换	重子数	精确
轻子与其他粒子的相对位相	轻子规范变换	轻子数	精确
时间流动方向	时间反演		破缺(原因不明)
粒子与反粒子	电荷共轭	电荷　宇称	在弱相互作用中破缺

不论是宏观世界的外部时空，还是微观粒子的内禀性质，它们对应的物理定律的对称性(不变性)普遍都是以公理性假设出现的，它们不能用严格的方法证明，只能用它们得出的结论与事实的一致来说明。在物理学各个领域里都有很多定理、定律和法则，但它们的地位并不平等，而是有层次的。由时空对称性导出的能量、动量等守恒定律，是跨越物理学各个领域的普遍法则。这就是为什么在不涉及一些具体定律之间，我们往往有可能根据对称性原理和守恒定律做出一些定性的判断，得到一些有用的信息。这些法则不仅不会与已知领域里的具体定律相悖，还能指导我们去探索未知领域。当代理论物理学家正高度自觉地运用对称性原理与之相应的守恒定律，去寻求物质结构更深层次的奥秘。根据对称性和守恒定律的分析，可以揭示出基本粒子的属性和粒子间相互作用的性质，而一旦某种对称性遭到破坏(称之对称性破缺)，那必然是有了新的发现。

第 4 章 振动学基础

振动(vibration) 和波(wave) 是自然界中常见的运动形式之一,我们可以通过视觉、听觉、触觉感受到振动的存在。在我们的周围可以遇到颤动的大桥、发声乐器的弦振动、行进的汽车中发动机活塞奋力地来回运动等,这些振动物体的位置相对于某一个确定的位置(称为平衡位置) 做往返重复运动,称为机械振动(mechanical vibration)。又如电场强度和磁感应强度的周期性变化,被称为电磁振动(electromagnetic oscillation)。还有自动控制和跟踪系统中的自激振动、同步加速器中的束流振动以及结构共振,化学反应中的复杂振荡、晶体中原子的热运动等都是周期运动。

波动是振动在空间的传播,**声波**(sound wave)、**水波**(water wave)、**地震波**(seismic wave)、**电磁波**(electromagnetic wave) 和**光波**(light wave) 都是波,波的传播伴随有状态和能量的传递。尽管不同的振动形式将以不同的方式在空间传播,但它们将有类似的波动方程,具有共同的特征,如具有干涉、衍射等波动特有的性质。

振动和波是横跨物理学所有学科的概念,既与经典物理学紧密联系又与现代物理学融为一体,尽管它们在各分支学科中的具体内容和含义不同,但形式上却极为相似。所以在物理学中可将振动广义地定义为某种物理量在其取值范围内周期变化。

本章主要谈论机械振动,即振动物体的位置相对于某一个确定的位置(称为平衡位置) 做往返重复运动,称为机械振动。如果我们把每一时刻振动物体的位置记录下来,并且用时间做横轴,用位移量做纵轴,可以得到位移量和时间一一对应的图线,称为振动曲线。一般振动的振动曲线是比较复杂的,但具有周期性,如心电图曲线、地震曲线。在数学中一个周期函数可以表达成为若干正弦函数和余弦函数的叠加,借助这种方法,一个复杂的振动曲线可以看成若干余弦函数(或正弦函数) 所表达的振动的合成,即**将一般的振动分解为若干用余弦函数(或正弦函数) 表示的简单振动**,我们称这种最简单的振动为**简谐振动**。在机械振动中,简谐振动的特征是物体离开平衡位置的位移按余弦函数(或正弦函数) 的规律随时间变化。

4.1 简谐振动

可以找到简谐振动的实例:一个劲度系数为 k 的轻质弹簧,弹簧本身的质量和摩擦阻力忽略不计,将这一弹簧与一质量为 m 的物体连接,构成一个质点系统,称之为**弹簧振子**(spring oscillator)(或直称谐振子或简谐振子),如图 4.1.1 所示。当弹簧振子不受外力时,弹簧振子中的物体只受到由轻质弹簧施加的弹性恢复力作用。弹性恢复力的大小与弹簧的形变有关,当弹簧处在自然长度 l_0 时,弹性

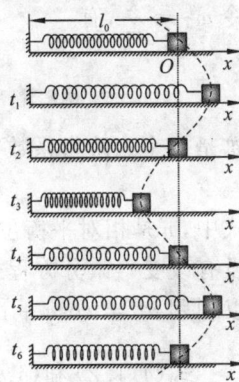

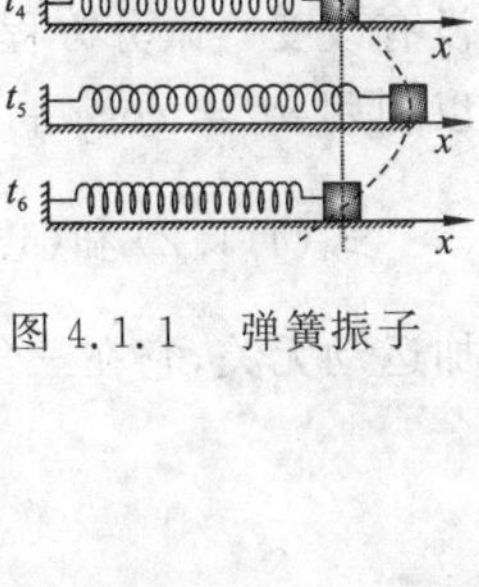

图 4.1.1 弹簧振子

恢复力为零，若弹簧发生形变，即弹簧长度变为 l，弹簧就产生弹性力，并施加在物体上。弹簧振子水平放置时存在一个位置，物体在此位置时所受合力为零，刚好处在弹簧自由伸展到自然长度 l_0 的端点处，称为**平衡位置**，是物体受力为零的空间点。在弹簧振子垂直放置时，平衡位置是重力与弹簧的弹性恢复力的合力为零的点，此时弹簧不是自由伸长。

对于弹簧振子水平放置时，若选平衡位置为坐标原点，取坐标原点指向质点的矢量为位移，若使物体偏离平衡位置而发生一个小位移，然后放手，物体在弹性力的作用下在平衡位置附近做往返运动。记录不同时刻质点距平衡位置的位移，并以时间 t 为横轴，以相对于平衡位置的位移 x 为纵轴，得到的位移-时间关系曲线称为**振动曲线**，如图 4.1.2 所示。这个曲线具有余弦函数或正弦函数的形式，因此，弹簧谐振子以平衡位置为坐标原点的振动可以表达为余弦函数形式的运动学方程

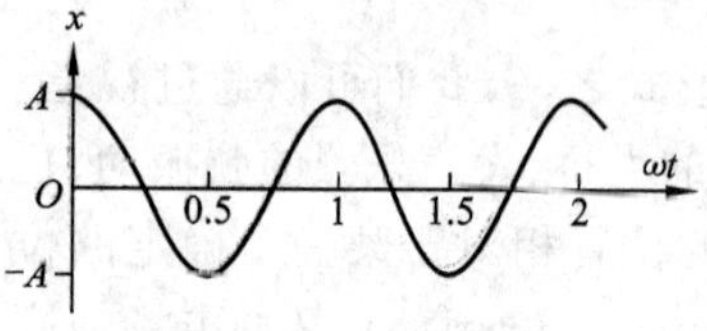

图 4.1.2 振动曲线

$$x = A\cos(\omega t + \varphi)$$

在弹性范围内，弹簧的弹力由胡克定律(Hooke law) 给出

$$F = -k(l - l_0) = -kx$$

式中，l 是弹簧的实际长度；l_0 是自然状态下的长度(自然长度)；k 称为弹簧的**劲度系数**(或**倔强系数**)(coefficient of stiffness)；$(l - l_0)$ 是在自然长度基础上被拉伸或压缩的长度；负号表示力的方向总是与位移的方向相反，可用矢量形式表示上式。如果作用于质点上的力总与质点相对于平衡位置的位移(线位移、角位移) 成正比，且指向平衡位置，则称此力为**线性回复力**(linear restoring force)。仅受形如 $F = -kx$ 的线性回复力作用的系统运动定义为**简谐振动**。

在弹性范围内弹簧振子的运动是简谐振动，根据牛顿第二定律 $F = ma$，弹簧振子的运动方程为

$$-kx = m\frac{\mathrm{d}^2 x}{\mathrm{d}t^2} \tag{4.1.1}$$

整理为

$$\frac{\mathrm{d}^2 x}{\mathrm{d}t^2} + \frac{k}{m}x = 0$$

令 $\omega^2 = \dfrac{k}{m}$，有

$$\frac{\mathrm{d}^2 x}{\mathrm{d}t^2} + \omega^2 x = 0 \tag{4.1.2}$$

这是一个二阶常系数齐次微分方程，是简谐振动的动力学方程，其解为运动学方程

$$x = A\cos(\omega t + \varphi) \tag{4.1.3}$$

式中，x 是相对平衡位置的位移(坐标原点选取不合适时，结果表示将复杂化，但运动本质没有改变)。微分方程式(4.1.2) 的解也可以取正弦函数的形式：$x = A\sin(\omega t + \varphi')$，还可以利用 $e^{i\varphi} = \cos\varphi + i\sin\varphi$，将振动方程写成复数形式。

式(4.1.2) 和(4.1.3) 中的 $\omega = \sqrt{\dfrac{k}{m}}$ 由简谐振子本身的性质决定的，它与振子是否参加运动无关，它在三角函数中是角频率(圆频率)。我们将这种由振动系统本身性质决定的

角频率称为**固有角频率**(natural angular frequency)。不同的振动系统有各自的角频率的表达式，有各自的固有角频率。

由 $x = A\cos(\omega t + \varphi)$ 可求振动的速度和加速度。求出 x 对时间的一阶导数 $\dot{x}$，得到弹簧振子中质点相对于平衡位置的运动速度

$$v = \frac{\mathrm{d}x}{\mathrm{d}t} = -\omega A\sin(\omega t + \varphi) = \omega A\cos\left(\omega t + \varphi + \frac{\pi}{2}\right) \tag{4.1.4}$$

x 对时间的二阶导数则是加速度

$$a = \frac{\mathrm{d}^2 x}{\mathrm{d}t^2} = -\omega^2 A\cos(\omega t + \varphi) = \omega^2 A\cos(\omega t + \varphi + \pi) \tag{4.1.5}$$

将 x 代入 a，即有

$$a = \frac{\mathrm{d}^2 x}{\mathrm{d}t^2} = -\omega^2 A\cos(\omega t + \varphi) = -\omega^2 x$$

化为 $\frac{\mathrm{d}^2 x}{\mathrm{d}t^2} + \omega^2 x = 0$，正是简谐振动的动力学方程式(4.1.2)。表明 $x = A\cos(\omega t + \varphi)$ 是方程式(4.1.2) 的解。因此给出简谐振动的另一个定义：满足微分方程式(4.1.2) 的运动为简谐振动。

综上所述，我们可以定义简谐振动如下：

(1) 由动力学规律定义简谐振动：物理变量满足形如 $\frac{\mathrm{d}^2 x}{\mathrm{d}t^2} + \omega^2 x = 0$ 的方程时，物理系统的运动为简谐振动。此式称为简谐振动的动力学方程。

(2) 用运动学方程定义简谐振动：满足 $x = A\cos(\omega t + \varphi)$ 式的振动为简谐振动。

(3) 从系统受合力情况来定义简谐振动：若系统仅受形如 $F = -kx$ 式的合力作用运动，则系统做简谐振动。

值得注意，**简谐振动是一个运动学概念**，它与系统是否为"无阻力自由运动"没有直接关联。无阻力条件下自由落体触底后又反弹回跳，这是无阻力自由振动，但不是简谐振动。

4.2　描述简谐振动的特征量

4.2.1　周期　角频率

周期函数的含义是：函数的数值变化存在一个重复单元，不断复制并顺排重复单元，就得到函数的全部变化取值，这个重复单元称为一个周期，常用 T 表示。函数 $x(t)$ 经过一个周期后变为函数 $x(t+T)$，但在 $t+T$ 时刻的取值与 $x(t)$ 相同，即 $x(t) = x(t+T)$。将式(4.1.3) 代入，得

$$x(t) = A\cos(\omega t + \varphi) = A\cos[\omega(t+T) + \varphi] = x(t+T)$$

即

$$\cos(\omega t + \varphi) = \cos(\omega t + \omega T + \varphi)$$

当 $\omega t + \varphi + 2\pi N = \omega t + T\omega + \varphi$ 时，上式成立，对于一个重复单元，$N = 1$，则周期

T 为

$$T = \frac{2\pi}{\omega} \tag{4.2.1}$$

在机械振动中周期就是完成一次全振动所用的时间。由振动系统本身性质决定的周期称为**固有周期**。

弹性振子的固有周期　$T = \dfrac{2\pi}{\omega} = 2\pi\sqrt{\dfrac{m}{k}}$

单摆的固有周期($\theta < 5°$)　$T = \dfrac{2\pi}{\omega} = 2\pi\sqrt{\dfrac{l}{g}}$

LC 电路振荡的固有周期　$T = \dfrac{2\pi}{\omega} = 2\pi\sqrt{LC}$

定义　令 $\nu = \dfrac{1}{T}$ 表示单位时间内完全振动的次数,称为**频率**,是周期的倒数,频率的单位是赫兹 Hz(或 s^{-1})。频率的 2π 倍称为**角频率**或**圆频率**:$\omega = \dfrac{2\pi}{T} = 2\pi\nu$,单位是弧度 / 秒(rad/s)。

4.2.2　振幅

简谐振动时,振动物体存在一个最大位移,或物理量变化存在最大值 $x = x_{\max}$,其绝对值 $|x_{\max}| = A\ |\cos(\omega t + \varphi)|_{\max} = A$,因为 $|\cos(\omega t + \varphi)|$ 的最大值取 1,所以 A 是表示位移(或某种物理量)最大值,称为振幅(amplitude)。振幅约定为正值。对于弹性振子,振幅是质点离开平衡位置最远时的位移的**绝对值**。振幅反映了振动的强弱,它的大小取决于系统振动的总能量,由初始条件决定。

4.2.3　相位 $(\omega t + \varphi)$　初相位 φ

x 在 $[-A, A]$ 范围的具体取值决定于 $(\omega t + \varphi)$,由式(4.1.4)和式(4.1.5)可见,质点的速度、加速度大小和运动方向也取决于 $(\omega t + \varphi)$,因此 $(\omega t + \varphi)$ 是决定振动状态的一个重要量,称为**相位**。

考察 $(\omega t + \varphi)$ 中的三个参量 (ω, t, φ):固有角频率 ω 由系统本身的性质决定;时间 t 是变量;φ 称为初相位,是计时起点 $t = 0$ 时的振动相位。初相位并不由系统性质决定,而由**初始条件**决定。

两个振动状态的相位之差,称为**相位差**,两个振动状态可以是同一振动系统的两个状态,也可以是两个振动系统的两个状态。设有两个振动

$$x_1 = A_1\cos(\omega_1 t + \varphi_1),\quad x_2 = A_2\cos(\omega_2 t + \varphi_2)$$

则两个振动的相位差为

$$\Delta\varphi = (\omega_2 t + \varphi_2) - (\omega_1 t + \varphi_1) = (\omega_2 - \omega_1)t + (\varphi_2 - \varphi_1) \tag{4.2.2}$$

如果两个振动同频率 $\omega_1 = \omega_2 = \omega$,则相位差为

$$\Delta\varphi = \varphi_2 - \varphi_1 \tag{4.2.3}$$

若 $\Delta\varphi = 0$(或 2π 的整数倍),则两个振动同步,称为**同相**;

若 $\Delta\varphi=\pi$(或 π 的奇数倍)，则两个振动方向相反，称为**反相**；

若 $\Delta\varphi>0$，则称 x_2 超前 x_1，**超前**的相角为 $\Delta\varphi=\varphi_2-\varphi_1$；

若 $\Delta\varphi<0$ 则称 x_2 滞后 x_1，**滞后**的相角为 $\Delta\varphi=\varphi_2-\varphi_1$。

4.2.4　初始条件确定振幅和初相位

方程式(4.1.3) 中的 A,φ 是两个常数，在数学上称为积分常数，它由**初始条件**(initial condition) 确定。若振动物体在 $t=0$ 时的位移为 x_0，速度为 v_0，即

$$x\big|_{t=0}=x_0,\quad v\big|_{t=0}=v_0$$

将振动方程式(4.1.3) 代入初始条件，有 $x_0=A\cos\varphi, v_0=-\omega A\sin\varphi$。由此解出

$$A=\sqrt{x_0^2+\frac{v_0^2}{\omega^2}} \tag{4.2.4}$$

$$\varphi=\arctan\left(-\frac{v_0}{\omega x_0}\right) \tag{4.2.5}$$

从式(4.2.4) 和式(4.2.5) 之一解出的初相位有两个值，要注意再由两式共同确定符合初始条件的初相位。

例 4.2.1　已知系统参数，求振动的运动学方程。

一个弹簧振子沿 x 轴做简谐振动，已知弹簧的劲度系数为 $k=15.8\ \mathrm{N\cdot m^{-1}}$，物体质量为 $m=0.1\ \mathrm{kg}$，在 $t=0$ 时物体对平衡位置的位移 $x_0=0.05\ \mathrm{m}$，速度 $v_0=-0.628\ \mathrm{m\cdot s^{-1}}$，写出此振动的表达式。

解　要写出此振动的表达式，需要知道它的三个特征量 A,ω,φ。角频率由系统本身的性质决定，对于弹簧振子有 $\omega=\sqrt{\dfrac{k}{m}}$，解得角频率为

$$\omega=\sqrt{\frac{k}{m}}=\sqrt{\frac{15.8}{0.1}}=12.57\ (\mathrm{s^{-1}})=4\pi\ (\mathrm{s^{-1}})$$

依初始条件，有

$$x\big|_{t=0}=x_0=A\cos\varphi=0.05\ (\mathrm{m})$$
$$v\big|_{t=0}=v_0=-A\omega\sin\varphi=-0.628\ (\mathrm{m/s})$$

由式(4.2.4) 和式(4.2.5) 解的 A 和 φ 分别为

$$A=\sqrt{x_0^2+\left(\frac{v_0}{\omega}\right)^2}=\sqrt{0.05^2+\left(\frac{0.628}{12.57}\right)^2}=7.07\times10^{-2}\ (\mathrm{m})$$

$$\varphi=\arctan\left(-\frac{v_0}{x_0\omega}\right)=\arctan\left(-\frac{-0.628}{12.57\times0.05}\right)=\arctan1=\frac{\pi}{4}\ 或\ \left(-\frac{3\pi}{4}\right)$$

由于 $x_0>0$，所以 $\varphi=\pi/4$。因此以平衡位置为原点所求得的简谐振动的表达式为

$$x=0.707\times10^{-2}\cos\left(4\pi t+\frac{\pi}{4}\right)(\mathrm{m})$$

实际上，求解 A 和 φ 不必死套公式，由初始条件 $x_0=A\cos\varphi$ 和 $v_0=-A\omega\sin\varphi$ 联立求解更方便。如初始条件为 $x_0=A\cos\varphi=\dfrac{A}{2}$，$v_0>0$ 时，由 $x_0=A\cos\varphi=\dfrac{A}{2}$ 可解得 $\varphi=\pm\dfrac{\pi}{3}$，再由 $v_0=-\omega A\sin\varphi>0$，$\sin\varphi<0$，就可决定 $\varphi=-\dfrac{\pi}{3}$。

4.3 孤立系统简谐振动的能量

无阻力的自由体系可视为孤立系统,孤立系统的简谐振动的能量是守恒的。以水平放置的弹簧振子为例:当物体的位移为 x,速度为 v 时,系统的弹性势能和动能分别为

$$E_{\mathrm{p}} = \frac{1}{2}kx^2 = \frac{1}{2}kA^2\cos^2(\omega t + \varphi)$$

$$E_{\mathrm{k}} = \frac{1}{2}mv^2 = \frac{1}{2}m\omega^2A^2\sin^2(\omega t + \varphi)$$

弹簧振子的角频率(固有角频率)为 $\omega^2 = k/m$,即 $k = m\omega^2$,所以

$$E_{\mathrm{k}} = \frac{1}{2}kA^2\ \sin^2(\omega t + \varphi)$$

因此,弹簧振子的总机械能量为

$$E = E_{\mathrm{k}} + E_{\mathrm{p}} = \frac{1}{2}kA^2\ \cos^2(\omega t + \varphi) + \frac{1}{2}kA^2\ \sin^2(\omega t + \varphi) = \frac{1}{2}kA^2 \quad (4.3.1)$$

由此可见,弹簧振子的总能量不随时间变化,即机械能守恒。简谐振动是一种没有能量损失的运动,是一种理想运动。总能量与振幅平方成正比,可见**振幅不仅反映了简谐振动的范围,还反映了振动系统的振动强度**。已知系统总能量,可由式(4.3.1)求振幅

$$A = \sqrt{\frac{2E}{k}}$$

尽管简谐振动系统的总机械能守恒,但动能和势能并不同步变化,而是相互转化以保持整个系统总机械能不变。在一个周期中动能和势能的平均值相等,正好平分总机械能。

$$\overline{E}_{\mathrm{k}} = \frac{1}{T}\int_0^T E_{\mathrm{k}}\mathrm{d}t = \frac{1}{T}\int_0^T \frac{1}{2}kA^2\ \sin^2(\omega t + \varphi)\mathrm{d}t = \frac{1}{4}kA^2 = \frac{1}{2}E$$

$$\overline{E}_{\mathrm{p}} = \frac{1}{T}\int_0^T E_{\mathrm{p}}\mathrm{d}t = \frac{1}{T}\int_0^T \frac{1}{2}kA^2\ \cos^2(\omega t + \varphi)\mathrm{d}t = \frac{1}{4}kA^2 = \frac{1}{2}E$$

这一结论也同样适用于其他的简谐振动系统。

对于非孤立系统,由于有其他力的作用,能量将发生传递。

4.4 旋转矢量

简谐振动的描述可以用前面的函数方法,也可以用几何表示法。**旋转矢量**(rotational vector)的投影表示简谐振动也是一种有用的几何表示方法,也称为矢量表示法。旋转矢量表示法在讨论振动的合成问题中将带来很大的方便。

取大小保持不变的矢量 $\boldsymbol{A}$,起点在 x 坐标轴的原点处,计时零点 $t=0$ 时,矢量 $\boldsymbol{A}$ 与坐标轴 x 轴之间的夹角为 φ,约定矢量 $\boldsymbol{A}$ 以角速度 ω 逆时针转动,端点在空间画出一个圆,称为**参考圆**(circle of reference),如图 4.4.1 所示。矢量 $\boldsymbol{A}$ 在任意时刻 t 与 x 轴的夹角为 $(\omega t + \varphi)$,将 $\boldsymbol{A}$ 向 x 轴投影(图 4.4.2),得

$$x = A\cos(\omega t + \varphi)$$

这正是简谐振动的运动方程形式。其中，旋转矢量的模 $|\boldsymbol{A}|$ 等于简谐振动的振幅 A，旋转角速度 ω 等于角频率，与 x 轴的初始夹角 φ 等于初相角(图 4.4.1)。

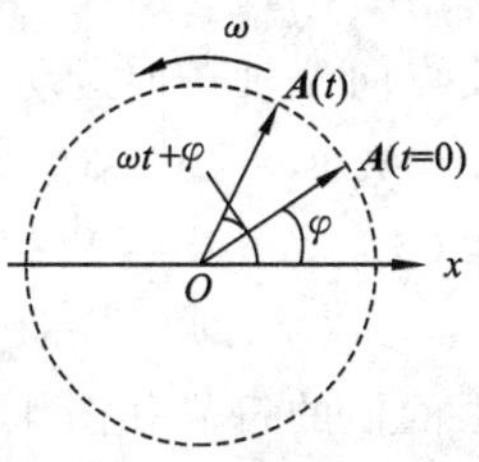

图 4.4.1　旋转矢量参考图

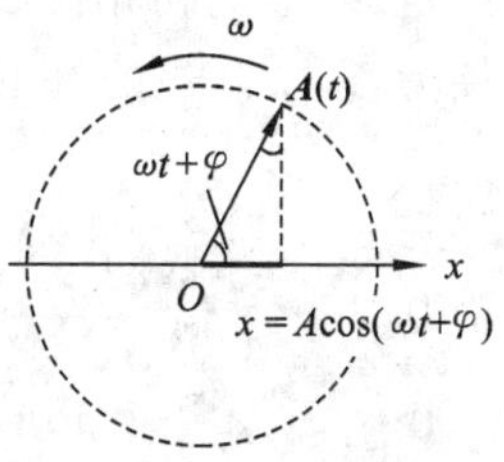

图 4.4.2　旋转矢量在 x 的投影

矢量 $\boldsymbol{A}$ 端点速度的投影(图 4.4.3)就是 $v_x = \dfrac{dx}{dt}$。

矢量 $\boldsymbol{A}$ 端点的速度 $\boldsymbol{v}_m$ 大小与角速度之间的关系为 $v_m = A\omega$，在 x 轴上的投影为

$$v = -v_m\cos\left[\frac{\pi}{2} - (\omega t + \varphi)\right] = -A\omega\sin(\omega t + \varphi)$$

正是谐振动位移对时间的导数$\dfrac{dx}{dt}$，矢量 $\boldsymbol{A}$ 端点加速度的投影也正是简谐振动的加速度。

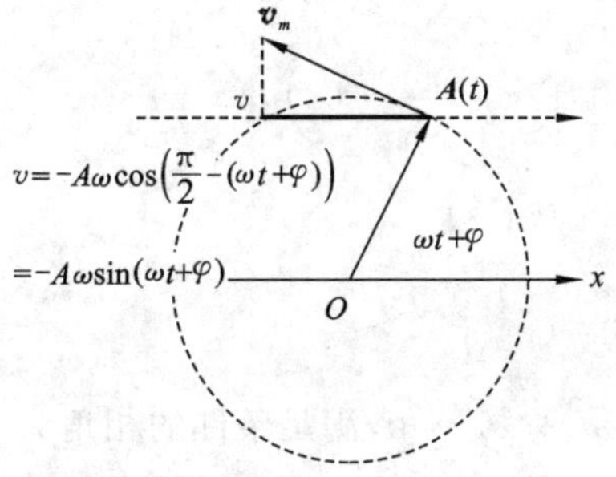

图 4.4.3　旋转矢量表示简谐振动速度

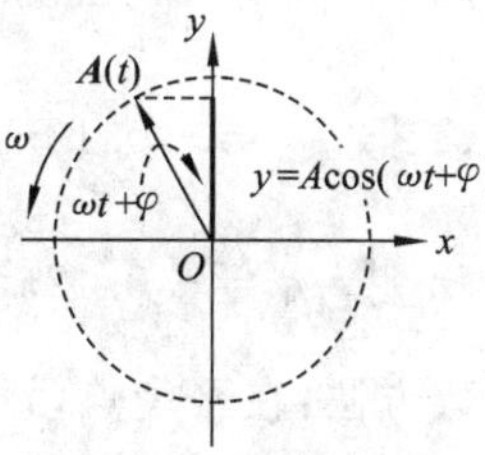

图 4.4.4　旋转矢量在 y 的投影

如果以 y 轴为参考轴，旋转矢量 $\boldsymbol{A}$ 在任意时刻 t 与 y 轴的夹角为 $(\omega t + \varphi)$，将 $\boldsymbol{A}$ 向 y 轴投影(图 4.4.4)，得

$$y = A\cos(\omega t + \varphi)$$

这是描述沿 y 轴做简谐振动的运动系统的运动方程。

注意，**旋转矢量法只是引入的一种描写简谐振动的直观方法。**

例 4.4.1　一质点沿 x 轴做简谐振动，振幅 $A = 0.12$ m，周期 $T = 2$ s，当 $t = 0$ 时，质点对平衡位置的位移 $x_0 = 0.06$ m，此时刻质点向 x 轴正向运动，求：

(1) 此简谐振动的表达式；

(2) $t = T/4$ 时质点的位置、速度、加速度；

(3) 从初始时刻开始第一次通过平衡位置的时刻。

解　取平衡位置为坐标原点，振动方程为

$$x = A\cos(\omega t + \varphi)$$

(1) 写简谐振动表达式，需要求出 A, ω 和 φ。由 T 和 ω 的关系 $T = \dfrac{2\pi}{\omega}$，求得

$$\omega = \frac{2\pi}{T} = \frac{2\pi}{2} = \pi\ (s^{-1})$$

振幅由题目已经给定，剩下的初相位 φ 可用初始条件求出。

已知初始条件为：$x|_{t=0} = 0.06\ m$，$v|_{t=0} > 0$（质点向 x 轴正向运动），即有

$$x|_{t=0} = A\cos\varphi = 0.06$$

$$0.12\cos\varphi = 0.06, \quad \cos\varphi = 1/2 > 0$$

$$v|_{t=0} = -\omega\sin\varphi > 0 \quad 即 \quad \sin\varphi < 0$$

$\sin\varphi > 0$ $\cos\varphi < 0$	$\sin\varphi > 0$ $\cos\varphi > 0$
$\sin\varphi < 0$ $\cos\varphi < 0$	$\sin\varphi < 0$ $\cos\varphi > 0$

图 4.4.5　三角函数在四个象限的值的符号

三角函数在四个象限的值的符号如图 4.4.5 所示。可见 $\cos\varphi > 0$，$\sin\varphi < 0$ 的角只能在第四象限。由 $\cos\varphi = 1/2$，则 $\varphi = \pm\pi/3$，由 $\sin\varphi < 0$，取 $\varphi = -\pi/3$，得

$$x = 0.12\cos\left(\pi t - \frac{\pi}{3}\right)(m)$$

(2) $t = T/4 = 1/2\ (s)$ 时质点的位移、速度、加速度。先求出任意时刻的位移、速度、加速度，有

$$x = 0.12\cos\left(\pi t - \frac{\pi}{3}\right), \quad v = -0.12\pi\sin\left(\pi t - \frac{\pi}{3}\right), \quad a = -0.12\pi^2\cos\left(\pi t - \frac{\pi}{3}\right)$$

将 $t = T/4 = 1/2\ (s)$ 代入上列各式，有

$$x|_{t=T/4} = 0.12\cos\left(\pi\frac{T}{4} - \frac{\pi}{3}\right) = 0.12\cos\frac{\pi}{6} = 0.104\ (m)$$

$$v|_{x=T/4} = -0.12\pi\sin\frac{\pi}{6} = -0.188\ (m/s)$$

$$a|_{x=T/4} = -0.12\pi^2\cos\frac{\pi}{6} = -1.03\ (m/s^2)$$

(3) 用函数方法：在平衡点，$x = 0$，则 $A\cos(\omega t + \varphi) = 0$，满足条件的相角为

$$(\omega t + \phi) = (2k - 1)\frac{\pi}{2}, \quad \left(\pi t - \frac{\pi}{3}\right) = (2k - 1)\frac{\pi}{2}$$

从上式解得通过平衡点所需要时间为

$$t = \frac{1}{\pi}\left[(2k-1)\frac{\pi}{2} + \frac{\pi}{3}\right] = (2k-1)\frac{1}{2} + \frac{1}{3} = k - \frac{1}{2} + \frac{1}{3} = k - \frac{1}{6}$$

第一次通过平衡位置 $k = 1$，

$$t_1 = 1 - \frac{1}{6} = \frac{5}{6} = 0.83\ (s)$$

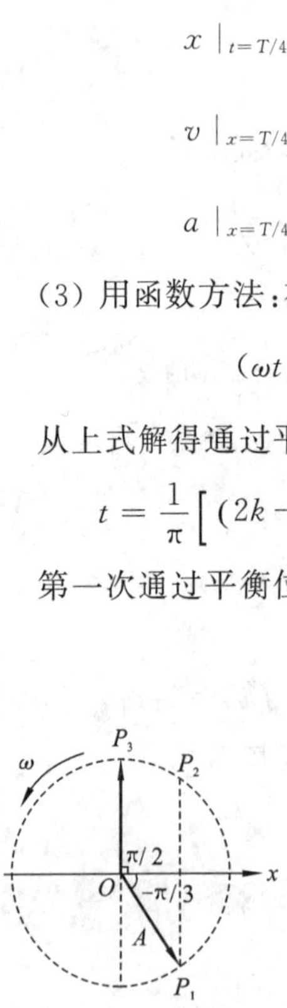

图 4.4.6　例 4.4.1 图

用旋转矢量法：作图，如图 4.4.6 所示。$t = 0$ 时，对应旋转矢量 **A** 的两个可能位置 P_1，P_2，题设质点沿 x 轴正向运动，依据旋转矢量 **A** 只做逆时针方向旋转的约定，只有 P_1 点处 **A** 的投影沿 x 轴正向，所以旋转矢量 **A** 的起始位置在 P_1 点处。随着 **A** 的逆时针方向旋转，第一次使得 **A** 的投影为零（$x = 0$）的位置是 P_3 处。此时 **A** 转过的角度 $\varphi = \pi/2 + \pi/3 = 5\pi/6$。所用时间为

$$t_1 = \frac{\varphi}{\omega} = \frac{5\pi/6}{\pi} = \frac{5}{6} = 0.83\ (s)$$

例 4.4.2　已知振动曲线，求初相位及相位。如图 4.4.7 所示的 x-t 振动曲线，已知振幅 A、周期 T，且 $t=0$ 时 $x=\dfrac{A}{2}$，求：

(1) 该振动的初相位；

(2) a，b 两点的相位；

(3) 从 $t=0$ 到 a，b 两态所用的时间是多少？

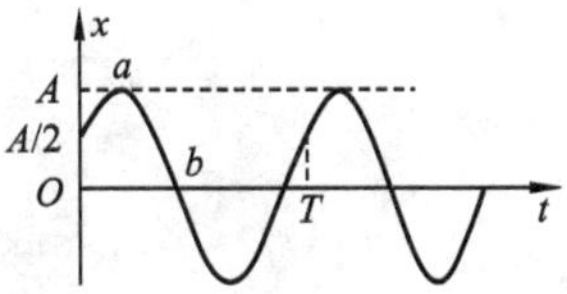

图 4.4.7　例 4.4.2 图

解法一　(1) 由题图可知，时间轴上 $t=0$ 时，$x=A\cos\varphi=\dfrac{A}{2}$，即 $\cos\varphi=\dfrac{1}{2}$，满足此式的角度有两个，$\varphi=\pm\dfrac{\pi}{3}$，但只有一个角度是符合要求的。确定唯一满足要求的角度需要用到其他条件，当 $t=0$ 时，$v=\dfrac{\mathrm{d}x}{\mathrm{d}t}=-\omega A\sin\varphi$，由图知 $v>0$，因为 $t=0$ 时质点处于 $\dfrac{A}{2}$ 处，若增加 Δt 时间，则质点将运动到大于 $\dfrac{A}{2}$ 的位置，说明质点沿 x 轴正方向运动，于是有

$$-\omega A\sin\varphi>0,\quad 所以有\quad \sin\varphi<0$$

满足 $\sin\varphi<0$ 角度被限制在 $\pi\sim2\pi$ 之间，所以 φ 取值为 $\varphi=-\dfrac{\pi}{3}$。所以，振动表达式可表为

$$x=A\cos(\omega t+\varphi)=A\cos\left(\frac{2\pi}{T}t-\frac{\pi}{3}\right)$$

(2) 由题图 a 点，有 $x_a=A\cos(\omega t+\varphi)=A$，即 $\cos(\omega t+\varphi)=1$，所以 a 点的位相为

$$\omega t+\varphi=0$$

由题图 b 点，有 $x_b=A\cos(\omega t+\varphi)=0$，所以 a 点的相位为

$$\omega t+\varphi=\pm\frac{\pi}{2}$$

又因为

$$v=\frac{\mathrm{d}x}{\mathrm{d}t}=-\omega A\sin(\omega t+\varphi)$$

由题图可知，当增加 Δt，b 点将向下运动，即 b 将沿 x 轴负向运动 $v<0$，所以 $\sin(\omega t+\varphi)>0$。$(\omega t+\varphi)$ 被限制在 $0\sim\pi$ 之间，故 b 点的相位为

$$\omega t+\varphi=\frac{\pi}{2}$$

(3) 设从 $t=0$ 到 a，b 两态所用的时间为 t_a，t_b，由(2) 知 a 点相位为 $\omega t_a+\varphi=0$，则

$$t_a=-\frac{\varphi}{\omega}=\frac{\pi}{3}\cdot\frac{T}{2\pi}=\frac{T}{6}$$

由(2) 知 b 点相位为 $\omega t_b+\varphi=\dfrac{\pi}{2}$，则

$$t_b=\frac{\pi/2-\varphi}{\omega}=\frac{\pi/2+\pi/3}{2\pi/T}=\frac{5}{12}T$$

解法二　也可用旋转矢量法求解：

由已知条件 $t=0$ 时，旋转矢量的投影为 $A/2$，由图 4.4.8 可见下一个时刻振幅是增加

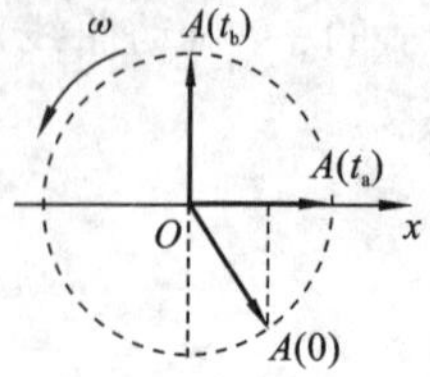

图 4.4.8 a,b 点旋转矢量位置

的,说明物体朝 x 轴正向运动,可画出 $t=0$ 时的振幅矢量在参考圆的第四象限,同时可画出 t_a,t_b 时刻的振幅矢量如图 4.4.8 所示,从而得到

$$\varphi=-\frac{\pi}{3}$$

$$\omega t_a+\varphi=0, \quad \omega t_b+\varphi=\frac{\pi}{2}$$

$$t_a=\frac{\pi/3}{\omega}=\frac{\pi/3}{2\pi/T}=\frac{T}{6}, \quad t_b=\left(\frac{\pi}{3}+\frac{\pi}{2}\right)\Big/\omega=\frac{5\pi}{6}\Big/\frac{2\pi}{T}=\frac{5}{12}T$$

4.5 角谐振动

4.5.1 单摆

在不能延伸的轻质线的下端悬一小球,小球的平衡位置在 O 点。当小球偏离平衡位置时,小球将在重力作用下,在铅直平面内摆动,这样的摆动系统称为**单摆**(simple pendulum),单摆是一种理想模型。如图 4.5.1 所示,单摆摆长为 l,小球质量为 m,将悬线与铅直方向之间的角度 θ 作为小球位置的变量,称为角位移,规定悬线在铅垂线右边时,角位移为正,在左边时为负。

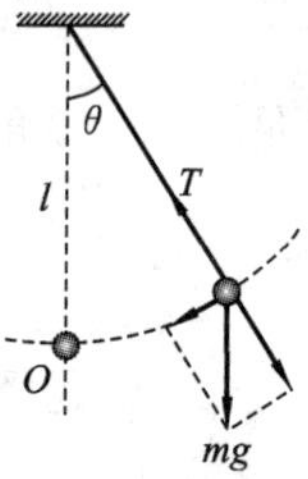

图 4.5.1 单摆

当角位移为 θ 时,受悬线的张力和重力作用,合力沿悬线的垂直方向指向平衡位置所在方向。

$$F=-mg\sin\theta$$

质点的切向和法向加速度分别为

$$a_t=\frac{\mathrm{d}v}{\mathrm{d}t}, \quad a_n=\frac{v^2}{l}$$

切向动力学方程为

$$ma_t=m\frac{\mathrm{d}(l\omega)}{\mathrm{d}t}=ml\frac{\mathrm{d}^2\theta}{\mathrm{d}t^2}=-mg\sin\theta \quad (\text{因 } v=l\omega)$$

整理,得

$$\frac{\mathrm{d}^2\theta}{\mathrm{d}t^2}+\frac{g}{l}\sin\theta=0 \tag{4.5.1}$$

这并不是简谐振动。

但是,如果 θ 很小,我们知道 $\sin\theta$ 可以展成级数,即

$$\sin\theta=\theta-\frac{\theta^3}{3!}+\frac{\theta^5}{5!}-\cdots$$

当 θ 很小时,有 $\sin\theta\approx\theta$,如当 $\theta=5°$ 时,换成弧度为 $\theta=5°=0.0873$ 弧度,而 $\sin 5°=0.0872$,所以当 θ 较小时,认为 $\sin\theta\approx\theta$,则

$$F=-mg\theta$$

这个力满足恢复力的形式,由此力引起的运动就是简谐振动。方程式(4.5.1)经近似化

简，得

$$\frac{d^2\theta}{dt^2}+\omega^2\theta=0 \tag{4.5.2}$$

这即是简谐振动了，式(4.5.2) 的解即单摆运动学方程

$$\theta=\theta_m\cos(\omega t+\varphi) \tag{4.5.3}$$

式中，φ 是位相，不是角位移；而 ω 由单摆本身的性质决定 $\omega=\sqrt{\frac{g}{l}}$；单摆的周期

$$T=\frac{2\pi}{\omega}=2\pi\sqrt{\frac{l}{g}}$$

由上分析可知，当 θ_m 较小时(即振幅较小)，单摆才能看成简谐振动。如果 θ_m 不很小，那么单摆的运动方程为

$$\frac{d^2\theta}{dt^2}+\omega^2\sin\theta=0$$

这个方程的解就复杂多了。

如果将摆线换成轻质细棒，不限制角度 θ 的范围，那么这样一个摆的运动将展示出更大的研究范围，参见本章 4.8 节。

4.5.2　复摆

当一个摆动体的质量有一定的分布，不能抽象为一个质点，只能抽象为刚体。当摆动体做往复运动时，称为复摆，如图 4.5.2 所示。当复摆绕 O 轴在铅直线附近摆动时，规定沿逆时针方向为角度的正方向，则加速度的正方向和力矩的正方向均指向纸外。设刚体质心的位置矢量为 $\boldsymbol{r}_c$，则力矩为 $-mgr_c\sin\theta$。

由转动定理

$$J\frac{d^2\theta}{dt^2}=-mgr_c\sin\theta \tag{4.5.4}$$

令 $\omega^2=\frac{mgr_c}{J}$，式(4.5.4) 化为

$$\frac{d^2\theta}{dt^2}+\omega^2\sin\theta=0 \tag{4.5.5}$$

这不是简谐振动。但若 θ 很小，因 $\sin\theta\approx\theta$，式(4.5.5) 化为标准的方程

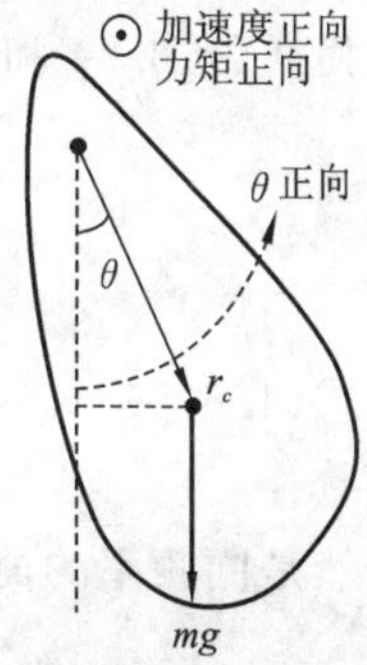

图 4.5.2　复摆

$$\frac{d^2\theta}{dt^2}+\omega^2\theta=0$$

就是简谐振动了，而且 $\omega=\sqrt{\frac{mgr_c}{J}}$ 是角频率。

4.6　简谐振动的合成

一个复杂的振动可当作是由若干简谐振动合成的，反之复杂振动可以分解成若干简谐振动。当质点同时参入两个或两个以上的振动，质点将以合振动形式运动，合运动的结

果常常是复杂的非简谐振动,下面给出几种简单的合成情况。

4.6.1 同方向、同频率简谐振动的合成

一个质点同时参入两个同振动方向、同频率的简谐振动,两振动分别表示为

$$x_1 = A_1\cos(\omega t + \varphi_1) \tag{4.6.1}$$

$$x_2 = A_2\cos(\omega t + \varphi_2) \tag{4.6.2}$$

式中,x_1,x_2,A_1,A_2,φ_1 和 φ_2 分别表示两振动的位移、振幅和初相位,ω 是它们的共同角频率。因为两振动的振动方向相同,设在同一条直线上,合运动的位移为

$$x = x_1 + x_2 = A_1\cos(\omega t + \varphi_1) + A_2\cos(\omega t + \varphi_2) \tag{4.6.3}$$

下面分别采用函数合成法和旋转矢量法讨论两个振动的合成结果。

1. 函数合成法

将式(4.6.3)右边展开,然后合并同类项,即

$$\begin{aligned} x &= x_1 + x_2 = A_1\cos(\omega t + \varphi_1) + A_2\cos(\omega t + \varphi_2) \\ &= A_1(\cos\omega t\cos\varphi_1 - \sin\omega t\sin\varphi_1) + A_2(\cos\omega t\cos\varphi_2 - \sin\omega t\sin\varphi_2) \\ &= (A_1\cos\varphi_1 + A_2\cos\varphi_2)\cos\omega t - (A_1\sin\varphi_1 + A_2\sin\varphi_2)\sin\omega t \end{aligned} \tag{4.6.4}$$

分别令

$$A\cos\varphi = A_1\cos\varphi_1 + A_2\cos\varphi_2 \tag{4.6.5}$$

$$A\sin\varphi = A_1\sin\varphi_1 + A_2\sin\varphi_2 \tag{4.6.6}$$

能使式(4.6.5)和式(4.6.6)同时成立的 A 和 φ 为

$$A = \sqrt{A_1^2 + A_2^2 + 2A_1A_2\cos(\varphi_2 - \varphi_1)} \tag{4.6.7}$$

$$\tan\varphi = \frac{A_1\sin\varphi_1 + A_2\sin\varphi_2}{A_1\cos\varphi_1 + A_2\cos\varphi_2} \tag{4.6.8}$$

将式(4.6.5)、式(4.6.6)代入式(4.6.4),并写成

$$x = A\cos\varphi\cos\omega t - A\sin\varphi\sin\omega t = A\cos(\omega t + \varphi)$$

仍然是同频率的简谐振动,但振幅和相位是合成的。

2. 采用旋转矢量法

两分振动对应的旋转矢量 $\boldsymbol{A}_1$,$\boldsymbol{A}_2$,转动角速度 ω,计时起点时,$\boldsymbol{A}_1$ 与 x 轴的夹角为 φ_1,$\boldsymbol{A}_2$ 与 x 轴的夹角为 φ_2,$\boldsymbol{A}_1$ 与 $\boldsymbol{A}_2$ 的投影代表两个振动,因为转动角速度相等,所以 $\boldsymbol{A}_1$ 和 $\boldsymbol{A}_2$ 相对位置不变,可以合成而得到一个新的旋转矢量 $\boldsymbol{A} = \boldsymbol{A}_1 + \boldsymbol{A}_2$,其角速度仍为 ω,这个新矢量 $\boldsymbol{A}$ 的投影 x 就是合成振动,所以合振动仍是一个角频率为 ω 的简谐振动(图 4.6.1)。

将 $\boldsymbol{A}_1$ 和 $\boldsymbol{A}_2$ 分解,则有

$$\boldsymbol{A}_1 = A_1\cos\varphi_1\boldsymbol{i} + A_1\sin\varphi_1\boldsymbol{j}, \quad \boldsymbol{A}_2 = A_2\cos\varphi_2\boldsymbol{i} + A_2\sin\varphi_2\boldsymbol{j}$$

由图可知合成振幅大小满足

$$A^2 = (A_1\cos\varphi_1 + A_2\cos\varphi_2)^2 + (A_1\sin\varphi_1 + A_2\sin\varphi_2)^2$$

求得合振动振幅,由上式展开,合并同类项,得

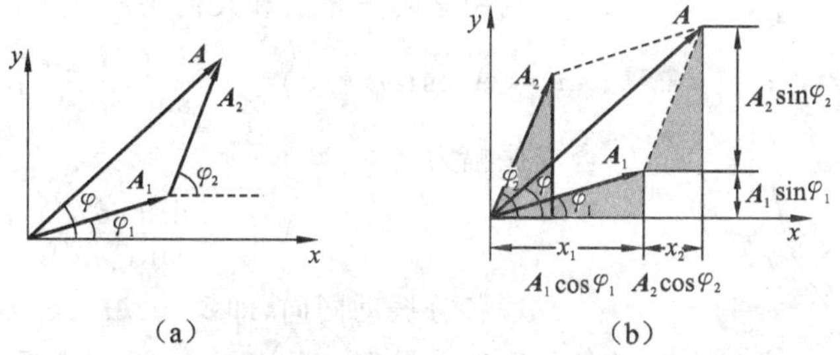

图 4.6.1　同频率、同方向简谐振动合成的旋转矢量表示

$$A = \sqrt{A_1^2 + A_2^2 + 2A_1A_2\cos(\varphi_2 - \varphi_1)}$$

初相位 φ 满足

$$\tan\varphi = \frac{y}{x} = \frac{A_1\sin\varphi_1 + A_2\sin\varphi_2}{A_1\cos\varphi_1 + A_2\cos\varphi_2}$$

用余弦定理也可得到式(4.6.7)。

从式(4.6.7)可知,两个同方向、同频率的简谐振动的合成的合振幅与两个振动的初相位有关:

(1) 当相位差 $\varphi_2 - \varphi_1 = \pm 2k\pi\ (k = 0,1,2\cdots)$,于是

$$A = A_1 + A_2$$

说明两振动相互加强,在此条件下两个振动的合成得到最大振幅的振动。

(2) 当相位差为 $\varphi_2 - \varphi_1 = \pm(2k+1)\pi\ (k = 0,1,2\cdots)$,即

$$A = |A_1 - A_2|$$

说明两振动相互抵消,在此条件下两个振动的合成得到最小振幅的振动。特别是当 $A_1 = A_2$ 时,合成为零振幅,即不振动。

(3) $\varphi_2 - \varphi_1$ 为其他值时,合振动的振幅在 $A_1 + A_2$ 与 $|A_1 - A_2|$ 之间。

后面要谈到的波的干涉就是介质中某质元同时参入两个或两个以上的简谐振动,在每一个这样的质元上,这些简谐振动都是同频率、同振动方向、有恒定的相位差,因此每一个质元都得到相应的与时间无关的合振幅,有些点的振幅最大为 $A_1 + A_2$,有些点的振幅最小为 $|A_1 - A_2|$,其他点介于最大与最小之间。但它们都不随时间变化,因此得到了一个振幅随空间变化,但不随时间变化的振幅空间分布。

(4) 当有几个同频率、同振动方向、有恒定的相位差的简谐振动合成。

方法一　采用三角函数法,先计算两个,合二为一,再与第三个 ……

方法二　采用旋转矢量法,先求代表两个振动的旋转矢量的合矢量,所获得的合矢量与第三个矢量又构成一对,继续做下去,相当于将振动的代表矢量依次首尾相接,总合矢量为第一个矢量的起点指向最后一个矢量的终点,如图 4.6.2 所示。

如果 n 个简谐振动的振幅相等,初相位依次差 δ,如图 4.6.2 所示,即

$$x_1 = a\cos\omega t$$

$$x_2 = a\cos(\omega t + \delta)$$

……

$$x_n = a\cos[\omega t + (n-1)\delta]$$

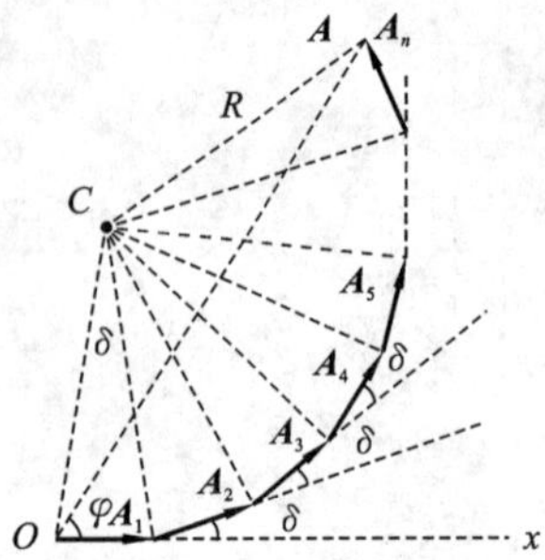

图 4.6.2　n 个简谐振动合成

利用旋转矢量法和几何关系可求得

$$x = A\cos(\omega t + \varphi) = a\,\frac{\sin(n\delta/2)}{\sin(\delta/2)}\cos\left(\omega t + \frac{n-1}{2}\delta\right)$$

合成振幅为

$$A = a\,\frac{\sin(n\delta/2)}{\sin(\delta/2)} \tag{4.6.9}$$

若各分振动同向，即 $\delta = 2k\pi$ $(k = 0, \pm 1, \pm 2, \cdots)$，各分振动矢量在一条直线上，这时合振幅为最大值

$$A = a \lim_{\delta \to 2k\pi} \frac{\sin(n\delta/2)}{\sin(\delta/2)} = na \tag{4.6.10 a}$$

若各分振动初相差 $\delta = 2k'\pi/n$，k' 为不等于 nk 的整数，则

$$A = a\,\frac{\sin(k'\pi)}{\sin(k'\pi/n)} = 0 \tag{4.6.10 b}$$

这时，各分振动矢量依次相接，构成闭合的正多边形，合振动的振幅为零。

以上讨论的多个分振动的合成在说明光的多光束干涉和衍射规律时有重要的应用。

4.6.2　同振动方向不同频率的简谐振动的合成

1. 一般情况

用旋转矢量图可见，由 $\boldsymbol{A}_1$ 和 $\boldsymbol{A}_2$ 的转动角速度不同，就像钟表中转速不同的时针和分针一样，相位差

$$\omega_2 t + \varphi_2 - \omega_1 t - \varphi_1 = (\omega_2 - \omega_1)t + (\varphi_2 - \varphi_1)$$

是随时间变化的。因此合成的矢量 $\boldsymbol{A} = \boldsymbol{A}_1 + \boldsymbol{A}_2$ 是随时间变化的，合振动的振幅是随时间变化的，合振动不是简谐振动，一般情况下不是周期性运动。

2. 一个特例

若质点同时参入两个振动方向相同，初相位和振幅都相同，角频率分别为 ω_1，ω_2 的简谐振动，两个振动分别表示为

$$x_1 = A\cos(\omega_1 t),\quad x_2 = A\cos(\omega_2 t)$$

上两式中，为方便计算，设定了两个振动的初相位为零，能够这样做的原因是：什么时候开始对系统进行研究是可以人为选定的，当 $\boldsymbol{A}_1$ 和 $\boldsymbol{A}_2$ 恰好转到重合的瞬间时，启动计时系统，此位置为计时起点，而且 x 轴也建立在 $\boldsymbol{A}_1$ 和 $\boldsymbol{A}_2$ 重合方向，那么初相位为零。

利用三角函数和差化积公式计算，得

$$x = x_1 + x_2 = 2A\cos\left(\frac{\omega_2 - \omega_1}{2}t\right)\cos\left(\frac{\omega_2 + \omega_1}{2}t + \varphi\right) \tag{4.6.11}$$

由于相位差 $(\omega_2 - \omega_1)t$ 是时间的函数，合振动的振幅是随时间变化的，合振动不是简谐振动。但是，当两个振动的角频率满足相加较大、相减较小，即 $\omega_1 + \omega_2 \gg \omega_1 - \omega_2$ 时，会出现**拍现象**。

分析式(4.6.11)，当 ω_1，ω_2 不是相差很小时，$2A\cos\left(\frac{\omega_2 - \omega_1}{2}t\right)$ 是一个振幅因子，是随

时间变化的，第二项中的频率$\frac{\omega_2+\omega_1}{2}$是合成频率。所以是一个随时间变化的运动。不是周期运动。

如果ω_1，ω_2都很大，但相差很小，$\cos\left(\frac{\omega_2-\omega_1}{2}t\right)$变化远慢于$\cos\left(\frac{\omega_2+\omega_1}{2}t+\varphi\right)$，因此，在较短的时间内，$\cos\left(\frac{\omega_2-\omega_1}{2}t\right)$变化很小，但$\cos\left(\frac{\omega_2+\omega_1}{2}t+\varphi\right)$已作了较大的变化，出现了许多周期。如图 4.6.3 所示，这样的振动可以看成是以$\left|2A\cos\frac{\omega_2-\omega_1}{2}t\right|$为振幅，角频率为$\frac{\omega_2-\omega_1}{2}$的简谐振动(近似的)。由于振幅是随时间变化的，所以合成振动的振幅出现时强时弱的周期性变化现象，这种现象称为**拍**(beat)。单位时间内振动加强或减弱的次数叫拍频。

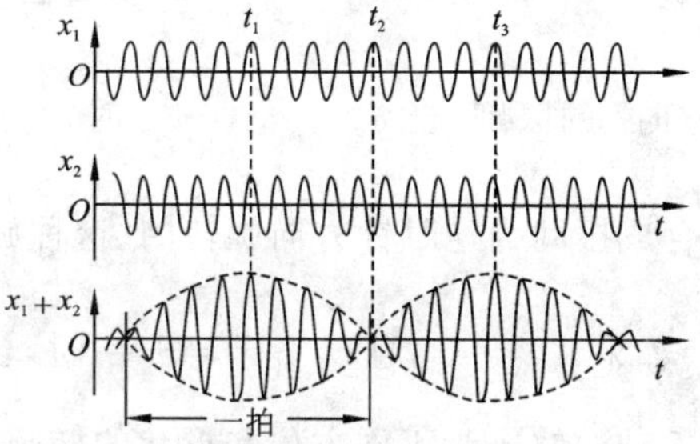

图 4.6.3　拍

由$\left|2A\cos\frac{\omega_2-\omega_1}{2}t\right|$在一个周期内出现两次最大，单位时间内出现最大值的次数是$\cos\frac{\omega_2-\omega_1}{2}t$角频率的 2 倍，即

$$\omega=2\left|\frac{\omega_2-\omega_1}{2}\right|=|\omega_2-\omega_1|$$

$$f=\frac{\omega}{2\pi}=\left|\frac{\omega_2}{2\pi}-\frac{\omega_1}{2\pi}\right|=|f_2-f_1| \tag{4.6.12}$$

所以，拍频是两分振动频率之差。

拍是一个重要的现象，有许多应用。例如，可以利用标准音叉来校准钢琴的频率，这是因为音调有微小差别就会出现拍音，调整到拍音消失，钢琴的某个键就被校准了。

4.6.3　互相垂直频率相同的简谐振动的合成

设质点参与两个简谐振动，两个振动的振动方向相互垂直，而且频率相同，两简谐振动的方程为

$$x=A_1\cos(\omega t+\varphi_1),\quad y=A_2\cos(\omega t+\varphi_2)$$

从以上两式中消去 t 后获得合振动的轨迹方程

$$\frac{x^2}{A_1^2}+\frac{y^2}{A_2^2}-\frac{2xy}{A_1A_2}\cos(\varphi_2-\varphi_1)=\sin^2(\varphi_2-\varphi_1) \tag{4.6.13}$$

此为一椭圆轨迹方程，它的具体轨迹决定于两振动的相位差。下面讨论几个特殊的相位差对应的轨迹情况，所得到的轨迹都是同频率、相互垂直的简谐振动合成的振动。

(1) 当 $\varphi_2-\varphi_1=\pm k\pi\ (k=1,2,3,\cdots)$，合成振动轨迹退化为直线

$$y=\pm\frac{A_2}{A_1}x$$

合振动位移 S(不能用 x，也不能用 y，因为合振动方向不在这两个方向上)

$$S=\sqrt{x^2+y^2}=\sqrt{A_1^2+A_2^2}\cos(\omega t+\varphi)$$

(2) 当 $\varphi_2-\varphi_1=\pm\frac{\pi}{2}$ 时，

$$\frac{x^2}{A_1^2}+\frac{y^2}{A_2^2}=1$$

表明合振动轨迹为长短轴分别与两坐标轴重合的正椭圆，但

$$\varphi_2-\varphi_1=\frac{\pi}{2}\quad 和\quad \varphi_2-\varphi_1=-\frac{\pi}{2}$$

所对应的合振动有"旋转方向"的区别。当 $\varphi_2-\varphi_1=\frac{\pi}{2}$ 时，合振动为平面顺时针椭圆运动；当 $\varphi_2-\varphi_1=-\frac{\pi}{2}$ 时，合成振动为逆时针方向旋转的。这种旋转方向不同的振动，在后面讨论偏振光时还会看到。如果 $A_1=A_2$，且 $\varphi_2-\varphi_1=\pm\frac{\pi}{2}$ 时，合成振动轨迹退化为圆。如果 $\varphi_2-\varphi_1$ 取其他值，则合振动的轨迹为不同方位和形状的椭圆。总的来说，由 $\varphi_2-\varphi_1$ 从 0 到 2π 的取值，得到合成轨迹从直线到顺时针旋转椭圆到直线到逆时针旋转椭圆到直线的图形，如图 4.6.4 所示。当给定 $\varphi_2-\varphi_1$ 后，振动的合成就是一个稳定的轨迹，就是图中的某一图形。

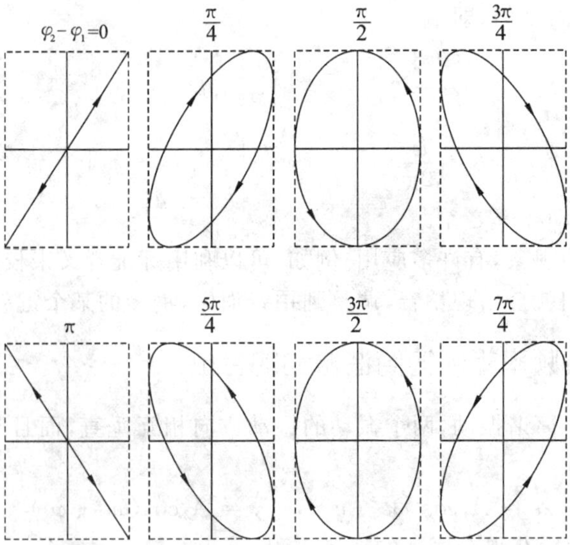

图 4.6.4　几种相差不同的合运动轨迹

4.6.4　互相垂直不同频率简谐振动的合成

当两个频率不同的相互垂直的振动合成，其结果可能很复杂。设两振动为

$$x = A_1\cos(\omega_1 t + \varphi_1),\quad y = A_2\cos(\omega_2 t + \varphi_2)$$

用旋转矢量 $\mathbf{A}_1$，$\mathbf{A}_2$ 表示，角速度分别为 ω_1，ω_2，可以预料，合矢量 $\mathbf{A}$ 的大小和方向都随时间变化。一般来说，合振动的轨迹与两分振动的频率之比和两者的相位都有关系，图形比较复杂，很难用数学式子表达。当两分振动的频率之比为整数时，轨迹是闭合的，运动是周期性的。这种图形叫**利萨茹图**(Lissajous′ figures)，几种利萨茹图形如图 4.6.5 所示。当两分振动的频率之比为无理数时，合成的运动永远不重复已走的路，但轨迹分布在由两振动的振幅所限定的矩形面积内。这种非周期运动叫**准周期**(quasi-periodic) 运动。

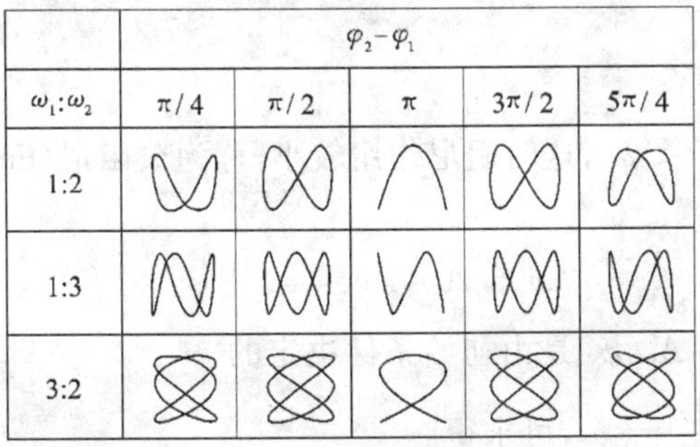

图 4.6.5　利萨茹图

由于在闭合的利萨茹图形中两个振动的频率严格地成整数比，所以在示波器上可以精确地比较或测量频率。在数字频率计未被广泛使用之前，这是测量电信号频率的最简便方法。

4.7　阻尼振动　受迫振动和共振

4.7.1　阻尼振动

实际的振动总是与环境相互作用，导致能量改变，环境作用若体现为阻力，如在空气中和液体中就有黏性阻力出现。振动系统的振幅不断减小直到停止振动。振动系统因受阻力作用做振幅减小的运动，称为阻尼振动。"尼"是阻止的含义。

实验指出，当运动物体的速度不太大时，介质对运动物体的阻力与速度成正比，又由于阻力 f_r 总是与速度 v 方向相反，所以阻力与速度在速度不大时就有下列的关系：

$$f_r = -\gamma v = -\gamma\frac{\mathrm{d}x}{\mathrm{d}t} \tag{4.7.1}$$

式中，γ 为正的比例常数，它由振动体的形状、大小、表面状况以及介质的性质而定。

质量为 m 的振动物体，在弹性力(或准弹性力) 和上述阻力作用下运动，根据牛顿第二定律列出振动系统的动力学方程为

$$m\frac{\mathrm{d}^2x}{\mathrm{d}t^2} = -kx - \gamma\frac{\mathrm{d}x}{\mathrm{d}t} \tag{4.7.2}$$

或

$$\frac{d^2x}{dt^2}+\frac{\gamma}{m}\frac{dx}{dt}+\frac{k}{m}x=0 \tag{4.7.3}$$

式中系数都是常数,分别令为$\frac{\gamma}{m}=2\beta$,β为阻尼系数(damping coefficient);$\frac{k}{m}=\omega_0^2$,ω_0为振动系统的固有角频率,它是振动系统在不受阻力作用时的振动角频率。则式(4.7.3)写成

$$\frac{d^2x}{dt^2}+2\beta\frac{dx}{dt}+\omega_0^2x=0 \tag{4.7.4}$$

这是典型的常系数二阶齐次线性微分方程,根据阻尼因数β大小的不同,上述动力学方程有三种可能解。

1. 欠阻尼状态

当阻力很小,以致$\beta^2<\omega_0^2$,这时阻尼作用较小,称为**欠阻尼**(underdamping)。式(4.7.4)的解为

$$x=A_0e^{-\beta t}\cos(\omega t+\varphi_0)$$

其中,$\omega=\sqrt{\omega_0^2-\beta^2}$;而$A_0$,$\varphi_0$是由初始条件决定的。

设$t=0$,$x=x_0$,$\frac{dx}{dt}=v_0$,可求得

$$\frac{dx}{dt}=A_0e^{-\beta t}[-\omega\sin(\omega t+\varphi_0)-\beta\cos(\omega t+\varphi_0)]$$

代入初始条件

$$\left.\frac{dx}{dt}\right|_{x=0}=v_0=-A_0\omega\sin\varphi_0-A_0\beta\cos\varphi_0$$

$$x\,|_{t=0}=x_0=A_0\cos\varphi_0$$

由此解出

$$A_0=\sqrt{x_0^2+\frac{(v_0+\beta x_0)^2}{\omega^2}} \tag{4.7.5}$$

$$\tan\varphi_0=\frac{v_0+\beta x_0}{\omega x_0} \tag{4.7.6}$$

与简谐振动比较,阻尼振动多了一个因子$e^{-\beta t}$,它不是时间的周期函数,因此位移也不再是时间的周期函数。由于$e^{-\beta t}$恒大于零,故x的正负变换仍由余弦函数的周期性决定。位移x的方向变换的周期就是余弦函数的周期。

$$T=\frac{2\pi}{\omega}=\frac{2\pi}{\sqrt{\omega_0^2-\beta^2}} \tag{4.7.7}$$

定义阻尼振动的周期:位移连续两次达到最大值的时间间隔或连续两次通过平衡点而同方向的时间间隔。由式(4.7.7)看到阻尼振动的周期比固有周期要长。

振幅$Ae^{-\beta t}$不断地随着时间而衰减。振幅衰减因子$A_0e^{-\beta t}$中β越大,则振幅衰减越快;β越小,振幅衰减越小。

$$t = 0 \text{ 时}, A = A_0, \quad t = \infty \text{ 时}, A = 0$$

阻尼振动的位移时间曲线如图 4.7.1 所示。我们可以用相隔一周期的振动位移之比 λ 来标志阻尼大小，称为**阻尼减缩**。

$$\lambda = \frac{A_0 e^{-\beta t}}{A_0 e^{-\beta(t+T)}} = e^{\beta T}$$

取阻尼减缩的对数，称为**对数减缩**(logarithmic decrement)，用 δ 表示

$$\delta = \ln\lambda = \ln e^{\beta T} = \beta T$$

由于 δ 和 T 可由实验测得，所以由上式可求出 β，而 $\beta = \dfrac{\gamma}{m}$，只要测出 m 就可以测出 γ。

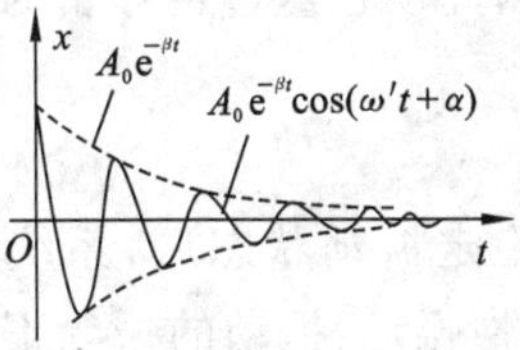

图 4.7.1　阻尼振动曲线

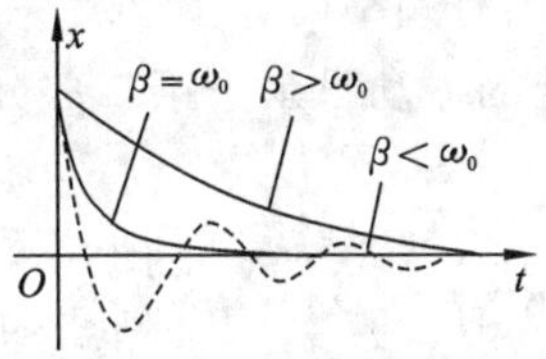

图 4.7.2　过阻尼、临界阻尼的 x-t 曲线

2. 过阻尼状态

如果阻力很大，以致 $\beta^2 > \omega_0^2$，方程式(4.7.4) 的解为

$$x = c_1 e^{-\left(\beta - \sqrt{\beta^2 - \omega_0^2}\right)t} + c_2 e^{-\left(\beta + \sqrt{\beta^2 - \omega_0^2}\right)t}$$

积分常数 c_1, c_2 是由初始条件决定，振动系统不做振动而逐渐停止在平衡位置，这种情况称为**过阻尼**(overdamping)，其位移 - 时间曲线如图 4.7.2 所示。

3. 临界阻尼状态

如果 $\beta^2 = \omega_0^2$，则方程的解为

$$x = (c_1 + c_2 t) e^{-\beta t}$$

这是系统做振动和不做振动的临界状态，称为**临界阻尼**(critical damping)，振动系统恰好不能做振动而很快地回到平衡位置。其位移 - 时间关系如图 4.7.2 所示，利用临界阻尼可使仪器指针很快地停止摆动。

4.7.2　受迫振动和共振

振动系统受到周期性外力的作用的例子是常见的，机器运转时引起底座的振动，火车在桥梁上行驶而引起桥梁的振动。振动系统在连续的周期性外力作用下进行的振动称为**受迫振动**。周期性外力称为**策动力**(driving force)。

策动力的形式是多种多样的，下面取余弦函数形式的策动力 $F(t)$ 进行讨论。

$$F(t) = H\cos\omega t \tag{4.7.8}$$

设质点受到弹性力 $-kx$、阻尼力 $-\gamma \dfrac{dx}{dt}$ 和周期性外力等三种力作用。根据牛顿第二定律，质点做受迫振动时的动力学方程为

$$m\frac{d^2x}{dt^2}=-kx-\gamma\frac{dx}{dt}+H\cos\omega t$$

令 $\omega_0^2=\frac{k}{m}, 2\beta=\frac{\gamma}{m}, h=\frac{H}{m}$,则方程可写为

$$\frac{d^2x}{dt^2}+2\beta\frac{dx}{dt}+\omega_0^2x=h\cos\omega t \tag{4.7.9}$$

这是一个非齐次的常系数二阶微分方程。当 $\beta<\omega_0$ 时,这个方程的解为

$$x=A_0e^{-\beta t}\cos(\sqrt{\omega_0^2-\beta^2}t+\varphi_0)+A\cos(\omega t+\varphi) \tag{4.7.10}$$

上述方程表示的受迫振动由两个部分组成,第一部分与小阻尼系数的振动类似,是一个角频率不等于固有频率而等于 $\sqrt{\omega_0^2-\beta^2}$ 的阻尼振动项,此项在经过足够长的时间后衰减为零,振动系统的振动只余下第二部分起作用。

$$x=A\cos(\omega t+\varphi)$$

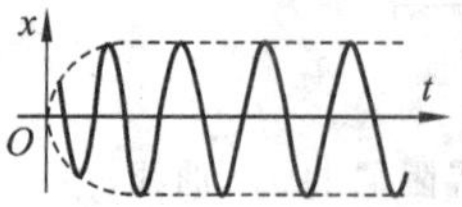

图 4.7.3 受迫振动达到稳定振动的振幅

由此式可知,当振动达到稳定振动状态后,系统以策动力的角频率 ω 为频率做周期性振动,振动的振幅不随时间变化。从能量角度看,策动力一个周期内做的功等于它克服阻力所做的功,故保持振幅不变。受迫振动的振幅在开始时随时间而增大,当受迫振动达到稳定振动状态后,振幅不再增加,如图 4.7.3 所示。

将稳定后的振动方程 $x=A\cos(\omega t+\varphi)$ 代入方程(4.7.9),整理后得到稳态受迫振动的振幅 A 和初相分别为

$$A=\frac{h}{\sqrt{(\omega_0^2-\omega^2)^2+4\beta^2\omega^2}} \tag{4.7.11}$$

$$\varphi=\arctan\frac{-2\beta\omega}{\omega_0^2-\omega^2} \tag{4.7.12}$$

考查一下影响振幅大小的因素,由式(4.7.11)可知振幅 A 与策动力角频率 ω、固有角频率 ω_0 以及振动系统的阻尼系数 β 有关。作出部分 A 与 ω,β 的曲线如图 4.7.4 所示。图中显示存在极大值,求极大值对应的角频率,即令 $\frac{dA}{d\omega}=0$,得到

$$\omega_r=\sqrt{\omega_0^2-2\beta^2}$$

这是说当策动力频率取 ω_r 时,振动系统的振幅达到极大值。

$$A_r=\frac{h}{2\beta\sqrt{\omega_0^2-2\beta^2}}$$

振动与策动力间的相角为

$$\varphi_r=\arctan\frac{\sqrt{\omega_0^2-2\beta^2}}{\beta}$$

共振定义:振动系统受迫振动时,其振幅达极大值的现象叫**位移共振**(displacement resonance),达到共振时,策动力的频率称为位移共振角频率。

在最大振幅中 β,ω_0 是系统的性质,不同阻尼系数,对应不同的最大振幅,如图 4.7.4 所示。位移共振角频率 ω_r 一般不等于固有角频率 ω_0,但当阻力系数减小,则 ω_r 将趋近固有

角频率，而且共振振幅也随之增大；在阻尼系数$\beta \to 0$时(图中虚线所示)，有 $\omega_r = \omega_0$，此时出现共振振幅趋向无限大，这是最强烈的位移共振，称为**尖锐共振**。当出现尖锐共振时，共振振动与策动力的相位差为

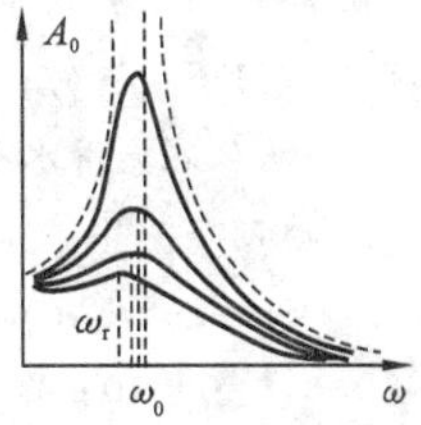

图 4.7.4　位移共振

$$\varphi_r = \arctan(\infty) = -\frac{\pi}{2}$$

即说明振动落后于策动力$\frac{\pi}{2}$，但振动的速度

$$v = \frac{dx}{dt} = -\omega A\sin(\omega t+\varphi) = \omega A\cos\left(\omega t+\varphi+\frac{\pi}{2}\right) = \omega A\cos\omega t$$

可见与策动力 $H\cos\omega_r t$ 同方向，即策动力总是做正功，于是系统总是获得能量，使振幅不断加大，出现尖锐共振。

共振现象普遍存在，它的危害性需加以注意，像风对桥的作用力就形成一种策动力，如果满足共振条件，就有可能使之垮塌；火车通过桥梁时形成策动力，有共振的可能性，设计上要避免固有频率与火车引入的策动力频率相等；大水电站的机组的主轴的中心若未对准，当机组运行时，因偏心而产生策动力施加在大坝上，对大坝构成危害。而共振现象在声学、光学、无线电以及工程技术中被广泛地利用，例如，当我们利用超声波清洗金属器件时，要使超声波频率与金属上的附着物的固有频率相近，从而发生共振；各种乐器、无线电接收机、回旋质谱仪、交流电的频率计等仪器和装置就是利用共振原理制造的。

思 考 题

1. 如果作用于质点上的力不是 $F=-kx$ 而是 $F=kx$，那么这个质点是否仍做周期性的运动？

2. 一个皮球在地板上跳动时，如不计它反弹高度的逐渐衰减，它是否做简谐振动？

3. 为什么说弹簧振子是一个理想化的模型，它有没有实际意义？

4. 所谓 $t=0$ 时刻的含义是什么？对简谐振动而言，$t=0$ 是指物体开始振动的时刻，还是观察振动时所选择的计时零点？

5. 在简谐振动中，有许多物理量，诸如振幅 A、角频率 ω、初相位 φ_0、平均动能、平均势能、最大速度和最大加速度等，其中那些量仅取决于系统固有的性质，那些与初始条件有关？

6. 振动物体的运动状态与相位是什么关系？

7. 若水平弹簧振子运动到 $x=\frac{A}{2}$ 处时，它的速度 $v>0$，那么它的相位如何？

8. 将单摆拉到与竖直夹角为 θ 后，放手任其摆动，中 φ 角是否就是其初相位？为什么？单摆的角速度是否是谐振动的角频率？

9. 谐振动是否一定是无阻尼自由振动？无阻尼振动是否一定是简谐振动？

10. 共振的物理含义是什么？你能从能量观点说明共振现象吗？

11. 在许多场合共振是有害的，为了避免振动系统与外力发生共振，原则上可以采取什么方法？

习 题 4

1. 质量为 2 kg 的质点，按方程 $x=0.2\sin[5t-(\pi/6)]$ (SI)，沿着 x 轴振动。求：

(1) $t=0$ 时,作用于质点的力的大小;

(2) 作用于质点的力的最大值和此时质点的位置。

2. 一物体在光滑水平面上做简谐振动,振幅是 12 cm,在距平衡位置 6 cm 处速度是 24 cm/s,求:

(1) 周期 T;

(2) 当速度是 12 cm/s 时的位移。

3. 一质量为 10 g 的物体做简谐振动,其振幅为 2 cm,频率为 4 Hz,$t=0$ 时位移为 -2 cm,初速度为零。求:

(1) 振动表达式;

(2) $t=(1/4)$s 时物体所受的作用力。

4. 一半径为 R 的木球静止地浮在水面上,其体积的一半恰好浸入水中。若把它刚刚按入水中后从静止状态开始放手,若不计水对球的阻力。试写出木球振动的微分方程,再说明木球在什么条件下做简谐振动。

5. 做简谐振动的小球,速度最大值为 $v_m=3$ cm/s,振幅 $A=2$ cm,若从速度为正的最大值的某时刻开始计算时间,求:

(1) 振动周期;

(2) 加速度的最大值;

(3) 写出振动表达式。

6. 一水平弹簧振子,振幅 $A=2.0\times10^{-2}$ m,周期 $T=0.50$ s。当 $t=0$ 时,

(1) 物体过 $x=1.0\times10^{-2}$ m 处,向负方向运动;

(2) 物体过 $x=-1.0\times10^{-2}$ m 处,向正方向运动。

分别写出以上两种情况的振动表达式。

7. 质量为 $m=121$ g 的水银装在 U 形管中,管截面积 $S=0.30\ \text{cm}^2$。当水银面上下振动时,其振动周期 T 是多大?水银的密度为 $13.6\ \text{g/cm}^3$,忽略水银与管壁的摩擦。

8. 一固定的均匀带电细圆环,半径为 R,带电量为 Q,在其圆心上有一质量为 m,带电量为 $-q$ 的粒子。证明此粒子沿圆环轴线方向上的微小振动是简谐运动,并求其频率。

9. 一质点做简谐振动,其振动方程为 $x=0.24\cos\left(\frac{1}{2}\pi t+\frac{1}{3}\pi\right)$ (SI),试用旋转矢量法求出质点由初始状态($t=0$ 的状态)运动到 $x=-0.12$ m,$v<0$ 的状态所需最短时间 Δt。

10. 一质点做简谐振动,其振动方程为

$$x=6.0\times10^{-2}\cos\left(\frac{1}{3}\pi t-\frac{1}{4}\pi\right)\quad \text{(SI)}$$

(1) 当 x 值为多大时,系统的势能为总能量的一半?

(2) 质点从平衡位置移动到上述位置所需最短时间为多少?

11. 两个同方向的简谐振动的振动方程分别为

$$x_1=4.0\times10^{-2}\cos2\pi\left(t+\frac{1}{8}\right)\ \text{(SI)},\quad x_2=3.0\times10^{-2}\cos2\pi\left(t+\frac{1}{4}\right)\ \text{(SI)}$$

求合振动方程。

阅读材料

混沌现象

过去认为,对于一个能够用确定性方程描述的系统,只要初始条件给定,系统未来的运动状态也就

完全确定下来;初始条件的细微变化,只能使运动状态产生微小改变。也就是说,过去总认为确定性方程描述的运动都属于规则运动。但人们发现,即使对于典型的可用确定性方法描述的系统来说,只要系统稍微复杂一些(通常是指含有非线性无规运动)在一定条件下也会产生非周期性的、表面上看来很混乱的无规运动。例如,1963 年气象学家对大气运动给出的方程,现称为洛伦兹方程

$$\frac{dx}{dt}=-10x+10y,\quad \frac{dy}{dt}=28x-y-xy,\quad \frac{dz}{dt}=\frac{8}{3}z+xy \tag{1}$$

x,y,z 是对大量变量作删减而余下的三个关键变量。这个方程已经成为混沌理论的经典方程。解这个方程除了用数值计算外几乎别无他法。洛伦兹在计算过程中,无意中将相差很细微的初值输入计算机,得出了完全不同的计算结果。洛伦兹意识到该方程是个高度初值敏感的方程,这一初始敏感性他称为"蝴蝶效应",意思是说,一只蝴蝶今天拍打一下翅膀,使大气的状态产生微小的改变;但过一段时间,将可能引起一次大风暴,或避免一次龙卷风。虽然这样的情况究竟发不发生不得而知,但它对初值的敏感性的描述是深刻和恰当的。

洛伦兹的计算还给出了三维的吸引子,其在 xy 平面的投影如图 1 所示。总体上它由两个环套组成,每一个环套都有靠得很近的无穷多层,每层上都细密地排列着无穷多个回线。代表系统的相点随时间演变而在这边转几圈后又到另一边转几圈,完全无法预料它什么时候从一边过渡到另一边。洛伦兹的吸引子就是一个后来被数学家们所称的奇怪吸引子(strange attractor)。

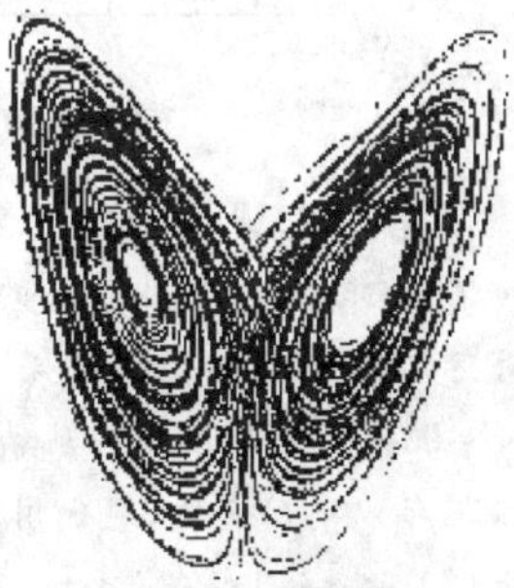

图 1　洛伦兹吸引子

奇怪吸引子的特点是:一切在吸引子之外的运动都向其靠拢,对应于"稳定"方向;一切到达吸引子内的轨线都互相排斥,对应于"不稳定"方向。

洛伦兹方程是系统运动的确定性方法描述,但其运动的结果看起来是"无规的",我们对这种来自可用确定性方法描述的系统中的"貌似随机"的运动,称为混沌或称为内在随机性。现在已经清楚地知道,混沌现象存在于绝大多数非线性系统中。

耗散系统是普遍存在的一类系统。在相空间中,若状态出现的范围即体积(对于二维相平面是面积)不断地减小,则对应的系统是耗散系统。实际的耗散系统一般包含有阻尼过程。由于耗散系统在演化过程中体积不断收缩,结果在很多截面中很接近一维映射。因此可以认为耗散系统的演化过程蕴含于一维映射之中。根据问题的需要,可以设计各种各样的一维映射。一个具有典型意思的一维映射是**逻辑斯谛映射**(logistic map),即虫口方程。生物学家 May 于 1976 年给出用以反映昆虫世代繁殖情况的虫口模型是:设某种昆虫口数为 x_n,第 $n+1$ 代虫口数为 x_{n+1},则这种昆虫的繁殖规律为

$$x_{n+1}=\lambda x_n(1-xn) \tag{2}$$

式中 λ 是与虫口增长率有关的数,一般称为控制参数。这是一个非线性迭代方程。其数值解依赖于控制参数,当 λ 达到一定值时,其数值解具有初值敏感性。在 x_n 的取值范围为[0,1]内,λ 的取值范围为[0,4]内,则经简单的数值计算,就可以发现虫口方程所描述的系统的演化情况与参数 λ 的取值有紧密关系。

设方程(2)解的最终归宿为 ξ,即 $x_n\big|_{t\to\infty}=\xi$,且当 $\lambda=4$ 时 $\xi=1$,则计算结果的示意图可用图 2 表示出来,图 3 是由计算机做出的结果。

当 $3>\lambda>1$ 时,从图 2 可知迭代结果的归宿是一个确定值,即周期为 1 的一个不动点,不管初值 x_0 取何值,归宿为取同一值,该值与 λ 有关,与 λ 值存在一一对应关系,所以在图上是一条曲线。

从图 2 可知,在 $\lambda=3$ 处曲线开始分岔为两支;在 $3<\lambda<3.449$ 的范围内,与一个 λ 值对应的将有两个 ξ 值,即最后归宿是两个值轮流取值(周期 2),例如,当 $\lambda=3.2$ 时,ξ 的两个取值分别为 0.5130 和 0.7995。

当λ继续增大时，曲线还将继续不断地加倍分岔，出现周期为8,16,32,… 等情况。直到$\lambda = 3.569$或者使λ介于3.569～4.00之间时，周期将变为∞，即最后的归宿可取无穷多个不同值，换句话说，出现了混沌。

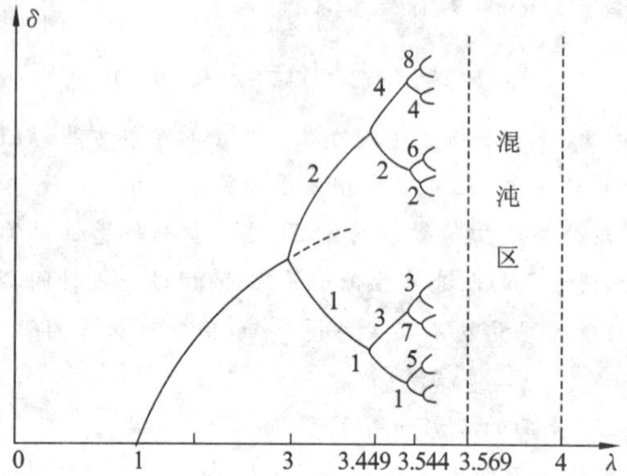

图2　虫口方程解示意图

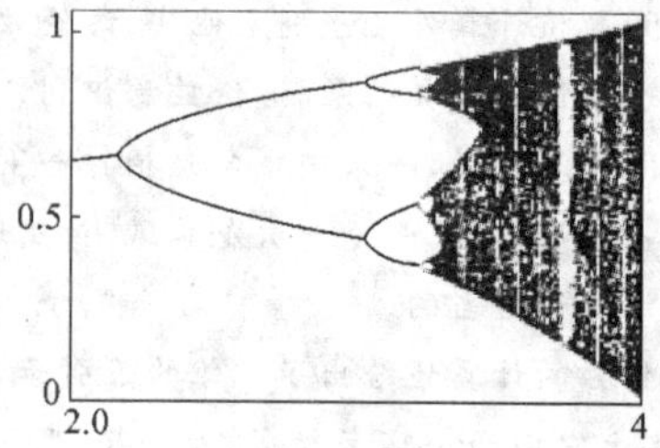

图3　虫口模型的分岔图

由图2可见，在$\lambda < 3.569$的情况下，迭代方程解的最后归宿总是周期性的，确定的，可预测的，与初值x_0并无关系。即存在的都是平凡吸引子。一旦λ的取值介于3.569和4之间时，情况将发生根本性的变化。

混沌现象不同于混乱和无规律，但至今并没有给出混沌的定义。现代所用的“混沌”一词不同于1975年以前的含义，现代用混沌来指确定论中的内在随机行为。作为混沌的操作定义，我们可以列出下面几点：当一系统貌似无规则运动时，如果 ① 作为研究基础的动力学是确定性的理论；② 未引进外加噪声；③ 系统演化的个别结果敏感地依赖初始条件，从而其长期行为具有一定程度的不可预测性；④ 系统长期行为的某些全局特征都与初始条件无关，则我们很可能就是在和混沌打交道。

实际上，在耗散系统中标志着混沌运动特征的，正是上面提及的奇怪吸引子。作为整体，它确是与初始条件无关的。奇怪吸引子具有复杂的结构，可以采用分形维数和李雅普诺夫指数来进行刻画。

第5章 波动学基础

波动是一种重要而普遍的运动形式。我们常见到的有声波、水波和电磁波等,光也是电磁波。虽然各种波动具有各自的特殊性,但它们具有一些共性,例如声波和电磁波、光波都具有折射、干涉、衍射等性质。本章主要讨论机械波,机械振动在介质中的传播称为**机械波**(mechanical wave)。

5.1 机械波的产生与传播

5.1.1 波的基本概念

1. 机械波

以绳索为例,一端在很远处固定,当用手抖动绳头,使绳头上下移动,将绳子看成是一系列质量元构成的,质元之间因绳子形变产生了弹性力,如图5.1.1所示,绳头1的运动通过弹性力策动相邻的质元2运动,质元2策动质元3运动,质元3策动质元4运动 …… 由近及远的传播至远处。此时,绳上的质元都是在前一个质元的策动力作用下做受迫振动,振动的频率是前一个质元的振动频率,可以追溯到波源,波的频率就是波源的振动频率。对于能够传播振动的介质,与绳索一样被看成是由无穷多的质元组合在一起的连续介质,质元间存在弹性作用力。当有激发波动的振动系统 —— 波源存在时,波源的振动将引起相邻质元的振动,紧接着引起次邻近,次次邻近,次次次邻近 …… 的振动。虽然每个质点或质元并没有远离它们各自的平衡位置,但在弹性力的作用下,振动的状态依次地传播开去。

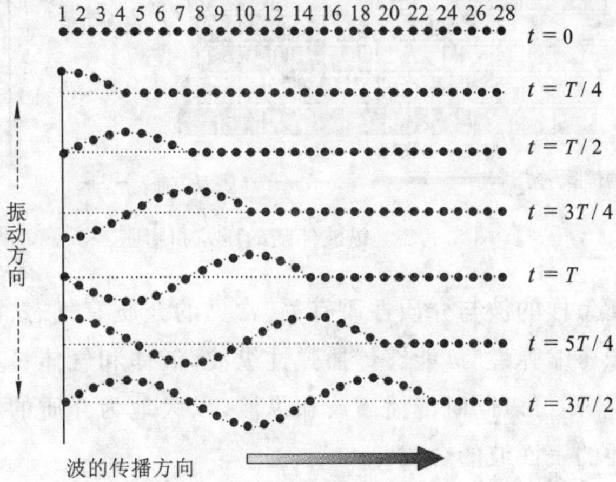

图 5.1.1　绳子上的波

机械波的存在要有两个条件:第一要有**波源**(wave source);第二要有传播振动的**介质**(medium)。与这两个条件相应的有两个速度,其一是质元相对于其平衡位置的**振动速度**(vibration velocity),它与振源的振动有很大关系;另一个是振动状态的传播速度,称为**波速**(wave speed),它与波源的振动没有关系,但与介质有极大的关系。

2. 横波与纵波

机械波有不同的类型,按介质内质元振动方向与波传播方向的关系可分为**横波**(transverse wave)和**纵波**(longitudinal wave)。介质中各质点的振动方向与波传播的方向垂直,这种波为横波。图 5.1.1 所示为一端固定的绳子,在手的上下抖动下产生横波的例子。若将绳中两个振动状态相同的质点之间的所有质点的位移构成图形,称为一个**完整波形**(whole waveform),则从图 5.1.1 中可以看到一个接一个的波形沿着绳索向远端传播。

若介质中各质元振动的方向和波传播的方向平行,这种波称为**纵波**,空气中的声波是典型的纵波。纵波传播时,在介质内发生压缩和膨胀,同一体积元中,压缩和膨胀交替出现,形成疏密相间结构。图 5.1.2 所示是一段气柱在不同时刻的疏密相间结构状态,图中每一条垂直虚线串联的是小体积元在不同时刻被压缩或膨胀的图示,由图右侧可以看到,由上而下为时间轴,对比相邻两垂直虚线可以看到疏密结构沿波的传播方向移动,就是一种振动状态的传播。

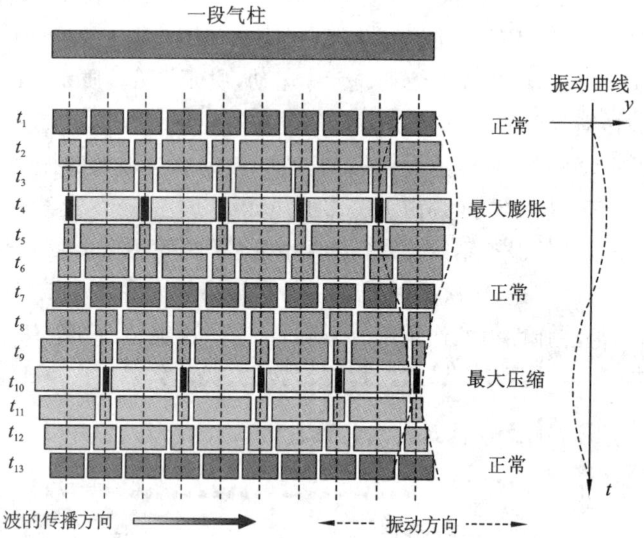

图 5.1.2 纵波伴随的压缩和膨胀

介质中能够传播怎样的波与介质性质有关。常见的介质有气态、液态和固态三种。当介质具有拉伸或体积压缩弹性时,能够传播弹性纵波。液体和气体具有体积压缩弹性,可以传播弹性纵波,固体则可以同时传播横波和纵波,以大地为介质的地震波是纵波、横波以及沿地球表面传播的表面波的合成。

波传播的过程不但是振动状态的传播过程,而且是能量传播的过程。当波传播到介质中的某质元时,该质元就从静止于平衡位置的状态变为在平衡位置附近振动的状态。当质元静止时,可认为质元没有动能;当质元振动时,质元就具有振动动能和弹性势能,即机械能。质元所获得的能量是由波源由近及远地传播过来的。

3. 波面与波线

当波传播时,介质中参入振动传播的所有点都在振动,将振动相位相同的点连起来所形成的面称为**波面**(wave surface)。**波前**是波面的特例,它是波传播过程中处在最前面的那个波面。如果波面是平面的波就称**平面波**(plane wave),波面为球面就是**球面波**(spherical wave)。

波的传播方向称为**波线**(wave line)或**波射线**(wave ray),它是振动状态(相位)传输的方向。在各向同性的介质中,波线总是与波面垂直。在各向异性的介质中,波的传播方向与波面不一定垂直。平面波的波线是垂直于波面的平行线,球面波的波线是以波源为中心的辐射线,图 5.1.3 为各向同性介质中的平面波的波面与波线示意图。

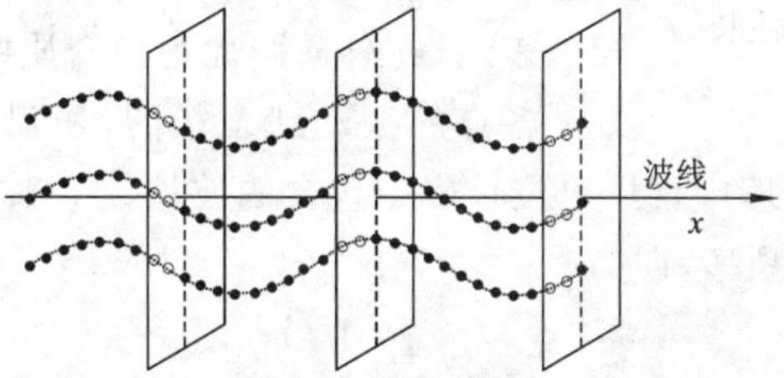

图 5.1.3　波面和波线

5.1.2　波速、频率、波长

波的产生虽然依赖于波源的存在,但波的传播速度,即振动状态(相位)的传播速度与波源无关,而与质元间的相互作用有关,也就是与介质特性有关。可以证明,在拉紧的绳索或细线中,横波的速度为

$$u=\sqrt{\frac{T}{\eta}} \tag{5.1.1}$$

式中,T 为绳索或细线的张力;η 为其质量线密度。

在弹性固体棒中传播的纵波波速为

$$u=\sqrt{\frac{Y}{\rho}} \tag{5.1.2}$$

式中,Y 为介质的杨氏模量;ρ 为密度。

在无限大的各向同性均匀固体介质中,纵波波速比式(5.1.2)给出的要大些,而横波波速为

$$u=\sqrt{\frac{N}{\rho}} \tag{5.1.3}$$

式中,N 为切变模量;ρ 为密度。

在液体和气体中纵波的速度为

$$u=\sqrt{\frac{B}{\rho}} \tag{5.1.4}$$

式中,B 是介质的体变弹性模量;ρ 为密度。

空气(当作理想气体)中的声速公式为

$$u=\sqrt{\frac{\gamma RT}{M}} \tag{5.1.5}$$

式中,M 是摩尔质量;γ 是比热容比。在标准状态下,取 $\gamma=1.40$,计算出空气中的声速 $u_l=331\ \mathrm{m/s}$。

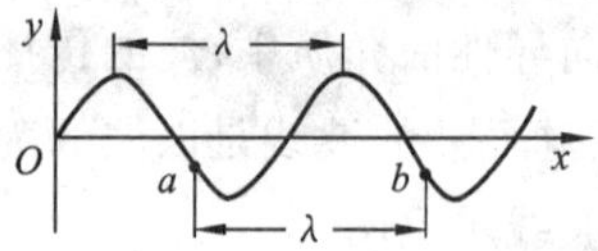

图 5.1.4　振动相位相同的相邻两点的距离是一个波长

介质中参入振动状态传播波的质元的振动也具有周期性,在同一波线上的两个质元 a,b,如图 5.1.4 所示,如果它们振动状态相同、相位差 2π,那么它们的振动步调恰好是一致的。相邻的两个振动状态相同的质元之间的距离,称为**波长**(wave length),用 λ 表示。在各向同性均匀介质中,间距为波长整数倍的各点的振动状态相同,所以波长表示了波在介质中的空间周期性。在近代物理中常用单位长度中包含的波长数 $\tilde{\nu}$ 来描述波动的空间周期性,$\tilde{\nu}$ 称为波数,也称为空间频率,即

$$\tilde{\nu}=\frac{1}{\lambda}$$

波在传播过程中,每一个质元都是在前面一个质元的策动力作用下做受迫振动,振动传播需要时间,如图 5.1.4 中,a 点的某一个振动状态通过中间的各点逐步传到 b 点,经过了一个波长的距离,所用的时间刚好是 a 点振动一个周期的时间,也是 a 点状态传到 b 点所需时间,称此时间为波的周期(period)T。由此可见,状态传播一个波长的距离需 T 时间,则波速表示为

$$u=\frac{\lambda}{T} \tag{5.1.6}$$

定义周期的倒数为频率 ν,即 $\nu=\dfrac{1}{T}$,定义角频率为 $\omega=2\pi\nu$,则波长 λ,波速 u 和周期的关系为

$$u=\lambda\nu \tag{5.1.7}$$

当我们注视一个质元时,该质元每振动一个周期,就有一个波长的波(完整波)通过了该质元,若质元振动一次所用时间为 0.2 s,则 1 s时间就要振动 5 次,就有 5 个“完整波”通过该质元,而$\dfrac{1}{T}=\dfrac{1}{0.2}=5=\nu$,所以 ν 的含义可理解为质元 1 s 振动的次数,或 1 s 内通过某点的“完整波”的个数,而 1 s 时间内波推进的总长度为 $\nu\lambda$,这正是波的传播速度。更一般地表述 ν 为单位时间波传播“完整波”的个数。

5.2　平面简谐波的波函数

5.2.1　平面简谐波的描述　波函数

振动状态和能量都在传播的波称为**行波**(traveling wave)，**平面简谐波**(plane simple harmonic wave)是最简单的行波。平面简谐波在传播过程中，介质的质元均按余弦(或正弦)规律运动。对于平面波，每一个波面上的各质元具有相同的相位，这是波面的定义，不同的波面有不同的相位，只要知道波面上一个点的振动情况，就知道整个波面的振动情况，因此平面简谐波只需要知道任意一条波线上的点的情况，就知道了整个平面波的传播情况。对平面波的描述可以理解为：

(1) 介质的质元按余弦函数的规律做受迫振动，振动的频率为波源的频率。

(2) 介质的各质元相对于各自的平衡位置按余弦或正弦形式振动，质元不会发生迁移。

设有一平面余弦波在无吸收的各向同性均匀介质中沿 x 轴正方向传播，波速为 u，取任意一条波线为 x 轴，并取某质元所在处为坐标原点 O，建立坐标系如图 5.2.1 所示，原点 O $(x=0)$ 处质元振动相位为 φ_0 的时刻开始计时，$x=0$ 处的质元的振动规律为

$$y_0 = A\cos(\omega t+\varphi_0) \qquad (5.2.1)$$

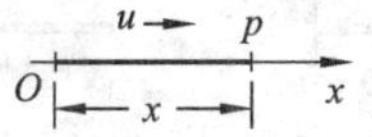

图 5.2.1　振动状态传到 p 点

将原点处的质元看成波源，波源振动，引起邻近介质质元振动，由近及远振动状态被传播，这种传播是需要时间的，经过 $\Delta t = x/u$ 时间，$x=0$ 处的一个状态以大小为 u 的波速传到 p 处质元，也就是说 p 处的振动是 Δt 时间之前 $x=0$ 处质元的振动状态，所以

[t 时刻 p 处质元的振动相位] = [$(t-\Delta t)$ 时刻 $x=0$ 处质元的相位]

即

$$(\omega t+\varphi) = \omega(t-\Delta t)+\varphi_0 = \omega t+\varphi_0-\omega\Delta t$$

所以 p 点的质元的振动方程为

$$y = A\cos[\omega(t-\Delta t)+\varphi_0] = A\cos\left[\omega\left(t-\frac{x}{u}\right)+\varphi_0\right] \qquad (5.2.2)$$

也可以这样考虑，由于沿着波的传播方向，每隔一个波长，相位就要落后 2π，所以，p 点的振动相位比 O 点滞后 $\left(\frac{x}{\lambda}\right)\cdot 2\pi$。在时刻 t，$x=0$ 处的相位为 $\omega t+\varphi_0$，则 p 点的相位是

$$\omega t+\varphi_0-\frac{x}{\lambda}\cdot 2\pi$$

即

$$y = A\cos\left[\omega t+\varphi_0-\frac{x}{\lambda}\cdot 2\pi\right] \qquad (5.2.3)$$

因为 x 是波线上任意一质元的平衡位置距原点的坐标，所以式(5.2.2)或式(5.2.3)刻画出了波传播时介质中任一质元的振动，满足平面波描述的要求，所以它是平面简谐波

的波动表达式，也称为**波函数**(wave function)。

利用关系式 $\omega=2\pi/T=2\pi\nu$ 和 $uT=\lambda$，可以将平面谐振波的表达式改写为多种形式

$$y=A\cos\left[2\pi\left(\frac{t}{T}-\frac{x}{\lambda}\right)+\varphi_0\right] \tag{5.2.4}$$

$$y=A\cos\left[2\pi\left(\nu t-\frac{x}{\lambda}\right)+\varphi_0\right] \tag{5.2.5}$$

$$y=A\cos[\omega t-kx+\varphi_0] \tag{5.2.6}$$

式中 $k=2\pi/\lambda$，称为**角波数**(angular wave number)，是 2π 长度上的波数，表示单位长度上波的相位变化。在上列式子中 A 为常数，这是波在介质中无吸收传播的结果。如果有吸收，振幅就要衰减。φ_0 是原点处质元振动的初相位。

再来考查平面简谐波方程式(5.2.2)，若给定 $x=x_0$，则得

$$y=A\cos\left[\omega\left(t-\frac{x_0}{u}\right)+\varphi_0\right]=A\cos\left[\omega t+\left(\varphi_0-\frac{x_0}{u}\right)\right] \tag{5.2.7}$$

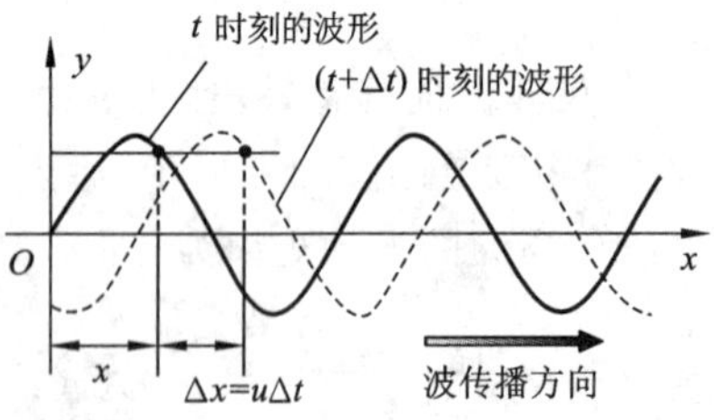

图 5.2.2　波的传播

$\varphi_0-\frac{x_0}{u}$ 是 x_0 处质元的初相位，式(5.2.7) 描述的是 x_0 处质元的振动，由此得出的曲线是**振动曲线**；若将式(5.2.2) 中变量 t 取某一数值 t_0，由此得出的曲线是**波形曲线**，描述的是所有质元在 t_0 时刻相对于各自平衡位置的位移。如果以时刻 t_0 为基准，再过 Δt 时间，即选定 $t_0+\Delta t$ 时刻，我们又得到一个波形曲线如图 5.2.2 的虚线所示，经过 Δt 时间振动状态传播 $\Delta x=u\Delta t$，各个质元在各自的平衡位置移动 Δy，但从图上可见，当波传播时，随时间的推移，波形曲线将沿波的传播方向移动。利用行波的这一特点，可作为判断波传播方向的方法。

要特别区分波在传播过程中，介质中质元的振动速度和波的相位传播速度的不同，式(5.2.2) 中 y 表示质元相对于平衡位置的位移，求 y 对时间的一阶、二阶导数就是质元振动速度、加速度

$$v=\frac{\partial y}{\partial t}=-\omega A\sin\left[\omega\left(t-\frac{x}{u}\right)+\varphi_0\right] \tag{5.2.8}$$

$$a=\frac{\partial^2 y}{\partial t^2}=-\omega^2 A\cos\left[\omega\left(t-\frac{x}{u}\right)+\varphi_0\right] \tag{5.2.9}$$

x 表示某点相对于原点的距离，$\frac{\partial x}{\partial t}=u$ 是**相速度**(phase velocity) 即波速。

如果波是沿 x 轴负方向传播的，则平面简谐波方程为

$$y=A\cos\left[\omega\left(t+\frac{x}{u}\right)+\varphi_0\right] \tag{5.2.10}$$

以上我们是以横波为对象给出的公式，可以证明上述公式对纵波也是成立的。

5.2.2　波动方程

将式(5.2.2) 对 x 求一阶和二阶偏导数，分别得

$$\frac{\partial y}{\partial x}=\left(\frac{\omega A}{u}\right)\sin\left[\omega\left(t-\frac{x}{u}\right)+\varphi_0\right] \tag{5.2.11}$$

$$\frac{\partial^2 y}{\partial x^2}=-\left(\frac{\omega^2 A}{u^2}\right)\cos\left[\omega\left(t-\frac{x}{u}\right)+\varphi_0\right] \tag{5.2.12}$$

与式(5.2.9)相比较得偏微分方程

$$\frac{\partial^2 y}{\partial t^2}=u^2\frac{\partial^2 y}{\partial x^2} \tag{5.2.13}$$

此方程称为**波动方程**(wave equation),在其他物理问题中,也可能得到如此形式相同的方程,这种方程的解就是以波速 u 沿 x 轴传播的波。

例 5.2.1　一列平面简谐波以波速 u 沿 x 轴正向传播,波长为 λ。已知在 $x_0=\lambda/4$ 处的质元的振动表达式为 $y_{\lambda/4}=A\cos\omega t$。试写出波函数,并在同一张坐标图中画出 $t=T$ 和 $t=5T/4$ 时的波形图。

解　设波函数为 $y=A\cos\left(\omega t-\frac{2\pi}{\lambda}x+\varphi_0\right)$,用已知点 $x=\lambda/4$ 处的振动推算出波源的相位,即将 $x=x_0=\lambda/4$ 代入波函数中,得

$$y_{\lambda/4}=A\cos\left(\omega t-\frac{2\pi}{\lambda}\cdot\frac{\lambda}{4}+\varphi_0\right)=A\cos\left(\omega t-\frac{\pi}{2}+\varphi_0\right)$$

题中给出 $y_{\lambda/4}=A\cos\omega t$,比较可得

$$-\frac{\pi}{2}+\varphi_0=0,\quad 即\quad \varphi_0=\frac{\pi}{2}$$

因此所求的波函数为

$$y=A\cos\left(\omega t-\frac{2\pi}{\lambda}x+\frac{\pi}{2}\right)$$

$t=0$ 时的波形由下式给出

$$y=A\cos\left(-\frac{2\pi}{\lambda}x+\frac{\pi}{2}\right)=A\sin\frac{2\pi}{\lambda}x$$

上式中,当 $x=0$ 时 $y=0$,说明波形曲线过原点,若增加 Δx,上式给出 y 也增加,即波形曲线是向上走势。由于波在时间上的周期性,在 $t=T$ 时的波形曲线应和 $t=0$ 的波形相同,如图 5.2.3 所示。在 $t=\frac{5}{4}T$ 时,波形曲线应较上式给出的向 x 正向平移了一段距离

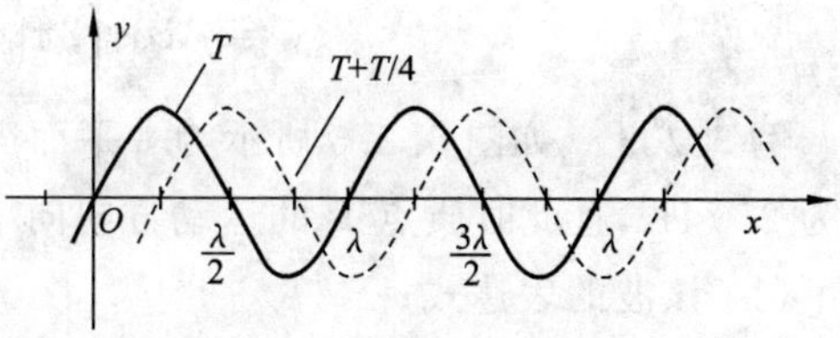

图 5.2.3　例 5.2.1 波形图

$$\Delta x=u\Delta t=u\left(\frac{5}{4}T-T\right)=\frac{1}{4}uT=\frac{1}{4}\lambda$$

两时刻的波形曲线如图 5.2.3 所示。

例 5.2.2　图 5.2.4 所示为一平面余弦波在 $t=0$ 时刻与 $t=2$ s 时刻的波形图。已知波速为 u,求:

(1) 坐标原点处介质质点的振动方程;

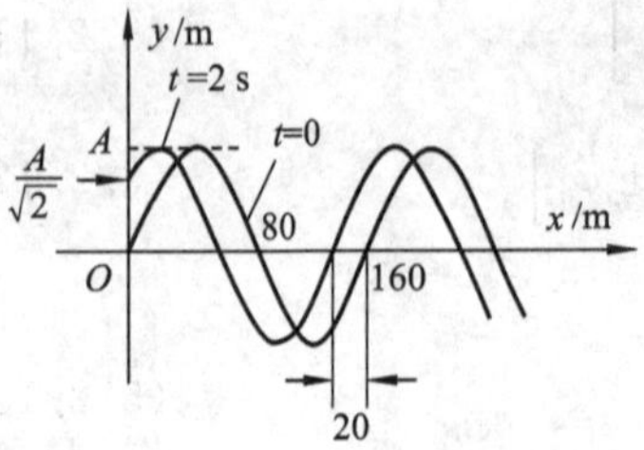

图 5.2.4　例 5.2.2 图

(2) 该波的波动表达式。

解　(1) 比较 $t=0$ 时刻波形图与 $t=2\,\mathrm{s}$ 时刻波形图,可知此波向左传播。同时也获知,$x=0$ 处的质元在 $t=0$ 到 $t=2\,\mathrm{s}$ 之间是向上运动的,$x=0$ 处的质元振动方程为 $y=A\cos(2\pi\nu t+\varphi)$,在 $t=0$ 时刻由图可知

$$y\big|_{t=0}=0=A\cos\varphi,\quad v\big|_{t=0}=-A\sin\varphi>0$$

即

$$\cos\varphi=0,\quad \sin\varphi<0$$

由 $\cos\varphi=0$,得 $\varphi=\pm\frac{1}{2}\pi$,要满足 $\sin\varphi<0$,只能选取 $\varphi=-\frac{1}{2}\pi$。振动方程为

$$y_0=A\cos\left(2\pi\nu t-\frac{\pi}{2}\right)$$

又 $t=2\,\mathrm{s}$,O 处质点位移为 $A/\sqrt{2}=A\cos\left(4\pi\nu-\frac{1}{2}\pi\right)$,即

$$\cos\left(4\pi\nu-\frac{1}{2}\pi\right)=\frac{\sqrt{2}}{2},\quad 得\quad 4\pi\nu-\frac{1}{2}\pi=\pm\frac{\pi}{4}$$

由于波向左传播,可以判定 $t=2\,\mathrm{s}$,$x=0$ 处的质元是继续向正向最大位移方向运动,即速度大于零,有

$$v\big|_{t=2}=-2\pi\nu A\sin\left(4\pi\nu-\frac{1}{2}\pi\right)>0$$

即 $\sin\left(4\pi\nu-\frac{1}{2}\pi\right)<0$,故相位取 $-\frac{\pi}{4}$,所以 $4\pi\nu-\frac{1}{2}\pi=-\frac{\pi}{4}$,解得 $\nu=\frac{1}{16}\,\mathrm{Hz}$。振动方程为

$$y_0=A\cos\left(\pi t/8-\frac{1}{2}\pi\right)$$

(2) 波速 $u=20/2\,(\mathrm{m/s})=10\,(\mathrm{m/s})$,波长 $\lambda=u/\nu=160\,(\mathrm{m})$,波动表达式

$$y=A\cos\left[2\pi\left(\frac{t}{16}+\frac{x}{160}\right)-\frac{1}{2}\pi\right]$$

例 5.2.3　如图 5.2.5 所示为一平面简谐波在 $t=0$ 时刻的波形图,设此简谐波的频率为 250 Hz,且此时质点 P 的运动方向向下,求:

(1) 该波的表达式;

(2) 在距原点 O 为 100 m 处质点的振动方程与振动速度表达式。

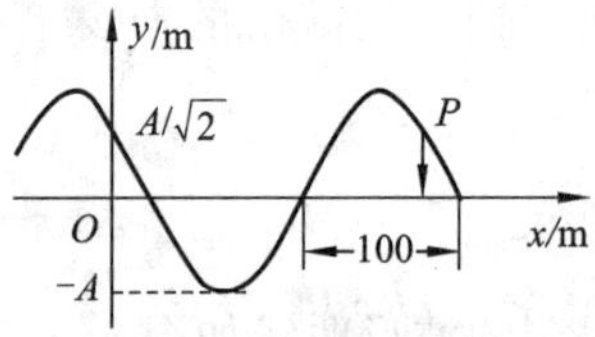

图 5.2.5　例 5.2.3 图

解　(1) 由 P 点的运动方向,可判定该波向 x 负方向传播,$t=0$ 时,$x=0$ 的质点位移为 $\frac{A}{\sqrt{2}}$ 且向下运动,即

$$\frac{A}{\sqrt{2}}=A\cos\varphi,\quad v=-A\omega\sin\varphi<0$$

由 $\cos\varphi=\frac{1}{\sqrt{2}}>0$,得到 $\varphi=\pm\frac{\pi}{4}$,由角度要同时满足

$\cos\varphi > 0$ 和 $\sin\varphi > 0$，解得 $\varphi = \frac{\pi}{4}$。O 处振动方程为

$$y_0 = A\cos\left(2\pi\nu t + \frac{\pi}{4}\right) = A\cos\left(500\pi t + \frac{\pi}{4}\right)$$

由图可判定波长 $\lambda = 200$ m，则波动表达式为

$$y = A\cos\left[2\pi\left(250t + \frac{x}{200}\right) + \frac{1}{4}\pi\right]$$

(2) 令 $x = 100$，代入上式，得

$$y_1 = A\cos\left(500\pi t + \frac{5}{4}\pi\right)$$

振动速度表达式是

$$v = -500\pi A\sin\left(500\pi t + \frac{5}{4}\pi\right)$$

例 5.2.4　如图 5.2.6 所示，一平面波在介质中以波速 $u = 20$ m/s 沿 x 轴负方向传播，已知 A 点的振动方程为 $y = 3\times 10^{-2}\cos 4\pi t$。

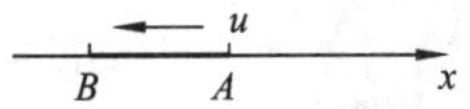

图 5.2.6　例 5.2.4 图

(1) 以 A 点为坐标原点写出波的表达式；

(2) 以距 A 点 5 m 处的 B 点为坐标原点，写出波的表达式。

解　(1) A 点的振动方程为 $y = 3\times 10^{-2}\cos 4\pi t$，由图可知，波向左传播，以 A 点为坐标原点的波动方程为

$$y = 3\times 10^{-2}\cos 4\pi\left(t + \frac{x}{u}\right) = 3\times 10^{-2}\cos 4\pi\left(t + \frac{x}{20}\right)$$

(2) 以 A 点为坐标原点时，B 点处在 $x = -5$ 处，即 B 点的振动方程为

$$y = 3\times 10^{-2}\cos 4\pi\left(t + \frac{-5}{20}\right) = 3\times 10^{-2}\cos(4\pi t - \pi)$$

以 B 点为坐标原点，将 t 写成 $\left(t + \frac{x}{20}\right)$，即可得以 B 为原点的波动方程为

$$y = 3\times 10^{-2}\cos\left[4\pi\left(t + \frac{x}{20}\right) - \pi\right]$$

5.3　波的能量

5.3.1　波的能量

在弹性介质中有波传播时，介质的各个质元都在各自的平衡位置附近振动，因而具有一定的动能，各质元因受力要发生形变，所以又有一定的弹性势能。

以横波为例，在有简谐波传播的介质中，取一微小的体积元 ΔV(质元)，设介质密度为 ρ，则质元的质量为 $\rho\Delta V$，动能为

$$\Delta E_k = \frac{1}{2}(\rho\Delta V)v^2 = \frac{1}{2}\rho\Delta V\omega^2 A^2\sin^2\left[\omega\left(t - \frac{x}{u}\right) + \varphi_0\right] \tag{5.3.1}$$

式中，v 是振动速度，由式(5.2.8)给出。

横波传播时,质元间的相互作用是剪切形变,是由平行反向的力引起的形变,因剪切形变而具有的**弹性势能**(elastic potential energy) 为

$$\Delta E_{\mathrm{p}} = \frac{1}{2}N\left(\frac{\mathrm{d}y}{\mathrm{d}x}\right)^2\Delta V \tag{5.3.2}$$

式中,N 称为剪切模量,对于横波由式(5.1.3) 给出 $u=\sqrt{N/\rho}$,将 $N=\rho u^2$ 和式(5.2.11) 代入,得

$$\begin{aligned}\Delta E_{\mathrm{p}} &= \frac{1}{2}\rho u^2\Delta V\frac{A^2\omega^2}{u^2}\sin^2\left[\omega\left(t-\frac{x}{u}\right)+\varphi_0\right]\\ &= \frac{1}{2}\rho\Delta V\omega^2A^2\sin\left[\omega\left(t-\frac{x}{u}\right)+\varphi_0\right]\end{aligned} \tag{5.3.3}$$

比较式(5.3.1) 和式(5.3.3) 可知,在波动过程中,某一质元的动能和势能具有相同的值,而且它们同时达到最大值和同时达到最小值。质元的总能量为 ΔE

$$\Delta E = \Delta E_K + \Delta E_P = \rho\Delta V\omega^2A^2\ \sin^2\left[\omega\left(t-\frac{x}{u}\right)+\varphi_0\right] \tag{5.3.4}$$

质元的总能量不是常数,有时达最大值,有时等于零,说明有能量从该质元通过。

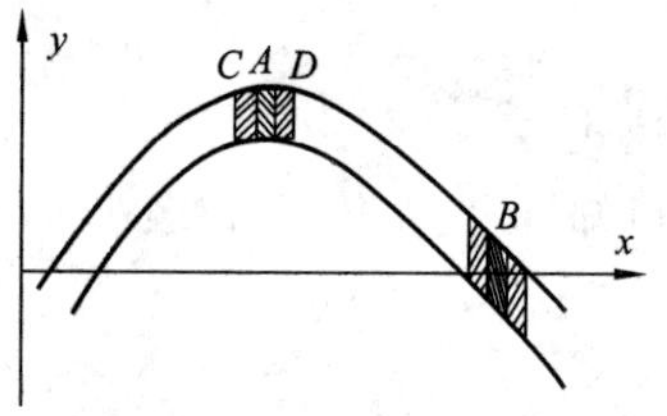

图 5.3.1 质元的位置与形变

质元的动能、势能和总能的变化规律借助图5.3.1可以直观地理解。当质元通过平衡位置(如质元 B) 时,其形变最大,而振动速度也最大,故动能、势能、总能量都达到最大,当质元处在最大位移附近,如质元 A,C,D 相对于各自的平衡位置的距离的情形相近,C,D 引起 A 形变较小,所以弹性力小。当质元处在最大位移时,振动速度为零,无形变,故动能、势能、总能量为零。

5.3.2 能量密度 能流密度

随着振动的传播就有机械能传播,在各向同性的介质中机械能的传播方向与波面垂直。波传播时,介质中单位体积内的能量叫波的**能量密度**(energy density),用 w 表示

$$w = \frac{\Delta E}{\Delta V} = \rho\omega^2A^2\ \sin^2\left[\omega\left(t-\frac{x}{u}\right)+\varphi_0\right]$$

在一周期内能量密度的平均值叫**平均能量密度**(average energy density)

$$\begin{aligned}\overline{w} &= \frac{1}{T}\int_0^T w\mathrm{d}t = \frac{1}{T}\int_0^T\rho\omega^2A^2\ \sin^2\left[\omega\left(t-\frac{x}{u}\right)+\varphi_0\right]\mathrm{d}t\\ &= \frac{1}{2}\rho\omega^2A^2\end{aligned} \tag{5.3.5}$$

由此可见,平均能量密度与介质的密度、振幅的平方以及角频率的平方成正比。这个公式对各种弹性波都适用。

能量的传输用能流描述,定义单位时间内通过某一面积的能量为**能流**(energy flow),用 P 表示,单位为焦 / 秒(J/s) 或瓦(W)。在垂直于波传播方向上取一面积 ΔS,则 $\mathrm{d}t$ 时间内流过该面积的能量为以面积 ΔS 为底,以 $u\mathrm{d}t$ 为高的体积所含的能量(图5.3.2),即

$$能量密度 \times 体积 = w\Delta S u\,\mathrm{d}t$$

以 P 表示通过此面积的能流

$$P = \frac{w\Delta S u\,\mathrm{d}t}{\mathrm{d}t} = w\Delta S u \tag{5.3.6}$$

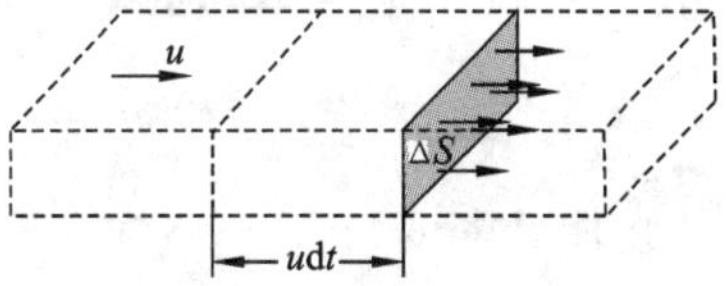

图 5.3.2　通过某截面能量

在一个周期取平均值得到**平均能流**（average energy flow）

$$\overline{P} = \overline{w}\Delta S u \tag{5.3.7}$$

引入能流密度的概念用于描述波的强弱。

定义：**能流密度**（energy flow density）是通过垂直于波的传播方向的单位面积的能流，单位为瓦 / 米²（W/m²）。能流密度对时间的平均值称为平均能流密度或**波的强度**（wave intensity），用 I 表示

$$I = \frac{\overline{P}}{\Delta S} = \overline{w}u \tag{5.3.8}$$

利用式（5.3.5），有

$$I = \frac{1}{2}\rho\omega^2 A^2 u \tag{5.3.9}$$

由式（5.3.9）可见，平均能流密度与振幅有关，在介质中选用一组波射线，这些波射线构成一根管子，在管内指定的两个面积 S_1，S_2，如图 5.3.3 所示，若介质不吸收波的能量，则流过 S_1，S_2 的能量应相等，在一个周期内，有

$$I_1 S_1 T = I_2 S_2 T$$

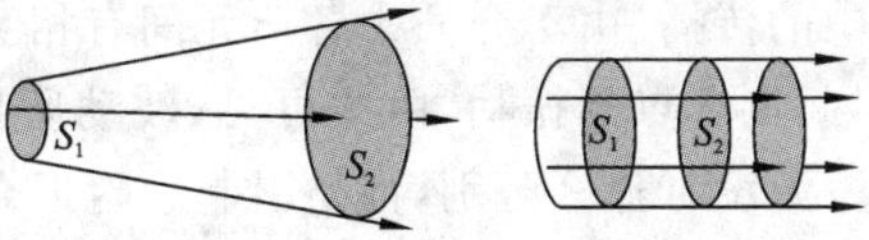

图 5.3.3　波线管内波强的变化

由此可见，当面积 $S_1 = S_2$ 时，则有 $I_1 = I_2$，振幅 A 将保持不变。但当 $S_1 \neq S_2$ 时，例如球面 $S_1 = 4\pi r_1^2$，$S_2 = 4\pi r_2^2$，则有

$$A_1^2 r_1^2 = A_2^2 r_2^2 \quad 或 \quad A_1 r_1 = A_2 r_2$$

表明振幅与 r 成反比，这是显然的，因为球面波的波面面积越来越大，而通过每个面的能量一样，所以单位面积的能流就会越来越小，所以球面波的方程可写成

$$y = \frac{A_1}{r}\cos\left[\omega\left(t - \frac{r}{u}\right) + \varphi_0\right] \tag{5.3.10}$$

A_1 是离波源的距离为单位长度处的振幅。

实际的介质对波都有吸收，因此在波的传播过程中，振幅是逐步减小，波的强度也沿波的传播方向减小。

例 5.3.1　一简谐空气波，沿直径为 0.14 m 的圆柱形管传播，波的强度为 9×10^{-3} W/m²，频率为 300 Hz，波速为 300 m/s。求：

(1) 波的平均能量密度和最大能量密度；

(2) 每两个相邻同相面间的波中含有的能量。

解　(1) 由 $I=\overline{w}u$ 可知

$$\overline{w}=\frac{I}{u}=\frac{9\times10^{-3}}{300}=3\times10^{-5}\ (\mathrm{J/m^3})$$

能量密度为

$$w=\rho\omega^2A^2\sin^2\left[\omega\left(t-\frac{x}{u}\right)+\varphi_0\right]$$

当 $\sin^2\left[\omega\left(t-\frac{x}{u}\right)+\varphi_0\right]=1$ 时达最大

$$w_{\max}=\rho\omega^2A^2=2\overline{w}=2\times3\times10^{-5}=6\times10^{-5}\ (\mathrm{J/m^3})$$

(2) 题中相邻同相面间,就是一个波长长度,截面积为圆柱形管 S 构成的体积内的波能量,其中平均能流密度 $\overline{w}=\frac{1}{2}\rho\omega^2A^2=\frac{1}{2}w_{\max}$,波长与波速的关系为 $u=\lambda\nu$,所以

$$\begin{aligned}\Delta W&=\overline{w}\cdot\text{体积}=\overline{w}\cdot S\lambda\\&=\overline{w}\cdot\pi\left(\frac{d}{2}\right)^2\cdot\frac{u}{\nu}=3\times10^{-5}\times3.14\times\left(\frac{0.14}{2}\right)^2\times\frac{300}{300}\\&=4.62\times10^{-7}\ (\mathrm{J})\end{aligned}$$

5.4　惠更斯原理

5.4.1　惠更斯原理

机械波是振动在介质中的传播。由于介质中各质元间有相互作用,波源振动引起附近各点振动,这些附近点又引起更远点的振动,由此可见,波动所传播到的各点在波的产生和传播方面所起的作用和波源没有什么区别,都是引起它附近介质的振动,因此波动传播到的各点都可以视为新的波源。

以水波在水面上传播为例,如图 5.4.1 所示,水波遇到障碍物 AB 上的小孔 C,并穿过小孔后形成圆形波,圆心在小孔处,这说明小孔成为新的波源。惠更斯分析和总结了类似的现象,于 1690 年总结出波的传播原理,称为**惠更斯原理:介质中任一波阵面上的各点,都可以视为发射子波的波源,其后任一时刻,这些子波的包络面就是新的波阵面**。例如平面波传播,如图 5.4.2 所示,波阵面上的质元都是新的子波波源,经过 Δt 时间所有子波源发出子波形成的包络面就是新波阵面。

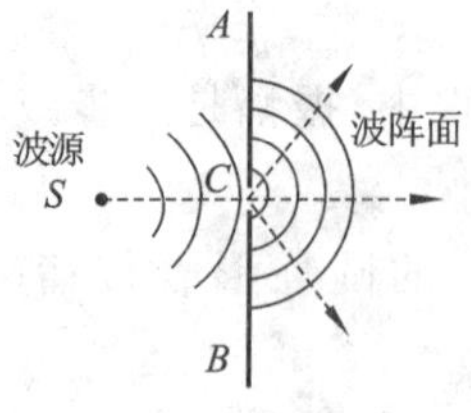

图 5.4.1　小孔成新的波源

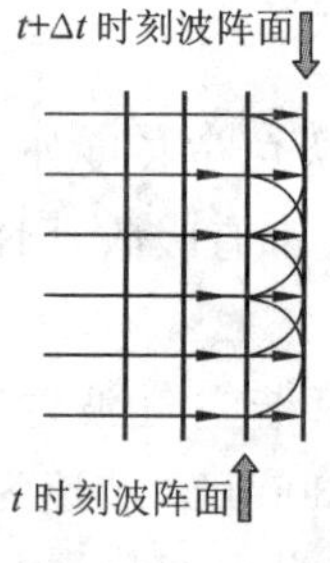

图 5.4.2　平面波传播

惠更斯原理指出了从某一时刻出发去寻找下一时刻波阵面的方法，对任何介质中的任何波动过程都成立（无论是均匀的或非均匀的，是各向同性的或是各向异性的，无论是机械波还是电磁波，这一原理都成立）。但没有说明各子波在传播中对某一点振动究竟有多少贡献。

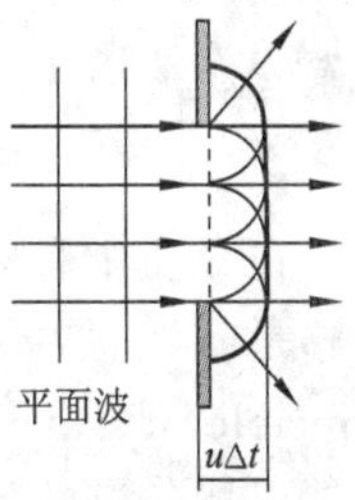

图 5.4.3　波衍射

波遇到障碍物后偏离直线传播的现象称为衍射现象。以水面波为例，当水波到达有缝的障碍物时，波阵面在缝上的所有点都可以看作发射子波的波源。这些子波在缝的前方的包迹就是通过缝后的新的波阵面，如图 5.4.3 所示。从图上看，新波阵面（或波前）不是直线，只是中间一部分与原来的波阵面平行，在缝的边缘处波阵面发生了弯曲，这说明水波绕过缝的边缘前进。

5.4.2　惠更斯原理解释波的折射和反射

惠更斯原理能很好地解释波的折射和反射，一平面波以一定的速度 u 和角度 i 入射到两种介质构成的平面交界面上，如图 5.4.4 所示，由于波阵面与介质交界面有一定的夹角，所以同相面上各点逐渐与交界面接触，将交界面上的质元看成新的子波源，则同相面上先与交界面接触的点，先发射子波，例如 A 点，后接触的后发射子波，例如 C 点。在同一介质中，A，B 两点为同一同相面上的两点，A 点子波先发射，当 B 点的波传到 C 点时，A 点的子波已经传到了 D 点，在同一介质中波速是一样的，所以 $\overline{AD}=\overline{BC}$，$\triangle ABC$ 和 $\triangle ADC$ 全等，由 $\angle ACB=\angle DAC=i''$，得到 $i=i'$。将与波阵面 AB 垂直的线称为入射线，将与波阵面 CD 垂直的线称为反射线。入射线、反射线和法线在同一平面内，则 i 是入射线与法线的夹角，i' 是反射线与法线的夹角，$i=i'$ 就是入射角等于反射角，这就是波的反射定律。

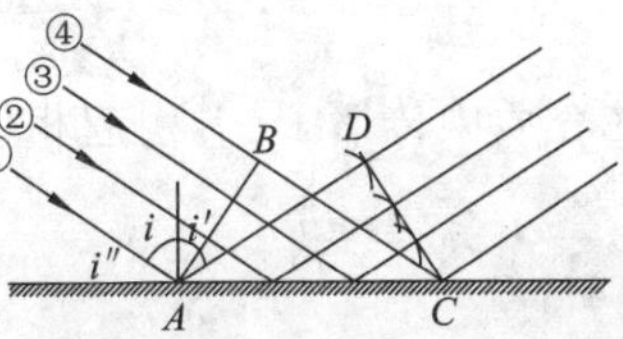

图 5.4.4　波的反射

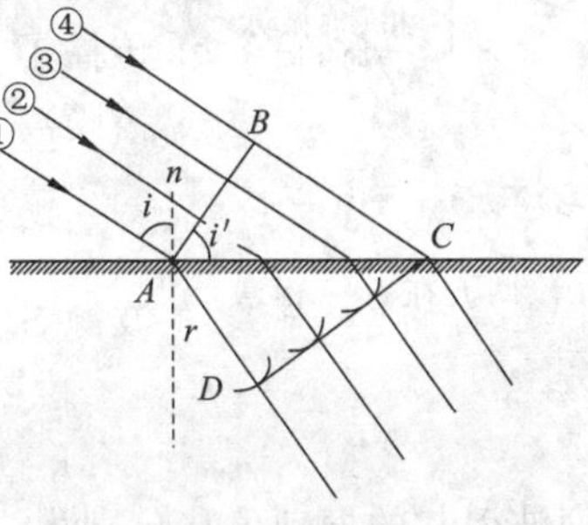

图 5.4.5　波的折射

如果波能够进入第二种介质，由于波在不同的介质中的速度不同，设为 u_1，u_2，所以波线在不同介质中同样的时间传播的距离不相等，在交界面发生折射。如图5.4.5 所示，由于波线 ① 与 $\overline{AB}$ 垂直，所示入射角等于 $\angle BAC$。当波线 ④ 在第一个介质中传播到 C 点时，波线 ① 已经在第二种介质中传播到 D 点，由图可知

$$BC=u_1\Delta t=AC\sin i,\quad AD=u_2\Delta t=AC\sin r$$

两式相除，得

$$\frac{\sin i}{\sin r}=\frac{u_1}{u_2}=n_{21} \tag{5.4.1}$$

n_{21} 称为第二种介质对于第一种介质的相对折射率，式(5.4.1) 就是波的折射定律。

5.5 波的叠加原理 波的干涉

5.5.1 波的干涉

在介质中有多个波传播时,在波相遇区域将引起区域内所有质元做合振动。合振动的位移是各个波单独存在时引起振动位移的矢量和,称为波的**叠加原理**(superposition principle of wave)。合成的振幅通常是瞬变的、没有特点的。当波离开了相遇区后,每个波仍然保持各有的特性(频率、波长、振动方向等),就像不曾遇到其他波一样,这是波传播的**独立性**。我们能够从多人说话时辨别出其中一人声音,就是我们身边的波传播独立性的例子。

如果有两列(或多列)波在某一点相遇,将引起该点处质元做合成振动,若合振动的振幅不随时间变化,而且波相遇的其他不同相遇点,有不同的不随时间变化的合成振幅,即在相遇区,两波叠加形成了只随空间位置变化而不随时间变化的合成**振幅分布**。这种现象称为**波的干涉**(interference of wave),能够产生干涉的波称为**相干波**(coherent wave),相应的波源称为**相干波源**(coherent source)。由振动合成可知,相干波必须满足**相干条件**(coherent condition):**同频率**、**同振动方向**、**相位差恒定**。

振幅在空间的大小分布反映的是波强度的空间分布。考察两个波源 S_1,S_2,它们的角频率都是 ω,振动方向相同,振动位移分别为

$$y_{01} = A_{10}\cos(\omega t + \varphi_1), \quad y_{02} = A_{20}\cos(\omega t + \varphi_2)$$

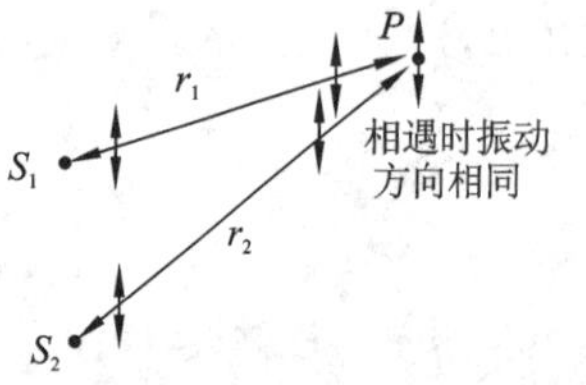

图 5.5.1 两波在 P 点相遇

从两波源发出的波,在介质中传播而相遇于 P 点,如图 5.5.1 所示,波源 S_1 发出的波在介质中传播了 r_1,相当于传播了 r_1/λ 个波的距离,每个波对应改变了 2π 相位,则传播距离 r_1 使相位改变了

$$\frac{r_1}{\lambda} \cdot 2\pi = \frac{2\pi}{\lambda} \cdot r_1$$

波源 S_2 发出的波在介质中传播了 r_2,引起相位改变

$$\frac{r_2}{\lambda} \cdot 2\pi = \frac{2\pi}{\lambda} \cdot r_2$$

则在 P 点两波引起的振动位移分别为

$$y_1 = A_1\cos\left(\omega t + \varphi_1 - \frac{2\pi}{\lambda}r_1\right), \quad y_2 = A_2\cos\left(\omega t + \varphi_2 - \frac{2\pi}{\lambda}r_2\right)$$

式中,A_1,A_2 分别为两波在相遇点 P 处引起振动的振幅。由同方向同频率简谐振动的合成的结果可知,合振动为

$$y = y_1 + y_2 = A\cos(\omega t + \varphi)$$

其中

$$A^2 = A_1^2 + A_2^2 + 2A_1A_2\cos\Delta\varphi \tag{5.5.1}$$

式中,$\Delta\varphi$ 为相位差

$$\Delta\varphi = (\varphi_2 - \varphi_1) - \frac{2\pi}{\lambda}(r_2 - r_1) \tag{5.5.2}$$

因波的强度 $I \propto A^2$，则

$$I = I_1 + I_2 + 2\sqrt{I_1 I_2}\cos\Delta\varphi \tag{5.5.3}$$

在相位差 $\Delta\varphi$ 中，$(\varphi_2 - \varphi_1)$ 是两波源的初相位差，$\frac{2\pi}{\lambda}(r_2 - r_1)$ 则是波的传播路程差 $(r_2 - r_1)$ 而引起的相位差，称波传播的路程之差为**波程差**(wave path difference)δ

$$\delta = r_2 - r_1$$

当 $(\varphi_2 - \varphi_1)$ 给定时，$\Delta\varphi$ 的大小将只取决于 δ，即在空间不同的地点有不同的波程差 δ，使得 I 大小不同。指定某一点，δ 不变，但获得不随时间变化的波强度 I，因此合成的波强度在空间有一个稳定的分布，且不随时间变化，这就是干涉现象。

两列波发生干涉时，某些空间点合成波的振幅始终是最大，强度始终是最大，称为**相长干涉**(constructive interference)。相长干涉的条件是 $\cos\Delta\varphi = 1$，即

$$\Delta\varphi = (\varphi_2 - \varphi_1) - \frac{2\pi}{\lambda}(r_2 - r_1) = \pm 2k\pi \quad (k = 0,1,2,\cdots) \tag{5.5.4}$$

合成波振幅　$A = A_{max} = \sqrt{A_1^2 + A_2^2 + 2A_1A_2} = A_1 + A_2$

合成波强度　$I = I_1 + I_2 + 2\sqrt{I_1 I_2}$

某些空间点合成波的振幅始终最小，强度始终最小，称为**相消干涉**(destructive interference)。相消干涉的条件是 $\cos\Delta\varphi = -1$，即

$$\Delta\varphi = (\varphi_2 - \varphi_1) - \frac{2\pi}{\lambda}(r_2 - r_1) = \pm(2k+1)\pi \quad (k = 0,1,2,\cdots) \tag{5.5.5}$$

合成振幅及强度为

$$A = A_{min} = |A_1 - A_2|, \quad I = I_1 + I_2 - 2\sqrt{I_1 I_2}$$

当两波源的初相位差为零，即两波源具有相同的初相位，则 $\Delta\varphi$ 仅决定于波程差 $\delta = r_2 - r_1$，相长干涉和相消干涉的条件又可用波程差分别表示为

$$\delta = r_2 - r_1 = \pm k\lambda \quad (k = 0,1,2,\cdots) \tag{5.5.6}$$

$$\delta = r_2 - r_1 = \pm(2k+1)\frac{\lambda}{2} \quad (k = 0,1,2,\cdots) \tag{5.5.7}$$

两波干涉的强度 I 随相位差 $\Delta\varphi$ 变化的情况如图 5.5.2 所示。

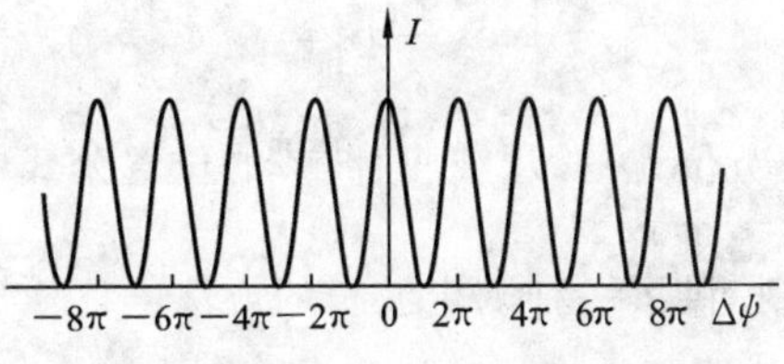

图 5.5.2　干涉现象的强度分布

5.5.2　驻波

驻波(standing wave)也是一种干涉。满足相干条件(同频率、同振动方向、有固定的初相位差)的两列波，在同一直线上反向传播时就会形成驻波。设两列波的振幅相同，波动表达式为

沿 x 正向：
$$y_1 = A\cos\left(\omega t - \frac{2\pi}{\lambda}x + \varphi_1\right) \tag{5.5.8}$$

沿 x 负向：
$$y_2 = A\cos\left(\omega t + \frac{2\pi}{\lambda}x + \varphi_2\right) \tag{5.5.9}$$

式中，φ_1 和 φ_2 分别为两波在原点引起振动的初相位。在 x 点处叠加，有

$$y = y_1 + y_2 = A\cos\left(\omega t - \frac{2\pi}{\lambda}x + \varphi_1\right) + A\cos\left(\omega t + \frac{2\pi}{\lambda}x + \varphi_2\right)$$

利用三角函数关系可求得

$$y = 2A\cos\left(\frac{2\pi}{\lambda}x + \frac{\varphi_2 - \varphi_1}{2}\right)\cos\left(\omega t + \frac{\varphi_2 + \varphi_1}{2}\right) \tag{5.5.10}$$

这是驻波方程。如果 $\varphi_1 = \varphi_2 = \varphi$，则驻波方程为

$$y = 2A\cos\frac{2\pi}{\lambda}x\cos(\omega t + \varphi) \tag{5.5.11}$$

由上式，在给定点 x 处，$\left|2A\cos\frac{2\pi}{\lambda}x\right|$ 为不随时间 t 变化的一个常数，它是两列波在 x 点处相遇引起质元振动的合振幅。不同点的质元，合振幅取不同的值，但都不随时间变化。在有些地点合振动的振幅取最大值 $2A$，称为**波腹**(wave loop)，在有些地点合振动的振幅取零，称为**波节**(wave node)。具体有

波腹位置为

$$x = k\frac{\lambda}{2} \quad (k = 0, \pm 1, \pm 2, \cdots) \tag{5.5.12}$$

波节位置为

$$x = (2k+1)\frac{\lambda}{2} \quad (k = 0, \pm 1, \pm 2, \cdots) \tag{5.5.13}$$

实际上令

$$\left|2A\cos\frac{2\pi}{\lambda}x\right| = 2A$$

得 $\left|\cos\frac{2\pi}{\lambda}x\right| = 1$，即 $\frac{2\pi}{\lambda}x = k\pi$，得波腹位置；令

$$\left|\cos\frac{2\pi}{\lambda}x\right| = 0$$

即 $\frac{2\pi x}{\lambda} = (2k+1)\frac{\pi}{2}$，得波节位置的。从波腹、波节的位置公式中均可看到，相邻波腹间距和相邻波节间距均为 $\frac{\lambda}{2}$，这提供了一种测定波长的方法。

由于驻波方程中 $\cos(\omega t + \varphi)$ 是时间的函数，但是

$$y(t + \Delta t, x + \Delta x) \neq y(x, t)$$

也就是说，y_1，y_2 的合成 y 不是行波，没有波形传播。

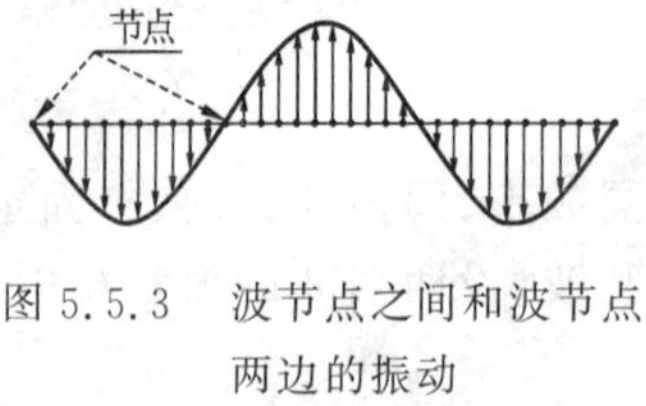

图 5.5.3　波节点之间和波节点两边的振动

由图 5.5.3 可见，两个波节之间，质元的振动方向是同向的，而在波节的两边振动方向相反、波节点振幅始终为零，即波节点处的质元不振动。除了波节点外，所有质元都做振幅随 x 变化的简谐振动，因此可以认

为振动能量(波的能量)不能通过节点传递,所以两波相遇叠加的结果是一种不存在振动状态传播(或相位传播)、没有能量传播的分段振动形式,所以称为驻波。

利用波的反射可得到驻波。抖动一根绳子一端,由于另一端(反射端)两侧是不同的介质,所以将产生反射波,反射波和入射波叠加而形成驻波。若反射端点为自由端,则端点是一个波腹。若反射端点为固定端,则端点肯定是一个波节,从振动合成考虑,这意味着反射波与入射波的相位在此正好相反,相当于入射波在反射时损失了 π 的相位,称为相位突变。这种入射波在反射时发生反相的现象叫**半波损失**(half-waveloss)(因为 π 的相位突变相当于波程差为半个波长)。研究表明,入射波在两种介质分界处反射时是否发生半波损失,与波的种类、两种介质的性质以及入射角的大小有关。如果将弹性波波速 u 与介质密度 ρ 之乘积作为一个参考量 ρu,将分界面两侧的介质相比较,称 ρu 较大的介质为波密介质,ρu 较小的为波疏介质。那么,当波从波疏介质垂直入射到波密介质并在分界面反射回到波疏介质时,将出现半波损失,反之,当波从波密介质入射到波疏介质反射时,没有半波损失发生。这一结论也适用于光波。

例 5.5.1　由振动频率为 400 Hz 的音叉在两端固定拉紧的弦线上建立驻波。这个驻波共有三个波腹,其振幅为 0.30 cm。波在弦上的速度为 320 m/s。

(1) 求此弦线的长度;

(2) 若以弦线中点为坐标原点,试写出弦线上驻波的表达式。

解　(1) 由于两端有固定点,当有 3 个波腹时,必有 4 个波节点将弦线分为 3 段,每段的中央为波腹,每段长为 $\lambda/2$。所以弦线的长度为 $L=3\times\frac{1}{2}\lambda$。利用 $\lambda\nu=u$,将 λ 用题设的已知条件表示

$$\lambda=\frac{u}{\nu}=\frac{320}{400}=0.8\ (\text{m})$$

所以

$$L=\frac{3}{2}\frac{u}{\nu}=\frac{3}{2}\times\frac{320}{400}=1.20\ (\text{m})$$

(2) 弦的中点是波腹,取中点为坐标原点时,$2A\cos\frac{2\pi}{\lambda}x=2A$ 满足波腹的定义,另外,振幅为 $A=0.3\ \text{cm}=3.0\times10^{-3}\ \text{m}$,角频率 $\omega=2\pi\nu=800\pi$。将 A,ω,λ 代入式(5.5.11),得

$$y=3.0\times10^{-3}\cos(2\pi x/0.8)\cos(800\pi t+\varphi)\ (\text{SI})$$

式中的 φ 可由初始条件来选择。

5.6 声　波

在弹性介质中传播的机械波,能够引起人听觉的机械波称为声波,声波分类不存在严格的频率界限,通常把声波的频率在 20 ～ 20 000 Hz,称为**可闻声波**,也称为**声波**(sound wave)。频率低于 20 Hz 的称为**次声波**(infrasonic wave);高于 20 000 Hz 的叫**超声波**(ultrasonic wave;supersonic wave)。空气中的声波是机械纵波,具有机械波的一般特性,但声波也有它的特殊性,为了描述声波,常引入声强和声压两个物理量。

5.6.1　可闻声波

声压(sound pressure):在有声波传播介质空间,任一点在某一瞬时的压强与没有声波时该处压强的差,称为该点处该瞬时的声压。声压大小反映了声波的强弱,单位为帕[斯卡](Pa),简称帕。声压可正可负,在空气和液体中的声波是疏密波,在稀疏区域,实际压强小于原来的静压、声压为负值;在稠密区域,实际压强大于原来的静压,声压为正值。瞬时声压在一个周期内的方均根称为有效声压

$$p_e = \sqrt{\frac{1}{T}\int_0^T p^2 \mathrm{d}t}$$

有效声压大小的典型例子有:人耳对 1000 Hz 声音的可听阈(即刚刚能感觉到它存在时的声压)约为 2×10^{-5} Pa,微风轻轻吹动树叶的声音约为 2×10^{-4} Pa,在房间内相距 1 m 高声谈话约为 0.05 ～ 0.1 Pa,喷气式飞机起飞时约 200 Pa,导弹发射现场约 2×10^{3} Pa。

声强(sound intensity):就是声波的平均能流密度的大小。根据式(5.3.9),声强为

$$I = \frac{1}{2}\rho\omega^2 A^2 u \tag{5.6.1}$$

由此可见,声强与频率的平方、振幅的平方成正比。

声强的单位为瓦/米²(W/m^2),声强对面积积分,则为单位时间内通过某一面积的声波能量,因为具有功率的单位,所以又叫**声功率**。声功率一般很小,一个人说话的声功率大约只有 0.000 01 W,一千万人说话大约只有 100 W。

能够引起人的听觉声强范围极为宽广,从刚好能感觉的声音的声强约10^{-12} ～ 10 W/m^2,两者相差10^{13} 倍。由于可闻声强的数量级相差悬殊,通常用**声强级**(sound intensity level)来描述声波的强弱。声强级的定义是:取 $I_0 = 10^{-12}$ W/m^2 作为测定声强的标准声强,某一声强 I 与标准声强 I_0 之比的对数作为声强 I 的声强级,用 L 表示

$$L = \log\frac{I}{I_0} \tag{5.6.2}$$

声强级 L 的单位为贝尔(B)。由于贝尔这一单位较大,通常用分贝(dB)为另一单位,1 B = 10 dB,所以

$$L = 10\log\frac{I}{I_0}\ (\mathrm{dB}) \tag{5.6.3}$$

表 5.6.1 列出了一些声音的声强级。

表 5.6.1　一些声音的声强,声强级和感觉到的响度

声源	声强 /($W\cdot m^{-2}$)	声强级 /dB	响度
听觉阈	10^{-12}	0	极轻
树叶微动	10^{-11}	10	
细语	10^{-11}	10	
交谈(轻)	10^{-10}	20	轻
收音机(轻)	10^{-8}	40	
交谈(平均)	10^{-7}	50	正常
工厂(平均)	10^{-6}	60	

续表

声源	声强 /($W\cdot m^{-2}$)	声强级 /dB	响度
闹市(平均)	10^{-5}	70	响
警笛	10^{-4}	80	
锅炉工厂	10^{-2}	100	极响
铆钉锤	10^{-1}	110	
雷声、炮声	10^{-1}	110	
痛觉阈	1	120	震耳
摇滚乐	1	120	
喷气机起飞	10^{3}	150	

5.6.2　超声波和次声波

超声波的显著特点是频率高、波长短、衍射不严重，因而具有良好的定向传播性质。也由于其频率高，因而超声波的声强比一般声波大得多，例如震耳欲聋的炮声声强约为 1 W/m^2，而用聚焦方法，超声波的最大声强已达 10^8 W/m^2，比炮声的声强高 10^8 倍。超声波的穿透本领很大，特别是在液体、固体中传播时衰减很小，因此广泛地应用于水下探测、工件无损探伤、医学人体"B 超"，超声清洗及各种其他应用。

次声是频率低于可听声频率(20 Hz)的声波，早在 19 世纪，就已记录到了自然界中一些"自然爆炸"(如火山爆发或陨石爆炸)所产生的次声波。次声波的特点是频率低、衰减极小，具有远距离传播的突出优点，在大气中传播几千千米后，吸收不到万分之几分贝，因此在气象、海洋、地震、地质等方面发展了不少有价值的应用。已形成现代声学的一个新的分支 —— 次声学。

5.6.3　冲击波

当波源运动的速度 v_s 超过波速 u 时，波源将位于波前的前方，波源的前方没有波动，如图 5.6.1 所示。当波源经过 S_1 位置时发出的波在其后 τ 时刻的波面为半径为 ut 的球面，但此刻波源已经在此球面以外的 v_st 的 S 位置。在整个 τ 时间内，波源发出的波到达的前沿形成了一个圆锥面，该锥面称为**马赫锥**(Mach cone)，这个锥形的半顶角 α 由下式决定

$$\sin\alpha = \frac{ut}{v_s t} = \frac{u}{v_s} \tag{5.6.4}$$

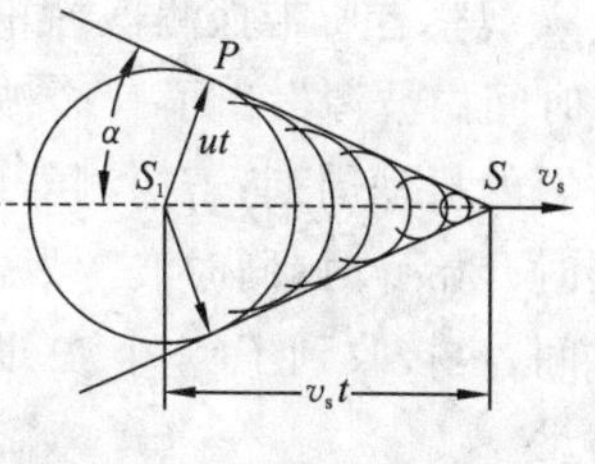

图 5.6.1　冲击波的产生

随着时间的推移，锥面不断地扩展，这种圆锥形的波称为**冲击波**(shock wave)，$\frac{v_s}{u}$(u 为声速)通常称为**马赫数**(Mach number)。锥面就是受扰动的介质与未受扰动的介质的分界面，在两侧有着压强、密度和温度的突变。过强的冲击波掠过物体时甚至会造成损害，这种现象称为声爆。

*5.7　多普勒效应

奥地利物理学家多普勒(J. C. Doppler, 1803-1853)在1842年发现：由于波源或观察者的运动而出现观察者观测到的频率与波源的频率不同的现象，被称为**多普勒效应**(Doppler effect)。

在前几节的讨论中，波源和观察者相对于介质都是静止的，所以介质中**波的频率**(frequency of wave) ν 和**波源频率**(frequency of source) ν_s 相同，观察者接收到的波的**观测频率**(measured frequency) ν' 与波源的频率也相同。当波源或观察者与介质间有相对运动时，观察者接收到的波的频率与波源的振动频率不同的原因有如下几种。

5.7.1　波源静止而观察者运动

若观察者向着静止的波源运动，静止的点波源发出的波如图5.7.1所示，这时介质中波的频率 ν 和波源的频率 ν_s 相同。S 为点波源，同心圆表示波面，图中任一波面上各点的相位与相邻同心圆上各点的相位的相位差都是 2π，所以两相邻同心圆半径之差就是波长 λ。

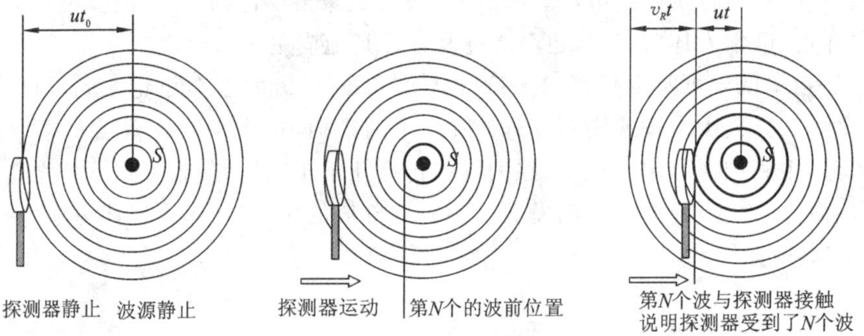

图5.7.1　波源静止而观察者运动

观察者所带探测器静止时，波阵面从波源传到探测器所需时间为 t_0，简单起见，设在 t_0 时间内波源发出了 N 个波，探测器接收到 N 个波，故传播所用时间也可表为 NT_0，T_0 为波源的振动周期；若探测器以速度 v_R 朝波源方向运动，探测器接收到波源发出的第一个波时开始计时，同时波源发出第 N 号波。当第 N 号波达到探测器时，探测器已经运动了 t 时间，也接收到了 N 个波，即时间是 $t = NT$，T 为探测器接收到的波的周期，传播的距离满足

$$uNT_0 = v_RNT + uNT, \quad \lambda_0 = v_RT + uT$$

由频率与周期的关系 $\nu = \dfrac{1}{T}$ 和 $u = \dfrac{\lambda}{T} = \nu\lambda$，上式化为

$$\nu = \frac{1}{T} = \frac{v_R + u}{\lambda_0} = \frac{v_R + u}{\dfrac{u}{\nu_s}} = \frac{v_R + u}{u}\nu_s$$

即

$$\nu = \nu_s\left(1 + \frac{v_R}{u}\right) \tag{5.7.1}$$

如果观察者背离波源而运动，而且仍用 v_R 表示观察者的速率，观测频率 ν 与波源频率 ν_s 的关系为

$$\nu = \frac{u - v_R}{\lambda} = \nu_s\left(1 - \frac{v_R}{u}\right) \tag{5.7.2}$$

将上面两式合写在一起，可得

$$\nu = \nu_s\left(1 \pm \frac{v_R}{u}\right) \tag{5.7.3}$$

由此可见，迎着波传来的方向移动，观测者(探测器)测得的波的频率比波源的频率高。

5.7.2　观察者静止而波源运动的情况

波源运动时，波源每发射一个波，就要向前移动一小段距离 $v_s\Delta t$，在不断发出波的同时，离观察者 A 越来越近，离观察者 B 越来越远。设当第1个波到达离观察者 A 时，波源刚好发出第 N 个波，波源此时移动了 $v_s t$，如图 5.7.2(b) 所示。图5.7.2(a) 所示是波源和观察者都静止的情况下发出 N 个波的情况，从图 5.7.2(b) 可知，第一个波传播的距离为 ut，波源移动的距离为 $v_s t$，在波源和观察者之间有 N 个波，空间距离存在如下关系

$$ut = N\lambda + v_s t$$

时间 t 是发出 N 个波所用的时间，也是波源移动的时间，即 $t = NT_s$，所以

$$\lambda = (u - v_s)T_s = \frac{u - v_s}{\nu_s}$$

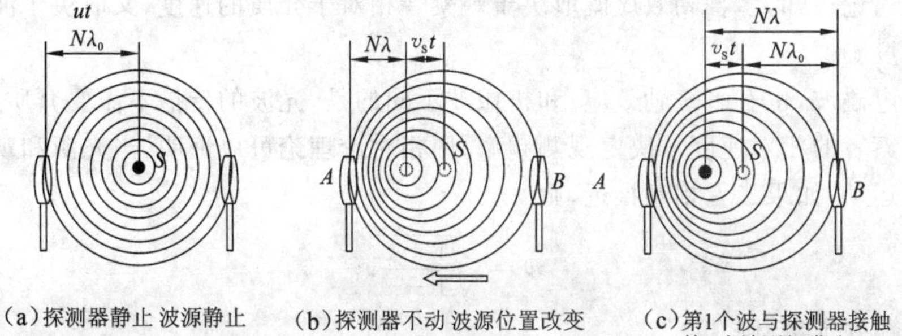

图 5.7.2　波源运动时的多普勒效应

波的频率为

$$\nu = \frac{u}{\lambda} = \frac{u}{u - v_s}\nu_s$$

由于观察者静止，所以他接收到的频率就是波的频率，即

$$\nu = \frac{u}{u - v_s}\nu_s \tag{5.7.4}$$

此时观察者接收到的频率大于波源的频率。

当波源远离观察者运动时，如图 5.7.2(c) 所示，空间距离关系为

$$ut + v_s t = N\lambda$$

时间 t 是发出 N 个波的时间，即 $t = NT_s$，所以

$$\lambda = (u + v_s)T_s = \frac{u + v_s}{\nu_s}$$

可得观察者接收到的频率为

$$\nu = \frac{u}{u + v_s}\nu_s \tag{5.7.5}$$

这时观察者接收到的频率小于波源的频率。将式(5.7.4)、式(5.7.5)两式合写在一起，可得

$$\nu = \frac{u}{u \mp v_s}\nu_s \tag{5.7.6}$$

5.7.3　观察者和波源在同一条直线上同时运动

根据上面两种情况的讨论，不难求出观察者和波源都在运动时观察者接收到的频率为

$$\nu = \frac{u \pm v_R}{u \mp v_s}\nu_s \tag{5.7.7}$$

式中，当观察者向着波源运动时，v_R 前取"+"号，当观察者远离波源运动时，v_R 前取"−"号；当波源向着观察者运动时，v_s 前取"−"号，当波源远离观察者运动时，v_s 前取"+"号。如果观察者和波源相对于介质以相同的速度同向运动，即它们相对静止，由上式可得 $\nu = \nu_s$，即不发生多普勒效应。

由上讨论可知，多普勒效应既取决于观察者相对于介质的速度，又取决于波源相对于介质的速度。

光是电磁波，也有多普勒效应。和机械波不同的是，光波的传播不需要介质，因此只是光源和观察者的相对速度 v 决定观测频率。用相对论理论可以证明，当光源和观察者在同一直线上运动，如果二者相互接近，则

$$\nu = \sqrt{\frac{1 + v}{1 - v}}\nu_s \tag{5.7.8}$$

如果二者相互远离，则

$$\nu = \sqrt{\frac{1 - v}{1 + v}}\nu_s \tag{5.7.9}$$

由此可知，当光源远离观察者运动时，观测频率 ν 比光源频率 ν_s 小，因而波长变长，这种现象称为"**红移**(red shift)"，即在可见光谱中移向红色光谱一端。天文学中所观察到星光红移现象说明星体都正在远离地球向四面飞去，这被认为是解释宇宙起源的"大爆炸"理论的重要证据。

多普勒效应和拍现象结合起来是传统雷达的工作原理，为人们跟踪飞机、卫星等物体提供了一种方法。

例 5.7.1　一个频率为 800 Hz 的声源静止在空气中，设有一个大反射面正在以 $v = 100$ m/s 的速度接近声源。求由反射面反射回来的声波波长。(设空气中的声速为

$u = 330\ \text{m/s}$)

解　反射面接收到的频率为：$\nu = (u + v)\nu_0 / u = 1042\ (\text{Hz})$。然后又把反射面当成向着接受者运动的频率为 $\nu = 1042\ \text{Hz}$ 的运动波源，则反射面反射回来的波的波长为

$$\lambda = u/\nu - vT = (u - v)/\nu = 0.221\ (\text{m})$$

思考题

1. 什么是波速？什么是振动速度？有何不同？各由什么计算公式计算？

2. 振动曲线与波动曲线由什么不同？各代表什么物理意义？

3. 一个弹簧振子做简谐振动时是机械能守恒系统。平面简谐波在介质中传播时，介质中每一小质元均做简谐振动，那么，每个质元是不是机械能守恒系统？

4. 有人误以为机械波只有横波和纵波，你以为如何？是否还有其他形式的机械波？

5. 机械波的波长 λ、波速 u、频率 f 三个物理量中。

(1) 在同一介质中，哪个是不变量？

(2) 当波从一种介质进入另一种介质时，哪个是不变量？

6. 简谐波的空间周期性和时间周期性各指的是什么？有人说，如果空间各质元都以相同的圆频率和相同的振幅做简谐振动，那么空间传播着的就是简谐波，你认为对吗？

7. 弹性波在介质中传播时，取一质元来看，它的振动动能和振动势能与自由弹簧振子的情况有何不同？这又如何反映了波在传播能量？

8. 波能传递能量，试问波能传递动量、角动量吗？

9. 驻波是不是干涉现象？驻波的能量有无定向流动？能量密度是多少？

10. 声源向着观察者运动和观察者向声源运动都使得观察者接收到的频率变高，这两种过程在物理上有何区别？

11. 机械波依靠弹性介质传播，在波传播过程中介质质点只在平衡位置附近振动，即机械波的传播并不伴随着介质的迁移。那么，电磁波的情况怎样呢？

习题 5

1. 一横波方程为 $y = A\cos\dfrac{2\pi}{\lambda}(ut - x)$，式中 $A = 0.01\ \text{m}$，$\lambda = 0.2\ \text{m}$，$u = 25\ \text{m/s}$，求 $t = 0.1\ \text{s}$ 时在 $x = 2\ \text{m}$ 处质点振动的位移、速度、加速度。

2. 一平面简谐波沿 x 轴正向传播，波的振幅 $A = 10\ \text{cm}$，波的角频率 $\omega = 7\pi\ \text{rad/s}$。当 $t = 1.0\ \text{s}$ 时，$x = 10\ \text{cm}$ 处的 a 质点正通过其平衡位置向 y 轴负方向运动，而 $x = 20\ \text{cm}$ 处的 b 质点正通过 $y = 5.0\ \text{cm}$ 点向 y 轴正方向运动。设该波波长 $\lambda > 10\ \text{cm}$，求该平面波的表达式。

3. 一列平面简谐波在介质中以波速 $u = 5\ \text{m/s}$ 沿 x 轴正向传播，原点 O 处质元的振动曲线如图 1 所示。

(1) 求解并画出 $x = 25\ \text{m}$ 处质元的振动曲线。

(2) 求解并画出 $t = 3\ \text{s}$ 时的波形曲线。

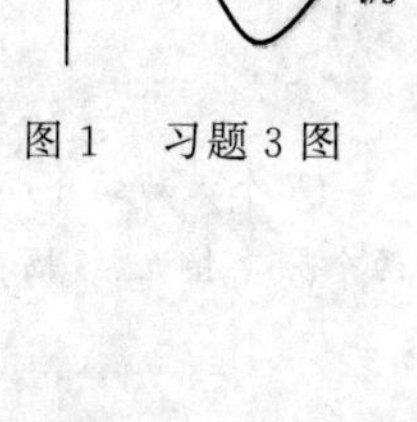

图 1　习题 3 图

4. 已知一平面简谐波的表达式为 $y = 0.25\cos(125t - 0.37x)$ (SI)。

(1) 分别求 $x_1 = 10\ \text{m}$，$x_2 = 25\ \text{m}$ 两点处质点的振动方程；

(2) 求 x_1，x_2 两点间的振动相位差；

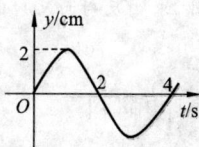

(3) 求 x_1 点在 $t=4$ s 时的振动位移。

5. 如图 2 所示，在弹性介质中有一沿 x 轴正向传播的平面波，其表达式为

$$y=0.01\cos\left(4t-\pi x-\frac{1}{2}\pi\right)\ (\mathrm{SI})$$

若在 $x=5.00$ m 处有一介质分界面，且在分界面处反射波相位突变 π，设反射波的强度不变，试写出反射波的表达式。

6. 如图 3 所示，S_1，S_2 为两平面简谐波相干波源。S_2 的相位比 S_1 的相位超前 $\pi/4$，波长 $\lambda=8.00$ m，$r_1=12.0$ m，$r_2=14.0$ m，S_1 在 P 点引起的振动振幅为 0.30 m，S_2 在 P 点引起的振动振幅为 0.20 m，求 P 点的合振幅。

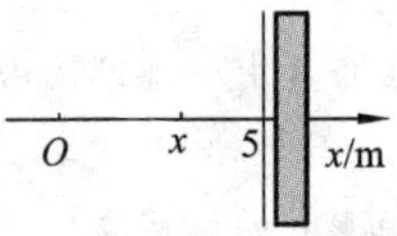

图 2　习题 5 图

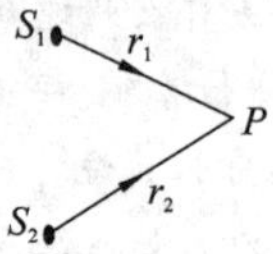

图 3　习题 6 图

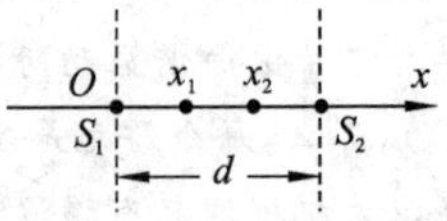

图 4　习题 7 图

7. 如图 4 所示，两相干波源在 x 轴上的位置为 S_1 和 S_2，其间距离为 $d=30$ m，S_1 位于坐标原点 O。设波只沿 x 轴正负方向传播，单独传播时强度保持不变。$x_1=9$ m 和 $x_2=12$ m 处的两点是相邻的两个因干涉而静止的点。求两波的波长和两波源间最小相位差。

8. 一驻波中相邻两波节的距离为 $d=5.00$ cm，质元的振动频率为 $\nu=1.00\times10^3$ Hz，求形成该驻波的两个相干行波的传播速度 u 和波长。

9. 两波在一很长的弦线上传播，其表达式分别为

$$y_1=4.00\times10^{-2}\cos\frac{1}{3}\pi(4x-24t)\ (\mathrm{SI}),\quad y_2=4.00\times10^{-2}\cos\frac{1}{3}\pi(4x+24t)\ (\mathrm{SI})$$

求：

(1) 两波的频率、波长、波速；

(2) 两波叠加后的节点位置；

(3) 叠加后振幅最大的那些点的位置。

10. 一弦上的驻波表达式为 $y=3.00\times10^{-2}(\cos1.6\pi x)\cos550\pi t$ (SI)。

(1) 若将此驻波视为传播方向相反的两列波叠加而成，求两波的振幅及波速；

(2) 求相邻波节之间的距离；

(3) 求 $t=t_0=3.00\times10^{-3}$ s 时，位于 $x=x_0=0.625$ m 处质点的振动速度。

11. 由振动频率为 400 Hz 的音叉在两端固定拉紧的弦线上建立驻波。这个驻波共有 3 个波腹，其振幅为 0.30 cm。波在弦上的速度为 320 m/s。

(1) 求此弦线的长度。

(2) 若以弦线中点为坐标原点，试写出弦线上驻波的表达式。

12. 一个频率为 800 Hz 的声源静止在空气中，设有一个大反射面正在以 $v=100$ m/s 的速度接近声源。求由反射面反射回来的声波波长。(设空气中的声速为 $u=330$ m/s)

阅读材料

波包与非线性波

几个振动的合成一般情况得不到简谐振动，几个不同频率的简谐波合成往往得到较复杂的波动，以两个频率相近、振幅相等、同方向振动的简谐波的叠加为例，这已经是足够简单的合成了。设两个波的波

动方程为

$$y_1 = A\cos(\omega_1 t - k_1 x),\quad y_2 = A\cos(\omega_2 t - k_2 x)$$

为简单起见，已假设它们在原点的初相位等于零。两波叠加，得

$$\begin{aligned} y &= y_1 + y_2 \\ &= 2A\cos\left(\frac{\omega_1 - \omega_2}{2}t - \frac{k_1 - k_2}{2}x\right)\cos\left(\frac{\omega_1 + \omega_2}{2}t - \frac{k_1 + k_2}{2}x\right) \end{aligned}$$

合成结果如图 5 所示。由于 $\Delta\omega = \omega_1 - \omega_2 \ll \omega_1$ 或 ω_2，$\Delta k = k_1 - k_2 \ll k_1$ 或 k_2，所以 $\cos\left(\frac{\Delta\omega}{2}t - \frac{\Delta k}{2}x\right)$ 的变化缓慢，如图中虚线所示的包络线；而 $\cos\left(\frac{\omega_1 + \omega_2}{2}t - \frac{k_1 + k_2}{2}x\right)$ 则表示一个个小波形。如果令 $\omega_m = \frac{\Delta\omega}{2}$，$k_m = \frac{\Delta k}{2}$，$\bar{\omega} = \frac{\omega_1 + \omega_2}{2}$，$\bar{k} = \frac{k_1 + k_2}{2}$，则上式可改写为

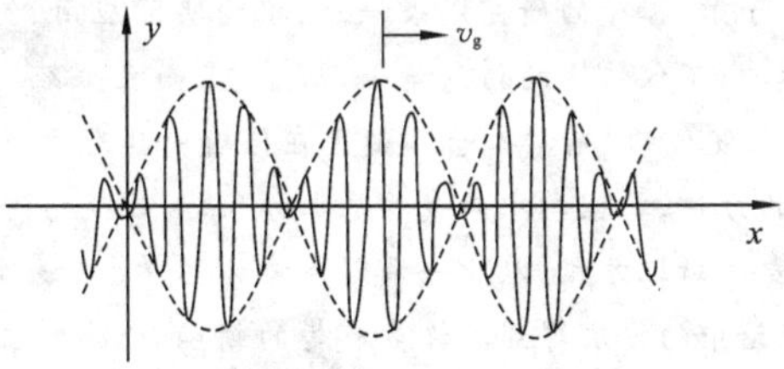

图 5　相速与群速

$$y = 2A\cos(\omega_m t - k_m x)\cos(\bar{\omega} t - \bar{k} t) = A_m(x,t)\cos(\bar{\omega} t - \bar{k} x)$$

将 A_m 看成振幅，它是变化的，合成波看成是一个角频率为 $\bar{\omega}$，波数为 $\bar{k}$ 的波，这个波的速度为

$$u = \frac{\bar{\omega}}{\bar{k}}$$

由于振幅随时间变化，也具有简谐波的振动形式，它的角频率为 ω_m，波数为 k_m，因而传播速度为

$$v_g = \frac{\omega_m}{k_m} = \frac{\Delta\omega}{\Delta k}$$

这样，两个频率相近，等振幅的简谐波叠加的结果是在变化振幅调制下的波，波速为 $\frac{\bar{\omega}}{\bar{k}}$，角频率为 $\bar{\omega} = \frac{\omega_1 + \omega_2}{2} \gg \Delta\omega$ 是高频率的；而振幅的变化是缓慢的，其角频率为 $\frac{\Delta\omega}{2}$，是低频的，因此合成波呈现一团一团的振动向前传播，传播速度为 v_g。这样的一团叫一个**波群**(wave group) 或**波包**(wave packet)，波群的速度叫**群速度**(group velocity)，就是振幅变化对应的波的波速 v_g，在色散介质中(在这样介质中，相速度随频率改变)ω 随 k 连续变化而频差很小时，可用 $\frac{d\omega}{dk}$ 代替 $\frac{\Delta\omega}{\Delta k}$，即

$$v_g = \frac{d\omega}{dk}$$

对于无色散介质，速度与频率无关，且群速度等于相速度，于是有

$$v_g = \frac{d\omega}{dk} = u$$

在色散介质中，因 $\Delta\omega$ 的变化，波包要变形，即在相速度随波的频率变化很快的介质中，合成波形在快速变形，已经没有定形的波包了。更多的波的合成可以想象其复杂性。但是一个复杂的波利用数学中的**傅里叶分析**(Fourier analysis) 可以将其分解为许多简谐波。还可以将复杂的波利用**小波分析**(wavelet analysis) 分解为一系列**小波**(wavelet)。

将一系列不同频率的简谐波叠加可以获得边界分明的波包，但由于介质的色散性质，在某一时刻形

成的波包随着传播速度不同而弥散消失。也有可能出现不消失的波包,1834 年,爱丁堡皇家学会的罗素(J. S. Russell) 发现一个奇特的现象,有两匹马拉一条船沿运河迅速前进,当船突然停止时,河道中为船所推动的一大堆水并不停止,而是积聚在船头前激烈翻滚,然后水浪突然呈现出一个很大的孤立的凸起的水堆,以很快的速度向前推进,并且没有明显地改变其形状或降低其速度。为了弄清这种不弥散水堆的出现是否带有偶然性,罗素本人及许多学者在浅水槽中做过许多实验,并且用多种方式激励水波,结果都观察到了类似的现象,可见该现象的出现并非偶然。现在的研究表明,不弥散波包是由非线性效应与色散现象相互抵消所致,并称为**孤(立)波**(solitary wave),满足粒子条件的孤立波称为**孤(立)子**(soliton)。孤波不仅以水波形式出现,也出现于固体和其他凝聚态物质中。描述浅水波的孤波方程是1895 年考特威格(Korteweg) 和德伏瑞斯(de Vries) 给出的 Kdv 方程,这一方程提供了研究孤波的一个理论基础。1965 年以后,人们进一步发现,除水波外,其他一些物质中也会出现孤波。在固体物理、等离子体物理、光学实验中,都发现了孤子。并且发现,除 Kdv 方程外,其他一些非线性方程,如正弦-戈登方程、非线性薛定谔方程等,也有孤子解。孤子的研究成果,已经推向实际应用。例如在光纤通信中,由于色散变形,传输信息的低强度光脉冲,不仅传输的信息量小,质量差,而且每经一段传输距离后,都要做波形整复。20 世纪 70 年代从理论上发现的"光学孤子",由于在传输中具有波形不损失,不改变速度等特性,为消除前述缺点找到了有效的方法。物理学中的一些基本方程,如规范场论中的自对偶杨-米尔斯方程,引力场理论中的轴对称稳态爱因斯坦方程,以及一系列在流体力学、非线性光学、等离子物体中有重要应用的方程,都已应用孤子理论中的方法得到了许多有趣的精确解。当前孤波的概念已涉及许多领域,在理论上和实践上都有重要意义。

第二篇

电 磁 学

电磁现象是自然界常见的现象,电磁相互作用是自然界四种基本作用之一,电磁理论既是经典物理的重要组成部分,又是相关专业课程和应用技术的重要基础。

人类对电磁现象的初步认识来源于自然界的雷电现象,实验观察发端于古代希腊和中国,定量研究始于库仑,理论集成于麦克斯韦,其成果广泛应用于当今。

公元前6世纪,古希腊哲学家泰勒斯(Thales)已观察到一种现象:用布摩擦过的琥珀能吸引轻微物体。在公元前4～前3世纪,我国战国时期《韩非子》中记载有"司南"(一种用天然磁石做成的指向工具)、《吕氏春秋》中记载有"磁石召铁"的现象。公元1世纪王充所著《论衡》一书中记有"顿牟缀芥,磁石引针"字句(顿牟即琥珀,缀芥即吸拾轻小物体)。

18世纪中末期,法国科学家库仑(C. A. Coulomb,1736-1806)通过对电荷之间相互作用的研究,发现了库仑定律。其后通过泊松、高斯等人的研究,形成了静电场以及静磁场的理论。另外,伽伐尼(L. Galvani)发现了电流,后经伏特、欧姆、法拉第等人发现了关于电流的定律。到1820年,奥斯特(H. C. Oersted,1777-1852)发现了电流对磁针的作用,安培发现了磁铁对电流的作用,才开始认识到电和磁的关系,毕奥、萨伐尔、拉普拉斯、安培等接着又做了进一步的定量研究。1831年法拉第(M. Faraday,1791-1867)发现了著名的电磁感应定律,并提出了电场和磁场以及力线的观点,进一步揭示了电与磁的联系。1865年,麦克斯韦集前人之成就,再加上他极富创见的关于涡旋电场和位移电流的假说,运用高超的数学技巧,建立了一套方程组——麦克斯韦方程组,奠定了宏观电磁场理论的基础,并预言光是一种电磁波——即在空间传播的交变电磁场,使光学成为电磁场理论的组成部分。

1905年,爱因斯坦创立了相对论,它不但使人们对牛顿力学有了更全面的认识,也使人们对已知的电磁现象和理论有了更深刻的理解。电磁规律必须满足相对论中的洛伦兹变换,从不同的参照系观测,同一电磁场可以在这一参照系中表现的仅为电场,在另一参照系中表现的仅为磁场,或电场和磁场并存,即表征电磁场的物理量——电场强度和磁感应强度矢量随参照系变化而变化,这说明电磁场是一个统一的实体。

电磁学是研究电磁场的规律以及物质的电磁性质的学科。电磁学的内容主要包括"场"和"路"两部分,鉴于中学物理对"路"有较多的讨论,且后续相关专业课程还有更系统的描述,一般大学物理课程对"路"的内容涉及较少,而偏重于"场"的相关部分。"场"不同于实物物质,即具有可入性,又具有空间分布,且是一个连续的矢量分布。对空间矢量场的基本描述方法是引入"通量"和"环流"两个概念及其相应的通量定理和环路定理。所以在电磁学中,从概念到描述方法对初学者来说都是崭新而困难的,这是我们学习时要特别注意的问题。

第 6 章 电荷与电场

相对于观察者，静止的电荷产生的电场称为静电场。本章在简述电荷的基本性质和库仑定律后，着重研究真空中静电场的基本性质和规律，引入描述电场性质的两个重要物理量：电场强度和电势，同时介绍场强叠加原理、高斯定理和环路定理等规律。本章所涉及的逻辑思维方法对整个电磁学都具有典型的意义，希望读者细心领会。

6.1 电荷的基本性质 库仑定律

在中学物理中已介绍过摩擦起电、静电感应等基本静电现象，这里不再赘述，本节主要介绍电荷的基本性质和电荷相互作用的实验规律。

6.1.1 电荷的基本性质

电荷是物质之间能发生电相互作用的一种属性。电(荷) 相互作用有吸引和排斥两种形式，这是由于存在两种电荷，即所谓正电荷和负电荷。正负电荷可以相互抵消，我们将一个呈现电荷性质的宏观物体(或微观粒子) 称为带电体(或带电粒子)。人们现在认识到电荷的基本性质，除了有正负性外，还有以下几方面。

1. 电荷的量子性

到目前为止的所有实验表明，在自然界中，电荷总是以一个基本单元的整数倍出现，电荷量的这种只能取分立的、不连续量值的特性称为**电荷的量子性**。这个基本单元或称电荷的量子就是电子或质子所带的电荷量，常以 e 表示，经测定

$$e = 1.602 \times 10^{-19}\ \mathrm{C}$$

电荷具有基本单元的概念最初是根据电解现象中通过溶液的电量和析出物质质量之间的关系提出的。法拉第、阿累尼乌斯(S. A. Arrhenius，1859-1927) 等都为此做过重要贡献。他们的结论是：一个离子的电量只能是一个基元电荷的电量的整数倍，直到 1890 年斯通尼(J. S. Stoney，1826-1911) 才引入“电子”(electron) 这一名称来表示带有负的基元电荷的粒子，1897 年，汤姆孙(J. J. Thomson) 发现电子。1913 年密立根(R. A. Millikan，1868-1953) 设计了著名的油滴实验，直接测定了此基元电荷的量值。现在已知道许多微观粒子所带的电荷量只能是 ne，n 取正负整数，称为**电荷数**。

1964 年，盖尔曼(M. Gell Mann) 提出夸克理论，认为质子、中子这类基本粒子由若干种夸克或反夸克组成，每一个夸克可能带有 $\pm\frac{1}{3}e$ 或 $\pm\frac{2}{3}e$ 的电量，这就是所谓分数电荷。

在实验中发现一些夸克存在的证据，只是由于夸克被禁闭而未能检测到单个的自由夸克。

量子性是微观领域的一个基本概念，在后面我们还会涉及。在讨论电磁现象的宏观规律时，所涉及的电荷常常远远大于基元电荷，在这种情况下，我们将只从平均效果上考虑，认为电荷是连续地分布在带电体上，而忽略电荷的量子性所引起的微观起伏，尽管如此，在阐明某些宏观现象的微观本质时，还是要从电荷的量子性出发。

2. 电荷的守恒性

实验表明，在一个孤立系统(与外界没有电荷交换的系统)内，无论进行怎样的物理过程，系统内正、负电荷量的代数和总是保持不变。这一性质称为**电荷守恒定律**(law of conservation of charge)，是物理学中重要的基本定律之一。

宏观物体的带电，电中和以及导体内电流的形成等现象实质上是由于微观带电粒子在物体内运动的结果，因此，电荷守恒定律不仅在宏观过程中成立，也在微观物理过程中得到精确验证。例如，在典型的放射性衰变过程中

$$^{238}_{92}\mathrm{U}\longrightarrow {}^{234}_{90}\mathrm{Th}+{}^{4}_{2}\mathrm{He}$$

具有放射性的铀核$^{238}_{92}\mathrm{U}$具有92个质子(即它的原子序数$Z=92$)，此铀核发射一个α粒子，而自发地蜕变为$Z=90$的钍核$^{234}_{90}\mathrm{Th}$，在这个过程中，蜕变前的电荷量总和($+92e$)就与蜕变后的电荷量总和相同。

现代物理研究已表明，在粒子的相互作用过程中，电荷是可以产生和消失的，然而电荷守恒并未因此而遭到破坏。例如，一个高能光子与一个重原子核作用时，该光子可以转化为一个正电子和一个负电子(这叫电子对的“产生”)；而一个正电子和一个负电子在一定条件下相遇，又会同时消失而产生两个或三个光子(这叫电子对的“湮没”)，其反应式可表示为

$$\gamma\longrightarrow \mathrm{e}^{+}+\mathrm{e}^{-}$$

$$\mathrm{e}^{+}+\mathrm{e}^{-}\longrightarrow 2\gamma$$

在已观察到的各种过程中，正负电荷总是成对出现或成对消失。由于光子不带电，正负电子又各带有等量异号电荷，所以这种电荷的产生和消失并不改变系统中的电荷数的代数和，因而电荷守恒仍然保持有效。

3. 电荷的运动不变性

实验证明，一个电荷的电量与它的运动状态无关。例如，加速器将电子或质子加速时，其质量随速度的变化很明显，而电量却没有随速度变化。电荷的这一性质也可以表达为系统所带电荷的电量与参考系无关，即具有**相对论不变性**。

较为直接的实验例子是比较氢分子和氦原子的电中性，氢分子和氦原子都有两个电子作为核外电子，这些电子的运动状态相差不大。氢分子还有两个质子，它们是作为两个原子核在保持相对距离约为0.7 Å(1 Å $=10^{-10}$ m)的情况下转动的[图6.1.1(a)]。氦原子中也有两个质子，但它们组成一个原子核，两个质子紧密束缚在一起运动[图6.1.1(b)]。氦原子中两个质子的能量比氢分子中两个质子的能量大得多(100万倍的数量级)，因而两者的运动状态有显著的差别。如果电荷的电量与运动状态有关，氢分子中质子的电

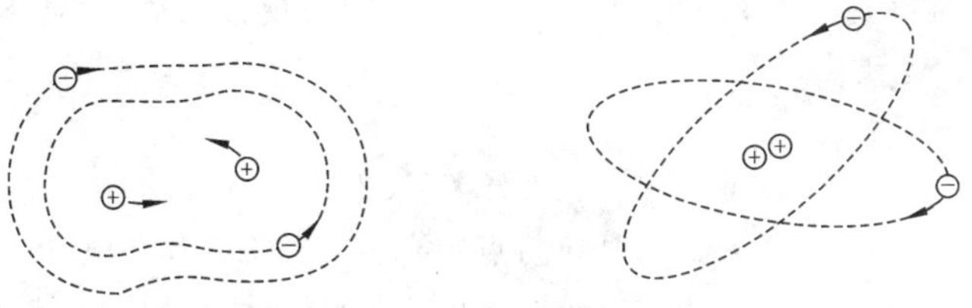

(a) 氢分子结构示意图　　(b) 氦原子结构示意图

图 6.1.1　氢分子和氦原子结构示意图

量就应该与氦原子中质子的电量不同,但两者的电子的电量是相同的,因此,两者就不可能都是电中性的。但是实验证实,氢分子和氦原子都是精确地电中性的,它们内部正、负电荷在数量上的相对差异都小于 $1/10^{20}$。这就说明,质子的电量是与其运动状态无关的。

6.1.2　库仑定律

在发现电现象后的 2000 多年的很长时期内,人们对电的认识一直停留在定性阶段。最早对电荷相互作用作定量研究的是库仑。

1. 点电荷

根据静电实验可以了解到,物体带电后的主要特征就是带电体之间存在相互作用的电性力(静止电荷之间的相互作用叫静电力),进一步的研究知道对于任意两个带电体之间的这种电性力与带电体的形状、大小和电荷分布,相对位置以及周围介质等都有关系,要用实验直接确定电力对这些因素的依赖关系是困难的,但是,当带电体本身的线度比起它们之间的距离来充分小时,相互作用力的大小只决定于它们所带的电量以及相互之间的距离,也就是说,带电体的几何形状以及电荷在其中的分布情况的影响可以忽略不计,可以把带电体所带的电荷看成是集中在一"点"上,根据这一事实,我们抽象出点电荷的概念,即当带电体的线度 d 比起它与其他带电体之间的距离 r 充分小时($r \gg d$),则带电体为点带电体,简称**点电荷**。

所谓"充分小"是指在测量的精度范围之内,带电体的大小和几何形状的任意改变,都不会引起相互作用的改变,因此,点电荷是一个抽象的理想模型,只具有相对的意义,它类似于力学中质点概念。一个带电体能否看成一个点电荷,必须根据具体情况来决定,它本身不一定是很小的带电体。

2. 库仑定律

库仑定律是 1785 年,库仑从扭秤实验结果总结出的关于真空中点电荷之间相互作用的静电力所服从的基本规律,可表述如下:

在惯性参考系中,真空中两个静止的点电荷之间的作用力(称为库仑力)的大小与它们的带电量 q_1 和 q_2 的乘积成正比,与它们之间距离 r 的平方成反比,作用力的方向沿着它

们的连线,同号电荷相斥,异号电荷相吸,这一规律用矢量公式表示为

$$\boldsymbol{F} = k\frac{q_1 q_2}{r^2}\boldsymbol{e}_r \tag{6.1.1}$$

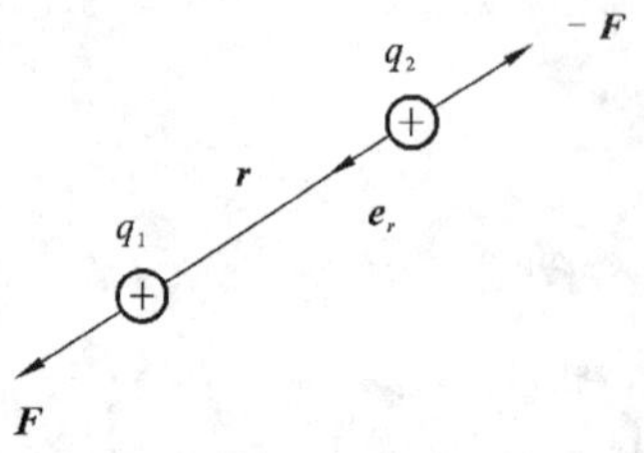

图 6.1.2　两个点电荷之间的作用力

如图 6.1.2 所示,$\boldsymbol{F}$ 表示 q_2 对 q_1 的作用力,$\boldsymbol{e}_r$ 是由施力点电荷 q_2 指向受力点电荷 q_1 的单位矢量,不论 q_1,q_2 的正负如何,式(6.1.1)都适用。当 q_1 与 q_2 同号时,$\boldsymbol{F}$ 与矢量 $\boldsymbol{e}_r$ 的方向相同,表明 q_2 对 q_1 的作用力是斥力;q_1 与 q_2 异号时,$\boldsymbol{F}$ 与 $\boldsymbol{e}_r$ 方向相反,表明 q_2 对 q_1 是吸引力。另外,两个静止的点电荷之间的相互作用力服从牛顿第三定律。

两个静止的点电荷之间的作用力沿着它们连线的方向。对于本身没有任何方向特征的静止点电荷来说,也只可能是这样,因为自由空间是各向同性的(我们也只能这样认为或假定),对于两个静止的点电荷来说,只有它们的连线才具有唯一确定的方向。由此可知,库仑定律反映了自由空间的各向同性,也就是空间对于转动的对称性。

式(6.1.1)中 k 为比例系数,其数值和单位决定于式中各量采用什么单位,可由实验确定。在国际单位制(SI 制,在电磁学中也叫 MKSA 制)中,有 4 个基本量:长度、质量、时间和电流,长度以米(m)为单位,质量以千克(kg)为单位,时间以秒(s)为单位,电流以安培(A)为单位,其他各物理量的单位都可以从这些单位导出。这样在库仑定律的表达式中,如果力的单位用牛[顿],电量的单位用库[仑],距离单位用米,比例系数 k 的数值通过实验测定为

$$k = 8.9875\times 10^9\ \mathrm{N\cdot m^2\cdot C^{-2}} \approx 9.0\times 10^9\ \mathrm{N\cdot m^2\cdot C^{-2}}$$

通常令 $k=\dfrac{1}{4\pi\varepsilon_0}$,$\varepsilon_0$ 称为**真空中的介电常数**(也称**真空电容率**),将测定的 k 值代入可得

$$\varepsilon_0 = \frac{1}{4\pi k} \approx 8.85\times 10^{-12}\,(\mathrm{C^2\cdot N^{-1}\cdot m^{-2}})$$

于是,真空中库仑定律式(6.1.1)就改写成

$$\boldsymbol{F} = \frac{1}{4\pi\varepsilon_0}\frac{q_1 q_2}{r^2}\boldsymbol{e}_r \tag{6.1.2}$$

从形式上看,由于 4π 因子的引入,使得式(6.1.2)比式(6.1.1)复杂,但它会使由库仑定律导出的定理和一些常用公式的形式简化。因此,我们把库仑定律表示式中引入“4π”因子的做法称为单位制的有理化。这一点,在以后的学习过程中读者将会逐步认识。

实验证实,点电荷放在空气中时,其相互作用的电力和在真空中相差极小,故式(6.1.2)的库仑定律对空气中的点电荷亦成立。

库仑定律是关于一种基本力的定律,它的正确性不断经历着实验的考验。设定律分母中 r 的指数为 $2+\alpha$,人们曾设计了各种实验来确定(一般是间接地)α 的上限。1773 年卡文迪许的静电实验给出 $|\alpha| \leqslant 0.02$。约百年后麦克斯韦的类似实验得出 $|\alpha| \leqslant 5\times 10^{-5}$。1971 年威廉斯等人改进实验得出 $|\alpha| \leqslant 10^{-16}$。这些都是在实验室范围($10^{-3}\sim 10^{-1}$ m)内

得到的结果。对于很小的范围，卢瑟福(E. Rutherford, 1871-1937) 的 α 粒子散射实验(1910 年) 证实小到10^{-15} m 的范围，现代高能电子散射实验进一步证实小到10^{-17} m 的范围，库仑定律仍然精确地成立。大范围的结果是通过人造地球卫星研究地球磁场时得到的，它给出库仑定律精确地适用于大到10^{7} m 的范围，因此一般就认为在更大的范围内库仑定律仍然有效。

现代量子电动力学理论指出，库仑定律中分母 r 的指数与光子的静止质量有关：如果光子的静止质量为零，则该指数严格地为 2。现在实验给出光子的静止质量上限为10^{-48} kg，这差不多相当于$|\alpha| \leqslant 10^{-16}$。

6.1.3　静电力叠加原理

库仑定律只讨论两个静止的点电荷间的作用力，当考虑两个以上的静止的点电荷之间的作用时，就必须补充另一个实验事实，两个点电荷之间的作用力并不因第三个点电荷的存在而有所改变。

这样，当 n 个静止的点电荷 $q_1, q_2, \cdots, q_n$ 同时存在时，施于某一点电荷 q_0 的力就等于各点电荷单独存在时施于该电荷静电力的矢量和，这一结论称为**静电力叠加原理**，q_0 受到总静电力可表示为

$$\boldsymbol{F} = \boldsymbol{F}_{01} + \boldsymbol{F}_{02} + \cdots + \boldsymbol{F}_{0n} = \sum_{i=1}^{n} \boldsymbol{F}_{0i} \tag{6.1.3}$$

由库仑定律式(6.1.2) 可进一步写为

$$\boldsymbol{F} = \sum_{i=1}^{n} \frac{1}{4\pi\varepsilon_0} \frac{q_0 q_i}{r_{0i}^2} \boldsymbol{e}_{0i} \tag{6.1.4}$$

式中，r_{0i} 为 q_0 与 q_i 之间的距离；$\boldsymbol{e}_{0i}$ 为从点电荷 q_i 指向 q_0 的单位矢量。

例 6.1.1　试比较氢原子中电子和原子核(质子) 之间的静电力和万有引力。

解　在氢原子中电子和原子核之间的距离 $r = 0.529 \times 10^{-10}$ m，而原子核和电子的直径在10^{-15} m 以下，因此可以把电子和氢原子核视为点电荷。

电子带的电荷为 $-e$，氢原子核带的电荷为 $+e$，$e = 1.6 \times 10^{-19}$ C，故它们之间的静电力为吸引力，大小等于

$$F_{\mathrm{e}} = \frac{e^2}{4\pi\varepsilon_0 r^2} = 9.0 \times 10^9 \times \frac{(1.6 \times 10^{-19})^2}{(0.529 \times 10^{-10})^2} = 8.2 \times 10^{-8}\,(\mathrm{N})$$

电子的质量 $m_{\mathrm{e}} = 9.1 \times 10^{-31}$ kg，氢原子核的质量 $m_{\mathrm{p}} = 1.67 \times 10^{-27}$ kg，故它们之间的万有引力的大小为

$$F_{\mathrm{G}} = G\frac{m_{\mathrm{e}} m_{\mathrm{p}}}{r^2} = 6.67 \times 10^{-11} \times \frac{9.1 \times 10^{-31} \times 1.67 \times 10^{-27}}{(0.529 \times 10^{-10})^2} \approx 3.6 \times 10^{-47}\,(\mathrm{N})$$

故静电引力和万有引力之比为

$$\frac{F_{\mathrm{e}}}{F_{\mathrm{G}}} = 2.3 \times 10^{39}$$

由此可见，在原子内部静电力远远大于万有引力，因此在处理电子和质子之间的相互作用时，只需考虑静电力，万有引力可以忽略不计。而在电子结合成分子、原子，或分子组成液体或固体时，它们的结合力在本质上也都属于电性力。

例 6.1.2 卢瑟福在他的 α 粒子散射实验中发现,α 粒子具有足够高的能量,使它能达到与金原子核的距离为 2×10^{-14} m 的地方。试计算在这一距离时,α 粒子所受金原子核的斥力的大小。

解 α 粒子所带电量为 $2e$,金原子核所带电量为 $79e$,由库仑定律可得此斥力为

$$F=\frac{2e\times79e}{4\pi\varepsilon_0 r^2}=\frac{9.0\times10^9\times2\times79\times(1.6\times10^{-19})^2}{(2\times10^{-14})^2}=91\,(\mathrm{N})$$

此力相当于 10 kg 物体所受的重力,这个例子说明,在原子尺度内,静电力是非常强的。

6.2 静电场的描述

我们从力学知识中知道力的作用形式有两种:接触作用和非接触作用。例如,我们推桌子时,通过手和桌子直接接触,把力作用在桌子上;马拉车,通过绳子和车直接接触,把力作用在车上;这些力的作用称为接触作用或近距作用,作用时存在某种物质作为传递力的媒介;而电荷之间的相互作用力、磁铁对铁块的吸引力、万有引力等几种力的作用属于非接触作用,可以发生在两个相隔一定距离的物体之间,而在两物体之间并不需要有任何由原子、分子组成的物质作媒介。那么,这些力究竟是怎样传递的呢?围绕着这个问题,历史上曾有过长期的争论。一种观点认为这类力作用时不需要任何媒介,也不需要时间,就能够由一个物体立即作用到相隔一定距离的另一个物体上,这种观点称为超距作用观点;另一种观点认为这类力也是近距作用的,作用时通过某种中介物质以一定速度由近及远逐步传递的,如认为光从太阳传到地球是通过一种充满在空间的弹性媒质——“以太”来传递的。

近代物理学的发展证明,“超距作用”的观点是错误的,电力和磁力的传递虽然速度很快(约 $3\times10^8\ \mathrm{m\cdot s^{-1}}$——光速),但并非不需时间,而历史上持“近距作用”观点的人所假定的那种“弹性以太”也是不存在的。实际上,非接触作用力是通过场作为媒介来作用的。

6.2.1 电场和电场强度

1. 电场

按照近代物理学的观点,任何电荷都在自己周围的空间激发电场。电场具有两种基本性质,一是力的性质,电场对于处在其中的任何其他电荷都有作用力,称为电场力;二是能量性质,电场具有能量,并且对处于其中的运动电荷可以通过做功来实现能量转换。

图 6.2.1 电荷间的相互作用

电荷之间的作用力是通过电场发生相互作用的。具体地讲,在图 6.2.1 中,电荷 1 在周围空间激发一个电场,当电荷 2 处于这个电场中时,受到电场力的作用,这就是电荷 1 施加给电荷 2 的作用力 $\boldsymbol{F}_{21}$;同理,电荷 2 也在周围空间激发一个电场,电荷 1 也处于电荷 2 所激发的电场中,同样会受到电场力的作用,这就是电荷 2 施加给电荷 1 的作用力 $\boldsymbol{F}_{12}$。因此电荷之间的相互作用是通过电场来传递的,相互作用力就是电场力。用一个图式来概括为

$$\text{电荷} \rightleftharpoons \text{电场} \rightleftharpoons \text{电荷}$$

电场虽然不像由原子、分子组成的实物那样看得见、摸得着，但它具有一系列物质属性，如具有能量、动量，能施于电荷作用力等，因而能被我们所感觉，所以，电场是一种客观存在，是物质存在的一种形式，电场只是普遍存在的电磁场的一种特殊情形，电磁场的物质性在它处于迅速变化的情况下（即在电磁波中）才能更加明显地表现出来，可以脱离电荷和电流独立存在。具有自己的运动规律，关于这个问题，我们将在第 8 章中详细讨论，本章只讨论相对于观察者静止的电荷在其周围空间产生的电场 —— 静电场(electrostatic field)。

2. 电场强度

设相对于惯性参考系，在真空中有一固定不动的带电体 Q（称场源电荷），如图 6.2.2 所示，将另一电荷 q_0 —— 称为试探电荷（或称检验电荷）放在该带电体周围的点 $P(x,y,z)$（称为场点）处并保持静止，通过测量 q_0 在带电体 Q 激发的电场中不同点的受力情况来定量地描述电场。

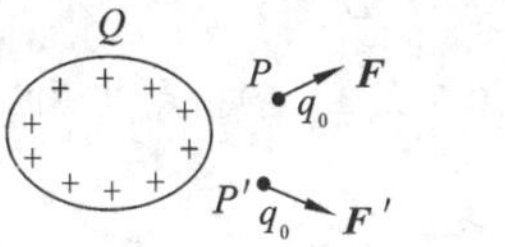

图 6.2.2　用试探电荷测场强

为了保证测量的准确性，试探电荷 q_0 所带电量必须充分小，以至引进它之后，几乎不影响原来场的分布，同时要求试探电荷的几何线度必须充分小，即可把它看成点电荷以保证反映空间各点的电场性质。

实验表明，在电场中不同的点，q_0 所受电场力的大小和方向一般是不同的，在电场中任一固定场点 P，试探电荷 q_0 所受的电场力 $\boldsymbol{F}$ 大小与试探电荷的带电量 q_0 成正比，而 $\boldsymbol{F}$ 的方向不变。若把 q_0 换成等量异号电荷，则力的大小不变，方向相反，因此，对于电场中任一固定场点，比值 $\boldsymbol{F}/q_0$ 的大小方向都与 q_0 无关。

由此可见，试探电荷在电场中某点所受到的电场力不仅与试探电荷所在点的电场性质有关，而且与试探电荷本身的电量有关，但是，比值 $\boldsymbol{F}/q_0$ 却与试探电荷本身无关，只取决于带电体 Q 的结构（包括总电量以及电荷分布）和电荷 q_0 所处的位置 $P(x,y,z)$，即与试探电荷所在点的电场的性质有关，所以我们把这个比值 $\boldsymbol{F}/q_0$ 作为描述静电场中给定场点的客观性质的一个物理量，称为**电场强度**(electric field strength)，简称**场强**，用 $\boldsymbol{E}$ 来表示，于是

$$\boldsymbol{E} = \frac{\boldsymbol{F}}{q_0} \tag{6.2.1}$$

式(6.2.1)表明，电场中任一点的电场强度是一矢量，其大小等于单位正电荷在该点所受的电场力的大小，其方向与正电荷在该处所受电场力方向一致。在电场中各点的 $\boldsymbol{E}$ 可以各不相同，因此一般地说，$\boldsymbol{E}$ 是空间坐标的矢量函数（更一般它还是时间的函数），记为 $\boldsymbol{E}(\boldsymbol{r})$，在直角坐标系中则记为 $\boldsymbol{E}(x,y,z)$，所有这些场强的集合形成一**矢量场**(vector field)。如果电场中空间各点的 $\boldsymbol{E}$ 大小、方向都相同，这种电场就叫**均匀电场**。

在 SI 中，场强的单位是牛 / 库($\mathrm{N \cdot C^{-1}}$)，以后可证，这个单位与伏 / 米($\mathrm{V \cdot m^{-1}}$)等价，即

$$1\,\mathrm{V \cdot m^{-1}} = 1\,\mathrm{N \cdot C^{-1}}$$

电场强度是描述电场力的性质的物理量，在已知静电场中各点场强 $\boldsymbol{E}$ 的条件下，由式

(6.2.1) 直接求得置于其中的任意点处的静止的点电荷 q_0 受的力为

$$\boldsymbol{F} = q_0 \boldsymbol{E} \tag{6.2.2}$$

6.2.2　静止点电荷的电场及场强叠加原理

我们要讨论一般静电场的电场强度的分布，需要先研究一个静止点电荷的场强分布和场强叠加原理。

1. 静止点电荷的电场

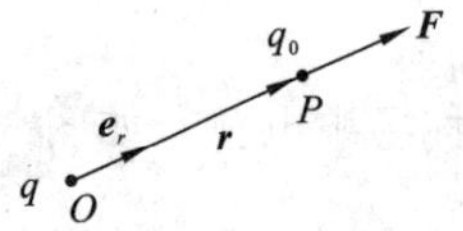

图 6.2.3　静止点电荷的电场

要求出电场中各点的场强，只要求出其中任意一点 P 的场强即可，我们把场源电荷 —— 点电荷 q 所在处 O 称为源点，并取为原点，要研究的任意点 P 就是场点，如图 6.2.3 所示。

设想把一试探电荷 q_0 放在点 P，根据库仑定律，q_0 受到的电场力为

$$\boldsymbol{F} = \frac{1}{4\pi\varepsilon_0}\frac{q_0 q}{r^2}\boldsymbol{e}_r = \frac{qq_0}{4\pi\varepsilon_0 r^3}\boldsymbol{r}$$

式中，$\boldsymbol{e}_r$ 是从场源电荷 q 指向场点 P 的单位矢量；$\boldsymbol{r}$ 是从 q 指向 P 点的矢径。由场强定义式 (6.2.1)，P 点的场强为

$$\boldsymbol{E} = \frac{\boldsymbol{F}}{q_0} = \frac{q}{4\pi\varepsilon_0 r^2}\boldsymbol{e}_r = \frac{q\boldsymbol{r}}{4\pi\varepsilon_0 r^3} \tag{6.2.3}$$

这就是点电荷场强的分布公式。显然当 $q > 0$ 时，点 P 的场强沿矢径 $\boldsymbol{r}$ 方向背离源点；当 $q < 0$ 时，点 P 场强沿矢径 $\boldsymbol{r}$ 反方向指向源点。

从式(6.2.3) 可知，静止点电荷的电场具有球对称性。在各向同性的自由空间内，一个本身无任何方向特征的点电荷的电场分布必然具有这种对称性，距点电荷等远的各场点，场强的大小应该相等。且 $\boldsymbol{E}$ 的大小与 r^2 成反比，当 $r \to \infty$ 时，$\boldsymbol{E} \to 0$，这也是必然的结果，因为从场的观点看，库仑定律就是点电荷的场强规律。

点电荷的电场强度在空间中是一个矢量分布，不同的场点，场强的大小和方向可能不同。整个分布形成一个矢量场。用数学的语言来描述，矢量场是空间坐标的一个矢量函数。学习场的内容时，应特别注意这一点，即我们的着眼点往往不是某个点的场强，而是求它与空间坐标的函数关系。

2. 场强叠加原理

如果电场是由 n 个点电荷 $q_1, q_2, \cdots, q_n$ 共同激发的(这些电荷的总体称为电荷系)，根据静电力的叠加原理，试探电荷 q_0 在电荷系的电场中某点 P 处所受的力等于各个点电荷单独存在时对 q_0 作用的力的矢量和，即

$$\boldsymbol{F} = \boldsymbol{F}_1 + \boldsymbol{F}_2 + \cdots + \boldsymbol{F}_n = \sum_{i=1}^{n}\boldsymbol{F}_i$$

两边同除 q_0，得

$$\frac{\boldsymbol{F}_1}{q_0}+\frac{\boldsymbol{F}_2}{q_0}+\cdots+\frac{\boldsymbol{F}_n}{q_0}=\sum_{i=1}^{n}\frac{\boldsymbol{F}_i}{q_0}$$

按场强的定义，$\frac{\boldsymbol{F}}{q_0}$ 就是 P 点的场强，而$\frac{\boldsymbol{F}_i}{q_0}$ 是点电荷 q_i 单独存在时在 P 点产生的电场强度 $\boldsymbol{E}_i$，将上式可写成

$$\boldsymbol{E}=\boldsymbol{E}_1+\boldsymbol{E}_2+\cdots+\boldsymbol{E}_n=\sum_{i=1}^{n}\boldsymbol{E}_i \tag{6.2.4}$$

此式表明：点电荷系所产生的电场在任一点的场强等于每个点电荷单独存在时在该点所产生的电场强度的矢量和。这个结论称为电场强度叠加原理(简称场强叠加原理)。

将点电荷场强公式(6.2.3)代入式(6.2.4)，可得点电荷系 $q_1,q_2,\cdots,q_n$ 的电场中任一点的场强为

$$\boldsymbol{E}=\frac{q_1}{4\pi\varepsilon_0 r_1^2}\boldsymbol{e}_{r_1}+\frac{q_2}{4\pi\varepsilon_0 r_2^2}\boldsymbol{e}_{r_2}+\cdots+\frac{q_n}{4\pi\varepsilon_0 r_n^2}\boldsymbol{e}_{r_n}=\sum_{i=1}^{n}\frac{q_i\boldsymbol{e}_{r_i}}{4\pi\varepsilon_0 r_i^2}=\sum_{i=1}^{n}\frac{q_i}{4\pi\varepsilon_0 r_i^3}\boldsymbol{r}_i \tag{6.2.5}$$

式中，r_i 为 q_i 到场点的距离；$\boldsymbol{r}_i$ 为从 q_i 指向场点的矢径，$\boldsymbol{e}_{r_i}$ 为 $\boldsymbol{r}_i$ 的单位矢量。

若场源电荷是不能作为点电荷的连续分布的带电体，则可认为该带电体是由许多无限小的电荷元 $\mathrm{d}q$ 组成的，而每个电荷元都可以视为点电荷处理，设其中任一电荷元 $\mathrm{d}q$ 在点 P 产生的场强为 $\mathrm{d}\boldsymbol{E}$，按式(6.2.3)，有

$$\mathrm{d}\boldsymbol{E}=\frac{\mathrm{d}q}{4\pi\varepsilon_0 r^2}\boldsymbol{e}_r \tag{6.2.6}$$

式中，r 是从电荷元 $\mathrm{d}q$ 到场点 P 的距离；$\boldsymbol{e}_r$ 是这一方向上的单位矢量(图 6.2.4)。整个带电体在点 P 所产生的总场强按叠加原理可用积分计算为

$$\boldsymbol{E}=\int\mathrm{d}\boldsymbol{E}=\int_{(\text{电荷分布})}\frac{\mathrm{d}q}{4\pi\varepsilon_0 r^2}\boldsymbol{e}_r \tag{6.2.7}$$

这是一个矢量积分，要根据带电体的几何形状与电荷分布情况，选取 $\mathrm{d}q$ 来进行计算。

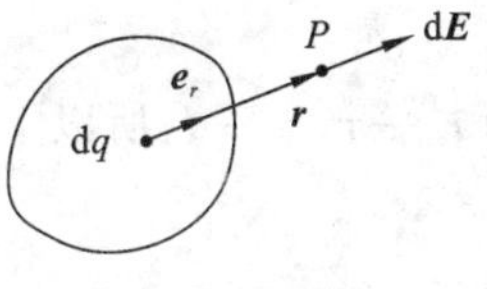

图 6.2.4　连续分布电荷在空间任一点的场

在一定空间体积内连续分布的电荷称为体电荷，引入体电荷密度 $\rho=\frac{\mathrm{d}q}{\mathrm{d}V}$ 来描述电荷分布的疏密程度。如果电荷分布在一个薄层或一根细线上，而又可以不计薄层的厚度和细线的截面(粗细)，把这样的电荷称为面电荷或线电荷，并引入面电荷密度 $\sigma=\frac{\mathrm{d}q}{\mathrm{d}S}$ 和线电荷密度 $\lambda=\frac{\mathrm{d}q}{\mathrm{d}l}$ 来表示其电荷分布情况。ρ,σ,λ 一般是空间坐标的函数，只有在电荷均匀分布时，它们才为常数。

在具体问题中，当电荷分布情况已知时，电荷元可以分别用 ρ,σ,λ 表示为

$$\mathrm{d}q=\rho\mathrm{d}V,\quad \mathrm{d}q=\sigma\mathrm{d}S,\quad \mathrm{d}q=\lambda\mathrm{d}l$$

式(6.2.7)中的被积函数是矢量函数，必须先将矢量函数分解为沿坐标轴的几个分量函数，然后对每个分量积分。下面还将通过一些典型例题，来介绍具体的计算方法。

6.2.3　场强的计算

例 6.2.1　求电偶极子中垂线上任一点的场强。

解　一对等量异号点电荷 $\pm q$,其间距离为 l。当 l 远小于正负点电荷到场点的距离时,该电荷系统称为电偶极子。如图 6.2.5 所示,设两电荷连线的中垂线上任一 P 点相对于正负电荷的矢径分别为 $\boldsymbol{r}_+$ 和 $\boldsymbol{r}_-$,到正负电荷连线的垂直距离为 r,$\boldsymbol{l}$ 表示从负电荷到正电荷的矢量线段,则正负电荷在点 P 产生的场强 $\boldsymbol{E}_+$ 和 $\boldsymbol{E}_-$ 分别为

$$\boldsymbol{E}_+ = \frac{q\boldsymbol{r}_+}{4\pi\varepsilon_0 r_+^3},\quad \boldsymbol{E}_- = \frac{-q\boldsymbol{r}_-}{4\pi\varepsilon_0 r_-^3}$$

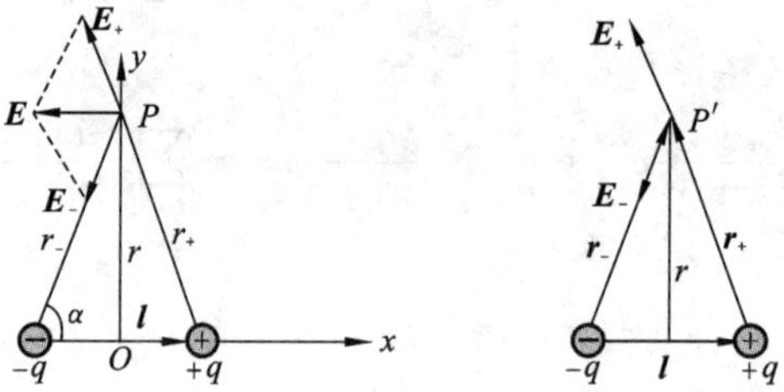

图 6.2.5　电偶极子的电场

由于 $r_+ = r_- = \sqrt{r^2 + l^2/4}$,当 $r \gg l$ 时,$r_+ = r_- \approx r$,则根据场强叠加原理,可得点 P 总场强为

$$\boldsymbol{E}_P = \boldsymbol{E}_+ + \boldsymbol{E}_- = \frac{q}{4\pi\varepsilon_0 r^3}(\boldsymbol{r}_+ - \boldsymbol{r}_-)$$

因为 $\boldsymbol{r}_+ - \boldsymbol{r}_- = -\boldsymbol{l}$,所以上式可化为

$$\boldsymbol{E}_P = \frac{-q\boldsymbol{l}}{4\pi\varepsilon_0 r^3}$$

式中,$q\boldsymbol{l}$ 反映了电偶极子本身结构的特征,称之为电偶极子的**电偶极矩**,简称为电矩,用 $\boldsymbol{p}_e$ 表示电矩,则 $\boldsymbol{p}_e = q\boldsymbol{l}$。上述结果又可表示为

$$\boldsymbol{E}_P = \frac{-\boldsymbol{p}_e}{4\pi\varepsilon_0 r^3}$$

此结果表明,电偶极子中垂线上距离电偶极子中心较远处各点的电场强度与电偶极子的电矩成正比,与该点到电偶极子中心的距离的三次方成反比,方向与电矩的方向相反。

本问题也可以用坐标分量的方法来求解。建立直角坐标系,x 轴正方向沿 $\boldsymbol{l}$,y 轴沿电偶极子中垂线方向,则点 P 总场强的坐标分量分别为

$$E_{Py} = E_{+y} + E_{-y} = 0$$
$$E_{Px} = E_{+x} + E_{-x} = 2E_{+x} = -2E_+\cos\alpha$$

而 $\cos\alpha = \dfrac{l/2}{r_+}$,故总场强为

$$\boldsymbol{E}_P = -2E_+\cos\alpha\boldsymbol{i} = \frac{1}{4\pi\varepsilon_0}\frac{ql}{r_+^3}(-\boldsymbol{i}) \approx \frac{-\boldsymbol{p}_e}{4\pi\varepsilon_0 r^3}$$

例 6.2.2　一根带电直棒，如果我们限于考虑离棒的距离比棒的截面尺寸大得多的地方的电场，则该带电直棒可以看成一条带电直线。现设一均匀带电直线，长为 L，带电总量为 Q，求带电直线外任一点的场强。

解　取带电直线外任一点 P，距离直线的垂直距离为 a，点 P 和直线两端的连线与直线之间的夹角分别为 θ_1 和 θ_2，如图 6.2.6 所示。依题意，带电直线的线电荷密度

$$\lambda = \frac{Q}{L}$$

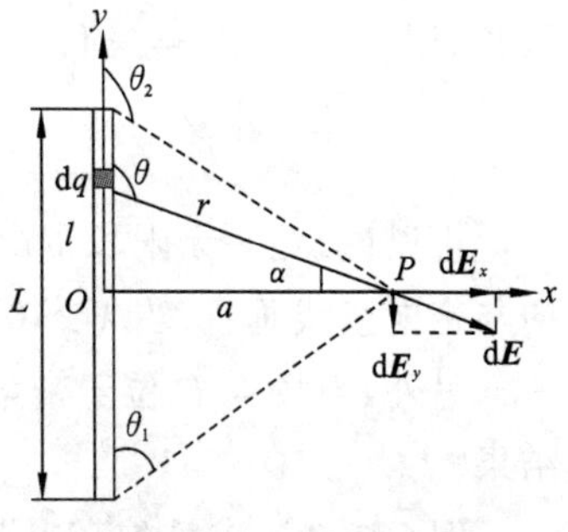

图 6.2.6　带电直线的电场

这类问题可按照以下步骤求解：

(1) 选定电荷元。在带电直线上任取一长为 $\mathrm{d}l$ 的电荷元，其电量 $\mathrm{d}q = \lambda\mathrm{d}l$。

(2) 将电荷元 $\mathrm{d}q$ 视为点电荷，列出它在点 P 的场强 $\mathrm{d}\boldsymbol{E}$ 的大小

$$\mathrm{d}E = \frac{\mathrm{d}q}{4\pi\varepsilon_0 r^2}$$

(3) 分析 $\mathrm{d}\boldsymbol{E}$ 的方向，将 $\mathrm{d}\boldsymbol{E}$ 画在图上。注意不同的电荷元 $\mathrm{d}q$ 在点 P 产生的场强 $\mathrm{d}\boldsymbol{E}$ 的方向是否相同。

(4) 建立坐标系，列出 $\mathrm{d}\boldsymbol{E}$ 的坐标分量。如果不同的电荷元 $\mathrm{d}q$ 在点 P 产生的场强 $\mathrm{d}\boldsymbol{E}$ 的方向相同，沿该方向选定为一维坐标的方向；如果不同的电荷元 $\mathrm{d}q$ 在点 P 产生的场强 $\mathrm{d}\boldsymbol{E}$ 的方向不同，应建立二维或三维坐标系。本例题属于后一情况，所以建立如图 6.2.6 所示的坐标。$\mathrm{d}\boldsymbol{E}$ 的坐标分量分别为

$$\mathrm{d}E_x = \mathrm{d}E\cos\alpha = \mathrm{d}E\sin\theta = \frac{\mathrm{d}q}{4\pi\varepsilon_0 r^2}\sin\theta = \frac{\lambda\mathrm{d}l}{4\pi\varepsilon_0 r^2}\sin\theta$$

$$\mathrm{d}E_y = -\mathrm{d}E\sin\alpha = \mathrm{d}E\cos\theta = \frac{\mathrm{d}q}{4\pi\varepsilon_0 r^2}\cos\theta = \frac{\lambda\mathrm{d}l}{4\pi\varepsilon_0 r^2}\cos\theta$$

(5) 进行积分计算，得到所求场强的坐标分量。本步骤要特别注意，在积分时 r,θ,l 都是变量，积分之前应将被积函数化简为单一变量的函数。下面取 θ 为积分变量，把被积函数化为 θ 的函数。利用关系

$$l = -a\cot\theta,\quad \mathrm{d}l = a\csc^2\theta\mathrm{d}\theta$$
$$r^2 = a^2 + l^2 = a^2\csc^2\theta$$

先将 $\mathrm{d}E_x$，$\mathrm{d}E_y$ 的表达式化简为

$$\mathrm{d}E_x = \frac{\lambda\mathrm{d}l}{4\pi\varepsilon_0 r^2}\sin\theta = \frac{\lambda\mathrm{d}\theta}{4\pi\varepsilon_0 a}\sin\theta$$

$$\mathrm{d}E_y = \frac{\lambda\mathrm{d}l}{4\pi\varepsilon_0 r^2}\cos\theta = \frac{\lambda\mathrm{d}\theta}{4\pi\varepsilon_0 a}\cos\theta$$

再进行积分，得到

$$E_x = \int\mathrm{d}E_x = \int_{\theta_1}^{\theta_2}\frac{\lambda\mathrm{d}\theta}{4\pi\varepsilon_0 a}\sin\theta = \frac{\lambda}{4\pi\varepsilon_0 a}(\cos\theta_1 - \cos\theta_2)$$

$$E_y = \int\mathrm{d}E_y = \int_{\theta_1}^{\theta_2}\frac{\lambda\mathrm{d}\theta}{4\pi\varepsilon_0 a}\cos\theta = \frac{\lambda}{4\pi\varepsilon_0 a}(\sin\theta_2 - \sin\theta_1)$$

于是点 P 场强为

$$\boldsymbol{E} = E_x \boldsymbol{i} + E_y \boldsymbol{j}$$

从上述结果可知，当 L 很大，且 $a \ll L$，即场点极靠近带电直线，可将带电直线当成无限长，用 $\theta_1 = 0, \theta_2 = \pi$ 代入，得

$$E_y = 0,\quad E = E_x = \frac{\lambda}{2\pi\varepsilon_0 a}$$

因此可以说，在一无限长带电直线周围任意点的场强与该点到带电直线距离成反比，而方向与带电直线垂直；当 $\lambda > 0$，场强的方向远离直线；当 $\lambda < 0$，场强的方向指向直线。

另外，当场点 P 位于带电直线的延长线上时，上述结果不成立，读者可自己计算得出结果。

例 6.2.3　求均匀带电圆环轴线上任一点 P 的场强。设圆环半径为 R，带电量为 q，点 P 到环心的距离为 x。

解　如图 6.2.7 所示，在圆环上任取一长度元 $\mathrm{d}l$，$\mathrm{d}l$ 上的电量为

$$\mathrm{d}q = \lambda \mathrm{d}l = \frac{q}{2\pi R}\mathrm{d}l$$

该电荷元可看成点电荷，它在点 P 产生的场强为

$$\mathrm{d}E = \frac{\mathrm{d}q}{4\pi\varepsilon_0 r^2} = \frac{1}{4\pi\varepsilon_0} \cdot \frac{q}{2\pi R} \cdot \frac{\mathrm{d}l}{r^2}$$

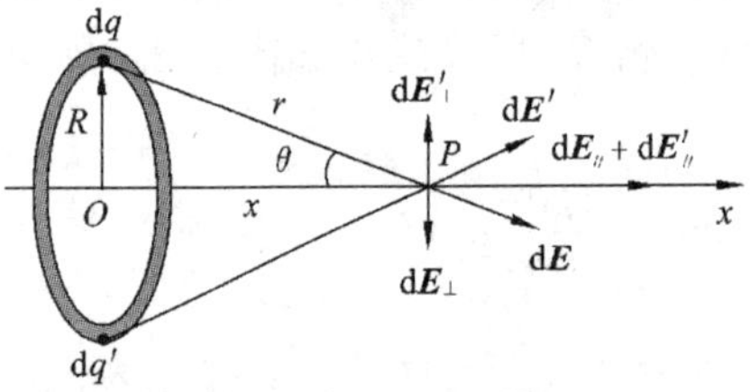

图 6.2.7　均匀带电圆环轴线上的电场

方向如图 6.2.7 所示，整个圆环在点 P 产生的电场就是这样一系列电荷元在点 P 产生的场强的叠加，但每个电荷元在点 P 产生的场的方向不同，从对称性分析可看出，圆环上全部电荷的 $\mathrm{d}\boldsymbol{E}_\perp$（$\mathrm{d}\boldsymbol{E}$ 沿垂直轴线上的分量）的矢量和为零，只有平行于轴线的分量 $\mathrm{d}\boldsymbol{E}_{//}$ 对最后的结果有贡献，因此积分只需计算平行轴线的分量

$$E = E_{//} = E_x = \int \mathrm{d}E_x = \int \mathrm{d}E\cos\theta$$

式中，$\cos\theta = x/r$；$r^2 = x^2 + R^2$，它们对点 P 来说都是常量，积分遍及整个圆环，因此积分上下限应为 $0 \sim 2\pi R$，于是点 P 场强大小为

$$E = \int_0^{2\pi R} \mathrm{d}E\cos\theta = \frac{1}{4\pi\varepsilon_0}\frac{q}{2\pi R}\frac{x}{(R^2 + x^2)^{3/2}}\int_0^{2\pi R}\mathrm{d}l = \frac{1}{4\pi\varepsilon_0}\frac{qx}{(R^2 + x^2)^{3/2}}$$

当 $q > 0$，方向沿轴线远离环心。对于环心 O 来说，$x = 0$，$\boldsymbol{E} = 0$，即环心的场强为零。又当 $x \gg R$ 时，$(x^2 + R^2)^{3/2} \approx x^3$，则 $E \approx \dfrac{q}{4\pi\varepsilon_0 x^2}$，说明远离环心处的电场相当于一个点电荷 q 所产生的电场。

例 6.2.4　求半径为 R 的均匀带电圆面在轴线上任一点 P 的场强。设总电量为 q，如图 6.2.8 所示。

解　依题意，电荷面密度

$$\sigma = \frac{q}{\pi R^2}$$

带电圆面可看成许多同心的带电细环组成。取一半径为 r，宽度为 $\mathrm{d}r$ 的细圆环，它的带电量

$$\mathrm{d}q = \sigma 2\pi r \mathrm{d}r$$

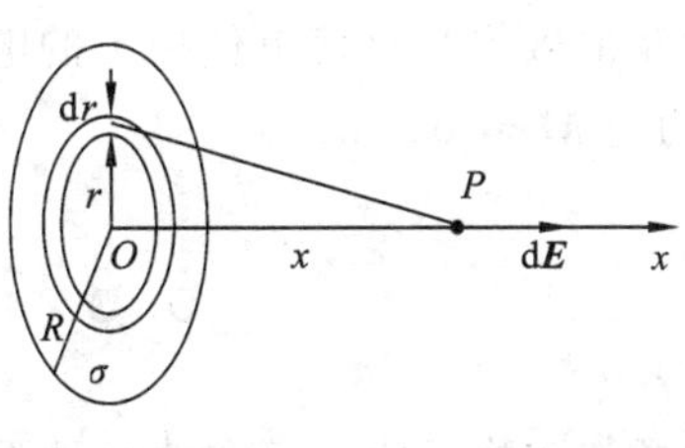

图 6.2.8　均匀带电圆面轴线上的电场

利用例 6.2.3 的结果，此圆环电荷在点 P 的场强大小为

$$\mathrm{d}E = \frac{x\mathrm{d}q}{4\pi\varepsilon_0 (r^2+x^2)^{3/2}} = \frac{x\sigma 2\pi r\mathrm{d}r}{4\pi\varepsilon_0 (r^2+x^2)^{3/2}}$$

方向沿着轴线（$q>0$，沿轴线指向远方；$q<0$，沿轴线指向圆心）。由于组成圆面的各圆环的电场 $\mathrm{d}\boldsymbol{E}$ 的方向都相同，所以点 P 的场强为

$$E = \int \mathrm{d}E = \frac{\sigma x}{2\varepsilon_0}\int_0^R \frac{r\mathrm{d}r}{(r^2+x^2)^{3/2}} = \frac{\sigma}{2\varepsilon_0}\left[1-\frac{x}{(R^2+x^2)^{1/2}}\right]$$

讨论：

(1) 当 $x \ll R$ 时（或 $R \to \infty$）

$$E = \frac{\sigma}{2\varepsilon_0} \tag{6.2.8}$$

此时可将该带电圆面看成“无限大”带电平面，因此可以说，在一无限大的均匀带电平面的两侧电场各是一个均匀场，其大小由式(6.2.8)给出，方向则当 $\sigma>0$ 时，垂直板面向外；当 $\sigma<0$ 时，垂直板面指向板面，这是一个重要的结果，请读者要记住。

(2) 当 $x \gg R$ 时

$$(R^2+x^2)^{-1/2} = \frac{1}{x}\left(1-\frac{R^2}{2x^2}+\cdots\right) \approx \frac{1}{x}\left(1-\frac{R^2}{2x^2}\right)$$

$$E \approx \frac{\sigma}{2\varepsilon_0}\cdot\frac{R^2}{2x^2} = \frac{\sigma\pi R^2}{4\pi\varepsilon_0 x^2} = \frac{q}{4\pi\varepsilon_0 x^2}$$

这一结果再次说明，在远离带电圆面处的电场也相当于一个点电荷的电场。

例 6.2.5　计算电偶极子在匀强电场中所受的力矩。

解　以 $\boldsymbol{E}$ 表示匀强电场的场强，电偶极子的 $\boldsymbol{l}$（或 $\boldsymbol{p}_e = q\boldsymbol{l}$）与场强 $\boldsymbol{E}$ 的夹角为 θ，如图 6.2.9 所示。因正负点电荷在匀强电场中所受的力大小相等，都为 $f_+ = f_- = qE$，方向相反，二力的矢量和为零，这样的一对力称为力偶。可以证明，一力偶相对于空间任何参考点的力矩相同。下面取负电荷所在位置处为参考点，则电偶极子所受力矩就等于正电荷所受电场力相对于负电荷处的力矩。故

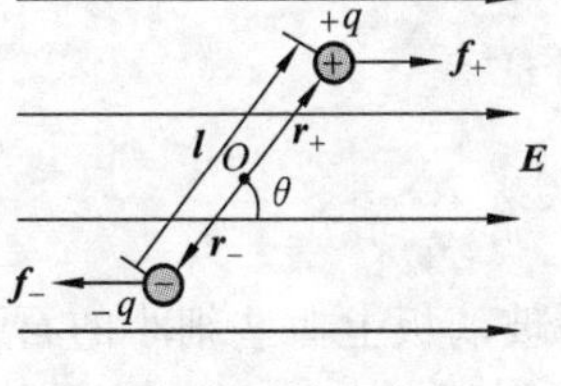

图 6.2.9　电偶极子在匀强电场中所受力矩

$$\boldsymbol{M} = \boldsymbol{l}\times\boldsymbol{f} = \boldsymbol{l}\times q\boldsymbol{E} = q\boldsymbol{l}\times\boldsymbol{E}$$

即

$$\boldsymbol{M} = \boldsymbol{p}_e \times \boldsymbol{E} \tag{6.2.9}$$

该力矩的效果总是使电偶极子的电矩 $\boldsymbol{p}_e$ 的方向转向外电场 $\boldsymbol{E}$ 的方向。当转到 $\boldsymbol{p}_e$ 平行于 $\boldsymbol{E}$ 时,力矩 $\boldsymbol{M}=0$。

6.3　静电场的高斯定理

场与实物是物质存在的两种不同形态,都具有能量、动量等属性,但“场”与实物物质最大的不同是它具有空间分布,这样的对象从概念到描述方法都有自己的特点。对有关矢量场的基本特性及其描述方法,我们要引入“通量”和“环流”两个概念,这是任何矢量场都具有的两种特性,相应地就有关于它们的通量定理和环路定理。在本节和下一节分别讨论真空中的静电场通量定理(高斯定理)以及环路定理。

6.3.1　电场线与电通量

1. 电场线

电场中每一点的场强 $\boldsymbol{E}$ 都有一定的大小和方向,为了形象地描绘电场在空间的分布,使电场有一个比较直观的图像,我们通常引入**电场线**(electric field line)的概念,画电场线图。电场线是按下述规定在电场中画出的一系列假想的曲线:

(1) 曲线上每一点的切线方向表示该点场强的方向。

(2) 曲线的疏密程度表示场强的大小,且规定在电场中任一点,场强为 $\boldsymbol{E}$,取一垂直于该点场强方向的面积元 $\mathrm{d}S_\perp$ ($\mathrm{d}S_\perp$ 很小,可认为其上各点 $\boldsymbol{E}$ 相同),如图 6.3.1 所示,通过此面元画 $\mathrm{d}\Phi_e$ 条电场线,使得

$$E=\frac{\mathrm{d}\Phi_e}{\mathrm{d}S_\perp} \tag{6.3.1}$$

这就是说,电场中每一点上,穿过与场强方向垂直的单位面积上的电场线的根数(即该点电场线的数密度)等于该点场强大小。从而场强较大的地方,电场线较密,场强较小的地方,电场线较疏。这样,电场线的疏密程度就形象地反映了电场中场强大小的分布。

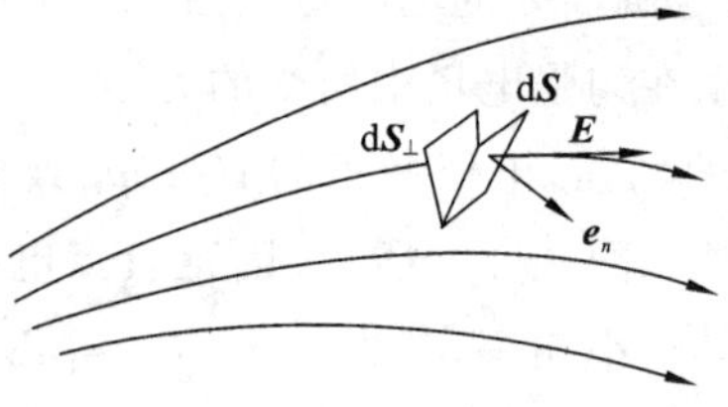

图 6.3.1　电场线数密度与场强大小的关系

电场线可以借助于一些实验方法显示出来,例如,在水平玻璃板上撒些细小的石膏晶粒,或在油上浮些草籽,加上外电场后,它们就会沿电场线排列起来。几种常见的电荷系统的电场线如图 6.3.2 所示。

理论和实验证明,静电场的电场线有如下性质:

(1) 电场线起于正电荷(或来自无限远处),终止于负电荷(或伸向无限远处),不会在没有电荷的地方中断(场强为零的奇异点除外)。

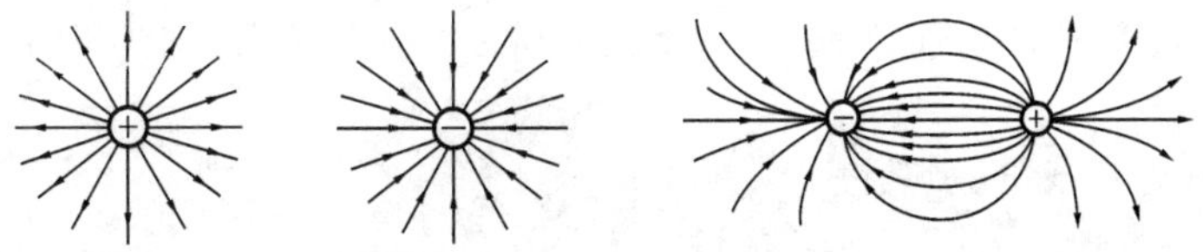

（a）正、负点电荷的电场线　　（b）一对等量异号点电荷的电场线

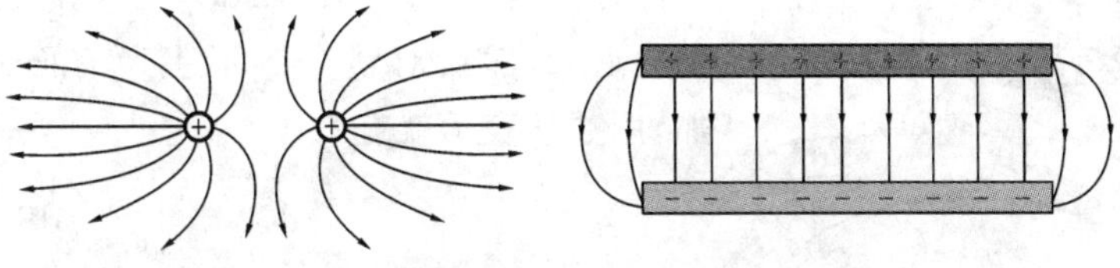

（c）一对等量同号点电荷的电场线　　（d）带电平行板电容器的电场线

图 6.3.2　几种静止的电荷系的电场线

(2) 静电场中，电场线不可能是闭合曲线。

(3) 在没有电荷处，两条电场线不会相交。

前两条是静电场场强 $\boldsymbol{E}$ 这一矢量场性质的反映，可用精确的数学形式表述成一个定理，即高斯定理，而最后一条则是电场中每一点的场强只能有一个确定方向的必然结果。

必须注意，虽然在电场中每一点，正电荷受力方向和通过该点的电场线方向相同，但是，在一般情况下，电场线并不是一个正电荷在场中运动的轨迹。

2. 电通量

通量是任何矢量场都具有的一种概念，它总是与一个假想的面有关，这个面可以是闭合面，也可以是非闭合面。对于电场来说，**电通量**(electric flux)Φ_e 是用假想面所切割的电场线数目来度量的。

如图 6.3.3 所示，以 dS 表示电场中某一个设想的面元，其上场强 $\boldsymbol{E}$ 可认为是均匀的，通过此面元的电场线的条数就定义为通过这一面元的电通量 $d\Phi_e$，为了求出它，我们考虑此面元在垂直于场强方向的投影 $dS_\perp$，很明显，通过 dS 和 $dS_\perp$ 的电场线的条数是一样的。由图 6.3.3 可知

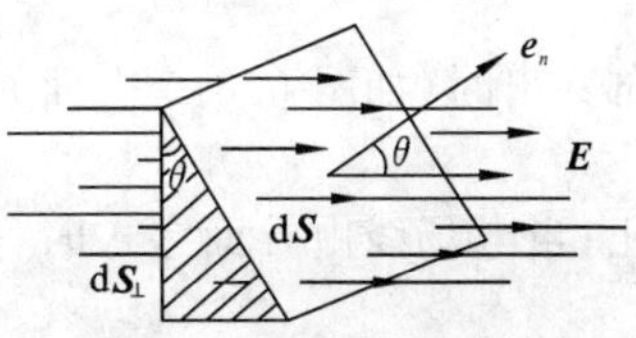

图 6.3.3　通过 dS 的电通量

$$dS_\perp = dS\cos\theta$$

将此关系代入式(6.3.1)，可得通过 dS 的电场线的条数或 dS 的电场强度通量或 $\boldsymbol{E}$ 通量 —— 电通量 $d\Phi_e$

$$d\Phi_e = E dS_\perp = E dS\cos\theta \tag{6.3.2}$$

为了同时表示出面元的方位，我们利用面元的法向单位矢量 $\boldsymbol{e}_n$，引入面元矢量 $d\boldsymbol{S} = dS\boldsymbol{e}_n$，由图 6.3.3 可以看出，dS 和 $dS_\perp$ 两面元之间的夹角也等于电场 $\boldsymbol{E}$ 和 $\boldsymbol{e}_n$ 之间的夹角，由矢量点积的定义，可得

$$\boldsymbol{E}\cdot d\boldsymbol{S} = \boldsymbol{E}\cdot\boldsymbol{e}_n dS = E dS\cos\theta$$

则式(6.3.2) 可写成

$$d\Phi_e = \boldsymbol{E}\cdot d\boldsymbol{S} \tag{6.3.3}$$

注意，由此式决定的电通量 $d\Phi_e$ 可正可负，当 $0\leqslant\theta<\frac{\pi}{2}$ 时，$d\Phi_e$ 为正；当 $\frac{\pi}{2}<\theta\leqslant\pi$ 时，$d\Phi_e$ 为负；当 $\theta=\frac{\pi}{2}$ 时，$d\Phi_e=0$。

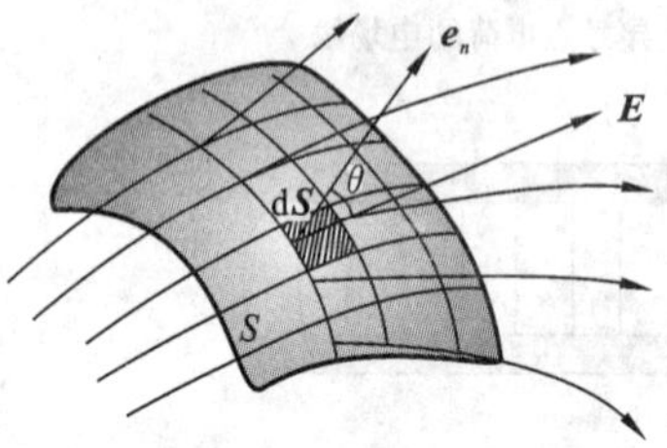

图 6.3.4　通过任意曲面的电通量

为了求出任意曲面 S 的电通量(图 6.3.4)，可将曲面 S 分割成许多小面元 dS，先计算通过每一小面元的电通量，然后对整个 S 面上所有面元的电通量相加，用数学表示就有

$$\Phi_e=\int_S d\Phi_e=\int_S \boldsymbol{E}\cdot d\boldsymbol{S} \tag{6.3.4}$$

这样的积分在数学上叫面积分，积分号下脚标 S 表示此积分遍及整个曲面。显然，如果是在均匀电场中取一平面，平面法向 $\boldsymbol{e}_n$ 与 $\boldsymbol{E}$ 成 θ 角，则通过这一平面的电通量为

$$\Phi_e=ES\cos\theta$$

这是我们中学熟悉的公式，实际上它是式(6.3.4)的特殊情况。

通过一个封闭曲面 S 的电通量(图 6.3.5)，可表示为

$$\boldsymbol{\Phi}_e=\oint_S \boldsymbol{E}\cdot d\boldsymbol{S} \tag{6.3.5}$$

式中，$\oint_S$ 表示沿整个封闭曲面进行积分。

对于不闭合的曲面，面上各处法向单位矢量的正向可以任意取这一侧或那一侧；对于闭合曲面，由于它使整个空间分成内外两部分，所以一般规定自内向外的方向为各处面元法向的正方向，即外法向为正，这样，当电场线从内部穿出时(如图 6.3.5 中面元 $d\boldsymbol{S}_1$ 处)，$0\leqslant\theta<\frac{\pi}{2}$，$d\Phi_e$ 为正；当电场线由外面穿入时(如图 6.3.5 面元 $d\boldsymbol{S}_2$ 处)，$\frac{\pi}{2}<\theta\leqslant\pi$，$d\Phi_e$ 为负。因此通过整个封闭曲面的电通量 $\Phi_e=\oint_S \boldsymbol{E}\cdot d\boldsymbol{S}$ 就等于穿出与穿入封闭面的电场线的条数之差，也就是净穿出封闭曲面的电场线的总条数。

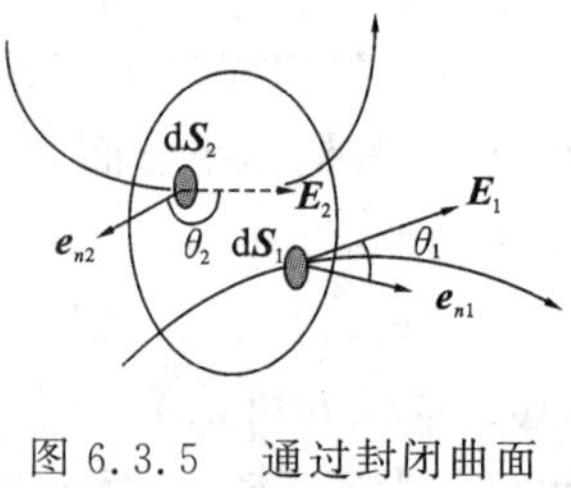

图 6.3.5　通过封闭曲面的电通量

6.3.2　静电场的高斯定理及应用

1. 静电场的高斯定理

德国数学家和物理学家高斯(K. F. Gauss)导出了电磁学的一条重要规律 —— 高斯定理(Gauss theorem)，它是用电通量表示的电场和场源电荷关系的规律，内容是：在真空中的静电场内，通过任意封闭曲面的电通量等于该封闭曲面所包围的电荷的电量的代数和的 $\frac{1}{\varepsilon_0}$ 倍。其数学表达式为

$$\oint_S \boldsymbol{E} \cdot \mathrm{d}\boldsymbol{S} = \frac{1}{\varepsilon_0} \sum q_{\text{int}} \qquad \text{(不连续分布源电荷)} \tag{6.3.6}$$

$$\oint_S \boldsymbol{E} \cdot \mathrm{d}\boldsymbol{S} = \frac{1}{\varepsilon_0} \iiint_V \rho \mathrm{d}V \qquad \text{(连续分布源电荷)} \tag{6.3.7}$$

式(6.3.6)中$\sum q_{\text{int}}$表示在封闭面S内的电量的代数和；式(6.3.7)中ρ为连续分布源电荷的体密度，V是闭合面S所包围的体积。

下面用库仑定律和场强叠加原理简要证明高斯定理。

(1) 点电荷的静电场，点电荷在闭合面内。

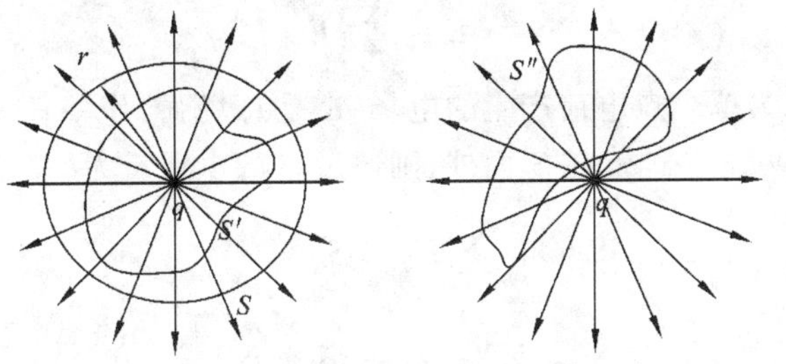

图 6.3.6　证明高斯定理用图

首先，在一个静止的点电荷q（>0）的电场中，以q所在点为中心，取任意长度r为半径作一球面S包围这个点电荷q，如图6.3.6(a)所示，根据点电荷电场强度公式(6.2.3)，球面上任一点的电场强度$\boldsymbol{E}$的大小都是$\frac{q}{4\pi\varepsilon_0 r^2}$，方向都沿着各点的矢径$\boldsymbol{r}$的方向，而处处与球面垂直，则通过该球面的电通量为

$$\Phi_e = \oint_S \boldsymbol{E} \cdot \mathrm{d}\boldsymbol{S} = \oint_S \frac{q}{4\pi\varepsilon_0 r^2} \mathrm{d}S = \frac{q}{4\pi\varepsilon_0 r^2} \oint_S \mathrm{d}S = \frac{q}{4\pi\varepsilon_0 r^2} 4\pi r^2 = \frac{q}{\varepsilon_0}$$

显然，高斯定理在闭合球面S上成立。如果$q<0$，只需注意$\boldsymbol{E}$的方向与球面外法向即矢径$\boldsymbol{r}$反向，则上述$\Phi_e = -\frac{|q|}{\varepsilon_0}$。此结果还表明，通过闭合球面上的电通量只与它所包围的电荷的电量有关，而与所取球面的半径无关。这意味着，对以点电荷q为中心的任意球面来说，通过它的电通量都一样，都等于$\frac{q}{\varepsilon_0}$。用电场线的图像来说，这表示通过各球面的电场线的总条数相等，或者说，从点电荷q发出的电场线连续地延伸到无限远处。

再设想另一个任意的封闭面S'，S'与球面S包围同一个点电荷q，如图6.3.6(a)所示，由于电场线的连续性，可以得出通过S和S'的电场线条数相同，也就是通过S和S'的电通量相等，即

$$\Phi_e = \oint_S \boldsymbol{E} \cdot \mathrm{d}\boldsymbol{S} = \oint_{S'} \boldsymbol{E} \cdot \mathrm{d}\boldsymbol{S} = \frac{q}{\varepsilon_0}$$

因此在任意形状的包围点电荷q的封闭曲面S'上高斯定理成立。

(2) 点电荷的静电场，点电荷在闭合面外。

如果闭合面S''不包围点电荷q［图6.3.6(b)］，则由电场线的连续性可得出，由这一侧

进入 S'' 的电场线条数一定等于从另一侧穿出 S'' 的电场线条数，所以净穿出闭合曲面 S'' 的电场线的总条数为零，亦即通过 S'' 面的电通量为零，即

$$\Phi_e = \oint_{S''} \boldsymbol{E} \cdot \mathrm{d}\boldsymbol{S} = 0$$

则在不包围点电荷 q 的闭合面 S'' 上高斯定理成立。

(3) 任意电荷系的静电场。

对于一个由点电荷 $q_1, q_2, \cdots, q_n$ 组成的电荷系来说，在它们电场中的任一点的场强是各个点电荷(或电荷元)所产生的场强的叠加，由场强叠加原理，可得

$$\boldsymbol{E} = \sum_{i=1}^{n} \boldsymbol{E}_i$$

式中，$\boldsymbol{E}_1, \boldsymbol{E}_2, \cdots, \boldsymbol{E}_n$ 为单个点电荷产生的电场；$\boldsymbol{E}$ 是总场强。作一任意闭合面 S，其中 q_1，$q_2, \cdots, q_k$ 在 S 面内，$q_{k+1}, \cdots, q_n$ 在 S 面外，则通过 S 的电通量为

$$\begin{aligned}\oint_S \boldsymbol{E} \cdot \mathrm{d}\boldsymbol{S} &= \oint_S \sum_{i=1}^{n} E_i \cdot \mathrm{d}\boldsymbol{S} \\ &= \sum_{i=1}^{k} \oint_S \boldsymbol{E}_i \cdot \mathrm{d}\boldsymbol{S} + \sum_{i=k+1}^{n} \oint_S \boldsymbol{E}_i \cdot \mathrm{d}\boldsymbol{S} \\ &= \frac{1}{\varepsilon_0} \sum_{i=1}^{k} q_i = \frac{1}{\varepsilon_0} \sum q_{\text{int}}\end{aligned}$$

这时高斯定理成立。

如果是在连续分布的带电体产生的电场中，被闭合面 S 包围的电量为 $\iiint_V \rho \mathrm{d}V$，$V$ 为闭合面 S 所包围的体积，则高斯定理可写成式(6.3.7)。

综上所述得出结论：任何静电场高斯定理成立。

2. 高斯定理的物理意义

高斯定理并不指明场源电荷所产生电场的具体分布，而是以数学形式描述了电场与场源电荷之间的普遍关系。理解高斯定理应注意以下几点：

(1) 高斯定理表达式左方的场强 $\boldsymbol{E}$ 是曲面 S 上各点的场强，它是由全部电荷(既包括封闭面内又包括封闭面外的)共同产生的合场强，并非只由封闭面内的电荷 $\sum q_{\text{int}}$ 所产生，因此如果高斯面内的电荷的代数和为零，并不意味着高斯面上的场强处处为零。

(2) 通过封闭曲面的总电通量只决定于它所包围的电荷，即只有封闭曲面内部的电荷才对这一总电通量有贡献，封闭面外部电荷对这一总电通量无贡献。

(3) 封闭面内的电荷有正有负，方程右边 $\sum q_{\text{int}}$ 是面内所包围的电荷的代数和，因此，$\sum q_{\text{int}} = 0$ 并不说明封闭面内一定没有电荷分布，只能说明穿过这一封闭面的总电通量为零。

(4) 从高斯定理可看出，当封闭面内的电荷为正时，$\Phi_e > 0$ 表示有电场线从正电荷发出并穿出封闭面；当封闭面内的电荷为负时，$\Phi_e < 0$，表示有电场线穿进封闭面而终止于负电荷上。因此高斯定理说明电场线起发于正电荷，终止于负电荷，反映了静电场的两大

基本特征之一 —— 静电场是有源场，场源就是电荷。

(5) 高斯定理是以库仑定律为基础建立的，但库仑定律只适用于静止电荷和静电场，而高斯定理不但适用于静止电荷和静电场，也适应于运动电荷和迅速变化的电磁场。对静电场来说，库仑定律和高斯定理是用不同的形式来表示电场与场源电荷关系的同一客观规律，但库仑定律还包含了静电力是有心力这一特征，而高斯定理则没有这一方面的信息。在具体应用方面，两者具有“相逆”的意义：库仑定律使我们在电荷分布已知时，能求出场强的分布；而高斯定理使我们在电场强度分布已知时，能求出任意区域内的电荷。当然，当电荷分布具有某种对称性时，也可用高斯定理求出该种电荷系统的电场分布，而且，这种方法在数学上比用库仑定律简便得多。

最后必须指出：单靠高斯定理描述静电场是不完备的，只有和反映静电场的另一特性的定理 —— 静电场的安培环路定理结合起来，才能完整地描述静电场。

3. 利用高斯定理求对称性源电荷产生的静电场的分布

一般情况下，在一个参考系中，当静止的电荷分布给定时，从高斯定理只能求出通过某一封闭面的电通量，并不能把电场中各点的场强确定下来；但是当场源电荷分布具有某些特殊的对称性，从而使相应的电场分布也具有一定的对称性时，通过选择合适的高斯面，以便使积分$\oint \boldsymbol{E} \cdot \mathrm{d}\boldsymbol{S}$中的$\boldsymbol{E}$能以标量形式从积分号内提出来时，就可利用高斯定理方便地求出场强分布。

例 6.3.1　求均匀带电球面的场强分布。已知球面半径为R，带电总量为Q(设$Q>0$)。

解　如图 6.3.7(a) 所示，设点O为球心，在球面外任取一点P，点P到点O的距离为r，如求出点P的场强，也就知道了球面外电场的分布。

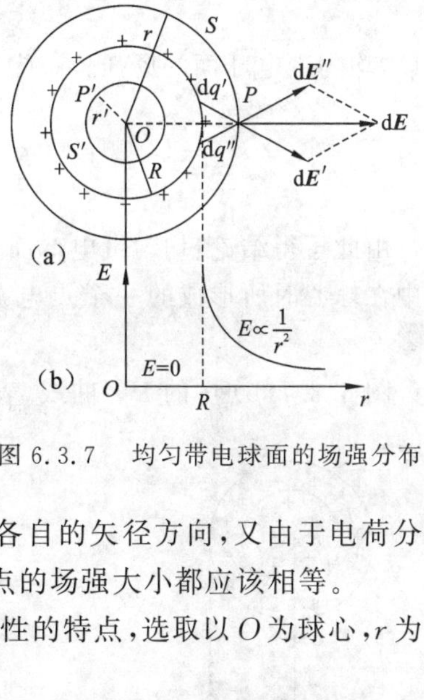

图 6.3.7　均匀带电球面的场强分布

(1) 对称性分析：由于自由空间各向同性和电荷分布对于点O球对称性，从而电荷分布对OP直线对称。而任何一对对称的电荷元$\mathrm{d}q'$和$\mathrm{d}q''$在点P的合场强方向沿OP方向，所以带电球面上所有电荷在点P的合场强$\boldsymbol{E}$的方向也必然沿OP方向(实际上在自由空间各向同性和电荷分布的球对称时，在点P唯一可能的确定方向就是矢径方向，因而此处场强$\boldsymbol{E}$的方向只可能沿OP方向，这也是带电球面在自由空间转动不变性的要求)，其他各点的电场方向也都沿各自的矢径方向，又由于电荷分布的球对称性，在以O为心的与点P在同一球面上的各点的场强大小都应该相等。

(2) 选取合适的高斯面：根据场强分布具有球对称性的特点，选取以O为球心，r为半径的同心球面S作为高斯面，点P在高斯面上。

(3) 计算通过高斯面的电通量：由于S上各点场强大小都和点P场强E相等，球面各处外法向$\boldsymbol{e}_r$与该处的$\boldsymbol{E}$同向，所以$\cos\theta=1\ (Q>0)$，通过S的电通量为

$$\Phi_e = \oint_S \boldsymbol{E} \cdot d\boldsymbol{S} = \oint_S E\,dS\cos\theta = E\oint dS = E \cdot 4\pi r^2$$

(4) 根据高斯定理求 $\boldsymbol{E}$:此球面 S 包围的电量代数和为 $\sum q_{int} = Q$,根据高斯定理

$$\oint_S \boldsymbol{E} \cdot d\boldsymbol{S} = \frac{1}{\varepsilon_0}\sum q_{int}$$

有

$$E \cdot 4\pi r^2 = \frac{Q}{\varepsilon_0}$$

则可得出点 P 场强为

$$E = \frac{Q}{4\pi\varepsilon_0 r^2} \quad (r > R)$$

考虑 $\boldsymbol{E}$ 的方向,可得电场强度的矢量式为

$$\boldsymbol{E} = \frac{Q}{4\pi\varepsilon_0 r^2}\boldsymbol{e}_r = \frac{Q}{4\pi\varepsilon_0 r^3}\boldsymbol{r} \quad (r > R)$$

显然 $Q > 0$,$\boldsymbol{E}$ 方向沿径向向外;$Q < 0$,$\boldsymbol{E}$ 方向沿径向向里。

对球面内部任一点 P',以上对称性分析同样适用,过点 P' 作半径为 r' 的同心球面 S' 为高斯面,通过 S' 的电通量为

$$\Phi_e = 4\pi r'^2 \cdot E$$

但由于此 S' 面内没有电荷,根据高斯定理,应有

$$E \cdot 4\pi r'^2 = 0$$

则点 P' 的场强为

$$\boldsymbol{E} = 0 \quad (r < R)$$

所以,均匀带电球面的场强分布为

$$\boldsymbol{E} = \begin{cases} \dfrac{Q}{4\pi\varepsilon_0 r^2}\boldsymbol{e}_r & (r > R) \\ 0 & (r < R) \end{cases} \tag{6.3.8}$$

由此可得结论:均匀带电球面在外部空间产生的电场,其分布就像球面上的电荷全部集中在球心时所形成的一个点电荷在该区的场强分布,均匀带电球面内部的场强处处为零。

图 6.3.7(b) 中的 E-r 曲线,表明了场强大小随距离的变化,场强值在球面上是不连续的。

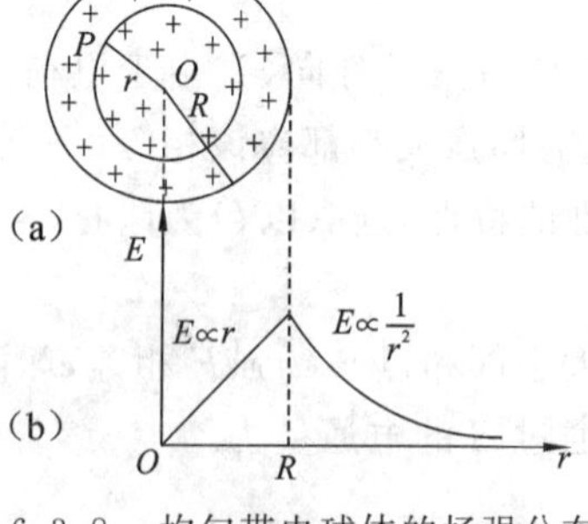

图 6.3.8　均匀带电球体的场强分布

例 6.3.2　求均匀带电球体的场强分布。已知球半径为 R,所带总电量为 Q,如图 6.3.8(a) 所示。将铀核视为带有 $92e$ 的均匀带电球体,半径为 7.4×10^{-15} m,求其表面的电场强度。

解　设想均匀带电球体是由一层层同心带电球面组成,这样上例中的对称性分析在本例中也适用,因此可直接得出:在球体外部的场强分布和所有电荷都集中到球心时产生的电场一样,即

$$\boldsymbol{E}=\frac{Q}{4\pi\varepsilon_0 r^2}\boldsymbol{e}_r=\frac{Q}{4\pi\varepsilon_0 r^3}\boldsymbol{r}\quad(r\geqslant R)$$

对于球体内任一点的场强，可以通过球内点 P 作一半径为 r $(r<R)$ 的同心球面为高斯面[图 6.3.8(a)]，通过该球面的电通量仍为

$$\Phi_e=4\pi r^2 E$$

此球面内包围的电荷$\left(\text{因为均匀，密度 }\rho=\dfrac{Q}{\frac{4}{3}\pi R^3}\right)$

$$\sum q_{\text{int}}=\frac{Q}{\frac{4}{3}\pi R^3}\cdot\frac{4}{3}\pi r^3=\frac{Qr^3}{R^3}$$

由此利用高斯定理，可得

$$E=\frac{Q}{4\pi\varepsilon_0 R^3}r\quad(r\leqslant R)$$

这表明，在均匀带电体内部各点的场强的大小与矢径大小正比。考虑到 $\boldsymbol{E}$ 的方向，球内电场强度也可用矢量式表示为

$$\boldsymbol{E}=\frac{Q}{4\pi\varepsilon_0 R^3}\boldsymbol{r}\quad(r\leqslant R)$$

以 ρ 表示体电荷密度，则上式可改写成

$$\boldsymbol{E}=\frac{\rho}{3\varepsilon_0}\boldsymbol{r}\quad(r\leqslant R)$$

则均匀带电球体的场强分布为

$$\boldsymbol{E}=\begin{cases}\dfrac{Q}{4\pi\varepsilon_0 r^2}\boldsymbol{e}_r & (r\geqslant R)\\[2ex] \dfrac{Qr}{4\pi\varepsilon_0 R^3}\boldsymbol{e}_r & (r\leqslant R)\end{cases}\tag{6.3.9}$$

均匀带电球体的 E-r 曲线如图 6.3.8(b) 所示，由图可知，在球体表面上场强的大小是连续的且是最大值。由式(6.3.9) 可得铀核表面电场强度为

$$E=\frac{92e}{4\pi\varepsilon_0 R^2}=\frac{92\times1.6\times10^{-19}}{4\pi\times8.85\times10^{-12}\times(7.4\times10^{-15})^2}$$
$$=2.4\times10^{21}(\mathrm{N\cdot C^{-1}})$$

例 6.3.3　求无限长均匀带正电圆柱面的场强分布。设圆柱面的半径为 R，沿轴线方向单位长度的电量为 λ。

解　由于电荷分布的轴对称，电场也具有轴对称性，即离开圆柱面轴线等距离各点的场强大小相等，方向都垂直于圆柱面向外，如图 6.3.9(a) 所示。考虑离圆柱面轴线距离为 r $(r>R)$ 的点 P，选取高斯面 S 为与无限长圆柱面共轴，半径为 r(即过点 P)，高度为 h 的封闭圆柱面，S 分为上下底面与侧面三个部分，在上下底面上各点 $\boldsymbol{E}$ 与底面的外法向垂直，侧面上各点的 $\boldsymbol{E}$ 处处与侧面的外法向平行($\lambda>0$，$\boldsymbol{E}$ 方向垂直圆柱面向外，如图 6.3.9(b) 所示)，$\boldsymbol{E}$ 的大小处处相等，因此通过 S 的电通量为

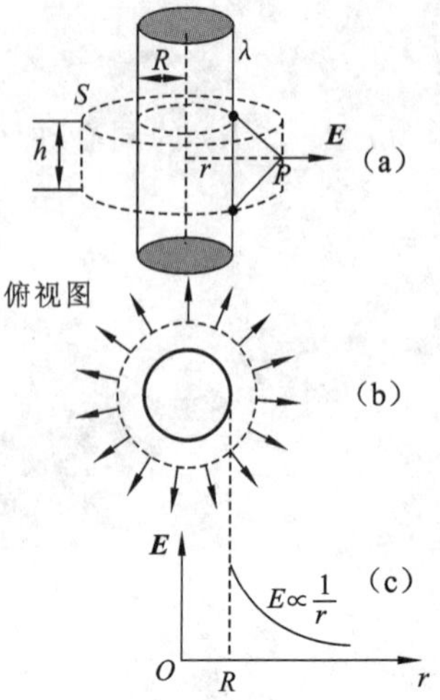

图 6.3.9　无限长均匀带电圆柱面的场强分布

$$\Phi_e=\oint_S \boldsymbol{E}\cdot d\boldsymbol{S}$$
$$=\int_{上底}E dS\cos\frac{\pi}{2}+\int_{下底}E dS\cos\frac{\pi}{2}+\int_{侧面}E dS$$
$$=E\int_{侧面}dS=E2\pi rh$$

此封闭面内包围的电量

$$\sum q_{int}=\lambda h$$

依高斯定理,有

$$E\cdot 2\pi rh=\frac{1}{\varepsilon_0}\lambda h$$

从而

$$E=\frac{\lambda}{2\pi\varepsilon_0 r}\quad (r>R)$$

考虑 $\boldsymbol{E}$ 的方向,用矢量式表为

$$\boldsymbol{E}=\frac{\lambda}{2\pi\varepsilon_0 r}\boldsymbol{e}_r\quad (r>R)$$

式中,$\boldsymbol{e}_r$ 表示径向单位矢量,此结果与例 6.2.2 的结论相同,说明无限长均匀带电圆柱面外的场强分布与无限长均匀带电细棒的场强分布是相同的。

仿照上面的分析,可求得带电圆柱面内的场强处处为零,即

$$\boldsymbol{E}=0\quad (r<R)$$

则无限长均匀带电圆柱面的场强分布为

$$\boldsymbol{E}=\begin{cases}\dfrac{\lambda}{2\pi\varepsilon_0 r}\boldsymbol{e}_r & (r>R)\\ 0 & (r<R)\end{cases}\tag{6.3.10}$$

其 E-r 曲线如图 6.3.9(c) 所示。

如果电荷均匀分布在整个圆柱体内,则在 $r<R$ 的圆柱体内的场强 $\boldsymbol{E}$ 不再为零,可证因为这种情况下,高斯面 S 内所包围的电荷的电量

$$\sum q_{int}=\frac{\lambda h}{\pi R^2}\cdot\pi r^2$$

按高斯定理,有

$$2\pi rhE=\frac{\lambda h}{R^2}r^2\cdot\frac{1}{\varepsilon_0}$$

用矢量表示为

$$\boldsymbol{E}=\frac{\lambda}{2\pi\varepsilon_0 R^2}\boldsymbol{r}\quad (r<R)$$

则无限长均匀带电圆柱体的场强分布为

$$\boldsymbol{E}=\begin{cases}\dfrac{\lambda}{2\pi\varepsilon_0 r}\boldsymbol{e}_r & (r>R)\\ \dfrac{\lambda r}{2\pi\varepsilon_0 R^2}\boldsymbol{e}_r & (r<R)\end{cases}\tag{6.3.11}$$

例 6.3.4　求无限大均匀带电平面的场强分布，已知带电平面上单位面积包含的电荷即面电荷密度为 σ。

解　考虑距离带电平面为 r 的点 P 场强 $\boldsymbol{E}$，由于电荷分布对于垂线 OP 是对称的(图 6.3.10)，所以点 P 的场强必然垂直该带电平面，又由于电荷均匀分布在一个无限大平面上，所以电场分布必然对该平面对称，而且离平面等远处(两侧一样)的场强大小都相等，方向都垂直远离平面($\sigma>0$ 时。当然如果 $\sigma<0$，各点场强方向都垂直指向平面)。

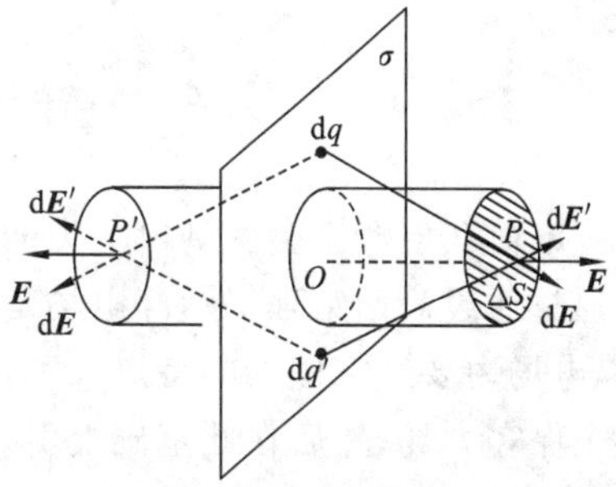

图 6.3.10　无限大均匀带电平面的场强分布

依这种对称性取一其轴垂直于带电平面的圆柱面作为高斯面 S，两个底面到带电平面的距离相等，而点 P 位于它的一个底上。由于圆柱侧面上各点的 $\boldsymbol{E}$ 与其外法向垂直，两底面上的各点 $\boldsymbol{E}$ 与其外法线平行，以 ΔS 表示一个底的面积，则

$$\Phi_e=\oint_S \boldsymbol{E}\cdot \mathrm{d}\boldsymbol{S}=\int_{\text{侧面}} E\mathrm{d}S\cos\frac{\pi}{2}+\int_{\text{左底}} E\mathrm{d}S+\int_{\text{右底}} E\mathrm{d}S=2E\Delta S$$

由于高斯面 S 在带电平面上截出的面积也是 ΔS，所以 S 包围的电量

$$\sum q_{\mathrm{int}}=\sigma\Delta S$$

由高斯定理给出

$$\Phi_e=2E\Delta S=\frac{\sigma\Delta S}{\varepsilon_0}$$

从而

$$E=\frac{\sigma}{2\varepsilon_0} \tag{6.3.12}$$

上式表明，无限大均匀带电平面两侧的电场各是一个均匀场，这一结果与式(6.2.8)相同。

应用例 6.3.4 的结果和场强叠加原理，读者可以证明，一对电荷面密度等值异号的无限大均匀带电的平行平面间的场强大小为

$$E=\frac{\sigma}{\varepsilon_0}$$

其方向从带正电平面指向带负电平面；而在两个平行平面外部空间各点的场强为零，在实验室里，常利用这样的一对带电的平板组成平行板电容器获得均匀电场(忽略边缘效应)。

通过对以上几个例题的分析可以看出：

(1) 当电荷分布具有一定对称性时，用高斯定理才能方便地求出场强分布，典型的对称性有：① 球对称性 —— 如点电荷，均匀带电球面或球体等；② 轴对称性 —— 如无限长均匀带电直线，无限长均匀带电圆柱体或圆柱面等；③ 面对称性 —— 如无限大均匀带电平面或平板，若干个无限大均匀带电平面等。

(2) 从方法上，首先进行对称性分析，由电荷分布的对称性判断场强的大小、方向分布的对称性，其次是选取一个合适的高斯面，使高斯面上场强处处相等，都等于待求场强，且场强处处与高斯面外法向平行；或者某部分面上的通量为零(场强处处与高斯面外法向

垂直),其他部分面上的场强处处相等,都等于待求场强,且场强处处与高斯面外法向平行。

6.4 静电场的环路定理和电势

电荷在电场中会受到电场力的作用,我们引入场强 $\boldsymbol{E}$ 直接描述电场力的性质,再从 $\boldsymbol{E}$ 的通量通过高斯定理揭示静电场是有源场这一基本特性。本节我们从电荷在电场中移动时,电场力要对它做功的特点入手,导出反映静电场另一特性的环路定理,揭示静电场是一个保守力场,然后在此基础上引入描述静电场做功性质的另一个物理量——电势。

6.4.1 静电场的环路定理

1. 静电场的保守性

我们从研究静电场力做功的性质来研究静电场的性质,首先从库仑定律和场强叠加的原理出发,证明静电场是保守场。

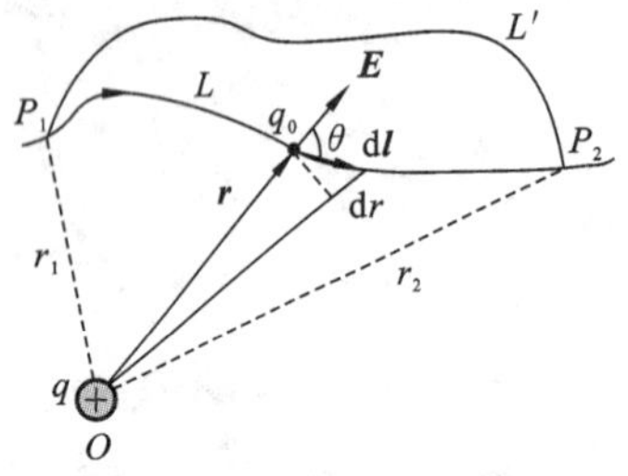

图 6.4.1 静电场力做功与路径无关

如图 6.4.1 所示,静止点电荷 q 位于点 O,设想在 q 产生的电场中,把另一电荷 q_0 从点 P_1 经任意路径 L 移到点 P_2,q_0 受的静电场力所做的功为

$$A_{12}=\int_{(P_1)}^{(P_2)}\boldsymbol{F}\cdot \mathrm{d}\boldsymbol{l}=\int_{(P_1)}^{(P_2)}q_0\boldsymbol{E}\cdot \mathrm{d}\boldsymbol{l}=q_0\int_{(P_1)}^{(P_2)}\boldsymbol{E}\cdot \mathrm{d}\boldsymbol{l}$$

对于静止点电荷 q 产生的静电场,其电场强度公式为

$$\boldsymbol{E}=\frac{q}{4\pi\varepsilon_0 r^2}\boldsymbol{e}_r=\frac{q}{4\pi\varepsilon_0 r^3}\boldsymbol{r}$$

将此式代入上式中,得到静电场力对 q_0 做的功为

$$A_{12}=q_0\int_{(P_1)}^{(P_2)}\frac{q}{4\pi\varepsilon_0 r^3}\boldsymbol{r}\cdot \mathrm{d}\boldsymbol{l}$$

由图 6.4.1 可知,$\boldsymbol{r}\cdot \mathrm{d}\boldsymbol{l}=r\cos\theta \mathrm{d}l$,式中 θ 是 $\boldsymbol{r}$ 的方向与 $\mathrm{d}\boldsymbol{l}$ 方向之间的夹角,而 $\mathrm{d}l\cos\theta=\mathrm{d}r$,代入上式可得

$$\begin{aligned}A_{12}&=q_0\int_{(P_1)}^{(P_2)}\frac{q}{4\pi\varepsilon_0 r^3}\boldsymbol{r}\cdot \mathrm{d}\boldsymbol{l}=q_0\int_{r_1}^{r_2}\frac{q}{4\pi\varepsilon_0 r^2}\cdot \mathrm{d}r\\&=\frac{q_0 q}{4\pi\varepsilon_0}\left(\frac{1}{r_1}-\frac{1}{r_2}\right)\end{aligned}\tag{6.4.1}$$

式中 r_1 和 r_2 分别表示从点电荷 q 到起点 P_1 和终点 P_2 的距离,所以此结果说明在静止点电荷 q 的电场中,静电场力对场中被移动电荷做的功与积分路径无关,只与起点和终点的位置有关(从 P_1 到 P_2 经 L 和 L' 一样,如图 6.4.1 所示),且与被移动电荷的电量 q_0 成正比。

对于由许多静止的点电荷 $q_1,q_2,\cdots,q_n$ 组成的电荷系,当一电荷 q_0 在这样的静电场中经任意路径 L 从 P_1 移动到 P_2 时,由场强叠加原理可得到静电场力做的总功

$$
\begin{aligned}
A_{12} &= \int_{(P_1)}^{(P_2)} q_0 \boldsymbol{E} \cdot \mathrm{d}\boldsymbol{l} = q_0 \int_{(P_1)}^{(P_2)} (\boldsymbol{E}_1 + \boldsymbol{E}_2 + \cdots + \boldsymbol{E}_n) \cdot \mathrm{d}\boldsymbol{l} \\
&= q_0 \int_{(P_1)}^{(P_2)} \boldsymbol{E}_1 \cdot \mathrm{d}\boldsymbol{l} + q_0 \int_{(P_1)}^{(P_2)} \boldsymbol{E}_2 \cdot \mathrm{d}\boldsymbol{l} + \cdots + q_0 \int_{(P_1)}^{(P_2)} \boldsymbol{E}_n \cdot \mathrm{d}\boldsymbol{l} \\
&= \sum_{i=1}^{n} q_0 \int_{(P_1)}^{(P_2)} \boldsymbol{E}_i \cdot \mathrm{d}\boldsymbol{l}
\end{aligned}
$$

因为上述等式右侧每一项都与路径无关，只取决于被移动电荷的始末位置，所以总电场 $\boldsymbol{E}$ 的功也是与路径无关的。

对于静止的连续带电体，可将其看成无数电荷元的集合，因而它的电场对场中被移动的电荷做的功同样具有这样的特点。

因此我们得到结论：对任何静电场，静电场力对场中被移动电荷做的功与路径无关，只决定于其初、末位置的特点。静电场的这一特性叫静电场的保守性，说明静电场力是保守力，静电场是保守场。

2. 静电场的环路定理

静电场的保守性还可以用另一种形式来表述。在静电场中，取一任意闭合路径 L，考虑电荷 q_0 沿此闭合路径移动一周时静电场力所做的功。在 L 上任取两点 P_1 和 P_2，它们把 L 分成 L_1 和 L_2 两段，如图6.4.2所示，则静电场力的功可表示为

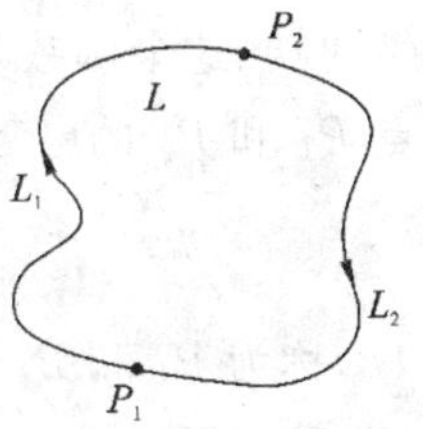

图 6.4.2　静电场的环路定理

$$
\begin{aligned}
q_0 \oint_L \boldsymbol{E} \cdot \mathrm{d}\boldsymbol{l} &= q_0 \int_{L_1(P_1)}^{(P_2)} \boldsymbol{E} \cdot \mathrm{d}\boldsymbol{l} + q_0 \int_{L_2(P_2)}^{(P_1)} \boldsymbol{E} \cdot \mathrm{d}\boldsymbol{l} \\
&= q_0 \int_{L_1(P_1)}^{(P_2)} \boldsymbol{E} \cdot \mathrm{d}\boldsymbol{l} - q_0 \int_{L_2(P_1)}^{(P_2)} \boldsymbol{E} \cdot \mathrm{d}\boldsymbol{l}
\end{aligned}
$$

由于静电场力对场中被移动电荷做的功与路径无关，所以上式最后的两个积分值相等，因此

$$
q_0 \oint_L \boldsymbol{E} \cdot \mathrm{d}\boldsymbol{l} = 0 \tag{6.4.2}
$$

即电荷 q_0 沿静电场中任意闭合路径移动一周时静电场力所做的功等于零。因为 q_0 不为零，所以式(6.4.2)可改写成

$$
\oint_L \boldsymbol{E} \cdot \mathrm{d}\boldsymbol{l} = 0 \tag{6.4.3}
$$

式(6.4.3)说明，在静电场中，场强沿任意闭合路径的线积分(也称为场强 $\boldsymbol{E}$ 的环流)恒等于零。这就是静电场的保守性的另一种说法，称为**静电场的环路定理**(circuital theorem of electrostatic field)。其物理意义是：在静电场中将单位电荷沿任意闭合路径移动一周，静电力的功等于零。

任何力场，只要具备场强的环流为零的特性，就称为保守力场或势场，从而静电场的环路定理揭示静电场是保守场。在数学上也把这类场称为**无旋场**(irrotational field)。它的力线就是非闭合的。

在 6.3 节中我们曾经指出:在静电场中电场线不形成闭合曲线,总是有头有尾,这一结论现在可以根据静电场的环路定理用反证法证明。因为如果静电场中有一根电场线是闭合曲线,我们就可以取它为积分环路,在这环路中的每一小段 dl 上,$\boldsymbol{E}\cdot \mathrm{d}\boldsymbol{l} = E\cos\theta \cdot \mathrm{d}l$ 都是正值(要么都是负值),于是整个环路积分的数值不可能等于零,这与静电场的环路定理矛盾,所以静电场中电场线不可能是闭合的。

6.4.2 电势差和电势

1. 电势差和电势

静电场的场强的环流等于零,也可以理解为场强的线积分 $\int_{(P_1)}^{(P_2)} \boldsymbol{E}\cdot \mathrm{d}\boldsymbol{l}$ 只取决于起点 P_1 和终点 P_2 的位置而与路径无关。这一事实告诉我们:对静电场来说,存在着一个由电场中各点的位置所决定的标量函数。此函数在 P_1 和 P_2 两点的数值之差就等于从点 P_1 到点 P_2 电场强度沿任意路径的线积分,也就等于从点 P_1 到点 P_2 移动单位正电荷时静电场力所做的功。这个函数叫电场的**电势**(electric potential) 或电位,以 U_1 和 U_2 分别表示电场中点 P_1 和 P_2 的电势,就可以有下述定义公式

$$U_1 - U_2 = \int_{(P_1)}^{(P_2)} \boldsymbol{E}\cdot \mathrm{d}\boldsymbol{l} \tag{6.4.4}$$

$U_1 - U_2$ 称为 P_1 和 P_2 两点间的**电势差**(electric potential difference),也叫该两点间的电压,记为 U_{12},即

$$U_{12} = U_1 - U_2 = \int_{(P_1)}^{(P_2)} \boldsymbol{E}\cdot \mathrm{d}\boldsymbol{l} \tag{6.4.5}$$

由于静电场的保守性,在一定的静电场中,对于给定的两点 P_1 和 P_2,其电势差具有完全确定的值,是绝对的。

从上述讨论可知,电势差总是相对电场中的两点而言的,式(6.4.5) 只能给出静电场中任意两点的电势差,而不能确定任一点的电势值 U。为了给出静电场中各点的电势值,需要预先选定一个参考位置,并指定它的电势为零,这一参考位置叫电势零点(或零势点),以 P_0 表示电势零点,由式(6.4.5) 可得静电场中任意一点 P 的电势为

$$U = \int_{(P)}^{(P_0)} \boldsymbol{E}\cdot \mathrm{d}\boldsymbol{l} \tag{6.4.6}$$

即点 P 的电势等于将单位正电荷自点 P 沿任意路径移到电势零点时静电场力所做的功,当然也是场强 $\boldsymbol{E}$ 从该点沿任意路径到零势点的线积分。

电势零点的选择,原则上是任意的,但在实际问题中视方便计算和便于比较电场中各点电势的高低而定,一般当电荷只分布在有限区域时,电势零点通常选在无限远处,即 $U_\infty = 0$,这样式(6.4.6) 就可以写成

$$U = \int_{(P)}^{\infty} \boldsymbol{E}\cdot \mathrm{d}\boldsymbol{l} \tag{6.4.7}$$

当电荷分布在无限大空间中时,不能选无限远处为零势点,应选有限远处某点 P_0 为零势点。在实际应用中,也常取地球的电势为零电势,这样,任何导体接地后,就认为它的电势为零。在电子仪器中,常取机壳或公共地线的电势为零,各点的电势值就等于它们与公共地线或机

壳之间的电势差，只要测出这些电势差的数值，就很容易判断仪器工作是否正常。

由电势的定义式(6.4.6)可明显看出，电场中各点电势的大小与电势零点的选择有关，它只有相对的意义，相对于不同的电势零点，电场中同一点的电势可以有不同的值，因此，在具体说明各点电势数值时，必须事先明确电势零点在何处，而一旦电势零点选定后，电场中所有各点的电势值就由式(6.4.6)唯一确定，由此确定的电势一般是空间坐标的标量函数，即 $U=U(\boldsymbol{r})$（在直角坐标下，$U=U(x,y,z)$）。相对于电势零点来说，其他点的电势值可以比它高，也可以比它低，从而电势值 U 可正可负。而电势差与电势零点的选取无关。

电势和电势差具有相同的单位，在 SI 中，电势的单位是焦[耳]/库[仑]($\mathrm{J\cdot C^{-1}}$)，称为伏[特](V)，即

$$1\ \mathrm{V}=1\ \mathrm{J\cdot C^{-1}}$$

当电场中电势分布已知时，利用电势差定义式(6.4.5)，可以很方便地计算出点电荷在静电场中移动时电场力做的功，当电荷 q_0 从点 P_1 移到点 P_2 时静电场力做的功可用下式计算

$$A_{12}=q_0\int_{(P_1)}^{(P_2)}\boldsymbol{E}\cdot\mathrm{d}\boldsymbol{l}=q_0(U_1-U_2) \tag{6.4.8}$$

实际上，由于静电场是保守场，在静电场中移动电荷时，静电场力做功与路径无关，所以任一电荷在静电场中一定位置时，它与静电场作为一个系统就具有一定的静电势能(简称**电势能**)。电荷 q_0 在静电场中移动时，它的电势能的减少就等于静电场力做的功，以 W_1 和 W_2 分别表示电荷 q_0 在静电场中点 P_1 和点 P_2 时具有的电势能，就应该有

$$A_{12}=W_1-W_2 \tag{6.4.9}$$

将式(6.4.9)和式(6.4.8)对比，显然有 $W_1=q_0U_1$，$W_2=q_0U_2$；或者，一般地取

$$W=q_0U \tag{6.4.10}$$

这就是说，一个电荷在电场中某点的电势能等于它的电量与电场中该点电势的乘积。在电势零点处，电荷的电势能为零。

应该指出，一个电荷在外电场中的电势能是属于该电荷与产生电场的电荷系所共有的，是一种相互作用能。

国际单位制中，电势能的单位就是能量的单位焦[耳](J)。还有一种常用的能量单位是电子伏[特](eV)，1 eV 表示 1 个电子通过电势差为 1 V 的电场时所获得的动能，即

$$1\ \mathrm{eV}=1.60\times10^{-19}\ \mathrm{J}$$

2. 点电荷的电势公式

点电荷是个有限带电体，故我们选无穷远处为电势零点，因为场强的线积分与路径无关，所以在积分计算中，可以选取一条最便于计算的路径，即沿矢径的直线(一条电场线)，如图 6.4.3 所示，于是有

$$U_P=\int_{(P)}^{\infty}\boldsymbol{E}\cdot\mathrm{d}\boldsymbol{l}=\int_{r_P}^{\infty}E\cdot\mathrm{d}r=\frac{q}{4\pi\varepsilon_0}\int_{r_P}^{\infty}\frac{\mathrm{d}r}{r^2}=\frac{q}{4\pi\varepsilon_0 r_P}$$

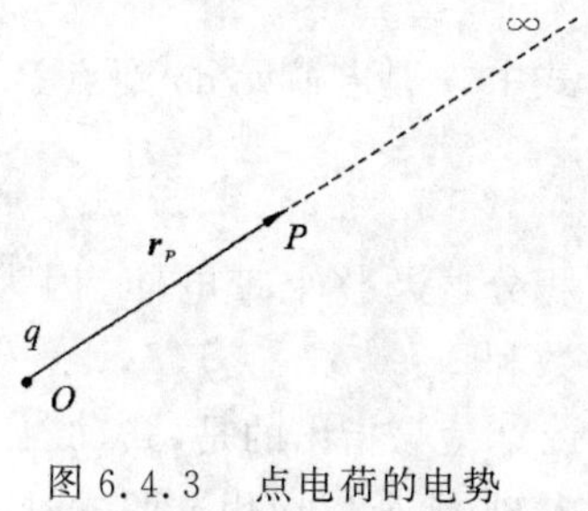

图 6.4.3　点电荷的电势

式中,r_P 是从点电荷 q 到点 P 的距离,由于点 P 任意,U_P 和 r_P 的下标可略去,于是我们得到

$$U = \frac{q}{4\pi\varepsilon_0 r} \tag{6.4.11}$$

这就是在真空中静止的点电荷的电场中任意一点的电势的计算公式。此式中视 q 的正负,电势 U 可正可负。在正点电荷的电场中,各点电势均为正值,离电荷越远的点,电势越低。在负点电荷的电场中,各点电势均为负值,离电荷越远的点,电势越高。

6.4.3 电势叠加原理与电势的计算

1. 电势叠加原理

如果场源电荷由若干个带电体组成,它们各自产生的电场分别为 $\boldsymbol{E}_1, \boldsymbol{E}_2, \cdots$,由场强叠加原理知总场强 $\boldsymbol{E} = \boldsymbol{E}_1 + \boldsymbol{E}_2 + \cdots$。电场中某点 P 的电势应为

$$\begin{aligned} U &= \int_{(P)}^{(P_0)} \boldsymbol{E} \cdot \mathrm{d}\boldsymbol{l} = \int_{(P)}^{(P_0)} (\boldsymbol{E}_1 + \boldsymbol{E}_2 + \cdots) \cdot \mathrm{d}\boldsymbol{l} \\ &= \int_{(P)}^{(P_0)} \boldsymbol{E}_1 \cdot \mathrm{d}\boldsymbol{l} + \int_{(P)}^{(P_0)} \boldsymbol{E}_2 \cdot \mathrm{d}\boldsymbol{l} + \cdots \end{aligned}$$

再由电势定义式(6.4.6)可知,上式最后面一个等号右侧的每一积分分别是各带电体单独存在时产生的电场在点 P 的电势 $U_1, U_2, \cdots$。因此就有

$$U = \sum U_i \tag{6.4.12}$$

此式称为电势叠加原理。它表示一个电荷系的电场中任一点的电势等于每一个带电体单独存在时在该点所产生的电势的代数和。

如果电场是由 n 个点电荷 $q_1, q_2, \cdots, q_n$(其中有正电荷,也有负电荷)组成的场源电荷系共同产生的,这时将点电荷电势公式(6.4.11)代入式(6.4.12),可得点电荷系的电场中点 P 的电势为

$$U = \sum \frac{q_i}{4\pi\varepsilon_0 r_i} \tag{6.4.13}$$

式中,$\dfrac{q_i}{4\pi\varepsilon_0 r_i}$ 是点电荷系中某个点电荷 q_i 单独存在时在点 P 产生的电势;r_i 是点电荷 q_i 离点 P 的距离。

对一个电荷连续分布的带电体,可以设想它由许多电荷元 $\mathrm{d}q$ 所组成,将每个电荷元都当成点电荷,在点 P 产生的电势为

$$\mathrm{d}U = \frac{\mathrm{d}q}{4\pi\varepsilon_0 r} \tag{6.4.14}$$

式中,r 是电荷元 $\mathrm{d}q$ 到点 P 的距离。这时叠加原理式(6.4.12)改写成

$$U = \int \mathrm{d}U = \int \frac{\mathrm{d}q}{4\pi\varepsilon_0 r} \tag{6.4.15}$$

积分遍及整个带电体。因为电势是标量,这里的积分是标量积分,式(6.4.12)是求代数和。

应该指出的是,式(6.4.13)、式(6.4.14)两式都是以点电荷的电势公式(6.4.11)为基础的,所以应用这两式时,电势零点都已选定在无限远处,即 $U_\infty = 0$,从而要求带电体

都是分布在有限空间中。对电荷分布延伸到无限远处的带电体产生的电场中的电势零点不能选在无穷远处，否则会导致场中任一点的电势值都是无穷大，这种情况只能根据具体问题，在场中选合适的点为电势零点。

2. 电势计算举例

根据前面的讨论，当电荷分布已知时，计算电势的方法有两种：一是利用电势的定义式(6.4.6)，先求场强分布，再用场强的线积分求电势分布；二是利用点电荷的电势公式(6.4.11)和电势叠加原理式(6.4.13)或式(6.4.15)求电势分布。下面通过例子具体介绍这两种方法。

例 6.4.1　求均匀带电球壳的电场中的电势分布，已知球壳的半径为 R，带电总量为 Q，如图 6.4.4(a) 所示。

解　利用高斯定理，我们易求得

$$\boldsymbol{E}=\begin{cases}\dfrac{Q}{4\pi\varepsilon_0 r^2}\boldsymbol{e}_r & (r>R)\\ 0 & (r<R)\end{cases}$$

根据电势的定义，选 $U_\infty=0$，沿半径方向积分，则球外任一离球心 O 为 r 处的点 P 的电势依式(6.4.6)为

$$\begin{aligned}U&=\int_P^\infty \boldsymbol{E}\cdot \mathrm{d}\boldsymbol{l}=\frac{1}{4\pi\varepsilon_0}\int_r^\infty \frac{Q}{r^2}\mathrm{d}r=\frac{1}{4\pi\varepsilon_0}\left[-\frac{Q}{r}\right]\Big|_r^\infty\\&=\frac{Q}{4\pi\varepsilon_0 r}\quad (r\geqslant R)\end{aligned}$$

球面内离球心为 r 处的任一点 P' 的电势为

$$U=\int_{P'}^\infty \boldsymbol{E}\cdot \mathrm{d}\boldsymbol{l}=\int_r^R 0\cdot \mathrm{d}r+\int_R^\infty \frac{Q}{4\pi\varepsilon_0 r^2}\cdot \mathrm{d}r=\frac{Q}{4\pi\varepsilon_0 R}(\text{常数})\quad (r\leqslant R)$$

则均匀带电球面的电势分布为

$$U=\begin{cases}\dfrac{Q}{4\pi\varepsilon_0 R} & (r\leqslant R)\\[2ex] \dfrac{Q}{4\pi\varepsilon_0 r} & (r>R)\end{cases}\tag{6.4.16}$$

由此可见，一个均匀带电球面在球外任一点的电势和把全部电荷看作集中于球心的一个点电荷在该点的电势相同，球面内任一点的电势应与球面上的电势相等，故均匀带电球面其内部是一个等电势的区域。电势 U 随距离 r 的变化关系如图 6.4.4(b) 所示，与场强 E-r 曲线[图 6.3.7(b)]相比，可看出，球面处($r=R$) 场强不连续，而电势是连续的。

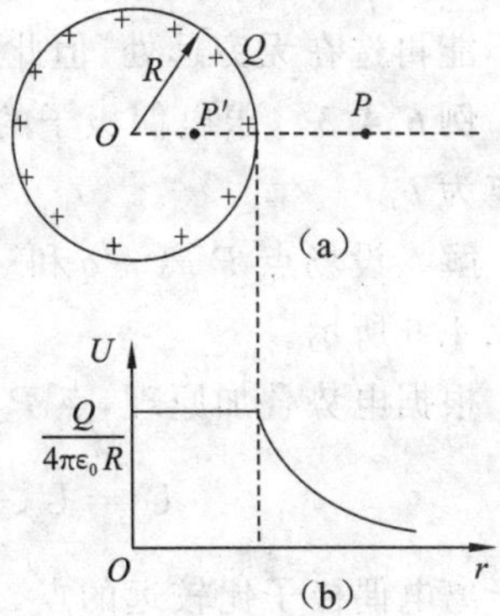

图 6.4.4　均匀带电球面的电势

此例说明，如果已知场强分布，我们可以根据电势的定义用场强的线积分求电势，但应该注意的是，被积函数式中的场强 $\boldsymbol{E}$ 不是指的待求的那一点的场强，而是从待

求点到电势零点(此例就是无穷远处)的积分路径上的场强。如果积分路径上的不同范围内场强分布规律不同,就应该分段积分,在本例中,对球面内一点求电势时,积分就是分两段进行的。

此题也可由式(6.4.15)求出,读者可以试一试。

例 6.4.2　求无限长均匀带电直线的电场中的电势分布。

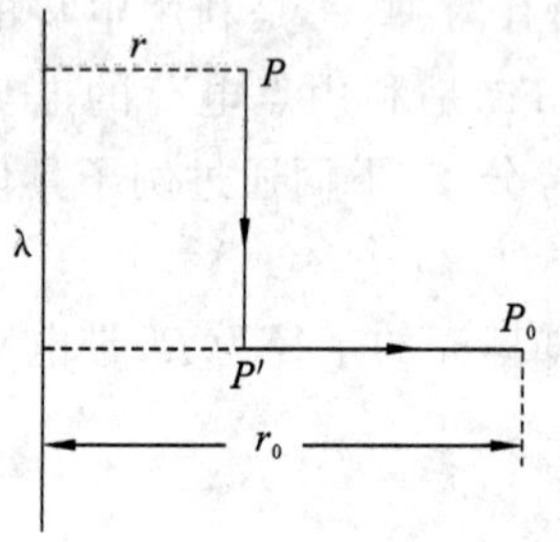

图 6.4.5　无限长均匀带电直线的电势

解　无限长均匀带电直线周围的场强大小为

$$E=\frac{\lambda}{2\pi\varepsilon_0 r}$$

方向垂直于带电直线,如果仍选无限远处作为电势零点,则由$\int_{(P)}^{\infty}\boldsymbol{E}\cdot d\boldsymbol{l}$沿一条电场线积分的结果将得出空间各点的电势值都为无穷大值而失去意义,这时可选距带电直线为 r_0 处的某一点 P_0(图 6.4.5)为电势零点,则距带电直线为 r 的点 P 的电势为

$$U=\int_{(P)}^{(P_0)}\boldsymbol{E}\cdot d\boldsymbol{l}=\int_{(P)}^{(P')}\boldsymbol{E}\cdot d\boldsymbol{l}+\int_{(P')}^{(P_0)}\boldsymbol{E}\cdot d\boldsymbol{l}$$

式中,积分路径 PP' 段与带电直线平行,即与场强方向垂直,这样由于 $\boldsymbol{E}\perp d\boldsymbol{l}$,就使上式等号右侧第一项积分为零;而 $P'P_0$ 段与带电直线垂直,即与场强方向平行,所以

$$U=\int_{(P')}^{(P_0)}\boldsymbol{E}\cdot d\boldsymbol{l}=\int_{r}^{r_0}\frac{\lambda}{2\pi\varepsilon_0 r}dr=-\frac{\lambda}{2\pi\varepsilon_0}\ln r+\frac{\lambda}{2\pi\varepsilon_0}\ln r_0$$

这一结果可以一般表示为

$$U=-\frac{\lambda}{2\pi\varepsilon_0}\ln r+C \tag{6.4.17}$$

式中,C 为与电势零点的位置有关的常数。如本题中选离直线 $r_0=1\ \text{m}$ 处为电势零点,则上式中 $C=0$,这样可得到离直线距离为 r 的点的电势为

$$U=-\frac{\lambda}{2\pi\varepsilon_0}\ln r$$

当 $\lambda>0$,$r>1\ \text{m}$ 处,U 为负值,这些地方的电势比 $r=1\ \text{m}$ 处的点的电势低,在 $r<1\ \text{m}$ 处,U 为正值。这个例题的结果再次表明,在静电场中只有两点的电势差有绝对的意义,而各点的电势值都只有相对的意义。此外,当电荷的分布扩展到无限远处时,电势零点不能再选在无穷远处。但此题也不能选 $r=0$ 处为电势零点,因为 $\ln 0$ 无意义。

例 6.4.3　求电偶极子的电场中的电势分布,已知电偶极子中两点电荷 $-q$,$+q$ 间的距离为 l。

解　设场点 P 离 $+q$ 和 $-q$ 的距离分别为 r_+ 和 r_-,P 离偶极子中点 O 的距离为 r,如图 6.4.6 所示。

根据电势叠加原理,点 P 的电势为

$$U=U_++U_-=\frac{q}{4\pi\varepsilon_0 r_+}+\frac{-q}{4\pi\varepsilon_0 r_-}=\frac{q(r_--r_+)}{4\pi\varepsilon_0 r_+ r_-}$$

对于离电偶极子比较远的点,即 $r\gg l$ 时,应有

$$r_+ r_-\approx r^2,\quad r_--r_+\approx l\cos\theta$$

式中，θ 为 OP 连线与 $\boldsymbol{l}$ 之间夹角。将这些关系代入上式，则可得

$$U \approx \frac{ql\cos\theta}{4\pi\varepsilon_0 r^2} = \frac{p\cos\theta}{4\pi\varepsilon_0 r^2} = \frac{\boldsymbol{p}\cdot\boldsymbol{r}}{4\pi\varepsilon_0 r^3} \tag{6.4.18}$$

式中，$\boldsymbol{p} = q\boldsymbol{l}$ 是电偶极子的电矩。

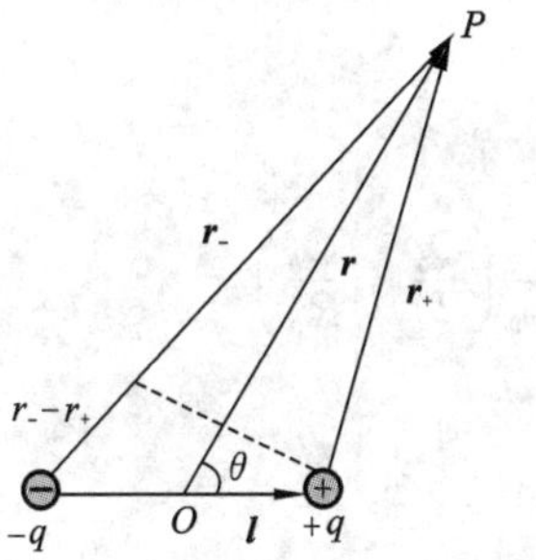

图 6.4.6　电偶极子的电势

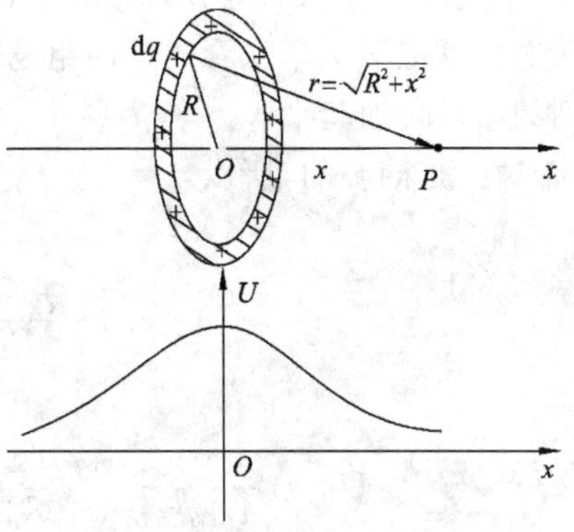

图 6.4.7　均匀带电圆环轴线上的电势

例 6.4.4　一半径为 R 的均匀带电细圆环，所带总电量为 Q，求在圆环轴线上任意点 P 的电势。

解　如图 6.4.7 所示，以 x 表示从环心到点 P 的距离，在圆环上任取长为 $\mathrm{d}l$ 的一小段，它的电量为

$$\mathrm{d}q = \lambda \mathrm{d}l = \frac{Q}{2\pi R}\mathrm{d}l$$

它到点 P 的距离为

$$r = \sqrt{R^2 + x^2}$$

由式(6.4.15)可得点 P 的电势为

$$U = \int \frac{\mathrm{d}q}{4\pi\varepsilon_0 r} = \frac{1}{4\pi\varepsilon_0 r}\int_q \mathrm{d}q = \frac{Q}{4\pi\varepsilon_0 r} = \frac{Q}{4\pi\varepsilon_0\sqrt{R^2+x^2}}$$

若点 P 与点 O 相距极远，即 $|x| \gg R$，则

$$U = \frac{Q}{4\pi\varepsilon_0 |x|}$$

说明此时圆环可以看成点电荷。若点 P 位于环心 O 处时，$x = 0$，则

$$U = \frac{Q}{4\pi\varepsilon_0 R}$$

例 6.4.5　两个均匀带电同心球壳，半径分别为 R_a 和 R_b，带电量分别为 Q_a 和 Q_b，求图 6.4.8 中 I、II、III 三个区域内的电势分布。

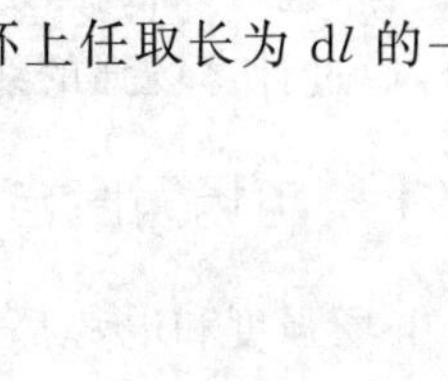

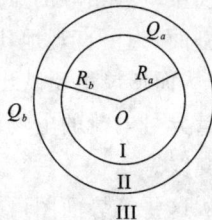

图 6.4.8　两个均匀带电同心球壳的电势

解　在例 6.4.2 中，我们已经求出一个均匀带电球壳的电势分布为

$$U=\begin{cases}\dfrac{Q}{4\pi\varepsilon_0 r} & (r>R)\\[2ex] \dfrac{Q}{4\pi\varepsilon_0 R} & (r<R)\end{cases}$$

两个均匀带电球壳的总的电势分布等于各个球壳单独存在时电势的叠加。根据电势叠加原理，我们可以把两个球壳看成是两组电荷系，在叠加时可以先分别把每一组叠加起来，再把得到的结果叠加起来。

由于两个球壳是同心的，所以

在 I 区：

$$U_{\mathrm{I}}=\frac{Q_a}{4\pi\varepsilon_0 R_a}+\frac{Q_b}{4\pi\varepsilon_0 R_b}=\frac{1}{4\pi\varepsilon_0}\left(\frac{Q_a}{R_a}+\frac{Q_b}{R_b}\right)$$

在 II 区：

$$U_{\mathrm{II}}=\frac{Q_a}{4\pi\varepsilon_0 r}+\frac{Q_b}{4\pi\varepsilon_0 R_b}=\frac{1}{4\pi\varepsilon_0}\left(\frac{Q_a}{r}+\frac{Q_b}{R_b}\right)$$

在 III 区：

$$U_{\mathrm{III}}=\frac{Q_a}{4\pi\varepsilon_0 r}+\frac{Q_b}{4\pi\varepsilon_0 r}=\frac{1}{4\pi\varepsilon_0 r}(Q_a+Q_b)$$

当然也可以根据场强叠加原理，由单个均匀带电球壳的场强分布先求出总的场强分布，再通过计算场强的线积分来求电势，读者可自己练习。

6.4.4 电场强度与电势梯度的关系

电场强度和电势都是用来描述同一静电场中各点性质的物理量，两者之间有密切的关系，式(6.4.5) 和式(6.4.6) 指明了两者之间的积分关系。本小节将着重研究两者之间的微分关系，即点点对应关系。为了对这种关系有比较直观的认识，我们首先介绍电势的图示法。

1. 等势面

前面我们曾介绍过，电场中各点场强 $\boldsymbol{E}$ 的分布情况可以用电场线形象地表示出来，与此类似，电场中各点电势 U 的分布情况也可以形象地用等势面描绘出来。

一般说来，静电场中各点有各自的电势值，但总有一些点的电势值彼此相等，我们把在电场中电势相等的点所组成的曲面称为等势面。不同的电荷分布的电场具有不同形状的等势面。为了直观地比较电场中各点的电势，画等势面时，使相邻两等势面的电势差为常数，从而形象地反映出电场中电势的分布情况。如图 6.4.9 所示，给出了一个正点电荷和等量异号电荷的电场的等势面和电场线图，其中实线表示电场线，虚线表示等势面与纸面的交线。

从这些等势面图可以看出，等势面具有下列基本性质：

(1) 等势面与电场线处处正交；

(2) 电场线总是由电势值高的等势面指向电势值低的等势面；

(3) 等势面密集处场强大，等势面稀疏处的场强小。

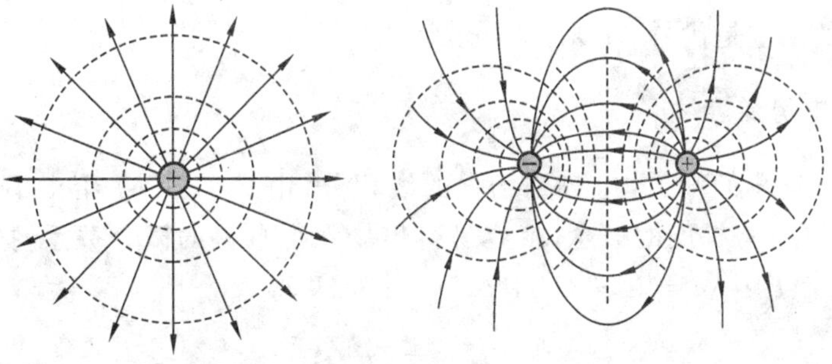

图 6.4.9　正点电荷(a) 和等量异号电荷(b) 的电场线与等势面

等势面的概念在实际问题中也很有用，主要是因为在实际遇到的很多问题中等势面(或等势线) 的分布容易通过实验条件描绘出来，并由此可以分析电场的分布。

2. 电势梯度

如图 6.4.10 所示，取两个电势分别为 U 和 $U+\Delta U$ 的邻近等势面 1 和 2，并设 $\Delta U>0$，作等势面 1 上任意一点 P_1 的法线，它与等势面 2 交于点 P_2，规定指向电势升高的方向为这法线的正方向，并以 $\boldsymbol{e}_n$ 表示法线上单位矢量，线段 $\overline{P_1P_2}=\Delta n$，是两个等势面之间的垂直距离，再过点 P_1 任取 $\boldsymbol{l}$ 方向，它与 $\boldsymbol{e}_n$ 的夹角为 θ，$\boldsymbol{l}$ 方向线与等势面 2 的交点为 P_3，线段 $\overline{P_1P_3}=\Delta l$，则

$$\Delta n=\Delta l\cos\theta$$

因而

$$\frac{\Delta U}{\Delta l}=\frac{\Delta U}{\Delta n}\cos\theta$$

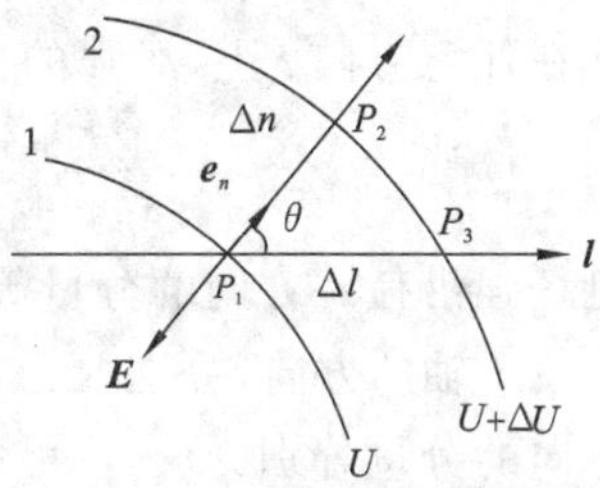

图 6.4.10　电势的空间变化率

在 $\Delta n\to 0$ 的极限下，有

$$\frac{\partial U}{\partial l}=\frac{\partial U}{\partial n}\cos\theta \tag{6.4.19}$$

式中，$\dfrac{\partial U}{\partial n}$，$\dfrac{\partial U}{\partial l}$ 分别是电势沿法线方向 $\boldsymbol{e}_n$ 和 $\boldsymbol{l}$ 方向的变化率(或方向导数)。

式(6.4.19) 表明，电势沿法线方向的变化率最大，沿其他任意方向的变化率等于它乘以 $\cos\theta$，这正是一个矢量的投影和它的绝对值的关系，从而该式也可理解为：$\boldsymbol{l}$ 方向上的电势变化率 $\dfrac{\partial U}{\partial l}$ 是矢量 $\dfrac{\partial U}{\partial n}\boldsymbol{e}_n$ 在 $\boldsymbol{l}$ 方向上的分量，这一矢量 $\dfrac{\partial U}{\partial n}\boldsymbol{e}_n$ 定义为点 P_1 处的电势梯度矢量，**梯度**(gradient) 常用 **grad** 或 ∇ 算符表示，即有

$$\mathbf{grad}U=\nabla U=\frac{\partial U}{\partial n}\boldsymbol{e}_n \tag{6.4.20}$$

式(6.4.20) 表明，电场中任一点的电势梯度是一矢量，其方向与该点电势增加率最大的方向相同，其大小等于沿该方向的电势增加率。沿其余方向的增加率是电势梯度在该方向

上的投影。

电势梯度的单位是伏[特]/ 米($V \cdot m^{-1}$)。

3. 场强与电势梯度

由前面的讨论我们知道,电势是场强的线积分,由式(6.4.6) 给出了两者的积分关系,现在我们有了电势梯度的概念,就容易得出场强与电势的微分关系。把式(6.4.4) 用到图 6.4.10 上有 $E \cdot \Delta n = U - (U + \Delta U) = -\Delta U$,得

$$E = -\frac{\Delta U}{\Delta n}$$

取极限,有

$$E = -\frac{\partial U}{\partial n}$$

即

$$\boldsymbol{E} = -\frac{\partial U}{\partial n}\boldsymbol{e}_n = -\nabla U \tag{6.4.21}$$

矢量式(6.4.21) 表明,静电场中任一点的电场强度矢量等于该点电势梯度矢量的负值。负号表示该点场强方向和该点电势梯度的方向相反,也就是场强恒垂直于等势面且指向电势降低的方向。这就是场强与电势之间的微分关系。

在任意方向 $\boldsymbol{l}$ 上,场强的分量

$$E_l = -(\mathbf{grad}U)_l = -\frac{\partial U}{\partial n}\cos\theta = -\frac{\partial U}{\partial l} \tag{6.4.22}$$

可见场强沿任一方向的分量等于电势沿该方向空间变化率的负值,如果把直角坐标系中的 x,y,z 轴的方向,分别取为 $\boldsymbol{l}$ 的方向,电势 U 表成坐标 x,y,z 的函数,就可得到场强沿三个方向的分量分别为

$$E_x = -\frac{\partial U}{\partial x},\quad E_y = -\frac{\partial U}{\partial y},\quad E_z = -\frac{\partial U}{\partial z} \tag{6.4.23}$$

将上面三式合在一起写成矢量式为

$$\boldsymbol{E} = -\frac{\partial U}{\partial x}\boldsymbol{i} + \frac{\partial U}{\partial y}\boldsymbol{j} + \frac{\partial U}{\partial z}\boldsymbol{k} \tag{6.4.24}$$

由此可见∇算符在直角坐标中定义为$\nabla = \frac{\partial}{\partial x}\boldsymbol{i} + \frac{\partial}{\partial y}\boldsymbol{j} + \frac{\partial}{\partial z}\boldsymbol{k}$,在极坐标系和球坐标系中,$\nabla$有另外的表达式,从而场强与电势梯度有另外的具体表达式,读者有兴趣可参考一些电磁学的书籍。

电势梯度的单位是伏[特]/ 米($V \cdot m^{-1}$),依式(6.4.21) 可知,场强的单位也可用伏[特]/ 米($V \cdot m^{-1}$),它与场强的另一单位牛[顿]/ 库[仑]($N \cdot C^{-1}$) 等价。

在实际应用中,场强和电势梯度之间的关系很重要,当我们计算场强时,可以先计算电势分布,再利用场强与电势梯度的关系求出场强。

例 6.4.6 根据例 6.4.4 中得出的均匀带电细圆环轴线上任一点的电势公式

$$U = \frac{Q}{4\pi\varepsilon_0\sqrt{R^2 + x^2}}$$

求轴线上任一点的场强。

解　由于均匀带电细环的电荷分布对于轴线是对称的，所以轴线上各点的场强在垂直于轴线方向的分量为零，因而轴线上任一点的场强方向沿 x 轴，由式(6.4.24) 有

$$E = E_x = -\frac{\partial U}{\partial x} = -\frac{\partial}{\partial x}\left[\frac{Q}{4\pi\varepsilon_0 (R^2 + x^2)^{1/2}}\right] = \frac{Qx}{4\pi\varepsilon_0 (R^2 + x^2)^{3/2}}$$

这一结果与例 6.2.3 的结果相同。

例 6.4.7　根据例 6.4.3 中已得出电偶极子的电势公式

$$U = \frac{p\cos\theta}{4\pi\varepsilon_0 r^2}$$

求电偶极子的场强分布。

解　建立坐标如图 6.4.11 所示，令偶极子中心位于坐标原点 O，并使电偶极矩 $\boldsymbol{p} = q\boldsymbol{l}$ 指向 x 轴正向。电偶极子的场强显然具有对于其轴线(x 轴)的对称性，因此我们可以只求在 xy 平面内的电场分布。

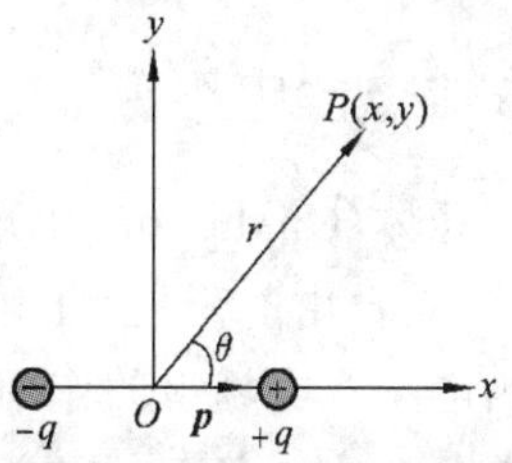

图 6.4.11　电偶极子的电场

由于

$$r^2 = x^2 + y^2$$

$$\cos\theta = \frac{x}{(x^2 + y^2)^{1/2}}$$

所以把 U 表示成 x, y 的函数为

$$U = \frac{px}{4\pi\varepsilon_0 (x^2 + y^2)^{3/2}}$$

对任一点 $P(x,y)$，由式(6.4.23)，可得

$$E_x = -\frac{\partial U}{\partial x} = \frac{p(2x^2 - y^2)}{4\pi\varepsilon_0 (x^2 + y^2)^{5/2}}$$

$$E_y = -\frac{\partial U}{\partial y} = \frac{3pxy}{4\pi\varepsilon_0 (x^2 + y^2)^{5/2}}$$

若点 P 在 x 轴上，则 $y = 0$，得

$$E_x = \frac{2p}{4\pi\varepsilon_0 x^3},\quad E_y = 0$$

即

$$\boldsymbol{E} = \frac{2\boldsymbol{p}}{4\pi\varepsilon_0 x^3}$$

若点 P 在 y 轴上，则 $x = 0$，得

$$E_x = \frac{-p}{4\pi\varepsilon_0 y^3},\quad E_y = 0$$

即

$$\boldsymbol{E} = \frac{-\boldsymbol{p}}{4\pi\varepsilon_0 y^3}$$

这一结果与例 6.2.1 的结果相同。

从这几例的计算可看出，根据电荷分布先求电势(用标量积分)，再利用式(6.4.24)求场强分布及微分运算，比直接求场强(用矢量积分) 要简单些。

6.5 静电场中的导体

前面我们讨论了真空中的静电场,下面将讨论静电场与物质的相互作用。物质受到静电场的作用将产生什么响应?这种响应又如何反作用于静电场?这个问题与物质实体的电结构模型有关。根据实际物体的导电性能的差异,可将物质区分为导体、绝缘体(也称为电介质)、半导体、超导体。从微观上看,导体内部存在可以自由移动的电荷,而电介质中的电荷处于束缚状态,因此,受到外电场作用时,导体与电介质所产生的响应是不同的,这两种物质模型与电场之间的相互作用需要分开讨论。本节主要讨论导体与静电场的相互作用,6.6节讨论电介质与静电场的相互作用,6.7节主要介绍电容及电容器,6.8节讨论静电场的能量。

6.5.1 静电平衡

导体(conductor)的电结构特征是在其内部有大量的可以自由移动的电荷。对于金属导体,其自由电荷是"自由电子",自由电子的数密度很大,其数量级大约为$10^{29}\ \mathrm{m^{-3}}$,这些自由电子在电场力的作用下,会发生附加在无序热运动上的定向漂移运动,从而改变导体内电荷的宏观分布,产生附加电场。导体内电荷的分布与总电场相互影响,相互制约,直至出现新的平衡,本节讨论这种相互作用的规律。作为基础知识,我们只讨论各向同性的均匀的金属导体与电场的相互影响。在讨论之前,有必要对几个有关金属导体的术语给出明确的意义。

总电量不为零的导体称为**带电导体**,也就是带电导体的净电荷不为零。若净电荷为正,则说导体带正电;若净电荷为负,则说导体带负电。总电量为零的导体称为**中性导体**,也称为不带电导体。与其他物体距离足够远的导体称为**孤立导体**。这里的"足够远"是指其他物体上的电荷在该导体上激发的场强小到可以忽略。因此,物理上就可以说孤立导体之外没有其他物体。

1. 导体的静电平衡状态和条件

一个电中性导体,当它周围没有带电体时,导体内部及其表面面电荷密度均为零。导体内部没有电荷的宏观定向移动,所以内部电场强度也处处为零。当把这个金属导体放入静电场$\boldsymbol{E}_0$中,如图6.5.1(a)所示,在最初极短暂的时间内(约10^{-6} s的数量级),导体内会有电场存在,在这个电场的作用下,自由电子会在金属中做宏观定向运动,从而引起导体中电荷的重新分布。负电荷受力方向与电场方向相反,所以负电荷逆着电场方向运动,结果使导体的一端带负电荷,另一端带正电荷,如图6.5.1(b)所示,这就是**静电感应现象**。导体两端的正、负电荷将产生一个附加电场$\boldsymbol{E}'$,附加电场与外电场相互作用的结果是实现新的平衡状态,当导体内部的总电场$\boldsymbol{E}_{内}=\boldsymbol{E}_0+\boldsymbol{E}'$处处为零时,自由电荷不再做定向移动,导体两端正、负电荷不再增加,于是达到了导体的静电平衡状态。此时空间总电场的分布也发生了改变,如图6.5.1(b)所示。

所谓导体的**静电平衡状态**(electrostatic equilibrium)是指导体内部和表面都没有电

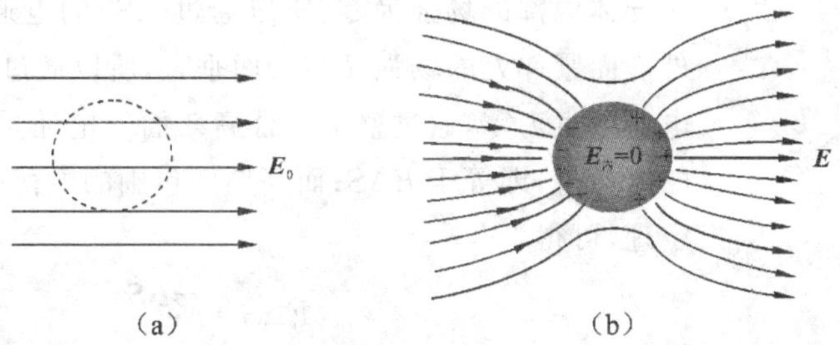

图 6.5.1　处于静电平衡的导体的电荷和电场分布

荷宏观定向移动，导体内电荷的宏观分布不再随时间变化的状态。这种状态只有在导体的内部电场强度处处为零时才有可能达到和维持，否则导体内部的自由电子在电场的作用下将发生定向移动。同时，导体表面紧邻处的电场强度必定和导体表面处处垂直，否则电场强度沿表面的分量将使自由电子沿表面做定向移动。因此，导体处于静电平衡的条件是

$$\boldsymbol{E}_{内}=0,\quad \boldsymbol{E}_{表面}\perp 表面 \tag{6.5.1}$$

应该指出，这一平衡条件是由导体的带电结构特征和静电平衡的要求所决定的，与导体的形状无关；此外上述平衡条件只有在导体内部的电荷除静电场力外不受其他力的情况下才成立，如果电荷还受其他力(例如，由化学原因引起的所谓“化学力”等，统称为非静电力)，平衡条件应改为导体内部的电荷所受的合力为零。所以在有非静电力的情况下，为了静电平衡，导体内部某些点的场强恰恰不能为零。以便与非静电力抵消。本节的讨论只限于导体内部不存在非静电力时的静电平衡问题。

导体处于静电平衡时，既然内部电场强度处处为零，而且表面紧邻处的电场强度都垂直于表面，所以导体中以及表面上任意两点间的电势差必然为零。这就是说，处于静电平衡的导体是等势体，其表面是等势面。这是导体的静电平衡条件的另一种说法。

2. 静电平衡下导体的电荷分布

(1) 处于静电平衡下的导体，其内部各处无净电荷，电荷只可能分布在导体表面。

这一规律可以用高斯定理证明，为此可在导体内部围绕任意点 P 作一个小封闭曲面 S，如图 6.5.2 所示，由于静电平衡下导体内部场强处处为零，因此通过此高斯面上的电通量必为零。由高斯定理可知，此封闭曲面内部电荷的代数和为零。由于高斯面可以选取得任意小，而且点 P 是导体内任意一点，所以可得出在整个导体内部处处没有净电荷，电荷只能分布在导体表面上的结论。

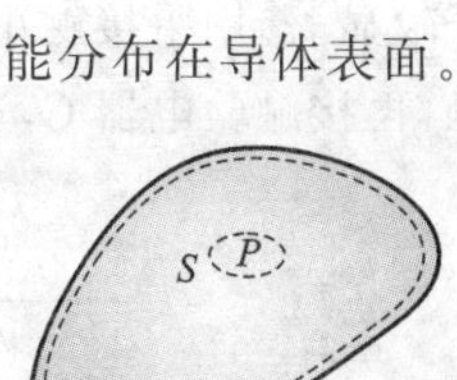

图 6.5.2　导体内无净电荷

(2) 处于静电平衡的导体表面上各处的面电荷密度与当地表面紧邻处的场强大小成正比。

如图 6.5.3 所示，在导体表面紧邻处选取一点，以 $\boldsymbol{E}$ 和 σ 分别表示该处的场强和面电荷密度，在该处作一个平行于导体表面的小面积元 ΔS，以 ΔS 为底作一个关于表面对称的圆柱形高斯面，圆柱形的轴线与导体表面垂直，高斯面的另一底面 $\Delta S'$ 在导体的内部。由

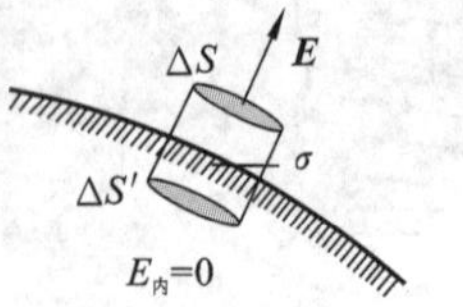

图 6.5.3 导体表面的场强

于导体内部的场强为零,所以通过 $\Delta S'$ 的电通量为零,而导体外表面紧邻处的场强又与表面垂直,所以通过高斯面侧表面的电通量也为零,通过整个闭合高斯面的电通量就是通过 ΔS 面的电通量,即等于 $E\Delta S$;而高斯面包围的电荷是 $\sigma\Delta S$。根据高斯定理,可得

$$E\Delta S=\frac{\sigma\Delta S}{\varepsilon_0}$$

由此得

$$E=\frac{\sigma}{\varepsilon_0} \tag{6.5.2}$$

需要指出:任何一点的场强都是所有电荷在该点产生的场强的叠加。导体内外的电场也不例外。导体外部附近的场强大小正比于该点紧邻导体表面上的电荷面密度,决不意味着它仅是电荷元 $\sigma\Delta S$ 产生的,它仍然是包括电荷元 $\sigma\Delta S$ 在内的所有场源对该点电场的贡献。导体内部场强处处为零正是导体内外一切带电体共同激发的结果。

(3) 处于静电平衡的孤立的带电导体,它的表面各处的面电荷密度与各处表面曲率有关,曲率越大的地方,面电荷密度也越大。

式(6.5.2)只给出导体表面上每一点的电荷面密度与紧邻处场强的对应关系,它并不能告诉我们在导体表面上电荷究竟怎样分布。定量研究这个问题是比较复杂的,这不仅与这个导体的形状有关,还和它附近有什么样的其他带电体有关。但是对于孤立导体来说,电荷的分布有如下定性的规律:在孤立导体上面电荷密度的大小与表面的曲率有关。导体表面凸出而尖锐的地方(曲率较大),电荷就比较密集,面电荷密度 σ 较大;表面较平坦的地方(曲率较小),σ 较小;表面凹进去的地方(曲率为负),σ 更小。

以上规律可利用图 6.5.4(a) 所示的实验演示出来。带电导体 A 表面上点 P 特别尖锐,而点 Q 凹进去。以带有绝缘柄的金属球 B 接触尖端 P 后,再与验电器 C 接触,则金属箔张开较显著。用手接触小球 B 和验电器 C 以除去其上的电荷后,使 B 与导体凹进处 Q 附近接触,再接触验电器 C,这时,发现验电器 C 几乎不张开。这表明 Q 处电荷比 P 处少得多。

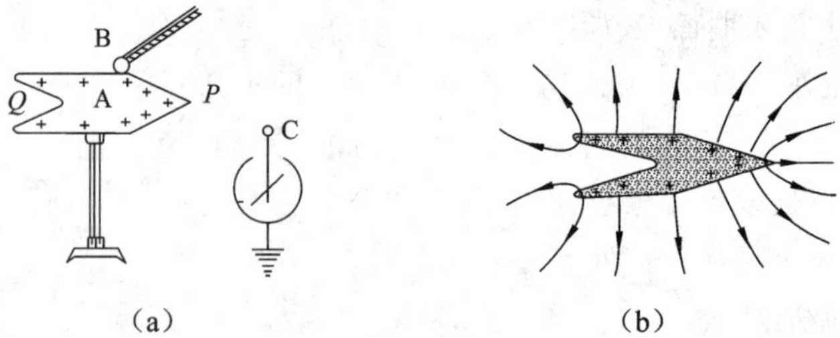

(a) (b)

图 6.5.4 导体表面曲率对电荷分布的影响

根据式(6.5.2)可知,孤立导体表面附近的场强分布也有同样的规律,即尖端的附近场强大,平坦的地方次之,凹进去的地方最弱(参见图 6.5.4(b) 中电场线的疏密程度)。

静电平衡时导体电荷面密度与曲率半径成反比,而导体尖端曲率半径很小,所以导体尖端的电荷特别密集，尖端附近的电场特别强，就会发生**尖端放电**。高压设备的电极常做成光滑的球面是为了避免尖端放电而漏电；避雷针是利用尖端放电来保护相应的建筑物。

3. 空腔导体的静电平衡性质

一个空心的导体壳称为空腔导体，空腔导体的静电性质具有重要的实用价值。

如果当空腔内没有其他带电体，即腔内无电荷，无论空腔导体是本身带电，还是处在外电场中，都应具有下述静电平衡性质：

(1) 导体内场强处处为零。

(2) 如果导体空腔带电，则内表面上无电荷分布，电荷只能分布在外表面。

(3) 腔内空间的场强处处为零。

(4) 导体壳和空腔形成一等势区。

为了证明上述结论，在导体内、外表面之间取一闭合曲面 S，将空腔包围起来（图 6.5.5）。由于闭合面 S 完全处于导体内部，根据静电平衡条件，其上场强处处为零，因此通过该闭合曲面的电通量为零。再根据高斯定理，在 S 内部（即导体内表面上）电荷的代数和为零。

进一步还需证明，在导体内表面上各处的面电荷密度为零。利用反证法，假定内表面上 σ 并不处处为零，由于电荷的代数和为零，则必然有些地方 $\sigma > 0$，有些地方 $\sigma < 0$。根据电场线的性质，从内表面 $\sigma > 0$ 的地方发出的电场线，不会在空腔内中断，只能终止于内表面上某个 $\sigma < 0$ 的地方。如果存在这样一条电场线，电场强度沿此电场线的积分必不为零。也就是说，这电场线的两个端点之间有电势差。但是这根电场线的两端都在同一导体上，静电平衡条件要求这两点的电势相等。因此上述结论违背静电平衡条件。由此可见，达到静电平衡时，空腔导体内表面上 σ 必须处处为零。

根据式(6.5.2)，内表面附近 $E_n = \dfrac{\sigma}{\varepsilon_0} = 0$，且电场线既不可能起、止于内表面，又不可能在空腔内有端点或形成闭合曲线，即空腔内场强处处为零。没有电场就没有电势差，空腔内各点的电势处处相等，故导体壳连空腔形成一等势区。

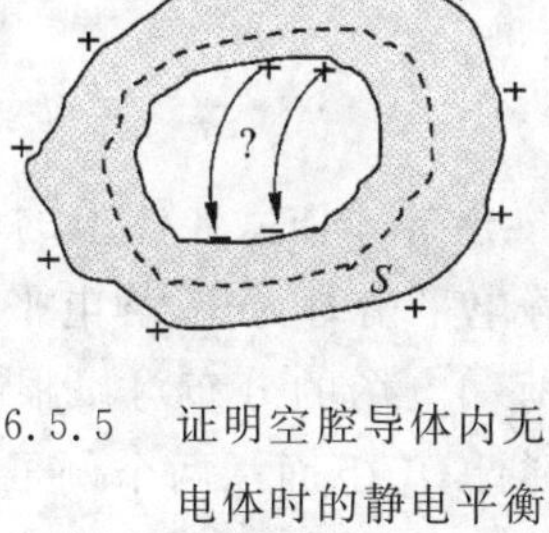

图 6.5.5　证明空腔导体内无带电体时的静电平衡性质

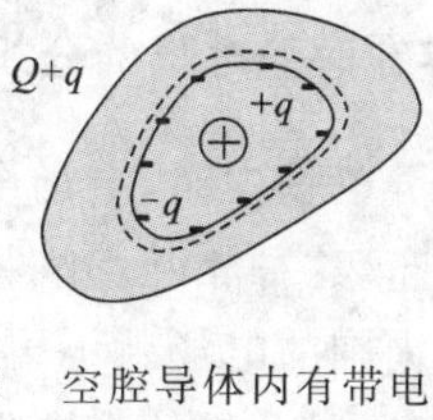

图 6.5.6　空腔导体内有带电体时，内外表面的电荷分布

如果腔中有其他带电体，即腔内有电荷，可设在导体腔中放有电荷 q，这时导体空腔在静电平衡下又有以下性质：

(1) 导体内的场强处处为零。

(2) 导体内表面感应产生总电量为 $-q$ 的电荷，另有 $+q$ 的电荷分布在导体的外表面上(这只要在导体内作一包围空腔的高斯面，应用高斯定理就能证明，见图 6.5.6)，如果空腔导体原来带电量为 Q，根据电荷守恒定律，则导体外表面带电 $Q+q$。

(3) 腔内电场不再为零，其电场分布由 q 和内表面上的感应电荷($-q$) 的具体分布决定，但它们在导体外部空间中产生的合电场为零，导体内表面电荷分布取决于内表面的形状和腔内带电体的分布，但这两个因素都不影响导体外表面上的电荷的分布(图 6.5.7)。

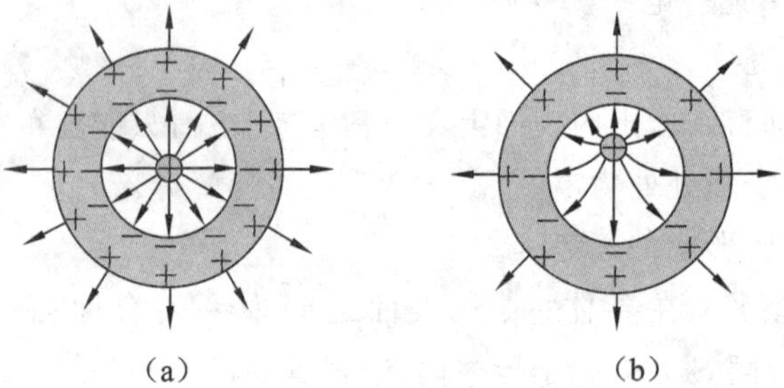

图 6.5.7　空腔导体内有带电体时内外部电荷和电场分布

(4) 导体外表面上的电荷分布与无空腔的实心导体相同。

导体外表面电荷的分布只受导体外表面形状以及外部带电体分布的影响，导体外部空间的场强分布与导体外壳是否接地及导体外是否有其他带电体有关。在通常情况下，当导体外壳不接地时，导体外表面带有电荷，导体外部空间的场强不为零；当导体外壳接地而导体外无其他带电体时，导体外表面不带电，导体外部空间的场强为零；当导体外壳接地而导体外有其他带电体时，导体外表面可能带有电荷，导体外部空间的场强也不一定为零。

由上可见，对于空腔中放有电荷的导体壳，只有壳本身是等势体，腔中空间各点的电势与导体壳是不同的。

在静电平衡状态下，空腔内无其他带电体的导体壳和实心导体一样，内部没有电场。只要达到了静电平衡状态，不管导体壳本身带电或是导体处在外界电场中，这一结论总是对的。这样，导体壳的表面就“保护”了它所包围的区域，使之不受导体壳外表面或外界电场的影响，这种现象称为**静电屏蔽**。

4. 导体存在时静电场的分析与计算

导体放入静电场中时，电场会影响导体上电荷的分布，同时，导体上的电荷分布也会影响电场的分布。这种相互影响将一直进行到达到静电平衡时为止。静电平衡时导体上的电荷分布以及周围的电场就不再改变了，这时的电荷和电场的分布可以根据静电场的基本规律、电荷守恒以及导体静电平衡条件加以分析和计算。下面举两个例子来具体说明这种分析方法。

例 6.5.1　有一块大金属平板，面积为 S，带有总电量 Q，今在其近旁平行地放置第二块大金属平板，此板原来不带电。忽略金属板的边缘效应，求：

(1) 静电平衡时，金属板上的电荷分布及周围空间的电场分布；

(2) 如果把第二块金属板接地,情况又如何?

解　(1) 由于静电平衡时导体内部无净电荷,所以电荷只能分布在两金属板的表面上。不考虑边缘效应,这些电荷均匀分布在表面上。设 4 个表面上的面电荷密度分别是 σ_1,σ_2,σ_3 和 σ_4,如图 6.5.8 所示。由电荷守恒可知

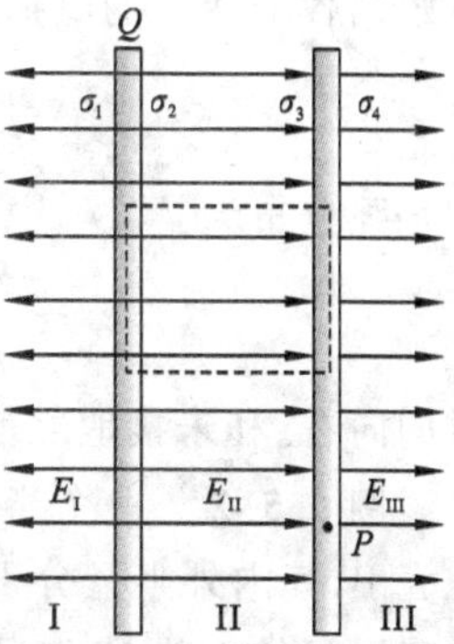

图 6.5.8　例 6.5.1(1) 图

$$\sigma_1+\sigma_2=\frac{Q}{S}$$

$$\sigma_3+\sigma_4=0$$

由于板间电场与板面垂直,且板内的电场为零,所以选一个两底分别在两个金属板内而侧面垂直于板面的封闭面作为高斯面,则通过此高斯面的电通量为零。根据高斯定理就可以得出

$$\sigma_2+\sigma_3=0$$

在金属板内任一点 P 的场强应该是 4 个带电面产生的电场叠加,因而有

$$E_P=\frac{\sigma_1}{2\varepsilon_0}+\frac{\sigma_2}{2\varepsilon_0}+\frac{\sigma_3}{2\varepsilon_0}-\frac{\sigma_4}{2\varepsilon_0}$$

由于静电平衡时,导体内各处的场强为零,所以 $E_P=0$,因而有

$$\sigma_1+\sigma_2+\sigma_3-\sigma_4=0$$

将以上 4 个关于 σ_1,σ_2,σ_3 和 σ_4 的方程联立求解,可得

$$\sigma_1=\frac{Q}{2S},\quad \sigma_2=\frac{Q}{2S},\quad \sigma_3=-\frac{Q}{2S},\quad \sigma_4=\frac{Q}{2S}$$

根据无限大带电平面的场强公式 $E=\dfrac{\sigma}{2\varepsilon_0}$ 和场强的叠加原理可求得电场分布如下:

在 I 区

$$E_1=\frac{Q}{2\varepsilon_0 S}$$

方向向左;

在 II 区

$$E_2=\frac{Q}{2\varepsilon_0 S}$$

方向向右;

在 III 区

$$E_3=\frac{Q}{2\varepsilon_0 S}$$

方向向右。

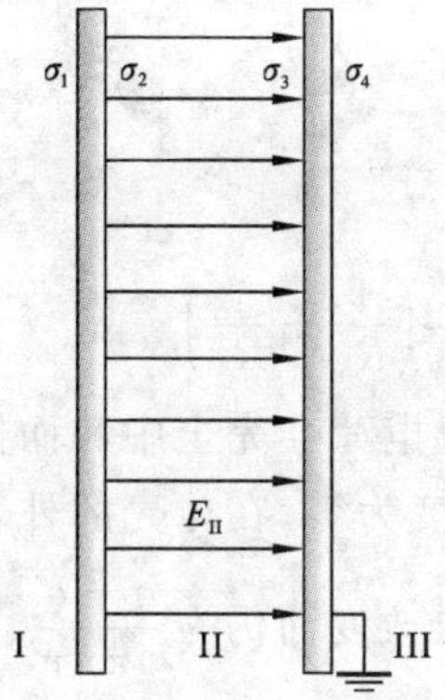

图 6.5.9　例 6.5.1(2) 图

(2) 如果把第二块金属板接地(图 6.5.9),它就和大地连成一体,金属板右表面上的电荷就会消失,因而 $\sigma_4=0$。则根据电荷守恒及导体平衡条件,可得

$$\sigma_1+\sigma_2=\frac{Q}{S}$$

$$\sigma_2+\sigma_3=0$$

$$\sigma_1+\sigma_2+\sigma_3=0$$

可解出各个面上的电荷分布为

$$\sigma_1=0,\quad \sigma_2=\frac{Q}{S},\quad \sigma_3=-\frac{Q}{S},\quad \sigma_4=0$$

则场强分布为

$$E_1=E_3=0,\quad E_2=\frac{Q}{\varepsilon_0 S}$$

方向向右。和未接地之前相比,接地之后电荷分布、电场分布都发生了改变。

例 6.5.2　一个半径为 R_1 的金属球 A,带有总电量 q_1,在它外面有一个同心的金属球壳 B,其内外半径分别为 R_2 和 R_3,带有总电量 q。试求此系统的电荷及电场分布以及球与壳之间的电势差。如果用导线将球和壳连接一下,结果又将如何?

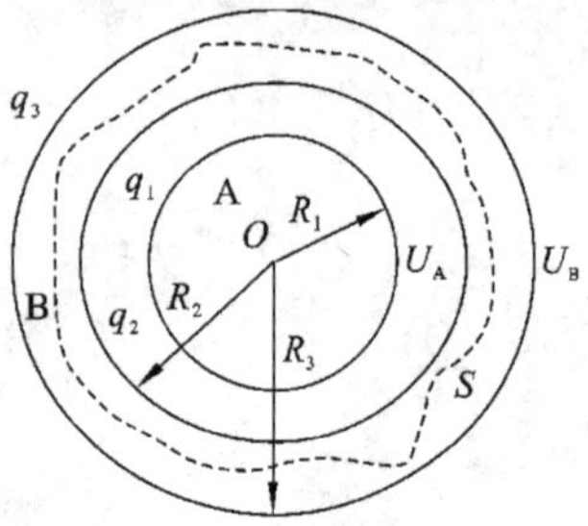

图 6.5.10　例 6.5.2 图

解　导体球和壳内的电场应为零,而电荷均匀分布在它们的表面上。以 q_2 和 q_3 分别表示在球壳内外表面上的总电荷(图 6.5.10),则在壳内作一个高斯面(如图中虚线所示),根据高斯定理就可以求得

$$q_1+q_2=0$$

因此

$$q_2=-q_1$$

由于导体球壳上的总电荷守恒,有 $q_2+q_3=q$,因而可得

$$q_3=q-q_2=q+q_1$$

知道了三个球面上的电荷分布,就可以用作同心球面作为高斯面的方法求出空间的场强分布(方向由径向单位矢量 $\boldsymbol{e}_r$ 表示)

$$\boldsymbol{E}=\begin{cases}0 & (r<R_1)\\ \dfrac{q_1}{4\pi\varepsilon_0 r^2}\boldsymbol{e}_r & (R_1<r<R_2)\\ 0 & (R_2<r<R_3)\\ \dfrac{q+q_1}{4\pi\varepsilon_0 r^2}\boldsymbol{e}_r & (r>R_3)\end{cases}$$

球与壳之间的电势差为

$$U_{AB}=U_A-U_B=\int_{(A)}^{(B)}\boldsymbol{E}\cdot \mathrm{d}\boldsymbol{l}=\int_{R_1}^{R_2}\frac{q_1}{4\pi\varepsilon_0 r^2}\mathrm{d}r=\frac{q_1}{4\pi\varepsilon_0}\left(\frac{1}{R_1}-\frac{1}{R_2}\right)$$

如果用导线将球和球壳连接一下,则壳的内表面和球表面的电荷会完全中和而使两个表面都不带电,二者之间的电场变为零,二者之间的电势差也变为零。在球壳的外表面上电荷仍保持为 $q+q_1$,而且均匀分布,它外面的电场分布也不会改变而仍为 $\dfrac{q+q_1}{4\pi\varepsilon_0 r^2}$。

6.6　静电场中的电介质

除导体外,凡处在电场之中能与电场发生相互作用的物质都可称为电介质,而某些具有高电阻率的电介质又称为绝缘体，其主要特征在于它的原子或分子中的电子被原子核的引力紧紧束缚住不能自由运动，所以电介质的导电性能较差。但在电介质中，不论是原子中的电子，还是分子中的离子，或是晶体点阵中的带电粒子，都能在原子大小的范围内移动，因此，在外电场作用下的电介质能对电场作出响应。这种响应就表现为在外电场作用下在电介质表面层或在体内会出现**极化电荷**（也称束缚电荷），极化电荷在空间产生附加电场，空间的总电场由于受到电介质的影响也发生了改变，继而又作用于极化电荷，如此反复，最后达到平衡。本节专门研究电场与电介质间的相互作用，从而说明电介质内静电场所遵从的规律以及电介质的某些性质。

6.6.1　电介质极化的微观机制

电介质中每个分子都是一个复杂的带电系统，有正电荷和负电荷。它们分布在一个线度为10^{-10} m的数量级对应的体积内，而不是集中在一点。但是，在考虑这些电荷离分子较远处所产生的电场时，或是考虑一个分子受外电场的作用时，都可以认为其中的正电荷集中于一点，这一点称为正电荷的“重心”。而负电荷集中于另一点，这一点称为负电荷的“重心”。对于中性分子，由于正负电荷的电量相等，所以一个分子就可以看成是一个由正、负点电荷相隔一定的距离组成的电偶极子。在讨论电场中电介质的行为时，可以认为电介质是由大量的这种微小的电偶极子所组成的系统。

以q表示一个分子中的正电荷或负电荷的电量的数值，以$\boldsymbol{l}$表示从负电荷重心指到正电荷重心的矢量距离，则这个分子的电偶极矩为

$$\boldsymbol{p} = q\boldsymbol{l} \tag{6.6.1}$$

按照电介质的分子内部的电结构不同，即根据分子中正负电荷“重心”的位置关系，电介质可以分为两类，在一类电介质中，当外电场不存在时，电介质分子的正负电荷“重心”是重合的，这类分子称为**无极分子**，由这类分子组成的电介质称为无极分子电介质。在另一类电介质中，即使外电场不存在时，电介质分子的正负电荷“重心”也不重合，这样，虽然分子中正负电荷电量的代数和仍然为零，但等量的正负电荷“重心”互相错开，形成一定的电偶极矩，称为分子的固有电矩，这类分子称为**有极分子**，由这类分子组成的电介质称为有极分子电介质。

1. 无极分子电介质的位移极化

H_2，O_2，CH_4等分子是无极分子，在没有外电场时，整个分子没有电矩，如图6.6.1(a)所示。在外电场的作用下，因为正负电荷“重心”受力方向不一样，正电荷受力沿着电场方向，而负电荷受力逆着电场方向。导致分子的正负电荷“重心”错开了，形成一个电偶极子，如图6.6.2所示，其电矩的方向沿着外电场的方向。这种在外电场作用下产生的电偶极矩称为**感应电矩**。由于电介质中每一个分子都形成了一个感应电矩，并且方向都是沿着外电场方向，所以各个电矩沿外电场方向排列，如图6.6.1(b)所示。各个感应电矩沿外电场规则排列的结果是，在电介质内部，相邻电矩的正负电荷相互靠近，因而内部仍然呈电中性，但在和外电场垂直的两个端面，一端出现了负电荷，另一端出现了正电荷，这种电荷称为**极化电荷**。极化电荷与导体中的自由电荷不同，它们不能离开介质而转移到其他带电

体上,也不能在介质内部自由移动。在外电场的作用下,电介质表面出现极化电荷的现象,就是电介质的极化。外电场越强,电介质两表面上出现的极化电荷也越多,电介质被极化的程度越高。当外电场撤去后,分子的正负电荷“重心”又重合在一起,电介质表面上的极化电荷也随之消失。由于无极分子电介质的极化来源于其分子的正负电荷“重心”的相对位移,所以常称为**位移极化**。

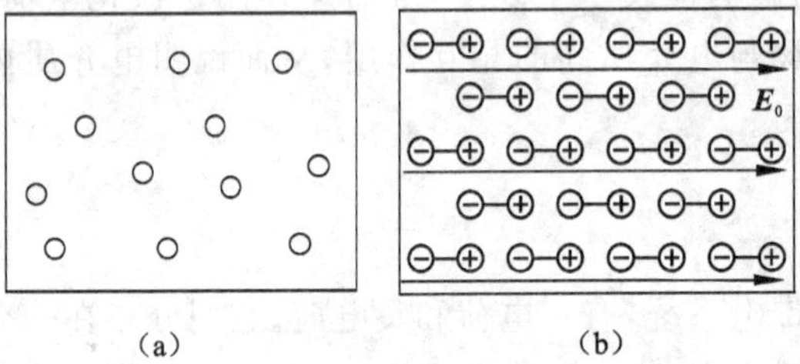

图 6.6.1 无极分子电介质的位移极化

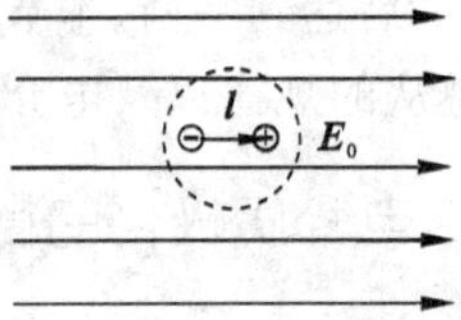

图 6.6.2 无极分子的感应电矩

2. 有极分子电介质的取向极化

盐酸(HCl)、水(H_2O)、一氧化碳(CO) 等这类分子是有极分子。分子的电偶极矩不等于零,也就是说每个有极分子具有固有电偶极矩。由于分子的无规则热运动,各个分子的电偶极矩的方向是杂乱无章地排列的,所以不论是从电介质的整体来看,还是从电介质的某一小体积(其中包含有大量分子) 来看,其中所有分子的电偶极矩的矢量和平均等于零,电介质也是呈电中性的,如图 6.6.3(a) 所示。如果加上外电场,则每个分子电矩都受到力矩的作用,如图 6.6.4 所示,使分子电矩的方向转向外电场方向;但由于分子的热运动,这种转向并不完全,即所有分子电矩不是很整齐地依照外电场方向排列起来。当然,外电场愈强,分子偶极子排列得愈整齐。对于整个电介质来说,不管排列的整齐程度怎样,在垂直于电场方向的两个端面上,多少也产生了一些极化电荷,如图 6.6.3(b) 所示。在外电场的作用下,由于绝大多数分子电矩方向都不同程度地指向右方,所以图中左端便出现了未被抵消的负的束缚电荷,右端出现正的束缚电荷,这种极化机制称为**取向极化**。

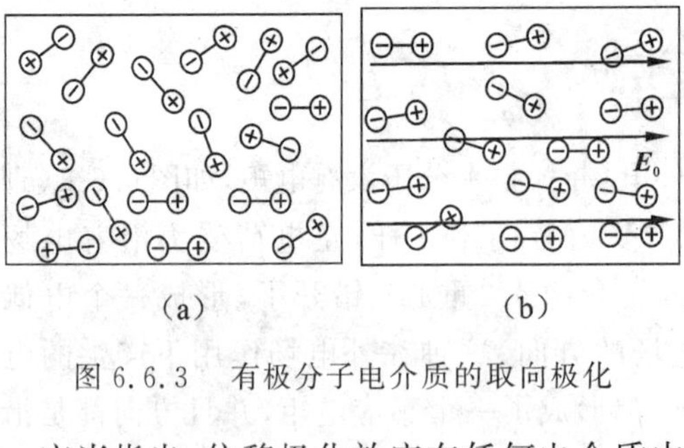

图 6.6.3 有极分子电介质的取向极化

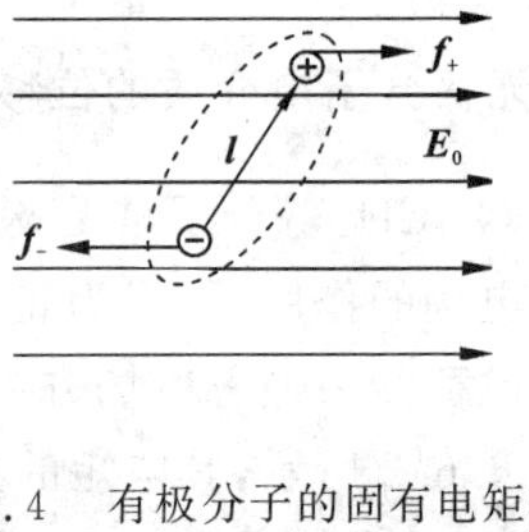

图 6.6.4 有极分子的固有电矩转向

应当指出,位移极化效应在任何电介质中都存在,但是在有极分子构成的电介质中,取向极化效应比位移极化强得多,因而其中取向极化是主要的。在无极分子构成的电介质中,位移极化则是唯一的极化机制。在很高频率的电场作用下,由于分子的惯性较大,取向极化跟不上外电场的变化,这时无论哪种电介质只剩下位移极化机制仍起作用,因为其中只有惯性很小的电子，才能紧跟高频电场的变化而产生位移极化。

6.6.2　电介质的极化规律

1. 电介质中的静电场

由于电介质与外电场的相互作用，最后达到静电平衡时在电介质上出现一定分布的极化电荷，极化电荷也会在空间激发电场。为了区别极化电荷，我们把激发外电场的原有电荷称为自由电荷，并用 $\boldsymbol{E}_0$ 表示自由电荷所激发的电场，而用 $\boldsymbol{E}'$ 表示极化电荷所激发的电场。那么，空间任一点的合场强应是上述两类电荷所激发场强的矢量和，即

$$\boldsymbol{E} = \boldsymbol{E}_0 + \boldsymbol{E}' \tag{6.6.2}$$

在电介质的外部空间，两个场叠加的结果，使得有一些区域的合场强 $\boldsymbol{E}$ 增强（和 $\boldsymbol{E}_0$ 相比），有一些区域的合场强减弱。在电介质内部，从宏观上讲，情况是比较简单的，$\boldsymbol{E}'$ 处处和外电场 $\boldsymbol{E}_0$ 的方向相反，如图 6.6.5 所示，其后果是使合电场比原来的 $\boldsymbol{E}_0$ 弱。而决定电介质极化程度的不是原来的外电场 $\boldsymbol{E}_0$，而是电介质内实际的电场 $\boldsymbol{E}$。$\boldsymbol{E}$ 减弱了，电极化程度也将减弱。所以极化电荷在电介质内部的附加场 $\boldsymbol{E}'$ 总是起着减弱极化的作用，故称为**退极化场**。

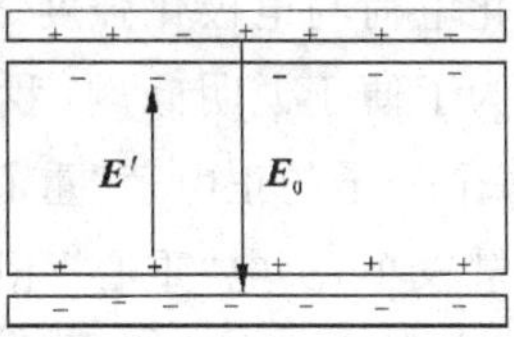

图 6.6.5　电介质中的静电场

2. 电极化强度

从上面电介质极化机制的说明中可以看到，当电介质处于极化状态时，电介质上的任一宏观小体积元 ΔV 内分子的电矩矢量之和不能互相抵消，即 $\sum \boldsymbol{p}_i \neq 0$（对 ΔV 内各分子求和），而当电介质没有被极化时，则 $\sum \boldsymbol{p}_i = 0$。因此，为了定量的描述电介质内各处极化的情况，我们引入电极化强度矢量 $\boldsymbol{P}$，它等于单位体积内的分子电矩矢量和，即

$$\boldsymbol{P} = \frac{\sum \boldsymbol{p}_i}{\Delta V} \tag{6.6.3}$$

电极化强度矢量 $\boldsymbol{P}$ 量度该点（ΔV 所包围的一点）的电介质极化程度。在国际单位制中，电极化强度的单位是 $\mathrm{C \cdot m^{-2}}$。

如果在电介质中各点的极化强度矢量大小和方向都相同，我们称该极化是均匀的，否则极化是不均匀的。

电介质中任一点的极化强度 $\boldsymbol{P}$ 与该点的合场强 $\boldsymbol{E}$ 有关。对于不同的电介质，$\boldsymbol{P}$ 和 $\boldsymbol{E}$ 的关系（极化规律）是不同的。实验表明，对于大多数常见的各向同性线性电介质，$\boldsymbol{P}$ 与 $\boldsymbol{E}$ 的方向相同，数值上成简单的正比关系。在 SI 中，这个关系可以写成

$$\boldsymbol{P} = \chi_e \varepsilon_0 \boldsymbol{E} \tag{6.6.4}$$

式中，比例常数 χ_e 称为介质的极化率，它与场强 $\boldsymbol{E}$ 无关，与电介质的性质有关。如果是均匀电介质，则介质中各点的 χ_e 值相同；如果是不均匀电介质，则 χ_e 是电介质各点位置的函数，电介质中不同点的 χ_e 值不同。

晶体中,原子的规则排列使得晶体的物理性质与方向有关,沿某个方向晶体介质较易极化,沿另一方向极化较难,这一类晶体是各向异性介质,如石英、方解石等;对于各向异性介质,极化强度矢量的方向与电场强度的方向也不再相同,但两矢量的直角坐标分量之间仍保持为线性关系,在场强很大时,如强光辐照晶体,还会出现非线性的极化过程。

3. 极化电荷的分布与极化强度矢量之间的关系

前面已经提到过,当介质处于极化状态时,一方面在介质内部出现未抵消的电偶极矩,这一点是通过极化强度矢量来描述的;另一方面,在电介质的某些部位出现未被抵消的束缚电荷,即极化电荷。对于均匀电介质,极化电荷集中在介质的表面。下面我们就来研究极化电荷与电极化强度之间的关系。

为了便于说明问题,我们以均匀的无极分子电介质的位移极化为例,设想介质极化时,每个分子的正电荷"重心"相对负电荷"重心"有个位移 $\boldsymbol{l}$(更符合实际情况的是因为电子质量较小,负电"重心"相对于正电"重心"有位移 $-\boldsymbol{l}$,不过宏观效果两者是一样的),用 q 代表分子中正负电荷的电量,则分子感应电矩 $\boldsymbol{p}=q\boldsymbol{l}$。设单位体积内有 n 个分子,则按照定义,极化强度矢量 $\boldsymbol{P}=n\boldsymbol{p}=nq\boldsymbol{l}$。如图 6.6.6 所示,在电介质内部取某一小面元 $\mathrm{d}\boldsymbol{S}$,现考虑因极化而穿过此面元的极化电荷。设电场 $\boldsymbol{E}$ 的方向(也就是 $\boldsymbol{P}$ 的方向)和 $\mathrm{d}\boldsymbol{S}$ 的正法线 $\boldsymbol{e}_n$ 的方向成 θ 角。由于电场 $\boldsymbol{E}$ 的作用,分子的正负电荷的"重心"将沿电场方向分离。在面元 $\mathrm{d}\boldsymbol{S}$ 的后侧取一斜高为 l,底面积为 $\mathrm{d}S$ 的体积元 $\mathrm{d}V$。由于电场 $\boldsymbol{E}$ 的作用,此体积元内所有分子的正电荷"重心"将越过 $\mathrm{d}\boldsymbol{S}$ 到前面去,则由于极化而穿过 $\mathrm{d}\boldsymbol{S}$ 面的总电荷为

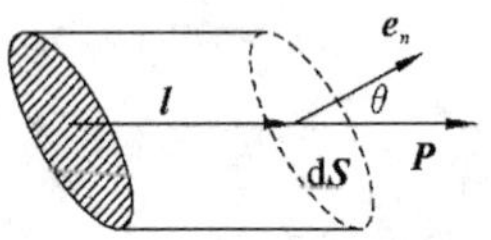

图 6.6.6　穿过面元 d$\boldsymbol{S}$ 的极化电荷

$$\begin{aligned}\mathrm{d}q' &= qn\mathrm{d}V = qnl\mathrm{d}S\cos\theta = np\mathrm{d}S\cos\theta \\ &= P\mathrm{d}S\cos\theta = \boldsymbol{P}\cdot\mathrm{d}\boldsymbol{S}\end{aligned} \tag{6.6.5}$$

因此,$\mathrm{d}S$ 面上因极化而越过单位面积的电荷为

$$\sigma' = \frac{\mathrm{d}q'}{\mathrm{d}S} = P\cos\theta = \boldsymbol{P}\cdot\boldsymbol{e}_n = P_n \tag{6.6.6}$$

这一关系式虽然是利用无极分子电介质推出的,但对有极分子电介质同样适用。

如果 $\mathrm{d}\boldsymbol{S}$ 刚好处在电介质的表面上,而 $\boldsymbol{e}_n$ 是其外法线方向,则式(6.6.6)中的 σ' 就是因极化而在电介质表面上显露出的极化电荷面密度,从而式(6.6.6)就是极化电荷面密度与极化强度的定量关系。由此可见,极化介质表面某处极化面电荷密度 σ' 的大小与该处极化强度 $\boldsymbol{P}$ 表面法向上的分量值相同。

显然,当 $0\leqslant\theta<90^\circ$ 时,表面上呈现正极化电荷;当 $90^\circ<\theta\leqslant180^\circ$ 时,表面上呈现负极化电荷;而在 $\theta=90^\circ$ 的那些介质表面,则无极化电荷出现(图 6.6.7)。

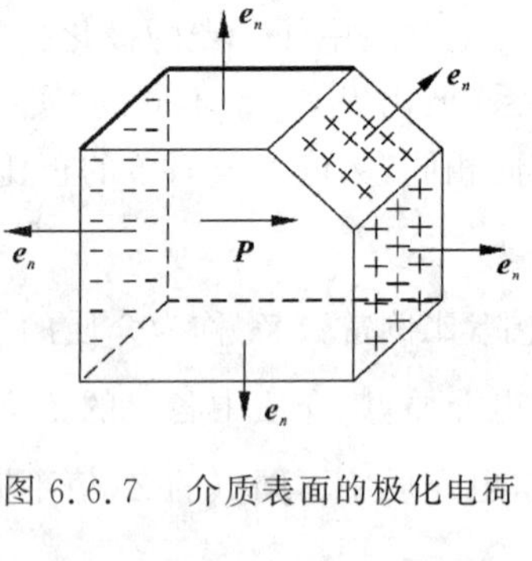

图 6.6.7　介质表面的极化电荷

电介质内部的极化电荷可以根据式(6.6.5)求出。如图 6.6.8 所示,在介质内部任取一闭合面 S,通过整个

闭合面向外移出的电荷应为

$$q'_{出}=\oiint_S \mathrm{d}q'=\oiint_S \boldsymbol{P}\cdot \mathrm{d}\boldsymbol{S}$$

因为电介质是中性的，根据电荷守恒，由于极化而在封闭面内留下的多余的电荷，即极化电荷，应为

$$q'_{内}=-q'_{出}=-\oiint_S \boldsymbol{P}\cdot \mathrm{d}\boldsymbol{S} \tag{6.6.7}$$

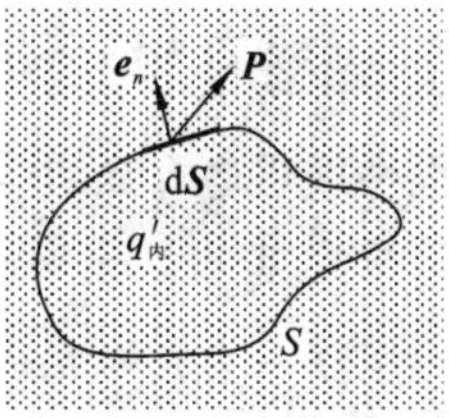

图 6.6.8　因极化而通过闭合面的极化电荷

这就是电介质内由于极化而产生的极化电荷与电极化强度的关系：封闭面内的极化电荷等于通过该封闭面的电极化强度通量的负值。

6.6.3　有介质时的高斯定理　电位移矢量

1. 有介质时的高斯定理

高斯定理是建立在库仑定理的基础上的，在有电介质存在时，它也成立，不过计算总场的电通量时，除了应计算高斯面内所包含的自由电荷 q_0 以外，还需要考虑极化电荷 q'，则有

$$\oiint_S \boldsymbol{E}\cdot \mathrm{d}\boldsymbol{S}=\frac{1}{\varepsilon_0}\left(\sum q_0+\sum q'\right) \tag{6.6.8}$$

式中，$\sum q_0$ 表示 S 面内自由电荷量的代数和；$\sum q'$ 表示 S 面内极化电荷量的代数和。根据式(6.6.7)，$\sum q'=-\oiint_S \boldsymbol{P}\cdot \mathrm{d}\boldsymbol{S}$，将此式代入式(6.6.8)，整理后可得

$$\oiint_S (\varepsilon_0\boldsymbol{E}+\boldsymbol{P})\cdot \mathrm{d}\boldsymbol{S}=\sum q_0$$

现引入一辅助性的物理量 $\boldsymbol{D}$，它的定义为

$$\boldsymbol{D}=\varepsilon_0\boldsymbol{E}+\boldsymbol{P} \tag{6.6.9}$$

$\boldsymbol{D}$ 称为**电位移矢量**(electric displacement)，上面的公式可用 $\boldsymbol{D}$ 改写为

$$\oiint_S \boldsymbol{D}\cdot \mathrm{d}\boldsymbol{S}=\sum q_0 \tag{6.6.10}$$

引进电位移 $\boldsymbol{D}$ 后，式(6.6.10)中就只包含自由电荷，极化电荷不再明显地出现在式中，式(6.6.10)就是高斯定理在电介质中的推广，称为**有介质时的高斯定理**(或称为 $\boldsymbol{D}$ 的高斯定理)。

为了对电位移 $\boldsymbol{D}$ 的描述形象化起见，我们仿照电场线方法，在有电介质的静电场中作电位移线，使线上每一点的切线方向和该点电位移 $\boldsymbol{D}$ 的方向相同，并规定在垂直于电位移线的单位面积上通过的电位移线数目等于该点的电位移 $\boldsymbol{D}$ 的量值。这样式(6.6.10)就表示：通过电介质中任一闭合曲面的电位移通量等于该面所包围的自由电荷量的代数和。$\boldsymbol{D}$ 的单位是 $\mathrm{C}\cdot\mathrm{m}^{-2}$。

从式(6.6.10)还可看出，电位移线是从正的自由电荷出发，终止于负的自由电荷，这与电场线不一样，电场线起止于各种正、负电荷，包括自由电荷和极化电荷。

2. $\boldsymbol{D}$,$\boldsymbol{E}$,$\boldsymbol{P}$ 三矢量之间的关系

对于各向同性线性电介质,$\boldsymbol{P}$ 与 $\boldsymbol{E}$ 的关系满足式(6.6.4),将式(6.6.4)代入式(6.6.9)后,得

$$\boldsymbol{D}=\varepsilon_0\boldsymbol{E}+\boldsymbol{P}=\varepsilon_0\boldsymbol{E}+\chi_e\varepsilon_0\boldsymbol{E}=\varepsilon_0(1+\chi_e)\boldsymbol{E}=\varepsilon_0\varepsilon_r\boldsymbol{E}$$

式中,$\varepsilon_r=1+\chi_e$ 称为电介质的相对介电常数,其数值大于1;对于真空,其值等于1。进一步令 $\varepsilon=\varepsilon_0\varepsilon_r$,$\varepsilon$ 称为介质的绝对介电常数,简称**介电常数**。则上式可写为

$$\boldsymbol{D}=\varepsilon_0\varepsilon_r\boldsymbol{E}=\varepsilon\boldsymbol{E} \tag{6.6.11}$$

上式说明在各向同性的电介质中,电位移等于场强的 ε 倍。

利用 $\varepsilon_r=1+\chi_e$,式(6.6.4)可写成

$$\boldsymbol{P}=\varepsilon_0(\varepsilon_r-1)\boldsymbol{E} \tag{6.6.12}$$

电位移矢量的定义式说明它与场强 $\boldsymbol{E}$ 和电极化强度 $\boldsymbol{P}$ 有关,但它和场强 $\boldsymbol{E}$(单位正电荷所受的力)及电极化强度 $\boldsymbol{P}$(单位体积的电偶极矩)不同,$\boldsymbol{D}$ 没有明显的物理意义。引进 $\boldsymbol{D}$ 的优点在于计算通过任一闭合曲面的电位移通量时,可以不考虑极化电荷的分布。但必须指出,通过闭合曲面的电位移通量只和曲面内的自由电荷有关,并不是说电位移 $\boldsymbol{D}$ 仅决定于自由电荷的分布,它和极化电荷的分布也是有关的,式(6.6.9)正是说明了这一点。式(6.6.9)是电位移矢量的定义式,无论对各向同性介质还是各向异性介质都是适用的。

例 6.6.1　如图 6.6.9 所示,两个同心导体球壳 A、B 之间填充相对介电常数为 ε_r 的各向同性均匀电介质,设 A、B 的半径分别为 R_A 和 R_B($R_A<R_B$),分别带电荷 $\pm Q$。求空间的电场分布、极化电荷分布。

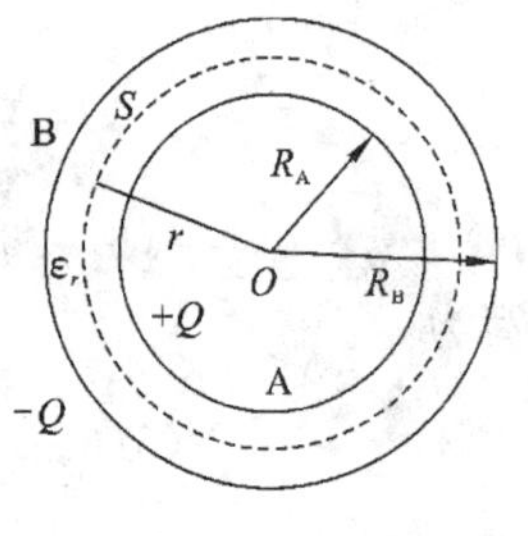

图 6.6.9　例 6.6.1 图

解　由自由电荷 $\pm Q$ 和电介质分布的球对称性可知,$\boldsymbol{E}$ 和 $\boldsymbol{D}$ 的分布也具有球对称性。显然,内球壳 A 的内部和外球壳 B 的外部空间各点的 $\boldsymbol{E}$ 和 $\boldsymbol{D}$ 都等于零。为了求出在介质内距球心距离为 r 处的电位移矢量 $\boldsymbol{D}$,可以作一个半径为 r 的同心球面作为高斯面 S(见图中虚线所示),则通过此高斯面的 $\boldsymbol{D}$ 通量为

$$\oiint_S \boldsymbol{D}\cdot d\boldsymbol{S}=D\cdot 4\pi r^2$$

由 $\boldsymbol{D}$ 的高斯定理式(6.6.10),有

$$D\cdot 4\pi r^2=Q$$

由此得

$$D=\frac{Q}{4\pi r^2}$$

考虑到 $\boldsymbol{D}$ 的方向沿径向向外,可将 $\boldsymbol{D}$ 的分布写成

$$\boldsymbol{D}=\begin{cases}0 & (r<R_A)\\ \dfrac{Q}{4\pi r^2}\boldsymbol{e}_r & (R_A<r<R_B)\\ 0 & (r>R_B)\end{cases}$$

根据 $\boldsymbol{D}=\varepsilon\boldsymbol{E}=\varepsilon_0\varepsilon_r\boldsymbol{E}$ 可得到 $\boldsymbol{E}$ 的分布为

$$\boldsymbol{E}=\begin{cases}0 & (r<R_A)\\ \dfrac{Q}{4\pi\varepsilon_0\varepsilon_r r^2}\boldsymbol{e}_r & (R_A<r<R_B)\\ 0 & (r>R_B)\end{cases}$$

再由 $\boldsymbol{P}=\chi_e\varepsilon_0\boldsymbol{E}=\varepsilon_0(\varepsilon_r-1)\boldsymbol{E}$ 和 $\sigma'=\boldsymbol{P}\cdot\boldsymbol{e}_n$，可得到在贴近内球壳 A 的电介质表面上的极化电荷面密度 σ'_A 和在贴近外球壳 B 的电介质表面上的极化电荷面密度 σ'_B 分别为

$$\sigma'_A=\boldsymbol{P}\cdot\boldsymbol{e}_n\big|_{r=R_A}=P\cos\pi\big|_{r=R_A}=-\frac{\varepsilon_r-1}{4\pi\varepsilon_r R_A^2}Q$$

$$\sigma'_B=\boldsymbol{P}\cdot\boldsymbol{e}_n\big|_{r=R_B}=P\cos0^\circ\big|_{r=R_B}=\frac{\varepsilon_r-1}{4\pi\varepsilon_r R_B^2}Q$$

在贴近内球壳 A 的电介质表面上的极化电荷 q'_A 和在贴近外球壳 B 的电介质表面上的极化电荷 q'_B 分别为

$$q'_A=\sigma'_A\cdot4\pi R_A^2=-\frac{\varepsilon_r-1}{\varepsilon_r}Q$$

$$q'_B=\sigma'_B\cdot4\pi R_B^2=\frac{\varepsilon_r-1}{\varepsilon_r}Q$$

从上述结果可以看出，在两个导体球壳之间填充电介质后，介质中的场强减弱到真空时的 $\dfrac{1}{\varepsilon_r}$。减弱的原因是介质表面上出现了极化电荷。两极板之间的电势差为

$$U_{AB}=\int_A^B\boldsymbol{E}\cdot d\boldsymbol{l}=\int_{R_A}^{R_B}\frac{1}{4\pi\varepsilon}\frac{Q}{r^2}dr=\frac{Q}{4\pi\varepsilon}\left(\frac{1}{R_A}-\frac{1}{R_B}\right)=\frac{Q}{4\pi\varepsilon}\frac{R_B-R_A}{R_AR_B}$$

可知电势差也随之减弱到真空时的 $\dfrac{1}{\varepsilon_r}$。

例 6.6.2　如图 6.6.10 所示，两块靠近的平行金属板间原为真空。使它们分别带上等量异号电荷，面电荷密度分别为 $+\sigma_0$ 和 $-\sigma_0$，而板间的电压 $U_0=300\ \mathrm{V}$，这时保持两板的电量不变，将板间一半空间充以相对介电常数为 $\varepsilon_r=5$ 的电介质(图 6.6.10)，求板间电压变为多少？电介质上、下表面的极化电荷面密度为多大？(计算时忽略边缘效应)

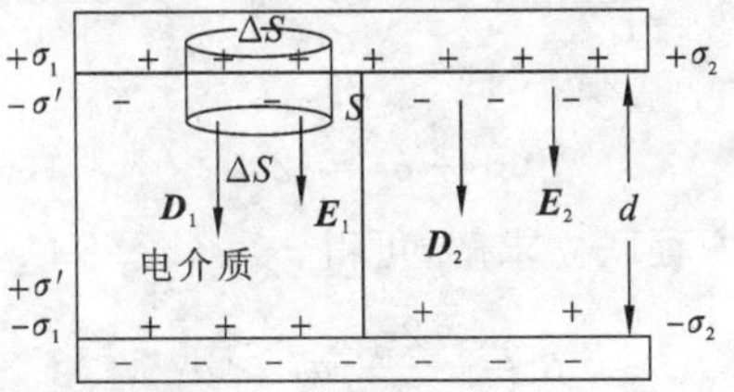

图 6.6.10　例 6.6.2 图

解　设金属板的面积为 S，板间距离为 d，在未充电介质前板的电荷面密度是 σ_0，这时板间电场为 $E_0=\dfrac{\sigma_0}{\varepsilon_0}$，而板间电压为 $U_0=E_0d$。

板间一半充以电介质后，不考虑边缘效应，板间各处的电场 $\boldsymbol{E}$ 与电位移 $\boldsymbol{D}$ 的方向都垂

直于板面而且在两部分空间分布均匀。则由导体静电平衡条件,两金属板仍是等势体,则板上自由电荷分布要发生重新分布。以 σ_1 和 σ_2 分别表示金属板上左半部分、右半部分的面电荷密度,以 $\boldsymbol{E}_1$,$\boldsymbol{E}_2$ 和 $\boldsymbol{D}_1$,$\boldsymbol{D}_2$ 分别表示板间左、右半部分的电场强度和电位移。在板间左半部分作一底面积为 ΔS 的封闭柱面作为高斯面,其轴线与板面垂直,两底面与板面平行,且上底面在金属板内,下底面在电介质中。通过这一高斯面的电位移通量为

$$\oiint_S \boldsymbol{D}\cdot \mathrm{d}\boldsymbol{S} = \iint_{上底} \boldsymbol{D}_1 \cdot \mathrm{d}\boldsymbol{S} + \iint_{下底} \boldsymbol{D}_1 \cdot \mathrm{d}\boldsymbol{S} + \iint_{侧面} \boldsymbol{D}_1 \cdot \mathrm{d}\boldsymbol{S}$$

由于在上底面处场强为零,$\boldsymbol{D}$ 也为零;在侧面上 $\boldsymbol{D}$ 与 $\mathrm{d}\boldsymbol{S}$ 垂直,所以上式等号右侧第一、第三项为零,第二项等于 $D\Delta S$。因此

$$\oiint_S \boldsymbol{D}_1 \cdot \mathrm{d}\boldsymbol{S} = D_1 \Delta S$$

此封闭包围的自由电荷为 $\sigma\Delta S$,则由 $\boldsymbol{D}$ 的高斯定理,得

$$D_1 = \sigma_1$$

而

$$E_1 = \frac{D_1}{\varepsilon} = \frac{\sigma_1}{\varepsilon_0 \varepsilon_r}$$

同理,对于右半部分,有

$$D_2 = \sigma_2, \quad E_2 = \frac{D_2}{\varepsilon} = \frac{\sigma_2}{\varepsilon_0}$$

由于静电平衡时两导体都是等势体,所以左右两部分两板间的电压是相等的,即

$$E_1 d = E_2 d$$

所以

$$E_1 = E_2$$

将上面的 E_1 和 E_2 的值代入,得

$$\sigma_1 = \varepsilon_r \sigma_2$$

此外,金属板上总电量保持不变,所以有

$$\sigma_1 \frac{S}{2} + \sigma_2 \frac{S}{2} = \sigma_0 S$$

由此得

$$\sigma_1 + \sigma_2 = 2\sigma_0$$

将上面关于 σ_1 和 σ_2 的两个方程联立求解,可得

$$\sigma_1 = \frac{2\varepsilon_r}{1+\varepsilon_r}\sigma_0 > \sigma_0$$

$$\sigma_2 = \frac{2}{1+\varepsilon_r}\sigma_0 < \sigma_0$$

这时板间的电场强度为

$$E_1 = E_2 = \frac{\sigma_2}{\varepsilon_0} = \frac{2\sigma_0}{(1+\varepsilon_r)\varepsilon_0} = \frac{2}{1+\varepsilon_r}E_0$$

由于$\frac{1}{\varepsilon_r} < \frac{2}{1+\varepsilon_r} < 1$,所以两板间电场比板间全部为真空时的电场要弱,比两板间全部为电介质时的电场要强。这是因为电介质并未充满两板间的空间的缘故。

板间充有电介质时两板间的电压为

$$U = Ed = \frac{2}{1+\varepsilon_r}E_0 d = \frac{2}{1+\varepsilon_r}\times 300 = 100\ (\mathrm{V})$$

电介质的电极化强度为

$$P_1 = \varepsilon_0(\varepsilon_r - 1)E_1 = \varepsilon_0(\varepsilon_r - 1)\frac{\sigma_1}{\varepsilon_0\varepsilon_r} = \frac{2(\varepsilon_r - 1)}{\varepsilon_r + 1}\sigma_0$$

由于 $\boldsymbol{P}_1$ 的方向与 $\boldsymbol{E}_1$ 相同,即垂直于电介质表面,所以

$$\sigma_1' = P_n = P_1 = \frac{2(\varepsilon_r - 1)}{\varepsilon_r + 1}\sigma_0$$

6.7　电容与电容器

6.7.1　孤立导体的电容

带电的孤立导体其电势与它所带的电量成正比,即$\frac{Q}{U}$是一个与电量无关而仅与导体的几何参数有关的常量。这样一个比例关系可以写成

$$C = \frac{Q}{U} \tag{6.7.1}$$

式中,C是与导体的尺寸和形状有关,而与Q,U无关的常数,称为孤立导体的电容,它的物理意义是使导体每升高单位电势所需的电量。

例如,孤立导体球(图 6.7.1) 的电容为

$$C = \frac{Q}{U} = 4\pi\varepsilon_0 R$$

可见,孤立导体球的电容只与球的半径R有关的常数,反映了导体球在容纳电荷方面的性质,半径不同的导体球如果带有相同的电量,则半径大的导体球电势低,半径小的导体球电势高。

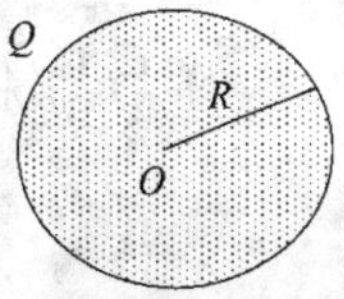

图 6.7.1　孤立导体球

电容的单位应是库[仑]/ 伏[特]($\mathrm{C\cdot V^{-1}}$),也称为法[拉],用 F 表示:$1\ \mathrm{F} = \frac{1\ \mathrm{C}}{1\ \mathrm{V}}$。

法[拉] 这个单位太大,常用微法(记为 μF)、皮法(记为 pF) 等单位。

$$1\ \mu\mathrm{F} = 10^{-6}\ \mathrm{F},\quad 1\ \mathrm{pF} = 10^{-12}\ \mathrm{F}$$

6.7.2　电容器及其电容

电容器是一种常用的电学元件,它由两个导体组合而成。其中一个导体兼具有屏蔽外部电场的功能,所以电容器具有不受外部带电体影响的稳定的电容量。

如图 6.7.2 所示,用空腔导体 B 将导体 A 包围在内,导体 A,B 之间的电势差U_{AB}只取

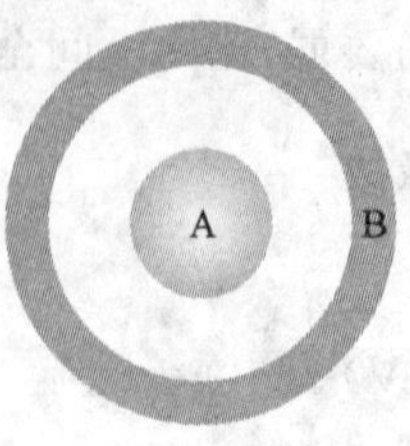

图 6.7.2　电容器

决于电容器内部的电场，这个电场受到导体 B 的保护，不受外面其他带电体的影响，这对导体 A,B 称为电容器的两个极板。

一般情况下，电容器工作时它的两个极板 A,B 的相对的两个表面上总是分别带上等量异号的电荷 $+Q$ 和 $-Q$。

定义电容器的电容量

$$C=\frac{Q}{U_{AB}} \tag{6.7.2}$$

电容器的电容与两极板的尺寸、形状和相对位置有关，与 Q 及 U_{AB} 无关。电容器的电容的物理意义是当电容器的正、负极板之间的电势差每升高一个单位时在极板上所需要增加的电量。

通常电容器的两金属极板之间还夹有一层绝缘介质(叫电介质，见下节)。绝缘介质也可以是空气或真空，按两极板间所用的绝缘介质来分，有真空电容器、空气电容器、云母电容器、纸质电容器、油浸纸介电容器、陶瓷电容器、涤纶电容器、电解电容器、聚四氟乙烯电容器、钛酸钡电容器等；按其电容可变与否来分，有可变电容器、半可变电容器或微调电容器、固定电容器等；从几何形状上来分，有平行板电容器、球形电容器、圆柱形电容器等。

6.7.3　真空电容器电容量的计算

1. 平行板电容器

如图 6.7.3 所示，两块彼此靠得很近的平行金属板，设它们的面积均为 S，内表面间的距离是 d。在极板面的线度远大于它们之间的距离时，忽略边缘效应，可以认为均匀电场分布于两极板之间。

设两极板 A,B 的带电量分别是 $\pm Q$，则电荷面密度分别是 $\pm\sigma=\pm\dfrac{Q}{S}$。极板间的场强为

$$E=\frac{\sigma}{\varepsilon}=\frac{\sigma}{\varepsilon_r\varepsilon_0}$$

电势差为

$$U_{AB}=\int_A^B \boldsymbol{E}\cdot d\boldsymbol{l}=Ed=\frac{\sigma d}{\varepsilon_0\varepsilon_r}=\frac{Qd}{\varepsilon_0\varepsilon_r S}$$

按电容的定义，有

$$C=\frac{Q}{U_{AB}}=\frac{\varepsilon S}{d} \tag{6.7.3}$$

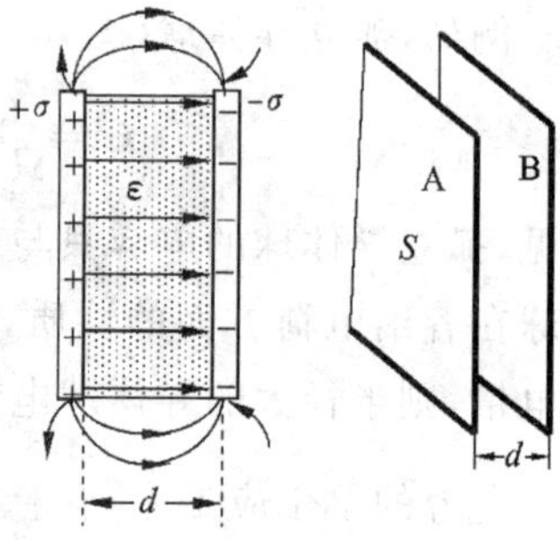

图 6.7.3　平行板电容器

此式表明，电容 C 正比于极板面积 S 和电容率为 ε，反比于极板间距 d。

2. 球形电容器

如图 6.7.4 所示，球形电容器由两个同心导体球壳 A,B 组成，其半径分别为 R_A 和 R_B $(R_A<R_B)$，分别带电荷 $\pm Q$，利用高斯定理可求出两导体之间的电场强度为

$$E=\frac{1}{4\pi\varepsilon_0}\frac{Q}{r^2}$$

方向沿半径由 A 指向 B。从而 A,B 之间的电势差为

$$U_{AB}=\int_A^B \boldsymbol{E}\cdot d\boldsymbol{l}=\int_{R_A}^{R_B}\frac{1}{4\pi\varepsilon_0}\frac{Q}{r^2}dr=\frac{Q}{4\pi\varepsilon_0}\left(\frac{1}{R_A}-\frac{1}{R_B}\right)=\frac{Q}{4\pi\varepsilon_0}\frac{R_B-R_A}{R_AR_B}$$

于是球形电容器的电容为

$$C=\frac{Q}{U_{AB}}=\frac{4\pi\varepsilon_0 R_B R_A}{R_B-R_A} \tag{6.7.4}$$

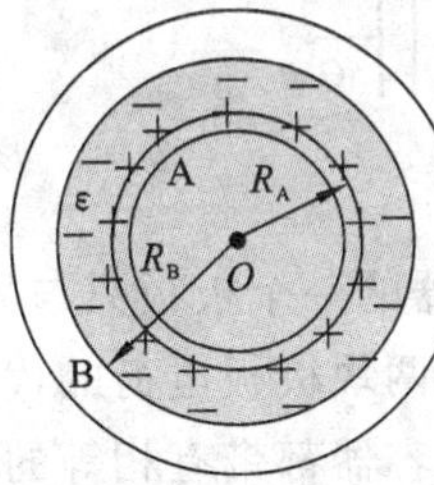

图 6.7.4　球形电容器

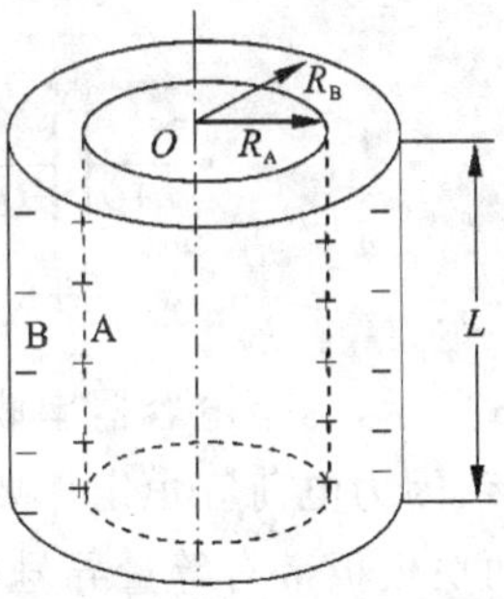

图 6.7.5　圆柱形电容器

3. 圆柱形电容器

如图 6.7.5 所示,电容器由两个同轴的金属圆筒 A,B 组成,其半径分别为 R_A 和 R_B ($R_A<R_B$),长度为 L。当 $L\gg R_B-R_A$ 时,两端的边缘效应可以忽略。计算场强分布时可以把圆筒看成是无限长的。设 A,B 分别带正、负电荷,利用高斯定理可知,两筒之间的电场强度为

$$E=\frac{\lambda}{2\pi\varepsilon_0 r}$$

式中,λ 是每个电极在单位长度内电荷的绝对值。电场的方向垂直于轴沿半径由 A 指向 B,A,B 之间的电势差为

$$U_{AB}=\int_A^B \boldsymbol{E}\cdot d\boldsymbol{l}=\int_{R_A}^{R_B}\frac{1}{2\pi\varepsilon_0}\frac{\lambda}{r}dr=\frac{\lambda}{2\pi\varepsilon_0}\ln\frac{R_B}{R_A}$$

在柱形电容器每个电极上的总电荷为 $Q=\lambda L$,故柱形电容器的电容为

$$C=\frac{Q}{U_{AB}}=\frac{2\pi\varepsilon_0 L}{\ln\dfrac{R_B}{R_A}} \tag{6.7.5}$$

从以上讨论中可总结出计算电容器电容量的一般步骤:

(1) 设电容器两极板分别带电荷 $\pm Q$,计算电容器两极板间的场强分布。

(2) 利用 $U_{AB}=\int_{(A)}^{(B)}\boldsymbol{E}\cdot d\boldsymbol{l}$ 计算两极板间的电势差。

(3) 利用电容的定义 $C=\dfrac{Q}{U_{AB}}$ 求出电容。

6.7.4 电容器的串联和并联

电容器的性能规格中有两个主要指标:一是它的电容量;二是它的耐压能力。使用电容器时,两极板所加的电压不能超过所规定的耐压值,否则电容器内的电介质有被击穿的危险,即电介质失去绝缘性质,电容器就损坏了。在实际应用中,当遇到单独一个电容器在电容或耐压能力方面不能满足要求时,可以把几个电容器串联或并联起来使用。

1. 串联

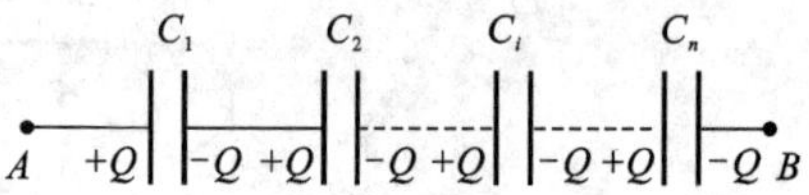

图 6.7.6 电容器的串联

如图 6.7.6 所示,N 个电容器串联,其中每个电容器的一个极板只与另一个电容器的一个极板相连接,因为电荷守恒定律要求被导线连接的两块极板电荷的代数和只能为零,而同一电容器两块极板带有等量异号电荷,所以每个电容器都带有相等的电量 Q,每个电容器上的电压则为

$$U_1=\frac{Q}{C_1},\quad U_2=\frac{Q}{C_2},\quad \cdots,\quad U_n=\frac{Q}{C_n}$$

这表明,电容器串联时,电压与电容成反比地分配在各电容器上。整个串联电容器组两端的电压等于每一个电容器两极板上电压之和,即

$$U=U_1+U_2+\cdots+U_n=Q\left(\frac{1}{C_1}+\frac{1}{C_2}+\cdots+\frac{1}{C_n}\right)$$

而整个电容器系统的总电容 $C=\dfrac{Q}{U}$,由此得

$$\frac{1}{C}=\frac{1}{C_1}+\frac{1}{C_2}+\cdots+\frac{1}{C_n}=\sum\frac{1}{C_i} \tag{6.7.6}$$

可见,电容器串联后,总电容的倒数是各电容器电容的倒数之和,总电容比每个电容器电容都小,而整个串联电容器组的耐压能力提高了。例如,两个电容相等的电容器串联后,总电容为每个电容器的一半,分配在每一电容器上的电压也为总电压的一半,因此,这个串联电容器组的耐压能力为每一个电容器的两倍。

2. 并联

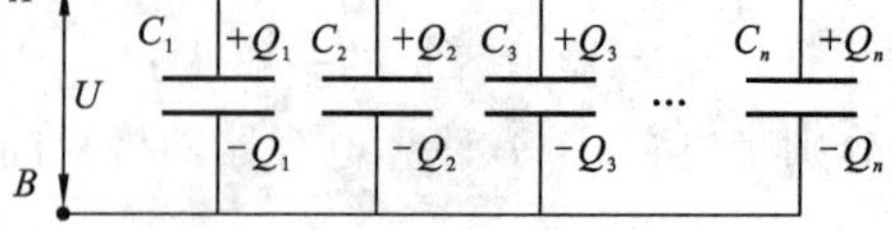

图 6.7.7 电容器的并联

如图 6.7.7 所示,其中每一个电容器有一个极板接到共同点 A,而另一极板则接到另

一共同点 B。被导线连接的极板具有相同的电势，因此每一个电容器两极板上的电压都等于 A,B 两点间的电压 U，但是分配在每个电容器上的电量不同，它们分别为

$$Q_1 = C_1U,\quad Q_1 = C_1U,\quad Q_2 = C_2U,\quad \cdots,\quad Q_n = C_nU$$

这表明，电容器并联时，电量与电容成正比地分配在各个电容器上。所有电容器上的总电量为

$$Q = Q_1 + Q_2 + \cdots + Q_n = (C_1 + C_2 + \cdots + C_n)U$$

整个电容器系统的总电容 $C = \dfrac{Q}{U}$，由此得

$$C = C_1 + C_2 + \cdots + C_n = \sum C_i \tag{7.4.7}$$

故电容器并联时，总电容等于各电容器电容之和。并联后总电容增加了，但整个电容器系统的耐压能力并没有提高。

6.7.5　电介质在电容器中的作用

在电容器和电缆中，电介质主要在以下三个方面起作用：

(1) 极板之间、导线之间的绝缘与支撑。

(2) 缩小电容器的体积，增大电容器的电容量。

(3) 提高电容器和电缆的耐压能力。

例 6.7.1　如图 6.7.8 所示，一平板电容器，极板面积为 S，间距为 d. 极板面荷密度为 σ，极板间填充有相对介电常数为 ε_r 的均匀电介质，求极板间的电场强度和电容器的电容。

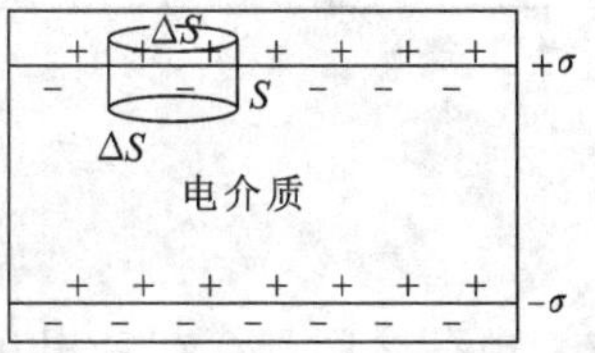

图 6.7.8　例 6.7.1 图

解　作如图 6.7.8 所示的柱形高斯面 S，它的一个底面 ΔS_1 在极板内，另一个底面 ΔS_2 在电介质中。侧表面与电场线平行，同时也与电位移矢量平行，所以通过侧表面的电位移通量为零，在金属极板内，$\boldsymbol{E} = 0, \boldsymbol{D} = 0$，所以通过 ΔS_1 的电位移通量为零。由电介质中的高斯定理，有

$$\oint_S \boldsymbol{D} \cdot \mathrm{d}\boldsymbol{S} = D\Delta S_2 = \sum q_0 = \sigma \Delta S_1$$

所以

$$D = \sigma$$

$$E = \frac{D}{\varepsilon_0 \varepsilon_r} = \frac{\sigma}{\varepsilon_0 \varepsilon_r}$$

电容器的电容

$$C = \frac{Q}{U_{AB}} = \frac{\sigma S}{Ed} = \frac{\varepsilon_0 \varepsilon_r S}{d} = \varepsilon_r C_0$$

其中 $C_0 = \dfrac{\varepsilon_0 S}{d}$ 是两极板间为真空时的平行板电容器的电容，可见也有电容器的电容增大到真空时的 ε_r 倍。

通常条件下电介质不导电，但很强的电场会使电介质的绝缘性能遭到破坏，这就是击穿现象。一种介质材料不被击穿所能承受的电场强度的极限值称为该材料的介电强度。电

容耐压就取决于所用介质的介电强度。电缆内部的场是不均匀的。一般来说,越靠近轴线场强越大。电压升高时,介质总是在场强最大处首先被击穿,因而电缆要使用多层绝缘材料,各层的介电常数与介电强度不相同,合理配置各绝缘层,把介电强度和介电常数较大的材料置于电场最强的区域,可以提高总的电压承受能力。

表 6.7.1 为某些电介质的相对介电常数和介电强度数据表。

表 6.7.1　电介质的相对介电常数和介电强度

电介质	相对介电常数 ε_r	介电强度 /(10^6 V · m^{-1})
真空	1	∞
空气	1.000 59	3
纯水	80	—
云母	3.7 ~ 7.5	80 ~ 200
玻璃	5 ~ 10	5 ~ 13
绝缘子用瓷	5.7 ~ 6.8	6 ~ 20
电容器纸	3.7	16 ~ 40
电木	7.6	16
硅油	2.5	15
钛酸钡	10^3 ~ 10^4	3

6.8　静电场的能量

电荷之间都存在着相互作用的电场力,当电荷之间相对位置变化时,电场力要做功,而且,这功与变化的路径无关,这表示电荷之间具有相互作用能(电势能)。带电体系之所以具有电势能,是因为任何物体的带电过程都可以看成是电荷之间的相对迁移过程,在迁移电荷的过程中,外界必须消耗能量以克服电场力而做功。例如,用电池对电容器充电时就消耗电池中的化学能。根据能量转化和守恒定律,外界所提供的能量转化为带电体系的静电能。当带电系统的电荷减少时,或改变它们之间的相对位置时,静电能就可以转化为其他形式的能量。例如,当已充电的电容器放电时,它所储存的电能就会转化为热、光、声等形式的能量。

6.8.1　电容器储能

如果把一个已充电的电容器两极板用导线短路而放电,可见到放电的火花。放电火花的热能和光能必然是由充了电的电容器中储存的电能转化而来。那么电容器储存的电能又是从哪里来的呢?实际上在电容器充电的过程中,电源必须克服做功才能静电场力把电荷从一个极板搬运到另一个极板上。充电过程中电源做功所转化的能量就以电能的形式储存在电容器中,放电时就把这部分电能释放出来。

让我们来分析一下电容器的充电过程(图 6.8.1)。电子从电容器一个极板被拉到电源,并从电源推到另一个极板去。这时被拉出了电子的极板带正电,推上电子的极板带负

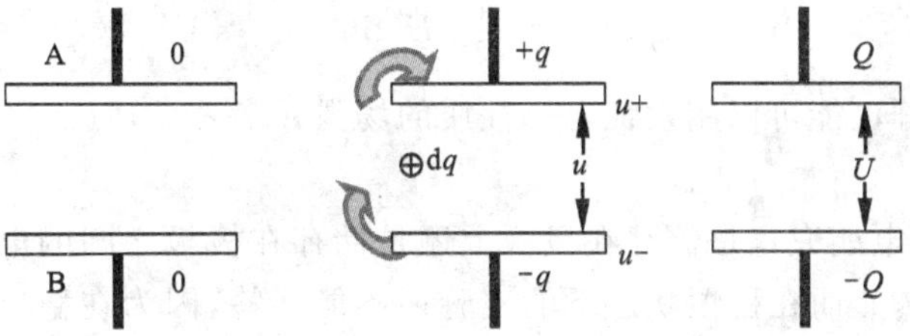

图 6.8.1　电容器的充电过程

电。如此逐渐进行下去，设充电完毕时电容器极板上所带电量的绝对值为 Q。完成这个过程要靠电源做功，从而消耗了电池储存的化学能，使之转化为电容器储存的电能。

设在充电过程中某一瞬间电容器极板上带电量的绝对值为 q，极板间电压为 u。这里电压 u 是指正极板电势 u_+ 减负极板电势 u_-，若这时电源把 $-\mathrm{d}q$ 的电量从正极板搬运到负极板，则电池所做的功应等于电量 $-\mathrm{d}q$ 从正极板迁移到负极板后电势能的增加，即

$$(-\mathrm{d}qu_-)-(-\mathrm{d}qu_+)=\mathrm{d}q(u_+-u_-)=u\mathrm{d}q$$

继续充电时要继续做功，此功不断地积累为电容器的电势能。所以在整个充电过程中储存于电容器的电能总量应由下列积分计算

$$W_\mathrm{e}=\int_0^Q u\mathrm{d}q$$

其中，积分下限 0 表示充电开始时电容器每一极板上电量为零，上限 Q 表示充电结束时电容器每一极板上电量的绝对值。将 u 与 q 的关系式 $u=\dfrac{q}{C}$ 代入上式，得

$$W_\mathrm{e}=\int_0^Q \frac{q}{C}\mathrm{d}q=\frac{1}{2}\frac{Q^2}{C} \tag{6.8.1}$$

这就是计算电容器储能的公式。利用 $Q=CU$，则式(6.8.1) 可改写成

$$W_\mathrm{e}=\frac{1}{2}CU^2 \tag{6.8.2}$$

$$W_\mathrm{e}=\frac{1}{2}QU \tag{6.8.3}$$

式中 Q 和 U 都是充电完毕时的最后值。

在实际中，电容器充电后的电压值是给定的，这时用式(6.8.2) 来讨论储能的问题较为方便。式(6.8.2) 表明，在一定电压下电容 C 大的电容器储能多。在这个意义上说，电容 C 是电容器储能本领大小的标志。对同一个电容器来讲，电压越高储能越多。但不能超过电容器的耐压值，否则就会把里面的电介质击穿而毁坏了电容器。

6.8.2　电场的能量和能量密度

物体或电容器带电的过程也就是建立电场的过程，这说明带电系统的静电能总是和电场的存在相联系的。下面我们将以平行板电容器为例，来说明其电能又可以用场强来表示。

设平行板电容器的极板面积为 S，两极板间距为 d，当电容器极板上所带电量的绝对值为 Q 时，极板间的电势差 $U=Ed$。已知 $C=\dfrac{\varepsilon S}{d}$，将这些关系式代入式(6.8.2) 中，得

$$W_e = \frac{1}{2}CU^2 = \frac{1}{2}\varepsilon E^2 Sd = \frac{1}{2}\varepsilon E^2 V$$

从这里可以看出,静电能可以用表征电场性质的场强 $\boldsymbol{E}$ 来表示,而且和电场所分布的体积 $V = Sd$ 成正比。

那么电容器的电能究竟是储存在极板上还是储存在极板之间的电场中呢?这个问题需要用实验来回答。然而在稳恒状态下的实验还不能回答,因为在稳恒状态下,电荷和电场总是同时存在、相伴而生的,我们无法分辨电能是和电荷相联系,还是和电场相联系。以后我们将会看到,随着时间变化的电场和磁场将以一定的速度在空间传播,形成电磁波。在电磁波中电场可以脱离电荷而传播到很远的地方。电磁波携带能量,已是近代无线电技术中人所共知的事实了。这就直接证实了能量储存于电场中的观点,所以静电能也称为静电场能量。能量是物质固有的属性之一,它不能与物质分割开来。静电场具有能量的结论,证明静电场是一种特殊形态的物质。

根据上述讨论,电容器的电能是储存在电场中的。由于平行板电容器中电场是均匀分布的,所储存的静电场能量也应该是均匀分布的,因此电场中每单位体积的能量,即电场能量密度为

$$w_e = \frac{W_e}{V} = \frac{1}{2}\varepsilon E^2 = \frac{1}{2}DE \tag{6.8.4}$$

能量密度的单位为 $\mathrm{J \cdot m^{-3}}$。式(6.8.4)虽然是从均匀电场的特例中导出的,但可以证明它是一个普遍适用的公式,在非均匀电场和变化的电场中仍然是正确的,只是此时的能量密度是逐点改变的。

要计算任一带电系统整个电场中所储存的能量,只要将电场所占空间分成许多体积元 $\mathrm{d}V$,然后把这许多体积元中的能量累加起来,也就是求如下的积分

$$W_e = \iiint_V w_e \mathrm{d}V = \iiint_V \frac{1}{2}DE\,\mathrm{d}V \tag{6.8.5}$$

式中,w_e 是和每一个体积元 $\mathrm{d}V$ 相对应的能量密度,积分区域遍及整个电场分布空间 V。

例 6.8.1 计算均匀带电球体的静电能。设球的半径为 R,所带电量为 q,球外为真空。

解 均匀带电球体所激发的电场分布可用高斯定理求得

$$\boldsymbol{E} = \begin{cases} \dfrac{1}{4\pi\varepsilon_0}\dfrac{q}{R^3}\boldsymbol{r} & (r < R) \\ \dfrac{1}{4\pi\varepsilon_0}\dfrac{q}{r^3}\boldsymbol{r} & (r > R) \end{cases}$$

能量分布在整个空间中,用 $W_e = \iiint_V \frac{1}{2}\varepsilon_0 E^2 \mathrm{d}V$ 来计算。将球内、外的场强代入,即可求出带电球体的静电场能量为

$$\begin{aligned} W_e &= \frac{\varepsilon_0}{2}\iiint_V E^2 \mathrm{d}V \\ &= \frac{\varepsilon_0}{2}\int_0^R \left(\frac{qr}{4\pi\varepsilon_0 R^3}\right)^2 4\pi r^2 \mathrm{d}r + \frac{\varepsilon_0}{2}\int_R^\infty \left(\frac{q}{4\pi\varepsilon_0 r^2}\right)^2 4\pi r^2 \mathrm{d}r \\ &= \frac{q^2}{40\pi\varepsilon_0 R} + \frac{q^2}{8\pi\varepsilon_0 R} = \frac{3}{20}\,\frac{q^2}{\pi\varepsilon_0 R} \end{aligned}$$

思 考 题

1. 为什么引入电场中的试验电荷，体积必须很小，电荷量也必须很小？

2. 真空中点电荷 q 的静电场场强大小为

$$E=\frac{1}{4\pi\varepsilon_0}\frac{q}{r^2}$$

式中，r 为场点离点电荷的距离。当 $r\to 0$ 时，$E\to\infty$，这一推论显然是没有物理意义的，应如何解释？

3. 静电学中有下面几个常见的场强公式：

$$\boldsymbol{E}=\frac{\boldsymbol{F}}{q} \quad ①$$

$$E=\frac{q}{4\pi\varepsilon_0 r^2} \quad ②$$

$$E=\frac{U_1-U_2}{d} \quad ③$$

式 ①、② 中的 q 意义是否相同？各式的适用范围如何？

4. 为什么在无电荷的空间里电场线不能相交？为什么静电场中的电场线不可能是闭合曲线？

5. 电场线、电通量和电场强度具有怎样的关系？

6. 如果通过某一闭合面 S 的电通量等于零，是否能肯定 S 上每一点的电场强度都等于零？

7. 如果在闭合面 S 上场强 E 处处为零，能否说此闭合面内一定没有净电荷？

8. 如果在闭合面 S 上场强 E 处处为零，能否说此闭合面内一定没有电荷？举例说明。

9. 有一个球形的橡皮气球，电荷均匀分布在表面上。在此气球被吹大的过程中，下列各点的场强如何变化？

(1) 始终在气球内部的点；

(2) 始终在气球外部的点；

(3) 被气球表面掠过的点。

10. 试用环路定理说明静电场电场线永不闭合。

11. 电荷在电势高的位置处的静电势能是否一定比在电势低的位置处的静电势能大？

12. 举例说明在选无穷远处为电势零点的条件下，带正电的物体的电势是否一定为正？电势等于零的物体是否一定不带电？

13. 静电场中计算电势差的公式有下面几个：

$$U_{\mathrm{A}}-U_{\mathrm{B}}=\frac{W_{\mathrm{A}}-W_{\mathrm{B}}}{q}$$

$$U_{\mathrm{A}}-U_{\mathrm{B}}=Ed$$

$$U_{\mathrm{A}}-U_{\mathrm{B}}=\int_{\mathrm{A}}^{B}\boldsymbol{E}\cdot\mathrm{d}\boldsymbol{l}$$

试说明各式的适用条件。

14. (1) 电场强度的线积分 $\int_L \boldsymbol{E}\cdot\mathrm{d}\boldsymbol{l}$ 表示什么物理意义？

(2) 对于静电场，它有什么特点？该线积分描述静电场的什么性质？

15. 在图 1 所示的电场中，把一个正电荷从 P 移动到 Q，电场力的功 A_{PQ} 是正还是负？系统的电势能是增加还是减少？P，Q 两点的电势哪点高？

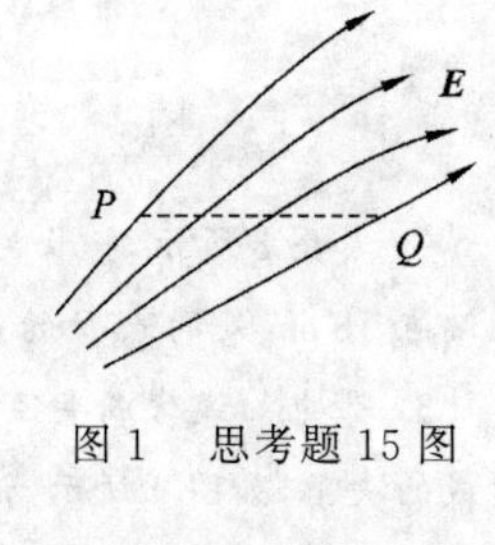

图 1　思考题 15 图

16. 举例说明下列说法是否正确?

(1) 场强相等的区域,电势也处处相等;

(2) 电势相等的区域,场强处处等于零;

(3) 场强为零处,电势也一定为零;

(4) 电势为零处,场强也一定为零。

17. 在一个不带电的导体球壳的球心处放入一点电荷 q,当 q 由球心处移开,但仍在球壳内时,球壳内外表面的电荷分布情况如何?

18. 将一个不带电的导体置于静电场中,在导体上感应出来的正负电荷的电量是否一定相等?这时导体还是等势体吗?如果在电场中把导体分开成两部分,一部分带正电,另一部分带负电,这两部分的电势是否相等?

19. 将不带电的绝缘导体球 B 移近带正电的导体球 A 时,导体球 A 的电势如何变化?如果将移近导体球 A 的导体球 B 接地,导体球 A 的电势如何变化?

20. 原来带电的导体接地,是否导体一定不再带电?

21. 将电压 U 加在一段导线的两端,设导线的横截面直径为 d,长度为 l,试分别讨论下列情况对自由电子漂移运动速度的影响:

(1) U 增至原来的两倍;

(2) d 增至原来的两倍;

(3) l 增至原来的两倍。

22. 一个电偶极子在匀强电场中所受的合外力是否一定为零?合外力矩呢?当电偶极矩的方向与外电场的方向不一致时,电偶极子将做何运动?

23. 导体中的电荷与绝缘体中的电荷有什么不同?绝缘体不导电,为什么还会被极化?

24. 什么是位移极化?什么是转向极化?为什么一般情况下转向极化强于位移极化?

25. 电位移矢量与电场强度矢量有什么区别与联系?为什么要引入电位移矢量?

26. 通常情况下,如果要增大一个电容器的电容,有哪些方法?

习　题　6

1. 如图 2 所示,用 4 根等长的绝缘线将放置在水平面上的 4 个带电小球相连接,4 个小球的带电量如图所示,试求当此系统平衡时,夹角 α 等于多少?

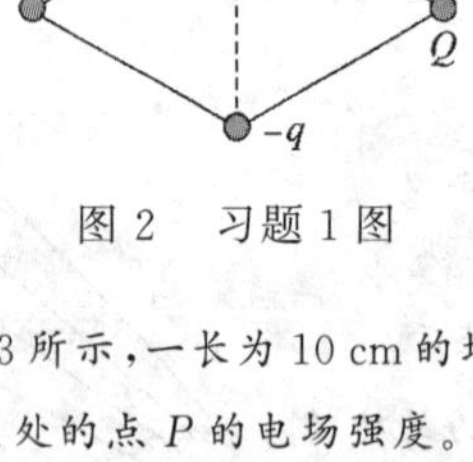

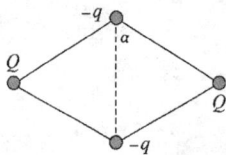

图 2　习题 1 图

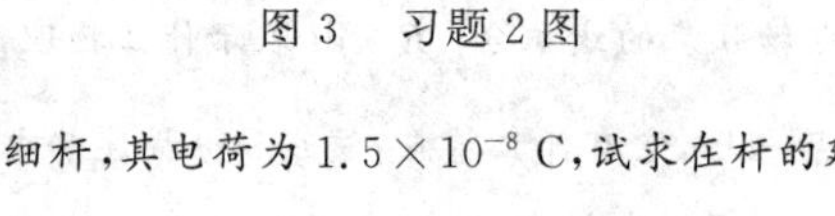

图 3　习题 2 图

2. 如图 3 所示,一长为 10 cm 的均匀带正电细杆,其电荷为 1.5×10^{-8} C,试求在杆的延长线上距杆的端点 10 cm 处的点 P 的电场强度。

3. 带电细线弯成半径为 R 的半圆形,电荷线密度为 $\lambda=\lambda_0\sin\varphi$,式中 λ_0 为一常数,φ 为半径 R 与 x 轴所成的夹角,如图 4 所示。试求环心 O 处的电场强度。

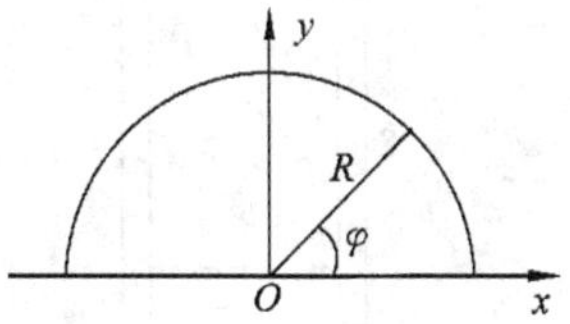

图 4　习题 3 图

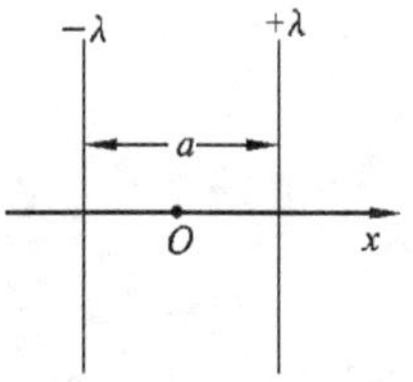

图 5　习题 4 图

4. 真空中两条平行的“无限长”均匀带电直线相距为 a，其电荷线密度分别为 $-\lambda$ 和 $+\lambda$。试求：

(1) 在两直线构成的平面上，两线间任一点的电场强度(选 Ox 轴如图 5 所示，两线的中点为原点)；

(2) 两带电直线上单位长度之间的相互吸引力。

5. 实验表明，在靠近地面处有相当强的电场，电场强度 $\boldsymbol{E}$ 垂直于地面向下，大小约为 $100\ \mathrm{N\cdot C^{-1}}$；在离地面 1.5 km 高的地方，$\boldsymbol{E}$ 也是垂直于地面向下的，大小约为 $25\ \mathrm{N\cdot C^{-1}}$。

(1) 假设地面上各处 $\boldsymbol{E}$ 都是垂直于地面向下，试计算从地面到此高度大气中电荷的平均体密度；

(2) 假设地表面内电场强度为零，且地球表面处的电场强度完全是由均匀分布在地表面的电荷产生，求地面上的电荷面密度。(已知：地球半径 $R=6.37\times10^{6}\ \mathrm{m}$，真空介电常量 $\varepsilon_0=8.85\times10^{-12}\ \mathrm{C^2\cdot N^{-1}\cdot m^{-2}}$)

6. 有一边长为 a 的正方形平面，在其中垂线上距中心 O 点 $\dfrac{a}{2}$ 处，有一电荷为 q 的正点电荷，如图 6 所示，求通过该平面的电场强度通量。

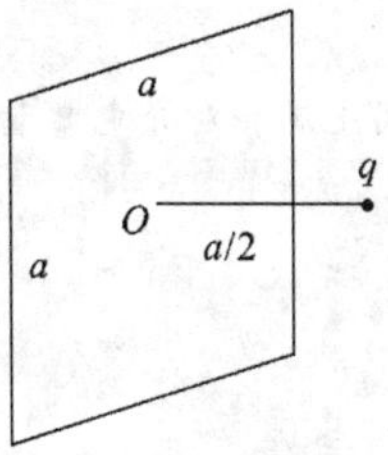

图 6　习题 6 图

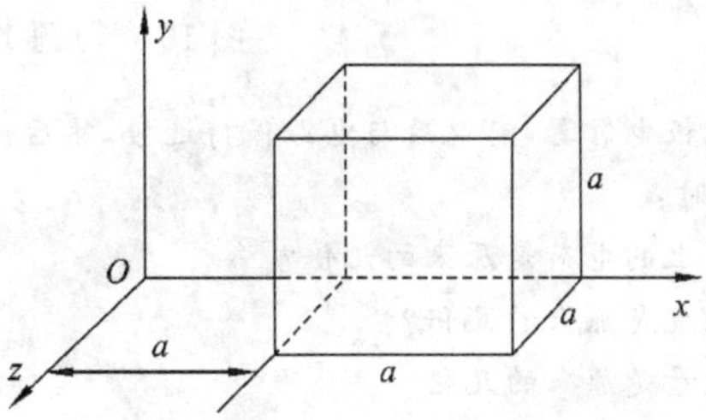

图 7　习题 7 图

7. 真空中一正方体形的高斯面(图 7) 边长 $a=0.1\ \mathrm{m}$，位于图 7 所示位置。已知空间的场强分布为

$$E_x=bx,\quad E_y=0,\quad E_z=0$$

式中常量 $b=1000\ \mathrm{N\cdot C^{-1}\cdot m^{-1}}$。试求通过该高斯面的电通量以及高斯面包围的净电荷。

8. 用电场的高斯定理求下列各带电体的场强分布。

(1) 半径为 R 的均匀带电球面(总电量为 Q)；

(2) 半径为 R 的均匀带电球体(体密度为 ρ)；

(3) 半径为 R、电荷体密度 $\rho=Ar$ (A 为常数) 的非均匀带电球体；

(4) 半径为 R、电荷体密度 $\rho=A/r$ (A 为常数) 的非均匀带电球体。

9. 一厚度为 d 的无限大平板，平板内均匀带电，体电荷密度为 ρ，求板内、外的场强分布。

10. 如图 8 所示，一点电荷 $q=10^{-9}\ \mathrm{C}$，A,B,C 三点分别距离该点电荷 10 cm，20 cm，30 cm。若选点 B 的电势为零，求 A,C 点的电势。

11. 如图 9 所示，两块面积均为 S 的金属平板 A 和 B 彼此平行放置，板间距离为 d (d 远小于板的线度)，设 A 板带有电荷 q_1，B 板带有电荷 q_2，求 AB 两板间的电势差 U_{AB}。

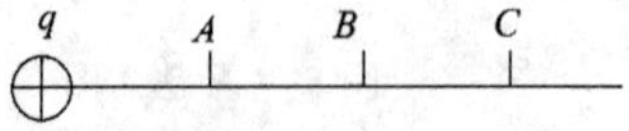

图 8 习题 10 图

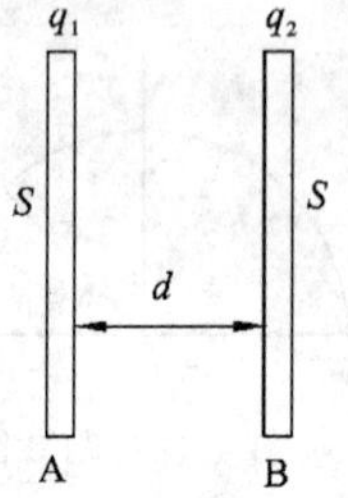

图 9 习题 11 图

12. 半径为 r 的均匀带电球面 1，带有电荷 q，其外有一同心的半径为 R 的均匀带电球面 2，带有电荷 Q，求此两球面之间的电势差 $U_1 - U_2$。

13. 已知某静电场的电势分布为

$$U = 8x + 12x^2 y - 20y^2 \quad \text{(SI)}$$

求场强分布 $\boldsymbol{E}$。

14. 如图 10 所示，长度为 $2L$ 的细直线段上，均匀分布着电荷 q。对于其延长线上距离线段中心为 x 处 $(x > L)$ 的一点，求：

(1) 电势 U(设无限远处为电势零点)；

(2) 利用电势梯度求该点场强 $\boldsymbol{E}$。

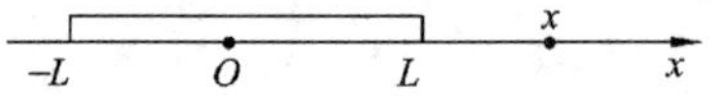

图 10 习题 14 图

15. 一平行板电容器，充电后与电源保持连接，然后使两极板间充满相对介电常量为 ε_r 的各向同性均匀电介质，这时：

(1) 两极板上的电荷是原来的几倍？

(2) 电场强度是原来的几倍？

(3) 电场能量是原来的几倍？

16. 如图 11 所示，一空腔导体 A 内有两个导体 B 和 C。导体 A 和 C 不带电，导体 B 带正电。比较 A，B，C 三个导体的电势 U_A，U_B，U_C 的高低。

17. 点电荷 q 处在电中性导体球壳的中心，球壳的内外半径分别为 R_1 和 R_2。求球壳外的场强和电势分布。

18. 两平行金属板分别带有等量的正负电荷。两板的电势差为 120 V，两板的面积都是 3.6 cm^2，两板相距 1.6 mm。略去边缘效应，求两板间的电场强度和各板上所带的电量。

19. 两个完全相同的真空平行板电容器串联后与电势差为 U 的恒压源连接，不切断电源，将第一个电容器的两极板之间充满相对介电常数为 ε_r 的电介质，如图 12 所示，求第二个电容器两极板间的电势差变为原来的多少倍。

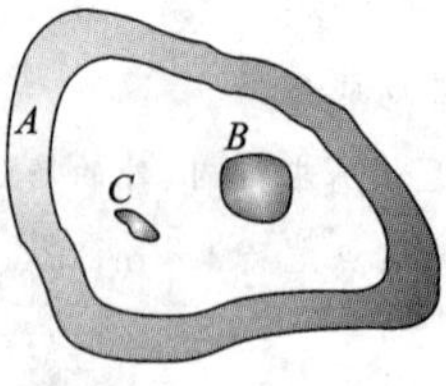

图 11 习题 16 图

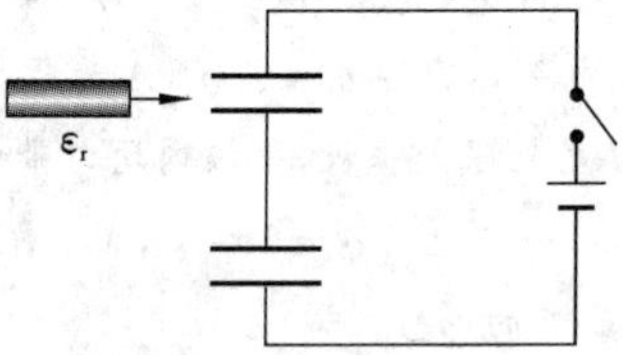

图 12 习题 19 图

20. 将两个相同的空气平行板电容器串联，加电压 U 后断开电源，再往其中一个电容器的两极板之间充满相对介电常数为 ε_r 的电介质，求此时串联电容器两端的电压。

21. 三个电容器接成 Y 形，如图 13 所示。已知它们的电容量分别为 $C_1 = 0.3\ \mu F$，$C_2 = 0.4\ \mu F$，$C_3 = 0.5\ \mu F$；三个端点的电势分别为 $U_A = 10\ V$，$U_B = -6\ V$，$U_C = 0$。求点 O 电势 U_O。

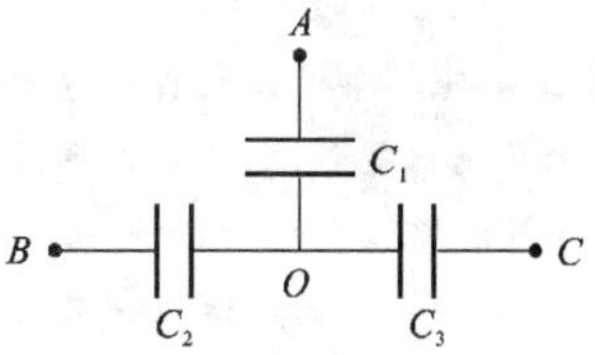

图 13　习题 21 图

22. 技术上为了安全，铜线内电流密度不得超过 $6\ A\cdot mm^{-2}$，某车间需用电流 20 A，则所用导线的直径不得小于多少？

23. 半径为 R、相对介电常数为 ε_r 的均匀介质球中心放一点电荷 Q，球外为真空。求球内外的场强和电势分布。

24. 两平行导体板相距 5 mm，带有等量异号电荷，面密度为 $20\ \mu C\cdot m^{-2}$，其间有两层电介质，一层厚 2.0 mm，相对介电常数 $\varepsilon_{r1} = 3.0$；另一层厚 3.0 mm，相对介电常数 $\varepsilon_{r2} = 4.0$。略去边缘效应，求各介质内的 E，D 和介质表面的 σ'。

25. 求半径为 R、带电量为 Q 的均匀带电球壳具有的静电能。

26. 一平行板电容器的极板面积为 S，间距为 d，接在电源上维持其电压为 U。现将一块厚度为 d、相对介电常数为 ε_r 的均匀介质板插入电容器的极板间，试求电容器的静电能的改变。

阅读材料 1

闪　电

闪电是云与云之间、云与地之间或者云体内各部位之间的强烈放电现象，它是大气被强电场击穿的结果。干燥空气的击穿场强约为 $3\times10^6\ V\cdot m^{-1}$，但在雷雨云中，由于有水滴存在，且气压较低，故雷雨云中的空气的击穿不需要这么强的电场。要产生一次闪电，只需在云的近旁的某一小区域内有很强的电场就足够了，该强电场会引起电子雪崩，即高速带电粒子对空气分子的碰撞作用使大量空气分子快速电离而产生大量电子。一旦某处电子雪崩开始，它就会向电场较弱的区域传播。

图 14　闪电

积雨云通常产生电荷，底层为负电，顶层为正电，而且还在地面产生正电荷，如影随形地跟着云移动。正电荷和负电荷彼此相吸，但空气却不是良好的传导体。正电荷奔向树木、山丘、高大建筑物的顶端甚至人体之上，企图和带有负电的云层相遇；负电荷枝状的触角则向下伸展，越向下伸越接近地面。最后正负电荷终于克服空气的阻碍而连接上。巨大的电流沿着一条传导通道从地面直向云涌去，产生出一道明亮夺目的闪光。一道闪电的长度可能只有数百米(最短的为 100 m)，但最长可达数千米。闪电的温度，从 17 000～28 000 ℃ 不等，也就是等于太阳表面温度的 3～5 倍。闪电的极度高热使沿途空气剧烈膨胀。空气移动迅速，因此形成波并发出声音。闪电距离近，听到的就是尖锐的爆裂声；如果距离远，听到的则是隆隆声。你在看见闪电之后可以开启秒表，听到雷声后即把它按停，然后用所得的秒数除以 3，即可大致知道闪电离你有多远。

肉眼看到的一次闪电,其过程是很复杂的,但可以利用高速摄影技术进行研究。当雷雨云移到某处时,云的中下部是强大负电荷中心,云底相对的下地面形成正电荷中心,在云底与地面间形成强大电场。在电荷越积越多,电场越来越强的情况下,云底首先出现大气被强烈电离的一段气柱,称梯级先导。这种电离气柱逐级向地面延伸,每级梯级先导是直径约 5 m、长 50 m、电流约 100 A 的暗淡光柱,它以平均约 150 000 $m \cdot s^{-1}$ 的高速度一级一级地伸向地面,在离地面 5 ~ 50 m 左右时,会引起地面火花放电,火花向上移动形成所谓的"回击",回击的通道是从地面到云底,沿着上述梯级先导开辟出的电离通道。回击以 50 000 $km \cdot s^{-1}$ 的更高速度从地面驰向云底,发出光亮无比的光柱,历时约 40 μs,通过电流超过 1 万 A,这即是第一次闪击。之后,云中一根暗淡光柱携带巨大电流,沿第一次闪击的路径飞驰向地面,称直窜先导,当它离地面 5 ~ 50 m 左右时,地面再向上回击,再形成光亮无比光柱,这即是第二次闪击。接着又类似第二次那样产生第三、四次闪击。通常由几次闪击构成一次闪电过程。一次闪电过程历时约 0.25 s,在此短时间内,窄狭的闪电通道上要释放巨大的电能,因而形成强烈的爆炸,产生冲击波,然后形成声波向四周传开,这就是雷声。

普通闪电产生的电力约为 10 亿 W,而有的闪电产生的电力则会达到 1000 亿 W,甚至可能达到万亿至 100 000 亿 W。

最常见的闪电是线形闪电,它是一些非常明亮的白色、粉红色或淡蓝色的亮线,它很像地图上的一条分支很多的河流,又好像悬挂在天空中的一棵蜿蜒曲折、枝杈纵横的大树。线形闪电的"脾气"早已被科学工作者摸透,用连续高速的照相机可以完整地记录线形闪电的全过程,并能在实验室成功地进行模拟实验。

除了线形闪电,另外还有球形闪电和链形闪电,这两种闪电都比较少见。

球形闪电多半在强雷雨的恶劣天气里才会出现。在线形闪电过后,天空突然出现一个火球,火球沿着弯曲的路径在天空飘游,有时也可能停止不动,悬在空中。这种火球喜欢钻洞,有时会从烟囱、窗户、门缝等窜入屋内,然后再溜出屋去。

比起球形闪电,链形闪电的踪迹更难寻觅。目前,人们只知道它也是出现在线形闪电之后,与线形闪电出现在同一路径上,它像一排发光的链球挂在天空,在云层的衬托下好像一条虚线在云幕上慢慢滑行。

闪电对人类活动影响很大,尤其是建筑物、输电线网等遭其袭击,可能造成严重损失。保护建筑物免受闪电袭击的最切实可行的办法是安装避雷针,把闪电中的电引向地面事先选好的安全区。

阅读材料 2

超导电性

超导是超导电性的简称,它是指金属、合金或其他材料的电阻在一定条件下变为零的性质。超导现象是荷兰物理学家昂尼斯首先发现的,1911 年他在测量一个固态汞线样品的电阻随温度的变化关系时发现:当温度下降到 4.2 K 附近时,汞线的电阻突然减小到零,如图 15 所示(作为对比,在图中还用虚线画出了正常金属铂的电阻率随温度变化的关系)。

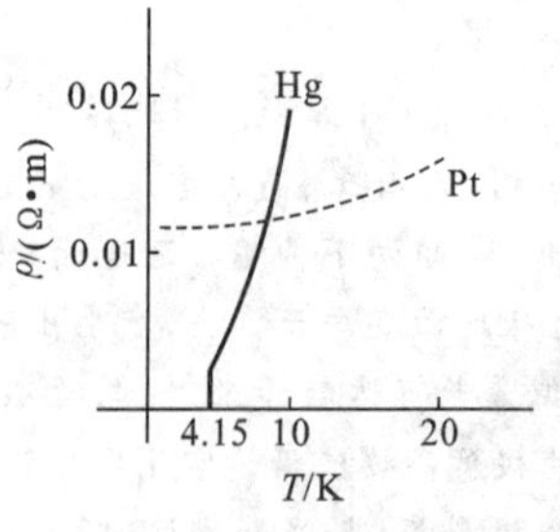

图 15 汞和正常金属铂的电阻率随温度的变化关系

电阻为零,即没有电阻的状态称为超导态。处于超导态的物体称作超导体。自从昂尼斯发现汞在低温时能从正常状态转变为超导态以来,以后又相继发现许多金属及合金等材料也能在低温下转变为超导态。现代实验表明:超导态即使有电阻也必定小于 10^{-28} $\Omega \cdot m$,远远小于正常金属迄今所能达到的最低电阻率 10^{-15} $\Omega \cdot m$,因此可以认为超导态的电阻率确实为零。

一、维持超导态的条件

实验表明，有的材料不能从正常状态转变为超导态，有的材料在一定的条件下能完成这种转变，这些条件包括温度、磁场、电流等。在其他条件一定时，某种材料从正常状态转变为超导态的温度称为该材料的转变温度(也叫临界温度)，常用 T_c 表示，表 1 列出了几种材料的转变温度。

表 1　几种超导材料的转变温度

材料	T_c/K	材料	T_c/K
铝(Al)	1.20	钒三镓(V_3Ga)	14.4
铟(In)	3.40	铌三锡(Nb_3Sn)	18.0
锡(Sn)	3.72	铌三铝(Nb_3Al)	18.6
汞(Hg)	4.15	铌三锗(Nb_3Ge)	23.2
金(Au)	4.15	钇钡铜氧系(如 $YBaCu_3O_7$)	约 90
钒(V)	5.30	铋锶钙铜氧系(如 $Bi_2Sr_2Ca_2Cu_3O_{10}$)	约 105
铅(Pb)	7.19	铊钡钙铜氧系(如 $Tl_2Ba_2Ca_2Cu_3O_{10}$)	约 125
铌(Nb)	9.26	汞系氧化物(如 $HgBa_2Ca_2Cu_3O_{10}$)	约 134

当超导体的温度升高到临界温度 T_c 以上，或者超导体所处的磁场增大到某一临界值(该值称为临界磁场 B_c)以上，或者通过超导体的电流密度超过某一临界值(该值称为临界电流密度 j_c)时，都可以使超导体从超导态转变为正常态，所以要维持超导体的超导态，必须使超导体的温度、外加磁场、通过超导体的电流密度不能超过相应的临界值。正因为如此，常用临界温度 T_c、临界磁场 B_c、临界电流密度 j_c 作为临界参量来表征超导材料的超导性能。

临界磁场的值与温度有关，其关系可用下式表示

$$B_c(T) = B_c(0) \times \left(1 - \frac{T}{T_c}\right)^2 \tag{1}$$

其中 $B_c(0)$ 为绝对零度时的临界磁场。

二、超导体中的电场和磁场

我们知道，由于导体有电阻，为了在导体中维持稳恒电流就需要在导体中加电场。超导体的电阻为零，故一旦在它内部产生电流后，只要保持超导状态不变，其电流就不会减小，这种电流称为持续电流。利用持续电流可做一个悬浮实验。将一个小磁棒放入一个超导铅碗内，可看到小磁棒悬浮在铅碗内而不下落，如图 16 所示。这是由于电磁感应使铅碗表面感应出了持续电流。根据楞次定律，电流的磁场将对小磁棒产生斥力。

图 16　超导悬浮实验

小磁棒越靠近铅碗，斥力就越大，当斥力大到足以抵消小磁棒的重力时，小磁棒就可以悬浮在空中。超导体中的持续电流一经建立起来之后，它就不需要电场来维持，这就是说，在超导体内部电场总为零。利用超导体内电场总为零这一点可以说明如何在超导体激起持续电流。如图 17(a) 所示，用线吊着一个铅锡合金环，开始其温度在临界温度以上。把一个条形磁铁靠近环时，在环中激起了感应电流。但由于这时环内具有电阻，所以此电流很快就消失了，然而环内仍有磁通量 Φ。然后把液氦容器上移，使合金环变成超导体，如图 17(b) 所示。这时环内的磁通量 Φ 不变，如果再移走磁铁，合金环内的磁通量 Φ 也是不能改变的，若改变了，根据电磁感应定律，在环内将产生电场，这和超导体内的电场为零是相矛盾的。因此，

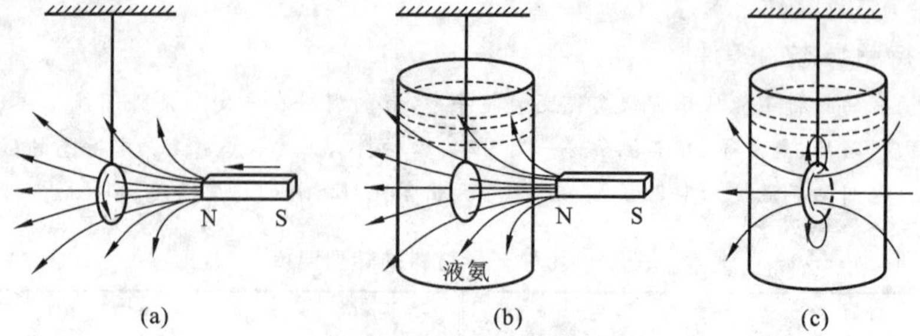

图 17　超导体中持续电流的产生

在磁铁移走的过程中，超导环内就会产生电流，其大小自动的和 Φ 值相应，如图 17(c) 所示。这种电流就是超导体中持续电流。

由于超导体内部的电场强度等于零，根据电磁感应定律，它体内各处的磁通量也不能变化。由此可以进一步推导出超导体内部的磁场也等于零。例如，把一个超导体样品放入一磁场中，在放入的过程中，由于穿过样品的磁通量发生了变化，所以将在样品的表面产生感应电流，如图 18(a) 所示。感应电流在样品内部产生的磁场正好与外磁场相抵消，从而使超导体内部的磁场仍为零。在超导体外部，感应电流产生的磁场和外磁场的叠加使得合磁场的磁力线发生弯曲而绕过超导体，如图 18(b) 所示，也就是说磁力线不能进入超导体。

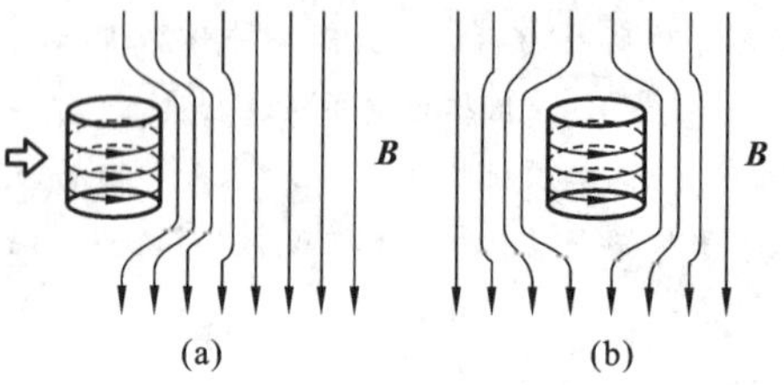

图 18　超导体样品放入磁场中

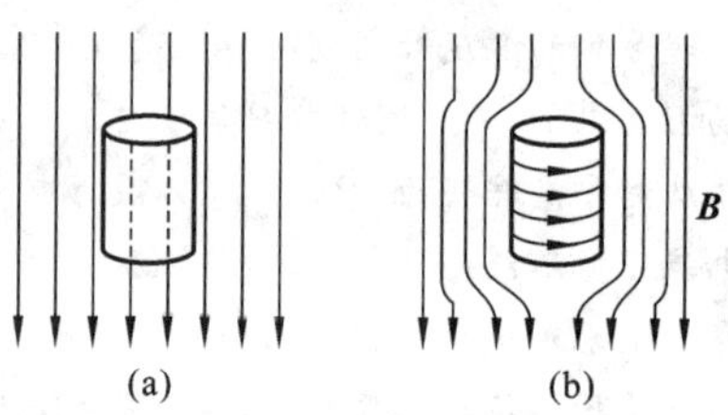

图 19　迈斯纳效应

综上所述，当超导体移入磁场中时，磁力线不能进入超导体。实验发现，除此之外，还有另外一种现象，就是当原来处于磁场中的物体由正常状态转变为超导态时，也会把磁场排斥在超导体之外。1933 年迈斯纳等人把在临界温度以上的锡和铅样品放入磁场中，由于这时样品不是超导体，所以样品中有磁场存在，如图 19(a) 所示，实验中保持外磁场不变而降低样品的温度，当样品变为超导体后，其内部也没有磁场，如图 19(b) 所示，这说明，在状态转变的过程中，在超导体表面也产生了电流，电流在超导体内部产生的磁场完全抵消了原来的磁场。迈斯纳实验表明，超导体具有完全的抗磁性。转变为超导体时能排除体内磁场的现象叫迈斯纳效应。在迈斯纳效应中，只在超导体表面产生电流是就宏观而言的。在微观上，该电流是在表面薄层内产生的，薄层厚度约为 10^{-7} m，在表面层内，磁场并不完全为零，因而还有一些磁力线穿过表面层。

严格地讲，理想的迈斯纳效应只能在沿磁场方向非常长的圆柱体(如导线)中发生，对于其他形状的超导体，磁力线被排除的程度与样品的几何形状有关。在一般情况下，整个样品体内分成许多超导区和正常区，磁场增强时，正常区扩大，超导区缩小。当达到临界磁场时，整个样品都变成正常的了。

利用迈斯纳效应，可以进行悬浮实验：用一个超导环使一个超导小球悬浮起来，利用这种原理制成的超导重力仪可以用来精密测量地球重力的变化。

三、第二类超导体

大多数纯金属超导体排除磁力线的性质和临界磁场有明显的关系，在低于临界温度的条件下，当所加磁场小于临界磁场时，超导体完全排除磁力线；一旦外加磁场比临界磁场强时，超导性就消失了，磁力线可以进入金属体内。具有这种性质的超导体叫第一类超导体。除了第一类超导体外，还有一类磁性质比较复杂的超导体，它们被称作第二类超导体。例如铌、钒及某些合金材料即属于此类超导体。第二类超导体在低于临界温度的条件下，有两个临界磁场 B_{c1} 和 B_{c2}，并且 B_{c1} 和 B_{c2} 也都和温度有关，图20给出了它们的变化曲线。当外加磁场比第一临界磁场 B_{c1} 小时，第二类超导体处于纯粹的超导态，称为迈斯纳态，这时超导体完全排除磁力线；当外加磁场在 B_{c1} 和 B_{c2} 之间时，材料具有超导区和正常区相混合的结构，此时的状态称为混合态，这时有部分磁力线能进入材料；当外加磁场比 B_{c2} 大时，材料完全转为正常态，磁力线可以自由进入。例如，铌三锡(Nb_3Sn)在4.2 K的温度时，$B_{c1}=0.019\ \mathrm{T}$，$B_{c2}=22\ \mathrm{T}$。这个 B_{c2} 值是相当高的，它具有很重要的实用价值，因为在任何金属都已丧失超导性的强磁场，这种材料还能保持超导性。

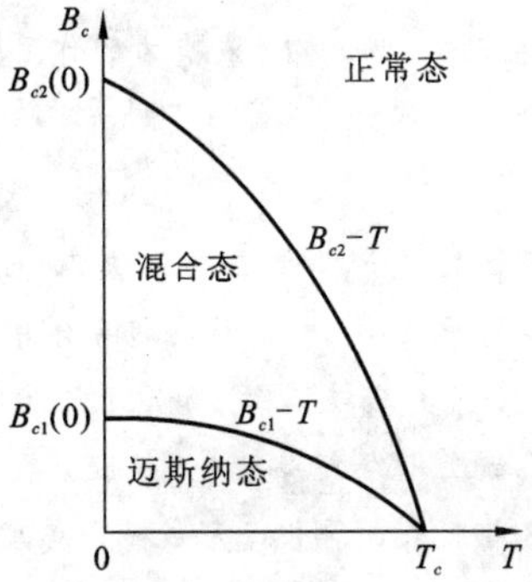

图20　第二类超导体 B_c-T 曲线

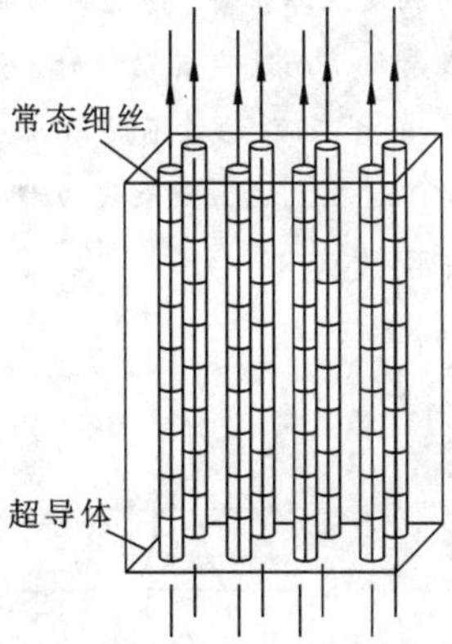

图21　第二类超导体的混合态

当第二类超导体处于混合态时，其内部结构具有下述特征：整个材料是超导的，但其中嵌有许多处于正常态的细丝状区域，这些细丝平行于外加磁场的方向，它们是外磁场磁力线的通道，如图21所示，而且每根细丝都被电流环绕着，正是这些电流屏蔽了细丝中的磁场对超导区的影响。这种电流具有涡旋性质，所以这种正常态的细丝称为涡线。

实验证明，在每条涡线中的磁通量都有一个确定的值 Φ_0，它和普朗克常数及电子电量具有如下的关系：

$$\Phi_0=\frac{h}{2e}=2.07\times10^{-15}\ \mathrm{T\cdot m^2} \tag{2}$$

这说明磁通量是量子化的，Φ_0 就称为磁通量子。在第二类超导体处于混合态时，外磁场的增强只能增加涡线的数目，而不能增加每根涡线中的磁通量。磁场越强，涡线越多、越密。当磁场达到 B_{c2} 时，涡线充满整个材料而使材料全部转变为正常态。

四、BCS理论

超导体的基本特性是其电阻等于零，然而按照经典电子论，金属的电阻是由于金属的晶格离子对定向运动的电荷碰撞的结果。金属的电阻率与温度有关，是因为晶格离子的无规则热运动随温度升高而加剧，因而使电子更容易受到碰撞。据此可知，只有在绝对零度时，晶格离子才没有热运动，电子在离子间做直线运动而不受任何阻碍，金属的电阻等于零。所以经典电子论不能对超导现象进行正确解释。

超导现象是一种宏观量子现象，只有依据量子力学才能给出正确的微观解释。1957年，巴登(J. Bardeen)、库珀(L. N. Cooper)和史瑞夫(J. R. Schrieffer)提出了一个能成功解释金属超导现象的理论(现在称为BCS理论)。根据这一理论，金属中的电子并不是完全自由的，它们都要通过晶格点阵离子而产生相互作用:每个电子要吸引晶格离子,此晶格离子要向电子做微小的移动,而移动过的晶格离子又要吸引其他电子,总效果是一个自由电子对另一个自由电子产生了吸引力。在室温下,这种吸引力很小,不会引起任何效果。但当温度很低(临界温度以下)时,这种吸引力就很大,足以使两个自由电子结合成对。这种电子对叫"库珀对"。

当超导金属中没有电流通过时,每个"库珀对"由两个动量大小相等而方向相反的电子所组成。这样的结构用经典理论是无法解释的。因为按照经典的观点,这样的两个电子会彼此分离,因而不可能结合在一起。然而,根据量子力学的观点,这种结构则是可能的。因为根据量子力学,每个粒子都用波来描述。如果两列波沿相反的方向传播,它们就能较长时间地交叠在一起,因而就能连续的相互作用。

在有电流通过的超导金属中,"库珀对"定向移动形成电流。每个"库珀对"都有一总动量,这动量的方向与电流的方向相反。"库珀对"通过晶格时将不受晶格的阻力作用。这是因为当"库珀对"中的一个电子受到晶格的散射作用而改变其动量时,另一个电子也同时要受到晶格的散射而发生相反的动量改变,结果是整个"库珀对"的总动量不变,也就是晶格对运动的"库珀对"没有力的作用(既不减慢也不加快"库珀对"的运动)这在宏观上就表现为超导体的电阻等于零。

五、约瑟夫森效应

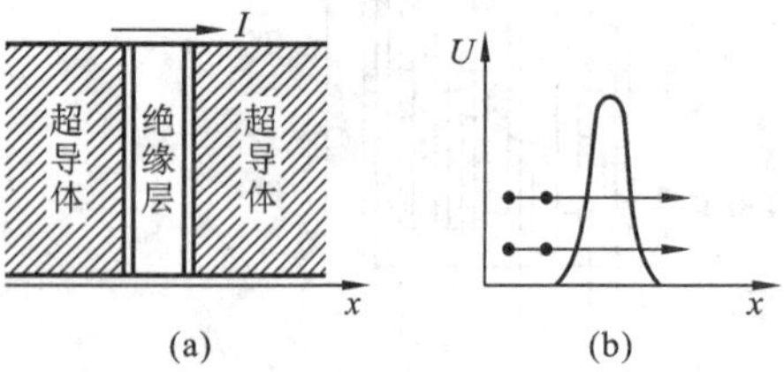

图 22 约瑟夫森效应

超导性的量子特征在约瑟夫森(B. D. josephson)效应中表现得更加明显。在两块超导体中间夹一薄的绝缘层就形成一个约瑟夫森结。如图 22(a) 所示,在一玻璃衬板表面上镀上一层超导膜(如铌膜),然后把它暴露在氧气中使超导膜表面氧化而形成一个厚度约为 1～2 nm 的绝缘氧化薄层。之后在氧化层上再镀上一层超导膜(如铅膜),这样就做成了一个约瑟夫森结。

按照经典理论,约瑟夫森结中的绝缘层是禁止电子通过的。这是因为绝缘层内的电势比超导体中的电势低得多,会形成一个"势垒"。当电子的能量低于势垒的高度时,电子就不能越过该势垒,宏观上就表现为电流不能通过约瑟夫森结。但是,量子理论指出,能量低于势垒高度的电子也能穿过势垒,好像势垒下面有隧道似的。这种现象在量子力学中叫隧道效应。同理,电子对也能通过约瑟夫森结中的势垒,这种现象称为超导隧道效应,也叫约瑟夫森效应,如图 22(b) 所示。

在约瑟夫森结的两端加上一个恒定的直流电压U,发现在结中会产生一个交变电流,并辐射出电磁波,交变电流和电磁波的频率由下式给出

$$\nu=\frac{2e}{h}U \tag{3}$$

例如,$U=1\,\text{mV}$时,$\nu=483.6\,\text{GHz}$。可以利用这一现象制作具有特定频率的辐射源;另一方面,测出一定直流电压下所发射的电磁波的频率,就能非常精确的算出基本常数e和h的比值,其精确度是以前从未达到过的。

如果用频率为ν的电磁波照射约瑟夫森结,当改变通过结的电流时,则结上的电压U会出现台阶式的变化,如图23。电压突变值U_n和频率ν有下述关系

$$U_n=n\frac{h\nu}{2e}\quad(n=0,\pm1,\pm2,\cdots) \tag{4}$$

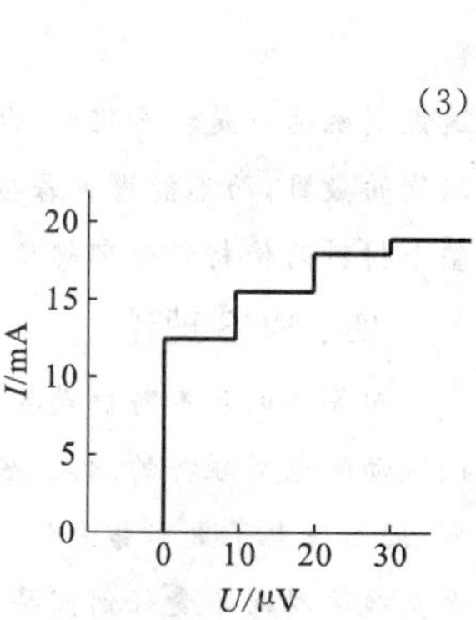

图 23 台阶式电压

例如当$\nu=9.2\,\text{GHz}$时,台阶间隔$\Delta U=\dfrac{h\nu}{2e}$约为$19\,\mu\text{V}$。

这一现象可以用来监视电压基准，使电压基准的稳定度和精确度能提高 1 ～ 2 个数量级。

六、超导在技术中的应用

超导技术经过几十年的发展，已在高能加速器、受控热核反应等实验中有很多的应用，在电力工业、现代医学等方面也已显示出良好的应用前景。

1. 超导磁铁

超导磁铁是超导在技术中的最主要应用，它是由超导线圈绕制而成的，能够产生强磁场。超导磁铁和传统的电磁铁相比，其显著的优点是电流通过超导磁铁时没有电阻，不像电磁铁那样会发热。另一优点是超导线圈的容许电流密度（如 Nb_3Sn 芯线的为 10^9 A/m^2，它为临界磁场所限）比普通铜线的容许电流密度（铜线的是 10^2 A/m^2，它为发热熔化所限）大得多。这些优点使超导磁铁的效率高，体积小，重量轻。例如，一个产生 5 T 的中型传统电磁铁的重量可达 20 吨，而产生相同磁场的超导磁铁不过几公斤。

超导磁铁在运行过程中所需消耗的能量主要在以下两个方面：一是开始运行产生磁场需要能量；二是在正常运行时维持低温的制冷系统所消耗的能量。尽管如此，维持超导磁铁所需的能量比维持传统电磁铁所需的能量还是要少得多。例如美国阿贡实验室中气泡室所用的超导磁铁，线圈直径 4.8 m，能产生 1.8 T 的磁场。在电流产生之后，维持此超导磁铁运行只需要 190 kW 的功率来驱动液氦制冷机运行。而同样规模的传统电磁铁的运行需要 10 000 kW 的功率。这两种电磁铁的造价差不多，但超导磁铁的年运行费用仅为传统电磁铁的 10%。

超导电磁铁除了应用于近代物理实验之外，它还是核磁共振波谱仪的关键部件。核磁共振成像是三维立体像，这是 X 光、超声波等成像技术所不能比拟的。它能准确检查发病部位，而且无辐射伤害，诊断面广，使用方便。

2. 超导量子干涉仪

将两个约瑟夫森结并联起来而组成的装置称为超导量子干涉仪（SQUID），如图 24(a) 所示。通过这一器件的总电流决定于穿过环路孔洞的磁通量。当这磁通量等于磁通量子 Φ_0 的半整数倍时，电流最小；当等于 Φ_0 的整数倍时，电流最大如图 24(b)。由于 Φ_0 很小，而且明显地和电流有关，所以这种器件可用来非常精密地测量磁场，能探测到飞特级（10^{-15} T）的磁场变化。这种器件在很多前沿领域里得到应用。

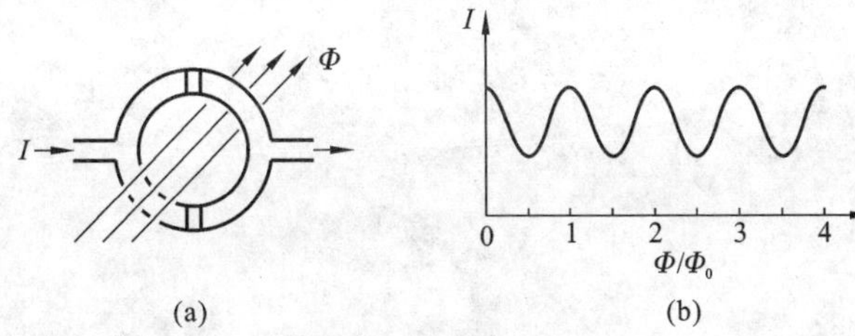

图 24　超导量子涉仪原理图(a) 及其磁通量与电流的关系(b)

3. 超导技术应用前景良好的几个领域

(1) 电力工业。超导电机具有效率更高、极限功率更大、重量轻、体积小等优点。可望在大功率核电站中得到应用。超导材料还有可能作为远距离输送电能的传输线，超导传输线将具有以下特点：传输损耗非常小、传输功率大；重量轻、体积小；可通过地下管道而不需要架空设备；可用直流电传输，省去变压设备。

(2) 利用超导体中的持续电流可以磁场的形式储存电能。在表 2 中把各种储能方式的能量密度进行比较，可知磁场储能最集中。例如，储存 10 000 度的电能所需的磁场（10 T）的体积约为 10^4 m^3 的空间。

表 2　各种储能方式的能量密度

储能方式	能量密度 /($kW \cdot h \cdot m^{-3}$)
磁场 /10 T	11.0
电场 /(10^8 V/m)	0.01
水库 / 高 100 m	0.27
压缩空气 /50 atm(大气压,1 atm = $1.013\,25 \times 10^5$ Pa)	5
热水 /100 ℃	18

(3) 超导磁悬浮列车。利用超导线圈产生的磁场可能使列车悬浮在铁轨上,从而减小列车与铁轨之间的摩擦阻力,提高列车的运行速度。目前中、日、德等国都已有超导磁悬浮列车在做实验短途运行,速度已达 300km/h。有的工程师估计,在列车高速运行时,超导磁悬浮列车的安全性能将比传统列车更高。

七、高温超导

从超导现象发现之后,科学家一直寻求在较高温度下具有超导性的材料,然而到 1985 年所能达到的最高临界温度不过 23 K(Nb_3Ge)。1986 年 4 月美国 IBM 公司的缪勒(K. A. Muller)等人宣布钡镧铜氧化物在 35 K 时出现超导现象。1987 年超导现象的研究出现了划时代的进展,华裔美籍科学家朱经武、吴茂昆制成了转变温度为 98 K 的钇钡铜氧超导材料,之后,中科院物理所赵忠贤等人制成了转变温度为 78.5 K 的钡基氧化物超导材料。几乎同一时期,日、苏等国科学家也获得了类似的成果。这样科学家们就获得了液氮温区的超导体。这一突破性的进展将广泛应用超导技术所需的时间大大缩短了,可能带来许多学科领域的革命,它将对电子工业和仪器设备发生重大影响。目前中、美、日、俄等国家都正在进行大力开发高温超导体的研究工作。

高温超导现象不能用 BCS 理论解释,许多科学家正在寻求能够对高温超导进行正确解释的新理论。

第 7 章 电流与磁场

本章将研究稳恒电流及由稳恒电流产生的稳恒磁场的性质和规律；磁场对运动电荷和电流的作用；磁场与介质的相互影响与作用。

7.1 稳恒电流 电动势

7.1.1 稳恒电流

1. 电流强度

电荷的定向流动形成电流，从微观上看，电流实际上是带电粒子的定向运动，形成电流的带电粒子统称为**载流子**。在金属导体（第一类导体）中，载流子是自由电子，电流是自由电子相对于晶体点阵定向流动形成的；在电解质溶液（第二类导体）中，电流是由正、负离子定向流动形成的，这些电流都称为**传导电流**。此外，带电物体整体在空间的机械运动也可以形成电流，称为**运流电流**。本书只讨论传导电流，它产生的条件一是存在可以自由移动的电荷（自由电荷）；二是存在电场（超导例外）。

由于在一定电场中，正负电荷总是沿着相反方向运动，而且在电流的一些效应（如磁效应、热效应）中，正电荷沿某一方向的运动和等量的负电荷反方向运动所产生的效果大部分相同（7.4.3 霍尔效应除外），为了分析问题方便起见，习惯上总是把电流视为正电荷的定向流动形成的，从而规定正电荷流动的方向为电流的方向，这样在导体中电流的方向总是沿着电场的方向。

为了描述电流的强弱，引进电流强度的概念，单位时间内通过导体任一横截面的电量，称为电流强度，即

$$I = \frac{\Delta q}{\Delta t}$$

式中，Δq 是在时间间隔 Δt 内通过任一横截面的电量。上式定义的是在 Δt 时间内的平均电流强度，当 $\Delta t \to 0$ 时，

$$I = \lim_{\Delta t \to 0} \frac{\Delta q}{\Delta t} = \frac{\mathrm{d}q}{\mathrm{d}t} \tag{7.1.1}$$

表示某一时刻的瞬时电流，它是一个标量。

在国际单位制中，规定电流为一个基本物理量，单位为安培（A），简称安，其定义将在例 7.5.5 中介绍，在电磁测量中和电子学中，还有毫安（mA）、微安（μA），它们之间的关系为

$$1\ \mathrm{mA} = 10^{-3}\ \mathrm{A}, \quad 1\ \mu\mathrm{A} = 10^{-6}\ \mathrm{A}$$

稳恒电流是指电流强度不随时间变化的电流。在本书中,除非特意指明电流随时间变化,一般都讨论稳恒电流的情形。

2. 电流密度矢量

电流描述的是通过导体某个横截面的整体特征,这种描述是笼统的,在解决一般电路问题时利用 I 的概念就可以了,但实际上还常常遇到大块导体中产生的电流。例如,在有些地质勘探中利用的大地中的电流,在这种情况下,为了描述导体中各处电荷定向运动的情况,即电流的分布情况,引入**电流密度矢量**的概念。

1) 电流线

类似于在电场中作出电场线,我们在有电流通过的导体中可作出电流线:在导体中画出一组有向曲线,如果这组曲线上任一点的切线方向都代表这一点的正电荷定向运动方向,称这一组曲线为电流线。如图 7.1.1 所示,通过任意形状导体的两个横截面的电流相等,但电荷定向运动的情况不同,亦即电流线的方向和疏密程度不同。

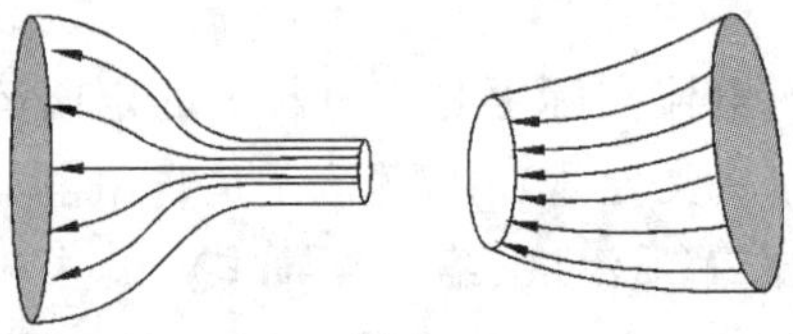

图 7.1.1　不同形状导体的电流线

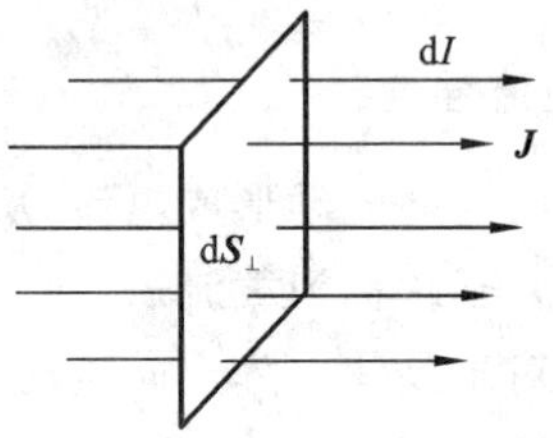

图 7.1.2　电流密度定义

2) 电流密度矢量

如图 7.1.2 所示,在电流通过的导体中任取一点,定义通过该点的电流密度矢量 $\boldsymbol{J}$ 的方向为正电荷定向运动通过该点时的运动方向;且过该点作一垂直于电流密度矢量 $\boldsymbol{J}$ 的无限小面元 $\mathrm{d}S_{\perp}$,通过该面元的电流强度为 $\mathrm{d}I$,则电流密度矢量的大小定义为

$$J = \frac{\mathrm{d}I}{\mathrm{d}S_{\perp}} \tag{7.1.2}$$

在 SI 中,电流密度的单位为安[培]/ 米^2($\mathrm{A \cdot m^{-2}}$)。

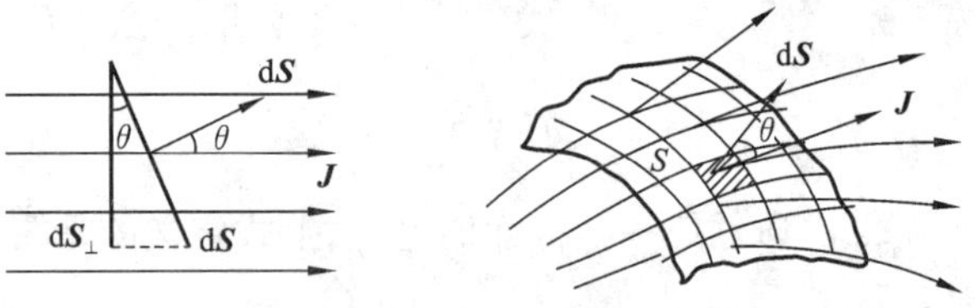

(a)　　(b)

图 7.1.3　电流强度与电流密度

根据式(7.1.2),可以得出电流和电流密度的关系。如图 7.1.3(a) 所示,通过任意面元 $\mathrm{d}\boldsymbol{S}$ 的电流等于通过面元的 $\mathrm{d}S_{\perp}$ 的电流,则有

$$\mathrm{d}I = J\mathrm{d}S_{\perp} = J\mathrm{d}S\cos\theta = \boldsymbol{J} \cdot \mathrm{d}\boldsymbol{S} \tag{7.1.3}$$

通过任意曲面 S 的电流[图 7.1.3(b)]可表示为

$$I = \iint_S \boldsymbol{J} \cdot \mathrm{d}\boldsymbol{S} \tag{7.1.4}$$

上式表明，通过曲面 S 的电流等于电流密度矢量通过该面的通量。

3. 电流和电流密度的微观意义

下面从分析电荷的定向运动出发，利用统计方法讨论电流和电流密度的微观意义。先考虑一种最简单的情况，即只有一种载流子，它们带的电量都是 q，都以同一种速度 $\boldsymbol{v}$ 沿同一方向运动。设想在导体内有一面积元 $\mathrm{d}\boldsymbol{S}$，它的正法线方向 $\boldsymbol{e}_n$ 与 $\boldsymbol{v}$ 成 θ 角(图 7.1.4)，在 $\mathrm{d}t$ 时间内通过 $\mathrm{d}S$ 面的载流子应是在底面积为 $\mathrm{d}S$，斜长为 $v\mathrm{d}t$ 的斜柱体内的所有载流子。此斜柱体的体积为 $v\mathrm{d}t\cos\theta\mathrm{d}S$，以 n 表示单位体积内这种载流子的数目，称为载流子的浓度。则单位时间内通过 $\mathrm{d}S$ 的电量，也就是通过 $\mathrm{d}S$ 的电流 $\mathrm{d}I$ 为

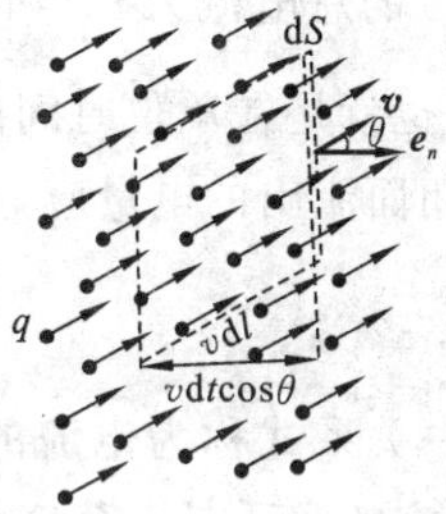

图 7.1.4　电流密度

$$\mathrm{d}I = \frac{q \cdot n \cdot v\mathrm{d}t\cos\theta\mathrm{d}S}{\mathrm{d}t} = qnv\cos\theta\mathrm{d}S$$

此式可写成

$$\mathrm{d}I = qn\boldsymbol{v} \cdot \mathrm{d}\boldsymbol{S} \tag{7.1.5}$$

比较式(7.1.3)和式(7.1.5)，有

$$\boldsymbol{J} = qn\boldsymbol{v} \tag{7.1.6}$$

由此可知，影响电流密度大小的因素有三个：载流子的电量、载流子的浓度和载流子定向运动的速度。对于正载流子，电流密度矢量的方向与载流子运动的方向相同，亦即该处电流的方向；对于负载流子，电流密度的方向与载流子的运动方向相反。

实际的导体中可能有几种载流子，以 n_i，q_i 和 $\boldsymbol{v}_i$ 分别表示第 i 种载流子的浓度、电量和速度，以 $\boldsymbol{J}_i$ 表示这种载流子形成的电流密度，则通过 $\mathrm{d}\boldsymbol{S}$ 面的电流应为

$$\mathrm{d}I = \sum q_i n_i \boldsymbol{v}_i \cdot \mathrm{d}\boldsymbol{S} = \sum \boldsymbol{J}_i \cdot \mathrm{d}\boldsymbol{S}$$

以 $\boldsymbol{J}$ 表示总电流密度，它是各种载流子的电流密度的矢量和，即 $\boldsymbol{J} = \sum \boldsymbol{J}_i$，上式可写成

$$\mathrm{d}I = \boldsymbol{J} \cdot \mathrm{d}\boldsymbol{S}$$

这一公式和只有一种载流子时一样。

金属中只有一种载流子，即自由电子，但各自由电子的速度不同，设电子的电量为 $-e$，单位体积内以速度 $\boldsymbol{v}_i$ 运动的电子的数目为 n_i，则

$$\boldsymbol{J} = \sum \boldsymbol{J}_i = -\sum n_i e\,\boldsymbol{v}_i = -e\sum n_i \boldsymbol{v}_i$$

以 $\langle \boldsymbol{v} \rangle$ 表示平均速度，则由平均值的定义，得

$$\langle \boldsymbol{v} \rangle = \frac{\sum n_i \boldsymbol{v}_i}{\sum n_i} = \frac{\sum n_i \boldsymbol{v}_i}{n}$$

式中，n 为单位体积内的总电子数。利用平均速度，则金属中的电流密度可表示为

$$\boldsymbol{J} = -ne\langle \boldsymbol{v} \rangle \tag{7.1.7}$$

在无外加电场的情况下，金属中的电子做无规则热运动，$\langle \boldsymbol{v} \rangle = 0$，所以不产生电流；在外

加电场中,金属中的电子将有一个平均定向运动速度$\langle \boldsymbol{v} \rangle$,由此形成了电流,这就是形成电流需要电场的微观解释。这一平均定向运动速度称为**漂移速度**。

4. 电流的连续性原理和恒定电流的条件

设想在导体内任取一封闭曲面 S,并规定曲面的外法线方向为正,则通过这个封闭曲面 S 的总电流为$I=\oint_S \boldsymbol{J}\cdot \mathrm{d}\boldsymbol{S}$。根据 $\boldsymbol{J}$ 的意义可知,它表示通过封闭面 S 向外净流出的电流,也就是在单位时间内从封闭面内向外流出的正电荷的电量。根据电荷守恒定律,通过封闭面流出的电量应等于封闭面内电荷 q_{int} 的减少,因此有

$$\oint_S \boldsymbol{J}\cdot \mathrm{d}\boldsymbol{S} = -\frac{\mathrm{d}q_{\text{int}}}{\mathrm{d}t} \tag{7.1.8}$$

这一关系式称为**电流的连续性方程**,它表明,电流线是终止或发出于电荷发生变化的地方,它的实质是**电荷守恒定律**。

在大块导体中,电流密度可以各处不同,也还可以随时间变化,我们只讨论恒定电流,恒定电流是指导体内各处电流密度都不随时间变化的电流。

恒定电流有一个很重要的性质,就是通过任一封闭曲面的恒定电流为零,即

$$\oint_S \boldsymbol{J}\cdot \mathrm{d}\boldsymbol{S} = 0 \tag{7.1.9}$$

式(7.1.9)称为恒定电流的恒定条件。它表明:电流通过任一封闭曲面时,一侧流入的电量必然等于从另一侧流出的电量,也就是说,电流线连续地穿过任一封闭曲面,因此恒定电流的电流线不可在任何地方中断,它们永远是闭合曲线(这也是为什么稳恒电路必须是闭合的原因)。

7.1.2 电源的电动势

在静电场中,正(负)电荷受静电力的作用,总是向电势降低(升高)的方向运动。但是,如果只有静电力做功,最终会导致导体的静电平衡,使导体内部场强处处为零。在闭合回路中,如果只有静电力做功,是不可能建立起连续不断的电流的。要在闭合回路中实现连续电流,需要回路中存在电源,所谓电源是指将其他形式的能量转化为电能的装置。在电源内部存在着一种非静电起源的电场,如图 7.1.5 所示,这种电场和静电场一样,也可以作用于所有电荷。这种非静电起源的电场我们称之为非静电场 $\boldsymbol{E}_k$,作用于电荷的力称为非静电力 $\boldsymbol{F}_{\mathrm{k}}$。非静电场起着分离正负电荷并使之向相反方向迁移的作用。但是,它不因自由电荷的移动而改变。随着自由电荷在不同位置的聚集,静电场 $\boldsymbol{E}$ 同时产生。

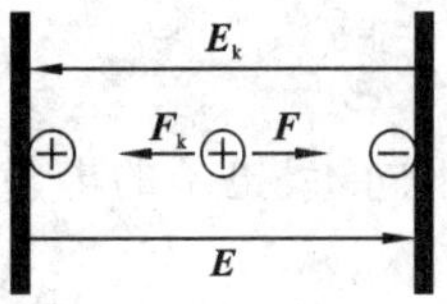

图 7.1.5 电源内的静电场和非静电场

在电源中,非静电场的作用为电路提供了静电势能,类似于水泵逆重力的方向把水从低位抽到高位,而在水路的其他地方,水流在重力的作用下流动。电源外部的电流仅取决于静电场。不同类型的电源,形成非静电力的原因不同,但非静电场的强度不受静电场的影响,在电源内部,总电场是非静电场与静电场的叠加,一切提供非静电力的装置都相当于电源。含有电源的电路闭合后,就形成连续电流,电流所做的功源于非静电力的功。

电源都有正、负两极，通常把电源内部正、负两极之间的电路称为内电路；电源外部正、负两极之间的电路称为外电路。当内、外电路连接成闭合电路时，正(负)电荷由正(负)极流出，经过外电路到负(正)极，再经过内电路回到正(负)极。这样，电荷在电源的作用下，在闭合电路中持续不断地流动而形成连续电流。

电源在移动正电荷的过程中要对正电荷做功。设在 $\mathrm{d}t$ 的时间内，电源将正电荷 $\mathrm{d}q$ 从负极移到正极所做的功为 $\mathrm{d}A$，则电源的电动势 ε 可由下式定义

$$\varepsilon=\frac{\mathrm{d}A}{\mathrm{d}q} \tag{7.1.10}$$

即电源的电动势等于电源把单位正电荷从负极经内电路移动到正极时所做的功。电动势的大小取决于电源本身的性质，与外电路无关。电动势的单位与电势相同，即伏特(V)。按照定义，电动势是标量，然而，为了便于讨论相应的问题，常规定电动势的方向：在电源内部由负极指向正极，也就是电源内部电势升高的方向为电动势的方向。

在闭合电路中有稳恒电流时，电路中会出现稳恒电场。稳恒电场与静电场一样，也服从环流定理：$\oint_L \boldsymbol{E}\cdot\mathrm{d}\boldsymbol{l}=0$。在电源内部，电荷不仅受到稳恒电场的作用力，而且还受到非静电力的作用，与这种非静电力相对应的场称作“非静电性场”，其场强用 $\boldsymbol{E}_\mathrm{k}$ 表示，它表示单位正电荷所受到的非静电力。则电源电动势可用下式表示

$$\varepsilon=\int_{(-)}^{(+)}\boldsymbol{E}_\mathrm{k}\cdot\mathrm{d}\boldsymbol{l} \tag{7.1.11}$$

如果电动势存在于整个闭合电路，可表示为

$$\varepsilon=\oint_L\boldsymbol{E}_\mathrm{k}\cdot\mathrm{d}\boldsymbol{l} \tag{7.1.12}$$

即电动势等于非静电性场强 $\boldsymbol{E}_\mathrm{k}$ 沿闭合电路 L 上的环流。这是电动势的又一表述方法，它比式(7.1.11)更具有普适性。

7.1.3　焦耳-楞次定律

在一段电阻为 R 的导体中有稳恒电流 I 通过时，在时间 t 内电流放出热量为

$$Q=I^2Rt \tag{7.1.13}$$

上式称为**焦耳-楞次定律的积分形式**，这是大家熟悉的计算电流产生热量的公式。

在导体中取一小体积元，截面积为 S，长为 $\mathrm{d}l$，则体积元的体积为 $\mathrm{d}V=S\mathrm{d}l$，其电阻 $\mathrm{d}R=\rho\frac{\mathrm{d}l}{S}=\frac{\mathrm{d}l}{\sigma S}$，其中 σ 是导体的电导率。根据式(7.1.4)，$I=\int_S\boldsymbol{J}\cdot\mathrm{d}\boldsymbol{S}=JS$，$J$ 是体积元中电流密度的大小。则在 $\mathrm{d}t$ 时间内电流在该体积元中所产生的热量为

$$\mathrm{d}Q=I^2R\mathrm{d}t=(JS)^2\cdot\frac{\mathrm{d}l}{\sigma S}\cdot\mathrm{d}t=\frac{J^2}{\sigma}S\mathrm{d}l\mathrm{d}t=\frac{J^2}{\sigma}\mathrm{d}V\mathrm{d}t$$

导体内单位时间、单位体积中产生的热量称为热功率密度，用 P 表示，于是

$$P=\frac{\mathrm{d}Q}{\mathrm{d}V\mathrm{d}t}=\frac{J^2}{\sigma}$$

利用欧姆定律的微分形式 $\boldsymbol{J}=\sigma\boldsymbol{E}$ 可将上式化为

$$P=\boldsymbol{J}\cdot\boldsymbol{E}=\sigma E^2 \tag{7.1.14}$$

上式称为**焦耳-楞次定律的微分形式**。它说明:在导体内某一点的热功率密度既与该点的电场强度的平方有关,也与导体的电导率有关,其大小等于两者的乘积。实验和理论都表明:无论导体是否均匀,通过导体的电流是否恒定,焦耳-楞次定律的微分形式和欧姆定律的微分形式都是成立的。

7.2 稳恒磁场的描述

磁现象的发现要比电现象早得多。我国是世界上最早发现并应用磁现象的国家之一。在历史上很长一段时期里,磁学和电学的研究一直彼此独立地发展着,人们曾认为磁与电是两类截然分开的现象,直到19世纪初,奥斯特、安培等所作出的一系列重要发现才打破了这个界限,电流的磁效应的发现,才使人们认识到磁现象起源于电荷的运动,电与磁之间存在不可分割的联系。

7.2.1 磁场和磁感应强度

1. 磁场

电荷(不论是静止或运动)在其周围空间要产生电场,而电场的基本性质是它对于任何置于其中的其他电荷施加作用力($\boldsymbol{F}=q\boldsymbol{E}$),电相互作用是通过电场来传递的。实验和近代物理理论也证明,运动电荷在周围空间还要产生一个磁场,而磁场的最基本的性质之一是它对任何置于其中的其他磁极或电流,即运动电荷施加以磁场力,磁相互作用通过磁场来传递。因此,运动电荷之间的磁力作用是通过下面的模式进行的

$$\text{运动电荷 }1 \underset{\text{作用}}{\overset{\text{激发}}{\rightleftharpoons}} \text{磁场} \underset{\text{激发}}{\overset{\text{作用}}{\rightleftharpoons}} \text{运动电荷 }2$$

应该注意的是,静止电荷只受到电力的作用,它本身只激发静电场,而运动电荷除受到电力以外,还受到**磁力**(也称**磁场力**,因为是通过磁场而作用的),这样运动电荷除了在周围空间激发电场外,还要产生磁场。磁场也是物质的一种形态,它只对运动电荷施加作用,对静止电荷则毫无影响。因此,通过实验分别测定电荷静止和运动时受的力,可以把磁场从电磁场中区分出来。生产与实验中最有实际意义的是电荷在导体中恒定流动,即导体中的恒定电流——不随时间变化的运动的电荷分布,它在其周围空间将产生不随时间变化的磁场,我们称为**稳恒磁场**,本书中大部分讨论的是这种磁场。

最后需要说明,这里所说的静止和运动都是相对某一选定的惯性系而言的,同一客观存在的场,它在某一参考系中表现为电场,而在另一参考系中却可能同时表现为电场和磁场。

2. 磁感应强度矢量 $\boldsymbol{B}$

在研究静电场时,我们用试探电荷 q_0 来检验电场各点的强弱和方向,引入电场强度 $\boldsymbol{E}$ 来描述电场的性质。在磁场中,磁场对外的重要表现是:磁场对引入场中的运动试探电荷,载流导体或永久磁体有磁力的作用,因此也可用磁场对运动试探电荷的作用来研究磁场,并由此引进磁感应强度矢量 $\boldsymbol{B}$ 作为描述磁场的性质的物理量($\boldsymbol{B}$ 矢量本应叫磁场强度矢

量，但由于历史原因，这个名称已用于 $\boldsymbol{H}$ 矢量）。

实验发现：

（1）当运动试探电荷 q_0 以同一速率 v 沿不同方向通过磁场中某点 P 时，电荷所受磁力的大小是不同的，但磁力的方向却总是与电荷运动方向（$\boldsymbol{v}$）垂直。

（2）在磁场中，点 P 存在一个特定方向，当电荷 q_0 沿这一特定方向（或其反方向）运动时，电荷所受的磁力为零 —— 这个方向称为“零力线方向”，这个特定方向与运动试探电荷无关，它反映出磁场本身的一个性质，因此我们定义：某点 P 处磁场的方向是沿着运动试探电荷通过该点时不受磁力的方向（至于磁场的指向到底是哪一方，下面另行规定）。

（3）运动试探电荷在点 P 沿着与磁场方向垂直的方向运动时，所受到的磁力最大，如图 7.2.1 所示（为简便起见，这里只考虑正运动试探电荷），而且这个最大磁力 $\boldsymbol{F}_\mathrm{m}$ 正比于运动试探电荷的电量 q_0，也正比于运动的速率 $\boldsymbol{v}$，但比值 $\dfrac{\boldsymbol{F}_\mathrm{m}}{q_0\boldsymbol{v}}$ 在点 P 具有确定的值而与运动试探电荷的 $q_0\boldsymbol{v}$ 值的大小无关。

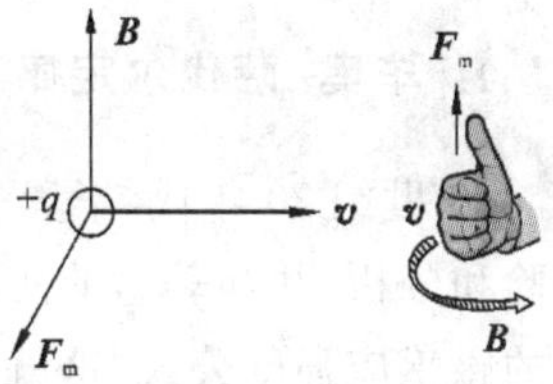

图 7.2.1　$\boldsymbol{B}, \boldsymbol{F}_\mathrm{m}, \boldsymbol{v}$ 的方向关系（对正运动电荷而言）

由此可见，比值 $\dfrac{\boldsymbol{F}_\mathrm{m}}{q_0\boldsymbol{v}}$ 反映该点磁场强弱的性质，这样从运动试探电荷所受磁力的特征，可引入描述磁场中给定点的客观性质的基本物理量 —— **磁感应强度矢量**（magnetic induction），用 $\boldsymbol{B}$ 表示，其大小定义为

$$\boldsymbol{B} = \frac{\boldsymbol{F}_\mathrm{m}}{q_0\boldsymbol{v}} \tag{7.2.1}$$

方向为该点磁场的方向，即运动试探电荷在该点不受磁力的方向，到底指向哪一方呢？

根据实验发现，磁力 $\boldsymbol{F}$ 总是垂直于 $\boldsymbol{B}$ 和 $\boldsymbol{v}$ 组成的平面，大小正比于 $q_0 Bv\sin\alpha$（α 是 $\boldsymbol{B}$ 和 $\boldsymbol{v}$ 之间的夹角），这样可根据最大磁力 $\boldsymbol{F}_\mathrm{m}\left(\alpha = \dfrac{\pi}{2}\right)$ 和 $\boldsymbol{v}$ 的关系（$\boldsymbol{F}_\mathrm{m} \perp \boldsymbol{v}$）确定 $\boldsymbol{B}$ 的方向如下：由正运动电荷所受力 $\boldsymbol{F}_\mathrm{m}$ 的方向，按右手螺旋定则，四指沿小于 π 的角度转向正电荷运动速度 $\boldsymbol{v}$ 的方向，此时大拇指所指的方向便是该点 $\boldsymbol{B}$ 的方向，这样确定的磁场方向即 $\boldsymbol{B}$ 的方向和用小磁针的 N 极来确定的磁场方向是一致的，于是有

$$\boldsymbol{B} = \frac{\boldsymbol{F}_\mathrm{m} \times \boldsymbol{v}}{q\boldsymbol{v}^2} \tag{7.2.2}$$

在 SI 中，磁感应强度 $\boldsymbol{B}$ 的单位名称是特[斯拉]，符号为 T

$$1\ \mathrm{T} = 1\ \mathrm{N \cdot s \cdot c^{-1} \cdot m^{-1}}$$

$\boldsymbol{B}$ 还有一个常用单位 —— 高斯，记为 Gs（或 G），与特斯拉的换算关系为

$$1\ \mathrm{T} = 10^4\ \mathrm{Gs}$$

产生磁场的运动电荷或电流可称为磁场源。实验指出，在有若干个磁场源的情况下，它们产生的磁场服从叠加原理，以 $\boldsymbol{B}_i$ 表示第 i 个磁场源在某处产生的磁场，则在该处的总磁场 $\boldsymbol{B}$ 为

$$\boldsymbol{B} = \sum \boldsymbol{B}_i$$

7.2.2 毕奥-萨伐尔定律及其应用

在静电场,我们已经学会分析任意电荷分布形成的电场,就是把带电体分割成许多电荷元,然后以点电荷场强公式为基础,根据叠加原理,计算出该带电体周围的电场的电场强度分布。当计算电流产生的磁场时,也可以用类似的方法,把电流看成是由许多电流元连接组成的。然后以电流元产生的磁场的磁感应强度公式为基础,应用叠加原理,计算出电流周围空间的磁场分布。最有实际意义的是导体中恒定电流在真空中(或自由空间)产生恒定磁场的问题,其规律的基本形式是电流元产生的磁场和该电流元的关系。

1. 毕奥-萨伐尔定律

19 世纪 20 年代,毕奥(J. B. biot) 和萨伐尔(F. Savart) 在电流产生磁场这方面做了大量实验和分析,并在著名的法国数学家拉普拉斯(P. S. Laplace) 的帮助下得到了电流元产生磁场的磁感应强度公式。这就是电磁学中的著名的 —— **毕奥-萨伐尔定律**(Biot-Savart law)。其表述如下:

如图 7.2.2 所示,在真空中的任一载流导线上任取一电流元 $I\mathrm{d}\boldsymbol{l}$($I\mathrm{d}\boldsymbol{l}$ 的方向为导线上该点线元 $\mathrm{d}\boldsymbol{l}$ 上电流 I 的方向,大小为 I 与 $\mathrm{d}l$ 的乘积) 在空间任意一点 P 处所产生的磁场 $\mathrm{d}\boldsymbol{B}$ 可表示为

$$\mathrm{d}\boldsymbol{B}=\frac{\mu_0}{4\pi}\frac{I\mathrm{d}\boldsymbol{l}\times\boldsymbol{e}_r}{r^2}=\frac{\mu_0}{4\pi}\frac{I\mathrm{d}\boldsymbol{l}\times\boldsymbol{r}}{r^3} \tag{7.2.3}$$

由磁场叠加原理可得整个载流导线在场点 P 产生的磁场为

$$\boldsymbol{B}=\int\mathrm{d}\boldsymbol{B}=\int\frac{\mu_0}{4\pi}\frac{I\mathrm{d}\boldsymbol{l}\times\boldsymbol{e}_r}{r^2}=\int\frac{\mu_0}{4\pi}\frac{I\mathrm{d}\boldsymbol{l}\times\boldsymbol{r}}{r^3} \tag{7.2.4}$$

式中,$\mu_0=4\pi\times10^{-7}\ \mathrm{H\cdot m^{-1}}$,称为**真空中磁导率**(space permeability),H 为[亨利],是自感的单位,将在第 8 章另作介绍;$\boldsymbol{e}_r$ 是电流元 $I\mathrm{d}\boldsymbol{l}$ 到场点 P 的矢径 $\boldsymbol{r}$ 的单位矢量,注意积分对整个载流导线积分。

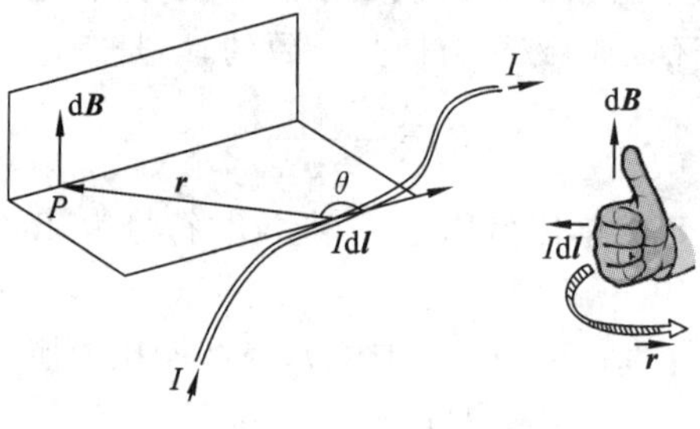

图 7.2.2 电流元的磁场

由式(7.2.3) 可知,电流元 $I\mathrm{d}\boldsymbol{l}$ 在真空中的任一点 P 所产生的磁场的磁感应强度 $\mathrm{d}\boldsymbol{B}$ 的大小与电流元的大小成正比,与电流元 $I\mathrm{d}\boldsymbol{l}$ 和矢径 $\boldsymbol{r}$ 的夹角的正弦成正比,与电流元到点 P 的距离的平方成反比。即磁感应强度 $\mathrm{d}\boldsymbol{B}$ 的大小为

$$\mathrm{d}B=\frac{\mu_0}{4\pi}\frac{I\mathrm{d}l\sin\theta}{r^2} \tag{7.2.5}$$

按式(7.2.3)，d$\boldsymbol{B}$ 的方向垂直于 $I\mathrm{d}\boldsymbol{l}$ 和 $\boldsymbol{r}$ 所组成的平面，指向矢积 $I\mathrm{d}\boldsymbol{l}\times\boldsymbol{r}$ 的方向，如图 7.2.2 所示。

式(7.2.4)中积分的上、下限由电流的起点和终点所决定。在计算积分时，若取直角坐标系，则可以将 d$\boldsymbol{B}$ 分别在坐标轴上进行投影，得到 $\mathrm{d}B_x$，$\mathrm{d}B_y$，$\mathrm{d}B_z$，然后再分别进行标量积分，即

$$B_x=\int \mathrm{d}B_x,\quad B_y=\int \mathrm{d}B_y,\quad B_z=\int \mathrm{d}B_z$$

最后可得合场强

$$\boldsymbol{B}=B_x\boldsymbol{i}+B_y\boldsymbol{j}+B_z\boldsymbol{k}$$

如果是面电流或体电流，则可将其看成是许多线电流的集合，然后可以仿照以上的方法进行数学处理。

毕奥-萨伐尔定律是通过实验再加上数学的方法推导出来的，其正确与否是无法用实验直接验证的，因为实验无法测出电流元的磁场。但是，它的正确性可以通过该定律计算载流导线在某点产生的磁场与实验相符而得到证明。

2. 毕奥-萨伐尔定律的应用

下面举例说明如何用毕奥-萨伐尔定律求恒定电流的磁场分布。

例 7.2.1　一段载流直导线的磁场。如图 7.2.3 所示，设有一个长为 L 的直导线段通有电流 I，求电流在它周围某点 P 处的磁感应强度，点 P 到导线的垂直距离为 r。

解　用毕奥-萨伐尔定律求恒定电流的磁场分布问题可按以下步骤进行：

(1) 作图。应将载流导线、导线的起止端点、电流元、场点以及相关的几何量都在图中表示出来，如图 7.2.3 所示，场点 P 到直导线上的垂足为 O。

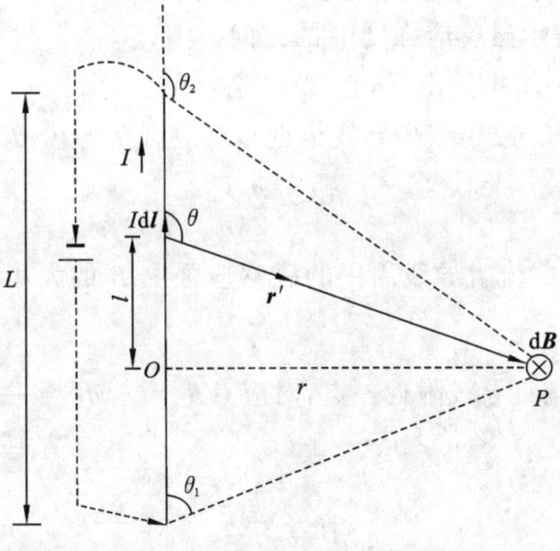

图 7.2.3　直线电流的磁场

(2) 分析电流元在场点产生的磁感应强度 d$\boldsymbol{B}$ 的方向和大小。在载流直导线上任取一电流元 $I\mathrm{d}\boldsymbol{l}$，该电流元到点 O 的距离为 l，它在点 P 所产生的磁感应强度为

$$\mathrm{d}\boldsymbol{B}=\frac{\mu_0}{4\pi}\frac{I\mathrm{d}\boldsymbol{l}\times\boldsymbol{r}'}{r'^3}$$

d$\boldsymbol{B}$ 的方向由 $I\mathrm{d}\boldsymbol{l}\times\boldsymbol{r}'$ 决定为垂直纸面向内，在图中用 $\otimes$ 表示(如果垂直纸面向外，则用 $\odot$ 表示)，d$\boldsymbol{B}$ 的大小为

$$\mathrm{d}B=\frac{\mu_0}{4\pi}\frac{I\mathrm{d}l\sin\theta}{r'^2}$$

式中，r' 为电流元到点 P 的距离。

(3) 求出场点的总磁感应强度。本例由于直导线上所有电流元在点 P 的磁感应强度的方向相同，所以总磁感应强度也在这个方向上，它的大小等于上式 dB 的标量积分，即

$$B=\int_L\mathrm{d}B=\int_L\frac{\mu_0}{4\pi}\frac{I\mathrm{d}l\sin\theta}{r'^2}$$

式中，积分变量为 l，r' 和 θ 都是 l 的函数，为了便于计算，我们统一积分变量到 θ 上，由图 7.2.3 可知

$$r'=\frac{r}{\sin\theta},\quad l=-r\cot\theta,\quad \mathrm{d}l=\frac{-r\mathrm{d}\theta}{\sin^2\theta}$$

把以上关系代入上面积分式，可得

$$B=\frac{\mu_0}{4\pi}\frac{I}{r}\int_{\theta_1}^{\theta_2}\sin\theta\mathrm{d}\theta$$

由此得

$$B=\frac{\mu_0 I}{4\pi r}(\cos\theta_1-\cos\theta_2)\tag{7.2.6}$$

式中，θ_1 和 θ_2 分别是直导线电流地流进端和流出端到点 P 的连线与电流方向之间的夹角，$\boldsymbol{B}$ 的方向是垂直纸面向里。载流直导线产生的 $\boldsymbol{B}$ 的方向遵从右手螺旋定则：右手大拇指表示电流方向，弯曲四指表示磁感应强度 $\boldsymbol{B}$ 的方向。

从式(7.2.6)可进一步推导出下列重要结论：

(1) 若导线 L 无限长(或场点离导线很近)，对应有 $\theta_1=0,\theta_2=\pi$，由式(7.2.6)可得

$$B=\frac{\mu_0 I}{2\pi r}\tag{7.2.7}$$

式(7.2.7)表明，无限长载流直导线周围的磁感应强度 $\boldsymbol{B}$ 的大小与场点到导线的距离成反比，与电流成正比。

(2) 半无限长的载流直导线附近一点，对应有 $\theta_1=0,\theta_2=\frac{\pi}{2}$ 或者 $\theta_1=\frac{\pi}{2},\theta_2=\pi$，由式(7.2.6)，可得

$$B=\frac{\mu_0 I}{4\pi r}$$

(3) 在载流直导线延长线上任意一点，对应有 $\theta_1=0,\theta_2=0$ 或者 $\theta_1=\pi,\theta_2=\pi$，由式(7.2.6)，可得

$$B=0$$

例 7.2.2　圆电流在其轴线上的磁场。如图 7.2.4 所示，有一半径为 R，通电电流为 I

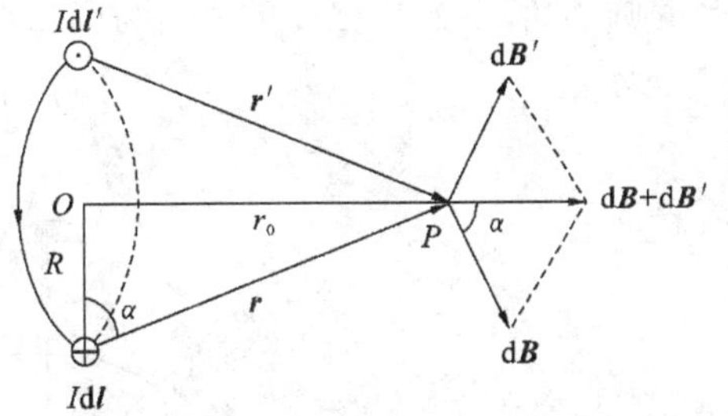

图 7.2.4　圆电流轴线上的磁场

的细导线圆环，求其轴线上任意一点的磁场。

解　点 P 为轴线上距离圆心点 O 为 r_0 的任意一点，圆线圈平面与纸面垂直，在圆线圈上任取一电流元 $I\mathrm{d}\boldsymbol{l}$，它到点 P 的矢径为 $\boldsymbol{r}$，$\boldsymbol{r}$ 与线圈平面的夹角为 α，由于 $I\mathrm{d}\boldsymbol{l}$ 与 $\boldsymbol{r}$ 的夹角 $\theta=\dfrac{\pi}{2}$，所以 $I\mathrm{d}l$ 在点 P 产生的磁感应强度 $\mathrm{d}\boldsymbol{B}$ 的大小为

$$\mathrm{d}B=\frac{\mu_0}{4\pi}\frac{I\mathrm{d}l}{r^2} \tag{7.2.8}$$

因 $\mathrm{d}\boldsymbol{B}$ 的方向应垂直于 $I\mathrm{d}\boldsymbol{l}$ 与 $\boldsymbol{r}$ 组成的平面，并与 $\boldsymbol{r}$ 垂直，如图 7.2.4 所示，$\mathrm{d}\boldsymbol{B}$ 与轴线的夹角也为 α。

根据圆线圈的轴对称性，若在 $I\mathrm{d}\boldsymbol{l}$ 的对称位置取电流元 $I\mathrm{d}\boldsymbol{l}'$，则 $I\mathrm{d}\boldsymbol{l}'$ 在点 P 所产生的 $\mathrm{d}\boldsymbol{B}'$ 的大小与 $\mathrm{d}\boldsymbol{B}$ 的大小相等，方向与 $\mathrm{d}\boldsymbol{B}$ 的方向对称，与轴线夹角 α，所以 $\mathrm{d}\boldsymbol{B}$ 与 $\mathrm{d}\boldsymbol{B}'$ 在垂直于轴线上的分量互相抵消，在沿轴线方向的分量互相加强，合矢量 $\mathrm{d}\boldsymbol{B}+\mathrm{d}\boldsymbol{B}'$ 沿轴线方向。整个线圈可以分割成许多对这样的电流元，因此总磁感应强度 $\boldsymbol{B}$ 沿轴线方向，有

$$B=\oint \mathrm{d}B\cos\alpha$$

式中，$\mathrm{d}B=\dfrac{\mu_0 I}{4\pi r^2}\mathrm{d}l$。因 $r^2=R^2+r_0^2$，$\cos\alpha=\dfrac{R}{r}=\dfrac{R}{\sqrt{R^2+r_0^2}}$ 均为常数，所以

$$B=\frac{\mu_0}{4\pi}\frac{IR}{(R^2+r_0^2)^{3/2}}\oint \mathrm{d}l$$

而 $\oint \mathrm{d}l=2\pi R$，所以

$$B=\frac{\mu_0}{4\pi}\frac{2\pi R^2 I}{(R^2+r_0^2)^{3/2}} \tag{7.2.9}$$

方向沿轴线，其指向与圆电流的电流流向符合右手螺旋定则，即弯曲四指表示圆电流方向，大拇指所指方向为轴线上 $\boldsymbol{B}$ 的方向。

讨论：

(1) 在圆心处，$r_0=0$，则

$$B=\frac{\mu_0 I}{2R} \tag{7.2.10}$$

(2) 一段载流圆弧导线在其圆心产生的磁感应强度为

$$B=\frac{\mu_0 I}{4\pi R}\varphi \tag{7.2.11}$$

式中,φ 是圆弧对圆心所张的圆心角,磁感应强度的方向与圆弧导线所在平面垂直且遵从右手螺旋定则。如图 7.2.5 所示。

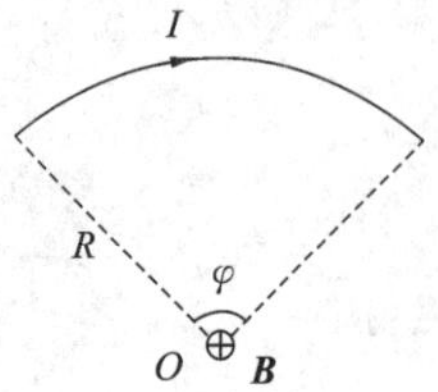

图 7.2.5　一段载流圆弧导线在圆心处产生的磁感应强度方向的确定

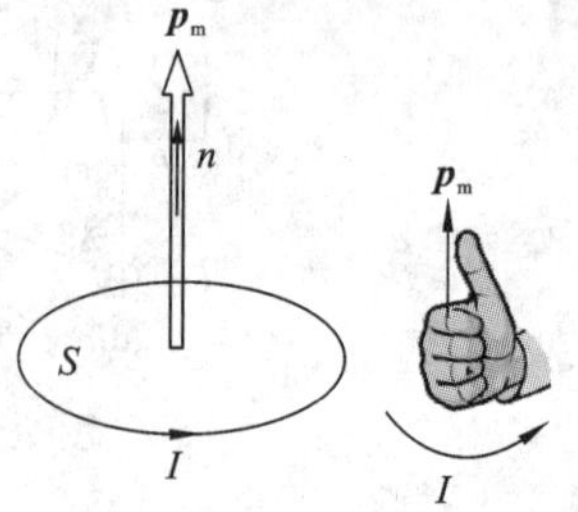

图 7.2.6　载流平面线圈的法线方向和磁矩 p_m 方向的确定

(3) 在远离线圈处,即 $r_0 \gg R$ 时,$r \approx r_0$,则

$$B \approx \frac{\mu_0}{4\pi}\frac{2\pi R^2 I}{r_0^3} = \frac{\mu_0}{4\pi}\frac{2IS}{r_0^3}$$

式中,$S = \pi R^2$ 为圆线圈的面积,引入

$$\boldsymbol{p}_m = IS\boldsymbol{e}_n \tag{7.2.12}$$

式中,$\boldsymbol{e}_n$ 为载流线圈平面的法线方向的单位矢量(与线圈中电流流向满足右手螺旋定则,即四指表示电流方向,大拇指指向为线圈平面的法向,参见图 7.2.6),则上式写成矢量式

$$\boldsymbol{B} \approx \frac{\mu_0}{4\pi}\frac{2\boldsymbol{p}_m}{r_0^3} \tag{7.2.13}$$

此式与电偶极子在正负点电荷连线的延长线上一点产生的场强 $\boldsymbol{E} = \frac{1}{4\pi\varepsilon_0}\frac{2\boldsymbol{p}}{r^3}$ 相似,所以我们把式(7.2.12)定义的 $\boldsymbol{p}_m$ 称为载流线圈的**磁矩**,它的大小等于 IS,方向与符合右手螺旋定则的线圈平面的法线方向一致。

如果线圈有 N 匝,这时线圈磁矩的定义为

$$\boldsymbol{p}_m = NIS\boldsymbol{e}_n \tag{7.2.14}$$

有了磁矩 $\boldsymbol{p}_m$ 的定义,载流为 I 的圆线圈在轴线上的磁感应强度 $\boldsymbol{B}$ 的大小[式(7.2.9)]与方向可表示为

$$\boldsymbol{B} = \frac{\mu_0}{4\pi}\frac{2\boldsymbol{p}_m}{(R^2+r_0^2)^{3/2}} = \frac{\mu_0 \boldsymbol{p}_m}{2\pi r^3} \tag{7.2.15}$$

圆电流除在轴线上产生的磁场以外,空间任意一点的磁场计算比较复杂。当圆电流的半径很小或讨论远离圆电流处的磁场分布时,可以看到它与静电场中电偶极子的电场分布非常相似。因而圆电流回路可以认为是一个磁偶极子,产生的磁场称为磁偶极磁场。

实际上,原子、分子以至电子、质子等基本粒子都有磁矩。原子、分子的磁矩主要来源于电子绕核运动而形成的等效圆电流,而电子、质子等基本粒子的磁矩来源于它们的自旋。地球也可以视为一个大磁偶极子,其磁矩约为 $8.0\times10^{22}\ \mathrm{A\cdot m^2}$,所以地球磁场也是一个磁偶极磁场。

例 7.2.3　载流密绕直螺线管内部轴线上的磁场。如图 7.2.7 所示,一均匀密绕螺线

管,管的长度为 L,半径为 R,单位长度上绕有 n 匝线圈,通有电流 I,求螺线管轴线上的磁场分布。

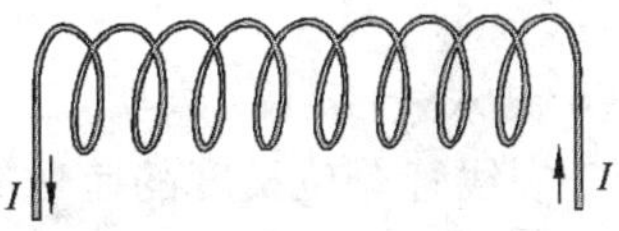

图 7.2.7　通电螺线管

解　螺线管各匝线圈都是螺旋形的,但在密绕的情况下,可以把它看成是许多匝圆线圈紧密排列组成的。载流直螺线管在轴线上某点 P 处的磁场等于各匝线圈的圆电流在该处磁场的矢量和。

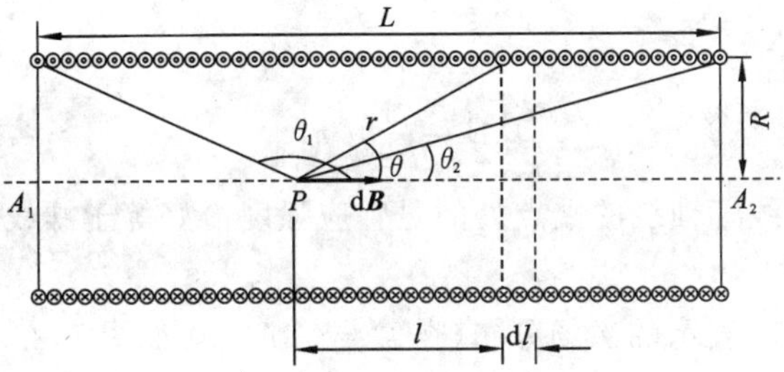

图 7.2.8　通电螺线管轴线上 $\boldsymbol{B}$ 的计算

如图7.2.8所示,在距轴上任一点 P 为 l 处,取螺线管上长为 $\mathrm{d}l$ 的一微元段,将它看成一个圆电流,其电流为

$$\mathrm{d}I = nI\,\mathrm{d}l$$

磁矩为

$$\mathrm{d}p_{\mathrm{m}} = S\mathrm{d}I = \pi R^2 nI\,\mathrm{d}l$$

它在点 P 的磁场,依据式(7.2.15),$\mathrm{d}\boldsymbol{B}$ 大小为

$$\mathrm{d}B = \frac{\mu_0 nIR^2\mathrm{d}l}{2r^3}$$

由图中可看出,$R = r\sin\theta$,$l = R\cot\theta$,而 $\mathrm{d}l = -\dfrac{R}{\sin^2\theta}\mathrm{d}\theta$,式中 θ 为螺线管轴线与点 P 到 $\mathrm{d}l$ 的连线之间的夹角,将这些关系代入上式,可得

$$\mathrm{d}B = -\frac{\mu_0 nI}{2}\sin\theta\mathrm{d}\theta$$

由于各微元段在点 P 产生的磁场方向相同,所以将上式积分即得点 P 磁场的大小为

$$B = \int\mathrm{d}B = -\int_{\theta_1}^{\theta_2}\frac{\mu_0 nI}{2}\sin\theta\mathrm{d}\theta$$

或

$$B = \frac{\mu_0 nI}{2}(\cos\theta_2 - \cos\theta_1) \tag{7.2.16}$$

式(7.2.16) 给出了螺线管轴线上任一点磁场的大小,磁场的方向如图 7.2.8 所示,沿轴线指向应与电流的绕向成右手螺旋关系。

讨论:

(1) 如果载流螺线管可以近似认为是"无限长"的($L \gg R$),对内部轴线上的任一点,有 $\theta_2 = 0$,$\theta_1 = \pi$,则由式(7.2.16)可知

$$B = \mu_0 nI \tag{7.2.17}$$

式(7.2.17)表明，在密绕的无限长直螺线管的轴线上，磁场是均匀的，其大小只决定于螺线管单位长度的匝数 n 和导线中的电流 I，而与场点的位置无关，其方向遵循右手螺旋定则。我们在下一节将进一步证明，此结论不仅适用于轴线上的场点，也适用于非轴线上的场点，所以在整个无限长直螺线管内部的空间里磁场都是均匀的。

(2) 在长直螺线管任一端口的中心处，如图 7.2.8 中 A_2 点，$\theta_2 = \dfrac{\pi}{2}, \theta_1 = \pi$，由式(7.2.16)，可得

$$B = \frac{1}{2}\mu_0 nI \tag{7.2.18}$$

即在半无限长载流螺线管轴线的端点处的磁感应强度恰好等于螺线管内部磁感应强度的一半。

(3) 由式(7.2.16)表示的磁场分布(在 $L = 10R$ 时)如图 7.2.9 所示，在螺线管中心附近轴线上各点磁场基本上均匀，到管口附近 $\boldsymbol{B}$ 值逐渐减小，出口以后磁场很快地减弱，在距管轴中心约等于 7 个管半径处，磁场几乎等于零。

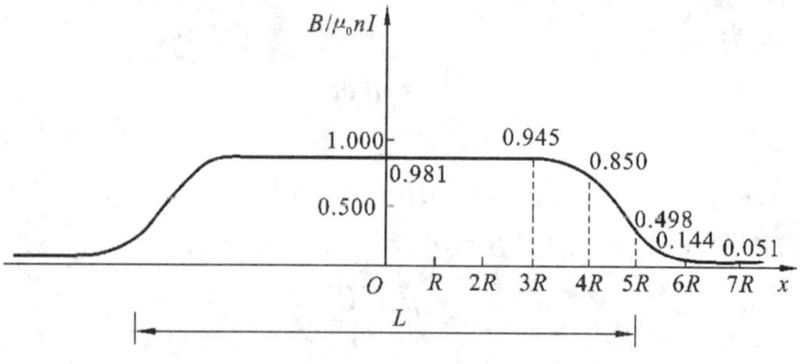

图 7.2.9　直螺线管轴线上的磁场分布

7.2.3　运动电荷的磁场(非相对论)

毕奥-萨伐尔定律表达了载流导线中电流元 $I\mathrm{d}l$ 产生的磁场 $\mathrm{d}\boldsymbol{B}$，电流的磁场本身是这些运动电荷产生的磁场的宏观表现。根据传导电流是带电粒子沿导线的定向运动这一观点，可以由毕奥-萨伐尔定律得到运动的带电粒子所产生的磁场的规律。

在载流导体上任取一电流元 $I\mathrm{d}\boldsymbol{l}$，根据毕奥-萨伐尔定律，它在空间某点所产生的磁感应强度 $\mathrm{d}\boldsymbol{B}$ 为

$$\mathrm{d}\boldsymbol{B} = \frac{\mu_0}{4\pi}\frac{I\mathrm{d}\boldsymbol{l}\times\boldsymbol{r}}{r^3}$$

如图 7.2.10 所示，设导线的截面积为 S，导线中运动带电粒子的数密度为 n，每个带电粒子带电量为 q（设 $q>0$），以速度 $\boldsymbol{v}$（$v \ll c$，非相对论的）沿着导线 $\mathrm{d}\boldsymbol{l}$ 的方向运动而形成电流 I。单位时间内通过截面 S 的电荷量为 $qnSv$，即电流为

$$I = qnSv$$

注意到 $I\mathrm{d}\boldsymbol{l}$ 的方向和 $\boldsymbol{v}$ 相同，在电流元 $I\mathrm{d}\boldsymbol{l}$ 内有 $\mathrm{d}N = nS\mathrm{d}l$ 个带电粒子以速度 $\boldsymbol{v}$ 运动

着，因此电流元 $I\mathrm{d}\boldsymbol{l}$ 产生的磁场，从微观意义上说，实际是由 $\mathrm{d}N$ 个运动电荷共同产生的，而每一个运动电荷产生的磁感应强度 $\boldsymbol{B}$ 为

$$\boldsymbol{B}=\frac{\mathrm{d}\boldsymbol{B}}{\mathrm{d}N}=\frac{\mu_0}{4\pi}\frac{qSn\boldsymbol{v}\times\boldsymbol{r}\mathrm{d}l}{nS\mathrm{d}lr^3}=\frac{\mu_0}{4\pi}\frac{q\boldsymbol{v}\times\boldsymbol{r}}{r^3} \tag{7.2.19}$$

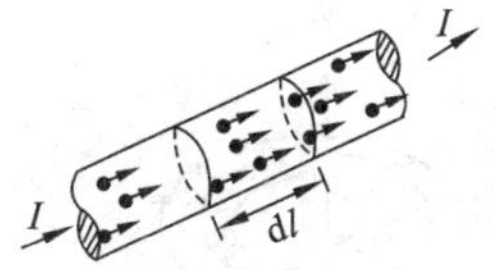

图 7.2.10　电流元中的运动电荷

其大小

$$B=\frac{\mu_0}{4\pi}\frac{qv\sin\theta}{r^2} \tag{7.2.20}$$

式中，$\boldsymbol{r}$ 是运动电荷所在点指向场点的矢径；$\boldsymbol{B}$ 的方向垂直于电荷运动速度 $\boldsymbol{v}$ 与位矢 $\boldsymbol{r}$ 所组成的平面。若运动电荷 $q>0$，则 $\boldsymbol{B}$ 的指向符合右手螺旋定则；若 $q<0$，则 $\boldsymbol{B}$ 的指向刚好相反(图 7.2.11)。必须注意，式(7.2.19)只适用于运动电荷的速度 $\boldsymbol{v}$ 远小于光速 c 的情形，当 $\boldsymbol{v}$ 接近光速时，此式将不再适用。

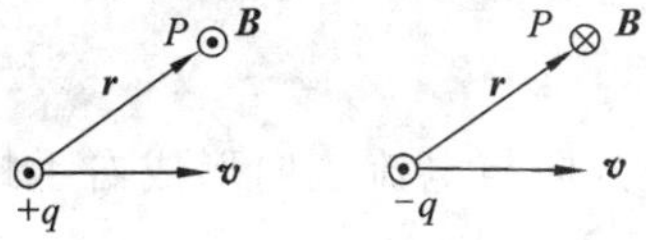

图 7.2.11　运动电荷的磁场方向

7.3　磁场的高斯定理和安培环路定理

7.3.1　磁场的高斯定理

与静电场的讨论完全类似，我们可以研究磁场的高斯定理。

1. 磁感应线

我们曾借助于电场线来反映静电场的分布情况，同样，为了形象地描绘磁场 $\boldsymbol{B}$ 的分布，引入**磁感应线**的概念。规定：① 磁感应线为一些有向曲线，其上的各点的切线方向与该点处的磁感应强度 $\boldsymbol{B}$ 方向一致；② 在磁场中某点处，垂直于该点磁感应强度 $\boldsymbol{B}$ 的单位面积上穿过的磁感应线条数等于该点处 $\boldsymbol{B}$ 的大小，即

$$B=\frac{\mathrm{d}N}{\mathrm{d}S_{\perp}} \tag{7.3.1}$$

式中，$\mathrm{d}N$ 是穿过面积 $\mathrm{d}S_{\perp}$ 的磁感应线条数。根据这样的规定，在磁感应线分布图中磁感应线密集的地方，表示磁感应强度 $\boldsymbol{B}$ 较大；而在磁感应线稀疏的地方，表示磁感应强度 $\boldsymbol{B}$ 较小。

磁感应线可借助小磁针或铁屑显示出来，如果在有磁场的空间里水平放置一块玻璃板，上面撒有一些铁屑，这些铁屑就会被磁场磁化，成为小磁针，轻轻敲动玻璃板，铁屑就会沿磁感应线排列起来。图 7.3.1 所示的是根据实验描绘出的无限长载流导线、载流圆线圈和载流螺线管的磁感应线图。

从这几种典型的磁感应线图可以看出磁感应线具有如下特性：

(1) 磁感应线是无头无尾的闭合曲线(包括两头伸向无限远处的曲线)，这与静电场

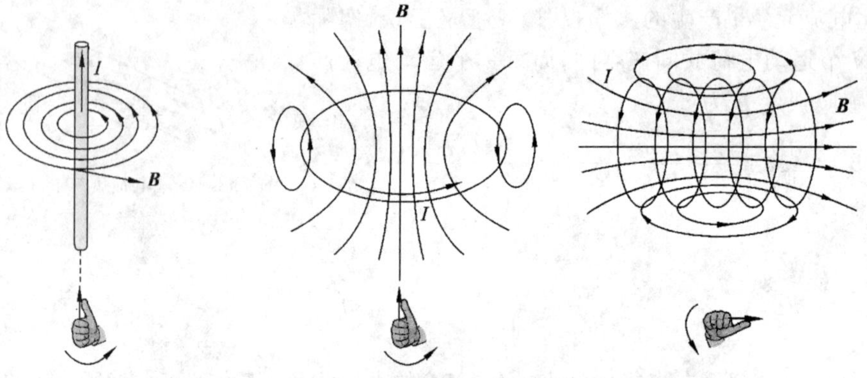

图 7.3.1　无限长载流导线、载流圆线圈和载流螺线管的磁感应线图

的电场线是不同的。

(2) 磁感应线与电流线相互套连,磁感应线的环绕方向与电流流向形成右手螺旋定则的关系。

2. 磁感应通量(磁通量)

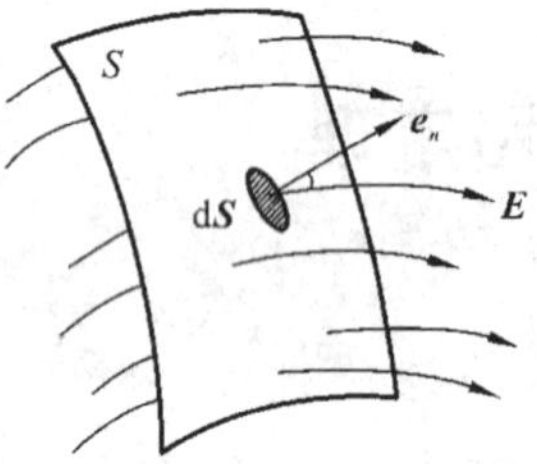

图 7.3.2　磁通量

完全仿照静电场中对电通量的定义,我们定义**磁感应通量**(magnetic flux)Φ_m。在曲面 S 上任取面元 $d\boldsymbol{S}$,如图 7.3.2 所示,法向单位矢量 $\boldsymbol{e}_n$ 与该点磁感应强度 $\boldsymbol{B}$ 的夹角为 θ,则通过面积元 $d\boldsymbol{S}$ 的磁通量为

$$d\Phi_m = B\cos\theta dS = BdS_{\perp} \tag{7.3.2}$$

写成矢量的标量积形式

$$d\Phi_m = \boldsymbol{B} \cdot d\boldsymbol{S} \tag{7.3.3}$$

结合式(7.3.1)、式(7.3.2)知,$d\Phi_m$ 的物理意义是:穿过面元 $d\boldsymbol{S}$ 的磁感应线的根数 dN。

对于整个曲面 S,通过它的磁通量为

$$\Phi_m = \int_S \boldsymbol{B} \cdot d\boldsymbol{S} \tag{7.3.4}$$

在 SI 中,磁通量的单位为韦[伯](Wb)

$$1\ \text{Wb} = 1\ \text{T} \cdot \text{m}^2$$

3. 磁场的高斯定理

对于闭合曲面 S,当要计算通过它的磁通量时,通常规定,闭合曲面上任意一面元 $d\boldsymbol{S}$ 的法线正方向为从面内指向曲面外侧。则在此规定下,磁感应线从封闭面内穿出处的磁通量为正,穿入处的磁通量为负。由于磁感应线是无头无尾的闭合曲线,从封闭面 S 某处穿进的磁感应线必定要从另一处穿出,如图 7.3.3 所示,所以通过任一封闭曲面的总磁通量恒等于零,即

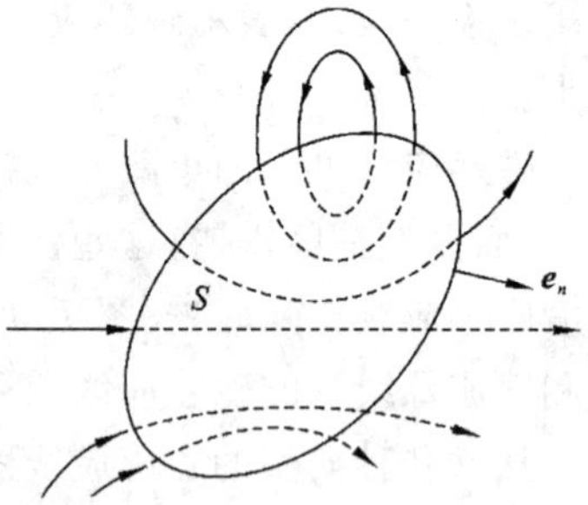

图 7.3.3　磁场的高斯定理

$$\oint_S \boldsymbol{B} \cdot \mathrm{d}\boldsymbol{S} = 0 \tag{7.3.5}$$

这个关于磁场的结论叫**磁通连续定理**，或**磁场的高斯定理**，它是电磁场的一条基本规律。磁场的高斯定理表明，磁感应线一定是无始无终的闭合曲线，或者来自无穷远处，延伸向无穷远处。大量的实验证明，式(7.3.5) 对于变化的磁场仍然成立，而此时毕奥-萨伐尔定律却已不能使用。换言之，磁场的高斯定理在整个电磁学领域内都是普遍成立的。

4. 磁单极子

将静电场的高斯定理 $\oint_S \boldsymbol{E} \cdot \mathrm{d}\boldsymbol{S} = \frac{1}{\varepsilon_0}\sum_i q_i$ 与磁场的高斯定理 $\oint_S \boldsymbol{B} \cdot \mathrm{d}\boldsymbol{S} = 0$ 相比较，数学形式上相似但物理上有本质的区别。前者表示电场通过任意闭合曲面的 $\boldsymbol{E}$ 通量不一定为零，而后者表示通过任意闭合曲面的 $\boldsymbol{B}$ 通量恒为零。两者的本质差别在于电场线是由电荷所发出的，总是源于正电荷，终止于负电荷，因此，静电场是有源场；而磁感应线都是环绕电流的、无头无尾的闭合曲线，因此，磁场是无源场。磁场没有与正负电荷相对应的、分立的正、负“磁荷”，即**磁单极子**。所以磁场的高斯定理是一条反映磁场是无源场这一重要性质的公式。然而在 1933 年，英国物理学家狄拉克(Dirac) 根据电子电荷是量子化的理论，提出了磁单极子可能存在的假设。磁单极子如果真的存在的话，将对电磁学、粒子物理学以致整个物理学都要产生非常重要的影响，因此，磁单极子的假设提出后，引起了物理学家的极大关注，并力图在实验中找到它。随后，物理学家在宇宙射线、铁磁矿、海底沉积物、陨石、月球岩石、加速器轰击物的产物等物质中做了广泛和长时期的寻找，但是都没有得到肯定的结果。因此到目前为止，我们认为磁场的高斯定理(式(7.3.5)) 是普遍成立的。

例 7.3.1　如图 7.3.4 所示，真空中有两根平行长直导线相距 d，每根载流导线的电流 $I_1 = I_2$，求通过图中与电流共面的矩形框所围面积的磁通量。已知 $r_1 = r_2 = r_3$，矩形线框的竖直边长为 l。

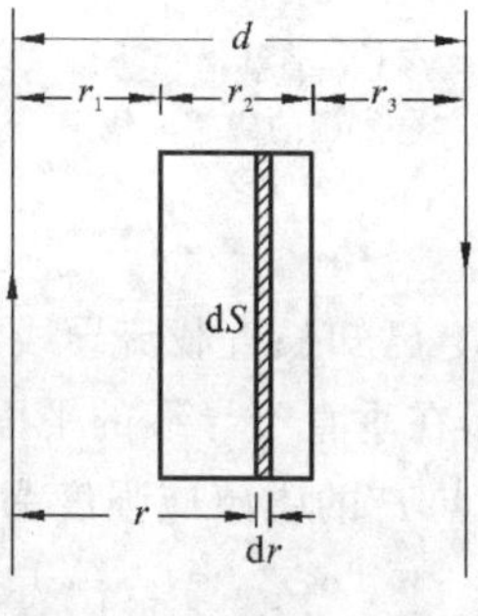

图 7.3.4　磁通量的计算

解　在图 7.3.4 中，取面积元 $\mathrm{d}S = l\mathrm{d}r$，面元 $\mathrm{d}S$ 处的磁感应强度方向垂直纸面向内，大小为

$$B = \frac{\mu_0 I_1}{2\pi r} + \frac{\mu_0 I_2}{2\pi(\mathrm{d} - r)}$$

此面积元上的磁通量为

$$\mathrm{d}\Phi_\mathrm{m} = \boldsymbol{B} \cdot \mathrm{d}\boldsymbol{S} = Bl\mathrm{d}r$$

通过矩形框所围面积的磁通量为

$$\Phi_\mathrm{m} = \int \mathrm{d}\Phi_\mathrm{m} = \int_{r_1}^{r_1+r_2} \left[\frac{\mu_0 I_1}{2\pi r} + \frac{\mu_0 I_2}{2\pi(\mathrm{d} - r)}\right] l\mathrm{d}r$$

$$= \frac{\mu_0 l I_1}{2\pi} \ln\frac{r_1 + r_2}{r_1} + \frac{\mu_0 l I_2}{2\pi} \ln\frac{\mathrm{d} - r_1}{\mathrm{d} - r_1 - r_2}$$

7.3.2　磁场的安培环路定理

从前面可知,我们从场强 $\boldsymbol{E}$ 的环流 $\oint_L \boldsymbol{E}\cdot \mathrm{d}\boldsymbol{l}=0$ 这个特性知道静电场是一个保守力场,并由此引入电势这个物理量来描述静电场的这一特性。对由恒定电流所产生的磁场,也可用磁感应强度矢量 $\boldsymbol{B}$ 的环流 $\oint_L \boldsymbol{B}\cdot \mathrm{d}\boldsymbol{l}$ 来反映它的某些性质。由于 $\boldsymbol{B}$ 线不像静电场的 $\boldsymbol{E}$ 线是非闭合曲线,而是闭合曲线,可以预知,对任一闭合曲线,$\boldsymbol{B}$ 的环流可以不为零,从而 $\boldsymbol{B}$ 矢量的环流不具有功的意义。关于磁场不能引入对应电势的物理量,但它的规律将揭示磁场的另一个重要特征 —— 磁场是**有旋场**(rotational field)。

由毕奥 - 萨伐尔定律表示的电流和它的磁场的关系,可以用磁场的环流的形式表示出来,这一形式叫**安培环路定理**,它表述为:在稳恒电流的磁场中,磁感应强度 $\boldsymbol{B}$ 沿任意闭合路径 L 的积分(亦称环流),等于路径 L 所包围的电流的代数和的 μ_0 倍。数学表达式为

$$\oint_L \boldsymbol{B}\cdot \mathrm{d}\boldsymbol{l}=\mu_0\sum I_{内} \tag{7.3.6}$$

下面通过无限长直载流导线的磁场来验证这条定理。

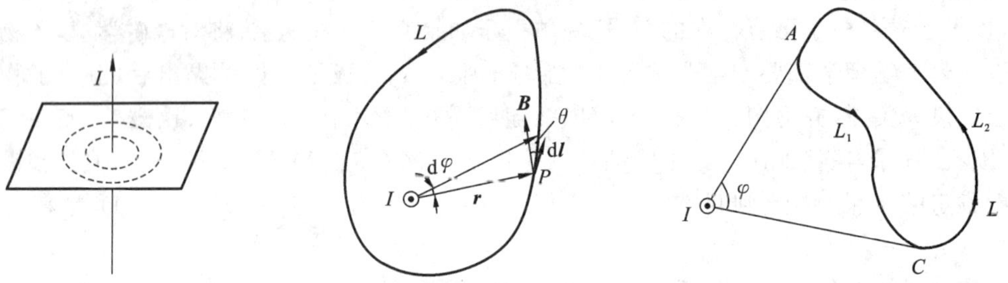

(a) 长直载流导线周围的磁感应线　(b) 与导线垂直的平面内任一包围电流的闭合曲线　(c) 与导线垂直的平面内任一不包围电流的闭合曲线

图 7.3.5　验证安培环路定理

已知长直载流导线周围的磁感应线是一组以导线为中心的同心圆,如图 7.3.5(a) 所示,在垂直于导线的平面内任意作一包围电流的闭合环线 L。如图 7.3.5(b) 所示,线上任一点 P 的磁感应强度为

$$B=\frac{\mu_0 I}{2\pi r}$$

式中,I 为导线中的电流;r 为点 P 到导线的距离。在 P 处取一线元 $\mathrm{d}\boldsymbol{l}$,它与 $\boldsymbol{B}$ 的夹角为 θ,它对电流通过点所张的角为 $\mathrm{d}\varphi$,由于 $\boldsymbol{B}$ 垂直于矢径 $\boldsymbol{r}$,因而 $|\mathrm{d}\boldsymbol{l}|\cos\theta$ 就是 $|\mathrm{d}\boldsymbol{l}|$ 在垂直于 $\boldsymbol{r}$ 方向上的投影 $r\mathrm{d}\varphi$,所以

$$\boldsymbol{B}\cdot \mathrm{d}\boldsymbol{l}=B\mathrm{d}l\cos\theta=Br\mathrm{d}\varphi$$

沿闭合路径 L 的 $\boldsymbol{B}$ 的环流为

$$\oint_L \boldsymbol{B}\cdot \mathrm{d}\boldsymbol{l}=\oint_L B\cos\theta \mathrm{d}l=\oint_L Br\mathrm{d}\varphi=\oint_L \frac{\mu_0 l}{2\pi r}r\mathrm{d}\varphi=\frac{\mu_0 I}{2\pi}\oint \mathrm{d}\varphi$$

沿整个路径一周积分$\oint \mathrm{d}\varphi = 2\pi$，所以

$$\oint_L \boldsymbol{B} \cdot \mathrm{d}\boldsymbol{l} = \mu_0 I \tag{7.3.7}$$

如果电流的方向相反（或者环路 L 的绕向反过来，电流方向不变），仍按图7.3.5(b)所示的路径 L 的方向进行积分时，由于 $\boldsymbol{B}$ 的方向与图示方向相反（或是 $\mathrm{d}\boldsymbol{l}$ 方向反过来），则有

$$\oint_L \boldsymbol{B} \cdot \mathrm{d}\boldsymbol{l} = \oint_L B\cos(\pi - \theta)\,\mathrm{d}l = \oint_L - B\cos\theta \mathrm{d}l = -\oint Br\,\mathrm{d}\varphi$$

$$= -\oint_L \frac{\mu_0 I}{2\pi r} r\,\mathrm{d}\varphi = -\frac{\mu_0 I}{2\pi}\oint_L \mathrm{d}\varphi = -\mu_0 I$$

如果闭合路径 L 不在垂直于导线的平面内，则可将 L 上每一段线元 $\mathrm{d}\boldsymbol{l}$ 分解为在垂直于直导线平面内的分矢量 $\mathrm{d}\boldsymbol{l}_{//}$ 与垂直于此平面的分矢量 $\mathrm{d}\boldsymbol{l}_{\perp}$（$\mathrm{d}\boldsymbol{l}_{\perp} \perp \boldsymbol{B}$），所以

$$\oint_L \boldsymbol{B} \cdot \mathrm{d}\boldsymbol{l} = \oint_L \boldsymbol{B} \cdot (\mathrm{d}\boldsymbol{l}_{\perp} + \mathrm{d}\boldsymbol{l}_{//}) = \oint_L B\cos\frac{\pi}{2}\mathrm{d}l_{\perp} + \int_L B\cos\theta \mathrm{d}l_{//}$$

$$= 0 \pm \oint Br\,\mathrm{d}\varphi = \pm\oint \frac{\mu_0 I}{2\pi r} r\,\mathrm{d}\varphi = \pm \mu_0 I$$

可见积分的结果与电流的方向、环路的绕向都有关。如果对于电流的正负作如下的规定，即电流方向与环路 L 的绕行方向符合右手螺旋定则时，此电流为正，否则为负。这样 $\boldsymbol{B}$ 的环流的值可以统一地用式(7.3.7)来表示。

如果环路 L 不包围电流，如图7.3.5(c)所示，L 为在垂直于直导线平面内的任一不围绕导线的闭合环路，从导线与上述平面的交点作 L 的切线，将 L 分成 L_1 和 L_2 两部分，沿图示方向研究 $\boldsymbol{B}$ 的环流，按前面的分析，可得

$$\oint_L \boldsymbol{B} \cdot \mathrm{d}\boldsymbol{l} = \int_{L_1} \boldsymbol{B} \cdot \mathrm{d}\boldsymbol{l} + \int_{L_2} \boldsymbol{B} \cdot \mathrm{d}\boldsymbol{l}$$

$$= \int_{L_1} B\mathrm{d}l\cos\theta + \int_{L_2} B\mathrm{d}l\cos\theta(\pi - \theta)$$

$$= \int_{L_1} \frac{\mu_0 I}{2\pi r} r\,\mathrm{d}\varphi - \int_{L_2} \frac{\mu_0 I}{2\pi r} r\,\mathrm{d}\varphi$$

$$= \frac{\mu_0 I}{2\pi}(\varphi - \varphi) = 0$$

可见，闭合环路 L 不包围电流时，该电流对沿这一环路 L 的 $\boldsymbol{B}$ 的环流无贡献。

如果有 n 根载流导线，通过的电流分别为 $I_1, I_2, \cdots, I_k, I_{k+1} \cdots, I_n$，其中 $I_1, I_2, \cdots, I_k$ 穿过环路 L，$I_{k+1}, \cdots, I_n$ 不穿过环路，则环路 L 上总磁感应强度 $\boldsymbol{B}$ 的环流，根据磁场的叠加原理和上面的分析，应有

$$\oint_L \boldsymbol{B} \cdot \mathrm{d}\boldsymbol{l} = \oint_L \boldsymbol{B}_1 \cdot \mathrm{d}\boldsymbol{l} + \cdots + \oint_L \boldsymbol{B}_k \cdot \mathrm{d}\boldsymbol{l} + \oint_L \boldsymbol{B}_{k+1} \cdot \mathrm{d}\boldsymbol{l} + \cdots + \oint_L \boldsymbol{B}_n \cdot \mathrm{d}\boldsymbol{l}$$

$$= \mu_0 I_1 + \cdots + \mu_0 I_k + 0 + \cdots + 0$$

$$= \mu_0 \sum_{i=1}^{k} I_i = \mu_0 \sum I_{内}$$

式中,$I_{内}$ 有正有负,求和是代数和。

以上结果虽然是从长直载流导线的磁场的特例导出的,但其结论具有普遍性,对任意的闭合恒定电流,上述 $\boldsymbol{B}$ 的环路积分和电流的关系仍然成立。这样,再根据磁场叠加原理可得到,当有若干个闭合恒定电流存在时,沿任一闭合路径 L 的合磁场 $\boldsymbol{B}$ 的环路积分应为

$$\oint_L \boldsymbol{B} \cdot \mathrm{d}\boldsymbol{l} = \mu_0 \sum I_{内}$$

式中,$\sum I_{内}$ 是环路 L 所包围的电流的代数和。安培环路定理表述了电流与它所产生的磁场之间的普遍规律。理解安培环路定理要注意以下几点:

(1) 电流的正负按规定判断,即电流方向与环路 L 的绕行方向符合右手螺旋定则时,此电流取正,否则取负。

(2) 特别要注意闭合路径 L“包围”的电流的意义。对于闭合的恒定电流来说,只有与 L 相铰链的电流,才算被 L 包围的电流。在图 7.3.6(a) 中,电流 I_1、I_2 被回路 L 所包围,而且 I_1 为正,I_2 为负;I_3 和 I_4 没有被 L 所包围,它们对沿 L 的 $\boldsymbol{B}$ 的环路积分无贡献。

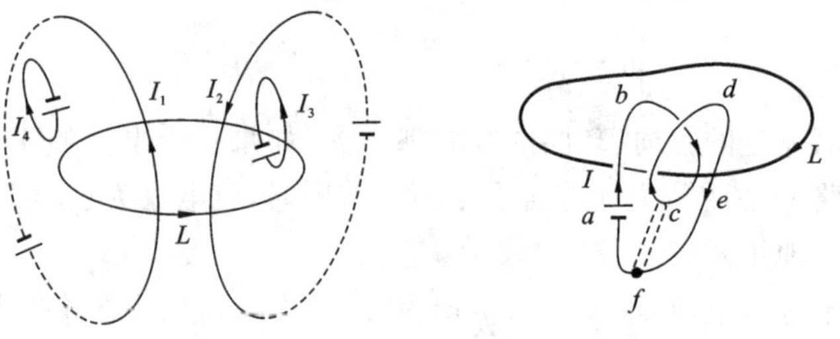

图 7.3.6　电流回路与 L 铰链

如果电流回路为螺旋形,而积分环路 L 与数匝电流铰链,则可作如下处理:如图 7.3.6(b) 所示,设电流有 2 匝,L 为积分路径。可以设想将 cf 用导线连接起来,并想象在这一段导线中有两支方向相反,大小都等于 I 的电流流通。这样的两支电流不影响原来的电流和磁场的分布。这时 $abcfa$ 组成了一个电流回路,$cdefc$ 也组成了一个电流回路,对 L 计算 $\boldsymbol{B}$ 的环路积分时,应有

$$\oint_L \boldsymbol{B} \cdot \mathrm{d}\boldsymbol{l} = \mu_0(I + I) = 2\mu_0 I$$

如果电流在螺线管中流通,而积分环路 L 与 N 匝线圈铰链,则同理可得

$$\oint_L \boldsymbol{B} \cdot \mathrm{d}\boldsymbol{l} = \mu_0 NI$$

(3) 安培环路定理表达式中右端 $\sum I_{内}$ 中包括闭合路径 L 所包围的电流的代数和,但在左端的 $\boldsymbol{B}$ 却代表空间所有电流产生的磁感应强度的矢量和,其中也包括那些不被 L 所包围的电流产生的磁场,只不过后者对沿 L 的 $\boldsymbol{B}$ 的环路积分无贡献罢了。

(4) 安培环路定理中的电流都应该是闭合恒定电流,对于一段恒定电流的磁场(如电流元、有限长直载流导线),安培环路定理不成立。对于图 7.2.3 中讨论的无限长直电流,可以认为是在无穷远处闭合的。

(5) 式(7.3.6)仅对恒定电流成立。对于变化电流的磁场，其推广的形式将在 8.6 节讨论。

7.3.3　利用安培环路定理求磁场的分布

正如利用高斯定理可以方便地计算某些具有对称性的带电体的电场分布一样，利用安培环路定理也可以方便地计算出某些具有一定对称性的载流导线的磁场分布。

利用安培环路定理求磁场分布一般包含两步：首先根据电流分布的对称性分析磁场的对称性，然后再利用安培环路定理计算磁感应强度的大小和方向。在此过程中决定性的技巧是选取合适的闭合路径 L(也称安培回路)，以便使积分 $\oint_L \boldsymbol{B}\cdot \mathrm{d}\boldsymbol{l}$ 中的 $\boldsymbol{B}$ 能以标量形式从积分号提出来。

例 7.3.2　无限长均匀载流圆柱导体内外的磁场分布。设真空中有一无限长载流圆柱形导体，半径为 R，圆柱截面上均匀地通过电流为 I，沿轴线流动。求磁场分布。

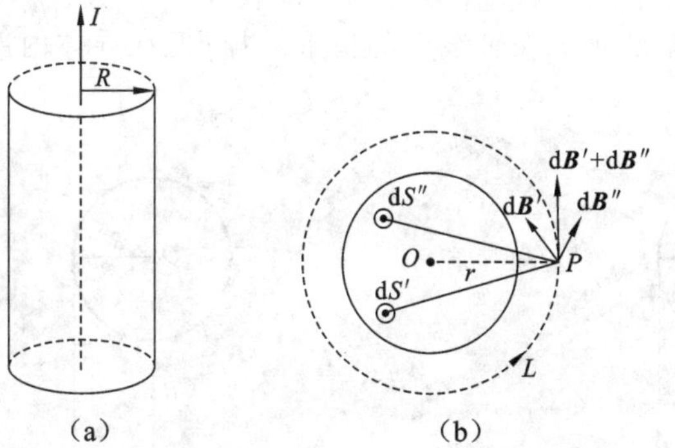

图 7.3.7　无限长圆柱形电流的磁场分布

解　电流沿截面均匀分布，电流密度处处相同。这样由于电流具有轴对称性，因此 $\boldsymbol{B}$ 分布也有同样的对称性。首先，$\boldsymbol{B}$ 的大小只与场点到轴线的垂直距离有关，如图 7.3.7(b) 所示，在通过任意场点 P，而与圆柱轴线垂直的平面上，以圆柱轴线通过的点 O 为圆心，以 $\overline{OP}(=r)$ 为半径作一圆周为安培环路 L，则 L 上各点 $\boldsymbol{B}$ 的大小处处相等；其次，因为导体是无限长的，所有电流元都互相平行，根据毕奥 - 萨伐尔定律，每一电流元激发的磁场方向都必须与电流元的方向垂直，所以总磁场 $\boldsymbol{B}$ 的方向一定在与导线相垂直的导体的横截面内。为了进一步分析 $\boldsymbol{B}$ 的方向，我们以 $\overline{OP}$ 为对称轴，取导体横截面上的一对面元为 $\mathrm{d}S'$ 和 $\mathrm{d}S''$ 的无限长电流，它在点 P 产生的磁场分别为 $\mathrm{d}\boldsymbol{B}'$ 和 $\mathrm{d}\boldsymbol{B}''$，显然它们对于安培环路 L 在点 P 的切线是对称的，从而合矢量 $\mathrm{d}\boldsymbol{B}=\mathrm{d}\boldsymbol{B}'+\mathrm{d}\boldsymbol{B}''$ 一定沿着 L 在点 P 的切线方向。由叠加原理可知，点 P 的总磁感应强度 $\boldsymbol{B}$ 也一定沿 L 的切线方向，并且遵从右手螺旋定则，即所选的安培环路就是一条磁感应线。当点 P 在导体内部时，以上分析同样适用，因此有

$$\oint_L \boldsymbol{B}\cdot \mathrm{d}\boldsymbol{l}=\oint_L B\,\mathrm{d}l\cos 0^\circ = B\oint_L \mathrm{d}l = B2\pi r$$

当 $r>R$ (点 P 在导体外部) 时

$$\sum I_{\text{内}} = I$$

根据安培环路定理$\oint_L \boldsymbol{B} \cdot \mathrm{d}\boldsymbol{l} = \mu_0 \sum I_{内}$，有

$$B = \frac{\mu_0 I}{2\pi r} \quad (r > R) \tag{7.3.8}$$

这个结果与无限长载流直导线在导线外某一点产生的磁感应强度式(7.2.7)相同。

当$r < R$（点P在导线内部）时，导线中的电流只有一部分通过环路L，因为导线中的电流密度为$I/\pi R^2$，所以

$$\sum I_{\text{int}} = \frac{I}{\pi R^2}\pi r^2 = \frac{r^2}{R^2}I$$

$$B = \frac{\mu_0 I}{2\pi R^2}r \quad (r < R) \tag{7.3.9}$$

B-r曲线如图7.3.8所示，任何实际的导线总有一定的横截面积，因而通过导线的电流并不是线电流，不能把$B = \frac{\mu_0 I}{2\pi r}$无条件地应用到一根导线激发的磁场上，只有在导体外部$B \propto \frac{1}{r}$，磁场分布与全部集中在轴线上的情形一样；但在导体内部时，$B \propto r$，$r = 0$时，$\boldsymbol{B} = 0$而不会趋于无穷大。

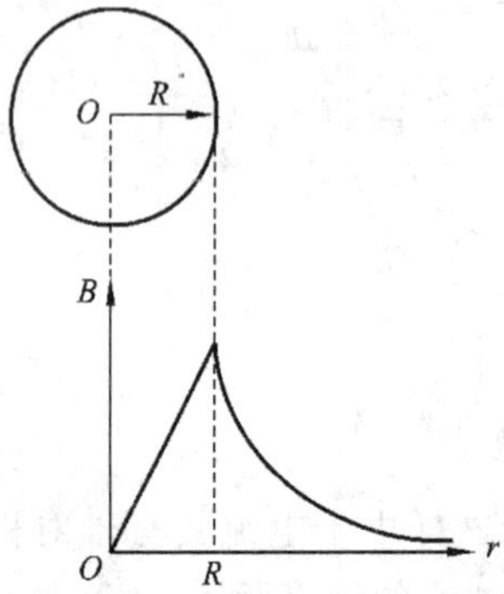

图7.3.8　B-r曲线(电流沿圆柱形导体截面均匀分布时)

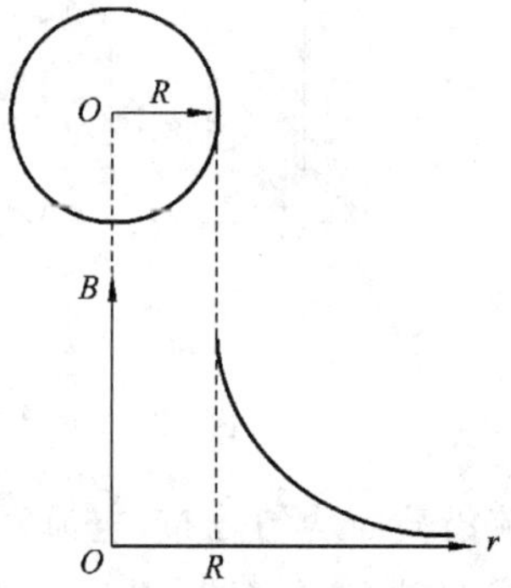

图7.3.9　B-r曲线(电流均匀分布在圆柱形导体表面层时)

如果电流均匀分布在圆柱形导体的表面层时，则在$r < R$的区域内，穿过安培环路的电流此时为零。从而由安培环路定理给出

$$B = 0$$

在$r > R$的区域内的情况仍然同上

$$B = \frac{\mu_0 I}{2\pi r} \quad (r > R)$$

在这种情况下，B-r曲线如图7.3.9所示，可以看到，磁感应强度的大小在筒壁($r = R$)处有个跃变。

例7.3.3　载流螺绕环的磁场分布。

解　如图7.3.10(a)所示，环形螺线管称为螺绕环。若环上线圈绕得很紧密，则磁场几乎全部集中在螺绕环内部，环外磁场接近于零。根据电流分布的对称性，与螺绕环共轴

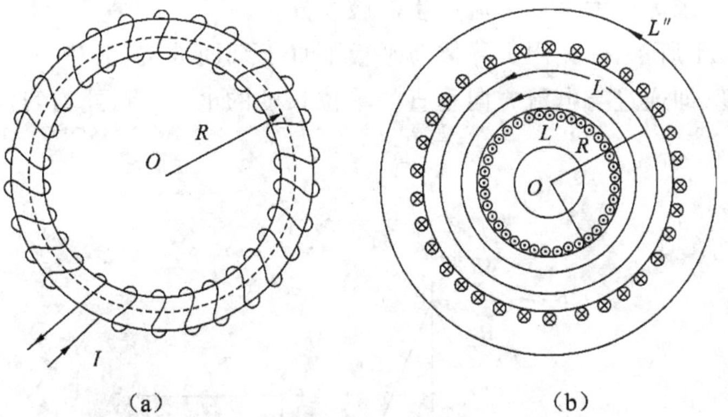

图 7.3.10　通电螺绕环的磁场分布

的圆周上各点磁感应强度的大小相等，方向沿圆周的切线，即磁感应线是与环共轴的一系列同心圆，如图 7.3.10(b) 所示。设环管的轴线半径为 R，环上均匀密绕 N 匝线圈，线圈中通有电流 I，选在环管内顺着环管的半径为 r 的圆周为安培环路 L，则

$$\oint_L \boldsymbol{B} \cdot \mathrm{d}\boldsymbol{l} = B \cdot 2\pi r$$

由于电流穿过环路共 N 次，该环路所包围的电流为 NI，所以根据安培环路定理，有

$$B \cdot 2\pi r = \mu_0 NI$$

由此得

$$B = \frac{\mu_0 NI}{2\pi r} \quad (在环管内) \tag{7.3.10}$$

由此可见，在螺绕环的横截面上的各点 B 的大小不同，与半径 r 成反比关系。但是在环管横截面半径比环半径 R 小得多的情况下，可忽略从环心到管内各点的 r 的区别，而取 $r = R$，这样就有

$$B \approx \mu_0 \frac{N}{2\pi R} I = \mu_0 nI \tag{7.3.11}$$

式中，$n = \dfrac{N}{2\pi R}$ 表示环上单位长度上的线圈匝数；$\boldsymbol{B}$ 的方向与电流流向成右手螺旋定则关系。

对于环管外任一点，过该点作一与螺绕环共轴的圆周为安培环路 L' 和 L''，由于这时 $\sum I_{内} = 0$，所以有

$$B = 0 \quad (在环管外)$$

上述结果说明，密绕螺绕环的磁场集中在管内，外部无磁场。这也和实验中用铁粉显示的通电螺绕环的磁场分布图像一致，环内的磁感应线是与螺绕环共轴的圆，在同一条磁感应线上，$\boldsymbol{B}$ 的大小处处相等，$\boldsymbol{B}$ 的方向遵从右手螺旋定则。如果螺绕环的半径 R 趋于无穷大，而维持单位长度的匝数 n 不变，则环内的磁场是均匀的。从物理实质上来说，这样的螺绕环就是无限长螺线管，这就证明了在无限长螺线管内部磁场是均匀的，其大小由式(7.3.11)表示。其外部磁场为零。

例 7.3.4 求无限大平面电流产生的磁场分布。

如图 7.3.11 所示,一无限大导体薄平板垂直于纸面放置,其中有方向指向读者的电流,面电流密度(即通过与电流方向垂直的单位长度的电流)到处均匀,大小为 j。试计算空间磁场分布。

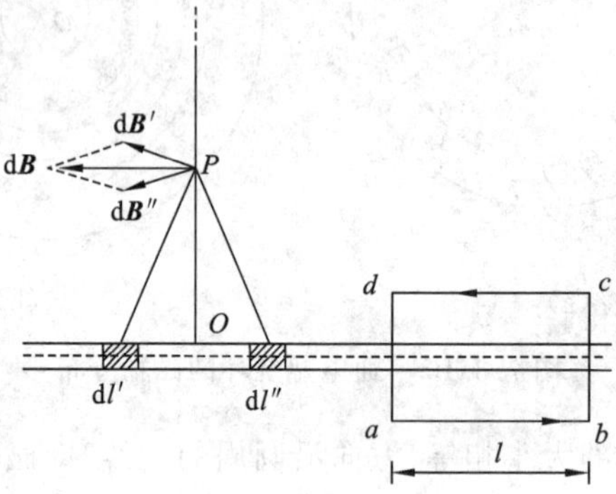

图 7.3.11　无限大平面电流磁场

解　无限大平面电流可看成是由无限多根平行排列的长直电流所组成。

先分析任一点 P 处的磁场方向,如图 7.3.11 所示,以$\overline{OP}$ 为对称轴,取一对宽度相等的长直电流 $\mathrm{d}l'$ 和 $\mathrm{d}l''$,它们在点 P 产生的磁场分别为 $\mathrm{d}\boldsymbol{B}'$ 和 $\mathrm{d}\boldsymbol{B}''$,由于二者大小相等,其合磁场 $\mathrm{d}\boldsymbol{B}$ 的方向一定平行于电流平面,这样,无数对对称直电流在点 P 的总磁场方向也一定平行于电流平面,但在该平面两侧 $\boldsymbol{B}$ 的方向相反。又由于电流平面无限大,故与电流平面等距离的各点的 $\boldsymbol{B}$ 的大小应相等。

根据以上所述磁场分布的特点,作矩形回路 $abcda$,图中 ab,cd 两边长为 l,它们与电流平面平行且到电流平面的距离相等,而 bc 和 da 两边与电流平面垂直,该回路所包围的电流为 $\sum I_{内} = jl$。由安培环路定理,有

$$\begin{aligned}\oint_L \boldsymbol{B}\cdot\mathrm{d}\boldsymbol{l} &= \int_a^b B\,\mathrm{d}l\cos 0^\circ + \int_b^c B\,\mathrm{d}l\cos 90^\circ + \int_c^d B\,\mathrm{d}l\cos 0^\circ + \int_d^a B\,\mathrm{d}l\cos 90^\circ \\ &= B\int_a^b \mathrm{d}l + B\int_c^d \mathrm{d}l = Bl + Bl = 2Bl = \sum I_{内} = jl\end{aligned}$$

由此得

$$B = \frac{\mu_0 j}{2} \tag{7.3.12}$$

这个结果说明,在无限大均匀平面电流的两侧的磁场各为一个均匀磁场,它们大小一样,但方向相反。式(7.3.12)也可由毕奥-萨伐尔定律得出,读者可试一试。

7.4 磁场对运动电荷的作用

电流能产生磁场,磁场反过来也对电流施加作用力——安培力,而电流的本质是带电粒子的定向移动,即磁场对运动电荷会产生作用力,这个力称为洛伦兹力。本节将介绍洛伦兹力和安培力的作用规律。

7.4.1　洛伦兹力

荷兰物理学家洛伦兹首先提出了运动电荷产生磁场和磁场对运动电荷有作用力的观点，为纪念他，人们称这种力为洛伦兹力。实验证明：洛伦兹力 $\boldsymbol{f}$ 的大小与带电粒子的电量 q，粒子的运动速率 v，磁感应强度的大小 B 以及 $\boldsymbol{v}$ 与 $\boldsymbol{B}$ 之夹角 θ 的正弦函数 $\sin\theta$ 成正比，即

$$f \propto |q| vB\sin\theta \tag{7.4.1}$$

考虑到 $\boldsymbol{f}$ 的方向，将式(7.4.1)表示成矢量式，有

$$\boldsymbol{f} = q\boldsymbol{v} \times \boldsymbol{B} \tag{7.4.2}$$

由于 q 可以是正电荷也可以是负电荷，所以洛伦兹力的方向有两种情况：

(1) 若 $q > 0$，则 $\boldsymbol{f}$ 的方向为 $\boldsymbol{v} \times \boldsymbol{B}$ 的方向，如图 7.4.1 所示。

(2) 若 $q < 0$，则 $\boldsymbol{f}$ 的方向为 $\boldsymbol{v} \times \boldsymbol{B}$ 的反方向。

由于洛伦兹力的方向与运动电荷的速度方向总是垂直，因此洛伦兹力永远不对运动电荷做功，它只改变带电粒子的运动方向，而不改变带电粒子的速率和动能，这是洛伦兹力的一个重要特征。

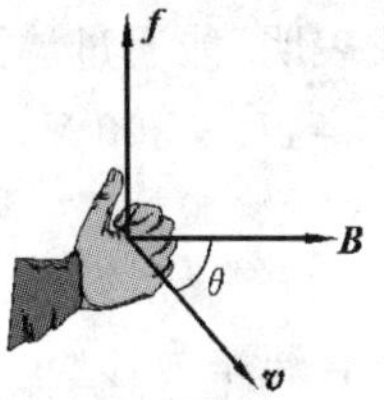

图 7.4.1　洛伦兹力的方向($q > 0$)

例 7.4.1　宇宙射线中的一个质子以速率 $v = 1.0 \times 10^7$ m/s 竖直进入地球赤道附近的磁场内，估算作用在这个质子上的磁场力有多大。

解　在地球赤道附近的磁场沿水平方向，靠近地面处的磁感应强度约为 $B = 0.3 \times 10^{-4}$ T，已知质子所带电量为 $q = 1.6 \times 10^{-19}$ C，按洛伦兹力公式，可算出磁场对质子的作用力为

$$\begin{aligned} F &= qvB\sin\theta = 1.6 \times 10^{-19} \times 1.0 \times 10^7 \times 0.3 \times 10^{-4} \times \sin\frac{\pi}{2} \\ &= 4.8 \times 10^{-17} \text{ (N)} \end{aligned}$$

这个力约是质子所受重力 $mg = 1.6 \times 10^{-26}$ N 的 10^9 倍，因此当讨论微观带电粒子在磁场中运动时，一般可以忽略重力的影响。

例 7.4.2　图 7.4.2 所示为一滤速器的原理图，K 为电子枪，由枪中射出的电子速率大小不一。当电子通过孔 A 进入方向相互垂直的均匀电场和均匀磁场后，只有一定速率的电子能够沿直线前进通过小孔 S，设产生均匀电场的平行板间的电压为 300 V，间距 5 cm，垂直纸面的均匀磁场的磁感应强度为 6×10^{-2} T，求：

(1) 磁场的指向应该向里还是向外？

(2) 速率为多大的电子才能通过小孔 S？

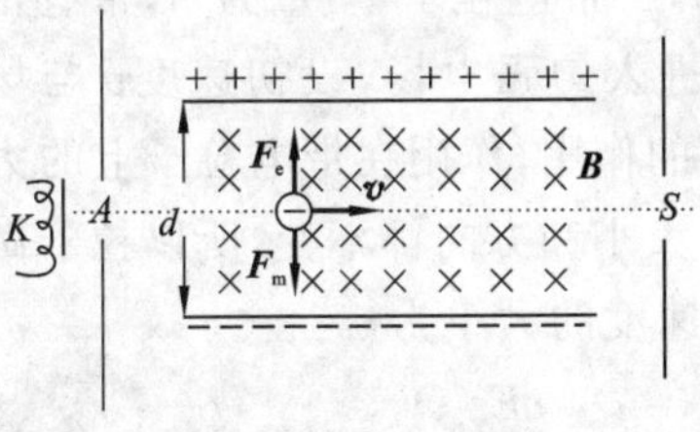

图 7.4.2　滤速器

解　(1) 平行板产生的电场强度 $\boldsymbol{E}$ 方向向下，使带负电的电子受到电场力 $\boldsymbol{F}_e = -e\boldsymbol{E}$，方向向上。如果没有磁场，电子束将向上偏转，为了使电子能够穿过小孔 S，磁场施加于电子的洛伦兹力必须向下，这就要求 $\boldsymbol{B}$ 的方向垂直纸面向里。

(2) 电子受到的洛伦兹力 $\boldsymbol{F}_m = -e(\boldsymbol{v} \times \boldsymbol{B})$，它的大

小 $F_m = evB$，与电子的速率 v 有关，因此只有那些速率的大小刚好使得 F_m 与电场力 F_e 相抵消的电子可以沿直线通过小孔 S，这样，能通过小孔 S 的电子的速率 v 应满足下式

$$F_m = F_e$$

即 $evB = Ee$。由此得

$$v = E/B$$

这样 $v > E/B$ 的电子，受到的 $F_m > F_e$，从而会下偏；$v < E/B$ 的电子，受到的 $F_m < F_e$，从而会上偏。

因为 $E = U/d$（U 和 d 分别为平行板间的电压和距离），故

$$v = \frac{U}{Bd}$$

上式表明，能通过滤速器的粒子的速率与它的电荷及质量无关。

将 $U = 300\ \mathrm{V}, B = 0.06\ \mathrm{T}, d = 0.05\ \mathrm{m}$ 代入上式，得

$$v = \frac{300}{0.06 \times 0.05} = 10^5\ \mathrm{m/s}$$

即只有速率为 $10^5\ \mathrm{m/s}$ 的电子可以通过小孔 S。

7.4.2　带电粒子在电磁场中的运动

当电荷射入电场和磁场时，将受到电场和磁场的作用，在近代科学技术中，广泛利用电场和磁场对**带电粒子**的作用来控制粒子束的运动，例如质谱仪、回旋加速器、磁聚焦技术、磁悬浮技术等。下面讨论带电粒子在电磁场中的运动。

1. 带电粒子在静电场中的运动

一个带有电荷量为 q 质量为 m 的带电粒子在静电场中所受到的电场力为

$$\boldsymbol{F} = q\boldsymbol{E} \tag{7.4.3}$$

根据牛顿第二定律，带电粒子仅在电场力作用下的运动方程（设重力可略去不计）为

$$q\boldsymbol{E} = m\boldsymbol{a} = m\frac{\mathrm{d}\boldsymbol{v}}{\mathrm{d}t} \tag{7.4.4}$$

在一般电场中求解上述运动微分方程比较复杂，我们只讨论带电粒子在匀强电场中的运动。

1) 带电粒子的速度方向与场强方向平行（$\boldsymbol{v}_0 /\!/ \boldsymbol{E}$）

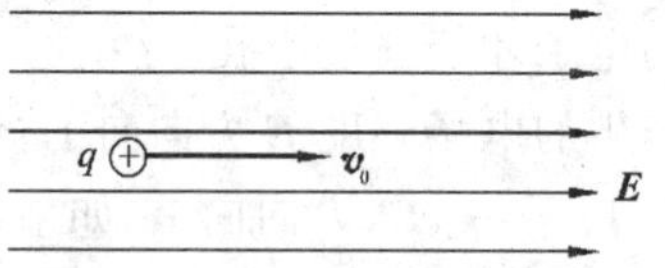

图 7.4.3　带电粒子进入匀强电场中运动（$\boldsymbol{v}_0 /\!/ \boldsymbol{E}$）

如图 7.4.3 所示，一带电粒子，质量为 m，带有正电荷 q，以初速度 $\boldsymbol{v}_0$ 进入匀强电场，设初速度 $\boldsymbol{v}$ 与场强 $\boldsymbol{E}$ 同向，忽略重力的作用，作用在带电粒子上的力为 $\boldsymbol{F} = q\boldsymbol{E}$，由于力的大小和方向都不变，所以粒子做匀加速直线运动，加速度的大小为

$$a = \frac{qE}{m}$$

其运动速度 $\boldsymbol{v}$ 的大小可用下式计算

$$v^2 - v_0^2 = 2as = 2\frac{qE}{m}s$$

由动能定理，得

$$\frac{1}{2}mv_0^2 - \frac{1}{2}mv^2 = qU$$

即带电粒子在静电场中经过电势差为U的两点后，电场力所做的功qU等于粒子动能的增量，这一结论是从均匀电场中得出，但它对带电粒子在非均匀场中运动时也同样适用。

2）带电粒子的速度方向与场强方向垂直（$\boldsymbol{v}_0 \perp \boldsymbol{E}$）

如图 7.4.4 所示，粒子以初速度$\boldsymbol{v}_0$进入一匀强电场，设初速度$\boldsymbol{v}_0$和场强$\boldsymbol{E}$垂直，这时由于加速度垂直于初速方向，带电粒子将做抛物线运动（与重力场中的水平抛射体的运动相类似），取坐标如图所示，带电粒子在原点O处进入电场，经过时间t后，在y轴方向上的位移分量为

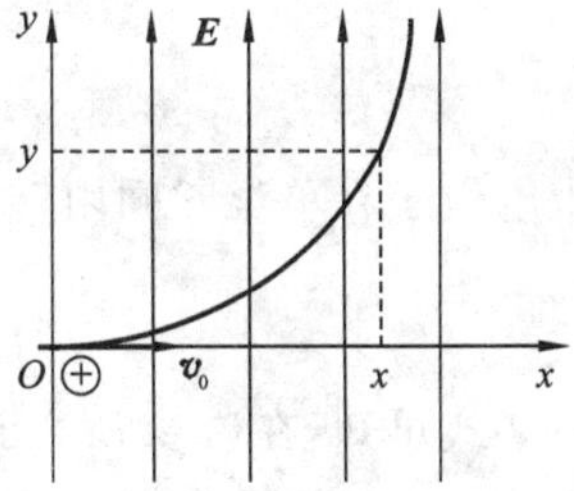

图 7.4.4　带电粒子在均匀电场中运动（$\boldsymbol{v}_0 \perp \boldsymbol{E}$）

$$y = \frac{1}{2}at^2 = \frac{1}{2}\frac{qE}{m}t^2$$

而x轴方向上的位移分量为

$$x = v_0 t$$

消去以上两式中的t，得带电粒子在电场中的轨迹方程

$$y = \frac{1}{2}\frac{qE}{m}\frac{x^2}{v_0^2}$$

在生产技术上常用一对平行板产生匀强电场以引起电子射线的横向偏移。

当带电粒子进入匀强电场时，如果初速度$\boldsymbol{v}_0$与场强$\boldsymbol{E}$斜交，那么带电粒子的运动与物体在重力场中的斜抛运动类似，读者可以自行分析。

2. 带电粒子在均匀磁场中的运动

设有一均匀磁场，磁感应强度为$\boldsymbol{B}$，一电量为q，质量为m的粒子，以初速$\boldsymbol{v}$进入磁场中运动，下面分三种情况讨论。

1）带电粒子的速度方向与磁场方向平行（$\boldsymbol{v} /\!/ \boldsymbol{B}$）

这时粒子受到的洛伦兹力$\boldsymbol{f}_{\mathrm{m}} = q\boldsymbol{v} \times \boldsymbol{B} = 0$，带电粒子进入磁场后做匀速直线运动。

2）带电粒子的速度方向与磁场方向垂直（$\boldsymbol{v} \perp \boldsymbol{B}$）

如图 7.4.5 所示，粒子所受的洛伦兹力

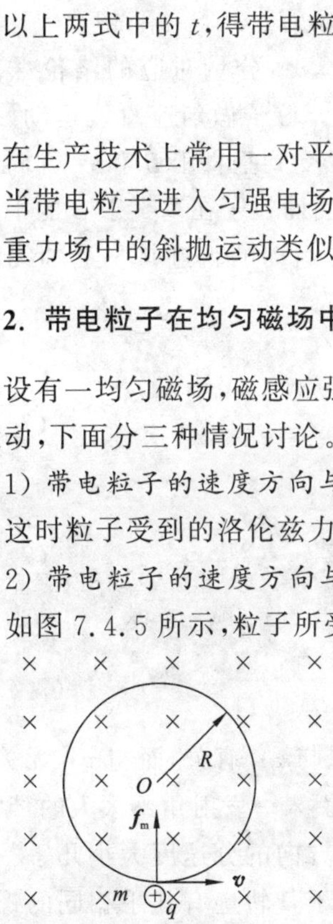

图 7.4.5　带电粒子在均匀磁场中做圆周运动（$\boldsymbol{v} \perp \boldsymbol{B}$）

$$\boldsymbol{f}_{\mathrm{m}} = q\boldsymbol{v} \times \boldsymbol{B}$$

且$\boldsymbol{f}_{\mathrm{m}}$，$\boldsymbol{v}$，$\boldsymbol{B}$三者相互垂直，$\boldsymbol{f}_{\mathrm{m}}$只改变粒子的速度方向，不改变速度大小，洛伦兹力为粒子提供了在垂直于磁场平面内做匀速圆周运动的向心力，根据牛顿第二定律法向方程式

$$qvB = mv^2/R$$

得带电粒子做圆周运动的半径（**回转半径**）为

$$R = \frac{mv}{qB} \tag{7.4.5}$$

式中,q/m 称为带电粒子的荷质比。可看出对一定的带电粒子,q/m 是一定的。当 B 一定时,粒子的速率越大,则圆周运动的半径越大。这在核物理的研究中有着重要的应用。当带电粒子在一定的磁场中运动时,可以根据粒子运动的照片,测量其运动轨迹的曲率半径,同时若知道粒子的荷质比,则可确定粒子的速度和能量。

带电粒子一周所用的时间称为回转周期,用 T 表示

$$T = \frac{2\pi R}{v} = \frac{2\pi m}{qB} \tag{7.4.6}$$

带电粒子在单位时间内转过的圈数称为回转频率,用 ν 表示

$$\nu = \frac{1}{T} = \frac{qB}{2\pi m} \tag{7.4.7}$$

由上述三式可知:在磁场 B 给定时,对**荷质比**一定的带电粒子,回转周期,回转频率与粒子速度无关,这说明速率大的带电粒子回转半径大,速率小的带电粒子回转半径小,但是它们各自运动一周所用的时间相同。

3) 带电粒子的速度方向与磁场方向夹角为 θ

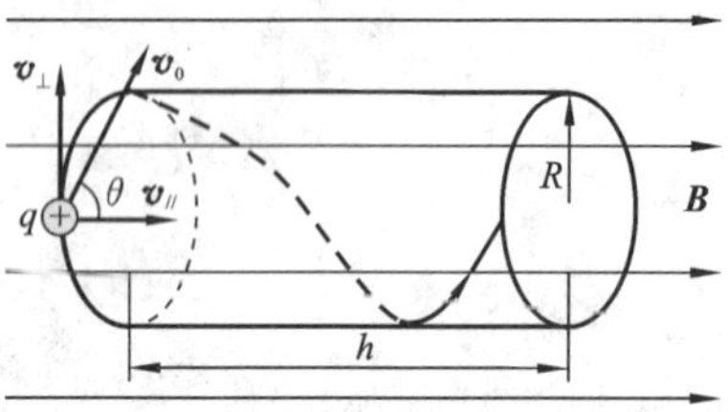

图 7.4.6 带电粒子在匀强磁场中运动$(\boldsymbol{v}_0 \cdot \boldsymbol{B}) = \theta$

如图 7.4.6 所示,将粒子的初速度分解为平行 $\boldsymbol{B}$ 和垂直于 $\boldsymbol{B}$ 的两个分量

$$v_{/\!/} = v_0 \cos\theta, \quad v_\perp = v_0 \sin\theta$$

在平行于 $\boldsymbol{B}$ 的方向上,$v_{/\!/}$ 分量对应的洛伦兹力为零,因此在这个方向上,粒子做匀速直线运动。在垂直于 $\boldsymbol{B}$ 的方向上,粒子受到垂直于 $\boldsymbol{B}$ 和 $\boldsymbol{v}_\perp$ 方向的洛伦兹力 $f_\perp = qv_\perp B$,因而粒子在垂直于 $\boldsymbol{B}$ 的平面内做匀速圆周运动。其合运动的轨迹是一个轴线沿磁场方向的螺旋线。

螺旋线的半径

$$R = \frac{mv_\perp}{qB} = \frac{mv_0 \sin\theta}{qB} \tag{7.4.8}$$

回旋周期

$$T = \frac{2\pi R}{v_\perp} = \frac{2\pi m}{qB} \tag{7.4.9}$$

带电粒子回旋一周所前进的距离称为螺距,用 h 表示

$$h = v_{/\!/} T = v_0 \cos\theta \frac{2\pi m}{qB} \tag{7.4.10}$$

由此可见,带电粒子回旋一周所前进的距离 h(螺距) 只与 $v_{/\!/}$ 有关,而与 $v_\perp$ 无关。利用这一性质可以实现磁聚焦。如果在均匀磁场中某点 A 处,引入一发射角不太大的带电粒子束,其中粒子的初速度大小大致相同,则这些粒子沿磁场方向的分速度大小几乎一样,虽然开始时粒子初速度方向各异,螺旋线的半径不等,而由于其轨迹有几乎相同的螺距,这样,经过一个回旋周期后,这些粒子将重新聚合穿过另一点 A',从而达到粒子束聚焦的

目的(图 7.4.7)。这种现象与光线经过光学透镜聚焦的原理很相似,所以称为磁聚焦。磁聚焦在电子光学中有着广泛的应用。

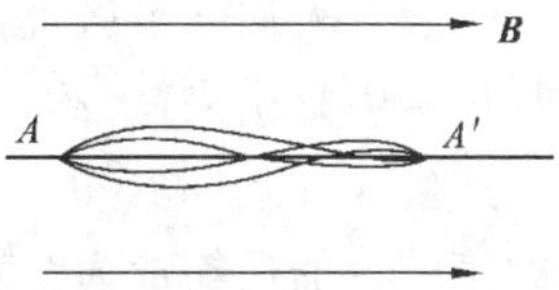

图 7.4.7　磁聚焦

3. 带电粒子在电磁场中的运动应用举例

1) 回旋加速器

回旋加速器是获得高能粒子的一种装置。世界上第一台回旋加速器是美国物理学家劳伦斯(E. O. Lawrence,1901-1958)于 1932 年研制成功的。这台加速器的磁极直径只有 10 cm,加速电压为 2 KeV,可加速氘离子达到 80 KeV 的能量。回旋加速器的光辉成就不仅在于它创造了当时人工加速带电粒子的能量记录,更重要的是它所展示的回旋共振加速方式奠定了人们研发各种高能粒子加速器的基础。为此,劳伦斯获得 1939 年诺贝尔物理学奖。回旋加速器的基本原理是利用带电粒子在磁场中做圆周运动时,其回转频率与速度无关的特性,使带电粒子在电磁场的共同作用下,反复加速,获得高能粒子。下面简述回旋加速器的工作原理。

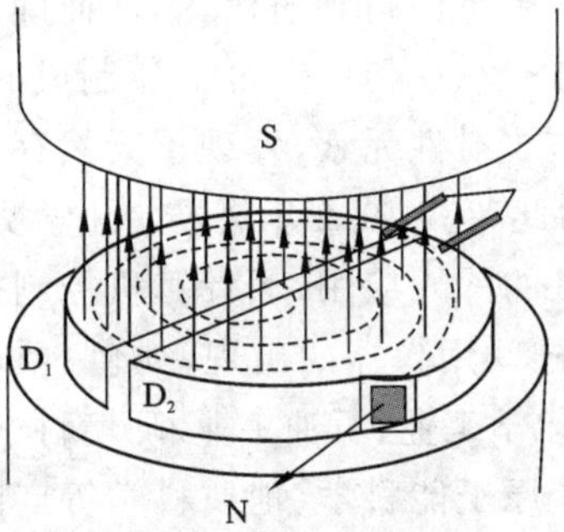

图 7.4.8　回旋加速器

如图 7.4.8 所示,回旋加速器的核心部分是密封在真空中的两个半圆形金属空盒 D_1 和 D_2。两个 D 形盒在强大的均匀磁场中隔开相对放置,中心附近放置有粒子源。两个 D 形盒与高频振荡电源连接,在它们的缝隙间形成一个交变电场以加速带电粒子。置于中心的粒子源产生带电粒子射出来,在缝隙间受到电场加速,在 D 形盒内不受电场力作用,仅受磁场的洛伦兹力作用,粒子在垂直磁场平面内做圆周运动。粒子绕行半圈的时间为 $\pi m/qB$,其中 q 是粒子电荷,m 是粒子的质量,B 是磁场的磁感应强度。如果 D 形盒上所加的交变电压的频率恰好等于粒子在磁场中做圆周运动的频率,则粒子绕行半圈后正赶上 D 形盒上电极性变号,粒子仍处于加速状态。由于上述粒子绕行半圈的时间与粒子的速度无关,因此粒子每绕行半圈受到一次加速,绕行半径增大。只要缝隙间交变电场以不变的回旋周期 $T=2\pi m/qB$ 往复变化电极性,经过很多次加速,粒子就会沿着螺旋形的平面轨道逐渐趋近 D 形盒的边缘,最终将以达到预期速率的粒子从 D 形盒边缘引出。

回旋加速器加速的粒子的能量受制于随粒子速度增大的相对论效应。由于相对论效应,当粒子的速率很大时,q/m 已不再是常量($m=m_0/\sqrt{1-v^2/c^2}$),从而回旋周期 T 将随粒子的速率增大而增大,这时若仍保持交变电场的周期不变,就不能保持与回旋运动同步,粒子经过缝隙时也就不能始终得到加速。对于同样的动能,质量越小的粒子,速度越大,相对论效应就越显著。例如,2 MeV 的氘核的相对论性质量只比静止质量大 0.01%,而 2 MeV 的电子的相对论性质量约为其静质量的 5 倍,因此,回旋加速器更适合加速较重的粒子,如氘核等。但是,即使对于这些较重的粒子,用回旋加速器来加速,所获得的能量也还是受到了相对论效应的限制。

为了改善相对论引起的效应,出现了同步稳相回旋加速器。它保持磁场不变,改变施加在 D 形盒电极上交变电压的频率,从而使交变电场的变化,与粒子的回旋运动同步。

随着人们认识微观世界的层次越深入,要求加速的粒子的能量就越高。例如,将电子从原子中打出来,大约要 10 eV 的能量;将核子从原子核中打出来,大约要8 MeV 的能量;为产生 π 介子和 K 介子,则需要质子具有几亿到几十亿电子伏的能量。从 1931 年劳伦斯的第一台加速能量为 0.08 MeV 的加速器到之前的 5×10^5 MeV 的加速器,回旋加速器的能量大约每隔 10 年提高一个数量级,而能量的每次重大提高,都带来了对粒子的新发现和新知识。例如,1983 年发现的 $W^{\pm}$ 和 Z^0 粒子,就是对电弱统一理论的有力支持。20 世纪 70 年代以来,为了适应重离子物理研究的需要,成功地研制出了能加速周期表上全部元素的全离子、可变能量的等时性回旋加速器,使每台加速器的使用效益大大提高。此外,近年来还发展了超导磁体的等时性回旋加速器。超导技术的应用对减小加速器的尺寸、扩展能量范围和降低运行费用等方面为加速器的发展开辟了新的领域。

2) 质谱仪

质谱分析是一种物理方法,其基本原理是使试样在离子源中发生电离,生成不同荷质比的带正电荷的离子,经加速电场的作用,形成离子束,进入质量分析器。在质量分析器中,再利用电场和磁场使发生相反的速度色散,将它们分别聚焦而得到质谱图,从而确定其质量。第一台质谱仪是英国科学家阿斯顿(F. W. Aston,1877-1945) 于 1919 年制成的。阿斯顿用这台装置发现了多种元素同位素,研究了 53 个非放射性元素,发现了天然存在的 287 种核素中的 212 种,第一次证明原子质量亏损。他为此荣获 1922 年诺贝尔化学奖。质谱分析及仪器在近代得到极大发展,主要表现在:计算机的深入应用,用计算机控制操作、采集、处理数据和图谱,大大提高了分析速度;各种各样联用仪器的出现,如色- 质联用、串联质谱等;许多新电离技术的出现等。质谱分析法在化学工业、石油工业、环境科学、医药卫生、生命科学、食品科学、原子能科学、地质科学等广阔的领域中发挥越来越大的作用。

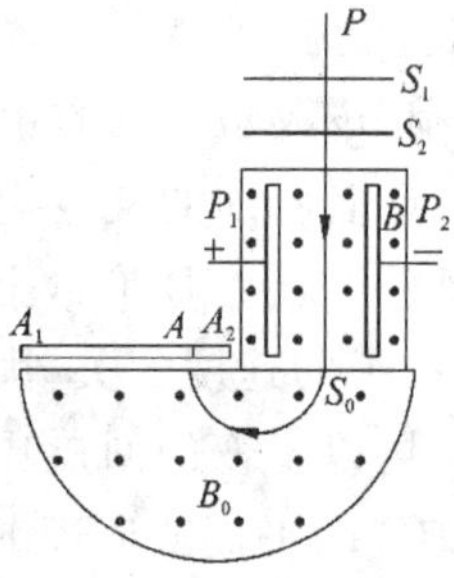

图 7.4.9 质谱仪示意图

图 7.4.9 所示是一种质谱仪工作原理示意图。从离子源产生的正离子经过狭缝 S_1 和 S_2 后,进入速度选择器 P_1,P_2。在速度选择器 P_1,P_2 区间中,均匀电场的电场强度 $\boldsymbol{E}$ 和均匀磁场的磁感应强度 $\boldsymbol{B}$ 方向相互垂直。根据例 7.4.2 所述滤速器的原理,电量为 $+q$ 质量为 m 的正离子的速度满足 $v=E/B$ 时它们就能径直穿过 P_1,P_2 区间从狭缝 S_0 射出。正离子由 S_0 射出后进入磁感应强度为 $\boldsymbol{B}_0$ 的均匀磁场区域,$\boldsymbol{B}_0$ 的方向垂直纸面向外,这时正离子在洛伦兹力作用下做匀速圆周运动。由向心力公式,可得

$$qvB_0=mv^2/R$$

由于 $\boldsymbol{B}_0$ 和 $\boldsymbol{v}$ 是已知的,且假定离子的电量相等,则离子的质量和半径成正比。如果这些离子是不同质量的同位素,它们的轨道半径不一样,在照相底片上不同的位置形成若干条线状细条纹。从条纹位置可推算它们的轨道半径进而计算出它们相应的质量

$$m=\frac{qB_0R}{v}=\frac{qB_0x}{2v}$$

其中,x 为离子在底片上的位置 A 到入口处 S_0 的距离。

3）电磁悬浮

随着航天事业的发展，模拟微重力环境下的空间悬浮技术已成为进行相关高科技研究的重要手段。目前的悬浮技术主要包括电磁悬浮、光悬浮、声悬浮、气流悬浮、静电悬浮、粒子束悬浮等，其中电磁悬浮技术比较成熟。

电磁悬浮技术(electromagnetic levitation) 简称 EML 技术。它的主要原理是利用高频电磁场在金属表面产生的涡流来实现对金属球的悬浮。

将一个金属样品放置在通有高频电流的线圈上时，高频电磁场会在金属材料表面产生一高频涡流，这一高频涡流与外磁场相互作用，使金属样品受到一个洛伦兹力的作用。在合适的空间配置下，可使洛伦兹力的方向与重力方向相反，通过改变高频源的功率使电磁力与重力相等，即可实现电磁悬浮。

7.4.3　霍尔效应

1. 实验规律

霍尔效应是一种磁电效应。这一现象是美国物理学家霍尔(E. H. Hall) 于 1879 年在研究金属的导电机构时发现的。将一块通有电流的金属导体或半导体放在磁感应强度为 $\boldsymbol{B}$ 的均匀磁场中，使磁场方向与电流方向垂直，如图 7.4.10 所示，则在垂直于磁场和电流方向上的 a，b 两个面之间将会出现电势差 U_{H}，这一现象称为**霍尔效应**，U_{H} 称为**霍尔电势差**。通过实验可以测出霍尔电势差与电流强度 I 和外磁场的磁感应强度 $\boldsymbol{B}$ 等物理量之间的关系，在磁场不太强时，霍尔电势差与 I 和 B 成正比，与材料的厚度 d 成反比，即

$$U_{\mathrm{H}} = U_{ab} = k\,\frac{IB}{d} \tag{7.4.11}$$

式中，比例系数 K 称为材料的**霍尔系数**。

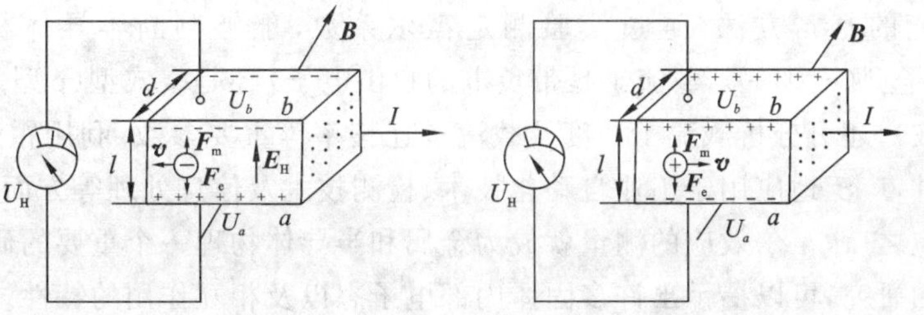

(a)　　(b)

图 7.4.10　霍尔效应

2. 经典理论解释

可用洛伦兹力来解释霍尔效应。在图 7.4.10(a) 中，设载流子为负电荷 q，其平均漂移速度为 $\boldsymbol{v}$，运动方向与电流方向相反。均匀磁场的磁感应强度为 $\boldsymbol{B}$，载流子在磁场中会受到洛伦兹力的作而向上偏移，结果使 b 面聚集了负电荷，a 面聚集了正电荷，并在 a，b 面间产生了由 a 指向 b 的静电场，称为横向电场或霍尔电场。载流子受到静电力 $\boldsymbol{F}_e$ 的作用且静电力的方向与洛伦兹力的方向相反。随着 a，b 面上电荷的积累而 $\boldsymbol{F}_e$ 增大，当静电力与洛伦

兹力达到平衡时,即 $F_e = F_m$,有

$$qvB = qE_H$$

此时,载流子停止向上移动,a,b 面间的横向电场强度为

$$E_H = vB$$

由于 E_H 是均匀电场,则 a,b 面之间就有确定的电势差,有

$$U_H = U_{ba} = U_b - U_a = -E_H l = -vlB \tag{7.4.12}$$

根据经典电子论,导体中的电流可表示为

$$I = -nqvS \tag{7.4.13}$$

式中,n 单位体积内载流子数,称为载流子的浓度;$S = ld$ 是导体的横截面积;负号表示电流的方向与负电荷运动方向相反。

从式(7.4.12)和式(7.4.13)中消去 v,得

$$U_H = \frac{IB}{nqd} = k\frac{IB}{d} \tag{7.4.14}$$

霍尔系数

$$k = \frac{1}{nq} \tag{7.4.15}$$

在上述情况中,由于载流子为负电荷,所以霍尔系数 k 为负值,所给出的电压 U_H 为负值,即 $U_a > U_b$,a 面电势高;b 面电势低[图 7.4.10(a)];如果导体中的载流子带正电荷 q,则霍尔系数 k 为正值,即 $U_b > U_a$,b 面电势高,a 面电势低[图 7.4.10(b)]。由霍尔电势差的正负,可以判断导体中载流子带的是正电荷还是负电荷。

金属导体中的自由电子的浓度较大,因此霍尔系数较小,相应的霍尔电势差也就很弱。后来发现将通有电流的半导体放在与电流方向垂直的磁场中,也能产生霍尔效应。半导体中载流子的浓度要小得多,因此半导体的霍尔效应比金属强得多。霍尔效应是研究半导体材料性能的基本方法。通过实验测定霍尔系数,能够判断半导体材料的导电类型——是电子型(n型——载流子是带负电的自由电子)还是空穴型(p型——载流子为带正电的空穴),还可分析载流子浓度及载流子迁移率等重要参数。利用霍尔现象制成的各种霍尔元件,广泛地应用于工业自动化技术、检测技术及信息处理等方面。从1879年观测到霍尔效应之后,霍尔效应的测量就成为金属和半导体物理一个重要的研究手段。通过对霍尔效应的研究,可以揭示出许多固体内部电子态以及相互作用的特性。普通的霍尔效应被发现后一百多年来,反常霍尔效应、量子霍尔效应、分数量子霍尔效应、自旋霍尔效应和轨道霍尔效应等又相继被发现,并构成了一个庞大的霍尔效应家族,其中量子霍尔效应和分数量子霍尔效应的发现者分别在1985年和1998年获得物理诺贝尔奖。

3. 量子霍尔效应

由式(7.4.14)并令 $R_H = \dfrac{U_H}{I}$,则

$$R_H = \frac{U_H}{I} = \frac{B}{nqd} \tag{7.4.16}$$

这一比值具有电阻的量纲,因此 R_H 被称为霍尔电阻。注意 R_H 并不是通常意义下的

电阻，它的意义是单位电流通过材料时所产生的霍尔电压。式(7.4.16)表明霍尔电阻 R_H 与磁场 B 的关系为线性关系。1980 年，德国物理学家克利青(K. von Klitzing)在低温(1.5 K)和强磁场(19 T)条件下，测量 MOS 场效应晶体管的霍尔电阻时发现，在霍尔电阻取 $h/q^2, h/2q^2, h/3q^2 \cdots$ 时出现了一系列平台(h 为普朗克常量)，如图 7.4.11 所示。这说明霍尔电阻并不与磁场呈线性关系。这一效应称为量子霍尔效应。

若载流子为电子，霍尔电阻 R_H 为

$$R_H = \frac{h}{ne^2} \quad (n = 1, 2, 3, \cdots)$$

当 $n = 1$ 时 $R_H = 25\,812.806\ \Omega$。由于量子霍尔电阻可以精确测定，所以从 1990 年开始，将量子霍尔效应所确定的电阻 25 812.806 Ω 作为标准电阻。克利青因发现量子霍尔效应，于 1985 年获物理学诺贝尔奖。

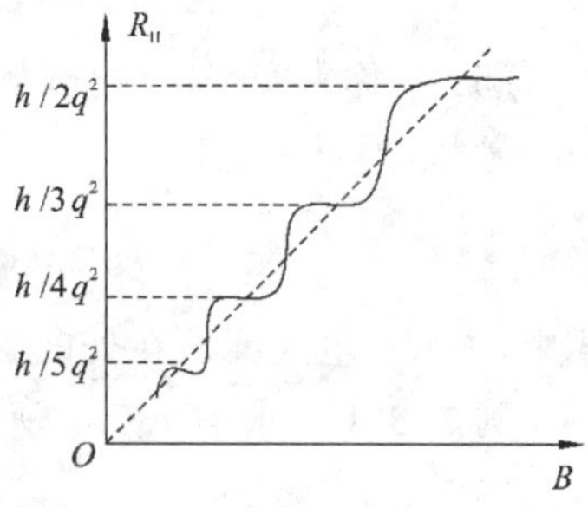

图 7.4.11　量子霍尔效应

在 $R_H = h/ne^2$ 式中，n 为整数。美籍华裔物理学家崔琦(Daniel Chee Tsui)和美国物理学家劳克林(R. B. Laughlin)、施特默(H. L. Stomer)在研究量子霍尔效应时发现了随着磁场增强，在 $n = \frac{1}{3}, \frac{1}{5}, \frac{1}{7} \cdots$ 等处，霍尔电阻出现了新的平台。这种现象称为**分数量子霍尔效应**。崔崎、施特默和劳克林也因此而获得了 1998 年诺贝尔物理学奖。量子霍尔效应的发现是新兴的低维凝聚态物理发展中的一件大事，分数量子霍尔效应的发现更是开创了一个研究多体现象的新时代，并将影响到物理学的很多分支，这个领域两次被授予诺贝尔物理学奖引起了人们很大的兴趣。

7.5　磁场对电流的作用

法国物理学家安培(1775-1836)在实验中发现，载流导线放在磁场中，会受到磁场给予的作用力。为了纪念安培在研究磁场对电流的作用力中做出的杰出贡献。通常把这个力称为安培力。导线中的电流是由其中的载流子定向移动形成的，当把载流导线置于磁场中时，这些运动的载流子要受到洛伦兹力的作用，其结果将表现为载流导线受到磁力——安培力的作用。

7.5.1　安培定律

1. 安培定律

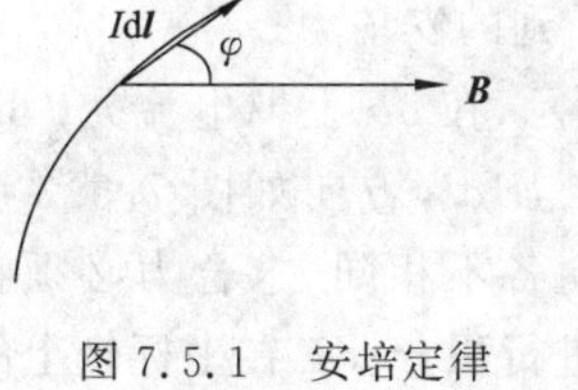

图 7.5.1　安培定律

载流导线放在磁场中，会受到磁场给予的作用力。安培在这方面做了大量的实验，总结出载流导线上的一段电流元在磁场中受到的作用力的基本规律——安培定律：如图 7.5.1 所示，处在磁场中某点的电流元 $I\mathrm{d}\boldsymbol{l}$ 将受到磁场给予的作用力 $\mathrm{d}\boldsymbol{f}$，当电流元 $I\mathrm{d}\boldsymbol{l}$ 与磁场 $\boldsymbol{B}$ 之间的夹角为 φ 时，作用力 $\mathrm{d}\boldsymbol{f}$ 的大小与电流元的大小、电流元所在处磁感应强度的大小以及

φ 的 正弦成正比,用数学式表示为

$$\mathrm{d}f = kBI\,\mathrm{d}l\sin\varphi$$

式中,k 为比例系数。在国际单位制中,$k=1$,上式可写为 $\mathrm{d}f = BI\,\mathrm{d}l\sin\varphi$。$\mathrm{d}\boldsymbol{f}$ 的方向垂直于电流元 $I\mathrm{d}\boldsymbol{l}$ 与磁场 $\boldsymbol{B}$ 所组成的平面,其指向由右手螺旋定则确定,即右手四指由 $I\mathrm{d}\boldsymbol{l}$ 的方向沿小于180° 转向 $\boldsymbol{B}$,大拇指所指的方向就是 $\mathrm{d}\boldsymbol{f}$ 的方向。用矢量式可写为

$$\mathrm{d}\boldsymbol{f} = I\mathrm{d}\boldsymbol{l}\times\boldsymbol{B} \tag{7.5.1}$$

式(7.5.1) 称为安培定律。磁场对有限长载流导线的作用力,应等于各电流元所受安培力的矢量和,即

$$\boldsymbol{f} = \int\mathrm{d}\boldsymbol{f} = \int I\mathrm{d}\boldsymbol{l}\times\boldsymbol{B} \tag{7.5.2}$$

式中,$\boldsymbol{B}$ 为各电流元所在处的磁感应强度。

例 7.5.1 求图 7.5.2 所示诸情况下处于均匀磁场中的载流直导线所受的安培力。

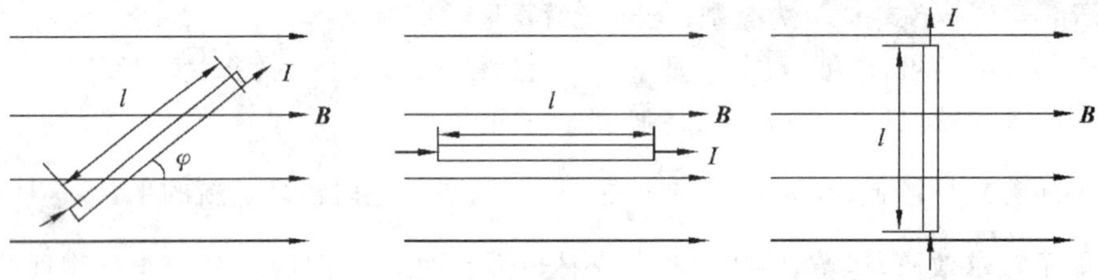

图 7.5.2 例 7.5.1 图

解 (a) 将载流直导线分割成许多电流元,取一电流元 $I\mathrm{d}\boldsymbol{l}$,它所受到的安培力的大小为

$$\mathrm{d}f = I\mathrm{d}lB\sin\varphi$$

方向垂直纸面向里。对各电流元所受的安培力求和,由于各电流元所受的安培力方向相同,所以载流直导线受到的安培力的大小为

$$f = \int_L BI\sin\varphi\mathrm{d}l = BIl\sin\varphi$$

方向垂直纸面向里。

(b) 由于载流直导线与 $\boldsymbol{B}$ 平行,从而使电流元与 $\boldsymbol{B}$ 之间的夹角为零,$\sin\varphi = 0$,所以磁场施于载流导线的安培力等于零。

(c) 由于电流元 $I\mathrm{d}\boldsymbol{l}$ 与 $\boldsymbol{B}$ 相互垂直,即 $\varphi = \pi/2$,所以 $f = BIl$ 方向垂直于纸面向里,这时载流导线所受的安培力最大。

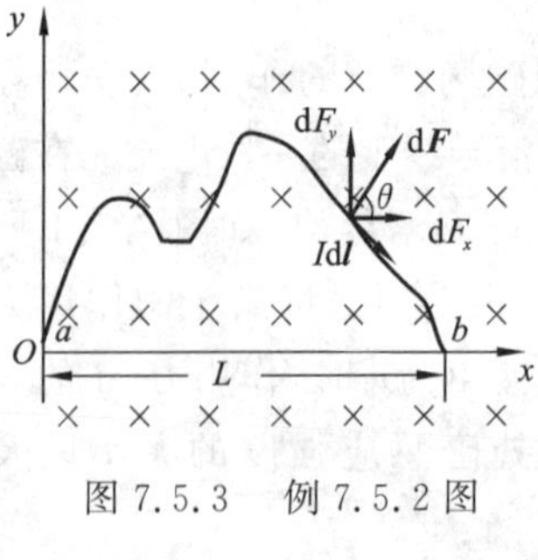

图 7.5.3 例 7.5.2 图

例 7.5.2 如图 7.5.3 所示,在均匀磁场 $\boldsymbol{B}$ 中有一段弯曲导线 ab,$\overline{ab} = l$,通有电流 I。导线处在 xy 平面内,$\boldsymbol{B}$ 的方向与 xy 平面垂直,求此段导线受到的安培力。

解 选坐标系如图 7.5.3 所示,在 ab 上取电流元 $I\mathrm{d}\boldsymbol{l}$,它所受到的安培力大小为 $\mathrm{d}F = IB\mathrm{d}l$,方向如图 7.5.3 所示。显然,各段电流元受力的方向各不相同。求合力必须将 $\mathrm{d}\boldsymbol{F}$ 沿坐标轴作正交分解然后再进行积分。$\mathrm{d}\boldsymbol{F}$ 在坐标轴上的

投影分别为

$$\mathrm{d}F_x = \mathrm{d}F\cos\theta = IB\,\mathrm{d}l\cos\theta = IB\,\mathrm{d}y$$
$$\mathrm{d}F_y = \mathrm{d}F\sin\theta = IB\,\mathrm{d}l\sin\theta = IB\,\mathrm{d}x$$

载流导线受到的安培力在坐标轴上的投影分别为

$$F_x = \int \mathrm{d}F_x = \int_0^0 IB\,\mathrm{d}y = 0, \quad F_y = \int \mathrm{d}F_y = \int_0^L IB\,\mathrm{d}x = IBL$$

所以

$$\boldsymbol{F} = IBL\boldsymbol{j}$$

这一结果恰好等于载流直导线 ab 所受的力。即在均匀磁场中,整个弯曲导线受的安培力等于从导线起点到终点所连接的直导线通过相同的电流时受的安培力。

本例也可用下列方法求解:任取电流元 $I\mathrm{d}\boldsymbol{l}$,所受安培力为

$$\mathrm{d}\boldsymbol{F} = I\mathrm{d}\boldsymbol{l} \times \boldsymbol{B}$$

载流导线受到的安培力

$$\boldsymbol{F} = \int \mathrm{d}\boldsymbol{F} = \int_a^b I\mathrm{d}\boldsymbol{l} \times \boldsymbol{B} = I\left(\int_a^b \mathrm{d}\boldsymbol{l}\right) \times \boldsymbol{B} = I\boldsymbol{L} \times \boldsymbol{B} = ILB\boldsymbol{j}$$

其中,$\boldsymbol{L}$ 为由 a 指向 b 的矢量。

另外,按照上述方法很容易得到:一个任意形状的闭合载流线圈在均匀磁场中所受的合外力为零。

例 7.5.3　如图 7.5.4 所示,一无限长载流直导线通有电流 I_1,旁边有一长为 L,电流为 I_2 的直导线 ab,ab 与电流 I_1 共面正交。a 端与 I_1 垂直距离为 d,求导线 ab 所受的安培力。

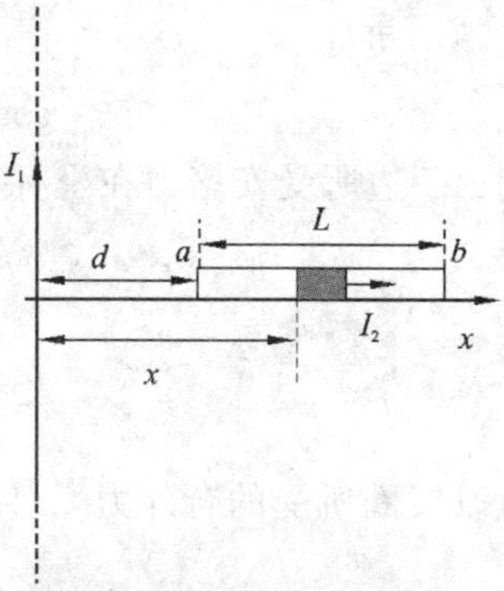

解　ab 所处的磁场为 I_1 产生的非均匀磁场。在 ab 上取电流元 $I_2\mathrm{d}l$,I_1 在此产生的磁感应强度 $B_1 = \dfrac{\mu_0 I_1}{2\pi x}$,磁场方向垂直纸面向里;电流元 $I_2\mathrm{d}l$ 受到的安培力为

$$\mathrm{d}f = B_1 I_2 \mathrm{d}l = \frac{\mu_0 I_1 I_2}{2\pi x}\mathrm{d}x \quad \text{方向向上}$$

各电流元所受的安培力方向相同,即导线 ab 受力向上,其大小为

图 7.5.4　例 7.5.3 图

$$f = \int \mathrm{d}f = \int_d^{d+L} \frac{\mu_0 I_1 I_2}{2\pi x}\mathrm{d}x = \frac{\mu_0 I_1 I_2}{2\pi}\ln\frac{d+L}{d}$$

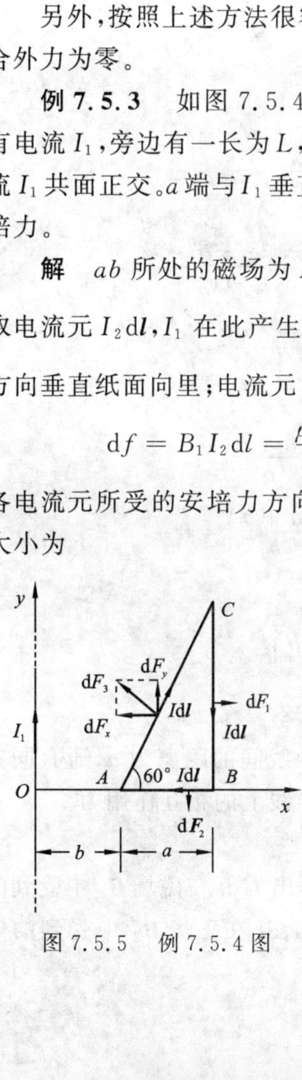

例 7.5.4　如图 7.5.5 所示,在载流为 I_1 的长直导线旁边有一三角形线圈,载流为 I_2,且线圈平面和长直导线都在纸平面内,求线圈所受的合力。

解　依题意,无限长载流直导线在空间激发的磁场的磁感应强度 $B = \dfrac{\mu_0 I_1}{2\pi x}$,方向垂直纸面向里。对三角形线圈所受的安培力分段进行分析。

CB 边:将导线分割成许多电流元,因每一电流元 $I_2\mathrm{d}\boldsymbol{l}$

图 7.5.5　例 7.5.4 图

上的磁感应强度 $B=\dfrac{\mu_0 I_1}{2\pi(a+b)}$ 相同，$\mathrm{d}\boldsymbol{F}_1$ 方向都相同，则 CB 边所受安培力的方向沿 x 轴正方向，大小为

$$F_1=I_2\,\overline{BC}B=I_2\sqrt{3}a\,\frac{\mu_0 I_1}{2\pi(a+b)}=\frac{\mu_0 I_1 I_2}{2\pi(a+b)}\sqrt{3}a$$

BA 边：各电流元所在处的磁感应强度 $\boldsymbol{B}$ 的大小不同，但方向都相同，$\mathrm{d}\boldsymbol{F}_2$ 方向都相同。则 BA 边所受安培力的方向沿 y 轴负方向，大小为

$$F_2=\int \mathrm{d}F_2=\int I_2\,\mathrm{d}xB=\int_b^{a+b} I_2\,\frac{\mu_0 I_1}{2\pi x}\mathrm{d}x$$

$$=\int_b^{a+b}\frac{u_0 I_1 I_2}{2\pi}\,\frac{\mathrm{d}x}{x}=\frac{u_0 I_1 I_2}{2\pi}\ln\frac{a+b}{b}$$

AC 边：电流元 $I\mathrm{d}\boldsymbol{l}$ 受的安培力 $\mathrm{d}\boldsymbol{F}_3$ 方向如图所示，大小为

$$\mathrm{d}F_3=\frac{\mu_0 I_1 I_2}{2\pi x}\mathrm{d}l$$

将 $\mathrm{d}\boldsymbol{F}_3$ 在坐标系中作正交分解，它在坐标轴上的投影分别为

$$\mathrm{d}F_x=-\,\mathrm{d}F_3\sin 60^\circ=-\frac{u_0 I_1 I_2}{2\pi x}\sin 60^\circ\mathrm{d}l$$

$$\mathrm{d}F_y=\mathrm{d}F_3\cos 60^\circ=\frac{u_0 I_1 I_2}{2\pi x}\cos 60^\circ\mathrm{d}l$$

从图中可知

$$\cos 60^\circ\mathrm{d}l=\mathrm{d}x,\quad \sin 60^\circ\mathrm{d}l=\tan 60^\circ\mathrm{d}x$$

则 AC 边所受安培力在坐标轴上的投影分别为

$$F_{3x}=-\frac{\mu_0 I_1 I_2}{2\pi}\tan 60^\circ\int_b^{a+b}\frac{\mathrm{d}x}{x}=-\frac{\mu_0 I_1 I_2}{2\pi}\sqrt{3}\ln\frac{a+b}{b}$$

$$F_{3y}=\frac{\mu_0 I_1 I_2}{2\pi}\int_b^{b+q}\frac{\mathrm{d}x}{x}=\frac{\mu_0 I_1 I_2}{2\pi}\ln\frac{a+b}{b}$$

所以线圈所受的合外力

$$F_x=F_{3x}+F_1=\frac{\mu_0 I_1 I_2}{2\pi}\sqrt{3}\left(\frac{a}{a+b}-\ln\frac{a+b}{b}\right)$$

$$F_y=F_{3y}+F_2=\frac{\mu_0 I_1 I_2}{2\pi}\left(\ln\frac{a+b}{b}-\ln\frac{a+b}{b}\right)=0$$

所以

$$\boldsymbol{F}=F_x\boldsymbol{i}=\frac{\sqrt{3}\mu_0 I_1 I_2}{2\pi}\left(\frac{a}{a+b}-\ln\frac{a+b}{b}\right)\boldsymbol{i}$$

由于闭合载流线圈处在非均匀磁场中，它所受合外力并不为零。

例 7.5.5 如图 7.5.6 所示，两根平行放置的无限长直导线间的距离为 a，通有同方向的电流，其电流强度分别为 I_1 和 I_2，求它们之间单位长度导线上的相互作用力。

解 两载流直导线之间的相互作用力是这样计算的：

电流 I_1 在电流 I_2 所在处产生磁场 $\boldsymbol{B}_1$，根据安培定律可算出 $I_2\mathrm{d}\boldsymbol{l}$ 在磁场 $\boldsymbol{B}_1$ 中受到的安培力；同样电流 I_2 在电流 I_1 所在处产生磁场 $\boldsymbol{B}_2$，可算出 $I_1\mathrm{d}\boldsymbol{l}$ 在磁场 $\boldsymbol{B}_2$ 中受到的安

培力。

电流 I_1 在电流 I_2 处产生的磁感应强度 $\boldsymbol{B}_1$，方向垂直纸面向里，$B_1=\dfrac{\mu_0 I_1}{2\pi a}$，电流元 $I_2\mathrm{d}\boldsymbol{l}$ 受到的安培力 $\mathrm{d}f_{21}=\dfrac{\mu_0 I_1 I_2}{2\pi a}\mathrm{d}l$，方向水平向左。

电流 I_2 在电流 I_1 处产生的磁感应强度 $\boldsymbol{B}_2$，方向垂直纸面向外，$B_2=\dfrac{\mu_0 I_2}{2\pi a}$，电流元 $I_1\mathrm{d}\boldsymbol{l}$ 受到的安培力 $\mathrm{d}f_{12}=\dfrac{\mu_0 I_1 I_2}{2\pi a}\mathrm{d}l$，方向水平向右。

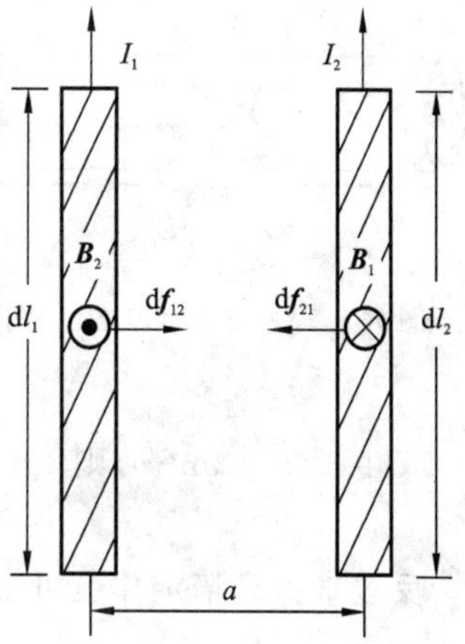

图 7.5.6　载流平行直导线间的相互作用力

因此，在单位长度导线上的相互作用力大小为

$$f=\frac{\mathrm{d}f_{12}}{\mathrm{d}l}=\frac{\mathrm{d}f_{21}}{\mathrm{d}l}=\frac{\mu_0 I_1 I_2}{2\pi a}$$

当两导线中的电流沿同方向时，其间相互作用力是吸引力，电流沿反方向时，读者可验证其间作用力是排斥力。

如果两导线中的电流相等，$I_1=I_2=I$，则

$$f=\frac{\mu_0 I^2}{2\pi a}\quad 或\quad I=\sqrt{\frac{2\pi a f}{\mu_0}}=\sqrt{\frac{af}{2\times 10^{-7}}}\ (\mathrm{A})$$

取 $a=1\ \mathrm{m}$，$f=2\times 10^{-7}\ \mathrm{N/m}$，则 $I=1\ \mathrm{A}$。这就是国际单位制中“安培”单位的定义，即：载有等量电流，相距 1 m 的两根平行的无限长直导线，当每米长度上所受安培力为 2×10^{-7} N 时，每根导线中的电流强度定义为 1 A。按照上述定义，相当于规定真空磁导率

$$\mu_0=4\pi\times 10^{-7}\ \mathrm{N\cdot A^2}$$

由于是人为规定的，不依赖于实验，所以它是精确的。

在真空中的光速值，目前也是规定的，即 $c=299\ 792\ 458\ \mathrm{m/s}$。这一数值也是精确的，与实验无关。

由电磁学理论知，c 与 ε_0 和 μ_0 有下述关系：$c^2=\dfrac{1}{\mu_0\varepsilon_0}$。因此

$$\varepsilon_0=\frac{1}{\mu_0 c^2}=8.854\ 187\ 817\cdots\times 10^{-12}\ \mathrm{C^2/(N\cdot m^2)}$$

由于 c，μ_0 的值是规定的，不依赖于实验，ε_0 值也是精确的。

2. 安培力与洛伦兹力的关系

载流导线在磁场中受到安培力的作用，而电流是自由电子定向移动形成的。载流导线在磁场中受到安培力实际上是载流导线内各个自由电子所受洛伦兹力的宏观表现。洛伦兹力是单个运动电荷在磁场中受到作用力的微观描述，安培力是对大量运动电荷在磁场中受到作用力的宏观描述。因此两个公式可以互相推导。下面由洛伦兹力公式推导安培力公式。

如图 7.5.7 所示，考虑一截面积为 S，长度为 $\mathrm{d}l$，通有电流 I 的电流元 $I\mathrm{d}\boldsymbol{l}$，设 n 为导体

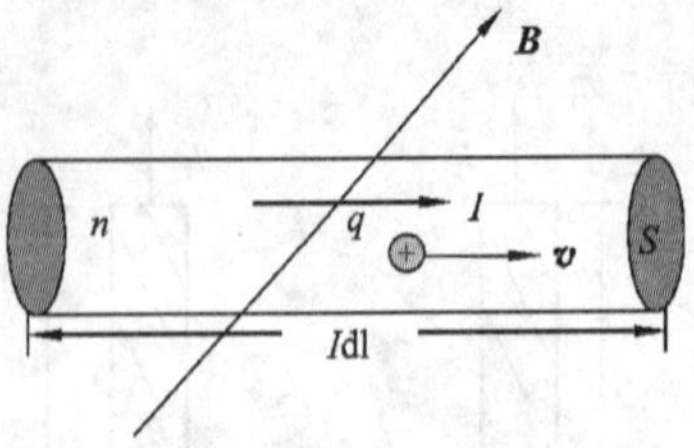

图 7.5.7　安培力与洛伦兹力

内带电粒子数密度,每一个带电粒子的电荷量为 $+q$,带电粒子都以漂移速度 $\boldsymbol{v}$ 运动。由于每一个带电粒子受的洛伦兹力都是 $q\boldsymbol{v}\times\boldsymbol{B}$,而在 $\mathrm{d}l$ 段中有 $n\mathrm{d}lS$ 个带电粒子,这些带电粒子受到的洛伦兹力的总和

$$\mathrm{d}\boldsymbol{f} = nS\mathrm{d}lq\boldsymbol{v}\times\boldsymbol{B}$$

由于 $q\boldsymbol{v}$ 的方向与 $I\mathrm{d}\boldsymbol{l}$ 方向相同,所以 $q\mathrm{d}l\boldsymbol{v} = qv\mathrm{d}\boldsymbol{l}$。利用这一关系,上式可写成

$$\mathrm{d}\boldsymbol{f} = nSqv\mathrm{d}\boldsymbol{l}\times\boldsymbol{B}$$

又由于 $I = qnSv$,则

$$\mathrm{d}\boldsymbol{f} = I\mathrm{d}\boldsymbol{l}\times\boldsymbol{B}$$

反过来由安培定律也可推出洛伦兹力公式,读者可自己试一试。

7.5.2　载流线圈在均匀磁场中所受的力矩

前面讨论了磁场施予载流导线的安培力,而实际电路一般是闭合回路,所以研究载流闭合线圈在磁场中受到的安培力的情况是有实际意义的。

在磁感应强度为 $\boldsymbol{B}$ 的均匀磁场中,有一刚性矩形平面载流线圈 $abcd$,边长分别为 l_1,l_2,通有电流 I,方向如图 7.5.8 所示,线圈可绕垂直于磁场的 OO' 轴旋转。设线圈平面法向单位矢量 $\boldsymbol{n}$ 的方向与 $\boldsymbol{B}$ 之间的夹角为 φ。

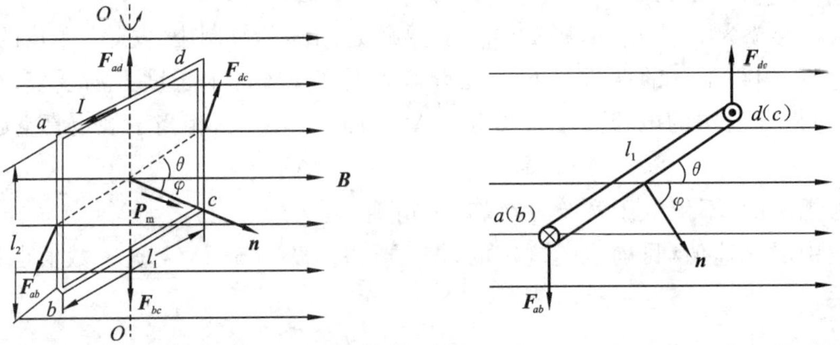

图 7.5.8　载流线圈在均匀磁场中受到力矩作用

首先分析载流线圈各边导线受到的作用力。

ad 边:$F_{ad} = BIl_1\sin(\pi-\theta)$,方向向上;$bc$ 边:$F_{bc} = BIl_1\sin\theta$,方向向下;$F_{ad} = -F_{bc}$,所以 $\boldsymbol{F}_{ad}$,$\boldsymbol{F}_{bc}$ 对线圈的合力为零。

ab 边:$F_{ab} = BIl_2$,方向垂直纸面向外;dc 边:$F_{dc} = BIl_2$,方向垂直纸面向里;$F_{dc} = F_{ab}$。$\boldsymbol{F}_{dc}$,$\boldsymbol{F}_{ab}$ 大小相等,方向相反,其合力亦为零,但作用线不在一条直线上,形成力偶,力偶臂为 $l_1\cos\theta$,它们对线圈产生磁力矩(可理解为对 OO' 轴的合力矩)。力矩大小为

$$M = F_{dc}l_1\cos\theta = BIl_2l_1\cos\theta = BIS\sin\varphi$$

式中,$S = l_1l_2$ 是矩形线圈的面积;φ 是线圈面法线 $\boldsymbol{n}$(按电流方向以右手螺旋定则确定的正向)与 $\boldsymbol{B}$ 之间的夹角。若线圈匝数 N,载流线圈的磁矩 $\boldsymbol{P}_{\mathrm{m}} = NIS\boldsymbol{n}$,则线圈所受磁力矩的大小为

$$M = NBIS\sin\varphi = BP_{\mathrm{m}}\sin\varphi$$

考虑力矩的方向后，可将磁力矩写成矢量式

$$\boldsymbol{M} = \boldsymbol{P}_{\mathrm{m}} \times \boldsymbol{B} \tag{7.5.3}$$

上式虽然是从平面矩形载流线圈推出，但可以证明，对均匀磁场中任意形状的平面载流线圈都适合。从式(7.5.3)可看出，磁场对载流线圈的磁力矩不仅与载流线圈的电流强度、线圈的面积、磁场的磁感应强度有关，而且还与线圈面法线矢量 $\boldsymbol{n}$ 与磁感应强度 $\boldsymbol{B}$ 之间的夹角 φ 有关系。当 $\varphi = \pm\frac{\pi}{2}$ 时，线圈平面与磁场方向平行，磁力矩有最大值 $M_{\max} = NBIS$；当 $\varphi = 0$ 时，线圈平面与磁场方向垂直，$M = 0$，线圈不受磁力矩的作用，此时线圈处于稳定平衡状态，也就是说，当线圈处于这个状态时，若线圈受到微小扰动，线圈会偏离该状态，当扰动撤消，线圈自动返回原平衡状态；当 $\varphi = \pi$ 时，$M = 0$，此时线圈处于非稳定平衡状态，也就是说若线圈受到微小扰动，线圈会偏离该状态，而当扰动撤消后，线圈不再返回原平衡状态。

综上所述，在均匀磁场中的载流平面线圈所受安培力的合力为零，只受磁力矩的作用，所以刚性线圈这时只发生转动，而不会发生平移。载流线圈在磁场中受到磁力矩的作用规律是各种电机和各种磁电式仪表的基本原理。

在非均匀磁场中，将载流线圈分成许多电流元，每一个电流元所在处的磁感应强度 $\boldsymbol{B}$ 一般不相等，它们受到的磁场力大小和方向也都不相同，这时线圈除受到磁力矩作用外，还受到磁场力的作用(见例 7.5.4)，情况是比较复杂的，这里就不作进一步的讨论了。

7.5.3　磁力矩的功

载流导线或载流线圈在磁场中受到磁力或磁力矩的作用下运动时，磁力就做了功，下面从一些特殊情况出发，导出磁力做功的计算公式。

1. 载流导线在均匀磁场 B 中运动

设有一匀强磁场，磁感应强度 $\boldsymbol{B}$ 垂直纸面向外，如图 7.5.9 所示。磁场中有一载流的闭合回路 $abcda$，导线 ab 长为 l，可沿水平方向滑动。假设 ab 滑动时，电路中电流强度 I 保持不变，由安培定律，载流导线在磁场中所受的安培力大小 $F = BIl$，方向水平向右。导线 ab 在 $\boldsymbol{F}$ 的作用下向右运动。从初始位置 ab 移到位置 $a'b'$ 时，磁力 $\boldsymbol{F}$ 所做的功为

$$A = Faa' = BIlaa' = BI\Delta S = I\Delta\Phi_{\mathrm{m}} \tag{7.5.4}$$

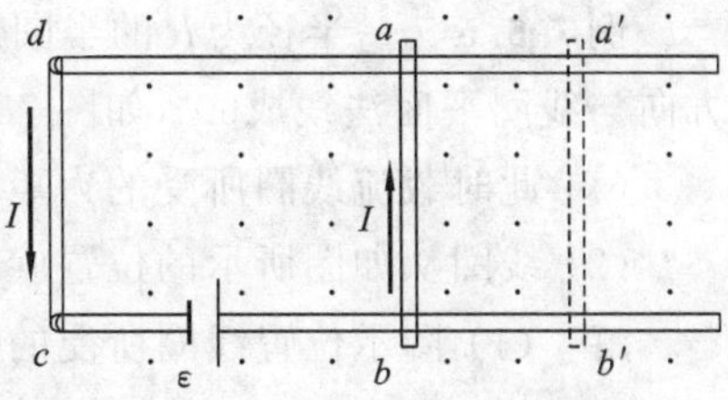

图 7.5.9　磁力所做的功

式中，$\Delta\Phi_{\mathrm{m}} = Blaa' = B\Delta S$，是导线从初始位置 ab 移到位置 $a'b'$ 时，通过回路的磁通量的改变量。

这一关系说明：当载流导线在磁场中运动时，如果电流保持不变，磁力做的功等于电流乘以通过回路所围面积内磁通量的增量，也可以说磁力所做的功等于电流乘以载流导线在移动中所切割的磁感应线数。

2. 载流线圈在均匀磁场内转动

设有一载流线圈在均匀磁场内转动，设法使线圈中的电流 I 不变，线圈所受到的磁力矩 $M=BIS\sin\theta$。如图 7.5.10 所示，当线圈转过极小的角度 $\mathrm{d}\theta$ 时，磁力矩所做的元功为

$$\mathrm{d}A=-M\mathrm{d}\theta=-BIS\sin\theta\mathrm{d}\theta=BIS\mathrm{d}(\cos\theta)=I\mathrm{d}(BS\cos\theta)=I\mathrm{d}\Phi_{\mathrm{m}}$$

式中，负号表示磁力矩做正功时使 θ 减小。当载流线圈从 θ_1 转到 θ_2 时，磁力矩所做的总功为

$$A=\int_{\Phi_1}^{\Phi_2}I\mathrm{d}\Phi_{\mathrm{m}}=I(\Phi_{\mathrm{m2}}-\Phi_{\mathrm{m1}})=I\Delta\Phi_{\mathrm{m}}$$

式中，Φ_{m1} 和 Φ_{m2} 分别表示线圈在 θ_1 和 θ_2 时通过线圈的磁通量。可以看出，这一结果与式(7.5.4)相同。可以证明，一个任意形状的闭合电流回路在磁场中改变位置或形状时，只要保持回路中电流 I 不变，则磁力或磁力矩做的功都可按 $I\Delta\Phi_{\mathrm{m}}$ 计算，这是磁力做功的一般表示。如果电流是随时间变化的，磁力所做的总功应为积分式

$$A=\int_{\Phi_1}^{\Phi_2}I\mathrm{d}\Phi_{\mathrm{m}}$$

理解磁场力(或磁力矩)的功要注意的是：洛伦兹力永远不做功，所以磁场力(或磁力矩)的功是消耗电源的能量来完成的。

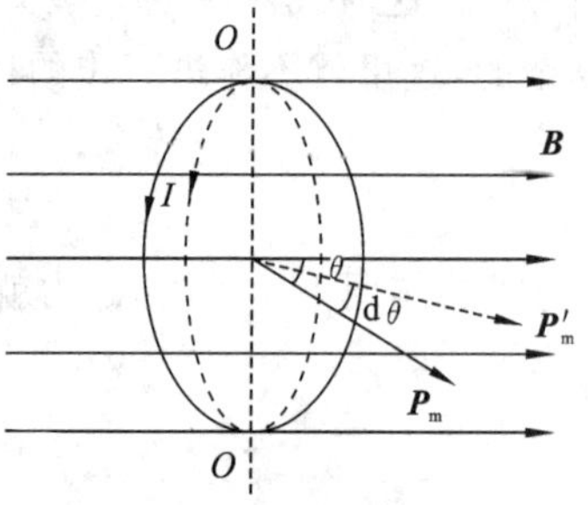

图 7.5.10　磁力矩所做的功

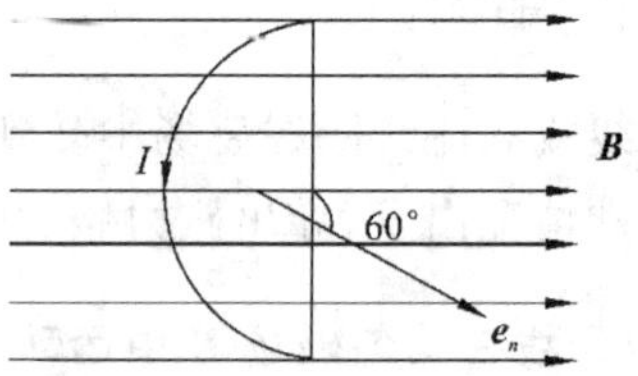

图 7.5.11　例 7.5.6 图

例 7.5.6　一半径为 R 的半圆形闭合线圈通有电流 I，线圈放在均匀外磁场 $\boldsymbol{B}$ 中，$\boldsymbol{B}$ 的方向与线圈平面法线成60°，如图 7.5.11 所示。设线圈匝数为 N，求：

(1) 此时载流线圈所受的力矩大小和方向；

(2) 线圈从如图所示的位置旋转到稳定平衡位置时，磁力矩做的功。

解　(1) 图示位置线圈所受的磁力矩为：$\boldsymbol{M}=\boldsymbol{P}_{\mathrm{m}}\times\boldsymbol{B}$。磁力矩的大小为

$$M=NISB\sin 60^\circ=NIB\frac{\sqrt{3}}{4}\pi R^2$$

方向由 $\boldsymbol{P}_{\mathrm{m}}\times\boldsymbol{B}$ 决定，从上往下看线圈是逆时针旋转的。

(2) 线圈转动 $\mathrm{d}\theta$ 的过程中磁力矩做的功为：$\mathrm{d}A=NI\mathrm{d}\Phi_{\mathrm{m}}$，则线圈从如图 7.5.11 所示的位置旋转到稳定平衡位置时磁力矩做的功为

$$A=\int\mathrm{d}A=NI(\Phi_{\mathrm{m2}}-\Phi_{\mathrm{m1}})=NI\left(B\frac{\pi R^2}{2}-B\frac{\pi R^2}{2}\cos 60^\circ\right)=NIB\frac{\pi R^2}{4}$$

7.6　磁场中的磁介质

磁介质的种类很多，有气态磁介质、液态磁介质和固态磁介质，这些物质受外磁场的作用而处于所谓的磁化状态，反过来又会对原来的磁场产生影响。磁介质具有重要的实际应用价值，例如，变压器、电动机、发电机的线圈和天然磁石附近总是存在一些介质或磁性材料。计算机的磁盘、录音磁带和永久磁铁都直接与磁性材料的性质有关，存储信息数据到磁盘或磁带时，将使磁性材料按信息发生相应的变化，从而记录信息数据。所以对磁性材料的磁学性质的研究无疑是非常重要的。

本节将从磁介质的微观电结构出发，讨论顺磁质、抗磁质和铁磁质磁化的微观机制及其对磁场的影响，重点讨论磁介质中磁场的场量之间的关系以及磁介质中的高斯定理和安培环路定理。最后讨论铁磁质的性质和应用。

值得指出的是，本节所研究物质磁性的方法，包括一些物理量的引入和规律的阐述，都和第 6 章 6.6 节中讲解电场和电介质相互影响时所用的方法十分类似，几乎可以“一对一”地类比起来。这一点对读者是很有启发性的。

7.6.1　磁介质及其分类

电介质在电场作用下发生极化并激发附加电场，从而使电介质中的电场强度小于真空中的电场强度。与此类似，实际的磁场中大多存在着各种各样的物质，这些物质在磁场的作用下能发生变化而处于一种特殊的状态，称为磁化状态。磁化后的物质反过来又要对磁场产生影响，我们称能够影响磁场的物质为**磁介质**(magnetic medium)。事实上，任何实物物质在磁场的作用下都或多或少的发生变化并反过来影响磁场，因此都可以视为磁介质。

实验表明，不同的物质对磁场的影响差异很大。若均匀的磁介质处于磁感应强度为 $\boldsymbol{B}_0$ 的外磁场中，磁介质要被磁化，从而产生**磁化电流**(magnetization current)(对应于电介质的极化电荷)。正如有电介质时的电场 $\boldsymbol{E}$ 是自由电荷的电场 $\boldsymbol{E}_0$ 与极化电荷的电场 $\boldsymbol{E}'$ 的叠加那样，有磁介质时的磁场 $\boldsymbol{B}$ 也由两部分叠加而成，即

$$\boldsymbol{B} = \boldsymbol{B}_0 + \boldsymbol{B}' \tag{7.6.1}$$

式中，$\boldsymbol{B}_0$ 与 $\boldsymbol{B}'$ 分别是传导电流和磁化电流激发的磁场。对于不同的磁介质，$\boldsymbol{B}'$ 的大小和方向可能有很大的差别。为了方便讨论磁介质的分类，我们引入相对磁导率 μ_r，当均匀磁介质充满整个磁场时，磁介质的**相对磁导率**(relative permeability) 定义为

$$\mu_r = \frac{B}{B_0} \tag{7.6.2}$$

式中，B 为磁介质中总磁场的磁感应强度的大小；B_0 为真空中磁场或者说外磁场的磁感应强度的大小。μ_r 可以用来描述不同磁介质磁化后对原外磁场的影响，类似于介电常数 ε 的定义，我们定义磁介质的**磁导率**(permeability)

$$\mu = \mu_r \mu_0 \tag{7.6.3}$$

实验和理论研究表明，磁介质可按其磁特性分为三大类：

(1) **顺磁质**(paramagnet medium)。这类磁介质的相对磁导率 $\mu_r > 1$,在外磁场中,其附加磁感应强度 $\boldsymbol{B}'$ 与 $\boldsymbol{B}_0$ 同方向,因而总磁感应强度的大小 $B > B_0$。如铝、铂、氧等。

(2) **抗磁质**(diamagnetic medium)。这类磁介质的相对磁导率 $\mu_r < 1$,在外磁场中,其附加磁感应强度 $\boldsymbol{B}'$ 与 $\boldsymbol{B}_0$ 方向相反,因而总磁感应强度的大小 $B < B_0$。如铜、硫、氢、金、银、铅、锌等。

(3) **铁磁质**(ferromagnetic material)。这类磁介质的相对磁导率 $\mu_r \gg 1$,在外磁场中,其附加磁感应强度 $\boldsymbol{B}'$ 与 $\boldsymbol{B}_0$ 同方向,且 $B' \gg B_0$,因而总磁感应强度的大小 $B \gg B_0$。如铁、钴、镍等。

抗磁质和顺磁质的磁性都很弱,统称为弱磁质。它们的 μ_r 尽管可以大于 1 或者小于 1,但是都很接近 1,而且 μ_r 都是与磁场无关的常数。铁磁质的磁性都很强,且还具有一些特殊的性质。常见磁介质的相对磁导率见表 7.6.1。

表 7.6.1　几种常见磁介质的相对磁导率

磁介质		相对磁导率
顺磁质 $\mu_r > 1$	氧(液体,90 K)	$1 + 7.70 \times 10^{-3}$
	氧(气体,293 K)	$1 + 3.45 \times 10^{-3}$
	铝(293 K)	$1 + 1.65 \times 10^{-5}$
	铂(293 K)	$1 + 2.60 \times 10^{-4}$
抗磁质 $\mu_r < 1$	铋(293 K)	$1 - 1.66 \times 10^{-4}$
	汞(293 K)	$1 - 2.90 \times 10^{-5}$
	铜(293 K)	$1 - 1.00 \times 10^{-5}$
	氢(气体)	$1 - 3.98 \times 10^{-5}$
铁磁质 $\mu_r \gg 1$	纯　铁	5×10^{3}(最大值)
	硅　钢	7×10^{2}(最大值)
	坡莫合金	1×10^{5}(最大值)

7.6.2　磁介质磁化的微观机制

顺磁性和抗磁性由磁介质的微观结构决定,现在我们从物质的电结构出发来说明物质的磁性。在无外磁场作用时,分子中任何一个电子,都同时参与两种运动,即环绕原子核的轨道运动和电子本身的自旋运动,这两种运动都能形成电流进而产生磁效应,而且原子核的自旋运动也产生磁效应。把分子看成一个整体,分子对外界所产生的磁效应的总和可用一个等效的圆电流来表示,称为**分子电流**(molecular current)。我们知道,一个小圆电流所产生的磁场或它受磁场的作用都可以用它的磁偶极矩(简称磁矩)来说明。以 I 表示电流,S 表示圆面积,则一个圆电流的磁矩为

$$\boldsymbol{p}_m = IS\boldsymbol{n} \tag{7.6.4}$$

式中,$\boldsymbol{n}$ 为圆面的正法线方向,它与电流流向满足右手螺旋定则。

我们可以用一个简单的模型来估算原子内电子轨道运动磁矩的大小。假设电子在半径为 r 的圆周上以恒定的速率 $\boldsymbol{v}$ 绕原子核运动。电子轨道运动的周期就是 $\dfrac{2\pi r}{v}$。由于每个

周期内通过轨道上任一截面的电量为一个电子的电量 e,因此,沿着圆形轨道的电流就是

$$I=\frac{e}{2\pi r/v}=\frac{ev}{2\pi r} \tag{7.6.5}$$

而电子轨道运动的磁矩大小为

$$p_{m,e}=IS=\frac{ev}{2\pi r}\pi r^2=\frac{evr}{2} \tag{7.6.6}$$

以氢原子为例,在常态下,电子与原子核的距离为 $r=0.53\times10^{-10}$ m,电子轨道运动的速率 $v=2.2\times10^6\ \mathrm{m\cdot s^{-1}}$,代入上式可求得电子的轨道磁矩大小为

$$\begin{aligned}p_{m,e}&=\frac{evr}{2}=\frac{1.6\times10^{-19}\times2.2\times10^6\times0.53\times10^{-10}}{2}\\&=0.93\times10^{-23}(\mathrm{A\cdot m^2})\end{aligned} \tag{7.6.7}$$

实验证明,电子的自旋磁矩和这一轨道磁矩同数量级,为

$$p_s=0.927\times10^{-23}\ \mathrm{A\cdot m^2} \tag{7.6.8}$$

在一个分子中有许多电子和若干个核,一个分子的磁矩是其中所有电子的轨道磁矩和自旋磁矩以及核的自旋磁矩的矢量和,这种分子电流具有的磁矩称为分子的固有磁矩或称**分子磁矩**(molecular magnetic moment),用 $\boldsymbol{p}_m$ 表示。

正如电介质分子可以分为有极分子和无极分子那样,磁介质分子也可以分为两种类型。在顺磁质分子中,所有电子的轨道磁矩和自旋磁矩以及核的自旋磁矩的矢量和不为零,整个分子存在固有磁矩;在抗磁质分子中,所有电子的轨道磁矩和自旋磁矩以及核的自旋磁矩的矢量和等于零,即分子固有磁矩为零。

当没有外磁场作用时,抗磁质分子的固有磁矩 $\boldsymbol{p}_m=0$,从而整块磁介质的 $\sum\boldsymbol{p}_m=0$,介质不显磁性;而顺磁质分子的固有磁矩 $\boldsymbol{p}_m\neq0$,但由于分子的热运动,各个分子固有磁矩的方向无规则排列,其磁作用相互抵消,整块磁介质仍然有 $\sum\boldsymbol{p}_m=0$,因此整个顺磁质介质也不显磁性。

1. 顺磁质的磁化

顺磁性来自分子的固有磁矩。无外磁场时,整个顺磁质介质不显示磁性。但是,当顺磁质放入磁场中时,其分子固有磁矩就要受到磁场的力矩作用。这个力矩力图使分子的磁矩方向转向与外磁场方向一致,当然分子的热运动对固有磁矩的规则排列有打乱作用,因此温度越高顺磁性越弱。外磁场越强,温度越低,分子磁矩的排列也越整齐,这些排列较整齐的分子磁矩要产生一个与外磁场 $\boldsymbol{B}_0$ 同方向的附加磁场 $\boldsymbol{B}'$,这种现象称为顺磁质的磁化。所以顺磁质对外磁场起着增强的作用。也就是说顺磁质磁化后使磁介质中的磁场 B 大于 B_0。

2. 抗磁质的磁化

抗磁性起因于分子中电子、原子核的运动在外磁场作用下的变化。无外磁场时,抗磁质分子中所有电子的轨道磁矩和自旋磁矩以及核的自旋磁矩的矢量和等于零。就单个电子而言,无论是轨道运动还是自旋运动都产生磁矩。当有外磁场作用时,将引起分子磁矩

的变化,而产生附加磁矩 $\Delta \boldsymbol{p}_{\mathrm{m}}$。下面我们来分析附加磁矩 $\Delta \boldsymbol{p}_{\mathrm{m}}$ 及由此产生的附加磁场 $\boldsymbol{B}'$ 的方向。附加磁矩 $\Delta \boldsymbol{p}_{\mathrm{m}}$ 是由电子的进动产生的。以电子的轨道运动为例,具体分析如下:

如图 7.6.1 所示,电子做轨道运动时,具有一定的角动量,以 $\boldsymbol{L}$ 表示此角动量,它的方向与电子运行的方向满足右手螺旋定则。由于电子带负电,其轨道磁矩 $\Delta \boldsymbol{p}_{\mathrm{m,e}}$ 的方向和角动量 $\boldsymbol{L}$ 的方向相反。当分子处于磁场 $\boldsymbol{B}_0$ 中时,电子由于其轨道磁矩要受到磁场的力矩作用,这一力矩为

$$\boldsymbol{M} = \boldsymbol{p}_{\mathrm{m,e}} \times \boldsymbol{B}_0 \tag{7.6.9}$$

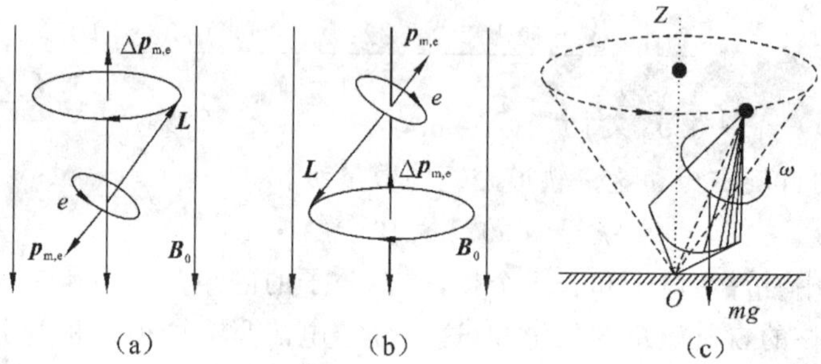

图 7.6.1 在外磁场中电子的进动和附近磁矩

在图 7.6.1(a) 所示情形,电子轨道运动所受磁力矩方向垂直于纸面向外。根据角动量定理

$$\boldsymbol{M} = \frac{\mathrm{d}\boldsymbol{L}}{\mathrm{d}t} \tag{7.6.10}$$

电子轨道运动角动量 $\boldsymbol{L}$ 的改变量 $\mathrm{d}\boldsymbol{L}$ 与 $\boldsymbol{M}$ 同方向,即顺着 $\boldsymbol{B}_0$ 方向看去,电子运动的轨道角动量 $\boldsymbol{L}$ 是绕 $\boldsymbol{B}_0$ 顺时针方向转动。电子的这种运动就叫电子的进动,正如图 7.6.1(c) 中高速旋转着的陀螺,在重力矩作用下其角动量 $\boldsymbol{L}$ 以竖直方向为轴线所做的进动一样。

可以证明,不论原来电子的磁矩与磁场方向之间的夹角是何值,在磁场 $\boldsymbol{B}_0$ 中,角动量 $\boldsymbol{L}$ 进动的方向总是和 $\boldsymbol{B}_0$ 满足右手螺旋定则,如图 7.6.1(a)、(b) 所示。电子的进动也相当于一个圆电流,电子带负电,因电子进动而产生的等效电流的附加磁矩 $\Delta \boldsymbol{p}_{\mathrm{m,e}}$,总是与外磁场 $\boldsymbol{B}_0$ 的方向相反,电子附加磁矩 $\Delta \boldsymbol{p}_{\mathrm{m,e}}$ 的总和即为分子的附加磁矩 $\Delta \boldsymbol{p}_{\mathrm{m}}$,也总是与外磁场 $\boldsymbol{B}_0$ 反向。对电子及原子核的自旋,外磁场也产生相同的效果。

因此,在外磁场的力矩作用下,一个分子内的所有电子和原子核都产生与外磁场方向相反的附加磁矩,这些附加磁矩的矢量和称为该分子在外磁场中所产生的感应磁矩。感应磁矩的方向总是和外磁场的方向相反的。由于感应磁矩要激发一个附加磁场,其方向与外磁场方向相反(这种现象称为抗磁质的磁化),它对外磁场起着抵消的作用,所以抗磁质磁化后使磁介质中的磁场 B 稍小于 B_0。

一般抗磁质的抗磁性很弱,而且从以上讨论可以看到抗磁性与温度关系不大,这些都是与实验事实符合的。应当指出,顺磁质的分子在外磁场中也要产生感应磁矩,但是在实验室通常能获得的磁场中,一个分子所产生的感应磁矩要比分子的固有磁矩小得多,所以顺磁质分子的感应磁矩和固有磁矩相比,前者的效果可以忽略不计。所以与顺磁性不同,抗磁性存在于一切磁介质中。只是由于顺磁质中的顺磁性比抗磁性强,所以才成为顺

磁质。

7.6.3　磁化规律

1. 磁化强度

电介质在外电场 $\boldsymbol{E}_0$ 中极化时，可引入极化强度矢量 $\boldsymbol{P}$ 来描述电介质的极化程度和方向。类似地，磁介质在外磁场 $\boldsymbol{B}_0$ 中磁化时，我们引入**磁化强度**(magnetization intensity)矢量 $\boldsymbol{M}$ 来描述磁介质的磁化强弱程度和方向。由以上讨论可知，无论是顺磁质还是抗磁质，在未加外磁场时，磁介质宏观上的一个小体积 ΔV 内，分子磁矩的矢量和等于零，但是当磁介质放在外磁场中被磁化后，介质小体积 ΔV 内分子总磁矩将不为零。顺磁质中分子的固有磁矩排列得越整齐，它们的矢量和就越大；抗磁质中分子的附加磁矩越大，它们的矢量和也越大。小体积 ΔV 内，分子磁矩矢量和的大小反映了介质被磁化的强弱程度。为了描述这种磁化的强弱程度，我们定义磁化强度矢量 $\boldsymbol{M}$ 为：在外磁场作用下，单位体积内分子磁矩的矢量和。数学上表示为

$$\boldsymbol{M} = \frac{\sum \boldsymbol{p}_{\mathrm{m}}}{\Delta V} \tag{7.6.11}$$

式中，ΔV 为磁介质内某点处的一个小体积。需要指出的是，宏观上 ΔV 要取得足够小，使磁化强度 $\boldsymbol{M}$ 能足够精确地描述空间各点处磁介质的磁化程度，而微观上 ΔV 又要足够大，使其内部包含足够多的分子。

顺磁质和抗磁质的磁化强度都随外磁场的增强而增大。实验证明，在通常实验条件下，各向同性的顺磁质或抗磁质（以及铁磁质在磁场较弱时）的磁化强度和外磁场 $\boldsymbol{B}$ 成正比，其关系可以表示为

$$\boldsymbol{M} = \frac{\mu_{\mathrm{r}} - 1}{\mu_0 \mu_{\mathrm{r}}} \boldsymbol{B} \tag{7.6.12}$$

式中，μ_{r} 为物质的相对磁导率。

对于顺磁质，上式中 $\boldsymbol{M}$ 的方向与外磁场的方向相同。顺磁质的磁化和有极分子电介质的电极化有部分类似，都来源于取向作用。也有不同，顺磁质磁化后产生的附加磁场 $\boldsymbol{B}'$ 与外磁场 $\boldsymbol{B}_0$ 方向相同，而电介质极化后所产生的附加电场 $\boldsymbol{E}'$ 总是与外加电场 $\boldsymbol{E}_0$ 方向相反。对于抗磁质，上式中 $\boldsymbol{M}$ 的方向与外磁场的方向相反。

$\boldsymbol{M}$ 一般是空间位置的函数。如果磁介质中各点的 $\boldsymbol{M}$ 相同，则磁介质被均匀磁化。

在国际单位制中，磁化强度 $\boldsymbol{M}$ 的单位为安[培]/米，符号为 $\mathrm{A \cdot m^{-1}}$，它的量纲和面电流密度的量纲相同。

2. 磁化强度与磁化电流的关系

根据上面的讨论，一块均匀的顺磁质放到外磁场中时，它的分子的固有磁矩要沿着磁场方向取向。一块均匀的抗磁质放到外磁场中时，它的分子要产生方向相反的感应磁矩。对于各向同性均匀的磁介质，考虑和这些磁矩相对应的小圆电流，将呈有规则地排列在磁介质内部，于是在宏观上将在磁介质表面形成电流。如图 7.6.2(a) 所示，长直载流螺线管内部的磁场沿轴线方向均匀分布，磁介质中的分子磁矩在磁场作用下沿外场排列。从螺线

管中磁介质的一个横截面上可以看出分子圆电流的分布,如图 7.6.2(b) 所示,在磁介质内部各处总是有相反的电流流过,它们的磁作用相互抵消了。但在磁介质表面上,这些小圆电流的外面部分未被抵消,它们都沿着相同方向流动,这些表面上的小圆电流的总效果相当于在磁介质表面上有一层电流流过。这种电流叫**磁化电流**(magnetization current),也叫**束缚电流**(bound current)。在图 7.6.2(a) 中,介质表面的磁化电流可以用面磁化电流密度 j' 描述。磁化电流是分子内电荷运动一段段接合而成的,不同于导体中自由电荷定向移动而形成的传导电流,相比之下,导体中的传导电流可以称为**自由电流**(free current)。

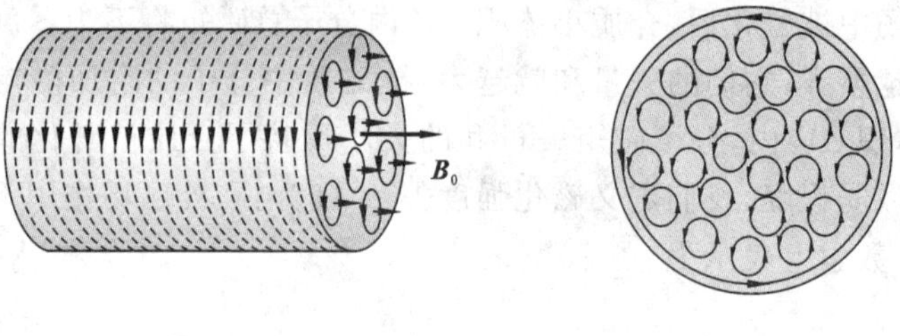

图 7.6.2　磁介质表面磁化电流的产生

正如电介质的极化电荷与极化强度密切有关,磁介质的磁化电流也与磁化强度密切相关。下面来讨论它们的关系。

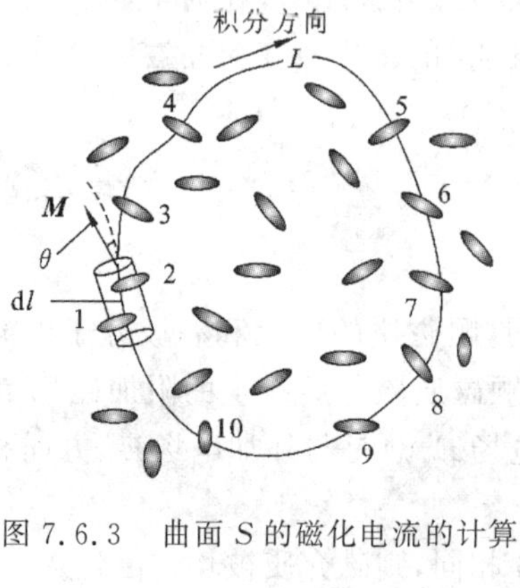

图 7.6.3　曲面 S 的磁化电流的计算

我们来计算磁介质内以 L 为边线的任一曲面 S 的磁化电流 I'。由图 7.6.3 可知,只有那些环绕曲线 L 的分子电流才对 I' 有贡献(如图中的 1,2,…,10),因为其他分子电流或者不穿过曲面 S,或者沿相反方向穿过两次而抵消。因此,求出环绕 L 的分子电流个数再乘以分子电流值便可求得 I'。先计算环绕 L 的某一元段 $\mathrm{d}l$ 的分子电流个数。由于 $\mathrm{d}l$ 很短,可以认为 $\mathrm{d}l$ 内各点的磁化强度 $\boldsymbol{M}$ 相同(尽管 $\boldsymbol{M}$ 在整个曲线 L 上可以不同)。为简单起见,假定 $\mathrm{d}\boldsymbol{l}$ 附近各分子磁矩都取与 $\boldsymbol{M}$ 完全相同的方向。以 $\mathrm{d}l$ 为轴作一斜圆柱体,其两底与分子电流所在平面平行(即与 $\boldsymbol{M}$ 垂直),底的半径等于分子电流的半径。这样,只有中心在柱体内的分子电流(图中的 1 和 2) 才环绕 $\mathrm{d}l$。设单位体积的分子数为 n,则中心在柱体内的分子数为 $nA\,\mathrm{d}l\cos\theta$($A$ 是柱底的面积,θ 是 $\boldsymbol{M}$ 与 $\mathrm{d}\boldsymbol{l}$ 的夹角)。这些分子贡献的电流是

$$\mathrm{d}I' = I_{\mathrm{m}} nA\,\mathrm{d}l\cos\theta \tag{7.6.13}$$

式中,I_{m} 是每个分子电流的大小,故 $I_{\mathrm{m}}A$ 是分子磁矩的大小,$nI_{\mathrm{m}}A$ 是磁化强度的大小,即 M,因此

$$\mathrm{d}I' = M\mathrm{d}l\cos\theta = \boldsymbol{M}\cdot\mathrm{d}\boldsymbol{l} \tag{7.6.14}$$

如果 $\mathrm{d}\boldsymbol{l}$ 恰巧是物质表面上沿表面的一个长度元,则 $\mathrm{d}l$ 将表现为面磁化电流。$\mathrm{d}I'/\mathrm{d}l$

称为面磁化电流密度。以 j' 表示面磁化电流密度，则由式(7.6.14)，可得

$$j' = \frac{\mathrm{d}I'}{\mathrm{d}l} = M\cos\theta = M_l \qquad (7.6.15)$$

即面磁化电流密度等于该表面处磁化强度沿表面的分量。当 $\theta = 0$，即 $\boldsymbol{M}$ 与表面平行时，有

$$j' = M \qquad (7.6.16)$$

磁化电流 j' 方向与 $\boldsymbol{M}$ 垂直。

现在来求在磁介质内与任意闭合路径 L 相铰链的(或闭合路径 L 包围的)总磁化电流，应该等于与 L 上各长度元相铰链的磁化电流的积分，于是以 L 为边线的整个曲面 S 的磁化电流为

$$I' = \oint_L \mathrm{d}I' = \oint_L \boldsymbol{M} \cdot \mathrm{d}\boldsymbol{l} \qquad (7.6.17)$$

式(7.6.17)说明，磁介质中任一曲面 S 的磁化电流 I' 等于磁化强度 $\boldsymbol{M}$ 沿这曲面的边线 L 的积分(磁化强度沿闭合路径 L 的环流)。不难看出，这一关系对应于电介质中某体积 V 内极化电荷 q' 与 $\boldsymbol{P}$ 的关系 $q' = -\oiint_S \boldsymbol{P} \cdot \mathrm{d}\boldsymbol{S}$(其中 S 是体积 V 的边界面)。

7.6.4 磁介质中的高斯定理和安培环路定理

1. 磁介质中的高斯定理

物质放在磁场中时，它受到磁场的作用要产生磁化电流，磁化电流又会反过来影响磁场的分布。如前所述，这时任一点的磁感应强度 $\boldsymbol{B}$ 应是自由电流的磁场 $\boldsymbol{B}_0$ 和磁化电流的磁场 $\boldsymbol{B}'$ 的矢量和，即 $\boldsymbol{B} = \boldsymbol{B}_0 + \boldsymbol{B}'$。由于磁化电流与传导电流在产生磁场方面是等效的，二者的磁感应线均为闭合曲线，都属于涡旋场。因此，有磁介质存在时，高斯定理仍成立，即

$$\oint_S \boldsymbol{B} \cdot \mathrm{d}\boldsymbol{S} = 0 \qquad (7.6.18)$$

式(7.6.18)在形式上与真空中磁场的高斯定理完全相同，但上式中的 $\boldsymbol{B}$ 应理解为自由电流激发的磁场 $\boldsymbol{B}_0$ 和磁化电流激发的磁场 $\boldsymbol{B}'$ 的合磁场。因此，式(7.6.18)是普遍情况下稳恒磁场的高斯定理。

2. 磁介质中的安培环路定理

当空间的传导电流分布和磁介质的性质已知时，原则上应能求得空间各点的磁感应强度 $\boldsymbol{B}$。然而，如果从毕奥-萨伐尔定律出发求 $\boldsymbol{B}$，必须知道全部电流(包括传导电流和磁化电流)的分布，而磁化电流依赖于磁化情况(磁化强度 $\boldsymbol{M}$)，磁化情况又依赖于总的磁感应强度 $\boldsymbol{B}$，这就形成计算上的循环。所以，物质和磁场的相互影响呈现一种比较复杂的关系。这种复杂关系也可以类似研究电介质和电场的相互影响那样，通过引入适当的物理量加以简化。下面我们通过安培环路定理来导出这种简化表达式。

根据7.3节的安培环路定理，$\boldsymbol{B}$ 沿任一闭合曲线 L 的积分满足

$$\oint_L \boldsymbol{B} \cdot \mathrm{d}\boldsymbol{l} = \mu_0 \sum I_{内} \qquad (7.6.19)$$

式中,$\sum I_{内}$ 是通过以 L 为边界的任一曲面的电流。当场中存在磁介质时,只要把电流理解为既包括传导电流又包括磁化电流,式(7.6.19)仍然成立。以 $\sum I_0$ 及 I' 分别代表穿过闭曲线 L 的传导电流的代数和与磁化电流,则上式可以改写为

$$\oint_L \boldsymbol{B} \cdot \mathrm{d}\boldsymbol{l} = \mu_0 \left(\sum I_0 + I' \right) \tag{7.6.20}$$

将式(7.6.17)代入上式消去 I',得到

$$\oint_L \boldsymbol{B} \cdot \mathrm{d}\boldsymbol{l} = \mu_0 \left(\sum I_0 + \oint_L \boldsymbol{M} \cdot \mathrm{d}\boldsymbol{l} \right) \tag{7.6.21}$$

即

$$\oint_L \left(\frac{\boldsymbol{B}}{\mu_0} - \boldsymbol{M} \right) \cdot \mathrm{d}\boldsymbol{l} = \sum I_0 \tag{7.6.22}$$

在此,类似电介质中引入电位移矢量 $\boldsymbol{D}$,我们引入一辅助物理量表示积分号内的合矢量,称为**磁场强度**(magnetic field intensity)矢量,并以 $\boldsymbol{H}$ 表示,即定义

$$\boldsymbol{H} = \frac{\boldsymbol{B}}{\mu_0} - \boldsymbol{M} \tag{7.6.23}$$

则式(7.6.22)就可表示为

$$\oint_L \boldsymbol{H} \cdot \mathrm{d}\boldsymbol{l} = \sum I_0 \tag{7.6.24}$$

上式称为有磁介质时的安培环路定理,又叫 $\boldsymbol{H}$ 的环路定理,是电磁学的一条基本定律。它说明沿任一闭合路径磁场强度的环流等于该闭合路径所包围的传导电流的代数和。上式中的电流并不包括磁化电流,不管在真空还是在介质中都成立。在真空的情况下,$\boldsymbol{M} = 0$,式(7.6.24)还原为式(7.6.19)。

3. $\boldsymbol{H}$,$\boldsymbol{B}$,$\boldsymbol{M}$ 三矢量之间的关系

式(7.6.23)是磁场强度的定义式,表示了磁介质中任一点处磁感应强度 $\boldsymbol{B}$、磁场强度 $\boldsymbol{H}$ 和磁化强度 $\boldsymbol{M}$ 之间的普遍关系。在国际单位制中磁场强度 $\boldsymbol{H}$ 的单位是安/米($\mathrm{A \cdot m^{-1}}$),和磁化强度 $\boldsymbol{M}$ 的单位相同。通常将式(7.6.23)改写成

$$\boldsymbol{B} = \mu_0 \boldsymbol{H} + \mu_0 \boldsymbol{M} \tag{7.6.25}$$

对于各向同性的磁介质,将式(7.6.12)中的 $\boldsymbol{M}$ 代入式(7.6.25),可得

$$\boldsymbol{H} = \frac{\boldsymbol{B}}{\mu_0 \mu_r} \tag{7.6.26}$$

因为物质的磁导率 $\mu = \mu_0 \mu_r$,这样,式(7.6.26)还可以写成

$$\boldsymbol{B} = \mu_r \mu_0 \boldsymbol{H} = \mu \boldsymbol{H} \tag{7.6.27}$$

将式(7.6.27)代入式(7.6.12)中,可得

$$\boldsymbol{M} = (\mu_r - 1)\boldsymbol{H} = \chi_m \boldsymbol{H} \tag{7.6.28}$$

式中,$\chi_m = \mu_r - 1$ 称为磁介质的**磁化率**(magnetic susceptibility)。

对于顺磁质,由于 $\mu_r > 1$,所以 $\chi_m > 0$;对于抗磁质,由于 $\mu_r < 1$,所以 $\chi_m < 0$。在真空

中 $\boldsymbol{M}=0$，$\chi_m=0$，$\boldsymbol{B}=\mu_0\boldsymbol{H}$。磁介质的磁化率 χ_m、相对磁导率 μ_r 和磁导率 μ 都是描述磁介质磁化特性的物理量，只要知道三个量其中之一，其余两个量就可确定，也就是磁介质的性质就完全清楚了。

为了能形象地表示出磁场中磁场强度 $\boldsymbol{H}$ 的分布，类似于用磁感应线描述磁感应强度 $\boldsymbol{B}$ 分布的方法，我们也可以引入 $\boldsymbol{H}$ 线来描述磁场。$\boldsymbol{H}$ 线与 $\boldsymbol{H}$ 矢量的关系规定如下：$\boldsymbol{H}$ 线上任一点的切线方向和该点 $\boldsymbol{H}$ 矢量的方向相同，$\boldsymbol{H}$ 线的密度(即在与 $\boldsymbol{H}$ 矢量垂直的单位面积上通过的 $\boldsymbol{H}$ 线数目)和该点的 $\boldsymbol{H}$ 矢量的大小相等。从式(7.6.27)可知，在各向同性的均匀磁介质中，通过任何截面的磁感应线的数目是通过同一截面 $\boldsymbol{H}$ 线的 μ 倍。

顺便指出，在描述磁介质磁化和电介质极化时，分别引入了三个矢量：$\boldsymbol{H}$，$\boldsymbol{B}$，$\boldsymbol{M}$ 和 $\boldsymbol{D}$，$\boldsymbol{E}$，$\boldsymbol{P}$。要注意它们的对应关系，磁化强度 $\boldsymbol{M}$ 和电极化强度 $\boldsymbol{P}$ 对应，它们描述了介质被磁化或极化的程度；磁感应强度 $\boldsymbol{B}$ 和电场强度 $\boldsymbol{E}$ 对应，它们是描述磁场和电场的基本物理量；磁场强度 $\boldsymbol{H}$ 和电位移 $\boldsymbol{D}$ 对应，它们是描述介质中磁场和电场的辅助物理量。名称问题是由于历史原因造成的，关键要理解物理量的物理含义。

7.6.5　有磁介质存在时磁场的分析和计算

类似于在静电场中引入电位移矢量后，能够很方便地根据带电体和电介质对称性分布，运用高斯定理求解电介质中电场问题。同样，在我们引入了磁场强度 $\boldsymbol{H}$ 这个辅助量之后，在磁介质中，可以根据传导电流和磁介质的对称性分布，先由磁介质的安培环路定理求出磁场强度 $\boldsymbol{H}$ 的分布，然后根据式(7.6.27)中 $\boldsymbol{B}$ 与 $\boldsymbol{H}$ 的关系求出磁感应强度 $\boldsymbol{B}$ 的分布；再由式(7.6.12)及式(7.6.17)还能进一步求出磁化电流的分布。

例 7.6.1　如图 7.6.4 所示，细螺绕环内充以相对磁导率 $\mu_r=1000$ 的均匀磁介质，环上均匀绕着线圈，其匝数密度 $n=500\ \mathrm{m^{-1}}$，线圈中通以电流 $I=2.0$ A。求：

(1) 螺绕环磁介质内的磁场强度大小？

(2) 磁感应强度大小？

(3) 磁化强度大小？

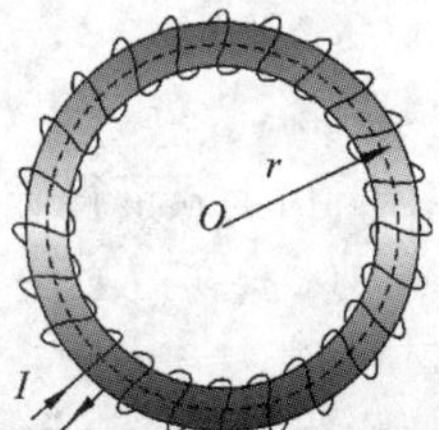

图 7.6.4　例 7.6.1 图

解　(1) 根据电流分布的对称性，与螺绕环共轴的圆周上各点磁场强度的大小相等，方向沿圆周的切线，利用磁介质中的安培环路定理，可以求出磁介质的磁场强度

$$\oint_L \boldsymbol{H}\cdot\mathrm{d}\boldsymbol{l}=\sum I_0$$

因为是细螺绕环，选择平均半径为 r 的圆环作为积分路径，根据上式，可以写出

$$2\pi rH=2\pi rnI$$

所以磁介质环内的磁场强度为

$$H=nI=500\times2.0\,(\mathrm{A\cdot m^{-1}})=1.0\times10^3\,(\mathrm{A\cdot m^{-1}})$$

(2) 磁介质环内的磁感应强度为

$$B=\mu_0\mu_r H=4\pi\times10^{-7}\times1000\times1.0\times10^3\,(\mathrm{T})\approx1.3\,(\mathrm{T})$$

(3) 磁介质环内的磁化强度为

$$M=\frac{B}{\mu_0}-H=(\mu_r-1)H=(1000-1)\times 1.0\times 10^3(\mathrm{A\cdot m^{-1}})$$
$$\approx 1.0\times 10^6(\mathrm{A\cdot m^{-1}})$$

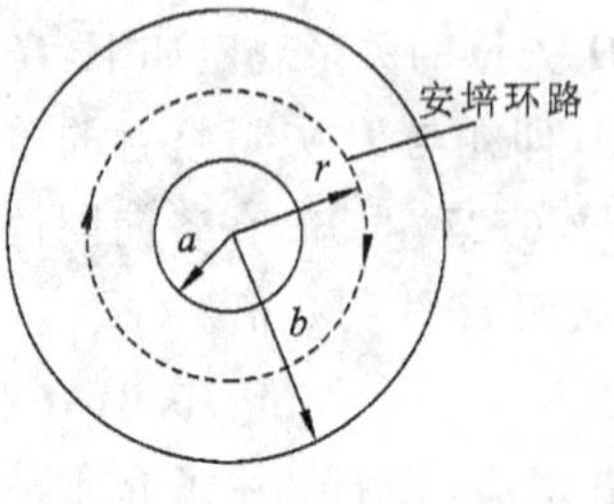

图 7.6.5 例 7.6.2 图

例 7.6.2 如图 7.6.5 所示,一同轴电缆由半径为 a 的长直金属导体芯和半径为 b 的长直导体圆筒组成。两者之间充满相对磁导率为 μ_r 的均匀磁介质。电流由中心金属导体流入(垂直纸面向内),由外导体圆筒流回。求:

(1) 磁介质中的磁感应强度分布?

(2) 紧贴导体芯的磁介质内表面上的磁化电流?

(3) 磁介质内表面面磁化电流密度?

解 (1) 轴对称的圆柱体电流所产生的 $\boldsymbol{B}$ 和 $\boldsymbol{H}$ 的分布具有轴对称性。$\boldsymbol{B}$ 线和 $\boldsymbol{H}$ 线都处在垂直于轴线的平面内,并以轴线为圆心的同心圆。在距离轴线为 r 处取一圆心在轴上的圆形闭合回路 L,对此圆周应用 $\boldsymbol{H}$ 的环路定理,有

$$\oint_L \boldsymbol{H}\cdot \mathrm{d}\boldsymbol{l}=2\pi rH=I$$

由此得,磁介质中的磁场强度

$$H=\frac{I}{2\pi r}\quad (a<r<b)$$

利用式(7.6.27),可得磁介质中磁感应强度为

$$B=\mu H=\frac{\mu_0\mu_r I}{2\pi r}\quad (a<r<b)$$

(2) 由上式可得磁介质内表面半径为 a 处的磁感应强度为

$$B_1=\mu H_1=\frac{\mu_0\mu_r I}{2\pi a}$$

另外,利用 $\boldsymbol{B}$ 的安培环路定理,可得

$$\oint_L \boldsymbol{B}\cdot \mathrm{d}\boldsymbol{l}=B_1\cdot 2\pi a=\mu_0(I+I')$$

即

$$B_1=\frac{\mu_0(I+I')}{2\pi a}$$

与前面得到的 $B_1=\dfrac{\mu_0\mu_r I}{2\pi a}$ 进行比较,可得磁介质内表面上的磁化电流

$$I'=(\mu_r-1)I$$

(3) 利用式(7.6.12)及式(7.6.16)可以得到介质内表面的面磁化电流密度

$$j'=\frac{(\mu_r-1)I}{2\pi a}$$

7.7 铁 磁 质

铁磁质是一类特殊的磁介质，也是最有用的磁介质。铁、镍、钴等金属及其合金通常称为铁磁质，它们的磁性比顺磁质或抗磁质要复杂得多。主要有以下特点：

(1) 能产生非常大的附加磁场 $\boldsymbol{B}'$，甚至千百倍于外磁场 $\boldsymbol{B}_0$，而且同方向。

(2) $\boldsymbol{B}$ 和 $\boldsymbol{H}$ 不是线性关系，是一复杂的函数关系，即相对磁导率 μ_r 很大，但是 μ_r 不是常量，它随磁场强度 H 而变化。

(3) $\boldsymbol{B}$ 的变化落后于 $\boldsymbol{H}$ 的变化，称为磁滞现象，当 $H=0$ 时，$B\neq 0$，有剩磁现象。

(4) 各种不同铁磁质有一临界温度 T_C，当 $T>T_C$ 时，失去铁磁性，成为一般的顺磁质。T_C 称为铁磁质的居里点(Curie point)。如铁的居里点为 1040 K，镍的居里点是 630 K 等。

7.7.1 磁化曲线

铁磁质的磁化规律可以通过实验来进行研究。我们以铁磁质为心制成如图7.7.1所示的螺绕环。线圈中通以励磁电流 I 时，铁磁质就被磁化，环中的磁场强度为

$$H=\frac{NI}{2\pi r}$$

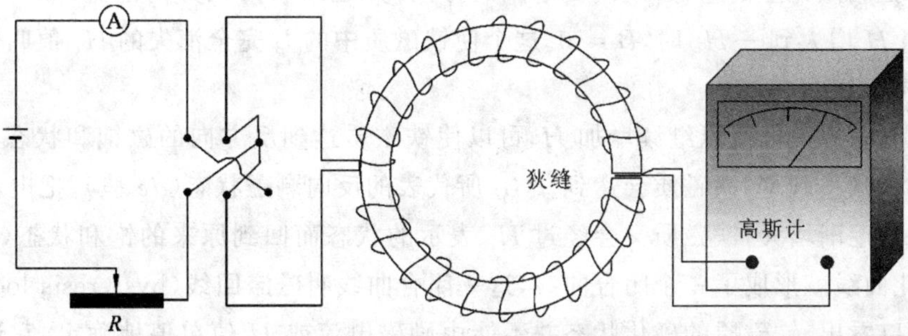

图 7.7.1　磁滞回线测试

式中，N 为环上线圈总匝数；r 为环的平均半径。在铁磁质环状样品中切开一个很窄的缝，用依据霍尔效应制成的高斯计可以测出狭缝处的磁感应强度 B。改变电流就可以得到一系列对应的 $\boldsymbol{H}$ 和 $\boldsymbol{B}$ 值，从而画出 $\boldsymbol{H}$ 和 $\boldsymbol{B}$ 的关系曲线，这种表示试样磁化特点的关系曲线称为**磁化曲线**(magnetization curve)。此外根据公式 $\boldsymbol{M}=\dfrac{\boldsymbol{B}}{\mu_0}-\boldsymbol{H}$ 及 $\boldsymbol{H}=\mu\boldsymbol{B}$，可以计算出磁化强度 M 和磁导率 μ。

如果试样从完全没有磁化开始，逐渐增大电流 I。从而逐渐增大 H，那么所得的磁化曲线称为起始磁化曲线，一般如图 7.7.2 所示。开始时，$H=0$，$B=0$，磁介质处于未磁化状态。当逐渐增大线圈中的电流时，H 值逐渐增大，B 也逐渐增大，相当于曲线中的 0～1 段；当 H 继续增大，B 急剧增大，相当于曲线中的 1～2 段；H 再继续增大，B 值增加变得缓

慢,相当于曲线中的 $2 \sim a$ 段;当 H 到达某一值后再增大时,B 就几乎不再随 H 增大而增大了,这时铁磁质试样到达了一种磁饱和状态,它的磁化强度 M 达到了最大值。

根据 $\mu_r = B/\mu_0 H$,可以求出不同 H 值时的 μ_r 值,μ_r 随 H 变化的关系曲线也对应地画在图 7.7.2 中。

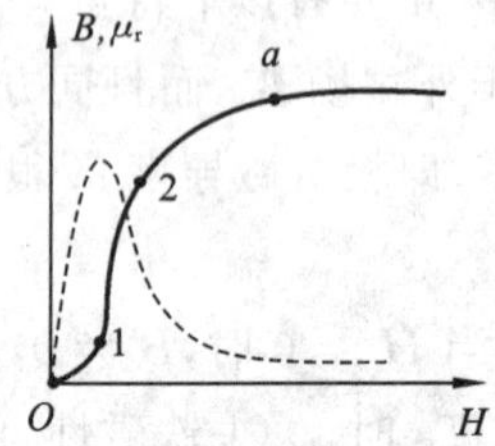

图 7.7.2　起始磁化曲线

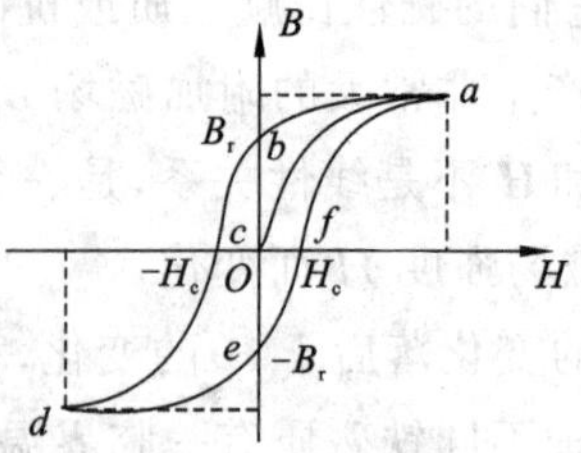

图 7.7.3　磁滞回线

实验证明,各种铁磁质的起始磁化曲线都是"不可逆"的,即当铁磁质达到磁饱和后,如果慢慢减小磁化电流以减小 H 值,铁磁质中的 B 并不沿起始磁化曲线逆向逐渐减小,而是减小得比原来增加时慢。如图 7.7.3 中 ab 线段所示,当 $I = 0$ 时,$H = 0$,但 B 并不等于 0,而是还保持一定的值,这种现象叫**磁滞效应**(hysteresis effect)。H 恢复到零时铁磁质内仍然保留的磁化状态叫**剩磁**(remanent magnetization),相应的磁感应强度用 B_r 表示。

要想把剩磁完全消除,必须改变电流的方向,并逐渐增大该方向电流(图 7.7.3 中的 bc 段),当 H 增大到 $-H_c$ 时,$B = 0$。这个使铁磁质中的 B 完全消失的 H_c 值叫铁磁质的**矫顽力**(coercive force)。

再增大该方向电流以继续增加 H,可以使铁磁质达到反方向的磁饱和状态(cd 段)。将反向电流减小到零,铁磁质会达到 $-B_r$ 所代表的反向剩磁状态(de 段)。把电流改回原来的方向并逐渐增大,铁磁质又会经过 H_c 表示的状态而回到原来的饱和状态(efa 段)。这样,磁化曲线就形成了一个闭合曲线,这一闭合曲线叫**磁滞回线**(hysteresis loop)。由磁滞回线可以看出,铁磁质的磁化状态并不能由励磁电流或 H 值单值地确定,它还取决于该铁磁质此前的磁化历史。

实验还表明,铁磁质反复磁化会使磁介质本身发热,造成能量损耗,称为**磁滞损耗**(hysteresis loss),磁滞损耗的大小与磁滞回线所围面积成正比。

人们常根据铁磁材料矫顽力 H_c 的大小,将铁磁材料主要分为两大类。纯铁、硅钢、坡莫合金(含铁、镍)、铁氧体等材料的矫顽力 H_c 很小,因而磁滞回线比较瘦小(图 7.7.4),磁滞损耗也较小。这些材料叫**软磁材料**(soft magnetic material),常用于做继电器、变压器和电磁铁的铁心。碳钢、钨钢、铝镍钴合金(含 Fe,Al,Ni,Co,Cu) 等材料具有较大的矫顽力 H_c,剩磁也大,因而磁滞回线显得胖而大(图7.7.5),它们一旦磁化后对外加的较弱磁场有较大的抵抗力,或者说它们对于其磁化状态有一定的"记忆能力",这种材料叫**硬磁材料**(hard magnetic material),常用来做永久磁体、记录磁带或电子计算机的记忆元件。此外,还有磁滞回线接近矩形的矩磁材料。

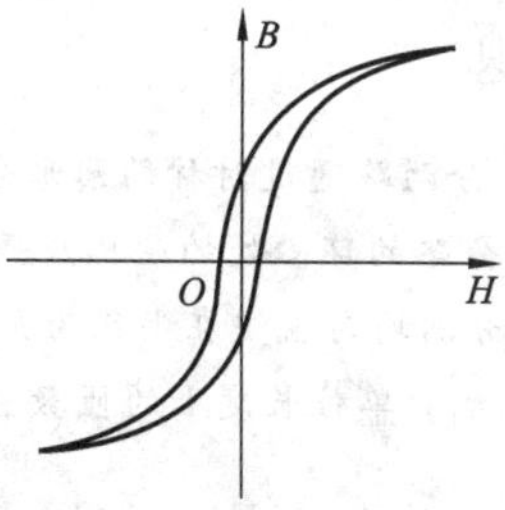

图 7.7.4　软磁材料

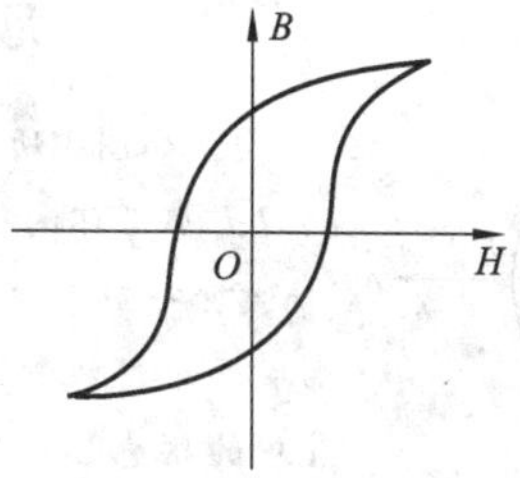

图 7.7.5　硬磁材料

7.7.2　磁畴理论

铁磁质的磁化特性可以用**磁畴**(magnetic domain) 理论来解释。根据固体结构理论，铁磁质相邻原子的电子间存在很强的“交换作用”，使得在无外场情况下电子自旋磁矩能平行地排列起来，形成一个自发磁化达到饱和的微小区域(体积约为 $10^{-9} \sim 10^{-5}$ cm^3，可以包含 $10^{17} \sim 10^{21}$ 个原子)，我们把铁磁质中这些小区域称为磁畴。

在未被磁化的铁磁质中，虽然每一个磁畴内部有确定的自发磁化方向，但各个磁畴的磁化方向杂乱无章，如图 7.7.6 所示，因而整个铁磁质在宏观上没有明显的磁性。

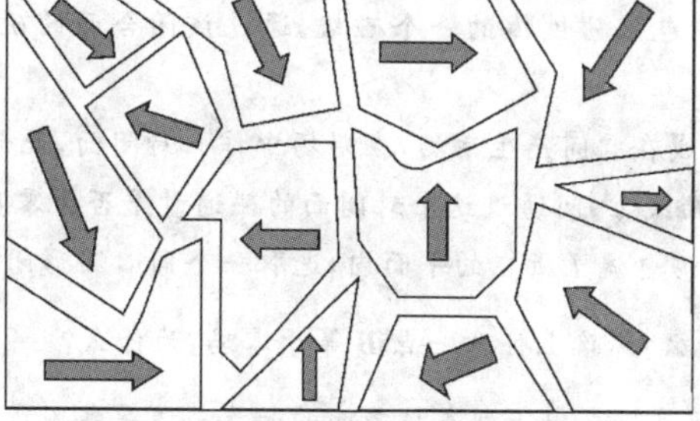

图 7.7.6　磁畴

在外磁场 $\boldsymbol{H}$ 中，与 $\boldsymbol{H}$ 方向夹角较小的磁畴逐渐扩展自己的范围(称为壁移运动) 并使自发磁化方向逐渐转向 $\boldsymbol{H}$ 方向(称为磁畴转向)。外磁场较强时，当所有磁畴都沿 $\boldsymbol{H}$ 方向而整齐排列时，将达到磁饱和状态。图 7.7.7 表示了这个过程。

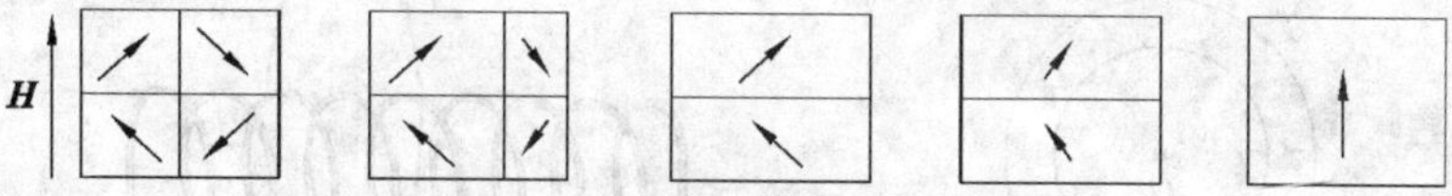

图 7.7.7　铁磁滞磁化过程

磁滞现象可以用磁畴的畴壁很难完全恢复原来的形状来说明。如果撤去外磁场，磁畴的某些规则排列将被保存下来，使铁磁质保留部分磁性，这就是剩磁。

当温度升高到居里点时，剧烈的热运动使磁畴全部瓦解，这时铁磁质就成为一般的顺磁质了。

思 考 题

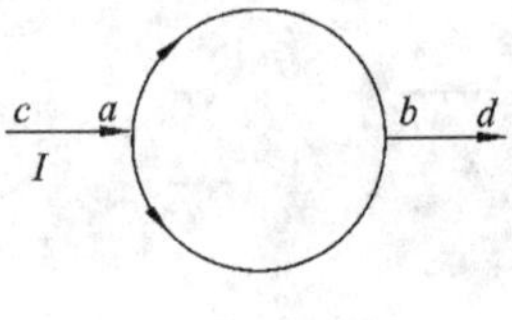

图 1　思考题 1 图

1. 如图 1 所示,电流从点 a 分两路通过对称的圆形分路,汇合于点 b,若 ca,bd 都沿环的径向,则在环形分路的环心处的磁感应强度为多大?

2. 一载有电流 I 的细导线分别均匀密绕在半径为 R 和 r 的长直圆筒上形成两个螺线管($R=2r$),两螺线管单位长度上的匝数相等。试判断两螺线管中的磁感应强度的关系。

3. 从毕奥-萨伐尔定律能导出无限长载流直导线的磁场公式 $B=\dfrac{\mu_0 I}{2\pi a}$,当考察点无限接近导线时($a\rightarrow 0$),则 $B\rightarrow\infty$,这是没有物理意义的,请解释。

4. 两个共面同心的圆电流 I_1,I_2,其半径分别为 R_1,R_2,问它们之间满足什么关系时,圆心处的磁感应强度为零。

5. 两根通有同样电流的长直导线十字交叉放在一起,交点处绝缘,如图 2 所示。问此两导线所在的平面上哪些地方的合磁场为零。

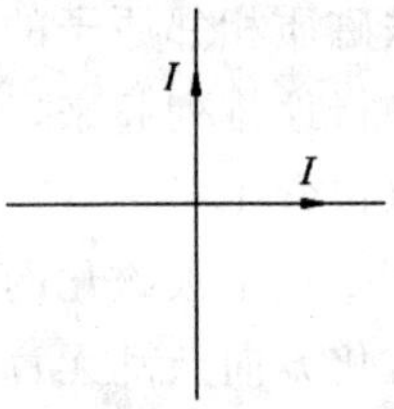

图 2　思考题 5 图

6. 一条磁感应线上的任意两点处的磁感应强度一定大小相等吗?

7. 有人作如下推理:"如果一封闭曲面上的磁感应强度 B 大小处处相等,则根据磁学中的高斯定理 $\oint_S \boldsymbol{B}\cdot \mathrm{d}\boldsymbol{S}=0$,可得到 $B\oint_S \mathrm{d}S=B\cdot S=0$,又因为 $S\neq 0$,故可以推知必有 $B=0$。"这个推理正确吗?为什么?

8. 对一个闭合的面,其中包围磁铁棒的一个磁极。通过该闭合面的磁通量为多少?

9. 有一无限长载流直导线在空间产生磁场,在磁场中作一封闭面,此封闭面是一个圆环的表面,载流直导线刚好在通过环心的轴线上。问通过这个封闭面的磁通量是否为零?

10. 如图 3 所示,在一圆形电流 I 所在的平面内,选取一个同心圆形闭合回路 L,则由安培环路定理可知 $\oint_L \boldsymbol{B}\cdot \mathrm{d}\boldsymbol{l}$ 等于零吗?为什么?环路上任意一点 $\boldsymbol{B}$ 等于零吗?为什么?

11. 能否用安培环路定理直接求出下列各种截面的长直载流导线附近的磁感应强度 $\boldsymbol{B}$:

(1) 圆形截面;

(2) 空心圆筒;

(3) 半圆形截面;

(4) 正方形截面。

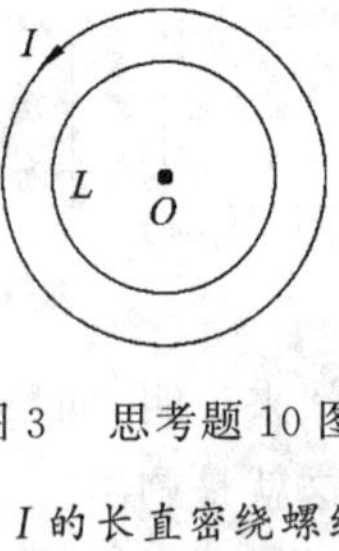

图 3　思考题 10 图

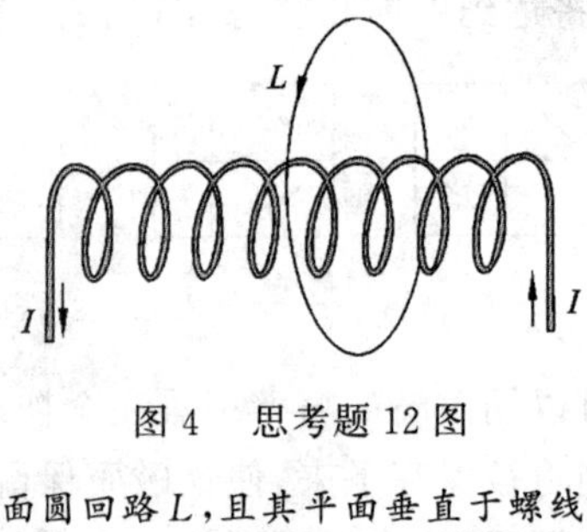

图 4　思考题 12 图

12. 在一载流为 I 的长直密绕螺线管外作一平面圆回路 L,且其平面垂直于螺线管的轴,圆心在轴上,如图 4 所示。则 $\oint_L \boldsymbol{B}\cdot \mathrm{d}\boldsymbol{l}=$?有人说,因为圆回路 L 上每一点的 $\boldsymbol{B}=0$,所以 $\oint_L \boldsymbol{B}\cdot \mathrm{d}\boldsymbol{l}=0$;又有人根据安培环路定理认为 $\oint_L \boldsymbol{B}\cdot \mathrm{d}\boldsymbol{l}=-\mu_0 I$,究竟哪种说法正确?

13. 能否利用磁场对带电粒子的作用力来增大粒子的动能？

14. 图 5 中 a,b,c,d,e 是从 O 点发出的一些带电粒子在方向垂直于纸面向里的磁场中的运动轨迹，问：

(1) 哪些轨迹是属于带正电的粒子？

(2) 哪些轨迹是属于带负电的粒子？

(3) a,b,c 三条表示同种粒子的轨迹中，哪条轨迹表明带电粒子速度(动能)最大？哪条最小？

15. 在磁场方向和电流方向一定的情况下，霍尔电压的正负与载流子的种类有关吗？导体所受的安培力的方向与载流子的种类有无关系？

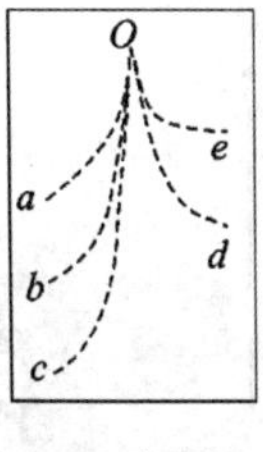

图 5　思考题 14 图

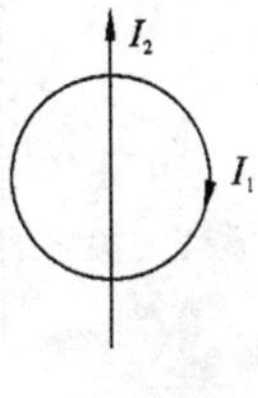

图 6　思考题 16 图

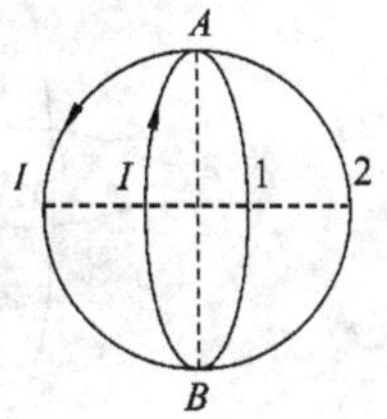

图 7　思考题 17 图

16. 长直电流 I_2 与圆形电流 I_1 共面，并与其一直径相重合(但两者间绝缘)，如图 6 所示。设长直电流不动，则圆形电流将怎样运动？

17. 有两个竖直放置的环形线圈，可以绕 AB 轴线自由转动，其配置状况如图 7 所示。通以如图所示的电流，问它们将如何运动？

18. 何谓顺磁质、抗磁质和铁磁质，它们的区别是什么？

19. 磁化电流与传导电流有何不同之处，又有何相同之处？

20. 在工厂里搬运烧到赤红的钢锭，为什么不能用电磁铁的起重机？

21. 试请分析说明铁磁材料的磁性比弱磁材料强许多的原因？

习　题　7

1. 有一螺线管长 $L = 20\ \text{cm}$，半径为 $r = 2\ \text{cm}$，导线中通有 $I = 5\ \text{A}$ 的电流，若在螺线管轴线中点处产生的磁感应强度为 $B = 6.16 \times 10^{-3}\ \text{T}$。试求该螺线管每单位长度有多少匝。

2. 将通有电流 I 的导线在同一平面内弯成如图 8 所示的形状，求点 D 的磁感应强度 $\boldsymbol{B}$ 的大小。

3. 在真空中，电流由长直导线 1 经点 a 流入一由电阻均匀的导线构成的正三角形金属线框，再由点 b 从三角形框流出，经长直导线 2 沿 cb 延长线方向返回电源(图 9)。已知长直导线上的电流为 I，三角框的每一边长为 l，求正三角形的中心点 O 处的磁感应强度 $\boldsymbol{B}$。

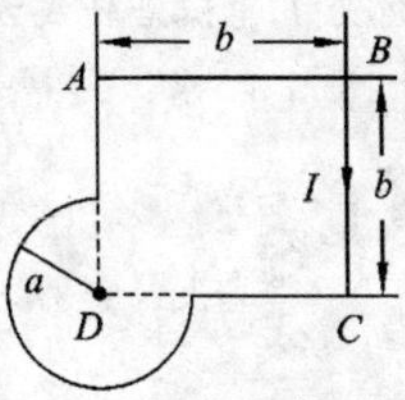

图 8　习题 2 图

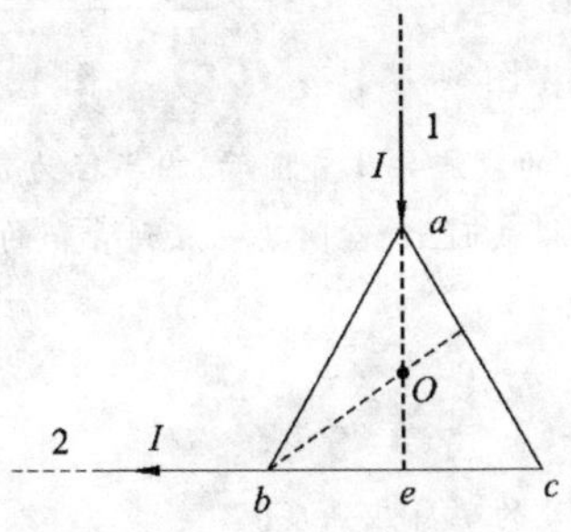

图 9　习题 3 图

4. 如图10所示,AA'和CC'为两个正交放置的圆形线圈,其圆心相重合。AA'线圈半径为20.0 cm,共10匝,通有电流10.0 A;而CC'线圈的半径为10.0 cm,共20匝,通有电流5.0 A。求两线圈公共中心点O的磁感应强度的大小和方向。

5. 宽为a,厚度不计的无限长通电铜片,电流I均匀分布,如图11所示,则与铜片共面,离铜片距离为b的点P的磁感应强度为多大?方向呢?

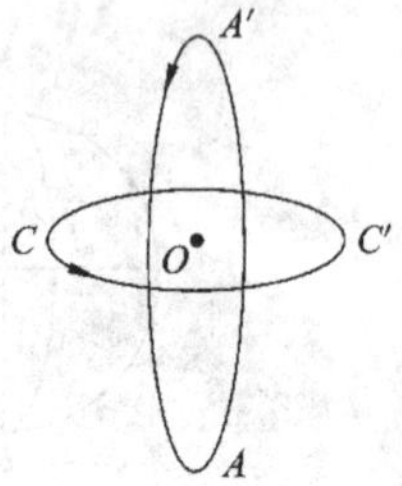

图10　习题4图

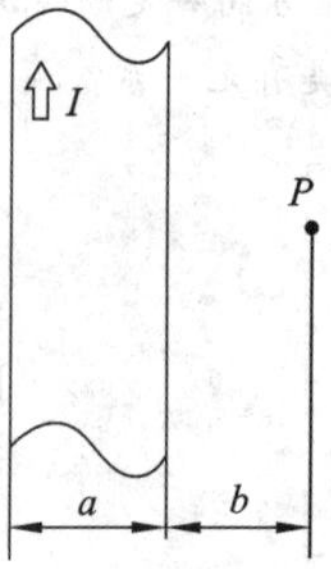

图11　习题5图

6. 已知空间各处的磁感应强度$\boldsymbol{B}$都沿x轴正方向,而且磁场是均匀的,$B=1$ T。求下列三种情形中,穿过一面积为2 m^2的平面的磁通量。

(1) 平面与yz平面平行;

(2) 平面与xz平面平行;

(3) 平面与y轴平行,又与x轴成45°角。

7. 在一根通有电流I的长直导线旁,与之共面地放着尺寸如图12的矩形线框,线框的短边与载流长直导线平行,且二者相距为a。在此情形中,穿过线框内的磁通量为多少?

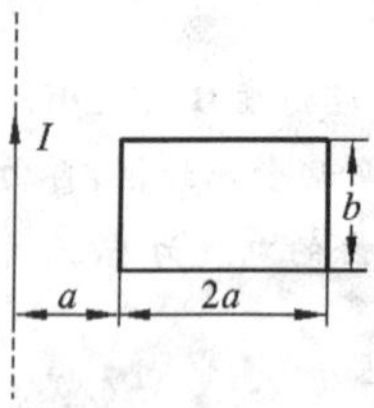

图12　习题7图

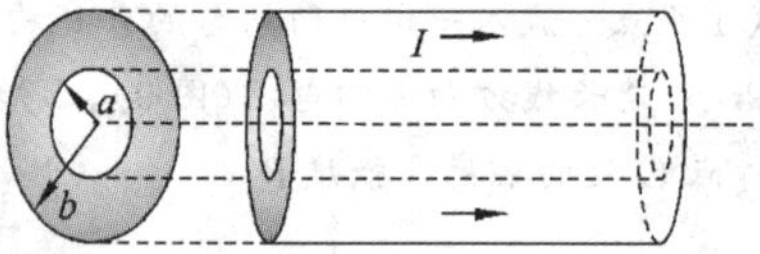

图13　习题8图

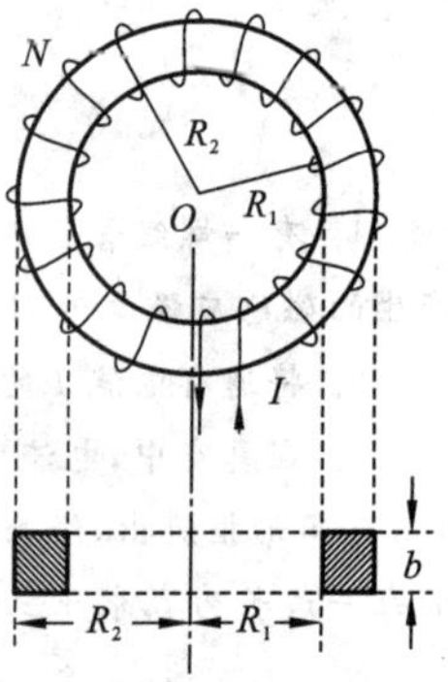

图14　习题9图

8. 有一很长的载流导体直圆管,内半径为a,外半径为b,电流为I,电流沿轴线方向流动,并且均匀的分布在管壁的横截面上。空间某一点到管轴的垂直距离r,如图13所示,求:

(1) $r<a$;

(2) $a<r<b$;

(3) $r>b$

以上三个区域各处的磁感应强度。

9. 如图14所示,横截面为矩形的环形螺线管,圆环内外半径分别为R_1和R_2,导线总匝数为N,绕得很密,若线圈通电流I,求:

(1) 穿过一个截面的磁通量；

(2) 在 $r<R_1$，$R_1<r<R_2$ 和 $r>R_2$ 各个区域的 B 值。

10. 一个正方形的线圈由外皮绝缘的细导线绕成，共有 200 匝，边长为 150 mm，放在 $B=4.0\ \mathrm{T}$ 的外磁场中，当导线通有电流 $I=8.0\ \mathrm{A}$ 时，求线圈磁矩的大小。

11. 从经典观点来看，氢原子可视为一个电子绕核做高速旋转的体系。已知电子和质子的电荷分别为 $-e$ 和 e，电子质量为 m_e，氢原子的圆轨道半径为 R，电子做平面轨道运动，试求电子轨道运动的磁矩 $\boldsymbol{p}_m$ 的数值？它在圆心处所产生磁感强度的数值 B_0 为多少？

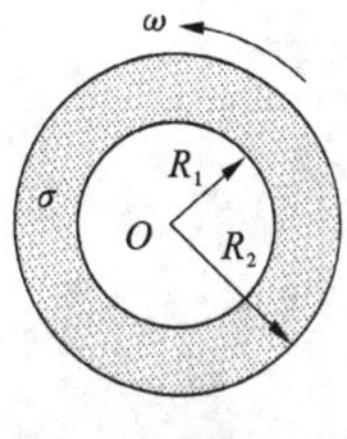

图 15　习题 12 图

12. 如图 15 所示，内外半径分别为 R_1，R_2，电荷密度为 σ 的均匀带电非导体平面圆环，绕过圆心垂直于环面的轴以匀角速度 ω 旋转。求：

(1) 圆环中心 O 处的磁感应强度；

(2) 圆环的磁矩。

13. 磁场中某点处的磁感强度为 $\boldsymbol{B}=0.40\boldsymbol{i}-0.20\boldsymbol{j}$ (SI)，一电子以速度

$$\boldsymbol{v}=0.50\times10^6\boldsymbol{i}+1.0\times10^6\boldsymbol{j}\quad(\mathrm{SI})$$

通过该点，求作用于该电子上的磁场力 $\boldsymbol{F}$。(基本电荷 $e=1.6\times10^{-19}\ \mathrm{C}$)

14. 氢原子处在基态时它的电子可视为在半径为 $a=0.53\times10^{-8}\ \mathrm{cm}$ 的轨道做匀速圆周运动，速率为 $2.2\times10^8\ \mathrm{cm/s}$，求：

(1) 电子在轨道中心所产生的磁感强度 B；

(2) 电子轨道运动的磁矩 $\boldsymbol{P}_m$。

15. 有一半径为 R 的单匝圆线圈，通以电流 I，若将该导线弯成匝数 $N=2$ 的平面圆线圈，导线长度不变，并通以同样的电流，则线圈中心的磁感强度和线圈的磁矩分别是原来的多少倍？

16. 截面积为 S，截面形状为矩形的直的金属条中通有电流 I。金属条放在磁感强度为 $\boldsymbol{B}$ 的匀强磁场中，$\boldsymbol{B}$ 的方向垂直于金属条的左右侧面(如图 16 所示)。在图示情况下，求：

(1) 金属条的上侧面将积累的是什么电荷；

(2) 载流子所受的洛伦兹力 f。

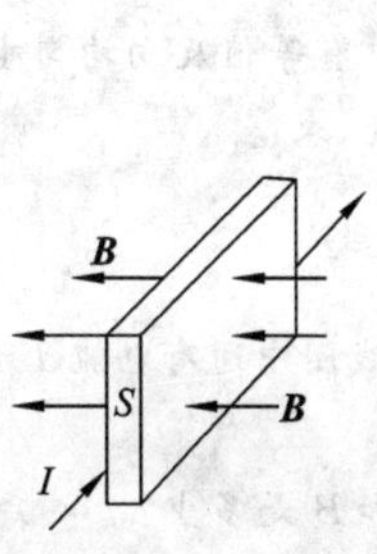

图 16　习题 16 图

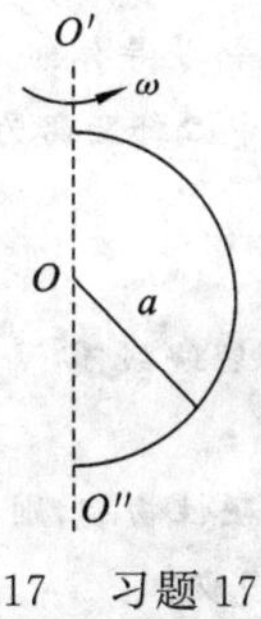

图 17　习题 17 图

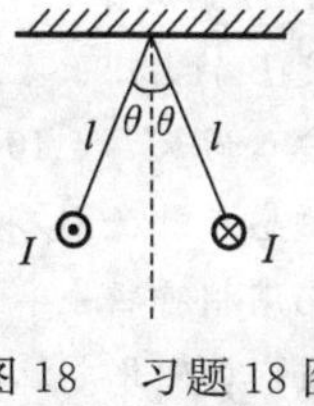

图 18　习题 18 图

17. 如图 17 所示，半径为 a，带正电荷且线密度是 λ(常量) 的半圆以角速度 ω 绕轴 $O'O''$ 匀速旋转。求：

(1) O 点的 $\boldsymbol{B}$；

(2) 旋转的带电半圆的磁矩 $\boldsymbol{p}_m$。

18. 两长直平行导线，每单位长度的质量为 $m=0.01\ \mathrm{kg/m}$，分别用 $l=0.04\ \mathrm{m}$ 长的轻绳，悬挂于天花板上，其截面如图 18 所示。当导线通以等值反向的电流时，已知两悬线张开的角度为 $2\theta=10^\circ$，求电流 I。($\tan5^\circ=0.087$)

19. 如图 19 所示，半径 $R=0.10\ \mathrm{m}$ 的半圆形线圈通有电流 $I=10\ \mathrm{A}$，置于均匀的外磁场中，磁场方

向与线圈平面平行，B 的大小是 5.0×10^{-1} T。求：

(1) 线圈所受磁力矩的大小与方向；

(2) 在磁力矩作用下，线圈转过 90° 时，力矩做的功是多少？

图 19　习题 19 图

图 20　习题 20 图

20. 如图 20 所示，一半径为 R 的无限长半圆柱面导体，其上电流与其轴线上一无限长直导线的电流等值反向，电流 I 在半圆柱面上均匀分布。求：

(1) 轴线上导线单位长度所受的力；

(2) 若将另一无限长直导线(通有大小方向与半圆柱面相同的电流 I)代替半圆柱面，产生同样的作用力，该导线应放在何处？

21. 一环形细螺线管(环的横截面半径 r 远小于环的半径 R)，若绕有 N 匝线圈，通以电流为 I 的电流，管内充满磁导率为 μ、相对磁导率为 μ_r 的顺磁质。求：环内的磁场强度和磁感应强度的大小。

22. 一无限长载流圆柱体，半径为 R，通以电流为 I 的电流，设电流均匀分布在整个圆柱体横截面上。柱体的磁导率为 μ，柱外为真空。求：柱内外各区域的磁场强度和磁感应强度的大小。

23. 一个绕有 500 匝导线的平均周长为 50 cm 的细螺绕环，载有 0.3 A 电流时，铁芯的相对磁导率 μ_r 为 600，$\mu_0 = 4\pi\times10^{-7}$ T·m·A^{-1}. 求：

(1) 铁芯中的磁感强度 B 的大小；

(2) 铁芯中的磁场强度 H 的大小。

24. 长直电缆由一个圆柱导体和一共轴圆筒状导体组成，两导体中有等值反向均匀电流 I 通过，其间充满磁导率为 μ 的均匀磁介质. 在介质中离中心轴距离为 r 的某点处，求：

(1) 磁场强度 H 的大小；

(2) 磁感强度 B 的大小。

25. 螺绕环中心周长 $l = 10$ cm，环上均匀密绕线圈 $N = 200$ 匝，线圈中通有电流 $I = 100$ mA. 求：

(1) 管内的磁感应强度 B_0 和磁场强度 H_0；

(2) 若管内充满相对磁导率 $\mu_r = 4200$ 的磁性物质，则管内的 H 和 B 是多少？

(3) 磁性物质内由磁化电流产生的 B' 是多少？

26. 长直螺线管内充满均匀磁介质，相对磁导率为 μ_r，设励磁电流为 I，单位长度上的匝数为 n。求管内的磁感应强度和磁介质表面的面束缚电流密度。

阅读材料 1

磁　单　极

把一根磁棒截成两段，可以得到两根新磁棒，它们都有南极和北极，事实上，不管你怎样切割，新得到的每一段小磁铁总有两个磁极，因此，人们认为磁体的两极总是成对地出现，自然界中不会存在单个磁极。

然而，磁和电有很多相似之处。例如，同种电荷互相排斥，异种电荷互相吸引；同名磁极也互相排斥，异名磁极也互相吸引。用摩擦的方法能使物体带上电；如果用磁体的一极在一根钢棒上沿同一方向摩擦几次，也能使钢棒磁化。但是，为什么正、负电荷能够单独存在，而单个磁极却不能单独存在呢？多年来人们百思而不得其解。

1931 年，著名的英国物理学家狄拉克，从理论上预言磁单极是可以独立存在的。他认为："既然电有基本电荷——电子存在，磁也应该有基本单元——磁单极子存在。"他的这一预言吸引了不少物理学家用各种方法去寻找磁单极子。人们在各种物质中，如矿物、火山灰、陨石、月球土壤中寻找过磁单极子，也在加速器产生的粒子中寻找过磁单极子。尽管人们用了最先进的方法和最精密的仪器，但都一无所获。渐渐地，人们认为磁单极子可能根本不存在。

但是，1975 年夏，美国加利福尼亚大学和休斯敦大学组成的一个联合科研小组声称他们发现了一个磁单极。实验是这样的：把一些记录仪器用气球送上天空，并把它们保持在靠近大气顶部处，一些日子后把仪器放下来进行分析。他们从胶片上发现了一条不同于带电粒子的径迹。这条径迹与理论分析得到的磁单极子的径迹相吻合，于是，他们认为这就是磁单极。然而，许多物理学家对这个结果持怀疑态度。

1982 年，美国斯坦福大学的布拉斯·卡布雷拉(B. Cabrera) 做了一个十分精巧的实验。他把一个直径为 5 cm 的铌线圈降温至 9 K，使其成为超导线圈，并把它放在一个超导的铅铂筒中。该筒用以屏蔽掉一切带电粒子引起的磁通量和消除外界磁场的影响，只有磁单极进入铌线圈时可以引起磁通量的变化。1982 年 2 月 14 日下午 1 时 53 分，他们的仪器测到的磁通量突然增高。经反复研究，他们认为这是磁单极进入铌线圈引起的变化。

迄今为止，这个实验现象和结论还未能重复，所以这个实验结果还不能被肯定。因为仅出现一次的现象，想正确确定其出现的原因是非常困难的。所以，在物理实验中，对无法重复的实验现象不予肯定。

目前，寻找磁单极子的工作仍在继续进行，科学家们不断改进实验方法，提高探测仪器的精度。实现理想也许要经过好几代人的努力，这是一项长期而艰巨的任务。

在磁单极子的理论研究方面，也曾提出过多种学说，各有其特点和根据。例如，除了狄拉克最早提出的磁单极子学说外，还有磁荷和电荷完全对称并具有新的量子化条件的全对称性磁单极子学说；由著名华裔物理学家、诺贝尔物理学获奖得者杨振宁教授等提出的采用纤维丛的新数学方法的量子力学磁单极子学说；应用统一规范场理论的规范磁单极子学说；应用爱因斯坦-麦克斯韦耦合场的相对论性耦合场磁单极子学说；应用超弦磁单极子学说等。

一般看来，磁的来源总是同电相关的，即由电荷的运动(电流) 产生磁场，而且产生磁性的磁矩也是同自旋和电荷的运动相联系，这样，磁矩的两个磁极(北极和南极，或称为正磁极和负磁极) 便是不能分开和分离存在的。这同物质的电性是很不同的，因为电性中既有电矩的存在，也有分开的正电荷和负电荷的存在。这样就造成了磁和电的不对称，使描述电磁现象的麦克斯韦方程组也显得不对称。例如，电通密度的散度为电荷密度，而磁通密度的散度却为 0，因为只有磁矩，没有分离的磁荷(磁极)。

总的来看，涉及磁学、电磁对称、宇宙早期演化和微观基本粒子结构等多方面的磁单极子问题仍需要从实验观测和理论方面继续进行研究的科学问题。

阅读材料 2

巨磁效应的应用及其进展

"科学技术是第一生产力"，科学技术的发展，总是促进人类文明一次次飞速地进步。人类进入 20 世纪 20 年代末的时候，一门新的学科——磁电子学又产生于科学技术的全面发展中。它吸取最新科技发展的精华,融合磁学与微电子学之所长,发展其所不及,给人类技术文明发展又揭开了一页新的篇章。

一、巨磁电阻效应简介

磁电子学是一门以研究介观尺度范围内自旋极化电子的输运特性以及基于它的这些独特性质而设计、开发的在新的机理下工作的电子器件为主要内容的一门交叉学科。它研究的对象包括载流电子的自旋极化、自旋相关散射、自旋弛豫以及与此相关的性质及其应用等。

电子既是电荷的负载体,同时又是自旋的负载体。以研究、控制和应用半导体中数目不等的电子和空穴(即多数载流子和少数载流子)的输运特性为主要内容的微电子学是20世纪人类最伟大的创造之一。但在这里自旋状态是不予考虑的,电子的输运过程仅利用它的荷电性由电场来控制。是否可以利用电子的自旋来操纵它的输运过程呢?这正是磁电子学所要研究的主要内容。

对巨磁电阻效应的研究就是磁电子学的一个重要内容。磁场作用于磁性多层膜中导电电子的自旋,导致膜电阻发生很大的变化。这种变化可以通过测量电阻或以电压方式反映出来。根据这种特点可以在许多领域得到应用。

二、巨磁电阻效应的应用

科技服务于人类。科学技术只有同应用相结合才能发挥其"第一生产力"的作用并同时拥有强大的生命力。磁电子学的产生是巨大应用前景促进的结果,同时从其产生之初即为应用服务。到目前磁电子学的研究仍在世界范围轰轰烈烈地进行,它的应用已发展到计算机磁头、巨磁电阻传感器、磁随机存储器等许多领域,随着对CMR、TMR原理的进一步研究和认识,必将开拓更为广阔的应用前景。鉴于磁电子学技术的新颖性和复杂性,对于磁电子学的研究仍在持续不断地进行,其应用现在还仅限于巨磁电阻(GMR)范围,以下对此作较为详尽地介绍。其新的应用日新月异,还望大家拭目以待。

1. 巨磁电阻(GMR)传感器的应用

(1) GMR磁场传感器可用来导航及用于高速公路的车辆监控系统。

地球是一个大磁铁,地磁场平行地球表面并始终指向北方。利用GMR薄膜可做成用来探测地磁场的高级罗盘。将可以同时探测平面内磁场x和y方向分量的GMR磁场传感器固定在交通工具上,瞬间航向与地球北极的夹角可通过GMR传感器的x和y方向的电压相对改变而确定下来。GMR磁场传感器随轮船的方向改变而改变其和地磁场的夹角,相对来说,也可以等效为地磁场的方向在改变。现在已研制出能够探测磁场x和y方向分量的集成GMR传感器。此传感器可作为罗盘并应用在各种交通工具上作为导航装置。我们知道,各种不同的车辆(物体)在外界都有其自身特征的磁场分布。通过用GMR弱场传感器可探测各种车辆的磁场分布进而确定该车辆的型号。利用GMR传感器不仅可探测静止车辆的状况进而用在交通灯处的交通控制和停车场处停车位置的监控,而且也可探测移动车辆的情况。具体来说,放置在高速公路边的GMR传感器可以计算和区别通过传感器的车辆。如果同时分开放置两个GMR传感器,还可以探测出通过车辆的速度和车辆的长度。当然GMR也可用在公路的收费亭,从而实现收费的自动控制。另外高灵敏度和弱磁场的传感器可以用在航空、航天及卫星通信技术上。大家知道,在军事工业中随着吸波技术的发展,军事物件可以通过覆盖一层吸波材料而隐蔽,但是它们无论如何都会产生磁场,因此通过GMR磁场传感器可以把隐蔽的物体找出来。另外,GMR磁场传感器可以应用在卫星上,用来探测地球表面上的物体和底下的矿藏分布。

(2) GMR磁场传感器可来探测DC,AC电流及用作隔离器和电子线路中的反馈系统(开关电源)。

众所周知,通电导线周围将产生磁场,其磁场的强弱与通电电流的大小成正比。若将GMR磁场传感器及环形软磁集磁通器放置在通电导线附近,则由GMR传感器的输出电压可以测量导线中通过的电流。利用反铁磁耦合的FeNi/FeCo/Cu的多层膜和集成的永磁薄膜作为偏场,研制出了线性测量范围正负200Oe的惠斯通电桥传感器。利用这种传感器可探测电流高达10 000 A的直流和交流。目前有三种办法可用来探测电流:① 电阻短路的办法,其缺点在于引入一电压降和这种方法不能提供上下级的隔离;

② 电流转换器则基于安培定理,但是其仅仅用来探测直流;③GMR磁场传感器不仅可用来探测直流和交流而且还可保证上下级隔离。随着半导体集成技术的发展,目前已把GMR薄膜传感器和集成线路板结合在一起,从而实现了小型化、集成化,提高了灵敏度和降低了成本。另外电流探测原理,目前已经用于隔离器、开关电源和无刷直流电机系统。隔离器主要是把高电压及高电流情况下的初级信号通过电压/频率转换并传给下一级,在下一级再通过频率/电压转换成为电压或电流信号,因此上下级而不相互干扰。至于开关电源,则利用两次沉积自旋阀多层膜的办法,已研制出可探测微安级的交直流及探测磁场范围在正负200e的GMR磁场传感器,并且把这种传感器用于开关电源线路中作为反馈系统,可改善其频率输出特性高达1 MHz。至于在无刷直流电机的应用:大家知道,有刷直流电机是用接触碳刷或金属片做整流子供电,使转子旋转。这种接触式整流子因摩擦给电机带来非常不好的影响,如使用寿命短、噪音大、有火花、产生干扰电磁波等。如果用GMR传感器代替电机的摩擦整流子,那么就可以避免因电刷摩擦而带来的影响,而且还可以实现电机高速旋转及其调速和稳速的目的。因此,它的稳定性和可靠性都非常高。另外,这种无刷电机转矩-重量比较大,速度转矩特性的线性度比较好。

(3) GMR传感器可用来测量微小的位移。

GMR磁场传感器来探测被测物体的位移的原理是通过利用一永磁铁作为参照物,参照物相对于磁传感器的运动可等效为磁敏器件在均匀梯度的磁场中的移动。因此磁场传感器的输出则反映着磁场传感器或永磁铁的位移量。现在已研制出一种能同时探测 x-y 方向位移的磁场传感器。由于采用集成技术,可使该磁场传感器小型化,同时提高了精度。这种传感器已成功运用在机器人及机械手的控制系统,并使其智能化和拿取、放置物体。另外也使机器人具有识别物体的功能。这种位移传感器也可用在电梯及相应的升降系统作为控制系统。此外,可以用GMR位移传感器改造某些传统的工业仪表,扩大其应用范围。例如,浮子流量计是一种得到广泛应用的非电量仪表,如果改用磁性浮子和外配一个GMR磁位移传感器,就能制成一个有电压输出的数字型位移传感器。在汽车发动机中,为了实现电子点火,往往需要精密坚固的位移传感器来测量发动机主轴的准确转角,决定点火时间。以前多用霍尔元件,现在完全可以用GMR替代,从而提高工作温度范围和降低磁场触发磁场的强度。GMR位移传感器也可用在精密机床上来提高机械加工的精度。活塞在气缸中的运动情况也可以通过GMR位移传感器给探测出来。

(4) GMR角度位移及角速度传感器和相关应用。

为了测量一物体的转动角度的大小,往往可以通过探测磁钢因转动而造成其磁场的方向相对于固定的GMR磁场传感器的改变。已研制出的可探测平面内磁场方向和大小的GMR磁场传感器可以探测相对其转动的磁钢的转动角度。当一块磁铁固定在转动轮子的边沿而GMR磁场传感器固定在轮子的旁边并保持一定的距离时,参考磁铁随轮子而转动,每当轮子转动一圈,就会使产生一电压脉冲输出。利用集成技术已研制出专用来测量角速度即转速的数字式自旋阀GMR磁传感器,可探测各种情况下的角速度。该类GMR磁场传感器可用在各种远程抄表系统,在这里包括了煤气、水、电表的数字式的处理。随着自动化水平的提高,对于数字式的各种仪表的需求量越来越大。在汽车(摩托)工业中,GMR磁场传感器可用在刹车系统(ABS),通过探测角速度进而起到制动作用。至于电机马达行业,为了得到稳定转速的工作状态,转速的测量和控制需要用GMR传感器来测量角速度并通过反馈系统可得到稳定的角速度输出。同时,GMR角速度传感器也可用在洗衣机行业。随着计算机的存储密度的提高,对伺服系统的要求也在提高,对于磁盘转速的控制的精度也在提高,因此磁场角速度传感器将会应用在该领域。另外,利用GMR薄膜材料可研制出各种用途的磁性编码器。磁性编码器的优点在于不易受尘埃、结露、影响、对潮湿气体和污染不敏感,同时其结构简单紧凑,可高速运转,而且其响应速度快(纳秒级),体积比光学式编码器小,而成本更低,且易将多个元件精确地集成,比用光学元件和半导体霍尔磁敏元件更容易构成新功能器件和多功能器件。由于磁性编码器具有上述诸多优点,因而近年来在高精度测量控制领域中的应用不断增加,其市场需求量每年以20%～30%的速度增长。在高速度、高精度、小型化、集成化及长寿命的要求下,在激烈的市场竞争中,磁性编码器以其突出特点而独具优势,成为发展高技术的关键。

(5) GMR 医用及生物磁场传感器。

人体之中存在着各种形式的机械运动,它们是机体完成必要的生理功能的前提和保证,因此检测这些生物机械运动,无论对基础医学还是对临床医学来讲,都具有十分重要的意义。以前,由于必须利用体积大和功率高、价格贵的超导量子磁强计而局限了在医学的发展。高灵敏度及集成化的 GMR 磁敏传感器的出现为这些机械运动和病变部位的非接触式的探测提供了方便,并推动其发展。首先各种各样的细胞、蛋白质、抗体、病原体、病毒、DNA 可以用纳米级的磁性小颗粒来标记,也就是首先是这些被探测的对象磁性化,进而在用高灵敏度的 GMR 磁场传感器来探测它们的具体位置。这种方法也可用于医学及临床分析、DNA 分析、环境污染监测等领域。高灵敏度的 GMR 传感器也可用在显示脑电图的仪器设备上,来诊断类似于脑肿瘤病变的问题。利用 GMR 磁场传感器可以检测眼球运动、眼睑运动,这有助于定量评价和研究困倦、视力疲劳现象和诊断某些眼科疾病。

(6) GMR 磁敏传感器在磁性介质的探测和在磁性油墨鉴伪点钞机中的应用。

GMR 磁场传感器可以探测不同的磁性介质。在这种应用中,磁性介质携带着要被探测的信息。磁性介质是有非磁性的基体和磁性材料组成,磁性材料放置在基体内或基体的表面。当携带着信息的磁性介质扫过 GMR 磁场传感器时,则特有的信息被探测出来。传感器的输出依赖于磁性介质的性能、工作缝隙的距离和传感器的灵敏度。目前主要用在磁性墨迹的识别、磁性编码的读出、细小磁性微粒的探测、介质磁性签字的鉴别。

(7) GMR 磁敏加速度传感器。

加速度传感器是通过测量被加速运动物体的惯性力来确定加速度的测量装置。根据牛顿定律,被加速物体有一种惯性力,其大小等于它的质量和加速度的乘积,而其方向与加速度方向相反。由于这种惯性力的存在,使被加速系统中悬挂的弹性片发生弯曲,其弯曲量可由 GMR 磁敏器件进行测量,从而得到系统的加速度。

2. GMR 读出磁头在计算机信息存储中的应用

由于利用了 SPIN-VALVE GMR 材料而研制的新一代硬盘读出磁头,GMR 磁头已占领磁头市场的 90% ~ 95%。现在磁记录存储密度已超过所有的存储方式。正是利用 GMR 材料,才使得存储密度在最近几年内每年的增长速度达到 3 ~ 4 倍。随着低电阻高信号的 TMR 的获得,实现存储密度到 1000 亿位 / 平方英寸,将是近一两年的目标。

3. GMR 在随机存储(MRAM) 中的应用

利用 SPIN-VAVLE,TMR 材料和半导体集成技术正在研制一种新的计算随机存储器芯片,由于 0 和 1 状态的设置的原理来源于磁性材料特有的磁滞效应,因此在突然断电时也不会丢失信息。半导体的非易失存储器是以极微小的电容器,利用存储一份电荷来保存信息。如果断电,这份电荷就要耗尽,信息就会丢失。另外采用 GMR 的磁随机存储器将比半导体的非易失存储器速度快而廉价,美国的 IBM 和摩托罗拉及欧洲的飞利浦、西门子和 INESC 等公司都在加紧研究。

4. GMR 在各种逻辑元件和全金属计算机中的应用

利用 GMR 材料可研制出磁性二极管、三极管和各种逻辑元件。目前正在把磁性 GMR 多层膜和半导体材料集成在一起,主要是利用电子的自旋注入(SPIN-INJECTION) 来开发新的磁性器件。全金属的计算机将成为可能。

三、发展前景

人类利用电子的荷电性在半导体芯片上创造了今天的信息时代,自旋极化输运给人类带来的也许又是一片广阔的天地。磁电子学给予人类以梦想和希望,同时也给予我们更多、更大的挑战。事实上,人类对于自旋极化输运的了解还处于一个非常肤浅的阶段,对新出现的新现象、新效应的理解基本上还是一种“拼凑式”的、半经典的唯象理论。作为磁学和微电子学的交叉学科,磁电子学将无论在基础研究还是在应用开发上都将是物理学工作者和电子工程技术人员大显身手的新领域。

阅读材料 3

空间电磁悬浮技术简介

随着航天事业的发展，模拟微重力环境下的空间悬浮技术已成为进行相关高科技研究的重要手段。目前的悬浮技术主要包括电磁悬浮、光悬浮、声悬浮、气流悬浮、静电悬浮、粒子束悬浮等，其中电磁悬浮技术比较成熟。

电磁悬浮技术(electromagnetic levitation) 简称 EML 技术。它的主要原理是利用高频电磁场在金属表面产生的涡流来实现对金属球的悬浮。将一个金属样品放置在通有高频电流的线圈上时，高频电磁场会在金属材料表面产生一高频涡流，这一高频涡流与外磁场相互作用，使金属样品受到一个洛伦兹力的作用。在合适的空间配制下，可使洛伦兹力的方向与重力方向相反，通过改变高频源的功率使电磁力与重力相等，即可实现电磁悬浮。一般通过线圈的交变电流频率为 104 ～ 105 Hz。目前，在空间材料的研究领域，EML 技术在微重力、无容器环境下晶体生长、固化、成核等问题的研究中发挥了重要的作用。

目前世界上有三种类型的磁悬浮：一是以德国为代表的常导电式磁悬浮；二是以日本为代表的超导电动磁悬浮，这两种磁悬浮都需要用电力来产生磁悬浮动力；而第三种，就是我国的永磁悬浮，它利用特殊的永磁材料，不需要任何其他动力支持。

1. 磁悬浮列车

磁悬浮列车利用“同性相斥，异性相吸”的原理，让磁铁具有抗拒地心引力的能力，使车体完全脱离轨道，悬浮在距离轨道约 1 cm 处，腾空行驶，创造了近乎“零高度”空间飞行的奇迹。世界第一条磁悬浮列车示范运营线 —— 上海磁悬浮列车，其从浦东龙阳路站到浦东国际机场，运行 30 多公里只需 6 ～ 7 min。上海磁悬浮列车是“常导磁吸型”(简称“常导型”) 磁悬浮列车，是利用“异性相吸”原理设计，是一种吸力悬浮系统，利用安装在列车两侧转向架上的悬浮电磁铁和铺设在轨道上的磁铁，在磁场作用下产生的吸力使车辆浮起来。列车底部及两侧转向架的顶部安装电磁铁，在“工”字轨的上方和上臂部分的下方分别设反作用板和感应钢板，控制电磁铁的电流使电磁铁和轨道间保持 1 cm 的间隙，让转向架和列车间的吸引力与列车重力相互平衡，利用磁铁吸引力将列车浮起 1 cm 左右，使列车悬浮在轨道上运行。这必须精确控制电磁铁的电流。悬浮列车的驱动和同步直线电动机原理一模一样。通俗说，在位于轨道两侧的线圈里流动的交流电，能将线圈变成电磁体，由于它与列车上的电磁体的相互作用，使列车开动。列车头部的电磁体 N 极被安装在靠前一点的轨道上的电磁体 S 极所吸引，同时又被安装在轨道上稍后一点的电磁体 N 极所排斥。列车前进时，线圈里流动的电流方向就反过来，即原来的 S 极变成 N 极，N 极变成 S 极。循环交替，列车就向前奔驰。稳定性由导向系统来控制。“常导型磁吸式”导向系统，是在列车侧面安装一组专门用于导向的电磁铁。列车发生左右偏移时，列车上的导向电磁铁与导向轨的侧面相互作用，产生排斥力，使车辆恢复正常位置。列车如运行在曲线或坡道上时，控制系统通过对导向磁铁中的电流进行控制，达到控制运行目的。

“常导型”磁悬浮列车的构想由德国工程师赫尔曼 · 肯佩尔于 1922 年提出。

“常导型”磁悬浮列车及轨道和电动机的工作原理完全相同。只是把电动机的“转子”布置在列车上，将电动机的“定子”铺设在轨道上。通过“转子”、“定子”间的相互作用，将电能转化为前进的动能。我们知道，电动机的“定子”通电时，通过电磁感应就可以推动“转子”转动。当向轨道这个“定子”输电时，通过电磁感应作用，列车就像电动机的“转子”一样被推动着做直线运动。

上海磁悬浮列车时速达 430 km/h，一个供电区内只能允许一辆列车运行，轨道两侧 25 m 处有隔离网，上下两侧也有防护设备。转弯处半径达 8000 m，肉眼观察几乎是一条直线；最小的半径也达 1300 m。乘客乘坐不会有不适感。轨道全线两边 50 m 范围内装有目前国际上最先进的隔离装置。

2. 磁悬浮列车的优点

磁悬浮列车有许多优点:列车在铁轨上方悬浮运行,铁轨与车辆不接触,不但运行速度快,能超过500 km/h,而且运行平稳、舒适,易于实现自动控制;无噪音,不排出有害的废气,有利于环境保护;可节省建设经费;运营、维护和耗能费用低。它是21世纪理想的超级特别快车,世界各国都十分重视发展磁悬浮列车。目前,我国和日本、德国、英、美等国都在积极研究这种车。日本的超导磁悬浮列车已经过载人试验,即将进入实用阶段,运行时速可达500 km/h以上。

3. 磁悬浮列车的缺点

2006年,德国磁悬浮控制列车在试运行途中与一辆维修车相撞,报道称车上共29人,当场死亡23人,实际死亡25人,4人重伤。这说明磁悬浮列车在突发情况下的制动能力不可靠,不如轮轨列车。在陆地上的交通工具没有轮子是很危险的。因为列车要从动量很大降到静止,要克服很大的惯性,只有通过轮子与轨道的制动力来克服。磁悬浮列车没有轮子,如果突然停电,靠滑动摩擦是很危险的。此外,磁悬浮列车又是高架的,发生事故时在5 m高处救援很困难,没有轮子,拖出事故现场困难;若区间停电,其他车辆、吊机也很难靠近。

第 8 章 电磁场与麦克斯韦方程组

前面研究了静电场和稳恒磁场的基本规律，在表达这些规律的公式中，电场和磁场是各自独立的，但是激发电场和磁场的源 —— 电荷和电流却是相互关联的。1820 年，奥斯特发现电流的磁效应，从一个侧面揭示了电现象和磁现象之间的联系。基于方法论中的对称性原理，既然“电流能产生磁场”，那反过来“是否磁场也可以产生电流呢”？英国物理学家法拉第于 1821 年提出“由磁产生电”的大胆设想，之后经过 10 年的艰苦工作，并经历了无数次的挫折和失败，终于在 1831 年发现了电磁感应现象，这一划时代的伟大发现，不但揭示了电和磁的联系，为电磁理论奠定了基础；并且找到了磁生电的规律，开辟了人类使用电能的道路，成为现代发电机、电动机、变压器等技术的基础。

麦克斯韦在全面系统地总结前人研究成果的基础上，于 1862 年归纳出了电磁场的基本方程 —— 麦克斯韦方程组，从而建立了完整的电磁场的理论体系，理论上预言了电磁波的存在。1888 年，赫兹通过实验证实了电磁波的理论。

8.1 电磁感应定律

8.1.1 电磁感应现象

1831 年 10 月 17 日，法拉第做了一个实验，如图 8.1.1(a) 所示，将一个线圈与电流计相连形成一个回路，在回路中并没有外加电源，将一条形磁铁插入或拔出线圈的过程中，电流计的指针发生了偏转，这表明线圈回路中产生了电流。同时注意到磁铁插入或拔出线圈过程引起电流计的指针分别向相反的方向偏转，且偏转的角度大小与磁铁运动速度有关，插得越快，偏转角度越大；反之，当磁铁相对线圈静止，电流计指针不偏转。

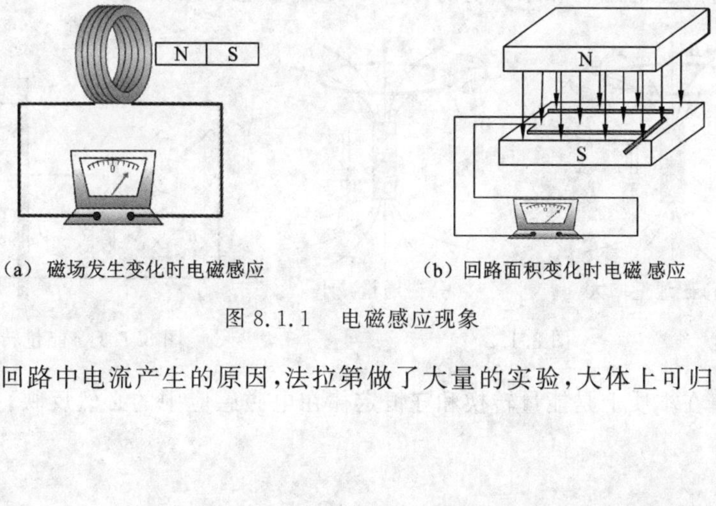

(a) 磁场发生变化时电磁感应　　(b) 回路面积变化时电磁感应

图 8.1.1　电磁感应现象

为了寻找回路中电流产生的原因，法拉第做了大量的实验，大体上可归结为两类：一是线圈面积不变,磁铁相对线圈运动时,线圈中产生了电流,如图 8.1.1(a) 所示;二是磁场不变,当处在磁场中的线圈面积变化时,线圈中也产生了电流,如图 8.1.1(b) 所示。而与磁场及线圈面积都有关的一个物理量正是磁通量 $\Phi=\iint\limits_S \boldsymbol{B}\cdot \mathrm{d}\boldsymbol{S}$,于是法拉第将回路中电流产生的原因归结为:不论采用什么方法,只要使穿过闭合回路所围面积的磁通量发生变化时,则回路中便有电流产生,这种电流称为**感应电流**,这种现象称为**电磁感应现象**。而闭合电路中有电流的根本原因是电路中存在电动势,法拉第认为:穿过闭合回路的磁通量变化的直接结果是产生了电动势,这种电动势称为**感应电动势**。

也就是说,在任何电磁感应现象中,只要穿过回路的磁通量变化,回路中就一定有感应电动势产生。若导体回路是闭合的,感应电动势就会在回路中产生感应电流;若导线回路不是闭合的,回路中仍然有感应电动势,但是不会形成电流。说明感应电动势比感应电流更能反映电磁感应现象的本质。感应电流只不过是导体回路中存在感应电动势的对外表现而已。

8.1.2　楞次定律

1834 年,俄国物理学家楞次(F. E. Lenz)在法拉第电磁感应现象的实验基础上,通过对实验结论的分析,总结出一条直接判断感应电流和感应电动势方向的法则,称为**楞次定律**。可以表述为:回路中感应电流的方向,总是企图使感应电流本身产生的磁场通过回路的磁通量阻碍引起感应电流的磁通量的变化。或者可以简单表述为:闭合回路中感应电流产生的效果,总是反抗引起感应电流的原因。

如图 8.1.2(a) 所示,将一条形磁铁的 N 极插入线圈时,穿过线圈的磁场向上且磁通量在增加,导致线圈中产生感应电流,而感应电流所产生的磁场通过线圈的磁通量是要阻止线圈中原磁通的增加,所以感应电流的磁场只能与原磁场反向(向下),根据右手螺旋定则可确定感应电流的方向是沿回路顺时针绕向。又如图8.1.2(b) 所示,同样将磁铁从线圈中拔出时,穿过线圈的磁场仍然向上而磁通量在减少,感应电流的磁场要补偿原磁通的减少,所以感应电流的磁场只能与原磁场同向(向上),由右手螺旋定则可确定感应电流的方向是逆时针方向。可见,感应电流的磁通量是阻碍原磁通量的变化,而不是阻碍原磁通。感应电流本身产生的磁场和原磁场的方向可以相同,也可以相反。

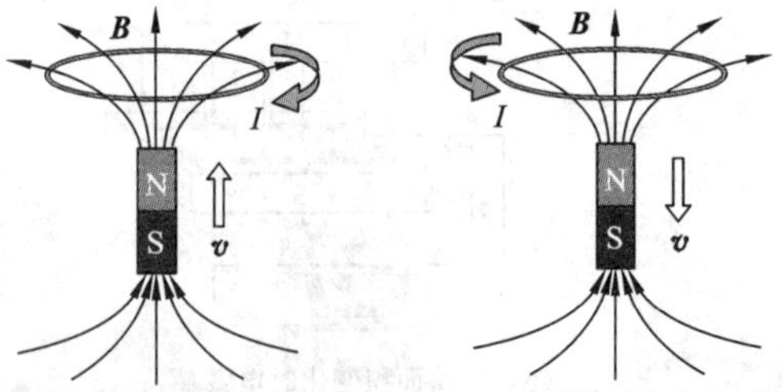

(a) 磁通量增大　　(b) 磁通量减小

图 8.1.2

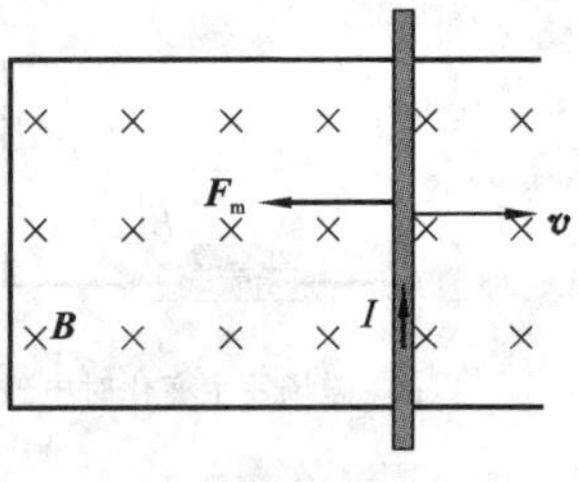

图 8.1.3　能量转换

楞次定律在本质上是能量转换和守恒定律在电磁感应中的必然反映。如图 8.1.3 所示，一导体棒与 U 形导轨组成的闭合回路置于均匀磁场中，若导体棒以速度 $\boldsymbol{v}$ 向右运动，穿过回路的磁通量在增加，由楞次定律判断出导体中感应电流的方向向上，此电流在磁场中受到向左的安培力，与导体运动速度方向相反，导体将做减速运动直到静止。因此，为了获得持续的感应电流，就必须对导体棒施加与安培力大小相等方向相反的外力来克服安培力做功，这时有机械能转化为感应电流的能量，最终在电路中转化为焦耳热。

8.1.3　电磁感应定律

在前面图 8.1.1 中(a)、(b) 所述的实验中已经看到，穿过导体回路的磁通量变化得愈快，感应电动势愈大，而且，感应电动势的方向也与磁通量变化的过程有关。1845 年，德国物理学家 Neumann 对法拉第电磁感应现象的实验成果作出了定量的表达：当穿过回路所包围面积的磁通量发生变化时，回路中产生的感应电动势与穿过回路的磁通量对时间变化率的负值成正比。这个结论称为**法拉第电磁感应定律**。用数学公式表述就是

$$\varepsilon = -k\frac{\mathrm{d}\Phi}{\mathrm{d}t}$$

式中，k 是比例常量，它的数值取决于公式中各量的单位。如果各物理量都用国际单位制，则 $k = 1$。此时，其表达式为

$$\varepsilon = -\frac{\mathrm{d}\Phi}{\mathrm{d}t} \tag{8.1.1}$$

由式(8.1.1) 可得电动势的单位可表达为：1 V = 1 Wb/s。公式中的负号代表了感应电动势的方向，它也是楞次定律在电磁感应定律中的数学反映。

感应电动势的方向问题是法拉第电磁感应定律的重要组成部分，那么如何按照式(8.1.1) 来判定感应电动势的方向呢？由于电动势和磁通量都是标量，其方向或者说正负都是相对于某一标定的方向而言的，这就要求我们事先规定符号法则：任意规定回路的绕行方向，且回路所包围面积的法向与回路的绕行方向满足右手螺旋定则，根据磁通量的定义式 $\Phi = \iint_S \boldsymbol{B} \cdot \mathrm{d}\boldsymbol{S}$ 确定 Φ 的正负，根据式(8.1.1)，如果 $\frac{\mathrm{d}\Phi}{\mathrm{d}t} > 0$，则 $\varepsilon < 0$，说明感应电动势的方向与回路的绕行方向相反；反之，如果 $\frac{\mathrm{d}\Phi}{\mathrm{d}t} < 0$，则 $\varepsilon > 0$，说明感应电动势的方向与回路的绕行方向一致。如图 8.1.4 所示，给出了 4 个线圈中磁通量变化的过程中，感应电动势的方向的判定。

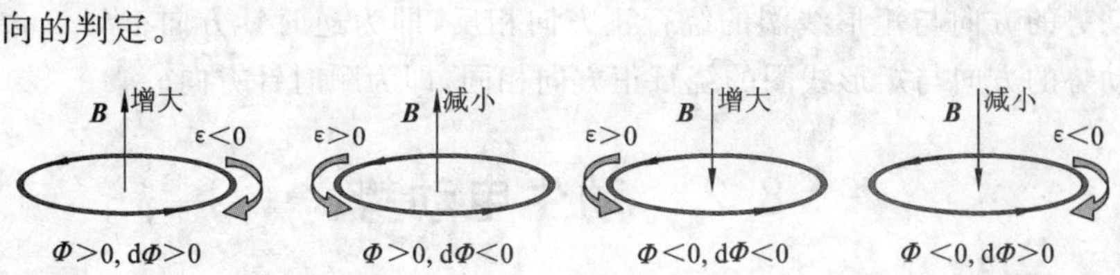

图 8.1.4　感应电动势的方向(任意规定 4 个回路的绕行方向都为逆时针)

在同一电磁感应的问题中，选取不同的回路绕行方向进行分析，最后得出的电动势方向相同。所以在应用法拉第电磁感应定律时，一般选取回路方向使 $\Phi > 0$。

如果导体回路由 N 匝紧密排列的线圈串联组成，当磁通量变化时，每匝中都将产生

感应电动势，由于匝与匝之间是相互串联的，整个线圈的总电动势就等于各匝所产生的电动势之和。设通过各线圈的磁通量分别是 $\Phi_1, \Phi_2, \cdots, \Phi_N$，则总电动势为

$$\varepsilon = -\frac{d\Phi_1}{dt} - \frac{d\Phi_2}{dt} - \cdots - \frac{d\Phi_N}{dt} = -\frac{d(\Phi_1 + \Phi_2 + \cdots + \Phi_N)}{dt} = -\frac{d\Psi}{dt} \tag{8.1.2}$$

式中，$\Psi = \Phi_1 + \Phi_2 + \cdots + \Phi_N$ 是通过 N 匝线圈的总磁通量，称为**全磁通**。如果穿过各匝线圈的磁通量相同，均为 Φ，则 N 匝线圈的全磁通为 $\Psi = N\Phi$，此时总电动势为

$$\varepsilon = -\frac{d\Psi}{dt} = -N\frac{d\Phi}{dt} \tag{8.1.3}$$

例 8.1.1 如图 8.1.5 所示，一长直导线中通有交变电流 $I = I_0 \sin\omega t$，I_0 和 ω 都是常量。在长直导线旁平行放置一长为 a，宽为 b 的矩形线圈，线圈面与直导线在同一平面内，线圈靠近直导线的一边到直导线的距离为 d。求任一瞬时线圈中的感应电动势。

解 利用法拉第电磁感应定律解题可用以下步骤进行：

(1) 求解磁场。分析磁场的方向，求出磁场的大小。

本例的电流是随时间交变的，故磁场方向也是交变的，可认为 $t = 0$ 时电流的方向向上，长直电流在矩形线圈平面处所产生的磁场方向垂直纸面向里；建立 x 坐标系，坐标原点放在长直导线上，水平向右为其正方向，则在距导线 x 处磁感应强度的大小为

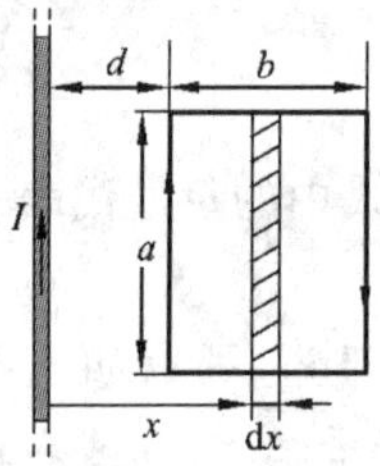

图 8.1.5 例 8.1.1 图

$$B = \frac{\mu_0 I}{2\pi x}$$

(2) 选取顺时针方向为回路的绕行正方向，由右手螺旋定则得到回路所包围面积的法向方向垂直纸面向里。

(3) 选取如图 8.1.5 所示面积元 $dS = a dx$，通过 dS 的磁通量 $d\Phi = \boldsymbol{B} \cdot d\boldsymbol{S} = B dS$。

(4) 计算 t 时刻通过整个矩形线圈的磁通量为

$$\Phi = \int d\Phi = \int B dS = \int_d^{d+b} \frac{\mu_0 I}{2\pi x} a\, dx = \frac{\mu_0 a I_0 \sin\omega t}{2\pi} \ln\frac{d+b}{d}$$

(5) 用法拉第定律求出线圈回路中的感应电动势为

$$\varepsilon = -\frac{d\Phi}{dt} = -\frac{\mu_0 a I_0 \omega}{2\pi} \ln\frac{d+b}{d} \cos\omega t$$

(6) 电动势方向讨论：线圈中的感应电动势随时间按余弦规律变化。当 $\cos\omega t > 0$ 时，$\varepsilon < 0$，电动势的方向与矩形线圈的绕行正方向相反，即为逆时针方向；当 $\cos\omega t < 0$ 时，$\varepsilon > 0$，电动势的方向与矩形线圈的绕行正方向相同，即为顺时针方向。

8.2 动生电动势

法拉第电磁感应定律指出，只要穿过闭合导体回路的磁通量发生变化，回路中就会产生感应电动势。根据引起磁通量变化的不同原因可以将感应电动势分为两种：一是磁场保持不变，由导体回路或回路中的部分导体在磁场中运动产生的感应电动势，称为动生电动势；二是导体回路不动，而由磁场的变化产生的感应电动势，称为感生电动势。

8.2.1　动生电动势的产生机制

下面我们先从一特例出发，根据电磁感应定律来确定动生电动势。如图 8.2.1 所示，一段长为 l 的直导体棒 ab 与矩形导轨构成一回路 $abcda$。在均匀磁场 $\boldsymbol{B}$ 中，矩形导体框不动，而直导体棒 ab 以恒定的速度 $\boldsymbol{v}$ 在垂直于磁场的平面内向右运动，且运动方向与 ab 垂直。设 ab 边与 cd 边重合时开始计时，任意时刻 t，ab 边运动到与 cd 边的距离为 x，此时穿过回路所围面积的磁通量为 $\Phi = BS = Blx$。随着 ab 边向右运动，回路所围的面积增大，因而穿过回路的磁通量也发生变化。则由法拉第电磁感应定律，可得感应电动势的大小为

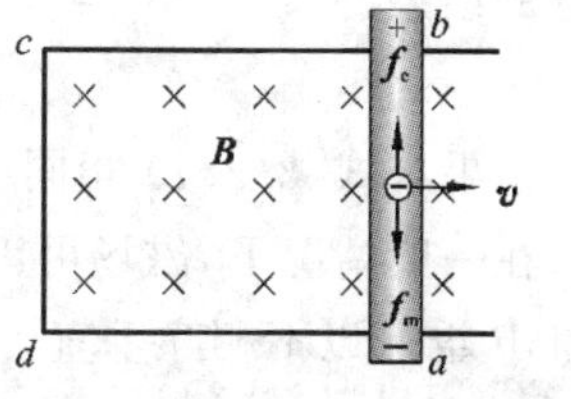

图 8.2.1　动生电动势的产生

$$|\varepsilon| = \frac{\mathrm{d}\Phi}{\mathrm{d}t} = \frac{\mathrm{d}}{\mathrm{d}t}(Blx) = Bl\,\frac{\mathrm{d}x}{\mathrm{d}t} = Blv \tag{8.2.1}$$

由楞次定律可判定电动势的方向为逆时针方向。

必须注意到，以上从电磁感应定律得到的电动势是整个闭合回路的电动势，那么动生电动势究竟是存在于整个闭合回路还是仅仅存在在于运动的导体部分？下面从动生电动势产生的机理出发，来探寻这个问题。

还是以图 8.2.1 为例，当导体棒 ab 以速度 $\boldsymbol{v}$ 向右运动时，ab 内的自由电子将随之以同一速度 $\boldsymbol{v}$ 向右运动，因而每个电子在磁场中都受到洛伦兹力 $\boldsymbol{f}$ 的作用

$$\boldsymbol{f}_{\mathrm{m}} = -e\boldsymbol{v}\times\boldsymbol{B}$$

其方向由 b 指向 a。电子在洛伦兹力的作用下沿导体向下运动，致使在导体棒的 a 端累积了负电荷，而 b 端由于缺少了负电荷出现正电荷的累积，导体两端的这些正负电荷在导体中要激发电场，其方向由 b 指向 a。此时，导体中的电子还要受到一个电场力的作用

$$\boldsymbol{f}_{\mathrm{e}} = -e\boldsymbol{E}$$

其方向向上，与洛伦兹力的方向相反。随着导体两端电荷的积累到一定程度时，电场力将与洛伦兹力平衡

$$\boldsymbol{f}_{\mathrm{e}} = -\boldsymbol{f}_{\mathrm{m}}$$

此时，导体内的电子达到动态平衡不再有宏观的定向迁移，导体棒 ab 两端电势差确定，相当于一电源。b 端为正极，电势高；a 端为负极，电势低，在运动导体内部电动势的方向指向电势升高的方向。

由此可见，在运动导体内部，正是非静电力 $\boldsymbol{f}_{\mathrm{m}}$ 克服静电力 $\boldsymbol{f}_{\mathrm{e}}$ 做功，将电子从正极（b 端）通过电源内部搬运到负极（a 端）。换句话说，提供动生电动势的非静电力正是作用于运动导体电子上的洛伦兹力，因此动生电动势只能存在于运动的导体中。该非静电力对应的非静电场也就是作用于单位正电荷的洛伦兹力为

$$\boldsymbol{E}_K = \frac{\boldsymbol{f}}{-e} = \boldsymbol{v}\times\boldsymbol{B} \tag{8.2.2}$$

根据电动势的定义式，在运动导体 ab 中由该非静电场所产生的电动势为

$$\varepsilon_{ab} = \int_a^b \boldsymbol{E}_K\cdot\mathrm{d}\boldsymbol{l} = \int_a^b (\boldsymbol{v}\times\boldsymbol{B})\cdot\mathrm{d}\boldsymbol{l} \tag{8.2.3}$$

其物理意义是将单位正电荷,通过电源内部从负极移到正极,非静电力所做的功。

在图 8.2.1 所示的特殊情况,由于是在均匀磁场中,且$\boldsymbol{v}$,$\boldsymbol{B}$ 和 $\mathrm{d}\boldsymbol{l}$ 相互垂直,所以上式积分的结果为

$$\varepsilon_{ab} = Blv$$

这一结果与式(8.2.1) 相同。

在一般情况下,磁场可以不均匀,导线在磁场中运动时各部分的速度也可以不同,$\boldsymbol{v}$,$\boldsymbol{B}$ 和 $\mathrm{d}\boldsymbol{l}$ 也可以不相互垂直,这时运动导线 L 内的动生电动势可用下式计算

$$\varepsilon = \int \mathrm{d}\varepsilon = \int_L (\boldsymbol{v} \times \boldsymbol{B}) \cdot \mathrm{d}\boldsymbol{l} \tag{8.2.4}$$

从式(8.2.4) 可看出:若$\boldsymbol{v} \times \boldsymbol{B} = 0$,那么 $\varepsilon = 0$;即使$\boldsymbol{v} \times \boldsymbol{B} \neq 0$,若

$$(\boldsymbol{v} \times \boldsymbol{B}) \cdot \mathrm{d}\boldsymbol{l} = 0$$

那么 $\varepsilon = 0$。

若闭合导体回路在磁场中运动,则回路中的总动生电动势为

$$\varepsilon = \oint_L (\boldsymbol{v} \times \boldsymbol{B}) \cdot \mathrm{d}\boldsymbol{l} \tag{8.2.5}$$

利用式(8.2.4) 可以求出动生电动势的大小和方向,具体步骤为:① 选定积分方向。② 在运动的导线上选线元 $\mathrm{d}\boldsymbol{l}$,计算 $\mathrm{d}\boldsymbol{l}$ 处 $\boldsymbol{v} \times \boldsymbol{B}$ 大小及方向,并得出

$$\mathrm{d}\varepsilon = (\boldsymbol{v} \times \boldsymbol{B}) \cdot \mathrm{d}\boldsymbol{l} = (vB\sin\theta_1) \cdot \mathrm{d}l \cdot \cos\theta_2$$

③ 求积分并指出动生电动势的方向:若 $\varepsilon > 0$,表示动生电动势的方向与积分方向的方向一致;若 $\varepsilon < 0$,表示动生电动势的方向与积分方向相反。

8.2.2 洛伦兹力不做功

根据以上讨论可知,导线在磁场中运动时产生的感应电动势是洛伦兹力作用的结果。然而洛伦兹力对运动电荷不做功,而感应电动势是要做功的,这好像是矛盾的。如何解决这个矛盾?可以这样来解释,如图 8.2.2 所示,自由电子随同导线ab 以速度$\boldsymbol{v}$ 运动而所受到的洛伦兹力 $\boldsymbol{f} = -e\boldsymbol{v} \times \boldsymbol{B}$,在这个力的作用下,电子将以速度$\boldsymbol{v}'$ 沿导线运动,而速度$\boldsymbol{v}'$ 的存在又使电子要受到一个垂直于导线的洛伦兹力 $\boldsymbol{f}'$ 的作用,$\boldsymbol{f}' = -e\boldsymbol{v}' \times \boldsymbol{B}$。电子所受洛伦兹力的合力为$\boldsymbol{F}_{洛} = \boldsymbol{f} + \boldsymbol{f}'$,电子运动的合速度为$\boldsymbol{V} = \boldsymbol{v} + \boldsymbol{v}'$,则洛伦兹力合力做功的功率为

$$\begin{aligned}
\boldsymbol{F}_{洛} \cdot \boldsymbol{V} &= (\boldsymbol{f} + \boldsymbol{f}') \cdot (\boldsymbol{v} + \boldsymbol{v}') \\
&= \boldsymbol{f} \cdot \boldsymbol{v} + \boldsymbol{f} \cdot \boldsymbol{v}' + \boldsymbol{f}' \cdot \boldsymbol{v} + \boldsymbol{f}' \cdot \boldsymbol{v}' \\
&= \boldsymbol{f} \cdot \boldsymbol{v}' + \boldsymbol{f}' \cdot \boldsymbol{v} = -evBv' + ev'Bv = 0
\end{aligned}$$

这一结果表示洛伦兹力合力做功为零,这与我们所知的洛伦兹力不做功的结论一致。从上式中看到:$\boldsymbol{f} \cdot \boldsymbol{v}' + \boldsymbol{f}' \cdot \boldsymbol{v} = 0$,即 $\boldsymbol{f} \cdot \boldsymbol{v}' = -\boldsymbol{f}' \cdot \boldsymbol{v}$。为了使电子匀速运动,必须有外力 $\boldsymbol{f}_{外}$ 作用在电子上,使之与 $\boldsymbol{f}'$ 平衡,即 $\boldsymbol{f}_{外} = -\boldsymbol{f}'$。因此 $\boldsymbol{f} \cdot \boldsymbol{v}' = \boldsymbol{f}_{外} \cdot \boldsymbol{v}$,此等式左侧是洛伦兹力的一个分力 $\boldsymbol{f}$ 使电荷沿导线运动所做的功,宏观上对应感应电动势驱动电流的功;等式右侧是在同一时间内外力反抗洛伦兹力的另一个分力 $\boldsymbol{f}'$ 做的功,宏观上对应外力拉动导线做的功。洛伦兹力在这里起了一个转换者的作用,一方面接受外力的功,同时又驱动电

荷运动做功。

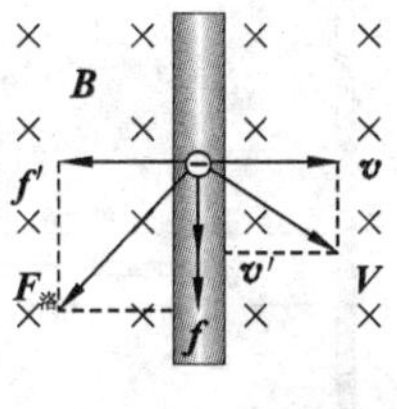

图 8.2.2　洛伦兹力不做功

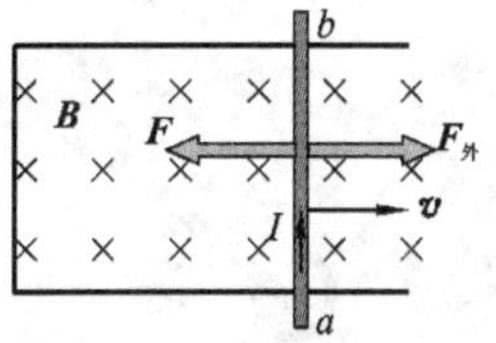

图 8.2.3　能量转换

从宏观的角度来看，如图 8.2.3 所示，当回路中产生了感应电流 I 之后，ab 也就成为载流导线，它在磁场中要受到安培力 $\boldsymbol{F}$ 的作用，其大小为 $F = BIl$，其方向为垂直于 ab 向左。所以，要维持 ab 向右做匀速运动，使在 ab 上产生恒定的电动势，从而在回路中产生恒定的感应电流，就必须在 ab 上施加一个大小相等而方向向右的外力 $F_{外}$，外力克服安培力而要做功，其功率为

$$P_{外} = F_{外}v = IBlv$$

在回路中由于存在感应电流而得到的电功率或说电动势做功的功率为

$$P = I\varepsilon = IBlv$$

这正好等于外力提供的功率。由此知道，电路中感应电动势所提供的电能是由外力做功所消耗的机械能转换而来的。

例 8.2.1　如图 8.2.4 所示，一长为 L 的铜棒 OA 在匀强磁场 $\boldsymbol{B}$ 中，以角速度 ω 在与磁场垂直的平面上绕棒的一端 O 点做顺时针方向转动，求铜棒中所产生的动生电动势。

解　虽然铜棒做匀速转动，但铜棒上各点的线速度不相同，不能直接用 $\varepsilon = Blv$ 计算，必须划分小段来考虑。可按以下步骤进行求解：

(1) 选定积分方向为从 O 到 A。

(2) 在铜棒上距 O 点为 l 处取线元 $\mathrm{d}\boldsymbol{l}$，其方向由 O 点指向 A 点；$\mathrm{d}\boldsymbol{l}$ 处的速度大小为 $v = \omega l$，方向垂直磁场 $\boldsymbol{B}$，$\boldsymbol{v}\times\boldsymbol{B}$ 的大小 vB，方向与 $\mathrm{d}\boldsymbol{l}$ 一致，则在线元 $\mathrm{d}\boldsymbol{l}$ 上的动生电动势为

$$\mathrm{d}\varepsilon = (\boldsymbol{v}\times\boldsymbol{B})\cdot\mathrm{d}\boldsymbol{l} = vB\,\mathrm{d}l = B\omega l\,\mathrm{d}l$$

(3) 由于各小段上产生的动生电动势的方向相同，所以铜棒中总的动生电动势为

$$\varepsilon = \int\mathrm{d}\varepsilon = \int_0^L B\omega l\,\mathrm{d}l = \frac{1}{2}B\omega L^2$$

因为 $\varepsilon > 0$，表示动生电动势的方向与 $\mathrm{d}\boldsymbol{l}$ 的方向相同，即由 O 点指向 A 点，则 O 点电势低于 A 点电势。

本例也可用法拉第电磁感应定律求解，为此需要作一假想扇形闭合回路 OAB，如图 8.2.4 所示。只有铜棒 OA 运动，其他的回路部分不动，故假想部分 OB，AB 弧长不产生电动势。设某一时刻 t，AB 弧长对应的圆心角为 θ，此时通过扇形回路 OAB 的磁通量为

$$\Phi = BS = \frac{1}{2}BL^2\theta$$

则回路中的感应电动势大小为

$$|\varepsilon| = \frac{\mathrm{d}\Phi}{\mathrm{d}t} = \frac{1}{2}BL^2\frac{\mathrm{d}\theta}{\mathrm{d}t} = \frac{1}{2}BL^2\omega$$

由楞次定律判定其方向为由 O 点指向 A 点。

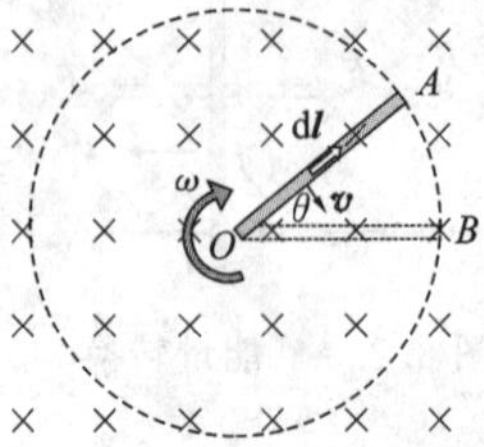

图 8.2.4 例 8.2.1 图

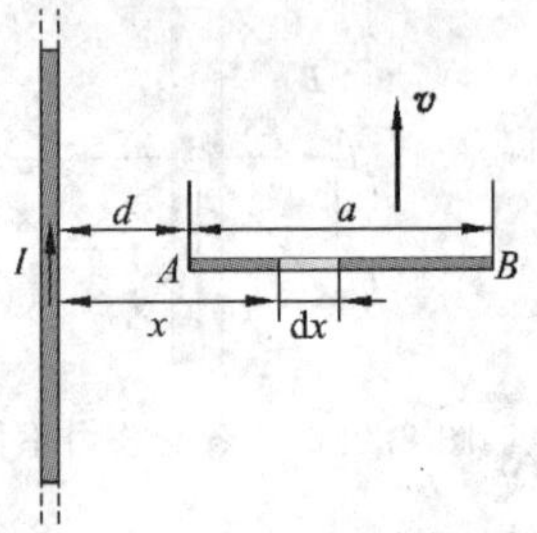

图 8.2.5 例 8.2.2 图

例 8.2.2 如图 8.2.5 所示，一长直导线中通有向上的稳恒电流 I。在长直导线旁共面放置一长度为 a 的导体棒 AB，导体棒 AB 与长直导线垂直且 A 端到直导线的距离为 d，当 AB 以速度 $\boldsymbol{v}$ 平行于直导线匀速向上运动时，求导体棒中的感应电动势。

解 由于导体棒 AB 边处于非均匀磁场中，因此必须将它分成很多线元，这样在每一个线元上可以把磁场视为均匀的。如图 8.2.5 所示，选取积分方向为从 A 到 B，距直导线为 x 处取一线元 $\mathrm{d}x$，此处的磁感应强度大小为 $B=\dfrac{\mu_0 I}{2\pi x}$，则在长度元 $\mathrm{d}x$ 上产生的动生电动势的大小为

$$\mathrm{d}\varepsilon=(\boldsymbol{v}\times\boldsymbol{B})\cdot\mathrm{d}\boldsymbol{x}=-Bv\mathrm{d}x=-\frac{\mu_0 Iv}{2\pi}\frac{\mathrm{d}x}{x}$$

由于所有长度元上产生的动生电动势的方向相同，所以 AB 中产生的动生电动势为

$$\varepsilon=\int\mathrm{d}\varepsilon=-\int_d^{d+a}\frac{\mu_0 Iv}{2\pi}\frac{\mathrm{d}x}{x}=-\frac{\mu_0 Iv}{2\pi}\ln\frac{d+a}{d}$$

因为 $\varepsilon<0$，所以电动势的方向与积分方向相反，即从 B 指向 A，则 A 电势高于 B 点电势。

8.3 感生电动势 感生电场

前面学习了由于导体在磁场中运动产生的电动势 —— 动生电动势，本节讨论引起导体回路中磁通量变化的另一种形式：导体回路不动，而由于磁场变化引起穿过它的磁通量发生变化，这时回路中产生的感应电动势称为感生电动势，回路中的电流称为感生电流。产生动生电动势的非静电力是洛伦兹力，那么产生感生电动势的非静电力又是什么呢？它是如何形成的？

8.3.1 感生电动势 感生电场

下面先看一个例子，如图 8.3.1 所示，在一长直螺线管内的磁场中，静止放置着一个闭合线圈 L，当磁场 $B(t)$ 发生变化时，在线圈中会产生感生电动势，且由于回路闭合，进而会出现感生电流。这时，是什么力驱动线圈中的自由电子定向运动形成感生电流呢？我们知道，电磁场中的电荷只可能受两种力的作用：电场力和磁场力(即洛伦兹力)。但由于线圈静止显然不可能受洛伦兹力，那么这种驱动线圈中电荷运动的非静电力就只能是电

场力了。麦克斯韦仔细分析研究后于 1861 年提出了重要的假设:变化的磁场在其周围激发了一种电场,这种电场称为**感生电场**,用 $\boldsymbol{E}_{感}$ 表示。当闭合导体处在变化的磁场中时,导体中的自由电荷就受到这种感生电场的电场力的作用,从而在导体回路中引起感生电动势和感生电流。

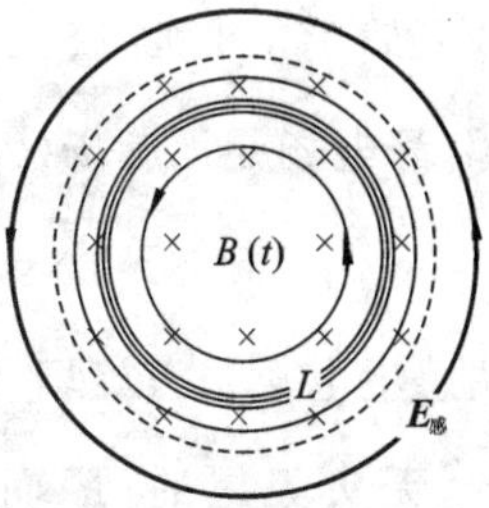

图 8.3.1　感生电动势

根据电动势的定义,闭合导体回路 L 中产生的感应电动势应为

$$\varepsilon = \oint_L \boldsymbol{E}_{感} \cdot \mathrm{d}\boldsymbol{l} \tag{8.3.1}$$

而根据法拉第电磁感应定律,有

$$\varepsilon = -\frac{\mathrm{d}\Phi}{\mathrm{d}t} = -\frac{\mathrm{d}}{\mathrm{d}t}\iint_S \boldsymbol{B} \cdot \mathrm{d}\boldsymbol{S} = -\iint_S \frac{\partial \boldsymbol{B}}{\partial t} \cdot \mathrm{d}\boldsymbol{S} \tag{8.3.2}$$

式中,S 为导体回路 L 所包围的面积;右式改用偏导数,是因为磁场 $\boldsymbol{B}$ 还是空间坐标的函数。

比较以上两式,有

$$\oint_L \boldsymbol{E}_{感} \cdot \mathrm{d}\boldsymbol{l} = -\iint_S \frac{\partial \boldsymbol{B}}{\partial t} \cdot \mathrm{d}\boldsymbol{S} \tag{8.3.3}$$

等式的右边表示产生感生电动势的原因,或者说是产生感生电场 $\boldsymbol{E}_{感}$ 的原因,左边表示磁场变化$\frac{\partial \boldsymbol{B}}{\partial t}$ 所引起的结果,即感生电动势的产生或感生电场的产生。其物理意义是感生电场沿回路 L 的环流等于通过导体回路所包围的面积 S 的磁通量对时间变化率的负值,负号表示感生电场的方向与(磁通量)的变化量所确定的绕行正方向相反。在图8.3.1 中,若 $\frac{\partial B}{\partial t} > 0$,则感生电场的电场线是与磁场方向垂直的一系列同心圆,且沿逆时针方向。

必须指出,对于麦克斯韦假设而言,不论空间是否有导体回路存在,变化的磁场总是在周围空间激发电场。因此,式(8.3.3) 是普遍适用的。也就是说,当空间中有导体存在时,导体中的自由电荷就会在感生电场的作用下形成感生电动势,而如果导体形成闭合回路时,又会形成感生电流;如果空间中没有导体时,就没有感生电动势和感生电流,但是变化的磁场所激发的电场还是客观存在的。麦克斯韦所提出的这个假设已被近代的科学实验所证实,例如电子感应加速器的基本原理就是用变化的磁场所激发的电场来加速电子的。

8.3.2　感生电场与静电场的比较

在自然界中存在着两种性质不同的电场:感生电场和静电场。它们的共同点是:无论是感生电场还是静电场,它们对置于其中的电荷都有力的作用,都能用公式 $\boldsymbol{f}_e = q\boldsymbol{E}$ 来计算。它们的不同之处如下:

(1) 起源不同。静电场是由静止的电荷激发的,而感生电场是由变化的磁场激发的。

(2) 性质不同。由静电场的高斯定理 $\oiint_S \boldsymbol{D} \cdot \mathrm{d}\boldsymbol{S} = \iiint_V \rho \mathrm{d}V$ 可知,静电场是有源场,电

场线起始于正电荷,终止于负电荷;由静电场的环路定理$\oint_L \boldsymbol{E}\cdot \mathrm{d}\boldsymbol{l}=0$知,静电场的环流等于零,静电场是无旋场(保守场)。而感生电场的环流不等于零,即

$$\oint_L \boldsymbol{E}_{感}\cdot \mathrm{d}\boldsymbol{l}=-\iint_S \frac{\partial \boldsymbol{B}}{\partial t}\cdot \mathrm{d}\boldsymbol{S}$$

表明感生电场是**有旋场**,所以感生电场通常又称为**涡旋电场**。因而感生电场的电场线是闭合的,无头无尾的。因而感生电场的高斯定理为$\oiint_S \boldsymbol{D}_{感}\cdot \mathrm{d}\boldsymbol{S}=0$,它表明感生电场是无源场。

一般情况,空间中可能既有静电场$\boldsymbol{E}_{静}$,又有感生电场$\boldsymbol{E}_{感}$。根据叠加原理,总电场$\boldsymbol{E}$沿任一闭合路径L的环流应是静电场$\boldsymbol{E}_{静}$的环流与感生电场$\boldsymbol{E}_{感}$的环流之和。由于前者为零,所以$\boldsymbol{E}$的环流就等于$\boldsymbol{E}_{感}$的环流,即

$$\oint_L \boldsymbol{E}\cdot \mathrm{d}\boldsymbol{l}=-\iint_S \frac{\partial \boldsymbol{B}}{\partial t}\cdot \mathrm{d}\boldsymbol{S} \tag{8.3.4}$$

上式是关于电场和磁场关系的基本规律之一。

感应电流不仅能在导电回路内出现,而且当大块导体与磁场有相对运动或处在变化的磁场中时,在这块导体中也会激起感应电流。这种在大块导体内流动的感应电流,称为**涡电流**,简称**涡流**。除了我们熟悉的的电子感应加速器、电磁阻尼效应外,在日常生活中,涡流也有着许多实际用途。例如,磁悬浮列车车厢的两侧,安装有磁场强大的超导电磁铁。车辆运行时,这种电磁铁的磁场在铁轨中激发涡流,同时产生一个同极性反磁场,并使车辆推离轨面在空中悬浮起来。还有,由于大块导体的电阻很小,所以感生电动势就会在金属中形成很大的涡流,产生大量的焦耳热,这就是感应加热的原理。家用的电磁炉就是利用涡电流的热效应来加热和烹制食物的。它利用一个高频载流线圈来激发交变磁场,致使在铁锅中形成涡流,通过电流的热效应来烹饪食物。然而,涡流在某些情况下也会产生危害。如变压器等电气设备的铁芯在交变电流产生的磁场中将产生涡流,这不仅损耗电能,而且产生的焦耳热达到一定程度时导致电器设备不能正常工作。因此这种铁芯一般不采用大块导体,而是用彼此绝缘的片状硅钢片或细条板材组成整块铁芯。

例 8.3.1 如图 8.3.2(a)所示,在半径为R的长直螺线管内部有一均匀磁场,方向垂直纸面向里,且以$\dfrac{\mathrm{d}B}{\mathrm{d}t}$的速率均匀增加。求:

(1) 管内外的感生电场;

(2) 螺线管内横截面上长为L的直导线MN中的感应电动势。

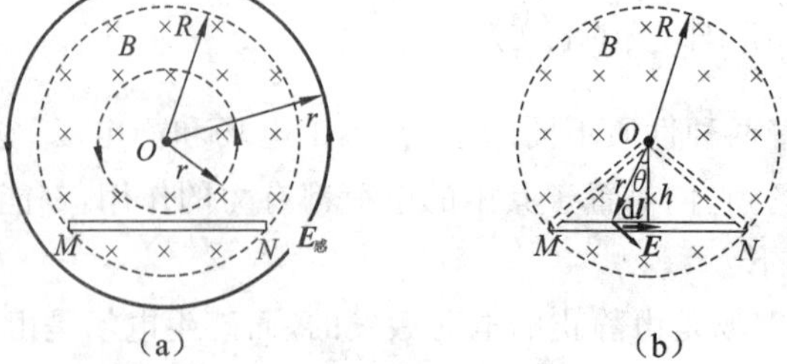

图 8.3.2 例 8.3.1 图

解　(1) 首先,分析螺线管内外磁场及感生电场的分布:无限长螺线管的磁场在管内为方向平行于管轴的均匀场,而在管外的磁场为零;这种轴对称性的磁场激发的感生电场也具有轴对称性,电场线是一系列与螺线管同轴的同心圆。故作一半径为r的圆形回路L,取回路的绕行正方向为顺时针方向,由右手螺旋定则判定回路所围面积的方向是垂直纸面向内。其次,根据式(8.3.3)分别求管内外的电场。

当 $0 < r < R$ 时,有

$$\oint_L \boldsymbol{E}_{感} \cdot \mathrm{d}\boldsymbol{l} = -\iint_S \frac{\partial \boldsymbol{B}}{\partial t} \cdot \mathrm{d}\boldsymbol{S}, \quad E_{感} \cdot 2\pi r = -\pi r^2 \frac{\mathrm{d}B}{\mathrm{d}t}$$

由此可得螺线管内部感生电场的大小为

$$E_{感} = -\frac{r}{2}\frac{\mathrm{d}B}{\mathrm{d}t}$$

负号表明感生电场的方向与回路的绕向相反,即为逆时针方向。

同理,当 $r > R$ 时,有

$$E_{感} \cdot 2\pi r = -\pi R^2 \frac{\mathrm{d}B}{\mathrm{d}t}$$

可得螺线管外部感生电场的大小为

$$E_{感} = -\frac{R^2}{2r}\frac{\mathrm{d}B}{\mathrm{d}t}$$

感生电场的方向也为逆时针方向。可见,螺线管外部的磁场为零,可是却有管内变化的磁场激发的感生电场。

(2) 管内直导线上的感生电动势可用两种方法来求解。

方法一　用 $\varepsilon = \oint_L \boldsymbol{E}_{感} \cdot \mathrm{d}\boldsymbol{l}$ 求解。如图 8.3.2(b) 所示,在 MN 上取线元 $\mathrm{d}\boldsymbol{l}$,其感生电动势为

$$\mathrm{d}\varepsilon = \boldsymbol{E}_{感} \cdot \mathrm{d}\boldsymbol{l} = \frac{r}{2}\frac{\mathrm{d}B}{\mathrm{d}t}\cos\theta \mathrm{d}l = \frac{\mathrm{d}B}{\mathrm{d}t}\frac{h}{2}\mathrm{d}l$$

从 M 沿直线积分至 N,得 MN 上的感生电动势

$$\varepsilon = \int_M^N \mathrm{d}\varepsilon = \int_0^L \frac{\mathrm{d}B}{\mathrm{d}t}\frac{h}{2}\mathrm{d}l = \frac{\mathrm{d}B}{\mathrm{d}t}\frac{h}{2}L = \frac{\mathrm{d}B}{\mathrm{d}t}\frac{L}{2}\sqrt{R^2 - \left(\frac{L}{2}\right)^2}$$

$\varepsilon > 0$,表示感生电动势的方向由 M 指向 N。

如果导线 MN 沿半径方向放置,由于 $\boldsymbol{E}_{感} \perp \mathrm{d}\boldsymbol{l}$,使得 $\mathrm{d}\varepsilon = \boldsymbol{E}_{感} \cdot \mathrm{d}\boldsymbol{l} = 0$,可见,在这种沿圆周切线方向分布的涡旋电场中,在半径方向放置的任意长度的导线上的感生电动势都为零。根据此,我们可以在半径方向上作两条辅助导线 OM 和 ON 形成闭合回路,进而用法拉第电磁感应定律求解。

方法二　在三角形回路 $NOMN$ 中,选顺时针绕向为正,则回路所围面积的方向与磁场方向一致,任意时刻 t 穿过回路的磁通量为

$$\Phi = B \cdot S = \frac{1}{2}hLB$$

由法拉第电磁感应定律知 $NOMN$ 的感生电动势为

$$\varepsilon = -\frac{d\Phi}{dt} = -\frac{1}{2}hL\frac{dB}{dt} = -\frac{dB}{dt}\frac{L}{2}\sqrt{R^2 - \left(\frac{L}{2}\right)^2}$$

由于导线 OM 和 ON 中的电动势为零，故三角形回路的总电动势就是导线 MN 的电动势，其方向为逆时针，即由 M 指向 N。

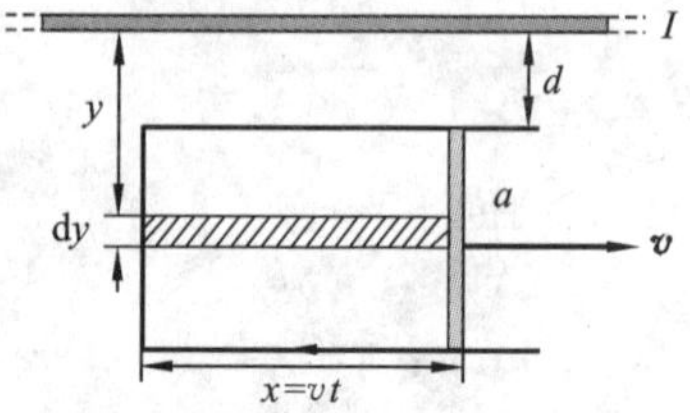

图 8.3.3　例 8.3.2 图

例 8.3.2　如图 8.3.3 所示，一长直导线通有交变电流 $I = I_0\sin\omega t$，有一带滑动边的矩形导线框与长直导线平行共面，二者相距 d。矩形线框的滑动边与长直导线垂直，它的长度为 a，并且以匀速 $\boldsymbol{v}$ 向右滑动。若忽略线框中的自感电动势，并设开始时滑动边与对边重合，试求：任意时刻 t 矩形线框内的感应电动势。

解　线圈中既有变化磁场引起的感生电动势，又有直导线在磁场中切割磁力线运动产生的动生电动势。这类题用法拉第电磁感应定律求解简单些。设在某一时刻 t，电流的方向向右，矩形线圈的可变边的长为 $x = vt$，选取顺时针方向为回路的绕行正方向，故回路包围面积的正法向垂直于纸面向内，与磁场一致。距直导线为 y 处选取面积元 $dS = x dy$，此处的磁感应强度大小为

$$B = \frac{\mu_0 I}{2\pi y}$$

通过该面积元的磁通量为

$$d\Phi = BdS = \frac{\mu_0 I}{2\pi y}x\,dy$$

通过整个矩形线圈所围面积的磁通量为

$$\Phi = \int d\Phi = \int_d^{d+a}\frac{\mu_0 I}{2\pi y}x\,dy = \frac{\mu_0 Ix}{2\pi}\ln\frac{d+a}{d}$$

则线圈中的感应电动势为

$$\begin{aligned}\varepsilon &= -\frac{d\Phi}{dt} = -\frac{\mu_0}{2\pi}\ln\frac{d+a}{d}\left(I\frac{dx}{dt} + x\frac{dI}{dt}\right)\\ &= -\frac{\mu_0 I_0}{2\pi}\ln\frac{d+a}{d}(v\sin\omega t + x\omega\cos\omega t)\\ &= -\frac{\mu_0 I_0 v}{2\pi}\ln\frac{d+a}{d}(\sin\omega t + t\omega\cos\omega t)\end{aligned}$$

当 $\varepsilon < 0$，电动势的方向与矩形线圈的绕行正方向相反，即为逆时针方向；当 $\varepsilon > 0$，电动势的方向与矩形线圈的绕行正方向相同，即为顺时针方向。

8.4　自感　互感

由法拉第电磁感应定律得知，不论采用什么方式，只要使穿过闭合回路的磁通量发生变化，回路中就会产生感应电动势。在实际电路中，磁场的变化往往是由于电流的变化引起的，因此，将电流的变化与感应电动势联系起来具有重要的实际意义，例如在电工、无线电技术中有着广泛应用的自感和互感线圈。

8.4.1　自感

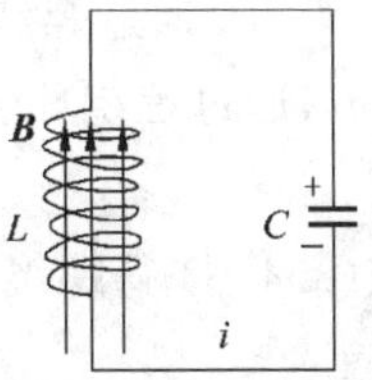

图 8.4.1　自感现象

如图 8.4.1 所示，在一个含有线圈的电路中，载流线圈的电流在空间产生的磁场必有部分磁力线通过线圈回路本身，当回路中电流变化时，变化的电流将产生变化的磁场，使得通过自身回路的磁通量也发生变化，因而在回路中要产生感应电动势和感应电流。我们把这种由于回路电流变化而在自身回路中引起的感应电动势的现象称为**自感**，相应的感应电动势称为**自感电动势**。设一闭合回路通有变化的电流 i，根据毕奥-萨伐尔定律，回路中电流产生的磁感应强度与电流强度 i 成正比，而磁通量又与磁感应强度成正比，所以通过回路的全磁通 Ψ 也与回路中的电流 i 成正比，即

$$\Psi = Li \tag{8.4.1}$$

式中，比例系数 L 称为回路的**自感系数**（简称自感）。自感系数 L 只与回路本身的大小、几何形状、匝数以及线圈中磁介质的分布有关，而与电流无关。

由法拉第电磁感应定律，回路中的自感电动势为

$$\varepsilon_L = -\frac{\mathrm{d}\Psi}{\mathrm{d}t} = -L\frac{\mathrm{d}i}{\mathrm{d}t} \tag{8.4.2}$$

式中，负号表明自感电动势的方向总是要阻碍回路本身电流的变化。当回路中的电流增大时，即 $\frac{\mathrm{d}i}{\mathrm{d}t} > 0$，则 $\varepsilon_L < 0$，说明自感电动势 ε_L 的方向与电流的方向相反；当电流减小时，即 $\frac{\mathrm{d}i}{\mathrm{d}t} < 0$，则 $\varepsilon_L > 0$，说明自感电动势 ε_L 的方向与电流的方向相同。由此可见，回路的自感电动势总是企图保持回路电流原来的状态，而且自感系数越大，保持原状态的能力就越强，回路中的电流越难改变。回路自感的这一性质与力学系统中的惯性类似，因此可以把自感 L 视为电磁运动惯性的量度。

自感如同电阻和电容一样，是描述一个电路或一个电路元件性质的参数。关于自感系数 L，理论上可以根据式(8.4.1) 求出，即

$$L = \frac{\Psi}{i} \tag{8.4.3}$$

要注意公式中的 Ψ 是指通过回路的全磁通，若回路是由 N 匝线圈组成且通过每匝线圈的磁通量都等于 Φ，则 $\Psi = N\Phi$。

在国际单位制中，自感系数的单位叫亨[利](H)，根据式(8.4.1) 知

$$1\ \mathrm{H} = 1\ \mathrm{V\cdot s\cdot A^{-1}} = 1\ \Omega\cdot\mathrm{s}$$

实际中也常用毫亨(mH) 与微亨(μH) 作自感的单位，其换算关系如下：

$$1\ \mathrm{H} = 10^3\ \mathrm{mH} = 10^6\ \mu\mathrm{H}$$

自感现象在电子、无线电领域有着广泛的应用，利用自感线圈具有阻碍电流变化的特性，可以稳定电路里的电流；无线电设备中常用它和电容器的组合构成谐振电路或滤波器等。但在某些情况下自感现象又是非常有害的，比如具有大自感线圈的电路断开时，由于

电路中的电流变化很快,在电路中会产生很大的自感电动势,导致击穿线圈本身的绝缘保护,或者在电闸断开的间隙中产生强烈的电弧可能烧坏电闸开关。

例 8.4.1　如图 8.4.2 所示,一个密绕螺绕环,环中充满相对磁导率为 μ_r 的磁介质,环的截面积为 S,平均半径为 R,单位长度上的匝数为 n,试求螺绕环的自感。

解　设通过螺绕环线圈的电流为 i;根据安培环路定理可知,螺绕环管内磁场 $B = \mu_0\mu_r ni$,通过螺绕环管内全磁通为

$$\Psi = N\Phi = 2\pi Rn \cdot BS = 2\pi\mu_0\mu_r Rn^2 Si$$

由式(8.4.3)得螺绕环的自感为

$$L = \frac{\Psi}{i} = 2\pi\mu_0\mu_r Rn^2 S = \mu_0\mu_r n^2 V = \mu n^2 V$$

其中,$V = 2\pi RS$ 为螺绕环管内空间的体积。此结果表明当环管内充满磁介质时,其自感系数是真空时的 μ_r 倍。

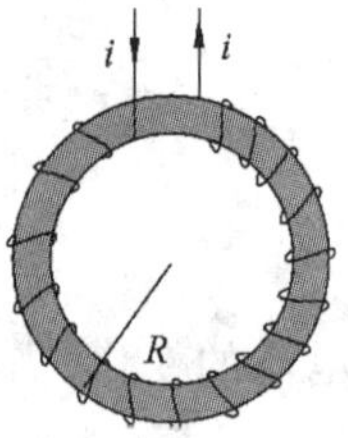

图 8.4.2　螺绕环的自感

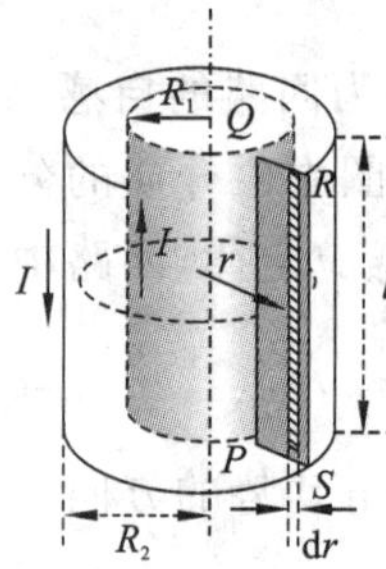

图 8.4.3　同轴电缆的自感

例 8.4.2　如图 8.4.3 所示,由两个无限长圆筒状导体所组成的同轴电缆,两筒间充满磁导率为 μ 的磁介质,内外筒的半径分别为 R_1 和 R_2,求电缆单位长度的自感。

解　设电缆中沿内筒和外筒流过的电流 I 大小相等,方向相反。应用安培环路定理,可知在内筒之内和外筒之外的空间中磁感应强度都等于零。在内外圆筒之间,距轴为 r 处的磁感应强度为

$$B = \frac{\mu I}{2\pi r}$$

下面计算通过两筒间长为 l 的截面 $PQRS$ 的磁通量。

考虑到内外筒之间磁场的轴对称性分布,取图中所示的面积元 $\mathrm{d}S = l\mathrm{d}r$,则通过此面元的磁通量为

$$\mathrm{d}\Phi = B\mathrm{d}S = Bl\,\mathrm{d}r = \frac{\mu Il}{2\pi}\frac{\mathrm{d}r}{r}$$

通过两圆筒之间长为 l 的截面的总磁通量为

$$\Phi = \int \mathrm{d}\Phi = \int_{R_1}^{R_2} \frac{\mu Il}{2\pi}\frac{\mathrm{d}r}{r} = \frac{\mu Il}{2\pi}\ln\frac{R_2}{R_1}$$

则同轴电缆单位长度的自感为

$$L = \frac{\Phi}{Il} = \frac{\mu}{2\pi}\ln\frac{R_2}{R_1}$$

8.4.2　互感

如图 8.4.4 所示，有两个载流闭合线圈 L_1 和 L_2，当回路 L_1 中的电流 i_1 发生变化时，会在其周围激发变化的磁场，使得通过另一导体回路 L_2 中磁通量发生变化而产生感应电动势，反过来，回路 L_2 中电流 i_2 的变化又会在回路 L_1 中产生感应电动势，这种现象称为**互感现象**，相应的感应电动势叫**互感电动势**。

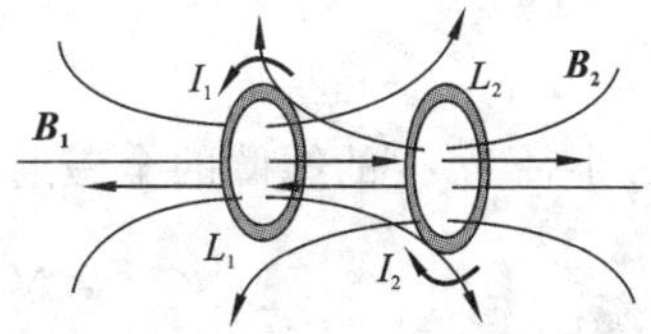

图 8.4.4　互感现象

由毕奥-萨伐尔定律可知，由 i_1 所产生的磁场正比于 i_1，因而该磁场通过回路 L_2 的全磁通 Ψ_{21} 应与回路 L_1 的电流 i_1 成正比，即

$$\Psi_{21} = M_{21} i_1 \tag{8.4.4}$$

式中，比例系数 M_{21} 称为回路 L_1 对回路 L_2 的互感系数。

同理可知，由回路 L_2 的电流 i_2 所产生的磁场通过回路 L_1 中的全磁通 Ψ_{12} 应与 i_2 成正比，即

$$\Psi_{12} = M_{12} i_2 \tag{8.4.5}$$

其中，M_{12} 称为回路 L_2 对回路 L_1 的互感系数。理论和实验都可以证明，对于给定的两个导体回路，有

$$M_{12} = M_{21} = M$$

M 就称为这两个导体回路的互感系数，简称互感，在国际单位制中，互感单位也是亨[利]。互感的大小取决于两个导体回路的几何形状、相对位置以及其周围磁介质的分布。

根据式(8.4.4) 和式(8.4.5)，得

$$M = \frac{\Psi_{21}}{i_1} = \frac{\Psi_{12}}{i_2} \tag{8.4.6}$$

可以利用上式对两个导体回路的互感进行计算。

在互感系数一定的情况下，由法拉第电磁感应定律得，回路 L_1 和 L_2 中的互感电动势分别为

$$\varepsilon_{12} = -\frac{\mathrm{d}\Psi_{12}}{\mathrm{d}t} = -M_{12}\frac{\mathrm{d}i_2}{\mathrm{d}t} \tag{8.4.7}$$

$$\varepsilon_{21} = -\frac{\mathrm{d}\Psi_{21}}{\mathrm{d}t} = -M_{21}\frac{\mathrm{d}i_1}{\mathrm{d}t} \tag{8.4.8}$$

式中的负号表示，一个回路中的互感电动势要反抗另一个回路中电流的变化，而且互感系数越大，电流的变化也越难改变，因此互感是描述两个线圈耦合强弱的物理量。

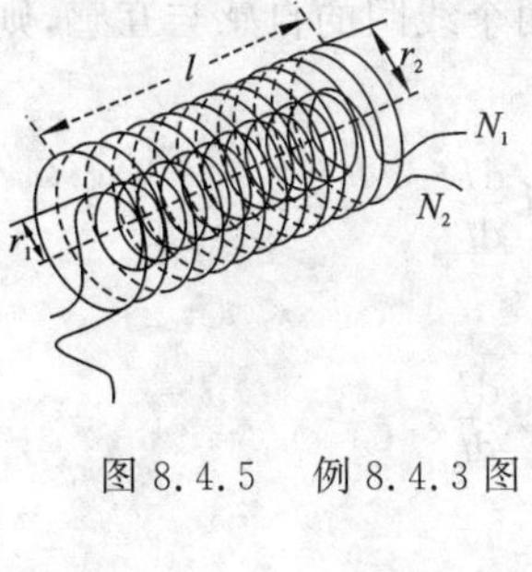

图 8.4.5　例 8.4.3 图

通过以上分析可知，互感线圈能够使能量或信号由一个线圈方便地传递到另一个线圈。电工、无线电技术中使用的各种变压器都是互感器件。然而，在某些情况下，互感现象也有不利的方面。例如，有线电话往往会由于两路电话线路之间的互感而引致串音，这就需要设法避免互感所引起的干扰。

例 8.4.3 如图 8.4.5 所示,有两个长直密绕细螺线管,长度均为 l,内外螺线管半径分别为 r_1 和 r_2 $(r_1 < r_2)$,匝数分别为 N_1 和 N_2,求它们的互感以及两螺线管的自感。

解 设半径为 r_1 的内螺线管中通有电流 I_1,则螺线管内的磁感应强度为

$$B_1 = \mu_0 \frac{N_1}{l} I_1$$

穿过半径为 r_2 的线圈的全磁通为

$$\Psi_{21} = N_2 \Phi_{21} = N_2 B_1 (\pi r_1^2) = \frac{\mu_0 N_1 N_2 I_1}{l} \pi r_1^2$$

互感系数为

$$M = \frac{\Psi_{21}}{I_1} = \frac{\mu_0 N_1 N_2}{l} \pi r_1^2$$

下面分别求两螺线管的自感。

对于内螺线管,电流 I_1 产生的磁场穿过自身的磁通为

$$\Psi_1 = N_1 \Phi_1 = N_1 B_1 (\pi r_1^2) = \frac{\mu_0 N_1^2 I_1}{l} \pi r_1^2$$

内螺线管的自感系数为

$$L_1 = \frac{\Psi_1}{I_1} = \frac{\mu_0 N_1^2}{l} \pi r_1^2$$

同理可得,外螺线管的自感系数为

$$L_2 = \frac{\Psi_2}{I_2} = \frac{\mu_0 N_2^2}{l} \pi r_2^2$$

比较内、外螺线管的自感系数和内外螺线管之间的互感系数,可得

$$M = \frac{r_1}{r_2} \sqrt{L_1 L_2} \quad (r_1 < r_2)$$

另外,在内、外螺线管的自感系数表达式中利用螺线管的体积 $V = \pi r^2 l$,可以得出长直螺线管自感的普遍表达式,即

$$L = \mu n^2 V \tag{8.4.9}$$

式中,n 为螺线管单位长度的匝数。

讨论:

(1) 一般情况,可以把互感表示为 $M = k \frac{r_1}{r_2} \sqrt{L_1 L_2}$ $(0 \leqslant k \leqslant 1)$,其中 k 称为耦合系数,只有当两个线圈紧密耦合而且无漏磁的情况下,才有 $k = 1$。

(2) 当两个线圈串联顺接时,若回路中通有电流 I,考虑到两个线圈的自感与互感,则它们的感应电动势分别为

$$\varepsilon_1 = -L_1 \frac{dI}{dt} - M \frac{dI}{dt}, \quad \varepsilon_2 = -L_2 \frac{dI}{dt} - M \frac{dI}{dt}$$

整个回路的总电动势为

$$\varepsilon = \varepsilon_1 + \varepsilon_2 = -(L_1 + L_2 + 2M) \frac{dI}{dt} = -L \frac{dI}{dt}$$

式中,L 为线圈顺接后的等效线圈的总自感。

$$L = L_1 + L_2 + 2M$$

(3) 当两个线圈反接时，同理可得，等效线圈的总自感

$$L = L_1 + L_2 - 2M$$

例 8.4.4　如图 8.4.6 所示，在磁导率为 μ 的均匀无限大的磁介质中，一无限长直导线与一边长分别为 b 和 l 的矩形线圈共面，直导线与矩形线圈的一侧平行，且相距为 d。求二者的互感系数。

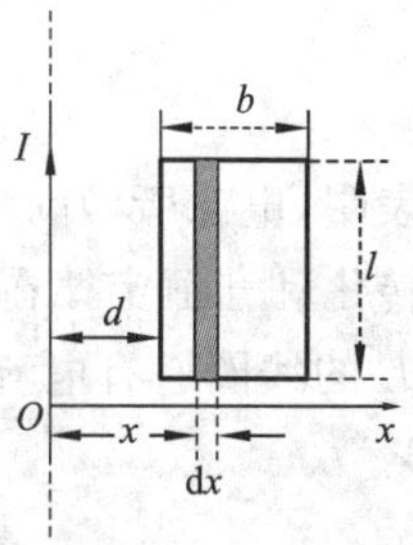

图 8.4.6　例 8.4.4 用图

解　设长直导线通有电流 I，在距导线为 x 处的磁感应强度为

$$B = \frac{\mu I}{2\pi x}$$

取如图所示的小面积元 $dS = l dx$，则通过矩形线圈的磁通量为

$$\Phi = \iint_S B\,dS = \int_d^{d+b} \frac{\mu I}{2\pi x} l\,dx = \frac{\mu Il}{2\pi}\ln\left(\frac{b+d}{d}\right)$$

互感系数为

$$M = \frac{\Phi}{I} = \frac{\mu l}{2\pi}\ln\left(\frac{b+d}{d}\right)$$

若导线处于矩形线圈 b 边的中垂线位置，则根据对称性可知，通过线圈的磁通量 $\Phi = 0$。所以，互感系数 $M = 0$。

8.5　磁场的能量

在第 6 章中曾讨论了电容器的充电过程，外力要克服静电力做功转化为电容器的电能，同样考虑线圈，当它通有电流时，电源要反抗自感或互感电动势做功，消耗的电能转化为磁场的能量。

8.5.1　自感磁能

如图 8.5.1 所示，一个线圈 L 与一个可变电阻 R 串联后接在电源的两端。在回路中电流增大的过程中，线圈 L 中将出现自感电动势 ε_L，由于 ε_L 要反抗电流的增加，导致回路中的电流不能立即达到稳定状态，而是经过一个逐渐增大的过程。设此过程中的某一时刻电流为 i，自感电动势为 $\varepsilon_L = -L\dfrac{di}{dt}$，它与电源电动势 ε 共同决定回路电流的变化。由全电流欧姆定律，得

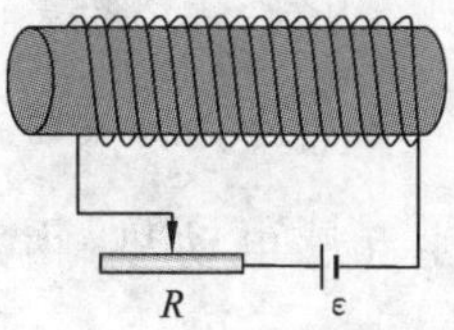

图 8.5.1　自感磁能

$$\varepsilon - L\frac{di}{dt} = Ri$$

用 t 时刻的电流 i 去乘上式的两边，并整理得出

$$\varepsilon i\,dt = Li\,di + Ri^2\,dt$$

从 $t=0$ 开始计时,电流从零增大到稳定值 I 的这段时间内,电源电动势所做的功为

$$\int_0^t \varepsilon i\,\mathrm{d}t = \int_0^I Li\,\mathrm{d}i + \int_0^t Ri^2\,\mathrm{d}t$$

在自感 L 和电流无关的情况下,上式化为

$$\int_0^t \varepsilon i\,\mathrm{d}t = \frac{1}{2}LI^2 + \int_0^t Ri^2\,\mathrm{d}t$$

此式表明,电源所做的功,一部分转化为载流线圈的能量,另一部分转化为焦耳热,这就是能量转化和守恒定律在此回路里电流增大过程中的具体表达。由此我们可以得到,一个自感为 L 的线圈通有电流 I 时所具有的能量就是电源克服自感电动势做功转化而来的能量,即

$$W_m = \frac{1}{2}LI^2 \tag{8.5.1}$$

这种能量称为线圈的**自感磁能**。将其与电容器的储能公式 $W_e = \frac{1}{2}CU^2$ 比较可知:电容器是储存电能的器件;一个载流线圈(电感器)是储存磁能的器件。

8.5.2 互感磁能

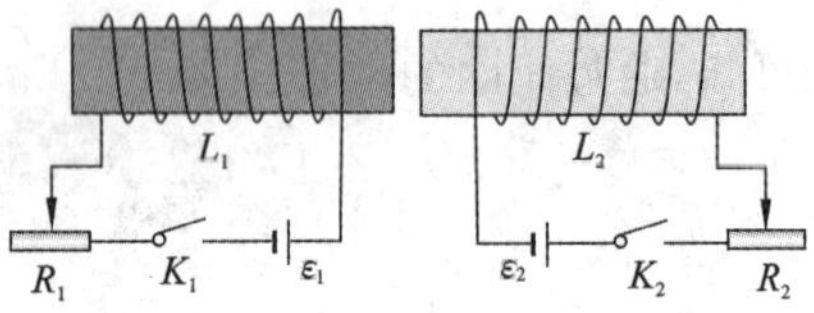

图 8.5.2 互感磁能

如图 8.5.2 所示,考察两个邻近的电流回路,它们各自的电流从零分别增大到 I_1 和 I_2 的过程中,这个电流回路系统的能量。

我们设想电流 I_1 和 I_2 是按下述步骤建立的:

(1) 先合上电键 K_1,使回路 1 的电流 i_1 从零增大到 I_1。在这一过程中由于自感 L_1 的存在,电源 ε_1 克服自感电动势做功而储存到 L_1 线圈中的自感磁能为

$$W_1 = \frac{1}{2}L_1 I_1^2$$

(2) 再合上电键 K_2,使回路 2 的电流 i_2 从零增大到 I_2,而让回路 1 中的电流保持 I_1 不变。在这一过程中由于自感 L_2 的存在,电源 ε_2 克服自感电动势做功而储存在 L_2 线圈中的自感磁能为

$$W_2 = \frac{1}{2}L_2 I_2^2$$

此外,还要考虑互感的影响,在 i_2 增大时,在 L_1 中将会产生互感电动势。由式(8.4.7),得

$$\varepsilon_{12} = -M_{12}\frac{\mathrm{d}i_2}{\mathrm{d}t}$$

它将使电流 I_1 减小,若保持回路 1 的电流 I_1 不变,那么在回路 2 的电流 i_2 从零增大到 I_2 的过程中,电源 ε_1 必须反抗互感电动势 ε_{12} 做功而储存到电流回路系统中的能量为

$$W_{12} = -\int \varepsilon_{12} I_1\,\mathrm{d}t = \int M_{12} I_1 \frac{\mathrm{d}i_2}{\mathrm{d}t}\mathrm{d}t$$

$$= \int_0^{I_2} M_{12} I_1 \mathrm{d}i_2 = M_{12} I_1 \int_0^{I_2} \mathrm{d}i_2$$
$$= M_{12} I_1 I_2$$

则经过上述两个步骤之后，电流回路系统达到电流分别是 I_1 和 I_2 的状态，这时储存到系统的总能量为

$$W_m = W_1 + W_2 + W_{12} = \frac{1}{2}L_1 I_1^2 + \frac{1}{2}L_2 I_2^2 + M_{12} I_1 I_2$$

反之，如果我们先合上电键 K_2，让 L_2 回路的电流 i_2 从零增大到 I_2；再合上电键 K_1，在保持 I_2 不变的情况下让回路 L_1 的电流 i_1 从零增大到 I_1，仍按上述推理，则可得在这一过程中储存在系统的总能量为

$$W'_m = \frac{1}{2}L_1 I_1^2 + \frac{1}{2}L_2 I_2^2 + M_{21} I_1 I_2$$

由于这两种通电方式最后达到的状态相同，即都使两个回路中的电流分别为 I_1 和 I_2，那么系统的总磁能应该与建立 I_1 和 I_2 的具体步骤无关，即应有 $W_m = W'_m$。由此得出

$$M_{12} = M_{21}$$

由此证明了回路 1 对回路 2 的互感系数等于回路 2 对回路 1 的互感系数。用 M 来表示互感系数，则储存在由两个回路所组成的系统的总能量为

$$W_m = \frac{1}{2}L_1 I_1^2 + \frac{1}{2}L_2 I_2^2 + M I_1 I_2 \tag{8.5.2}$$

上式右边的第一项和第二项分别是两个线圈的自感磁能，而第三项称为两个线圈的**互感磁能**。记为

$$W_M = M I_1 I_2 \tag{8.5.3}$$

它表示两个互感为 M 的线圈中分别通有电流 I_1 和 I_2 时所具有的能量。这里要注意公式中各量的正负，I_1 和 I_2 都是正值，而互感系数 M 可以取正值，也可以取负值。当一个回路的磁通量穿过另一个回路时，与另一个回路本身产生的磁通量的方向相同，即两个回路的磁通量相互加强，互感系数 M 取正值；反之取负值。

8.5.3　磁场的能量

前面我们利用电容器的储能来导出静电场的能量，仿照此方法，可以用储存磁能的器件自感线圈来推导磁场能量的表达式。下面以载流细螺绕环为例进行讨论。假设环管内充满磁导率为 μ 的均匀磁介质，单位长度的匝数为 n，环管体积为 V。通过螺绕环的电流为 I，则管内的磁感应强度为

$$B = \mu n I$$

由前面式(8.4.9)，该螺绕环的自感系数为 $L = \mu n^2 V$。根据式(8.5.1)可知螺绕环的磁场能量是

$$W_m = \frac{1}{2}LI^2 = \frac{1}{2}(\mu n^2 V)\left(\frac{B}{\mu n}\right)^2 = \frac{B^2}{2\mu}V \tag{8.5.4}$$

由于细螺绕环的磁场只分布在环管内，且管内磁场当作是均匀的，因此单位体积内磁场的能量——**磁场能量密度**为

$$w_m = \frac{W_m}{V} = \frac{B^2}{2\mu} \tag{8.5.5}$$

利用公式 $B = \mu H$，磁场能量密度还可写成

$$w_m = \frac{1}{2}BH \tag{8.5.6}$$

可见，磁能可以由描述磁场的物理量 B 或 H 表示，磁能存储在磁场中，任何磁场都具有能量，这是磁场物质性的体现。

上述磁场能量密度的公式虽然是从螺绕环的特例导出的，但它是适用于各类磁场的普遍公式。利用它也可以求任意磁场所储存的能量

$$W_m = \iiint w_m \mathrm{d}V = \frac{1}{2}\iiint BH\,\mathrm{d}V \tag{8.5.7}$$

此式的积分范围遍及整个磁场分布的空间。

下面来比较一下电场与磁场的能量表达式。

电场中：

电容器所储存的电能为　　$W_e = \frac{1}{2}CU^2$

电场的能量密度为　　$w_e = \frac{1}{2}\varepsilon E^2 = \frac{1}{2}ED$

电场的总能量　　$W_e = \iiint w_e \mathrm{d}V = \frac{1}{2}\iiint ED\,\mathrm{d}V$

磁场中：

自感线圈储存的磁能为　　$W_m = \frac{1}{2}LI^2$

磁场的能量密度为　　$w_m = \frac{B^2}{2\mu} = \frac{1}{2}BH$

磁场的总能量　　$W_m = \iiint w_m \mathrm{d}V = \frac{1}{2}\iiint BH\,\mathrm{d}V$

例 8.5.1　一导线弯成半径为 5 cm 的圆形，当其中通有 100 A 的电流时，求圆心处的磁场能量密度。

解　圆形电流在圆心处产生的磁感应强度为

$$B = \frac{\mu_0 I}{2R}$$

根据式(8.5.5)，可得圆心处的磁场能量密度为

$$w_m = \frac{B^2}{2\mu_0} = \frac{1}{8}\frac{\mu_0 I^2}{R^2} = \frac{4\pi \times 10^{-7} \times 100^2}{8 \times 0.05^2} = 0.63\ (\mathrm{J/m^3})$$

例 8.5.2　如图 8.5.3 所示，一同轴电缆，中间充以磁导率为 μ 的磁介质，芯线与圆筒上的电流 I 大小相等、方向相反。已知内、外筒半径分别为 R_1 和 R_2，设金属芯线内的磁场可略，求单位长度同轴电缆的磁能。

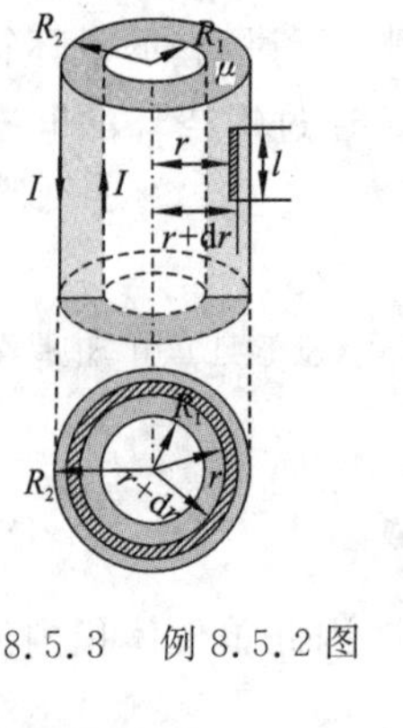

图 8.5.3　例 8.5.2 图

解　由安培环路定律，可求同轴电缆的磁场分布如下

$$H = 0\ (r < R_1),\quad H = \frac{I}{2\pi r}\ (R_1 < r < R_2)$$

$$H = 0\ (r > R_2)$$

可见磁场只分布在内、外筒之间($R_1 < r < R_2$)，磁能密度为

$$w_m = \frac{1}{2}\mu H^2 = \frac{1}{2}\mu\left(\frac{I}{2\pi r}\right)^2 = \frac{\mu I^2}{8\pi^2 r^2}$$

在 r 处取一长为 l 厚为 $\mathrm{d}r$ 的薄层圆筒形体积元 $\mathrm{d}V = 2\pi r l\,\mathrm{d}r$，则长为 l 的电缆中的磁场能量为

$$W_m = \int_V w_m \mathrm{d}V = \int_{R_1}^{R_2} \frac{\mu I^2 l}{4\pi r}\mathrm{d}r = \frac{\mu I^2 l}{4\pi}\ln\frac{R_2}{R_1}$$

单位长度电缆的磁场能量为

$$\frac{W_m}{l} = \frac{\mu I^2}{4\pi}\ln\frac{R_2}{R_1}$$

本例也可用例 8.4.2 的结果与式(8.5.1) 求出。

8.6　位 移 电 流

8.6.1　问题的提出

在静电场中，静电场沿任一闭合回路的环流为零，即

$$\oint_L \boldsymbol{E}\cdot\mathrm{d}\boldsymbol{l} = 0$$

麦克斯韦于 1861 年提出了“随时间变化的磁场产生感生电场”的假设后，得出了非稳恒电场的环流

$$\oint_L \boldsymbol{E}\cdot\mathrm{d}\boldsymbol{l} = -\iint_S \frac{\partial \boldsymbol{B}}{\partial t}\cdot\mathrm{d}\boldsymbol{S}$$

而对于稳恒电流产生的磁场的环流，有

$$\oint_L \boldsymbol{H}\cdot\mathrm{d}\boldsymbol{l} = \sum_i I_i = \iint_S \boldsymbol{j}_c\cdot\mathrm{d}\boldsymbol{S} \tag{8.6.1}$$

那么，非稳恒情况下磁场的环流怎样得出呢?麦克斯韦在 1862 年又提出了另一个重要的假设“随时间变化的电场会产生磁场”，导出了非稳恒磁场的环流，从而进一步揭示了电场和磁场之间的内部联系。

8.6.2　位移电流

下面我们来研究包含有电容器的非稳恒电路的情况。如图 8.6.1 所示，当在电容器的充、放电过程中，导线内的传导电流随时间变化，且通过电路中导线上的任何截面的电流都相等;但这种传导电流不能在电容器的两极板之间的真空或电介质中流过，因而对于整个电路来说，传导电流是不连续的。以电容器的充电过程为例，设某一时刻，电路中的传导电流为

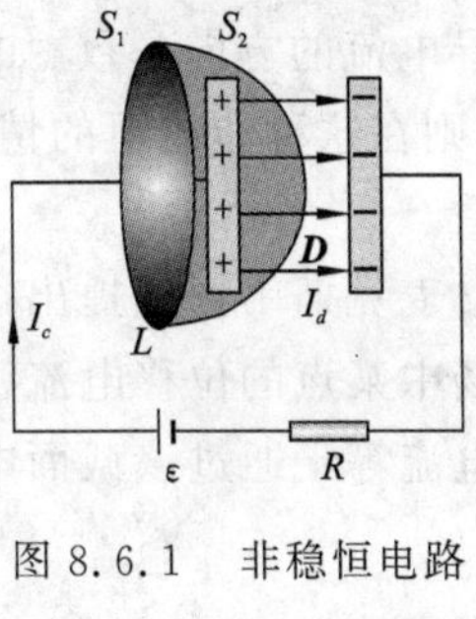

图 8.6.1　非稳恒电路

I_c,在这种情况下,如果将安培环路定理应用到同一个闭合回路 L 为边线的不同曲面时,对 S_1 面,得

$$\oint_L \boldsymbol{H} \cdot \mathrm{d}\boldsymbol{l} = \iint_{S_1} \boldsymbol{j} \cdot \mathrm{d}\boldsymbol{S} = I_c \neq 0$$

而对 S_2 面,则得

$$\oint_L \boldsymbol{H} \cdot \mathrm{d}\boldsymbol{l} = \iint_{S_2} \boldsymbol{j} \cdot \mathrm{d}\boldsymbol{S} = 0$$

显然,这两个表达式是相互矛盾的,即稳恒情况下的安培环路定理在非稳恒情况下就不成立了。出现这一问题的关键在于非稳恒时传导电流的不连续。麦克斯韦着力于寻找电容器两极板间一种区别于传导电流的新"电流",使得整个非稳恒回路的电流连续起来,从而把安培环路定理推广到非稳恒情况。

仔细分析上述回路,非稳恒电路中,在传导电流中断处必发生电荷分布的变化。设平板电容器极板面积为 S,当电容器充电时,极板上的电荷 q 及电荷面密度 σ 在增加,任一瞬时,导线中的传导电流应等于极板上电量的变化率,即

$$I_c = \frac{\mathrm{d}q}{\mathrm{d}t} \tag{8.6.2}$$

而电荷分布的变化必引起两极板间电场的变化,随着极板上电荷的累积,极板间的电场 $\boldsymbol{E}$(或电位移 $\boldsymbol{D}$) 也随时间变化,因为 $D = \sigma$,所以电位移的通量为

$$\Phi_d = DS = \sigma S = q$$

两边求导,得

$$\frac{\mathrm{d}\Phi_d}{\mathrm{d}t} = \frac{\mathrm{d}q}{\mathrm{d}t} \tag{8.6.3}$$

比较式(8.6.2) 和式(8.6.3),有 $\frac{\mathrm{d}\Phi_d}{\mathrm{d}t} = I_c$。可见,两极板间电位移通量对时间的变化率等于导线中的传导电流。又因为

$$\frac{\mathrm{d}\Phi_d}{\mathrm{d}t} = \iint_S \frac{\partial \boldsymbol{D}}{\partial t} \cdot \mathrm{d}\boldsymbol{S}, \quad I_c = \iint_S \boldsymbol{j}_c \cdot \mathrm{d}\boldsymbol{S}$$

得 $\frac{\partial \boldsymbol{D}}{\partial t} = \boldsymbol{j}_c$。所以,两极板间电位移对时间的变化率等于导线中的传导电流密度。从方向上看,当充电时,极板间的电场增强,$\frac{\partial \boldsymbol{D}}{\mathrm{d}t}$ 的方向与电场的方向一致,也与导线中的传导电流的方向一致;当放电时,极板间电场减弱,$\frac{\partial \boldsymbol{D}}{\mathrm{d}t}$ 的方向与电场的方向相反,但仍与导线中的传导电流的方向一致。如果把极板间的电位移通量对时间的变化率也当作一种电流来对待,则在这种非稳恒的情况下,电路中的电流就可以连续,从而就可以解决前面所提到的矛盾。

麦克斯韦据此提出了一个假设:变化的电场等效于一种电流,称为"**位移电流**"。定义:电场中某点的位移电流密度等于该点电位移对时间的变化率,通过电场中某一截面的位移电流等于通过该截面电位移通量对时间的变化率。分别表示如下

$$\boldsymbol{j}_d = \frac{\partial \boldsymbol{D}}{\partial t} \tag{8.6.4}$$

$$I_d = \frac{\mathrm{d}\Phi_d}{\mathrm{d}t} = \iint_S \frac{\partial \boldsymbol{D}}{\partial t} \cdot \mathrm{d}\boldsymbol{S} \tag{8.6.5}$$

那么，在上述电容器电路中，两极板间中断的传导电流 I_c 可以由位移电流 I_d 替代而维持电流的连续性。传导电流与位移电流的和称为全电流，即 $I_{全} = I_c + I_d$。可见，全电流是连续的

$$\oiint_S \left(\boldsymbol{j}_c + \frac{\partial \boldsymbol{D}}{\partial t}\right) \cdot \mathrm{d}\boldsymbol{S} = 0 \tag{8.6.6}$$

8.6.3　安培环路定理的普遍形式

麦克斯韦还假设位移电流在激发磁场这一方面与传导电流等效，即它们都按同一规律在其周围空间中激发涡旋磁场。考虑到全电流的连续性，麦克斯韦把安培环路定理推广到一般情形，即

$$\oint_L \boldsymbol{H} \cdot \mathrm{d}\boldsymbol{l} = \sum I_{全} = \sum (I_c + I_d) = \iint_S \left(\boldsymbol{j}_c + \frac{\partial \boldsymbol{D}}{\partial t}\right) \cdot \mathrm{d}\boldsymbol{S} \tag{8.6.7}$$

表述为：在磁场中沿任一闭合回路 L 的磁场强度 $\boldsymbol{H}$ 的环流等于穿过以该闭合回路为边线的任意曲面 S 的传导电流和位移电流的代数和，称为**全电流安培环路定理**。显然，全电流安培环路定理在图 8.6.1 所示的非稳恒情况下也是成立的。当空间只有稳恒电流存在时，$\frac{\partial \boldsymbol{D}}{\partial t} = 0$，则式(8.6.7) 回到稳恒情况时的安培环路定理式(8.6.1)。当空间没有稳恒电流只有变化的电场时，则

$$\oint_L \boldsymbol{H} \cdot \mathrm{d}\boldsymbol{l} = \iint_S \frac{\partial \boldsymbol{D}}{\partial t} \cdot \mathrm{d}\boldsymbol{S} \tag{8.6.8}$$

将上式与前面感生电场的环流表达式

$$\oint_L \boldsymbol{E} \cdot \mathrm{d}\boldsymbol{l} = -\iint_S \frac{\partial \boldsymbol{B}}{\partial t} \cdot \mathrm{d}\boldsymbol{S}$$

比较得知，法拉第电磁感应定律说明变化的磁场能激发涡旋电场，位移电流说明变化的电场能激发涡旋磁场，这种“动磁生电”和“动电生磁”反映了自然界的对称性，深刻揭露了电场和磁场的内在联系和相互依存关系，两种变化的场永远相互联系着，形成了统一的电磁场。

必须指出，虽然传导电流和位移电流在激发磁场方面是等效的，但它们存在着根本的区别。首先，传导电流是自由电荷的定向移动而形成的，仅能在导体中流动，而位移电流的实质却是电场的变化，在空间某一点只要有电场的变化，就有相应的位移电流密度存在，因此不仅在导体中，就是在电介质中，甚至在真空中也可以产生位移电流。但在通常情况下，电介质中主要是位移电流，传导电流可忽略不计；而在导体中，主要是传导电流，在低频时位移电流可忽略不计，在高频时位移电流的作用与传导电流可以相比拟，这时就不能忽略其中任何一个了。其次，传导电流通过导体时要产生焦耳热；而位移电流通过导体时不产生焦耳热。高频时位移电流会在有极分子电介质中产生较大的热量，但这时的热量和焦耳热不同，它遵守完全不同的规律(不遵守焦耳-楞次定律)。例如，现代家庭使用的微波炉就是利用位移电流来产生热量的，它是通过磁控管产生高频(通常为10^9 Hz 的数量级)

微波,经密封的波导管进入炉腔并作用于食物上,食物在吸收微波的过程中,其分子在微波作用下做同频率的高频振动,引起快速摩擦而产生热量,达到加热、烹熟食物的目的。由于微波对人体是有害的,使用过程中应防止微波从炉门缝隙处外泄。

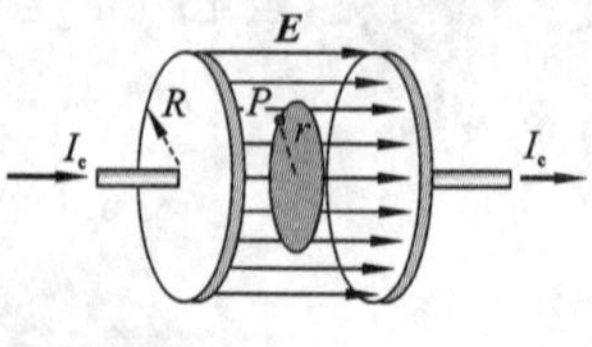

图 8.6.2　例 8.6.1 图

例 8.6.1　如图 8.6.2 所示,半径为 R 的两块导体圆板构成平板电容器,其间充满空气,由圆板中心引出两根直导线给电容器匀速充电而使电容器两极板间的电场变化率为 $\frac{\mathrm{d}E}{\mathrm{d}t}=C>0$。求电容器两极板间的位移电流,并计算电容器内离轴 r 处的磁感应强度。

解　忽略边缘效应,认为两极板间的电场是均匀的,则电容器两极板间的位移电流为

$$I_d=\frac{\mathrm{d}\Phi_d}{\mathrm{d}t}=S\frac{\mathrm{d}D}{\mathrm{d}t}=\pi R^2\varepsilon_0\frac{\mathrm{d}E}{\mathrm{d}t}$$

该电容器两极板之间为均匀电场,因此位移电流分布均匀,位移电流所产生的磁场的磁力线是以两极板中心连线为轴的一系列同心圆,方向与位移电流满足右手螺旋定则。故以中心线上某点为圆心作一半径 r 的圆形回路 L,规定回路方向与电流方向满足右手螺旋定则,则在 L 上各点的磁感应强度大小相等,方向沿切线方向。

由安培环路定理得:当 $r<R$ 时,有

$$\oint_L \boldsymbol{H}\cdot\mathrm{d}\boldsymbol{l}=H\cdot 2\pi r=\iint_S\frac{\partial\boldsymbol{D}}{\partial t}\cdot\mathrm{d}\boldsymbol{S}=\varepsilon_0\frac{\mathrm{d}}{\mathrm{d}t}\iint_S\boldsymbol{E}\cdot\mathrm{d}\boldsymbol{S}=\varepsilon_0\frac{\mathrm{d}\boldsymbol{E}}{\mathrm{d}t}\pi r^2$$

即

$$H=\varepsilon_0\frac{r}{2}\frac{\mathrm{d}E}{\mathrm{d}t}$$

同理,当 $r>R$ 时,得

$$\oint_L \boldsymbol{H}\cdot\mathrm{d}\boldsymbol{l}=H\cdot 2\pi r=\iint_S\frac{\partial\boldsymbol{D}}{\partial t}\cdot\mathrm{d}\boldsymbol{S}=\varepsilon_0\frac{\mathrm{d}E}{\mathrm{d}t}\pi R^2$$

即

$$H=\frac{\varepsilon_0 R^2}{2r}\frac{\mathrm{d}E}{\mathrm{d}t}$$

故所求的磁感应强度分别为

$$B=\mu_0 H=\mu_0\varepsilon_0\frac{r}{2}\frac{\mathrm{d}E}{\mathrm{d}t}\ (r<R),\quad B=\mu_0 H=\frac{\mu_0\varepsilon_0 R^2}{2r}\frac{\mathrm{d}E}{\mathrm{d}t}\ (r>R)$$

8.7　麦克斯韦方程组和电磁波

前面的几章中研究了静电场、稳恒电流的磁场的一些基本规律,麦克斯韦在引入了“感生电场”和“位移电流”的概念后,对电磁现象的基本规律进行了系统的总结,提出了一般的宏观电磁规律 —— 麦克斯韦方程组,从而建立了完整的电磁理论体系。

8.7.1　麦克斯韦方程组

首先我们来综合回顾一下静电场和稳恒磁场的基本规律。为区别变化的电磁场，下面将静电场的场强及电位移分别用$\boldsymbol{E}^{(1)}$和$\boldsymbol{D}^{(1)}$表示，稳恒电流激发的磁场的磁感应强度和磁场强度分别记为$\boldsymbol{B}^{(1)}$和$\boldsymbol{H}^{(1)}$。

(1) 静电场的高斯定理。

$$\oiint_S \boldsymbol{D}^{(1)} \cdot \mathrm{d}\boldsymbol{S} = \iiint_V \rho \, \mathrm{d}V \tag{8.7.1 a}$$

式中，ρ是自由电荷的体密度。

(2) 稳恒磁场的高斯定理。

$$\oiint_S \boldsymbol{B}^{(1)} \cdot \mathrm{d}\boldsymbol{S} = 0 \tag{8.7.1 b}$$

(3) 静电场的环路定理。

$$\oint_L \boldsymbol{E}^{(1)} \cdot \mathrm{d}\boldsymbol{l} = 0 \tag{8.7.1 c}$$

(4) 稳恒磁场的安培环路定理。

$$\oint_L \boldsymbol{H}^{(1)} \cdot \mathrm{d}\boldsymbol{l} = \iint_S \boldsymbol{j}_c \cdot \mathrm{d}\boldsymbol{S} \tag{8.7.1 d}$$

式中，$\boldsymbol{j}_c$是传导电流密度。

麦克斯韦提出了两条重要的假设：变化的磁场激发涡旋电场，用$\boldsymbol{E}^{(2)}$和$\boldsymbol{D}^{(2)}$表示其场强及电位移；变化的电场(位移电流)也会激发磁场，用$\boldsymbol{B}^{(2)}$和$\boldsymbol{H}^{(2)}$表示其磁感应强度和磁场强度。分别对应公式

$$\oint_L \boldsymbol{E}^{(2)} \cdot \mathrm{d}\boldsymbol{l} = -\iint_S \frac{\partial \boldsymbol{B}}{\partial t} \cdot \mathrm{d}\boldsymbol{S}, \quad \oint_L \boldsymbol{H}^{(2)} \cdot \mathrm{d}\boldsymbol{l} = \iint_S \frac{\partial \boldsymbol{D}}{\partial t} \cdot \mathrm{d}\boldsymbol{S}$$

考虑到涡旋电场及位移电流的磁场的力线都是一些无头无尾的闭合曲线，所以有

$$\oiint_S \boldsymbol{D}^{(2)} \cdot \mathrm{d}\boldsymbol{S} = 0, \quad \oiint_S \boldsymbol{B}^{(2)} \cdot \mathrm{d}\boldsymbol{S} = 0$$

1. 麦克斯韦方程组的积分形式

对于一般情况，就电场而言，空间既有静止电荷激发的静电场，又有变化磁场激发的涡旋磁场，则有$\boldsymbol{E} = \boldsymbol{E}^{(1)} + \boldsymbol{E}^{(2)}$，$\boldsymbol{D} = \boldsymbol{D}^{(1)} + \boldsymbol{D}^{(2)}$；就磁场而言，既有稳恒电流激发的稳恒磁场，又有变化的电场激发的磁场，即$\boldsymbol{H} = \boldsymbol{H}^{(1)} + \boldsymbol{H}^{(2)}$，$\boldsymbol{B} = \boldsymbol{B}^{(1)} + \boldsymbol{B}^{(2)}$。麦克斯韦总结了以上两类电磁场的规律之后，归纳出一组描述统一电磁场的方程组如下

$$\oiint_S \boldsymbol{D} \cdot \mathrm{d}\boldsymbol{S} = \iiint_V \rho \mathrm{d}V \tag{8.7.2 a}$$

$$\oiint_S \boldsymbol{B} \cdot \mathrm{d}\boldsymbol{S} = 0 \tag{8.7.2 b}$$

$$\oint_L \boldsymbol{E} \cdot \mathrm{d}\boldsymbol{l} = -\iint_S \frac{\partial \boldsymbol{B}}{\partial t} \cdot \mathrm{d}\boldsymbol{S} \tag{8.7.2 c}$$

$$\oint_L \boldsymbol{H} \cdot \mathrm{d}\boldsymbol{l} = \iint_S \left(\boldsymbol{j}_c + \frac{\partial \boldsymbol{D}}{\partial t}\right) \cdot \mathrm{d}\boldsymbol{S} \tag{8.7.2 d}$$

这 4 个方程称为麦克斯韦方程组的积分形式。下面简要说明方程组中各式的物理意义。

式(8.7.2 a)是电场的高斯定理,其中$\boldsymbol{D}$是电荷和变化的磁场共同激发的电场的电位移。它表明通过任意闭合曲面的总电位移通量只与该曲面所包围的自由电荷有关。它还说明,只要空间中某点有自由电荷存在,则在该点附近一定有电场存在,也就是说,自由电荷一定伴随有电场。另一方面,该式表明$\boldsymbol{D}$线起始于正自由电荷,终止于负自由电荷。

式(8.7.2 b)是磁场的高斯定理,其中$\boldsymbol{B}$是传导电流和变化的电场(位移电流)共同激发的磁场。它表明任何磁场都是无源的涡旋场,或者说,B线是无头无尾的闭合曲线。它还说明,目前的电磁场理论认为自然界中没有磁单极子(单一的“磁荷”)存在。

式(8.7.2 c)是推广后的电场环路定理,它虽然基于法拉第电磁感应定律,但式中的电场E包括静电场和变化磁场所激发的涡旋电场,由于稳恒情况下,$\frac{\partial \boldsymbol{B}}{\partial t}=0$,因而总电场$\boldsymbol{E}$的环流只与变化的磁场有关。

式(8.7.2 d)是全电流安培环路定理:磁场强度沿任意闭合曲线的环流等于通过以该曲线为边线的任意曲面的全电流。它说明不只传导电流能激发磁场,变化电场也能激发磁场。

2. 麦克斯韦方程组的微分形式

麦克斯韦方程组的积分形式虽然系统完整地描述了电磁场的普遍规律,但通过积分方式只能联系某一有限区域内(如一条闭合曲线或一个闭合曲面)各点的电磁场量($\boldsymbol{E},\boldsymbol{D},\boldsymbol{B},\boldsymbol{H}$)和电荷、电流之间的依存关系,却不能反映电磁场中某些点的场量之间的关系。在实际应用中,例如,已知初始时刻的电荷分布、电流分布,要求以后各时刻空间中电磁场量的分布和变化。这就要知道在电磁场中电磁场量与电荷和电流的点对应关系,而这种点对应关系正是通过麦克斯韦方程组微分形式来表达的。应用数学上的场论知识将麦克斯韦方程的积分形式变换成下面的微分形式

$$\nabla\cdot\boldsymbol{D}=\rho \tag{8.7.3 a}$$

$$\nabla\cdot\boldsymbol{B}=0 \tag{8.7.3 b}$$

$$\nabla\times\boldsymbol{E}=-\frac{\partial \boldsymbol{B}}{\partial t} \tag{8.7.3 c}$$

$$\nabla\times\boldsymbol{H}=\boldsymbol{j}_c+\frac{\partial \boldsymbol{D}}{\partial t} \tag{8.7.3 d}$$

方程组中的∇是一矢量微分算符,在直角坐标系中表示为$\nabla=\frac{\partial}{\partial x}\boldsymbol{i}+\frac{\partial}{\partial y}\boldsymbol{j}+\frac{\partial}{\partial z}\boldsymbol{k}$。算符$\nabla$点乘作用于一矢量上称为该矢量的**散度**(如$\nabla\cdot\boldsymbol{D}$叫$\boldsymbol{D}$的散度),它表示该矢量的源的强度。散度等于零的场称为无源场;散度不等于零的场称为有源场。而算符∇叉乘作用于一矢量上称为该矢量的**旋度**(如$\nabla\times\boldsymbol{E}$叫$\boldsymbol{E}$的旋度),它表示该矢量的涡旋程度。旋度等于零的场称为无旋场;旋度不等于零的场称为有旋场。则式(8.7.3 a)、(8.7.3 b)分别表示电场是有源场、磁场是无源场;式(8.7.3 c)、(8.7.3 d)分别表示变化磁场所激发的电场是有旋场(稳恒电场是无旋场)、所有磁场都是有旋场。此外,各方程中所表达的关系为点对应关系,如式(8.7.3 a)表示了电场中某点的电位移矢量的散度与该点的自由电荷体密度的关系。

3. 物性方程

当有介质存在时，由于电场和磁场与介质的相互影响，使电磁场量与介质的特性有关，因此上述麦克斯韦方程组在这时还不是完备的，还需要再补充描述介质（各向同性介质）性质的物性方程

$$\boldsymbol{D} = \varepsilon \boldsymbol{E} \tag{8.7.4 a}$$

$$\boldsymbol{B} = \mu \boldsymbol{H} \tag{8.7.4 b}$$

$$\boldsymbol{j}_c = \sigma \boldsymbol{E} \tag{8.7.4 c}$$

式中，ε 和 μ 分别是介质的绝对介电常数和绝对磁导率，σ 是导体的电导率。

麦克斯韦方程组积分形式或微分形式与这三个物性方程一起形成了决定电磁场的一组完备的方程式。它给出了静电场、稳恒磁场、变化的电场及变化的磁场的基本性质和它们之间的相互关系，这一完整而精美的理论体系不仅是电磁运动普遍规律的精髓，而且是经典电磁理论的基石。

8.7.2　电磁波的基本性质

1865 年，麦克斯韦由电磁场理论揭示了时变的电场和磁场在空间中相互激励产生，并以有限的速度由近及远地传播，从而预言了电磁波的存在。1888 年，德国物理学家赫兹第一次用振荡偶极子实验直接证实了电磁波的存在，测定了电磁波在真空中的传播速度等于光速。在这里，我们略去推导波动方程这一较复杂的数学运算过程，而只对电磁波产生的物理机制和电磁波的基本性质作一些讨论。

根据位移电流的概念，变化的电场要在其邻近空间激发涡旋磁场 $\boldsymbol{H}$，涡旋磁场 $\boldsymbol{H}$ 的方向与电场变化率 $\varepsilon \dfrac{\partial \boldsymbol{E}}{\partial t}$ 的方向满足右手螺旋定则，如图 8.7.1(a) 所示，因而可以说变化的电场激发右旋的涡旋磁场。而且当电场变化率 $\varepsilon \dfrac{\partial \boldsymbol{E}}{\partial t}$ 也随时间变化时，它所激发的涡旋磁场也随时间变化。而根据涡旋电场的概念，随时间变化的磁场要在其邻近空间激发涡旋电场 $\boldsymbol{E}$，涡旋电场 $\boldsymbol{E}$ 的方向与磁场变化率 $\dfrac{\partial \boldsymbol{B}}{\partial t}$ 的方向满足左手螺旋定则（因 $\dfrac{\partial \boldsymbol{B}}{\partial t}$ 的前面有一负号），如图 8.7.1(b) 所示，因而可以说变化的磁场激发左旋的涡旋电场，而且激发出的涡旋电场也随时间变化。这样，变化的电场和变化的磁场相互激发，闭合的涡旋电场线和涡旋磁场线就像链条那样一环套一环，由近及远向外传播，如图 8.7.2 所示，这种变化电磁场在空间的传播称为**电磁波**。所以变化的电磁场一经产生，就可以波的形式在空间中传播。

实际存在的电磁波的形态则是极其复杂和多种多样的，下面主要讨论最简单的自由平面电磁波的基本性质。

(1) 电磁波的传播不需要介质，在真空中也可进行。在真空中，电磁波的传播速度为

$$c = \frac{1}{\sqrt{\varepsilon_0 \mu_0}} = 3 \times 10^8 \,(\mathrm{m/s})$$

这正是光在真空中的传播速度。而在介质中电磁波的传播速度为

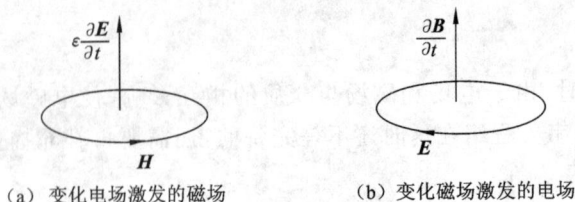

(a) 变化电场激发的磁场　　(b) 变化磁场激发的电场

图 8.7.1　变化的电场和变化的磁场

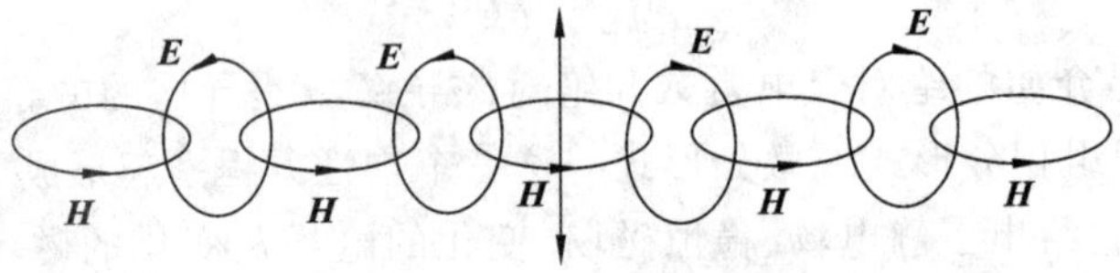

图 8.7.2　电磁波的传播

$$u = \frac{1}{\sqrt{\varepsilon\mu}} \tag{8.7.5}$$

(2) 电磁波是横波，$\boldsymbol{E}$ 振动、$\boldsymbol{H}$ 振动分别在各自确定的平面内振动。且 $\boldsymbol{E}$ 振动、$\boldsymbol{H}$ 振动与传播速度 $\boldsymbol{u}$ 三者两两垂直，三者满足右手螺旋定则。传播速度 $\boldsymbol{u}$ 的方向由 $\boldsymbol{E}\times\boldsymbol{H}$ 确定，如图 8.7.3 所示。且 E 与 H 的大小关系为

$$\sqrt{\varepsilon}E = \sqrt{\mu}H \tag{8.7.6}$$

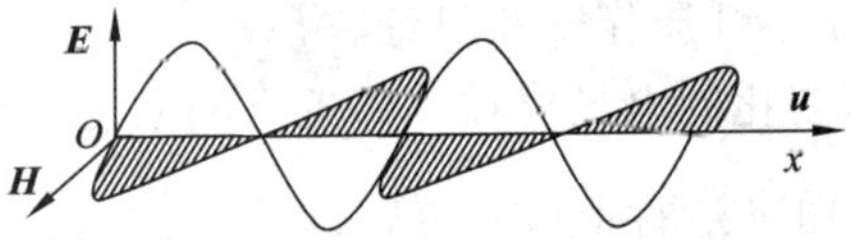

图 8.7.3　平面电磁波的传播

(3) 同步性 ——$\boldsymbol{E}$ 振动和 $\boldsymbol{H}$ 振动位相相同，同位相变化，即同地同时达到最大，同地同时减到最小。

根据上述讨论，沿 x 正向传播的平面电磁波的方程为

$$E_y = E_m\cos\left[\omega\left(t-\frac{x}{u}\right)+\varphi_0\right],\quad H_z = H_m\cos\left[\omega\left(t-\frac{x}{u}\right)+\varphi_0\right]$$

8.7.3　电磁场的物质性

电磁场是物质在自然界存在的一种形态，具有粒子性，电磁场的基本粒子是光子。因而电磁场与实物一样，有一定的质量、能量、动量等。变化的电磁场又是以电磁波的形式向空间传播，故电磁波的传播必然伴随着电磁能量的传递，电磁能量包含电场能量和磁场能量，显然，前面讨论的电磁场能量的密度公式也适用于电磁波。

1. 电磁波的能量密度

电磁波的能量密度就是电磁场的能量密度

$$w = w_e + w_m = \frac{1}{2}\varepsilon E^2 + \frac{1}{2\mu}B^2$$

对各向同性的介质 $\boldsymbol{D} = \varepsilon \boldsymbol{E}, \boldsymbol{B} = \mu \boldsymbol{H}$ 及 $\sqrt{\varepsilon}E = \sqrt{\mu}H$，有

$$w = \frac{1}{2}\varepsilon E^2 + \frac{1}{2\mu}B^2 = \frac{1}{2}DE + \frac{1}{2}BH = \frac{1}{2}\varepsilon E^2 + \frac{1}{2}\mu H^2 = \varepsilon E^2 \tag{8.7.7}$$

2. 电磁波的能流密度

电磁波的能流密度又称为**坡印廷矢量**，用 $\boldsymbol{S}$ 表示。其大小定义为单位时间内通过与传播方向垂直的单位面积的能量，方向与波的传播方向即波速的方向一致。如图 8.7.4 所示，设 $\mathrm{d}A$ 为垂直于传播方向的一个面元，在 $\mathrm{d}t$ 时间内通过此面元的能量应是以底面积为 $\mathrm{d}A$，高度为 $u\,\mathrm{d}t$ 的柱形体积 $\mathrm{d}V$ 内的电磁能量，此能量为

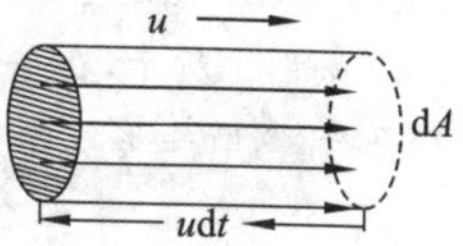

图 8.7.4　能流密度

$$W = w \cdot \mathrm{d}V = w \cdot \mathrm{d}A \cdot u\,\mathrm{d}t$$

则根据能流密度的定义，能流密度的大小 S 为

$$S = \frac{W}{\mathrm{d}A \cdot \mathrm{d}t} = uw = \frac{u}{2}(\varepsilon E^2 + \mu H^2)$$

利用式(8.7.5)和式(8.7.6)可将上式化为

$$S = EH \tag{8.7.8}$$

考虑到传播速度的方向由 $\boldsymbol{E} \times \boldsymbol{H}$ 决定，则可将能流密度矢量 $\boldsymbol{S}$ 表示为

$$\boldsymbol{S} = \boldsymbol{E} \times \boldsymbol{H} \tag{8.7.9}$$

上式说明电磁场的能量总是伴随着电磁波向前传播。由于 $\boldsymbol{E}, \boldsymbol{B}$ 都随时间变化，所以 $\boldsymbol{S}$ 也随时间变化，在实际应用中常以**平均能流密度**（也就是波的强度）来反映电磁波的能量传递。如果将 S 对时间取平均值，那么电磁波的强度为

$$I = \overline{S} = \overline{EH} = \frac{1}{2}E_m H_m = \frac{1}{2}\sqrt{\frac{\varepsilon}{\mu}}\,E_m^2 \propto E_m^2 \tag{8.7.10}$$

这个结论在光学中要用到，对光波来说，$\overline{S}$ 就是光强，所以光强正比于光波振幅的平方。

3. 电磁场的质量和动量

根据狭义相对论的质能关系式 $E = mc^2$，在电磁场存在的空间，单位体积的质量（即物质密度）为

$$\rho = \frac{w}{c^2} = \frac{1}{2c^2}(DE + BH) \tag{8.7.11}$$

1920 年，列别捷夫在实验中观察到变化的电磁场能对实物施加压力，因为压力与动量的变化相联系，所以它说明了电磁场具有动量。对于平面电磁波，单位体积的电磁场的动量 p 和能量密度 w 的关系为

$$p = \frac{w}{c} \tag{8.7.12}$$

光具有光压为彗星尾巴的形成提供了合理的解释，当彗星运行到太阳附近时，太阳光的光压将彗星内的气态物质推向远离太阳的那一边而形成了我们所观察到的彗尾。

思考题

1. 当导体通过磁场时,导体中的电荷受到磁场力的作用而导致电动势的产生。但是如果在和导体一起运动的参考系里观察这一现象,好像导体没有运动也会有电动势产生。这又如何解释?

2. 让一块条形磁铁在一根很长的竖直铜管中下落,如不计空气阻力,试说明磁铁做什么运动?为什么?

3. 灵敏电流计的线圈处于永磁体的磁场中,通入电流,线圈就发生偏转,切断电流后线圈在回复原来的位置前总要来回摆动好多次。为了使线圈很快停止,可将线圈的两端和一个开关相连,只要按下开关,使线圈短路就能达到此目的,试说明理由。(这种开关称为阻尼开关)

4. 如图1所示,在一长直导线 L 中通有电流 I,$ABCD$ 为一矩形线圈,它与 L 皆在纸面内,且 AB 边与 L 平行。判断矩形线圈在纸面内向右移动时线圈中感应电动势的方向。

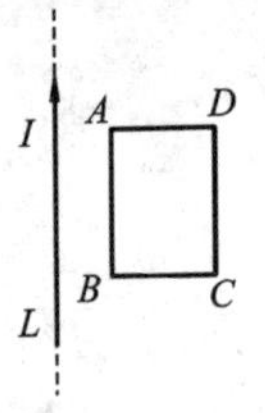

图1　思考题4图

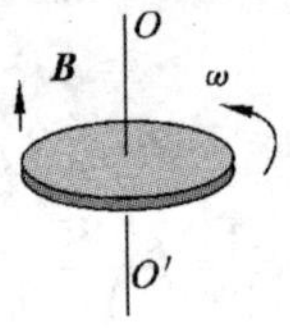

图2　思考题5图

5. 金属圆板在均匀磁场中以角速度 ω 绕中心轴旋转,均匀磁场的方向平行于转轴,如图2所示。指出这时板中由中心至同一边缘点的不同曲线上总感应电动势的大小与方向。

6. 将形状完全相同的铜环和铝环适当放置,使通过两环内的磁通量的变化相等。问这两个环中的感应电动势及感应电场是否相等?

7. 载流螺绕环外 $B=0$,$\frac{dB}{dt}=0$,所以螺绕环外不可能产生感生电场,这种说法对否?为什么?

8. 电子感应加速器中,电子加速所得到的能量是那里来的?试定性说明。

9. 一根无限长直导线,垂直地穿过一个均匀地密绕的螺绕环的中心,当螺绕环上的电流以某一速率 $\frac{dI}{dt}$ 增长时,直导线上将出现感应电动势。一般认为螺绕环外没有磁场,这种情况下,直导线上怎么会有感应电动势呢?如果环的半径为 r 截面 S 可以认为很细小,导线的总匝数为 N,试导出感应电动势的表达式?

10. 如果电路中通有强电流,当突然打开闸刀断电时,就有一大火花跳过刀闸。试解释这一现象?

11. 如图3所示,一个大的电磁铁线圈 L 的电阻与旁边支路电阻 R 相同,问:当开关 K 刚接通时,两安培计的读数是否相同?为什么?

12. 怎样绕制一个自感为零的线圈?

13. 一无铁芯的长直螺线管,在保持其半径和总匝数不变的情况下,把螺线管拉长一些,则它的自感系数变化吗?如何变化?

14. 有两个半径不同金属环,为了得到最大互感,应怎样放置?

15. 在如图4所示的装置中,当不太长的条形磁铁在闭合线圈内做振动时(忽略空气阻力),振幅会如何变化?

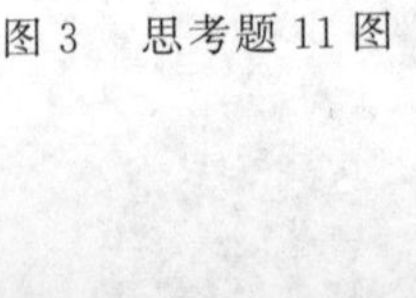

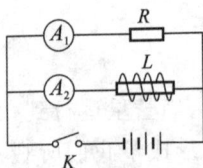

图3　思考题11图

图4　思考题15图

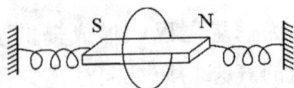

16. 试按下述的几方面比较传导电流与位移电流：

(1) 起源。

(2) 激发的磁场如何计算？

(3) 可以在哪些物质中通过？

(4) 是否都能引起热效应，规律是否相同？

17. 如图 5 所示，图(1) 中是充电后切断电源的平行板电容器；图(2) 中是一直与电源相接的电容器。当电容器两极板间距离相互靠近或分离时，试判断两种情况的极板间有无位移电流，并说明原因。

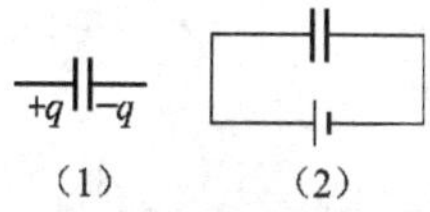

图 5　思考题 17 图

18. 充了电的圆形平行板电容器(半径为 r)，在放电时两板间场强 $E = E_0 e^{-t/RC}$，求两板间位移电流的大小及方向。

19. 麦克斯韦方程组中各方程的物理意义是什么？

习　题　8

1. 如图 6 所示，有一根长直导线，载有直流电流 I，近旁有一个两条对边与它平行并与它共面的矩形线圈，以匀速度 $\boldsymbol{v}$ 沿垂直于导线的方向离开导线。设 $t = 0$ 时，线圈位于图示位置，求：

(1) 在任意时刻 t 通过矩形线圈的磁通量；

(2) 在图示位置时矩形线圈中的电动势。

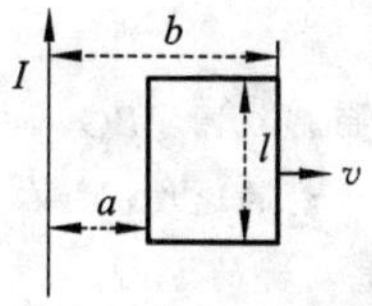

图 6　习题 1 图

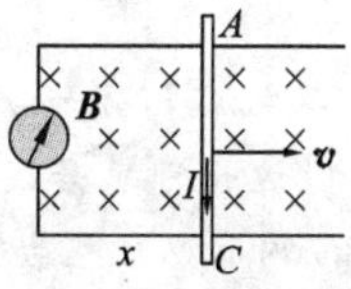

图 7　习题 3 图

2. 第 1 题中若线圈不动，而长直导线中通有交变电流 $I = I_0 \sin\omega t$，线圈内的感生电动势为多少？

3. 在图 7 所示的电路中，导线 AC 在固定导线上向右匀速平移，速度 $v = 2\ \mathrm{m/s}$。设 $\overline{AC} = 5\ \mathrm{cm}$，均匀磁场随时间的变化率 $\frac{\mathrm{d}B}{\mathrm{d}t} = -0.1\ \mathrm{T/s}$，某一时刻 $B = 0.5\ \mathrm{T}$，$x = 10\ \mathrm{cm}$，求：

(1) 这时动生电动势的大小；

(2) 总感应电动势的大小；

(3) 此后动生电动势的大小随着 AC 的运动怎样变化。

4. 如图 8 所示，一根长为 L 直导线 OA 在匀强磁场 $\boldsymbol{B}$ 中以恒定速度 $\boldsymbol{v}$ 做切割磁力线运动，导线与速度垂直方向夹角为 α，求导线中的动生电动势。

图 8　习题 4 图

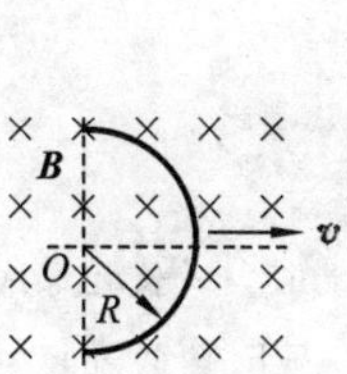

图 9　习题 5 图

5. 半径为 R 的半圆形导线放置在匀强磁场 $\boldsymbol{B}$ 中，如图 9 所示，若导线以恒定速度 $\boldsymbol{v}$ 向右做平动，求导线中的电动势；将计算结果与上题作比较，能得出什么结论？

6. 半径为 L 的均匀导体圆盘绕过中心 O 的垂直轴转动，角速度为 ω，$\overline{ca} = d$，盘面与均匀磁场 $\boldsymbol{B}$ 垂直，如图 10 所示，求：

(1) Oa 线段中动生电动势的方向；

(2) $U_a - U_b$ 与 $U_a - U_c$ 的大小(b 为圆盘边缘上的一点)。

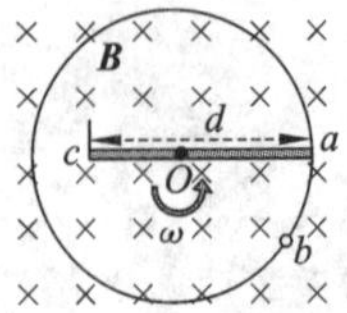

图 10　习题 6 图

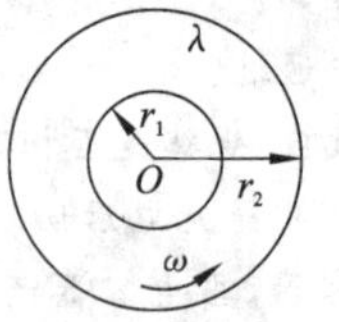

图 11　习题 7 图

7. 如图 11 所示，一半径 r_2、电荷线密度为 λ 的带电环，里边有一半径为 r_1、总电阻为 R 的导体环，两环共面同心，且 r_1 很小，当大环以变角速度 $\omega = \omega(t)$ 绕垂直于环面的中心轴旋转时，求小环中的感应电流。

8. 一半径 $r = 10\,\text{cm}$ 的圆形闭合导线回路置于均匀磁场 $\boldsymbol{B}$ ($B = 0.08\,\text{T}$) 中，$\boldsymbol{B}$ 与回路平面正交。若圆形回路的半径从 $t = 0$ 开始以恒定的速率 $\mathrm{d}r/\mathrm{d}t = -80\,\text{cm/s}$ 收缩，求：

(1) $t = 0$ 时，闭合回路中的感应电动势大小；

(2) 感应电动势保持上面的数值，闭合回路面积以恒定速率收缩的速率 $\mathrm{d}S/\mathrm{d}t$。

9. 如图 12 所示，在纸面所在的平面内有一载有电流 I 的无限长直导线，其旁另有一边长为 l 的等边三角形线圈 ACD。该线圈的 AC 边与长直导线距离最近且相互平行。今使线圈 ACD 在纸面内以匀速 $\boldsymbol{v}$ 远离长直导线运动，且 $\boldsymbol{v}$ 与长直导线相垂直。求当线圈 AC 边与长直导线相距为 a 时，线圈 ACD 内的动生电动势。

10. 无限长直导线，通以电流 I，有一与之共面的直角三角形线圈 ABC，如图 13 所示。已知 AC 边长为 b，且与长直导线平行，BC 边长为 a。若线圈以垂直于导线方向的速度 $\boldsymbol{v}$ 向右平移，当 B 点与长直导线的距离为 d 时，求线圈 ABC 内的感应电动势的大小和感应电动势的方向。

11. 一面积为 S 的平面导线闭合回路，置于载流长螺线管中，回路的法向与螺线管轴线平行。设长螺线管单位长度上的匝数为 n，通过的电流为 $I = I_m \sin\omega t$ (电流的正向与回路的正法向满足右手螺旋定则)，其中 I_m 和 ω 为常数，t 为时间，求该导线回路中的感生电动势。

12. 有一个等边直角三角闭合导线，如图 14 所示放置. 在这三角形区域中的磁感应强度为 $\boldsymbol{B} = B_0 x^2 \mathrm{e}^{-at} \boldsymbol{k}$，式中 B_0 和 a 均为常量，$\boldsymbol{k}$ 是 z 轴方向单位矢量，求导线中的感生电动势。

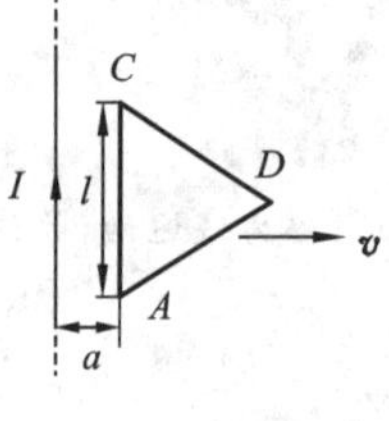

图 12　习题 9 图

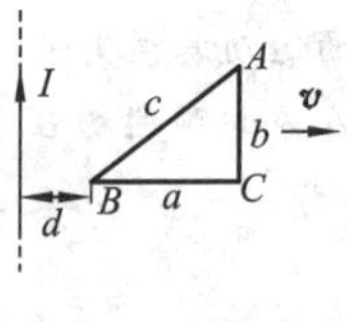

图 13　习题 10 图

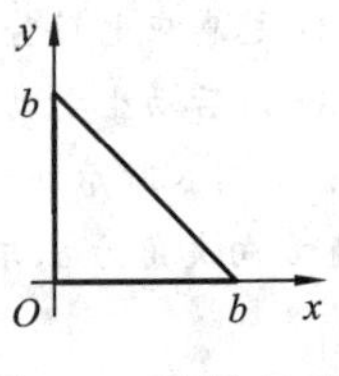

图 14　习题 12 图

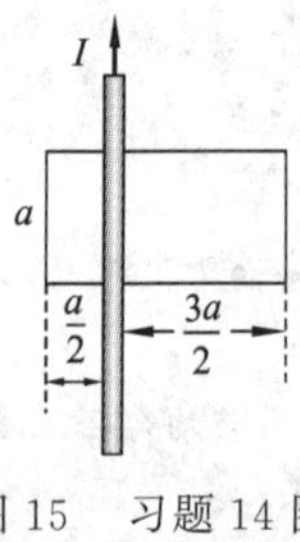

13. 一长直螺线管中通以恒定电流 10.0 A 时，通过每匝线圈的磁通量是 20 μWb；当电流以 4.0 A/s 的速率变化时，在螺线管中产生的自感电动势为 3.2 mV，求此螺线管的自感系数与总匝数。

14. 一无限长导线通有电流 $I = I_0 \sin\omega t$，现有一矩形线框与长直导线共面，如图 15 所示。求互感系数和互感电动势。

15. 一个长为 l，横截面半径为 R 的圆柱形纸筒上均匀密绕两组线圈。一组的总匝数为 N_1，另一组的总匝数为 N_2。求筒内为空气时两组线圈的互感系数。

图 15　习题 14 图

16. 有一半径为 r 的金属圆环，电阻为 R，置于磁感应强度为 $\boldsymbol{B}$ 的匀强磁场中。初始时刻环面与 $\boldsymbol{B}$ 垂直，后将圆环以匀角速度 ω 绕通过环心并处于环面内的轴线旋转 $\pi/2$。求：

(1) 在旋转过程中通过环内截面上的电量；

(2) 环中的感应电流。

17. 真空中两只长直螺线管 1 和 2 长度相等(L)，均单层密绕，且匝数相等(N)；两管直径之比为 $d_1 : d_2 = 1 : 4$，当它们都通以相同电流(I)时，两螺线管储存的磁能之比为多大？

18. 给电容为 C 的平行板电容器充电，电流为 $i = 0.2e^{-t}$(SI)，$t = 0$ 时电容器极板上无电荷。求：

(1) 极板间电压 U 随时间 t 而变化的关系；

(2) t 时刻极板间总的位移电流(忽略边缘效应)。

阅读材料

麦克斯韦(J C Maxwell，1831—1879)

苏格兰物理学家麦克斯韦出生于1831年6月13日，这一年，法拉第发现了电磁感应现象。麦克斯韦从小聪敏好问。父亲是个机械设计师，很赏识自己儿子的才华，常带他去听爱丁堡皇家学会的科学讲座，10岁时送他进爱丁堡中学。在中学阶段，麦克斯韦就显示了在数学和物理方面的才能，15岁那年就写了一篇关于卵形线作图法的论文，被刊登在《爱丁堡皇家学会学报》上。1847年，16岁的麦克斯韦考入爱丁堡大学，1850年又转入剑桥大学。他学习勤奋，成绩优异，经著名数学家霍普金斯和斯托克斯的指点，很快就掌握了当时先进的数学理论，这为他以后的发展打下了良好的基础。1854年在剑桥大学毕业后，麦克斯韦曾先后任亚伯丁马里夏尔学院、伦敦皇家学院和剑桥大学物理学教授。但他的口才不佳，讲课效果较差。

麦克斯韦在电磁学方面的贡献是总结了库仑、高斯、安培、法拉第、诺埃曼、汤姆逊等人的研究成果，特别是将法拉第的力线和场的概念用数学方法加以描述、论证、推广和提升，创立了一套完整的电磁场理论。他自己在1873年谈论他的巨著《电学和磁学通论》时曾说：“主要是怀着给(法拉第的)这些概念提供数学方法基础的愿望，我开始写作这部论著。”

1856年，麦克斯韦发表了关于电磁场的第一篇论文《论法拉第的力线》。在这篇文章中，他将法拉第的力线和不可压缩流体中的流线进行类比，用数学形式——矢量场——来描述电磁场，并总结了6个数学公式(有代数式、微分式和积分式)来表示电流、电场、磁场、磁通量以及矢势之间的关系。这是他将法拉第的直观图像数学化的第一次尝试，此后麦克斯韦电磁场理论就是在这个基础上发展起来的。

1860年，麦克斯韦转到伦敦皇家学院任教。一到伦敦，他就带着这篇论文拜访年近古稀的法拉第。法拉第4年前看到过这篇论文，会见时对麦克斯韦大加赞赏地说：“我不认为自己的学说一定是真理，但你是真正理解它的人。”“这是一篇出色的文章，但你不应该停留在用数学来解释我的观点，而应该突破它。”麦克斯韦大受鼓舞，而且后来也确实没有辜负老人的期望。

1861年，麦克斯韦对法拉第电磁感应现象进行深入分析时，认为即使没有导体回路，变化的磁场也应在其周围产生电场。他将这种电场称为感应电场。有导体回路时，这电场就在回路中产生感生电动势从而激起感应电流。这一假设是对法拉第实验结论的第一个突破，它揭示了变化的磁场和电场相联系。

同年12月，在给汤姆孙的信中，麦克斯韦提出了位移电流的概念，认为对变化的电磁现象来说，安培定律的电流项中必须加入电场变化率一项才能与电荷守恒无矛盾，这一提法又是一个独创，它揭示了变化的电场和磁场相联系。

1862 年,麦克斯韦发表了《论物理的力线》一文。这篇论文除了更仔细地阐述位移电流概念(先是电介质中的,再是真空即以太中的)外,主要是提出一种以太管模型来构造法拉第的力线并用以解释排斥、吸引、电流产生磁场、电磁感应等现象。这个模型现在看来比较勉强,麦克斯韦本人此后也再没有使用这样的模型。

1864 年,麦克斯韦发表了《电磁场动力论》。在这篇论文中,他明确把自己的理论叫作“场的动力理论”,而且定义“电磁场是包含和围绕着处于电或磁的状态之下的一些物体的那一部分空间,它可以充满着某种物质,也可以被抽成真空”。在这篇论文中他提出一套完整的方程组(共有 20 个方程式),并由此方程组导出了电场和磁场相互垂直而且和传播方向相垂直的电磁波。他给出了电磁波的能量密度以及能流密度公式。更奇妙的是,从这一方程组中,他得出了电磁波的传播速度是$\frac{1}{\sqrt{\mu\varepsilon}}$,在真空中是$\frac{1}{\sqrt{\mu_0\varepsilon_0}}$,而其值等于 3×10^{10} cm/s,正好等于由实验测得的光速(这一巧合,在 1863 年他和詹金研究电磁学单位制时也得到过)。这一结果促使麦克斯韦提出“光是一种按照电磁规律在场中传播的电磁扰动”的结论。这一点在 1868 年发表的《关于光的电磁理论》中更明确地肯定下来了。20 年后赫兹用实验证实了这个论断。就这样,原来被认为是互相独立的光现象和电磁现象互相联系起来了。这是牛顿之后人类对自然的认识史上的又一次大综合。

1873 年,麦克斯韦出版了他的关于电磁学研究的总结性论著《电学和磁学通论》。在这本书中他汇集了前人的发现和他自己的独创,对电磁场的规律作了全面系统而严谨的论述,写下了 11 个方程(以矢量形式表示)。他还证明了“唯一性定理”,从而说明了这一方程组是完整而充分地反映了电磁场运动的规律(现代科教书中用四个公式表示的完整方程组是 1890 年赫兹写出的)。就这样,麦克斯韦从法拉第的力线概念出发,经过坚持不懈的研究得到了一套完美的数学理论。这些方程因其简洁、完善,被玻尔兹曼誉之为精美之作,他引述歌德的诗赞美道:“叹问这莫非是神谱写的如此美妙的诗句吗?……”

参考答案

习　题　1

1. (1) 8 m　(2) 10 m

2. (1) $y = x^2 - 8$　(2) $\Delta \boldsymbol{r} = (2\boldsymbol{i} + 12\boldsymbol{j})$ m

(3) $\boldsymbol{v} = (2\boldsymbol{i} + 8t\boldsymbol{j})$ m/s, $v\big|_{t=1} = 2\sqrt{17}$ m/s　(4) $\boldsymbol{a} = 8\boldsymbol{j}$ (m/s^2), $a\big|_{t=1} = 8$ m/s^2

3. $x = A\cos\omega t$

4. $\dfrac{1}{v} - \dfrac{1}{v_0} = kt$

5. $v = \dfrac{ru}{\sqrt{h^2 + r^2}}, a = \dfrac{h^2 u^2}{(h^2 + r^2)^{3/2}}$

6. (1) $\boldsymbol{v} = (-50\sin 5t\boldsymbol{i} + 50\cos 5t\boldsymbol{j})$ (SI)　(2) 0　(3) 圆

7. $v_0 + bt$, $\sqrt{b^2 + (v_0 + bt)^4 / R^2}$

8. (1) $\omega = 4t^3 - 3t^2$ (rad·s^{-1})　(2) $a_\tau = 12t^2 - 6t$ (m·s^{-2})

9. $a_\tau = g\sin\alpha, a_n = g\cos\alpha, \rho = \dfrac{v_0^2}{g\cos\alpha}$

10. (1) 空间螺旋线,$x^2 + y^2 = A^2$　(2) 匀速直线运动

(3) $v(t) = \omega\sqrt{R^2 + \dfrac{h^2}{4\pi^2}}, a(t) = R^2\omega$

11. 25.6 m·s^{-1}

12. 170 km·h^{-1},取向北偏东 19.4°

习　题　2

1. (1) $v = v_0 e^{-Kt/m}$　(2) $x_{\max} = mv_0 / K$

2. $v = 0.892$ m·s^{-1}

3. $v = \dfrac{v_0 R}{R + v_0 \mu_k t}$, $s = \dfrac{R}{\mu_k}\ln\left(1 + \dfrac{v_0 \mu_k t}{R}\right)$

4. (1) $\Delta(m\boldsymbol{v}) = 2mv\boldsymbol{i}$　(2) $\boldsymbol{I}_W = -\dfrac{mg\pi R}{v}\boldsymbol{j}$　(3) $\boldsymbol{I}_T = 2mv\boldsymbol{i} + \dfrac{mg\pi R}{v}\boldsymbol{j}$

5. $v_1 = \dfrac{2mu}{M + 2m}$, $v_2 = mu\left(\dfrac{1}{M + m} + \dfrac{1}{M + 2m}\right)$

6. (1) $V = \dfrac{mv_0}{M + m}$　(2) $x = \dfrac{mv_0}{k}$

7. (1) $A = 528$ J, $I = 48$ N·s　(2) $p = 12$ W

8. (1) $v = 2.324$ m·s^{-1}, $A = 27$ J　(2) $v = 2.7$ m·s^{-1}, $A = 36.45$ J

9. (1) $\boldsymbol{F} = -m\omega^2\boldsymbol{r}$　(2) $E_{kA} = \dfrac{1}{2}mb^2\omega^2$, $E_{kB} = \dfrac{1}{2}ma^2\omega^2$

(3) $A = -\dfrac{1}{2}m\omega^2(a^2 + b^2)$

10. (1) $v = \sqrt{\dfrac{k}{mr}}$　(2) $E = -\dfrac{k}{2r}$

11. (1) $v = m\sqrt{\dfrac{2gh}{(m+M)M}}$　(2) $A_{滑} = -\dfrac{m^2 gh}{M+m}$

12. (1) $\eta_1 = 1.91\%$　(2) $\eta_2 = 28.4\%$　(3) $\eta_3 = 100\%$

结论:m_2 越接近于 m_1 时,m_1 动能损失越大,$m_2 = m_1$ 时,m_1 动能损失 100%

13. (1) $\boldsymbol{M} = -mgv_0 t\cos\theta\boldsymbol{k}$　(2) $\boldsymbol{L} = -\dfrac{mgv_0 t^2}{2}\cos\theta\boldsymbol{k}$

14. $A = \dfrac{1}{2}mV_0^2(e^{-2\pi\mu} - 1)$

15. (1) $E_{pB} - E_{pA} = G\dfrac{Mm}{r_1} - G\dfrac{Mm}{r_2}$　(2) $E_{kB} - E_{kA} = GMm\left(\dfrac{1}{r_2} - \dfrac{1}{r_1}\right)$

(3) $E = -\dfrac{GMm}{r_1 + r_2}$

习　题　3

1. 62.5 圈;$\dfrac{5}{3}$ s　**2.** $\dfrac{2J}{k\omega_0}$

3. (1) $\beta = 81.7\ \text{rad}\cdot\text{s}^{-2}$,垂直纸面向外　(2) $h = 6.12\times10^{-2}$ m

4. $T = \dfrac{11}{8}mg$

5. (1) $mg\dfrac{L}{2}\cos\theta$　(2) $\dfrac{3g\cos\theta}{2L}$　(3) $\sqrt{\dfrac{3g\sin\theta}{L}}$

6. $\dfrac{J\omega - mRv}{J + mR^2}$

7. $\omega = 2\omega_0$, $A = \dfrac{1}{2}J_0\omega_0^2$

8. (1) $\omega = \dfrac{3m_2(v_1 + v_2)}{m_1 L}$　(2) $\Delta t = 2m_2\dfrac{v_1 + v_2}{\mu m_1 g}$

9. $l = R\left(\sqrt{1 + \dfrac{m_1}{4m_2}} - 1\right)$　**10.** $\dfrac{3}{2}\sqrt{\dfrac{g\cos\theta}{L}}$

11. (1) $\omega = \dfrac{36m_2 v_0}{(16m_1 + 27m_2)l}$　(2) $\theta = \cos^{-1}\left[1 - \dfrac{48m_2^2 v_0^2}{(2m_1 + 3m_2)(16m_1 + 27m_2)gl}\right]$

12. $v = 1.48\ \text{m}\cdot\text{s}^{-1}$

13. $\Omega = 21.8\ \text{rad}\cdot\text{s}^{-1}$

习　题　4

1. (1) 5 N　(2) 10,±0.2 m

2. (1) 2.7 s　(2) 10.8 cm

3. (2) 0.126 N

5. (1) $\dfrac{4}{3}\pi$ s　(2) 4.5 cm/s²

7. 0.77 s

8. $f = \sqrt{\dfrac{Qq}{4\pi\varepsilon_0 R^2 m}}$

9. 0.667 s

10. (1) $\pm4.24\times10^{-2}$ m　(2) 0.75 s

习　题　5

1. −0.01 m, 0, $6.17\times10^3\ \text{m/s}^2$

2. $y=0.1\cos\left[7\pi t-\dfrac{\pi x}{0.12}+\dfrac{1}{3}\pi\right]$

4. (2) −5.55 rad (3) 0.249 m

5. $y=0.01\cos\left(4t+\pi x+\dfrac{1}{2}\pi\right)$

6. 1.464 m

7. $\pm\pi$

8. 0.10 m，100 m/s

9. (1) 4 Hz，1.50 m，6.00 m/s

(2) $x=\pm 3\left(n+\dfrac{1}{2}\right)$ m (3) $x=\pm 3n/4$ m ($n=0, 1, 2, 3, \cdots$)

10. (1) 1.5×10^{-2} m，343.8 m/s (2) 0.625 m (3) −46.2 m/s

11. (1) 1.20 m (2) $y=3.0\times10^{-3}\cos(2\pi x/0.8)\cos(800\pi t+\varphi)$

12. 0.221 m

习 题 6

1. $\alpha=\operatorname{arccot}\left(\dfrac{q^2}{Q^2}\right)^{\frac{1}{3}}$

2. $6.8\times10^3\ \mathrm{N\cdot C^{-1}}$，沿 x 轴正向

3. $\boldsymbol{E}=E_x\boldsymbol{i}+E_y\boldsymbol{j}=-\dfrac{\lambda_0}{8\varepsilon_0 R}\boldsymbol{j}$

4. (1) $\dfrac{2a\lambda}{\pi\varepsilon_0(a^2-4x^2)}$ (2) $F=\dfrac{\mathrm{d}F}{\mathrm{d}l}=\lambda E=\dfrac{\lambda^2}{2\pi\varepsilon_0 a}$

5. (1) $4.43\times10^{-13}\ \mathrm{C\cdot m^3}$ (2) $\bar{\sigma}=-8.85\times10^{-10}\ \mathrm{C\cdot m^{-2}}$

6. $\dfrac{q}{6\varepsilon_0}$

7. $1\ \mathrm{N\cdot m^2\cdot C^{-1}}$，$8.85\times10^{-12}$ C

8. (1) $E_{内}=0$，$E_{外}=\dfrac{Q}{4\pi\varepsilon_0 r^2}$ (2) $E_{内}=\dfrac{\rho}{3\varepsilon_0}r$，$E_{外}=\dfrac{R^3\rho}{3\varepsilon_0 r^2}$

(3) $E_{内}=\dfrac{A}{4\varepsilon_0}r^2$，$E_{外}=\dfrac{R^4 A}{4\varepsilon_0 r^2}$ (4) $E_{内}=\dfrac{A}{2\varepsilon_0}$，$E_{外}=\dfrac{R^2 A}{2\varepsilon_0 r^2}$

9. $E=\dfrac{q}{\varepsilon_0}x$（$x$ 为场点到中面的距离），$E=\dfrac{qd}{2\varepsilon_0}$，方向略

10. 45 V；−15 V

11. $\dfrac{q_1-q_2}{2\varepsilon_0 S}d$

12. $\dfrac{q}{4\pi\varepsilon_0}\left(\dfrac{1}{r}-\dfrac{1}{R}\right)$

13. $\boldsymbol{E}=[(-8-24xy)\boldsymbol{i}+(-12x^2+40y)\boldsymbol{j}]$ (SI)

14. (1) $U=\dfrac{q}{8\pi\varepsilon_0 L}\ln\dfrac{x+L}{x-L}$ (2) $\boldsymbol{E}=\dfrac{1}{4\pi\varepsilon_0}\dfrac{q}{x^2-L^2}\boldsymbol{i}$

15. (1) ε_r 倍 (2) 不变 (3) ε_r 倍

16. $U_B>U_C>U_A$

17. $E=\dfrac{q}{4\pi\varepsilon_0 r^2}$；$U=\dfrac{q}{4\pi\varepsilon_0 r}$

18. $7.5\times10^4\ \mathrm{V\cdot m^{-1}}$；$\pm2.4\times10^{-10}$ C

19. $\dfrac{2\varepsilon_r}{\varepsilon_r+1}$

20. $\dfrac{\varepsilon_r+1}{2\varepsilon_r}u$

21. 0.5 V

22. 2.1 mm

23. $E_{内}=\dfrac{Q}{4\pi\varepsilon_0\varepsilon_r r^2}$，$E_{外}=\dfrac{Q}{4\pi\varepsilon_0 r^2}$； $U_{内}=\dfrac{Q}{4\pi\varepsilon_0\varepsilon_r}\left(\dfrac{1}{r}+\dfrac{\varepsilon_r-1}{R}\right)$，$U_{外}=\dfrac{Q}{4\pi\varepsilon_0 r}$

24. $E_1=7.5\times10^5\ \mathrm{V\cdot m^{-1}}$，$E_2=5.6\times10^5\ \mathrm{V\cdot m^{-1}}$；$D_1=D_2=2.0\times10^{-5}\ \mathrm{C\cdot m^{-2}}$；
$\sigma_1'=1.33\times10^{-5}\ \mathrm{C\cdot m^{-2}}$，$\sigma_2'=1.5\times10^{-5}\ \mathrm{C\cdot m^{-2}}$

25. $\dfrac{Q^2}{8\pi\varepsilon_0 R}$

26. $\dfrac{(\varepsilon_r-1)\varepsilon_0 SU^2}{2d}$

习　题　7

1. $1.00\times10^3\ \mathrm{m^{-1}}$

2. $B=\dfrac{\mu_0 I}{4\pi}\left(\dfrac{3\pi}{2a}+\dfrac{\sqrt{2}}{b}\right)$

3. $B=\dfrac{\mu_0 I}{4\pi l}(2\sqrt{3}-3)$，$\boldsymbol{B}$ 的方向垂直纸面向里

4. $B=7.02\times10^{-4}$ T，$\boldsymbol{B}$ 的方向在和 AA'，CC' 都垂直的平面内，与 CC' 平面的夹角 $\theta=63.4°$

5. $\dfrac{\mu_0 I}{2\pi a}\ln\dfrac{a+b}{a}$，方向向里

6. (1) $\Phi_m=\pm2$ Wb　(2) $\Phi_m=0$　(3) $\Phi_m=\pm1.41$ Wb

7. $\Phi_m=\pm\dfrac{\mu_0 Ib}{2\pi}\ln3$

8. (1) $B=0$　(2) $B=\dfrac{1}{2\pi r}\cdot\dfrac{r^2-a^2}{b^2-a^2}\cdot\mu_0 I$　(3) $B=\dfrac{\mu_0 I}{2\pi r}$

9. (1) $\Phi=\dfrac{\mu_0 NIb}{2\pi}\ln\dfrac{R_2}{R_1}$　(2) $B=0$，$B=\dfrac{\mu_0 NI}{2\pi r}$，$B=0$

10. $36\ \mathrm{A\cdot m^2}$

11. $p_m=\dfrac{1}{2}e^2\sqrt{\dfrac{kr}{m}}$，$B_0=\dfrac{\mu_0 e^2}{4\pi r^2}\sqrt{\dfrac{k}{mer}}$

12. (1) $B=\dfrac{1}{2}\mu_0\sigma\omega(R_2-R_1)$，方向判断略　(2) $p_m=\dfrac{1}{4}\pi\sigma\omega(R_2^4-R_1^4)$，方向判断略

13. $0.8\times10^{-13}\boldsymbol{k}$ N

14. (1) 13 T　(2) $0.93\times10^{-23}\ \mathrm{A\cdot m^2}$

15. 4；1/2

16. (1) 金属中单位体积内载流子数为 n　(2) 负；IB/nS

17. (1) $\dfrac{\mu_0\omega\lambda}{8}$，向上　(2) $\pi\omega\lambda a^3/4$，向上

18. 17.2 A

19. (1) $7.85\times10^{-2}\ \mathrm{N\cdot m}$　(2) 7.85×10^{-2} J

20. (1) $F=\dfrac{\mu_0 I^2}{\pi R}\boldsymbol{j}$　(2) $-\dfrac{\pi R}{2}$ 处

21. $H = \dfrac{NI}{2\pi R}$, $B = \mu \dfrac{NI}{2\pi R}$

22. $H = \dfrac{Ir^2}{2\pi R^2}$, $B = \dfrac{\mu I r^2}{2\pi R^2}$　$H = \dfrac{I}{2\pi r}$, $B = \dfrac{\mu_0 I}{2\pi r}$

23. (1) 0.226 T　(2) 300 $\text{A}\cdot\text{m}^{-1}$

24. (1) $I/(2\pi r)$　(2) $\mu I/(2\pi r)$

25. (1) 200 $\text{A}\cdot\text{m}^{-1}$, 2.5×10^{-4} T　(2) 200 $\text{A}\cdot\text{m}^{-1}$, 1.05 T　(3) 1.05 T

26. $B = \mu_0\mu_r nI$, $j' = (\mu_r - 1)nI$

习　题　8

1. (1) $\dfrac{\mu_0 Il}{2\pi}\ln\dfrac{b+vt}{a+vt}$　(2) $\dfrac{\mu_0 lIv(b-a)}{2\pi ab}$

2. $-\dfrac{\mu_0 I_0 \omega l}{2\pi}\cos\omega t \ln\dfrac{b}{a}$

3. (1) 50 mV　(2) 49.5 mV　(3) 减小

4. $BvL\sin\alpha$

5. $2RBv$

6. (1) 由 a 指向 O　(2) 0, $-\dfrac{1}{2}Bd(2L-\mathrm{d})\omega$

7. $-\dfrac{1}{2R}\pi\lambda\mu_0 r_1^2\dfrac{\mathrm{d}\omega}{\mathrm{d}t}$

8. (1) 0.40 V　(2) $-0.5\ \text{m}^2/\text{s}$

9. $\dfrac{\mu_0 Iv}{2\pi}\left[\dfrac{l}{a} - \dfrac{2\sqrt{3}}{3}\ln\dfrac{a+c}{a}\right]$

10. $\dfrac{\mu_0 Ib}{2\pi a}\left(\ln\dfrac{a+d}{d} - \dfrac{a}{a+d}\right)v$，顺时针

11. $-\mu_0 nS\omega I_m\cos\omega t$

12. $\dfrac{1}{12}ab^4 B_0 e^{-at}$，沿回路逆时针方向

13. 8.0×10^{-4} H，400 匝

14. $\dfrac{\mu_0 a}{2\pi}\ln 3$, $-\dfrac{\mu_0 a}{2\pi}\ln 3 I_0\omega\cos\omega t$

15. $\dfrac{\mu_0 N_1 N_2 \pi R^2}{l}$

16. (1) $\dfrac{\pi r^2 B}{R}$　(2) $\dfrac{\pi r^2 B\omega\sin\omega t}{R}$

17. 1∶16

18. (1) $\dfrac{0.2}{C}(1-e^{-t})$　(2) $0.2e^{-t}$

主要参考文献

[1] 张三慧,等.大学物理学.第2版.北京:清华大学出版社,2001.
[2] 程守洙,江之水,等.普通物理学.第5版.北京:高等教育出版社,1998.
[3] 吴锡珑.大学物理教程.第2版.北京:高等教育出版社,1999.
[4] 马文蔚,等.物理学.第四版.北京:高等教育出版社,1999.
[5] 卢德馨.大学物理学.北京:高等教育出版社,1998.
[6] 严导淦.物理学.第四版.北京:高等教育出版社,2003.
[7] 闫金铎,等.普通物理讲义.北京:中央广播电视大学出版社,1987.
[8] 吴百诗.大学物理学.北京:高等教育出版社,2004.
[9] 赵凯华,罗蔚茵.力学.北京:高等教育出版社,1995.
[10] 陆果.基础物理学教程.北京:高等教育出版社,1998.
[11] 朱荣华.基础物理学.北京:高等教育出版社,2000.
[12] 毛骏健,顾牡.大学物理学.北京:高等教育出版社,2006.
[13] 祝之光.物理学.第3版.北京:高等教育出版社,2009.
[14] 黄祝明,吴锋,等.大学物理学.第2版.北京:化学工业出版社,2007.
[15] 徐斌富,等.大学基础物理.第2版.北京:科学出版社,2008.
[16] 陈飞明,金向阳.大学物理学.北京:科学出版社,1998.
[17] 谢东,王祖源.人文物理.北京:清华大学出版社,2006.
[18] 胡亚联,吴锋,李端勇,等.大学物理学.北京:科学出版社,2010.